JN223010

現代中国森林政策研究

平野 悠一郎

J-FIC

はじめに

人間社会の持続可能性，世界や地域の安全保障をはじめ，今日の地球上のありとあらゆる課題の解決に向けて，避けて通れない存在となっているのが「中国」である。中国共産党を通じた権威主義体制の下，巨大人口を抱えての急速な経済成長は，今後の地球環境や国際政治にどのようなインパクトを与えるのだろうか。そもそも，中国の政治指導者達は，こうした課題をどのように捉え，どのような域内外での政策的な取り組みを進めているのだろうか。そして，中国各地に暮らす人々は，世界第二位となるまでGDPを押し上げた裏側で，貧富の格差拡大，環境負荷の増大に向き合いつつ，どのような持続可能な社会構築のヴィジョンを生み出そうとしているのか。その結果として，黄砂の発生源ともされる北方の乾燥地帯の緑化をはじめ，地球温暖化防止や生物多様性維持といった取り組みは進んでいくのか。本書は，これらの課題や疑問の解決に資するべく，1949年から2010年代にかけての中国（以下，現代中国）における森林政策の内実を解明する試みである。

ユーラシア大陸の東側，東アジアの大半を占めるこの地域は，黄河・長江（揚子江）という二つの大河の流域を中心に，後に「中華」と称される主要な古代文明の揺籃となり，今日に至るまで，数千年単位の人類の発展史の礎となってきた。その過程では，豊かな土地と水を背景に農地拡大が繰り返され，それを支える水利や農業技術も，他の地域に先んじて発達した。その結果，食糧の安定供給による人口増加と富の蓄積，それらを統括する権力の発生と糾合が進み，ついには「中華帝国」と呼ばれる一元的な統治機構が成立する。その後も，権力や資源をめぐって多くの争いが繰り広げられ，度重なる王朝の交代を経つつも，その影響力は「華夷秩序」等の形をとり，東アジアのほぼ全域へと拡大する。19世紀中盤以降は，産業革命を経た列強諸国による外部からの圧力に苦しみながらも，1949年，中国共産党の主導する中華人民共和国として大部分が再編される。この時点で，国家として再編された「中国」は，土地に依拠して暮らす5億人以上の人々を抱えるに至っていた。国家単位での人口としては，当時，もちろん世界最大である。

この現代に至るまでの中国社会の発展に大きく寄与し，同時に大きく影響されてきたのが「森林」であった。中国では，農耕社会の成立する約4000年前の段階で，全土に占める森林の比率が60％以上であったと考えられている（中国林学会等 1996）。これらの豊富な森林が涵養する水，木材等の物質・バイオマス，そして肥沃な土壌が，その後の農業生産を基軸とした中華文明の伸長を支えたことは想像に難くない。しかし，その伸長による農地拡大と人口増加のスパイラルが加速するにつれ，そのしわ寄せは，各地の森林の減少として表れることになった。各時期の戦乱に伴う破壊，都市建設・復興への木材需要，生活用・産業用の燃料確保等も，森林の伐採を後押しした（平野 2008）。木材需要増に応じた広範囲の木材市場も，10世紀の時点で形成されており，多くの良質の木材が各地の山々から伐り出され，大運河等を通じて中心都市へと運ばれていた（Elvin 2004）。それらの結果，後述するように現代中国の開始時点で，森林の比率は10％前後にまで落ち込んでいたとされ，各地での森林減少・劣化に伴う保水力の低下，気候の乾燥化，土地荒廃，沙漠化等が深刻な問題となっていた（写真0-1）。これは，「人類の興隆が森林の減少・劣化をもたらす」という，長期トレンドとしての世界各地の文明史に共通した特徴でもある（平野 2014）。

その反面，長期に及ぶ森林との関わりの歴史の中で，中国では，加速する森林減少・劣化を食い止め，自然環境の改善や森林の持続的利用を促す試みも見られてきた。例えば，紀元前の春秋時代の時点で，中国の政治指導者達は，木材生産を独占して軍需や財政基盤を確保するために，住民の森林利用を制限する形での管理保護を行っていた（上田 1999）。また，12世紀頃の宋代には，南方の長江流域を中心で，継続的な木材利用を見越した針葉樹の植栽と育成が行われ始めてもいた（Menzies 1988）。これらを受けて，20世紀前半から現代中国の開始時点においては，南方一帯で住民による針葉樹の造林と伐採販売という，いわゆる人工林の育成林業の経営サイクルも確立されていた（行政院新聞局 1947）。また，中国の東部から南部にかけての漢族を中心とした人口稠密地帯では，日本を含む温帯モンスーン気候下の東アジアに特徴的な，森林や農地等の土地所有の小規模・分散化，及び権利の錯綜や紛糾も見られてきた（相原 2019，杜・佐藤 2020等）。この中で，血縁等

写真 0-1　20 世紀初頭の中国の黄河流域（山西省五台山付近）
出典：Photograph NO. 47893, Taken by Bailey Willis in 1903-04, Record of the Forest Service, Foreign Forests Photographic Files, BOX LOF 4, File: China, National Archives II, RG95-FFF.（筆者取得日：2006 年 5 月 22 日）

をベースにした団体や共同体によって，厳格な森林利用のルールを定め，持続的な資源管理を目指すローカル・コモンズ的な仕組みも生まれていた。更に，周辺の少数民族の居住地帯では，これらの資源管理が更に独自性を増す形で存在した。

こうした背景の下にスタートした現代中国とは，一言でいえば，「社会主義国家建設という政治的な同一性・一元性をもって，数千年単位の森林との関わりの歴史，多様な自然生態的特徴，複雑な社会の仕組みを包摂しようとしてきた地域」である。この構図が，現代中国の「森林政策」と「地域社会」の関係性そのものに当てはまる。すなわち，中央政府による森林政策が，地域における多様かつ複雑な人間—森林関係を変革・規定しようと試みてきたプロセスである。その結果として，有効な課題解決が図られる場合もあれば，有名な「上に政策あれば，下に対策あり」との格言通り，現場での骨抜きや混乱も見られてきた。これは，森林造成・保護による地球温暖化防止や生物多様性維持等，グローバルな価値に基づく政策実施でも例外ではなかった。そして，これらの現代中国の森林政策を通じて生み出されてきた状況が，今日の各種の課題とその解決に直結するのは言うまでもない。

すなわち，筆者が，中国の研究・理解を「避けて通れない」とするのは，単にこの地域の現状の人口が多く，グローバル経済や国際政治における影響力を増しつつあるからではない。それ以上に，この地域が辿ってきた人類史，そこでの森林との関わりのプロセス自体が，他地域に類を見ない「経験の宝庫」だからである。この膨大なノウハウの詰まった実験記録を紐解くことで，今後の人間社会の課題解決に向けて，様々な答えが提供されるのではないだろうか。

筆者は，大学時代からこうした問題意識に基づいて，現代中国の森林政策の研究にあたってきた。しかし，数千年単位の歴史，多様な自然生態的特徴，そして複雑な社会の仕組みを背景に展開される森林政策とその影響を，十分に解明するには至っていない。本書は，2010 年 3 月に東京大学大学院総合文化研究科国際社会科学専攻に提出した博士論文「現代中国の森林政策をめぐる構造：地域における環境研究の新領域」をベースに，これまでの 20 数年間の研究の暫定的な到達点を示したものである。

同時に，本書は，中国における人間と森林との関係を教材に，今後，将来の課題解決や持続可能な社会構築を目指そうとする有志達，特に若手の実践者・研究者や留学生への「餞」とも位置づけている。現代中国では，どのような森林・環境をめぐる活動であっても，中央政府の政策に起因する流れや構造と無縁ではいられない。本書が，様々な視座や興味関心に応じて，関連する政策を把握する一助となれば幸いである。この目的を念頭に置いているため，本書の各章では，これまでの筆者の研究調査の成果を記述した上で，「今後の研究課題」として，それぞれの章の内容に即した課題，注目点，研究動向等を整理する構成をとっている。また，個別の政策の由来や用語の定義等も，各章及び注にて，可能な限り明らかにするように心がけた。その結果，筆者の能力不足も相まって，本書全体としての分量の多さや読みにくさに繋がってしまったとの自覚・反省はある。一方で，目次や巻末の「索引」等を起点に，読者が関心箇所についての知見を得るハンドブックとしての役割を果たせるようであれば，筆者として本望である。

2024 年 6 月

〈引用文献〉

（日本語）
相原佳之（2019）「清朝～中華民国期における植林の奨励と民衆の林野利用」松沢裕作編『森林と権力の比較史』勉誠出版：39-78
平野悠一郎（2008）「森が資源となる幾つかのみち：中国の歴史という事例から」佐藤仁編著『人々の資源論：開発と環境の統合に向けて』明石書店：39-64
平野悠一郎（2014）「人類史から見た森林の変化」井出雄二・大河内勇・井上真編『教養としての森林学』文永堂出版：53-57
上田信（1999）『森と緑の中国史：エコロジカル・ヒストリーの試み』岩波書店

（中国語）
杜正貞・佐藤仁史編（2020）『山林，山民与山村：中国東南山区的歴史研究』浙江大学出版社
行政院新聞局（1947）『林業』行政院新聞局
中国林学会・馬忠良・宋朝枢・張清華編著（1996）『中国森林的変遷』中国林業出版社

（英語）
Elvin, M., 2004, *The Retreat of the Elephants: An Environmental History of China*, Yale University Press
Menzies, N., 1994, *Forest and Land Management in Imperial China*, St. Martin' s Press

なお，本書の内容は，以下の拙著における記述を再編，改訂，もしくは部分的に反映したものである。再編や転載をご許可いただいた各出版社等の関係者の方々には，この場を借りて厚く御礼申し上げたい。

【序章】
平野悠一郎（2008）「森が資源となる幾つかのみち：中国の歴史という事例から」佐藤仁編著『人々の資源論：開発と環境の統合に向けて』明石書店：39-64
平野悠一郎（2014）「人類史から見た森林の変化」井出雄二・大河内勇・井上真編『教養としての森林学』文永堂出版：53-57
平野悠一郎（2020）「中国の自然環境・地理的条件」川島真・小嶋華津子編著『よくわかる現代中国政治』ミネルヴァ書房：6-7

【第 1 章】
平野悠一郎（2004）「統計：森林関連」中国環境問題研究会編『中国環境ハンドブック：2005-2006 年版』蒼蒼社：287-291
平野悠一郎（2007）「統計：森林関連」中国環境問題研究会編『中国環境ハンドブック：2007-2008 年版』蒼蒼社：325-336
平野悠一郎（2008）「国家林業局「2005：中国森林資源報告」：第 6 次全国森林資源調査に基づく

中国の森林資源の概況報告」『木材情報』2008(12)：30
平野悠一郎（2009）「中国における森林関連の公式統計の特徴と問題点：その集計基準・方法からの考察」『林業経済』61(11)：16-31
平野悠一郎（2009）「統計：森林関連」中国環境問題研究会編『中国環境ハンドブック：2009-2010年版』蒼蒼社：366-375
平野悠一郎（2009）「中国の年間統計：中国林業発展報告＆中国林業年鑑」『木材情報』2009(1)：30
平野悠一郎（2011）「統計：森林関連」中国環境問題研究会編『中国環境ハンドブック：2011-2012年版』蒼蒼社：270-277
平野悠一郎（2015）「中国：最近の森林状況の変化と森林政策の動向」『木材情報』291：13-17

【第2章】
平野悠一郎（2008）「森が資源となる幾つかのみち：中国の歴史という事例から」佐藤仁編著『人々の資源論：開発と環境の統合に向けて』明石書店：39-64
平野悠一郎（2014）「人類史から見た森林の変化」井出雄二・大河内勇・井上真編『教養としての森林学』文永堂出版：53-57

【第3章】
平野悠一郎（2002）「現代中国における緑化活動の展開と住民参加の性格に関する考察」『北海道大学演習林研究報告』59(2)：67-98
平野悠一郎（2004）「森林環境をめぐる政策の動向」『中国環境ハンドブック：2005-2006年版』蒼蒼社：116-129
平野悠一郎・山根正伸・張坤（2010）「「天然林資源保護工程」の実施と影響」森林総合研究所編『中国の森林・林業・木材産業』日本林業調査会：203-220
平野悠一郎・堀靖人（2010）「大規模森林造成の実施とその影響」森林総合研究所編『中国の森林・林業・木材産業』日本林業調査会：229-252

【第4章】
平野悠一郎（2010）「木材産業・貿易の発展を規定する諸要因」森林総合研究所編『中国の森林・林業・木材産業』日本林業調査会：179-201
平野悠一郎（2013）「中国の木材産業発展の傾向と特徴」『林業経済』65(10)：1-18

【第5章】
平野悠一郎（2011）「地球温暖化に向き合う中国の森林」中国環境問題研究会編『中国環境ハンドブック：2011-2012年版』蒼蒼社：47-49
平野悠一郎（2015）「現代中国の森林資源管理における専門家層の成立背景：梁希（初代林業部部長）の思想と業績を中心に」『アジア研究』60(2)：1-17

【第6章】

平野悠一郎（2005）「現代中国の森林をめぐる権利関係：社会主義体制下での変容と現状」『環境社会学研究』11：219-228

平野悠一郎（2013）「中国の集団林権制度改革の背景と方向性」『林業経済』66(8)：1-17

平野悠一郎（2014）「中国の森林をめぐる重層的権利関係の意義と課題：資源利用の効率性・公平性・持続性からの考察」『環境社会学研究』20：149-164

平野悠一郎（2014）「森林の権利関係の内実と諸問題」奥田進一編『中国の森林をめぐる法政策研究』成文堂：37-63

平野悠一郎（2014）「森林の権利関係の歴史的推移」奥田進一編『中国の森林をめぐる法政策研究』成文堂：147-168

平野悠一郎（2014）「近年の集団林権制度改革の実施とその内容」奥田進一編『中国の森林をめぐる法政策研究』成文堂：169-188

平野悠一郎・松島昇・山根正伸（2014）「国有・集団林権制度改革の実施と影響」奥田進一編『中国の森林をめぐる法政策研究』成文堂：239-262

【第7章】

平野悠一郎（2004）「森林環境をめぐる政策の動向」中国環境問題研究会編『中国環境ハンドブック：2005-2006年版』蒼蒼社：116-129

平野悠一郎（2012）「中国Ⅱ：トップダウン型森林政策の行き詰まり」森晶寿編『東アジアの環境政策』昭和堂：110-128

【第8章】

平野悠一郎（2004）「中華人民共和国における森林関連の基本法の特徴」『林業経済研究』50(1)：53-64

平野悠一郎（2004）「森林環境方面の法令について」中国環境問題研究会編『中国環境ハンドブック：2005-2006年版』蒼蒼社：222-227

平野悠一郎（2007）「森林環境方面の法令の新情況」中国環境問題研究会編『中国環境ハンドブック：2007-2008年版』蒼蒼社：234-242

平野悠一郎（2009）「森林環境方面の法令解釈」中国環境問題研究会編『中国環境ハンドブック：2009-2010年版』蒼蒼社：297-306

【第9章】

平野悠一郎（2008）「現代中国における指導者層の森林認識」『アジア研究』54(3)：71-87

【第10章】

平野悠一郎（2015）「現代中国の森林資源管理における専門家層の成立背景：梁希（初代林業部部長）の思想と業績を中心に」『アジア研究』60(2)：1-17

【第 11 章】
平野悠一郎（2002）「現代中国における緑化活動の展開と住民参加の性格に関する考察」『北海道大学演習林研究報告』59(2)：67-98

【終章】
平野悠一郎（2007）「現代中国の森林政策を動かすもの」『林業経済』60(9)：1-16

なお，これらの拙著は，本文中の引用や引用文献としては記載していない。

【本書に関しての注意事項】

本書の執筆に際しては，以下の観点と方針に則っている。

1：現代中国の森林政策をめぐるハンドブックとしての役割を果たす上で，出典や引用に際しては，できるだけ原典を参照しやすい形とすることを心掛けた。この観点において，本書では，中国語をはじめとした非日本語の言語が原典となる資料，文献，法令，政策名，人名，組織名等の表記に際しては，原語主義を採用する。すなわち，極力，翻訳ではなく原典の言語表記を優先する。例えば，政策名としての「天然林資源保護工程」は，「天然林資源保護政策」や「天然林保護プロジェクト」等として日本語訳されるが，本書では「天然林資源保護工程」として原語表記する。また，組織名である「林業工作所」も，「林業ステーション」や「林業業務センター」等の日本語訳が見られるが，原語としての「林業工作所」を統一して用いる。この方針によって，原典の正確な反映と，翻訳語の乱立による混乱回避を企図するものである。

2：但し，原語優先の結果，日本語としての意味が不明瞭になる場合もある。とりわけ，現代中国で用いられてきた簡体字は，和文において読み手の解読が困難であるため，全て日本語の常用漢字として中国語の原典を表記する。例えば，「林业」は「林業」，「邓小平」は「鄧小平」として表記する。また，必要に応じた意味の説明を，続く記述や注等で行うものとする。

3：これらの原典参照の対象ではない本文中の表現は，基本的に和文としての読みやすさの観点から，日本語としての翻訳表記を優先する。但し，本書の内容や論旨において重要な用語や，誤解を招きやすい翻訳語等，原語の明記が望ましいと思われる場合は，それと分かるような方法で原語の表記や併記を常用漢字で行う。例えば，「集団所有（原語：集体所有）」や「成活率（原語）」等である。

4：第 8 章を中心に本書で多く紹介・引用する現代中国の法令に関しては，1 の観点に則り，極力，「制定主体「法令名」（制定年月日）」を明記する形とする。但し，本文中に記載する場合は 3 の観点に基づき法令名を翻訳した形で文脈に位置づけ，注で出典を示すにあたっては 1 の観点に基づき原語での表記とする。例えば，（本文中）2003 年 6 月に中共中央・国務院から発せられ，近年の森林政策の基本的な指針とみなされてきた「林業発展の加速に関する決定」，（注）中共中央・国務院「関於加快林業発展的決定」（2003 年 6 月 25 日）等。なお，現代中国の法令の冒頭に多く用いられる介詞「関於」（簡体字：关于）は，本書では「～に関する」と訳す。但し，和文の資料においては「～についての」等と訳されていることもあり，そちらを出典・引用する場合はその翻訳に沿うものとする。

5：出典や引用に際しての資料や文献は，1・2の観点と方針を踏まえた上で，注や図表地図の出典において，「著者名（出版年）『タイトル』（掲載頁）」の形式で表記する。新聞記事の場合は，「著者名（あれば）「記事名」（『新聞名』掲載年月日）」とし，一面または複数の記事をまとめて引用する場合は「『新聞名』（掲載年月日）」とする。ウェブサイトの場合は，「設置主体「記事名（あれば）」（URL）（取得年月日）」とする。

6：先行研究の引用に際しては，「著者姓（出版年）」として本文中に表記することを基本としている。但し，研究書や報告書であっても，同時代文献としての位置づけにあり，当該箇所の記述を実証する出典・引用として用いる場合は，5の方針に基づく形式で注として記載する。

7：これらの5・6の観点と方針に基づいて登場した資料，文献，先行研究に関しては，各章の単位で末尾の引用文献に，日本語，中国語，英語に区分して掲載する。その際の掲載形式は，日本語・中国語の場合，書籍相当であれば「著者名（出版年）『タイトル』出版社」とし，論文や報告書等は，「著者名（出版年）「タイトル」『掲載書誌（あれば）』出版社・巻号（あれば）：掲載頁（あれば）」とする。英語の場合は，書籍相当であれば「著者名，出版年，*タイトル*，出版社」とし，論文や報告書等は，「著者名，出版年，タイトル，*掲載書誌（あれば）*，出版社・巻号（あれば）：掲載頁（あれば）」とする。なお，英語で出版された引用文献においては，著者を「姓，名イニシャル.,」（例えば，Scott, J.）で表記するが，中国名の著者は，名のイニシャルが他者との混同を呼びやすいため，「姓，名.」（例えば，Song, Yajie）として表記する。

8：各章末の引用文献の掲載順は，筆頭著者のアルファベット順とする。日本語の場合はローマ字表記に即して，中国語の場合はラテンアルファベットを用いたピンイン（拼音）表記の順に即して掲載する。

9：写真に関しては，その出典において撮影主体や引用元（筆者取得日）を明記する。

10：原典の文章としての引用に際しては，基本的には1の観点に基づき，原典に記された表現に即した形で行う。例えば，政策部門としての「林業」は，本文中ではより日本語の意味に即した訳として「森林」や「森林管理・経営」等を用いるが，原典の文章自体を翻訳・引用する際には「林業」を維持する。その引用方法は，一文程度の短い引用であれば本文中に「」で挿入し，より長い場合は一行・一字のスペースを空けての引用とする。いずれの場合も，引用末尾に注を設けて出典を明記する。

11：索引は本書の最後に，それぞれ五十音順，アルファベット順，数字順で一括して掲載する。その際，その用語や事象に関しての紹介や説明が詳しくなされている箇所の頁数を示す。紹介や説明が複数箇所に及ぶ場合は，それに沿って複数の頁数を示す。

目　次

第２部　現代中国における森林政策の展開

第4部　森林政策をめぐる人間主体

序章：現代中国森林政策研究の視座

1. 地域における「森林政策研究」の視座

これまでに，森林政策学，あるいは林政学という学問は，林学（森林科学）の一分野として位置づけられてきた。そこでは，森林が人間社会にとって有用な「機能」を持つことを前提に，いかにその多面的な機能を持続的・効果的に発揮させ，地域社会の便益を最大化する仕組みを創るかが目標とされた。このため，政治学の分野として見ると，公共政策学や行政学としての側面を強く有する。また，国家や地域等，与えられた条件下で，森林からの経済的な便益を向上させるという点から，公共経済学としての研究も数多く見られてきた。これは，元々，林学を含む農学全般が，ドイツ由来の富国論としての官房学（国家学）や，実践を通じて地域・現場に役立てることを重んじる実学の背景を有してきたためでもある。

一方で，筆者の想定する地域における森林政策研究の視座は，より広角からのものである。すなわち，地域において，何が要因・動因となって，森林政策が立案・形成され，どのような実施を通じて，どのような影響が社会にもたらされたのかを，客観的に明らかにするというものである。すなわち，政治学としては，意思決定や政策実施に何らかの法則性を見出す政治過程論，意思決定論，合理的選択論をはじめとした政治理論のアプローチに近接する。また，これらの政治学を含め，歴史学，経済学，社会学，文化人類学，人文地理学等を通じて行われてきた，人文・社会科学としての地域研究の視座でもある。例えば，世界各地の人間活動の森林への影響を歴史的に概観・比較した上で，森林に「決定的なインパクトを与えるのは，人間の数ではなく，人間社会が組織される方法である」と述べたWestoby（1989）は，まさにこの広義の森林政策研究の視座を体現していた。

しかし，この視座をもって地域に入った研究者は，ほぼ確実に，次のような困難に直面して当惑することになる。それは，地域・国家の森林政策が，当地の人間と森林との関わりに基づいて「決まらない」という現実である。地域の森林の多面的機能の持続的・効果的な発揮や，林学の科学的知見に依拠する形で，森林政策は決まらないのである。

その最も分かり易い例は，戦争であろう。日本でも，第二次世界大戦による軍需のため，それまでの森林管理・利用計画が覆される形で森林政策が変更された（萩野 1993 等）。その結果，戦時中には過剰伐採による森林荒廃が加速した。また，戦後から 1950 年代にかけては，戦後復興等で木材価格が高騰したことを受けて，拡大造林が奨励され，現在までに総面積 1,000 万 ha，全土の約 27％に及ぶ人工林を抱えるに至っている。しかし，実際にはその後，造林・管理コストの上昇，輸入木材の導入，人口減少や物質代替による需要減退，農山村の過疎化・高齢化による担い手不足等が重なり，今日では人工林地を縮小していく方向性が政策現場においても見られる。すなわち，森林政策は，対象であるはずの人間と森林の関わりの中からではなく，その「外部」からの要因・動因によって常に揺り動かされるのである。

但し，森林政策が，その立案や実施に際して，「内部」の理念や事情を全く反映しない日和見的，従属的な政策である，と断じるのも誤りである。例えば，近代林学が発展したドイツにおいては，トウヒ・マツ等の人工林を念頭に，林木の成長量と木材生産量のバランスを保った安定的・持続的な経営を行っていくことが理念とされた。これは収穫の「保続」等と呼ばれ，中国や日本でも，19 世紀後半以降，林学者を中心に導入され，森林政策の軸として位置づけられてきた。また，20 世紀初頭，アメリカの森林行政を体系化したピンショー（G. Pinchot）は，森林が人間社会に多様な便益をもたらすことを前提に，森林をめぐる「最長期間にわたる最大多数の最大幸福」を最終的に達成すべき政策目標とみなした（ナッシュ 2004）。これらを念頭に，長期を見据えて計画的な森林経営を行い，あるいは多様な森林利用に伴う便益を持続的・効果的に調整していくことを，森林政策の要諦とする考え方は，林学や森林行政の内部に存在してきた。加えて，意思決定論や行政学の分野では，官僚機構・行政機関における組織維持の論理や，組織内における前例，慣行，手順等が，政策形成過程に大きく作用することが知られてきた（アリソン 1977 等）。例えば，Krott（2001）は，森林関連の行政機関も，基本的には組織維持の観点から，政策システムの現状維持を志向するとしている。また，志賀（2016）は，ピアソン（2010）の経路依存性に立脚し，近現代の日本の森林政策が国有林経営と公共事業の予算獲得を軸に進められてきたとした。すなわち，これらの学問分野や関連行政機関・組織で積み重ねられた理念や傾向は，林学を修めた森林官僚や知識人はもとより，場合によっては政治指導者層にも共有され，「内部」から森林政策を規定する動因ともなってきた。

むしろ，外部と内部の「せめぎ合い」の結果が，地域における森林政策の内実を「決める」動因となってきたと考えるのが妥当かもしれない。そのせめぎ合いのバランスや結果は，国際関係，政治体制，国家運営における森林の位置づけ等，地域をめぐる多様な事情に応じて変わってくることになる。この点に関して，山本（2016）は，林学の専門知識を背景に持続的な森林管理を志向してきたテクノクラートとしての日本の森林官僚が，第二次世界大戦や高度経済成長といった「国家や市場の暴力性」を前に無力であったと断じる。

筆者は，このような視座からの地域における森林政策研究が，現代中国に限らず，今後，必要不可欠になると捉えている。この視座に基づく本書の結論を先取りしておこう。現代中国の森林政策は，それ以前からの人間活動の結果としての「深刻な森林減少・劣化」を基底としている。すなわち，現代史を通じて，長期トレンドとしての文明史の「ツケ」に，否応なく向き合わねばならなかった。このため，森林の諸機能の維持・回復・増強を目指すという，いわば「内的な動因」が形成されてきた。その一方で，1949 年の中国共産党の政権奪取と，それ以降の一元的な統治体制の中で，森林を含む産業構造や権利関係の激変をもたらす政治路線の度重なる転換が行われた。このいわば「外的な動因」が，内的な動因に基づく取り組みを寸断する形で，大きく森林政策の内実を規定することになってきた。

2. 中国という「地域」の捉え方

本書の対象とする中国は，東アジアにあって極めて多様な自然生態的特徴を内包した地域である。領域としては，1949 年以降，中華人民共和国が統治してきた範囲に相当する（地図 0-1）。

地図 0-1　中華人民共和国としての中国（省級行政単位別）

注：中華人民共和国として統治されている領域は，22の省，4つの直轄市（北京市，天津市，上海市，重慶市），5つの自治区（内モンゴル（内蒙古）自治区，新疆ウイグル自治区，寧夏回族自治区，チベット（西蔵）自治区，広西チワン族（壮族）自治区）の計31の省級行政単位に区分されている。

出典：中国まるごと百科辞典（http://www.alkchinainfo.com/）

ここで，敢えて「国家」ではなく，「地域」として中国を捉える理由は，上記のように，本書が人文・社会科学としての客観的な視座から，森林政策及び人間社会への影響を研究する単位として地域を想定しているためである。

森林を含む自然環境と人間社会の関わりを研究するにあたっては，地理的・空間的な領域概念について，あらかじめ整合性をつけておくのが重要である。なぜなら，自然と人間との関わりは，少なくとも，自然生態的特徴（気候，生態系，森林状況等），社会的特徴（人口，制度，人間関係等），歴史的特徴（過去からの自然との関わりの積み重ね，その総体としての文化等）に応じて，異なる形で同一性が規定されるからである。例えば，生態学者の高谷（1993）は，「自然生態的」特徴に裏打ちされた多様な「社会的」形態が，その内発的な力と外的影響力を併せて「歴史的」に変容した結果，今日において相異なる思考様式・自然観を持つ「世界単位」が形成されたと捉え，その三つの特徴の融合を試みた。

もし，自然・森林の様態に依拠した研究を行うならば，自然生態的な同一性に基づいて研究対象となる領域を設定するのが妥当である。森林生態学における吉良（1983）らの平均気温・湿度に基づく植物帯区分（亜寒帯針葉樹林帯，冷温帯落葉広葉樹林帯，温帯常緑広葉樹林帯（照葉樹林帯），亜熱帯降雨林帯，乾燥帯等）は，その端的な指標となろう。しかし，これらの自然生態的特徴は，社会的・歴史的特徴に基づく同一性と完全には重ならない。例えば，日本の東海から西日本にかけてと，中国の湖北・湖南省の大部分は，同じ照葉樹林帯に属するが，本書でも見ていくように，現在に至るまでの人間と森林との関わりには顕著な違いが存在する。

すなわち，人間と森林との関わりの同異は，人間側の事情としての社会的特徴，及び長期の相互作用の結果としての歴史的特徴にも左右されることになる。例えば，過去において，何らかの社会的な同一条件下に推移してきた領域（言語文化圏，生活圏，交易圏，支配圏等）では，森林との関わりにおいても同一性が存在し得る。特に，「近代国家」という区切りをなされた領域内では，法令や行政体系といった制度面での同一性が存在する。しかし，国家にあっても，自然生態的特徴や他の社会的・歴史的特徴との関係を抜きに，森林と人間社会との関わりを語ることは難しい。例えば，「森林を増やす」という目的に基づく森林政策が国家レベルで立案されたとしても，その実施形態や影響は，領域内の気候，植生，土地所有，人口密度，経済状況等の違いに応じて，全く異なるものとなり得るのだ。

単純に，自然生態的特徴にのみ依拠して研究領域を設定すれば，人間社会における生活単位や，政治・経済活動単位にそぐわない。逆に，社会的特徴に照準を合わせると，その中には多様な森林・自然環境が存在することになってしまう。歴史学の分野では，このジレンマが，早くから文明の発達における環境決定論（Environmental Determinism）をめぐる論争として表れていた。それらの論争を経て，現段階では，自然環境の特徴や推移と人間社会の特徴の双方を踏まえつつ，その相互作用から，歴史の展開過程を説明しようとする視座が広まっている（ブローデル 1991 ～ 95，村上 1998 等）。生態学の方面からも，梅棹（1967）や高谷らによって，そのジレンマを埋めようとする試みがなされてきた。これらは，終わりなき試みにも見えるが，少なくともそのジレンマを意識しつつ，研究対象となる領域を想定し，森林政策の内実と影響を把握していく姿勢は必要不可欠であろう。

この視座に立つため，筆者は，「わが国」や「中華人民共和国」等として，「国家」を森林政策研究の「自明の対象」とする姿勢に否定的である。国家，特に今日の研究対象とされる近代国家とは，あくまでも「限られた社会的・歴史的特徴」に沿って，人間と森林との関係を切り取った「枠」である。勿論，国家学・実学としては前提となり得るが，人文・社会科学の森林政策研究としては，あくまでも統治領域や政策の及んだ範囲等，然るべき条件下で意識的に用いる領域概念とすべきである。

対して，「地域」というのは，非常に曖昧かつ便利な領域概念である。すなわち，これまでに研究者の視座やアプローチに基づく対象領域を指すものとして，ある程度の自由度を保ちつつ主観的に用いられてきた(1)。換言すれば，様々な研究者が，どのような自然生態的・社会的・歴史的な同一性に注目するか等に応じて，柔軟かつ流動的に切り取ってきた領域が地域である。もっとも，「地域とは何か」という議論は，歴史学をはじめ多くの学問分野で行われてきたが，その議論は，往々にして上記したジレンマへと収斂する(2)。かように地域とは，自然生態的・社会的・歴史的特徴の狭間で，人間と森林との関わりとは何か，その同一性と法則性は何から生まれるのかを問い続ける人文・社会科学の森林政策研究の対象として，相応しい領域概念なのである。

以上の理由から，筆者は本書において，「中国という地域」として，地理的・空間的な研究対象を位置づけている。但し実際には，この地域は，1949年以降，中華人民共和国として統治されてきた領域に相当する。この時間と空間が，本書の呼ぶところの「現代中国」である。すなわち，本書の研究対象とする地域は，現代史を通じて中国，或いは大陸中国として，国家統合と制度構築が進められたという社会的・歴史的な同一性を重視して設定したものである。

国連食糧農業機関（FAO）によれば，2015 年の時点で，この中国という地域の総面積は約 960 万 km^2（約 9 億 6,000 万 ha）であり，内水面面積を除いた陸地面積は約 943 万 km^2 であった。このうち，耕地や牧草地を含む農地面積が約 529 万 km^2（約 56％），森林面積が約 208 万 km^2（約 22％），その他の土地面積が約 206 万 km^2（約 22％）となっていた。但し，第 1 章で後述するように，これらの面積には，国家統計で別個の集計基準が存在する。また，2023 年にインドにその座を譲ったが，国家としての総人口は世界最大の約 14 億 3,291 万人であった[(3)]。

筆者が，中華人民共和国という「国家」の統治する領域を研究対象「地域」とする狙いは，言うまでもなく，国家単位での森林政策という政治的な働きかけが，域内外の森林や人間社会に対して，どのように作用したかを理解するためである。1949 年から今日に至るまでの現代中国は，共産党主導の中央政府による，国家建設に伴う大衆動員型の大規模事業，土地改革や社会主義集団化等に見られる権利関係の改変，中央政府の指令を徹底する政策実施システムの整備，計画経済から社会主義市場経済へと至る経済システムの変革といった「上からの改変」が，人間と森林との関係においても大きな影響をもたらしてきた時期であった。したがって，本書では，中国において中央政府が立案し，森林のもたらす様々な機能の発揮を念頭に置き，域内外の森林とそれをめぐる人間社会に影響を及ぼした施策や制度全般を「森林政策」と捉え，分析のスポットを当てる。

反面，国家による政策という社会的・歴史的特徴に依拠して地域設定を行った以上，本書は必然的に，自然生態的特徴をはじめ，他の特徴・背景の異質性をいかに踏まえるかという課題に直面する。実際，約 960 万 km^2 に及ぶ広大な「地域」内には，様々な気候帯や森林植生が存在し，それを反映して人間社会の関わりにも違いが見られてきた。地勢としては西高東低であり，ヒマラヤ山脈を頂点とする西南部から沿海部までは，数千 m の標高差が存在する（地図 0-2）。気候帯としては大部分が温帯に属しているが，沿

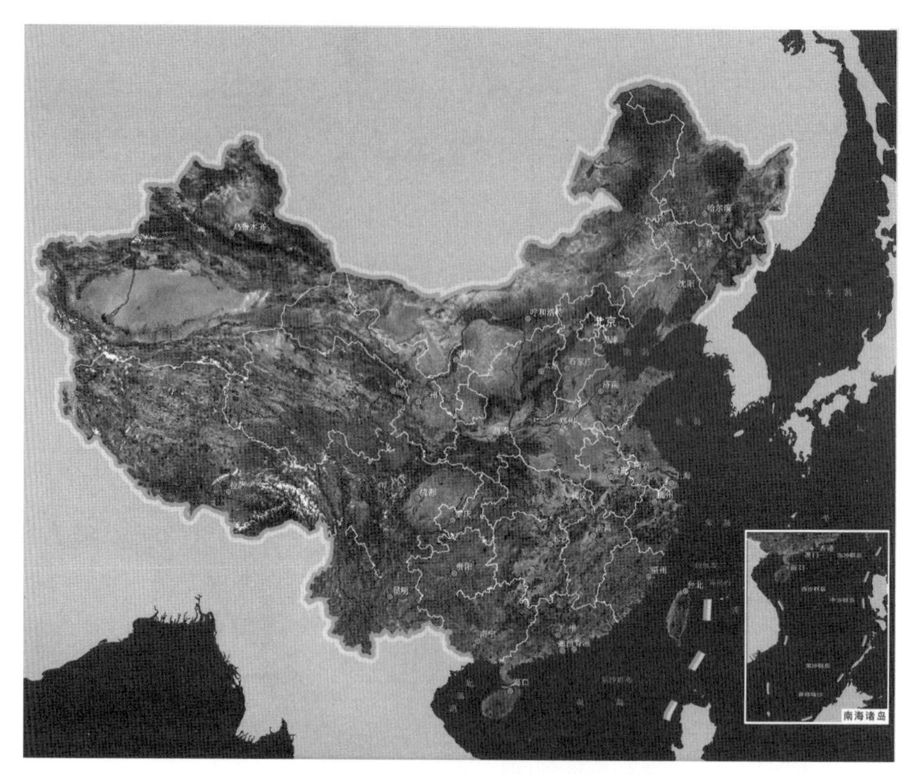

地図 0-2　衛星写真から見た中国の地勢
注：中国で公刊される地図においては，台湾及び南沙諸島等が領土として記される。
出典：肖興威主編（2005）『中国森林資源図集』（p.14）。

海部（沿岸・東部）は，森林の育成に適した気温や降水量を背景に，各種の植生帯が連続する形となっている。その最北端となる東北地区の黒龍江省北部は亜寒帯に属し，針葉樹林帯が広がっている。それ以南の東北地区東部から長江中下流域等にかけては，北から冷温帯の針広混交林，夏緑（落葉）広葉樹林，そして長江流域以南の丘陵地帯から雲貴高原等にかけては，暖温帯の常緑照葉樹林に植生区分される。さらに南へと下った海南島や雲南省南部等は熱帯・亜熱帯に含まれる。一方，内陸奥地となる西部にかけては，湿潤な海洋性の大気が届かず気候が乾燥化し，温帯草原（ステップ）（内モンゴル自治区東部等）や温帯砂漠（ゴビ砂漠やタクラマカン砂漠等）の広がる半乾燥地・乾燥地が優勢となる。さらに，ヒマラヤ山脈から続く西南部のチベット高原や高山地帯では，寒冷な気候下での草原や高山植生が展開することになる（逢沢・木佐貫 2014，廖 2007）。

筆者は，本書を通じて，社会主義国家建設とそれを前提とした森林政策が，現代史において中国の人間と森林の関わりをどのように改変してきたかに対し，一定の総合的な知見を提供することができたと捉えている。しかし，国家レベルの政策の影響に焦点を当てた結果，地域内に広がる多様な特徴を反映して，どのような内発的な営みや政策への対応が積み重ねられ，今日の人間と森林の関係に結びついたのかを，十分に検討するには至っていない。このため，以下の各章で紹介する「今後の研究課題」も，こうした「域内の多様性」に起因するものが多くなっている。今後，筆者の国家レベルの政策に基づく視座を批判的に検討し，他の特徴に照らした「地域」設定等を通じて，中国域内の森林と人間社会との関係を掘り下げていく研究の進展を期待したい。

差し当たって，本書では，中国という「地域」内にあって，異なる自然生態的・社会的・歴史的特徴を持つ領域を「地区」として表記する。もっとも頻出する地区の区分は，森林関連の公式統計等で，自然生態的特徴に基づく政策実施区域として想定される東北，華北，華中，華南，西南，西北の 6 地区 [(4)] であるが，様々な特徴や各時期の政策目的に基づいて区分が変動する点に留意されたい [(5)]。この地区等を通じて，中央政府の森林政策が，地域内の異なる条件下にてもたらす差異の明示化に努めるものとする。また，地区よりも小規模で，省・地・県・郷の四つのレベル（級）からなる行政単位が管轄する領域を「地方」と呼ぶ。第 7 章で詳述するように，現代中国では，中央から地方にかけて，中央（国家）→省級（省・自治区・直轄市）→地級（地級市・自治州・直轄市轄区）→県級（県・自治県・県級市・地級市轄区）→郷級（郷・鎮・街道・民族郷等）という行政単位が一般的に成立してきた（図 0-1）。各級の政府には，中国共産党組織と行政機構が置かれており，それぞれ上級単位の下級への指導性は絶対である。同一行政単位内では，党組織が行政機構を指導する立場にあり，両者が関与して重要な政策が立案・実施される。このため，本書で用いる「中央政府」，及びその略称としての「中央」には，国家レベルにおける党組織である中国共産党中央委員

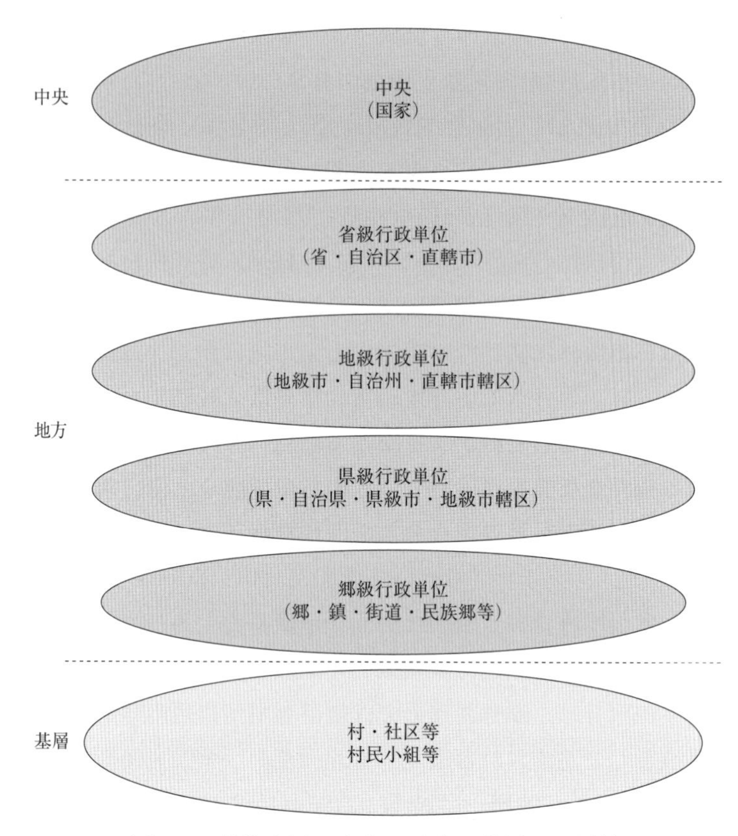

図 0-1　現代中国の中央・地方・基層の階層性
注：「街道」及び「社区」は都市部に設けられる単位である。
出典：関連研究を参照して筆者作成。

会（中共中央，党中央），行政機構である国務院（1954 年 9 月まで政務院）（中央人民政府）の両者が含まれる。各級の「地方政府」も，同様に党組織（各級の共産党委員会）と行政機構（各級の地方人民政府）を併せたものとして用いる。

そして，「地域社会」が中国全土・総体としての人間社会を指すのに対して，村（農村部）・社区（都市部）以下の地域住民の管理・生活単位を「基層」，そこにおける森林との直接的な関わりを含めた現場の人間社会を「基層社会」と表記する。この中央に対応した地方，基層という領域概念は，天児（1984・1992）の三層構造モデルをはじめ，現代中国の政治研究において通用されてきた区分でもある。

ちなみに，1949年以前に遡る政治的・歴史的背景に基づき，中華人民共和国と中華民国（台湾）の政府は，いずれも大陸中国と台湾本島等を含めた領域を統轄する「国家」であるとして，その正統性を主張し合ってきた。このため，現代中国の森林に関する政策や公式統計において，現政権が固有の領土と見なす台湾，及び特別行政区である香港・マカオを含めた方針や数値が公表されることも珍しくない。この点も，中国＝国家を前提とした研究領域設定を安直に行うべきではない副次的な理由であり，政策内容やデータの分析にあたって留意しなければならない部分である。但し，実質的な政策内容を示す段階になると，この三箇所を除いた方針や数値が用いられる場合が多い。このため，本書でも，基本的には三箇所を除いた領域を分析対象としている。

3. 本書の構成と研究手法・資料状況

以上の視座に基づき，現代中国の森林政策研究を展開するにあたって，筆者が特に拘るポイントが二つ存在する。本書の構成と研究手法も，このポイントに沿った今後の研究展開への布石としての側面を持つ。

3. 1. 森林をめぐる利害とは何か：機能・価値・便益と人間主体・立場への注目

一つ目は，森林が人間社会にもたらす多様な「機能，価値，便益」を，「利害」として明確に位置づけながら本書を進めるという拘りである。そもそも，森林政策とは，政治権力を通じて森林をめぐる多様な利害を調整・規定することで，人間と森林との関係を方向づけるという性格を持つものである。この利害調整は，政治学において広く共有されてきた政策の捉え方だが，森林政策研究に積極的に援用したのはKrott（2001）であった。Krottは，森林政策研究の目的を，「森林をめぐる政治的（権力）関係と利害対立（コンフリクト）の導出・調整」におき，森林をめぐる政策形成・実施・評価の各過程を具体的な研究対象と位置づけた。そのため，対立をもたらす各人間主体（利害関係者，ステークホルダー）と具体的な利害，及びその調整要素（情報・経済・規範・計画等）の整理を研究の前提としている。

ここで一考を要するのは，「森林をめぐる利害とは何か」という点である。近代以降の林学では，森林をめぐる利害対立とその調整を，森林の多面的な「機能」の枠内で理解しようとしてきた。例えば，ハーゼル（1979）は，物質生産，国土保全，保健休養等の機能を実現し，それらの永続的な調和をもたらすことを森林政策の目標とした。また，太田（2004）は，これら多面的機能の「階層性」を提起した。すなわち，侵食防止・土壌保全や生物多様性維持の重要性が高い場所では，これらの森林の機能を本源的なものとして，優先的な発揮を目指すべきであり，物質生産，水源涵養，保健休養等の他の機能は，それ以外の場所にて，持続可能な範囲で選択されればよいとした。しかし，これらの森林の機能は，あくまでも学術的な知見や国家的な資源管理という視点に基づいた導出・区分であり，その意味において限定的・一面的な「利害」である。

一方で，森林をめぐって利害関係を発生させ，利用や管理の担い手となる「人間主体」に引き寄せた概念としては，「価値」と「便益」が存在する。経済学的には，「効用」がこれに加わる。

「価値」（Values）は，日本語において様々な意味や文脈で使用されており，哲学や経済学等では極めて抽象化されて用いられる場合もある。例えば，経済学では，森林を含めた客体（財）における人間の欲望をみたせる性質を「使用価値」と呼ぶ。そして，この主観的な使用価値の中から，交換で表れる客観的な比率，すなわち市場経済下の価格に相当する「交換価値」を分離・抽出し，客観的な分析・評価の対象と位置づけてきた。一方，森林政策研究に近接する政治学，社会学，文化人類学，心理学等では，一定数（複数の個人や特定集団，地域社会等）において存在する「人間主体の認識に基づく望ましさの志向」，もしくは「その認識が付与される客体（森林・自然等）の性質」と幅広く捉えられる（平野 2019）。

また，Kellert（1996）によれば，人間が自然に対して抱く価値とは，生態的な意味での人間の本性に根ざしているばかりでなく，経験・学習・文化によって影響されながら形成され，物質的・精神的な充足感，感動，信条等を根底から支えるものとされる。すなわち，ここでの価値とは，人間の本質的な部分と，森林を含めた自然に対する知覚や文化的背景が結びついて形成され，利用や管理等の具体的な行為・働きかけの拠り所となるものと捉えられる。この観点からすれば，森林の機能も，厳密には，これらの価値の反映の結果として認識されることになる。

Kellert（1996）は，人間が自然に対して抱く価値として，功利的価値（実用的利益の追求），支配的価値（支配・克服・冒険の対象），審美的価値（美しさの体感），科学的価値（仕組みや構造の理解に基づく知的な成長），自然的価値（探究・発見・好奇心の対象），道徳的価値（秩序への認識から生まれる帰属感や安心感），人間的価値（触れ合いを通じた愛着や満足感），象徴的価値（表現の手段としての活用），否定的価値（脅威への対応力の向上）の九種類を挙げている。また，経済学において，自然・環境に対して人間主体が認識している使用価値を貨幣評価する目的から，「利用価値」とそれに含まれる直接的利用価値（物質等の直接的な獲得・消費による充足），間接的利用価値（水土保全等の効果や景観等の間接的な享受），オプション価値（将来的な利用価値）と，「非利用価値」とそれに含まれる遺産価値（将来世代へと継承することへの充足），存在価値（存在自体への満足感）が想定されてきた（栗山ら 2000 等）。

しかし，この価値が，実際の森林政策の目的や利害対立・調整に直接，結びつく訳ではない。例えば，地域の森林をめぐって，住民と企業が対立し，政策を通じた調整が必要とされているとする。住民は，自らの生活に根ざして，森林からの薪や木材の採取を継続したいのに対し，企業は土地囲い込みによる大々的な人工林経営を通じて，市場を通じた財の獲得を目的としている。この場合，いずれの主体も，「森林からの物質確保による充足感」という価値（功利的価値や直接的利用価値）を認識している。すなわち，人間主体に立脚してはいるものの，森林をめぐる利害や政策の内実を捉える概念として，既存の価値とその類型は抽象的に過ぎる。

この価値と利害を結びつける位置づけで，しばしば登場するのが「便益」（Benefits），或いは利益という概念である[(6)]。上記の例でいえば，住民と企業は，双方が功利的・直接的「価値」，及び物質提供「機能」に立脚しているものの，前者が「生活のための資材確保」，後者が「商品の市場流通による財の蓄積」という異なる便益を有しており，これに基づく利害対立が生じているという理解が成り立つ。

以上の概念の関係性を図式化すると，図 0–2 のようになる。まず，何らかの自然・森林（変動）への知覚は，人間が自然・森林に対して抱く「価値」によって意味づけられる。これが，さらに個々人の持つ政治的立場や文化的背景等を反映して，具体的な「便益」を形成し，実際の利用や管理保全といった形で自然・森林への働きかけに結びつく。この段階で，「森林の役割」という形で認識・区分されたものが「機能」である。そして，森林政策は，これらの機能，便益，価値に基づく利害を反映・調整し，或いは規定し，方向づける役割を果たすことになる。

このように，人間主体の利害に結びつけて捉えるならば，森林政策研究とは，まずもって森林をめぐる価値・便益，及びそれに作用する立場や文化的

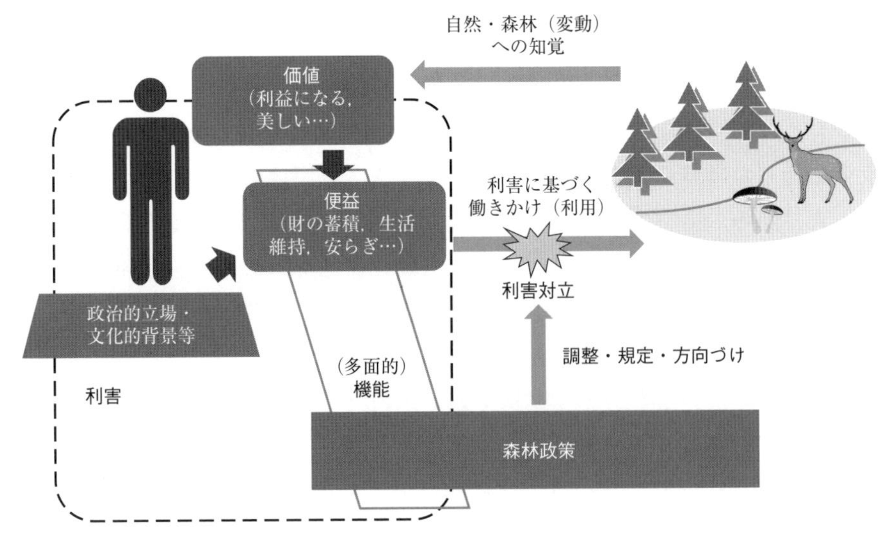

図 0–2　森林政策と利害・機能・価値・便益の関係性
出典：筆者作成。

背景を詳らかにした上に成り立つことになる。ただ，これまでの林学や森林政策が，多くの場合において，人間主体の価値・便益ではなく，森林の機能に立脚して利害を想定し，その調整や規定を旨としてきた事実も厳然と存在する。また，Clawson（1975）のように，保全・保護も含めた「利用」目的（魅力的な環境の保持，レクリエーション，厳正な自然保護，野生動物の保護，水源の保全，国土保全，木材生産及び収穫）という形で利害を想定し，その両立可能性やトレードオフを検証した試みもある。さらに，これらの機能・価値・便益は，各地域の自然生態的・社会的・歴史的特徴や，文化的な背景に応じて，異なる類型や結びつきを演出する可能性も十分にある。すなわち，森林政策研究にあたっては，対象となる地域において，森林をめぐる機能・価値・便益，及び，それらに基づき利害を主張し，利用の担い手となる人間主体とその立場が，どのような関係性を有しているのかを，解きほぐしながら進めることが肝要となる。

筆者は，数ある自然環境の諸要素の中で，森林こそが，こうした人文・社会科学の政策研究の格好の対象と捉えている。まず，森林（及びその樹木・植物）は，人間の生存に必要不可欠な要素であり，また，地球の物質循環における陸上の要とも言える存在である。したがって，それをめぐる人間主体の利害，それを調整・規定する森林政策の内実や課題を明らかにする意義は極めて大きい。次に，森林は，人間主体によって幾通りもの価値・便益を見出され，数多くの機能を提供するとみなされてきた。すなわち，多岐に及ぶ森林をめぐる利害の内実を理解することができれば，他の自然環境へのアプローチは相対的に容易となろう。中国が地域における「経験の宝庫」なら，森林も環境問題の解決に向けた「万能工具」たりえる。さらに，森林は，水や大気等とは異なり，土地に固定された要素であるため，それをめぐる人間主体の価値・便益の構図が捉えやすいという特徴もある。

加えて，これらの機能・価値・便益及び人間主体・立場を想定することは，二つ目の拘りである森林政策研究の「総合的」な把握にあたって，「基軸」を確保することにも繋がる。すなわち，森林造成・保護や木材生産等，多方面に展開する政策を，機能・価値・便益・立場に基づく人間主体の多様な利害という，同一の地平線上で捉えることが可能となる。

さて，現代中国の森林政策は，多分に漏れず，森林の「機能」をベースとして，その発揮や機能間の調整を念頭に展開してきた。しかし，その概念と分類は，日本における森林の多面的機能とは完全に一致しない。

日本の林野庁は，生物多様性保全（遺伝子・生物種・生態系保全），地球環境保全（地球温暖化の緩和，地球気候システムの安定化），土砂災害防止機能／土壌保全機能（表面侵食・表層崩壊防止，その他の自然災害防止），水源涵養機能，快適環境形成機能（気候緩和，大気浄化，快適生活環境形成），保健・レクリエーション機能（療養，保養，レクリエーション），文化機能（景観・風致形成，学習・教育の場，芸術・宗教・伝統文化等の涵養），そして物質生産機能（木材，食糧，工芸材料等の提供）を「森林の多面的機能」として区分し（太田ら 2001），それらの効果的な発揮を「内部」からの森林政策の基本理念として掲げてきた。ここでは，一貫して「森林の役割」としての「機能」が想定・分類されており，個別の人間主体の立場・価値は考慮されず，便益もあくまで機能に付随する形で想定されるに過ぎない。

対して，近年の中国で，森林の多面的機能は主に「森林多種功能効益」と表現される。中国語の「功能」は，日本語において機能を意味する。他方，「効益」は，「効果と利益」を意味し，人間主体の便益に近い表現である。しかし，実際には，この「功能」（機能）と「効益」（便益）の違いが明確に意識されている訳ではない。この森林多種功能効益の具体的な表象として，「森林の三種（三大）効益」と言われる分類が，機能・価値・便益を同一視した形で，現在の中国における政策現場や社会に定着している。すなわち，「生態効益」，「経済効益」，「社会効益」である。

生態効益は，森林生態系の管理・経営を通じて得られる人間の生存環境の維持，生態系のメカニズムやバランスの維持，土地生産力の維持，生物多様性の維持といった効果と定義される。具体的な効益としては，気候調節，大気浄化，水源涵養，土壌保全，防風防沙，農田保護，生物多様性の維持等が挙げられる。

次に，経済効益とは，森林を管理・経営する過程で，市場を通じて得られる一切の利益に相当するとされている。すなわち，林産物の生産・加工・流通や，森林を訪問対象とした観光業の展開等を通じた経済的便益が包括される。

社会効益とは，人類社会に提供される経済効益以外の社会サービスや公共の利益に伴う便益であり，主に人間の身心の健康，社会精神文明の涵養，文化・教育における効果であると定義される。また，科学研究，教育，労働就業の場を提供するといった「効益」がここに含まれる場合もある。

すなわち，この三種効益は，森林の役割としての機能と人間主体の便益を同時に含みながら概念化されている点で，日本の「森林の多面的機能」とは異なっている。その一方で，機能と便益，あるいは価値との違いが想定されていないことから，「三種」の間における重複や不合理を生んでもいる。例えば，生態効益で想定される「農田保護」は，森林の育成を通じて農地を保護した結果として，農産物の獲得による財の蓄積が得られるため，経済効益の範疇にも含まれるであろう。また，社会効益としての労働就業の場の提供は，雇用された人間主体の経済的便益，すなわち経済効益を保障することになる。

率直に言えば，筆者は，こうした矛盾を回避し，森林をめぐる人々の利害関係を正確に把握する上では，「森林の」機能（功能）や効益ではなく，「人間主体の」認識する価値・便益こそが解明の中心たるべきと考えている。しかし，繰り返すように各地域の森林政策は，各種の森林の機能の発揮や調整を前提に展開してきたため，機能を無視しては政策の内実を適切に捉えることができない。そこで，本書では，現代中国の森林政策の展開と，それをめぐる人間主体の利害の双方を端的に捉える観点から，四つの機能とその小区分を想定し，それに各人間主体の価値・便益を紐づけていく形をとる（表0-1）。

まず，「物質提供機能」として，木材や山菜・キノコ等の森林からの物質（モノ）の供給という枠で，人間主体の価値・便益を捉える。ここではさらに，提供される物質を「市場を経ているかどうか」と「生産者と消費者が異なるかどうか」で切り分け，「商品提供」と，「生活資材提供」に小区分した。実際に，現代中国では，日常の生活資材として，薪炭や自家用材の大量需要が存在してきており，この規制や商品的な木材生産との調整が，しばしば重要な政策課題となってきた。

表 0-1　現代中国の森林政策をめぐる機能・価値・便益

機能・便益・価値			
森林の諸機能		機能に沿った具体的な便益	便益を裏付ける価値
機能	小区分	諸便益	主要な価値
物質提供機能	商品提供	財の蓄積，商品確保，生計の維持…	功利的
	生活資材提供	生活のための資材確保，生計の維持…	功利的
環境保全機能	水土保全（水源涵養、土壌保全、大気浄化、防風防沙等）	生活の安寧，間接的な財の蓄積…	支配的・科学的
	生物多様性維持	間接的な財の蓄積，知識の醸成…	自然的・審美的・科学的
	二酸化炭素吸収	生活の安寧，知識の醸成…	科学的
精神充足機能	景観・風土形成	精神の高揚，財の蓄積，景観共有による一体感…	審美的・道徳的
	保健休養・レクリエーション提供	精神の安寧，精神の高揚，財の蓄積…	審美的・功利的
	精神文化涵養	精神的帰依，愛情・自己同一化…	道徳的・人間的・象徴的
森林の代替的機能		機能に沿った具体的な便益	便益を裏付ける価値
用地提供機能	農地提供	空間確保，財の蓄積…	功利的・支配的
	その他の用地提供（宅地・都市建設用地・工場用地等）	空間確保，財の蓄積…	功利的・支配的

注：ここでの価値の分類は Kellert（1996）に拠った。
出典：筆者作成。

次に，「環境保全機能」として人々の生存環境の保障や生活環境の改善をもたらす機能を想定し，自然災害の防止や土地の保全を促す水土保全（水源涵養，土壌保全，大気浄化，防風防沙等），遺伝子や動植物種の多様性を維持する生物多様性維持，及び温暖化防止につながる二酸化炭素吸収を小区分として設けた。このうち特に，水土保全機能は，現代中国では時期を通じて政策的注目を集めてきた。

「精神充足機能」は，森林を通じた景観・風土形成によって，人々の審美的な体感や景観共有の一体感を促す機能や，森林内での保健休養・レクリエーション提供によって，訪問者の精神的な満足感や安らぎ，或いは心身の健康回復を保障するという機能が含まれる。また，これらの訪問や体感を支えるレジャー・観光産業の発展，その従事者の財の蓄積を促すという側面も含まれる。現代中国においても，森林を軸とした景観形成やツーリズムは政策的に推進されてきた。また，精神文化涵養機能として，森林や樹木，或いは動植物を含めた森林生態系を，信仰や愛着の対象とみなし，精神的な拠り所とする人々の価値・便益もここに位置づける。

ここまでの三機能は，森林の存在を前提とした価値・便益をもたらすものであり，以後，本書において，「森林の諸機能」とはこのカテゴリーに含まれるものを指す。

これに加えて，森林政策をめぐる利害関係を明らかにするにあたり，筆者は，「元来は森林であった土地」を，他の目的のために開発・転用することを，敢えて森林をめぐる機能・価値・便益の一カテゴリーとみなすことを提唱したい。すなわち，森林が代替の対象とみなされ，他用途に向けてその立脚する土地を提供する機能であり，これを「森林の代替的機能」の一つとしての「用地提供機能」と呼ぶことにする[(7)]。中国を含めた人類史における森林減少は，まさにこの用地提供機能が重視された結果であり，現代中国でも，この機能に基づく利害と圧力は，森林政策に大きく影響することになってきた。すなわち，食糧増産に向けての農地提供，或いは都市化や工業化に伴う宅地，都市建設用地，工場用地等，その他の用地提供の対象として，しばしば森林が位置づけられてきた。

3. 2. 総合的な森林政策研究

筆者の二つ目の拘りは，「可能な限り総合的・総体的に森林政策を捉える」という点である。本書は，現代中国の森林政策を，単に通史的・時系列的に整理するに止めない。また，行政機構の変遷や，個別の政策過程の検証を行うにも止めない。すなわち，機能・価値・便益に基づく利害関係を基軸として，多方面にわたる政策展開を広く網羅すると共に，関連する域外からの影響，権利関係，政策実施システム，法令，政策の担い手等の推移と特徴を踏まえた，総合的な森林政策研究を行うことを狙いとする。

幅広い射程で森林政策を捉えることができれば，その分だけ，現代中国の人間と森林との関わりを深く掘り下げて理解し，今日における課題の把握・解決に資することが期待できる。加えて，今後の研究展開に際して，以下の幾つかの副次的な効果が得られるだろうとの布石の意味も，この狙いの背後に存在する。

まず，なるべく総合的に森林政策を捉えておけば，将来，個別の政策や関わりが新たに生まれ，あるいは過去の特定のプロセスに改めて注目する必要が生じた際，その位置づけを明確にしやすいという利点がある。土台や引き出しを広く持っておけば，それだけ柔軟な対応が可能になる。

次に，筆者は，ともすれば重箱の隅をつつくような個別事例の掘り下げに終始しがちな人文・社会科学の地域研究において，理論的根拠や説得力を付与する一番の特効薬は「比較」だと考える。すなわち，森林政策や人間と森林との関わりにおける傾向や法則性を見出すためには，個々の地域での理解に基づき，積極的な比較検証を行っていくことが重要となる。この意味で，本書における現代中国の森林政策研究は，筆者にとってゴールではなく，地域間比較への出発点でもある。しかし，その地域間比較を進める上では，一定の「軸」が必要となる。これまでにも，森林に関しては，森林法（石井 2000 等），人口減少と所有関係（飯國ら 2018 等），森林経営の効率化を促す組織的基盤（岡・石崎 2015 等），管理制度（志賀 2018 等）といった軸での比較研究が試みられ，一定の成果をもたらしてきた。筆者もその幾つかに参画してきたが，法や権利関係といった，個別の軸に焦点を絞った地域研究をベースに，地域間比較に入ってしまうと，どうしても歪み，偏り，ミスリードが生まれやすくなる。すなわち，その軸に関する政策や社会変革が，地域の人間と森林との関係を決定づけるとの過大評価がなされたり，他の異なる条件や政策実施が，その軸の地域的な特徴に影響している可能性が見落とされたりする。例えば，今日の中国では，森林政策の実施の担い手となる森林関連の技術者や管理者等の専門家・専門人員が，地方・基層社会に数多く配置されている。だが，この人数や事実だけを見て，中国は日本等の他地域と比較して，森林管理・経営の人材育成に力を入れてきたと単純に評価するのはミスリードとなる。第 3 章や第 11 章で述べるように，中国では現代史を通じて，荒廃地への森林造成に人々を動員し，残された森林の厳格な資源保護に人員を割かねばならないという，全体的な政策事情がその背景にあった。

地域において，総合的な森林政策研究を行っておくことは，こうした短絡化の弊害を防ぎ，地域間比較とそれに基づく理論構築や将来展望を精緻化することに繋がる。特定の軸に基づく地域間比較に際しても，他の軸の影響や作用の可能性を見出しやすくなるのである。

付言すれば，同様の利点から，森林政策研究の時間軸も長い方が望ましい。現代中国の政策現場や研究では，しばしば新規性をアピールするためもあってか，直近の政策実施・変化を真新しく画期的と位置づける傾向もみられる。しかし，1949年以降の現代史を振り返ると，実のところ，以前にも似た政策が立案・実施され，政治路線の変動に伴って立ち消えとなっていたことも珍しくない。長期的な推移を見据えることで，個別の政策に関する表面的な理解や過大評価を避けることができる(8)。

これらの狙いを反映して，本書では，まず，第1部（第1章・第2章）において，森林関連の統計データや用語・概念，政治的・歴史的背景の検証を通じ，現代中国の森林政策の前提となる概況を整理する。その上で，第2部（第3章・第4章・第5章）では，「森林造成・保護政策」と「森林開発・林産業発展政策」という，現代中国の森林政策を彩る二大トピックと，域外や周縁からの影響を踏まえつつ，具体的な政策の展開を記述する。続いて，第3部（第6章・第7章・第8章）では，権利関係，政策実施システム，法令という，地域の森林をめぐる利害を調整・規定する各制度面から横串を刺す形で，森林政策の展開を深掘りする。その上で，第4部（第9章・第10章・第11章）では，森林政策の立案から実施に至るまでの担い手として，政治指導者層，専門家層，基層社会の人間主体が，それぞれの立場からどのように森林と向き合い，森林政策の実施に際して役割を果たしてきたかを概観・考察する（図0-3)。そして，終章にて，現代中国の森林政策とは何だったか，どのような影響を地域社会にもたらしたのかを結論として示す。このように，時系列，制度，人間（主体）等に跨って，森林政策の展開と影響を捉えることで，総合的な森林政策研究を実践する。

但し，人間主体から見た森林政策研究について，本書では，あくまでも森林政策の担い手が，どのような教育システムや仕組みを通じて養成・配置され，政策形成・実施にあたって，それぞれの立場に応じてどのような役割を果たしてきたのかを概観するにとどめる。実際に，彼らの活躍の背景となった経験や知識・技術の導入過程の詳細を踏まえた，中国における「人間ベー

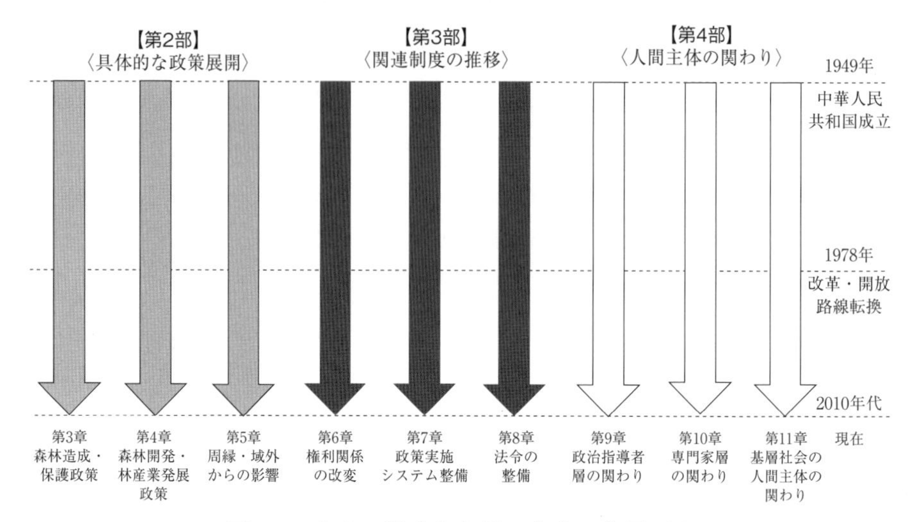

図 0-3　本書の構成と各部・各章の位置づけ
出典：筆者作成。

スの森林政策研究」は，別稿にて改めて行うこととしたい。勿論，これにあたっては，一点目に挙げた地域の森林をめぐる人間主体，立場，そして機能・価値・便益を明確に位置づけておくことが布石となる。すなわち，人間主体の立場に応じた森林に抱く「価値・便益」という認識部分にまで踏み込んだ地域研究アプローチを行っていくことが，将来的な狙いである。

3．3．研究手法と資料状況

本書の記述は，各部・各章にわたる軸やトピックに応じた，中央・地方における政策文書，個人文書，法令，統計，新聞記事等の資料の解析・検証に主に基づいている。また，2000～2010年代において，筆者が現地で行った聞き取り調査の結果も適時反映している。加えて，各章の内容に関連する日本語圏，中国語圏，英語圏の既往研究についても，極力，整理・紹介していくこととしたい。

中国という地域は，総じて，森林政策研究に関する資料状況に恵まれていると考えてよい。その大きな理由として，日本等と同様に，公文書をはじめ，文字として政策実施やその影響を記録しておく文化が定着していることが挙げられる。勿論，基層社会での森林との関わりの推移については，末端組織や住民への聞き取りに頼らなければならない局面はあるが，少なくとも県級の行政単位に至るまでは，現代史を通じた森林政策の実施に関する記録が，現地に残されている可能性が高い。筆者は，これらの行政機関の書庫に，各種の政策実施に関する報告書が，時系列・トピック毎に整然と並べられていたのを何度も目にしている。また，後述するように，現代中国では，森林政策とその主対象活動としての「林業」が，独立した行政機構の管轄部門とされてきたこともあり，中央政府はもとより，地方の森林行政機関や専門家によって，政策の推移をまとめた『林業志（誌・史）』が数多く出版されている[(9)]。中央政府レベルで公刊された記録としては，『中国林業年鑑』(中華人民共和国林業部 1989 ～ 1998，国家林業局 1999 ～ 2018）が 1988 年以降，前年の森林政策を総括して毎年出版されてきた[(10)]。

また，それ以前からの森林政策の内容を通史的に記述した公刊資料としては，『当代中国的林業』(当代中国叢書編集委員会 1985)，『中国林業年鑑：1949 年～ 1986 年』(中華人民共和国林業部 1987)，『中国林業五十年：1949 ～ 1999』(国家林業局 1999）等がある。現代中国の森林政策の全体的なイメージを掴むために，まず，手に取ってみるのもよいだろう。中央公刊資料，地方誌いずれも，その出版数と記述内容の豊富さに驚かされることになる。さらに，毛沢東，周恩来，鄧小平をはじめとした政治指導者や，著名な森林行政機関のトップや官僚の個人文書や活動記録も，『文集』，『文選』，『年譜』，『回憶』といった形で編集・公刊されている。そこから，彼らが各種の森林政策の立案・実施にあたって，どのような見解や影響を有していたのか，抜き出して確認することが可能である。

勿論，こうした後代に編纂された資料や公刊資料は，総じて二次資料と位置づけられるべきであり，各時期の森林政策過程とその影響を明らかにする上では，内容の批判的検討が必要となる。後述するように現代中国では，政治指導者内部での対立を反映する形で，全体的な国家建設の方向性が目まぐるしく変動してきた。その政治変動の度に，前時期の政治路線が全面的に否定されることも珍しくなく，森林政策についても「全く効果を挙げなかった」,「森林との関係において後退を招いた」との記述が，次時期の政治的な圧力を反映して判で押したようになされてきた。特に，上記の政策文書や個人文書が公刊された1980年代以降は，改革・開放路線の下に国家建設が進められてきたため，相反する政治路線がとられた1958～60年の大躍進政策期，及び1966下半期から1969年にかけての文化大革命期の森林政策に対して，軒並み否定的評価がなされる傾向にある。これは，政府の公刊資料のみならず，研究者による論文・書籍においても同様である。もっとも，文化大革命期においては，行政機関の官僚や知識人の多くが批判に晒され，地位を追われる等，森林政策の実施が難しくなる局面が演出された。また，政治的な混乱に伴い，文書記録が殆ど残されなかったという事実はある。しかし，森林政策とその影響を客観的に判断する人文・社会科学の地域研究としては，これらの政治変動に伴う記述のバイアスを少なくとも意識した上で，一次資料の発掘・参照や聞き取り等による検証を通じた，正確な状況把握を目指すべきだろう。

この点，現代中国の森林をめぐる法令については，同時代的検証が可能な場合が多い。例えば，中央政府の森林行政機関は，1950年代から各時期の森林関連の法令を『林業法規（令）彙編』（中央人民政府林墾部 1950～1951，中国林業編集委員会 1952，中華人民共和国林業部 1954，中華人民共和国林業部辦公庁 1956・1959～1960・1962～1964・1980～1983）として編纂・公刊している。1980年代後半以降は，前述の『中国林業年鑑』の各年版にて，おおよその中央レベルの法令が参照可能なほか，近年では行政機関のウェブサイト等でも確認できる場合もある。また，筆者は一部しか収集できていないが,『林業工作重要文件彙編』（中華人民共和国林業部辦公庁 1960・1963・1981～1982・1984）も，森林政策の立案・形成過程や方針を示す同時代的な公刊資料である。さらに，例えば湖南省『林業政策法規彙編』（湖南省林業庁 1983～1988・2002）のように，地方レベルでも，法令を中心とした森林政策の内容が，年毎に整理されている場合もある。このように，公刊資料に限ったとしても，同時代的検証が可能なものは，数多く残されていると見るべきである。加えて，馬（1952）や中国林業編集委員会

(1953) のように，現代史の各時点で出版された関連の著書も，それぞれの時期における森林政策の背景と内実を探る上で大いに参考になる。

但し，これらの文書資料にアクセスできるかどうか，という点には留意が必要である。今日，オンラインベースの書籍販売サイトや代理店を通じて，近年に公刊された中央レベルの『年鑑』等は，ほぼ購入が可能である。地方誌や編集・公刊された個人文書についても，購入が可能なこともある(11)。但し，書籍によっては，日本をはじめ中国域外への発送ができない場合もある。それ以前に公刊された『彙編』等の資料や，多くの『地方誌』，関連書籍については，現地の行政・研究機関の書庫，出版社の在庫，大学の図書館，書店，古本市，個人所蔵等から見つけていくしかない。地方誌は，当地の行政・研究機関や大学等に所属されている場合が多い。しかし，域外から訪れた人間が手に入れられるかどうかは，筆者の経験からすればケースバイケースである。例えば，それぞれの機関への正規の調査依頼や共同研究の手続きを経ていれば，入手のハードルは下がる。但し，近年は習近平体制下での引き締めの影響もあって，こうした手続き自体が難しくなる傾向にもある。一方，行政機関の所蔵する各種の森林政策の実施に関する報告書は，域外の人間によるアクセスが相当に難しい。実際に，利害対立に伴う紛争や法令違反事例をはじめ，政策実施が円滑に進んでいない状況をリアルに示す内容が多く含まれるからである。総じて，中国からの留学生や域内の研究者の方が，これらの資料へのアクセスは容易であり，今後の発掘や研究の充実が期待される。

対して，域外の研究者でも，問題無くアクセスできる同時代資料の一つは「新聞」である。『人民日報』や『光明日報』等は，現代史を通じて，各時期の政策実施状況や地域社会への影響を，記事として確認できる有益な資料で，「森林」や「環境」に関する記事も少なからず掲載されている。筆者は，本書の執筆にあたって，『人民日報』の各年版を主に参照した。また，1987年から刊行された『中国林業報』を受け継ぎつつ，1990年代以降は『中国緑色時報』が，森林関連に特化した新聞として定期的に発行されており，これらも近年の政策実施状況を確認する上で適時参照している(12)。但し，現代中国においてこれらの新聞は，いずれも中央政府・関連行政機関の「公報」としての位置づけにあるため，特に地方や基層社会における森林政策の影響については，政府にとって好ましい面に報道が偏る傾向を否めない。このため，森林政策の内容や意図をリアルタイムに確認する同時代資料として位置づけるのが妥当である。但し，政策の徹底や引き締めを図る目的から，しばしば，実際に地方・基層で生じている問題や森林政策の課題について，赤裸々なメスを入れた記事が掲載される場合もあり，実情を垣間見るツールとしても一定の有用性が存在する。

一方，「統計」に関しては，中央から省級レベルまでの公表済みの森林関連の公式統計を手に入れることは容易である。詳しくは次章にて述べるが，時系列の公刊資料としては，『全国林業統計資料彙編：1949 ～ 1987』（中華人民共和国林業部 1990），『中国林業統計資料：1996』（中華人民共和国林業部 1997）等を経て，1997 年以降は『中国林業統計年鑑』（国家林業局 1998 ～ 2017）によって，毎年の森林政策の成果を含めた各種のデータが整理されている(13)。また，先述した『中国林業年鑑』や，2000 年以降に毎年発行される中国の森林関連の「白書」に相当する『中国林業発展報告』（国家林業局 2000 ～ 2017）にも(14)，前年の数値を含めた時系列の主要な統計データが掲載されている。また，通常 5 年単位で行われる「全国森林資源調査」を通じて把握される森林の概況に関するデータも，『中国森林資源報告』等（国家林業局森林資源管理司 2000, 国家林業局 2005・2009・2014, 国家林業和草原局 2019）によって公表されている。これらは概ね，関連ウェブサイトからも購入可能である。

統計項目の定義やデータの読み方については，『中国林業統計指標解釈』（国家林業局 2000）等が参考になる資料として存在する。しかし，地級以下の地方レベルの詳しい統計実態は，これらの中央レベルでの公表資料からは窺い知ることができない。さらに，「全国森林資源調査」が開始される 1970 年代以前の森林概況データについては，統一的なものを手に入れるのが難しい。例えば，『山西省林業統計資料：1949 ～ 1987 年』（山西省林業庁 1988）のように，省級の森林行政機関が，管内の地方別（地級・県級別）の詳細な統計データを取りまとめている場合もある。また，前述した地方誌にも，各時期の管内における森林関連の統計が記載されていることが多い。すなわち，中国の森林政策の実施や影響を示す統計についても，地方での発掘・把握の余地が大きく残されている現状にある。

地方や基層社会における森林政策の実施状況と影響を探るには，やはり現地での実地調査が最良の手段となる。1990年代から2010年代にかけては，対外開放が進んだこともあり，留学生や若手の研究者を中心に，個別の森林政策の実施状況と影響にフォーカスした多くの研究が，中国各地での実地調査を通じて行われてきた。また，中国語圏では勿論のこと，英語圏でもこうした実地調査に基づく論文や研究書等が数多く発表されることになっている（Hideら 2003等）。これらの日本語圏・英語圏の研究成果は，掲載雑誌の講読，書籍購入，オンライン閲覧サービスを通じて随時アクセスすることができる。中国域内にて中国語で書かれた論文・記事・報告書に関しては，学術研究をはじめとした総合オンライン検索・閲覧サイトである「中国知網」（https://www.cnki.net/）を通じて，殆ど確認することができる。また，三谷（2000）をはじめ，森林との関わりを含めた農村調査も，幾つか実施されており，こうした成果から森林政策の基層社会での影響を垣間見ることもできる。特に，国際的なNGO活動や共同研究を介して，中国の基層社会での森林との関わりや政策の影響を扱ったものとしては，出村・但野（2006），保母・陳（2008），関・向・吉川（2009），深尾・安富（2010），島根大学・寧夏大学国際共同研究所（2017），菊池（2023）等が，日本に限っても出版されている。筆者も中心的に関わったものとしては，中国の木材産業や林産物貿易の発展に影響を及ぼす森林政策とその影響を総括した森林総合研究所（2010），森林をめぐる権利関係の改変に関する近年の政策実施状況を調査した奥田（2014）等がある。これらの研究は，以下の関連する各章で，改めて個別に紹介する。

また，近年の中国の森林政策の立案・形成過程を詳しく理解する上では，それに携わった人間に対する聞き取り調査が大いに有効である。筆者の経験上，こうした人間に辿り着くには，中国の森林関連の研究機関や大学等を経由するのがよい。実際に，こうした機関・組織には，政策の検討委員会等に参加する専門家が含まれるため，個人的な見解を踏まえて実情やプロセスを聞き取ることができる。場合によっては，そこから行政機関における政策担当者・責任者を紹介してもらうことも可能となる。

なお，近年，行政機関や関連組織・団体のウェブサイトにて，政策文書，法令，統計等の資料を参照し，研究成果に引用することも多くなっている。今後，情報手段の発達が進むにつれて，こうしたケースが増加していくことになろう。但し，現状の中国において，これらのウェブサイトに掲載された情報は，政策文書や統計データであっても，主要部分のみを抜粋した断片的なものであることが多い。また，行政機関の公式サイトであっても，アクセスできなくなる場合もしばしばある。したがって，取得日やURL等の情報記載は必須とすると共に，極力，大元の文書資料を入手することを勧めたい。

以上にも見てきた通り，近年，中国の森林関連の事象に着目した研究や書籍は次第に増加してきた。しかし，トップダウンの政策実施による人間と森林との関係の改変が行われてきた現代中国にあって，これらの事象を大きく規定する要因となる森林政策そのものに焦点を当て，総合的な整理・分析を試みたものは見当たらない。通史的な研究という意味では，Ross（1988）によって，木材供給・土地所有の観点から森林政策の展開が詳細に記述されている。しかし，特に1960年以降の時期については同時代資料に即した分析が殆ど無く，森林の所有・利用形態の考察に留まっている。また，日本語圏・中国語圏・英語圏の研究も，個別の政策実施とその影響・評価や，土地所有関係の変遷等，対象が限定される傾向にあった。このため，本書は，現代中国における総合的な森林政策研究として，多くの「空白」を埋めるという付随的な役割を果たすことになる。

〈注〉

(1) 古田（1998）は，日本の戦後の歴史学において，地域という概念を自明の枠組みとせず，歴史を認識するにあたって絶えず組み替えられ，また，研究者の問題意識に応じて「可変的」に設定するという共通認識が存在してきたことを指摘する。

(2) 立本（1997）は，これに加えて，ディシプリン（学問分野・研究手法）に基づく細分化を志向するアプローチと，総合的に空間的・生態的基盤を捉えるアプローチといった比較軸等を，「地域」研究をめぐって提起している。

(3) FAO, FAOSTAT：2015（http://www.fao.org/faostat/en/#country/351）（取得日：2018年5月31日）。なお，同年の中国の国家統計では13億7,462万人とされている（国家統計局

2016）。

(4) 通例的には省級行政単位別に，東北地区：黒竜江省・吉林省・遼寧省，華北地区：北京市・天津市・山西省・山東省・河北省・河南省，華中地区：上海市・湖北省・安徽省・江蘇省・浙江省・江西省，華南地区：湖南省・広東省・福建省・海南省・広西チワン族自治区，西北地区：甘粛省・青海省・陝西省・内モンゴル自治区・寧夏回族自治区・新疆ウイグル自治区，西南地区：重慶市・雲南省・貴州省・四川省・チベット自治区として区分される。

(5) 例えば，1949年から1954年まで存在した大行政区による区分は，華北，東北，華東，中南，西北，西南であり，こちらの区分も森林関連の統計等で用いられることがある。

(6) Kellert（1996）も，それぞれの価値を表象するものとして「便益」を位置づける。

(7) この用地提供機能を想定し，他の機能と同列に扱うことは，例えば経済学における勘定概念において，土地勘定としてストックとしての土地の用途（森林，農地，宅地等）に伴う収支，森林資源勘定として森林・林地としての活用に伴う収支を把握するといった階層的な視座（小池・藤崎 1997）とは一線を画すことになる。本書は，あくまでも，森林をめぐる価値・便益から機能を中立的に把握しようという試みにおいて，この用地提供機能を想定するものである。

(8) とりわけ中国の政治状況に関しては，長期的な時間軸から研究する重要性や，過去からの連続性への注目が提起されてきた（溝口ら 1995，尾形・岸本 1998 等）。例えば，文明史としては王朝の統一と分裂が繰り返され，現代中国では急進と穏歩を振り子のように繰り返す政治変動が生じてきた（毛里 1993，天児 2000 等）とされる。

(9) 近年は，「志」が用いられることが多いようである。但し，これらの地方誌には，『通志』，『省志』，『市志』，『県志』といった書名で公刊され，その中に『林業志』という巻号，もしくは「林業」の項目がある場合と，『林業志』として独立して出版される場合がある。総じて，各種の森林政策の重点的な対象となってきた地方では，単独の『林業志』が出版される傾向にある。少なくとも県級までは，この過去の森林政策の記録としての「林業志」の存在を期待することができる。

(10) 2018年の国務院改革以降は，再編された国家林業・草原局が，『中国林業和草原年鑑』を毎年編纂している。また，国家林業局の下で，2000年に調整が行われ，以後，タイトル年と出版年が一致し，その前年の政策実施を振り返るスタイルとなった。

(11) 国立国会図書館，アジア経済研究所，各大学図書館等，日本での関連施設に所蔵されている場合もある。

(12) 位置づけとしては，中央の森林行政機関による公報紙であり，発行主体である中国緑色時報社も，国家林業・草原局の敷地内に存在する。

(13) 2018年の国務院改革以降は，再編された国家林業・草原局が，『中国林業和草原統計年鑑』を毎年編纂している。

(14) 2018年以降は，再編された国家林業・草原局が，前年度の号数を付ける形で『中国林業和草原発展報告』を毎年編纂している。

〈引用文献〉

（日本語）

逢沢峰昭・木佐貫博光（2014）「バイオームと森林：森にはどのような種類があるか」井出雄二・大河内勇・井上真編『教養としての森林学』文永堂出版：59-73
アリソン，G.T. 著・宮里政玄訳（1977）『決定の本質』中央公論新社
天児慧（1984）『現代中国政治変動論序説：新中国成立前後の政治過程』アジア政経学会研究双書
天児慧（1992）『歴史としての鄧小平時代』東方書店
天児慧編（2000）『現代中国の構造変動 4：政治-中央と地方の構図』東京大学出版会
ブローデル，F. 著・浜名優美訳（1991 ～ 95）『地中海：Ⅰ～Ⅴ』藤原書店
出村克彦・但野利秋編著（2006）『中国山岳地帯の森林環境と伝統社会』北海道大学出版会
深尾葉子・安富歩（2010）『黄土高原・緑を紡ぎだす人々：「緑聖」朱序弼をめぐる動きと語り』風響社
古田元夫（1998）「地域区分論：つくられる地域，こわされる地域」樺山紘一他編『岩波講座：世界歴史 1：世界史へのアプローチ』岩波書店：37-54
萩野敏雄（1993）『日本現代林政の激動過程：恐慌・十五年戦争期の実証』日本林業調査会
ハーゼル著・中村三省訳（1979）『林業と環境』日本林業技術協会
平野悠一郎（2019）「新たな森林利用の潮流と文化的価値の創生：森林をめぐる価値研究序論」『林業経済研究』65(1)：27-38
保母武彦・陳育寧編（2008）『中国農村の貧困克服と環境再生：寧夏回族自治区からの報告』花伝社
飯國芳明・程明修・金泰坤・松本充郎編（2018）『土地所有権の空洞化：東アジアからの人口論的展望』ナカニシヤ出版
石井寛（2000）『世界の森林政策の動向と課題』北海道大学大学院農学研究科環境資源学専攻
菊池真純（2023）『中国農村での環境共生型新産業の創出：森林保全を基盤とした村づくり』御茶の水書房
吉良竜夫（1983）『生態学からみた自然』河出書房
小池浩一郎・藤崎成昭編（1997）『森林資源勘定：北欧の経験・アジアの試み』アジア経済研究所
栗山浩一・北畠能房・大島康行編著（2000）『世界遺産の経済学：屋久島の環境価値とその評価』勁草書房
三谷孝他編（2000）『村から中国を読む：華北農村 50 年史』青木書店
溝口雄三・伊東貴之・村田雄二郎（1995）『中国という視座』平凡社
毛里和子（1993）『現代中国政治』名古屋大学出版会
村上泰亮（1998）『文明の多系史観：世界史再解釈の試み』中央公論社
ナッシュ，R.F. 編・松野弘監訳（2004）『アメリカの環境主義：環境思想の歴史的アンソロジー』同友館
尾形勇・岸本美緒編（1998）『中国史』山川出版社
岡裕泰・石崎涼子編著（2015）『森林経営をめぐる組織イノベーション：諸外国の動きと日本』広報ブレイス

奥田進一編著（2014）『中国の森林をめぐる法政策研究』成文堂
太田猛彦（2004）「21世紀における日本の森林と山岳地の管理について」『地学雑誌』113(2)：203-211
太田猛彦・北村昌美・熊崎実・鈴木和夫・須藤彰司・只木良也・藤森隆郎編（2001）『森林の百科事典』丸善株式会社
ピアソン，P.著・粕谷祐子訳（2010）『ポリティクス・イン・タイム：歴史・制度・社会分析』勁草書房
関良基・向虎・吉川成美（2009）『中国の森林再生：社会主義と市場主義を超えて』御茶の水書房
志賀和人編著（2018）『森林管理の公共的制御と制度変化：スイス・日本の公有林管理と地域』日本林業調査会
志賀和人編著（2016）『森林管理制度論』日本林業調査会
島根大学・寧夏大学国際共同研究所編（2017）『中国農村における持続可能な地域づくり：中国西部学術ネットワークからの報告』今井出版
森林総合研究所編（2010）『中国の森林・林業・木材産業：現状と展望』日本林業調査会
高谷好一（1993）『新世界秩序を求めて：21世紀への生態史観』中公新書
立本成文「地域研究の構図：名称にこだわって」『地域研究論集』1(1)：19-33
梅棹忠夫（1967）『文明の生態史観』中央公論社
山本伸幸（2016）「テクノクラートと森林管理：近現代日本林政の一基層」『林業経済研究』62(1)：17-27

（中国語）
当代中国叢書編集委員会（1985）『当代中国的林業』中国社会科学出版社
国家林業局（2005）『2005：中国森林資源報告』中国林業出版社
国家林業局（2000～17）『中国林業発展報告：2000～2017』中国林業出版社
国家林業局（2009）『中国森林資源報告：第七次全国森林資源清査』中国林業出版社
国家林業局（2014）『中国森林資源報告：第八次全国森林資源清査』中国林業出版社
国家林業局編（1999～2017）『中国林業年鑑：1998～2016年』中国林業出版社
国家林業局編（2000）『中国林業統計指標解釈』中国林業出版社
国家林業局編（1998～2018）『中国林業統計年鑑：1997～2017』中国林業出版社
国家林業局編（1999）『中国林業五十年：1949～1999』中国林業出版社
国家林業和草原局（2018～19）『中国林業和草原発展報告：2017～2018年度』中国林業出版社
国家林業和草原局（2018～19）『中国林業和草原統計年鑑：2017～2018』中国林業出版社
国家林業和草原局（2019）『中国森林資源報告：2014-2018』中国林業出版社
国家林業局森林資源管理司（2000）「全国森林資源統計」
国家統計局編（2016）『中国統計年鑑：2016』中国統計出版社
湖南省林業庁（1983～88・2002）『林業政策法規彙編：1979～1982年・1983年・1985年・1986年・1987年・2000～2001年』湖南省林業庁

廖克主編（2007）『中国自然環境系列地図：中国植被図』中国地図出版社
馬驥編著（1952）『中国富源小叢書：中国的森林』商務印書館
山西省林業庁編（1988）『山西省林業統計資料：1949～1987年』山西省林業庁
中国林業編集委員会（1953）『新中国的林業建設』三聯書店
中国林業編集委員会（1952）『林業法令彙編：第3輯』中国林業編集委員会
中華人民共和国林業部（1954）『林業法令彙編：第5輯』中華人民共和国林業部
中華人民共和国林業部編（1987）『中国林業年鑑：1949年～1986年』中国林業出版社
中華人民共和国林業部編（1989～98）『中国林業年鑑：1988～1997年』中国林業出版社
中華人民共和国林業部編（1990）『全国林業統計資料彙編：1949～1987』中国林業出版社
中華人民共和国林業部（1997）『中国林業統計資料：1996』中国林業出版社
中華人民共和国林業部辦公庁（1956・1959～60・1962～64・1980～83）『林業法規彙編：第6輯上冊・第6輯下冊・第7輯・第8輯・第9輯・第10輯・第11輯・第13輯・第14輯・第15輯・第16輯』中華人民共和国林業部・中国林業出版社
中華人民共和国林業部辦公庁（1960・1963・1981～82・1984）『林業工作重要文件彙編：第1輯・第2輯・第6輯・第7輯・第9輯』中国林業出版社・中華人民共和国林業部
中央人民政府林墾部（1950～51）『林業法令彙編：第1輯〈上編〉・〈下編〉・林業参考資料之二』中央人民政府林墾部

（英語）

Clawson, M., 1975, *Forests for Whom and for What?*, Resource for the Future Inc.
Hide, W. F., Belcher, B., and Xu, J., 2003, *China' s Forests：Global Lessons from Market Reforms*, RFF Press
Kellert, S. R., 1996, *The Value of Life*, Island Press
Krott, M., 2001, *Forest Policy Analysis*, Springer
Ross, L., 1998, *Environmental Policy in China*, Indiana University Press
Westoby, J., 1989, *Introduction to World Forestry: People and Their Trees*, Oxford

第1部　現代中国の森林をめぐる概況

第1部では，現代中国の森林政策の展開をみていくにあたり，前提となる概況整理を行う。第1章では，現代中国の森林関連の公式統計から，この時期の中国を通じて，森林がどのような状態に置かれており，またどのような働きかけがなされてきたかを概観的に把握する。同時に，個別の統計用語の定義や，現代中国の政策現場や社会において用いられてきた森林関連の用語・概念の整理を行い，以後の記述に際しての表現の混乱を回避する。続いて，第2章では，現代中国前夜の人間—森林関係と，1949年の中華人民共和国建国から現在に至るまでの政治過程を概括し，現代中国の森林政策をめぐる歴史的・政治的背景を示しておく。

1949年以前の中国における森林希少地区の景観（陝西省）

出典：Photograph NO. L-727, Taken by Walter C. Lowdermilk, 1938-43, China, Box 3, National Archives Ⅱ.（筆者取得日：2006年5月22日）

第1章　現代中国の森林関連の統計データ・用語・概念の整理

現代中国の政策現場や社会においては，漢字によって森林関連の統計データの項目や用語・概念が表記されてきた。勿論，これらの漢字は，日本語で用いられてきた漢字と語源を同じくする。このため，例えば「樹木」や「土地」等，両言語で全く同じ意味となる漢字や熟語は多い。また，近代以降に欧米等から森林関連の政策・学術用語が導入されるにあたって，例えば「林学」や「環境」等，足並みを揃えた漢字への翻訳がなされてきた場合もある。一方で，個々の漢字の意味が同じであっても，日本語の「伐採」が中国語では「採伐」になる等，熟語としての構成が異なることもある。さらに，例えば，日本語の「国土保全」,「水土保全」,「治山」,「砂防」に相当し，それらを包括する用語・概念として「水土保持」という中国語が汎用されてきた等，漢字や表現が完全には一致しないケースもある。

その中でも，注意しなければならないのは，少なからぬ森林関連の用語・概念が，中国の森林をめぐる状況に応じて，日本語とは異なる発展経緯を辿ってきたということである。その過程では，日本語には見られない独特の漢字・熟語が用いられる場合もあった。また，同じ漢字表現であっても，その意味が大きく異なる用語・概念が存在してきた。こうした特徴的な用語・概念を反映して，中国の森林関連の政策領域や公式統計の項目が組み立てられるため，字面だけ見てその正しい意味を理解していないと，入り口からその解釈を誤ってしまうことになる。後述するように,「森林」,「林地」,「林業」等は，中国の状況に応じて特徴的な発展を遂げた用語・概念の典型例である。

これらの用語・概念の特徴と形成過程については，改めて言語学・歴史学的な視点や手法を踏まえての詳細な研究と比較検証が必要となる。しかし，現代中国の森林政策過程，とりわけ公式統計の構成と推移からは，これらの用語・概念を特徴づけてきた一つの前提が指摘できる。それは，1949年から現在に至るまでの時期において，中国が「森林の過少状況」という自然生態的背景の下に置かれており，その改善を目指すことが森林政策の大きな目的であったという点である。

以下に見ていく通り，現状の中国の森林関連の公式統計が示しているのは，「森林が少なく，その分布が不均等である」という事実である。また，その時系列的なデータ推移が示すのは，「それでも，その森林の過少状況は，現代史を通じて改善されてきた」という傾向である。そして，この前提と背景の下に，各種の用語・概念の意味も大きく規定され，政策領域や公式統計の項目に反映されてきたのである。

1. 現状の森林関連の公式統計

1．1．公式統計データの由来

今日の中国において，各種の森林関連の統計データは，中華人民共和国の国家統計やFAO等の国際機関の統計を通じて入手することができる。これらの統計データは，各項目の定義の違いに基づく多少の差異が見られるものの，基本的には，中国の各部門の行政機構が取りまとめた公式統計に基づいている。

しかし，物質（林産物）生産から環境保全の取り組みまでを含めた森林に関する統計領域は広く，単一部門によって全ての項目データが集計・管理されている訳ではない。次章以降で述べるように，1950～70年代は，社会主義建設に伴う計画統制が行われていた時期で，各部門の管轄領域が比較的明確であった。そこでは，データ集計・管理を含めた森林に関する統計業務が，中央行政府：国務院の林業部を頂点とした森林行政機構[(1)]にほぼ集中していた。しかし，1980年代に入ると，改革・開放路線下の経済の自由化・市場化に伴う産業構造の多様化，モノの流れのグローバル化が進み，中国の行政機構や統計項目もそれに対応した変化を迫られた。この時期，特に林産物の生産・加工・流通に関して，データの種類も多様化し，集計を行う部門も多岐に及んできた。但し，各部門によって集計された「数値」自体は，各地方行政単位で一括され，相互に把握できるようになる。近年を通じて，それらの各種の基本的な統計データは，中央・省級レベルで森林を管轄範囲とする行政機関（現在は国家林業・草原局と省・自治区・直轄市の該当機関）が取りまとめて出版・公表している。

この統計は，年度毎に公表される各年統計（造林面積，森林災害面積，林業投資，林産物生産量・輸出入量など）と，近年では5年単位で定期的に実施されてきた全国森林資源調査の結果に基づく定期統計（森林面積，森林被覆率，森林蓄積など）に大別される。概して，森林に対する人間の働きかけを示すデータは各年統計，森林自体に関するデータは定期統計で集計されている。

各年統計は，各地方行政単位の担当部門（森林行政機関や統計機関など）において集計された年度毎のデータが，中央に報告されることによって取りまとめられ，『中国林業発展報告』や『中国林業統計年鑑』等にて公刊されている。

定期統計の根拠となる全国森林資源調査は，段階的な理解が必要である。現代中国では，1950年代初頭から，各地で森林の概況を把握するための調査が進められてきた。中央行政府が初めてそれらを全域的な森林資源統計として整理したのは1962年であった[(2)]。その後，1973年から2018年に至るまで，「全国森林資源調査」として定式化された調査が計9回実施されており，2023年の時点では第10次調査がリアルタイムで行われている（表1-1）。同時点で公表されている最新の中国の森林面積，森林被覆率，森林蓄積等は，2014～18年にかけて実施された第9次全国森林資源調査（以下，第9次調査）[(3)]の結果に基づく。この調査は，基本的に各省に設置されている林業調査規画設計院の派遣人員と，各県の林業局の調査隊が協力して実施し，四地区（東北・中南・西北・華東）に存在する中央直属の林業調査規画設計院森林資源観測センターが，その設計・監査を行う形をとってきた。各回の調査結果を比較するため，固定されたサンプルプロットが設定され，回数を経る毎にプロット数の増加や調査手法の向上が見られている（張ら2009）。

1．2．全域的な統計が示す森林の過少状況

まず，中国全域の森林の現状を示す定期統計の各データ項目と，その集計

表1-1　現代中国における森林資源調査の推移

年代	具体年	調査の名称及び内容
1950年代	1949年～	建国直後より，各地方行政単位において森林資源の賦存状況に対する調査が進められる。全国的な集計も幾つか見られるが，推算の域にとどまる。
1960年代	1962年	初の全国的森林資源統計調査が実施される。但し，当時の調査基盤・基準の不備や不明確などから，限定的なデータ把握にとどまる。
1970年代	1973-1976年	第1次全国森林資源調査：全国森林資源調査としての定式化。
	1977-1981年	第2次全国森林資源調査：5年単位の調査実施が定式化。
1980年代	1984-1988年	第3次全国森林資源調査
	1989-1993年	第4次全国森林資源調査
1990年代	1994-1998年	第5次全国森林資源調査：森林面積認定における鬱閉度（樹冠率）の引き下げ（0.3→0.2）等，大幅な統計基準の変更が見られた。
	1999-2003年	第6次全国森林資源調査
2000年代	2004-2008年	第7次全国森林資源調査
	2009-2013年	第8次全国森林資源調査
2010年代	2014-2018年	第9次全国森林資源調査：国家林業・草原局から2019年に最新データとして公表された。
	2019-2023年	第10次全国森林資源調査：2024年以降に公開見込み。

出典：国家林業局森林資源管理司（2000）「全国森林資源統計」，国家林業局（2005）『2005：中国森林資源報告』，国家林業局編（1999）『中国林業五十年：1949～1999』，国家林業局（2009）『中国森林資源報告：第七次全国森林資源清査』，国家林業局（2014）『中国森林資源報告：第八次全国森林資源清査』，国家林業和草原局（2019）『中国森林資源報告：2014-2018』を参照して筆者作成。

基準・方法から，中国の森林をめぐる状況を概観してみよう（表1-2）。

2018年の第9次調査の終了時点で，中国全域の森林被覆率は22.96％と集計されている。これは，同時期の世界平均の約30.6％[(4)]，日本の約67％[(5)]と比べると，相当に低い数値となっている。森林面積（2億1,822.05万ha）は，日本（2,505万ha）の約10倍近くとなるが，総土地面積が約25倍であるためその割合は低くなる。人口で按分すると，域内に住む一人あたりの森林面積は約0.16haとなり，世界平均（約0.53ha）の3分の1以下となる。中国における「森林の過少状況」という現状を，端的に表すデータである。

先に述べた通り，農耕拡大以前の中国は広範囲で森林に覆われていた。このため，今日の森林過少状況は，それ以降の歴史的な人間活動に伴ってもた

表1-2　中国における森林の現状（2018年時点）

項目区分	項目内訳	データ（単位）	内訳割合
林業用地面積（林地面積）		32,368.55（万 ha）	
	喬木林地	17,988.85（万 ha）	55.58%
	竹林地	641.16（万 ha）	1.98%
	疎林地	342.18（万 ha）	1.06%
	灌木林地	7,384.96（万 ha）	22.82%
	未成林造林地	699.14（万 ha）	2.16%
	苗圃地	71.98（万 ha）	0.22%
	跡地・宜林地	5,240.28（万 ha）	16.19%
森林面積		21,822.05（万 ha）	
	喬木林地	17,988.85（万 ha）	82.43%
	竹林地	641.16（万 ha）	2.94%
	特殊潅木林地	3,192.04（万 ha）	14.63%
森林被覆率（森林率）		22.96（%）	
活立木蓄積		1,850,509.80（万 m^3）	
	森林蓄積	1,705,819.59（万 m^3）	92.18%
	疎林蓄積	10,027.00（万 m^3）	0.54%
	散生木蓄積	87,803.41（万 m^3）	4.75%
	四傍樹蓄積	46,859.80（万 m^3）	2.53%

注：表中の数値に，台湾・香港・マカオのデータは含まれていない。
出典：国家林業和草原局（2019）『中国森林資源報告：2014-2018』を参照して筆者作成。

らされてきたことになる。すなわち，現在の中国の森林被覆率は，人間活動の拡大によって域内の森林の諸機能が低下してきたという長期トレンドを反映する形となっている。

この森林の過少状況のために，中国では長年，木材をはじめとした林産物の供給不足に悩まされ，近年では，輸入拡大による域外の森林資源への依存を強めることになってきた。また，人為的な破壊に伴う森林の減少・劣化は，内陸各地での土壌流出による土地荒廃，農村の貧困，河川流域での洪水の多発，黄砂の砂塵や砂漠化の拡大，生物多様性の喪失といった問題を引き起こしてきた。これらは，近年，日本でも多く報道され，周知が進んできた問題でもある。

この森林過少・減少によって水源涵養，土壌固定，気候緩和の機能が失われた結果，現在の中国各地では，表土流出や乾燥化が進み，植生が回復せず，各種の生産活動に適さない「荒廃地」が多く存在することになっている。荒廃地とは，何らかの原因による劣化を経た土地であり，気候や標高等によって森林・樹木の生育が本来的に望めない砂漠，高原，原野とは異なる。現在の中国語では，「荒山荒地」等と表現され，その拡大やそこに至るプロセスを「土地退化」等と呼ぶ。この荒廃地は，土地計画上の農地，林地，草原，その他の用地等に跨って存在するため，統計的な把握は難しい。但し，森林政策の対象となる林地等の範囲では，歴史的な森林破壊がその最大の形成要因とみなされてきた。また，FAOによる2015年の統計では，中国の農地面積は，総土地（陸地）面積の約56%を占めるのに対して，直接的な食糧生産が行われている耕地面積は約13%に過ぎない[(6)]。すなわち，多くの農地も土地退化に伴う荒廃地の増加に直面しており，その原因として森林の消失に伴う表土流出が挙げられることも多い[(7)]。

この荒廃地の拡大と，その裏側としての森林被覆率の低下を，いかにして食い止めるか。これが，現代中国の森林政策を大きく方向づけてきたことは想像に難くない。

1．2．1．林地（林業用地）と森林の違い

こうした背景を踏まえて，中国の森林関連の公式統計を見る際にまず注意しなければならないのは，「林地」と「森林」が全く違うものを指すという点である。

表1-2には，「林業用地面積」と「森林面積」という二つの項目が存在している。一般的に，中国の森林政策で「林地」というのは，この土地計画上の概念である林業用地を指す[(8)]。本書でも，林地は林業用地を意味するものとして用いる。

現代中国では，「林業用地」と「森林」の面積が，公式統計上，明確に区分されて集計され，その数値も大きく異なってきた。第9次調査時点では，林業用地面積が3億2,368.55万haであるのに対し，森林面積は2億1,822.05万haである。この集計項目と数値の違いは，森林の過少状況とそれを克服

するための政策的対応を背景としている。現代史を通じて，森林被覆率が23%に満たなかった中国では，森林の拡大が目指されたため，各行政単位で森林造成の予定地が多く指定されてきた。また，森林の生育・回復に適さない乾燥地帯などでは，灌木や低木が疎らにしか存在できず，伐採や火災の後に天然更新されずに長く放置された土地も多く存在してきた。これらの土地が，表中の「灌木林地[(9)]」(7,384.96万ha，22.82%)，「疎林地[(10)]」(342.18万ha，1.06%)，「跡地・宜林地」(5,240.28万ha，16.19%）に相当し，合計で林業用地面積の40.07%を占めている。「跡地」は，伐採跡地，火災跡地，その他跡地，「宜林地」は，造林失敗地，計画造林地，その他宜林地に小区分されている。「未成林造林地」(699.14万ha，2.16%）は，植栽後，一定の年数を経るまでの造林地（幼林地）を指し[(11)]，森林面積には含まれない。対して，森林とみなされるまでに樹木が生育した「喬木林地」(1億7,988.85万ha）に，「竹林地」(641.16万ha）と「特殊潅木林地」(3,192.04万ha）を加えた森林面積は，林業用地面積の67.42%に過ぎないのである。

以上の事情から，中国の公式統計において，「林地」は「森林」から明確に区別され，後者が前者を大きく上回る形となってきた。例えば，温暖湿潤で樹木の生育に適し，伐採―更新による林業生産のサイクルが確立されてきた日本では，森林は，「木竹が集団的に生えている土地」に加えて，「木竹の集団的な生育に供される土地」とみなされている[(12)]。すなわち，現状が跡地あっても，引き続き林木が育成されることになっていれば森林となる。日本の場合，殆どの地方では，放っておいても数年後には事実上，喬木林が回復するので，この同一視はあながち不合理ではない。ところが，中国の多くの地方では，気候や地勢等の要因もあり，森林の伐採や他の過剰利用で比較的容易に荒廃地が形成されてしまう。そして，過去の歴史を通じて生み出されてきたそれらの土地の多くが，現代中国では森林の回復を見込んで「林業用地」と見なされてきたのである。すなわち，日本の感覚や集計基準をもって，森林と林地はほぼ同義と考えてしまうと，中国においては大変な誤解を生むことになる。

この点に関して，もう一つ注意しておきたいのは，現代中国の統計や政策において用いられる「林業」という用語の意味である。日本語の林業には，学術的・社会的な観点を問わず，狭義と広義の二つの解釈が存在する。すなわち，狭義には，森林を経済的な便益に照らして利用する産業活動を指すのに対し，広義には，森林の多面的機能に付随するあらゆる価値・便益を発揮させるための人間活動を指す(13)。しかし，現代の日本社会において，一般的に林業としてイメージされてきたのは，どちらかと言えば狭義の産業活動であろう。

対して，中国語の林業には，広義の意味しか存在してこなかった。むしろ，現代史を通じては，「計画的に現有の荒廃地を緑化し，森林資源を拡大する活動」として政策現場で用いられてきた(14)。すなわち，中国における林業という用語は，地域の森林の過少状況を克服し，森林の諸機能を維持・回復・増強する働きかけ全般を意味するものとして定着してきた(15)。

1. 2. 2. 何が「森林」とみなされているか？

今日の中国において，「森林」とは，日常会話等で一般的な樹木の叢生地を指す場合と，政策・統計上の概念として用いられる場合で，やや意味が異なってくる。前者の場合は，「喬木を主体として，灌木・草本植物やその他の生物を包括し，相当規模の空間を占め，密集して成長を遂げるとともに，周囲の環境に顕著な影響をもたらす生物群落である(16)」との一般的な定義に沿って用いられている。

後者の場合，その意味するところはより厳密である。例えば，「森林面積」（2億1,822.05万ha）や「森林被覆率」（22.96％）といった公式統計のデータも，こちらの森林の定義に則って集計されている。

国務院が2000年に発行した「中華人民共和国森林法実施条例」では，森林被覆率を「各行政単位における森林面積の土地面積に占める百分率」とし，森林面積を「鬱閉度（樹冠率）0.2以上の喬木林地面積，竹林面積，国家が特別に規定する灌木林地面積，農田林網（田畑を取り巻く林帯），村・路・水辺・家屋周囲に植えられた林木（「四傍（植）樹」と呼ばれる）の被覆面積を含める」と定義している(17)。ここで喬木林地とみなす基準は，他地域でも一般的となっている樹高5m以上の立木が優勢となることであり，一定の条件を満たした農田林網面積と四傍樹面積も，喬木林地面積に反映されている。これが，すなわち後者の「森林」の意味であり，現在の森林被覆率22.96％とは，この意味での森林面積が土地面積に占める割合である[(18)]。

第9次調査における喬木林地面積と竹林面積は，公式統計上の森林面積を下回っているが[(19)]，この差は，上記の定義における「国家が特別に規定する灌木林地面積」を加算することで埋められる。第9次調査では，この項目が「特殊灌木林面積」（3,192.04万ha）として明示されている[(20)]。この森林とみなされる灌木林地の基準設定は，各地方行政単位で異なっている。特に，北方黄河流域のように，表土流出や乾燥化で喬木林の生育が難しくなった地方では，降水量や気温が基準設定に大きくかかわっている。また，西南地区の高山地帯では，林地の標高も基準として換算されている。

これらの基準に満たない灌木林地は，森林面積に加算されないので森林被覆率には反映されない。しかし，別途，地方行政単位でしばしば算出される「林木被覆率」という統計項目には含まれたりもする。

一方，現代中国では，森林面積と同様に，地域の森林の現状を示す基本的な統計項目である森林蓄積にも，幾つかの異なる概念・数値が含まれてきた。第9次調査では，「森林蓄積」（170億5,819.59万m^3）と別に「活立木蓄積」（185億509.80万m^3）が集計されている。表1-2に示した通り，森林蓄積，疎林蓄積，散生木蓄積，四傍樹蓄積を加えたものが，活立木蓄積となる。

ここで森林蓄積とは，喬木林地における立木のみを対象に算出される[(21)]。すなわち，竹林や疎らに生えている樹木は，公式統計上の森林蓄積の対象から外れる。「疎林蓄積」（1億27.00万m^3）は疎林地，「散生木蓄積」（8億7,803.41万m^3）はその他の喬木林地以外の土地の立木を対象としていると考えられる[(22)]。一方，「四傍樹蓄積」（4億6,859.80万m^3）は，一定の鬱閉度と樹冠幅を持つものが喬木林地面積に含まれて森林蓄積としてカウントされるため，それ以外の小規模な四傍樹が集計対象と考えらえる。

1．2．3．天然林と人工林の面積・蓄積

第9次調査において，「天然林」と「人工林」の面積区分は，上述の「森林面積」（2億1,822.05万ha）に即して行われている[(23)]。対して，天然林と

人工林の蓄積区分は，「喬木林地面積」（1 億 7,988.85 万 ha）のみを対象とする「森林蓄積」（170 億 5,819.68 万 m^3）に即して行われ，面積区分では含まれていた竹林や特殊潅木林は集計の対象外である（図 1-1）。

そこで，喬木林地に限定して単位面積あたりの蓄積量（m^3／ha）を比較すると，天然林が 111.36，人工林が 59.30 となり，そこには 2 倍程度の差が存在する。すなわち，今後，面積で 36％程度を占める人工林の比率が増加していった場合，それが森林の諸機能の向上につながるかどうかは，注意深

現況の森林面積とその天然－人工林別内訳（万 ha）

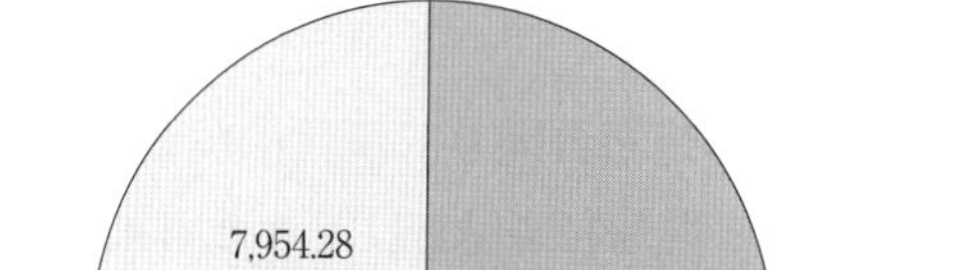

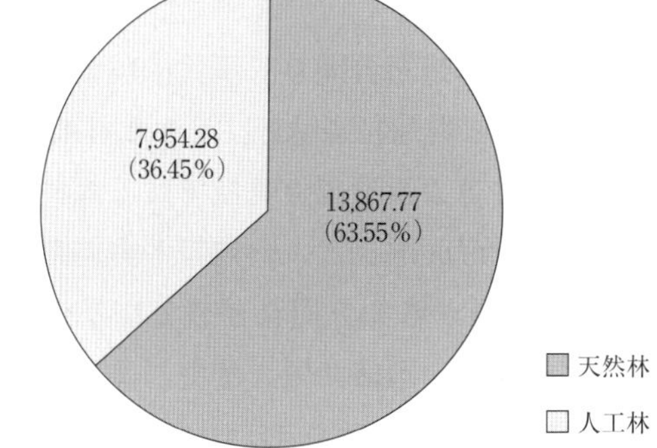

現況の森林蓄積とその天然－人工林別内訳（万 m^3）

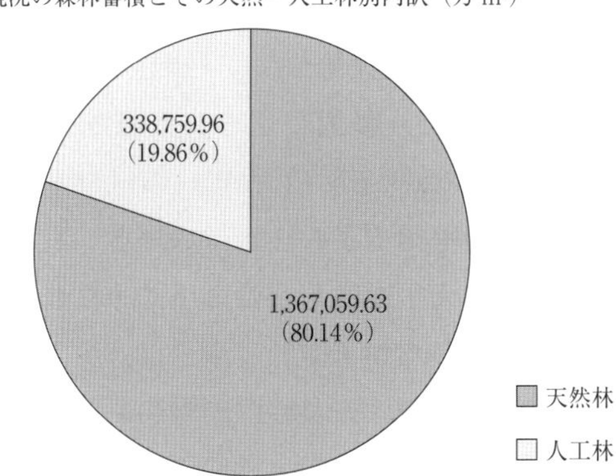

図 1-1　現況の森林面積・蓄積の天然林―人工林別内訳
出典：国家林業和草原局（2019）『中国森林資源報告：2014-2018』を参照して筆者作成。

い判断が必要となる。

天然林と人工林の定義にも留意が必要である。現代中国において，天然林は，人の手を経ずして自然に発生・成長した森林という意味で通例的に用いられている。しかし，公式統計などで集計される場合は，次の但し書きを伴う。すなわち，この地域の「森林資源が長期的に人間による干渉を受けてきた」ため，「目下，天然林という概念を使用する際には，およそ人工造林によって形成されていない森林をも意味」し，したがって「封山育林，人工補植，及び，間伐を経て形成された自然発生に起因する林分をも天然林に包括」される(24)。ここでの「封山育林」とは，各地の荒山・荒地において人為的な活動を排除し，森林の形成を促すというもので，天然更新の一形態と捉えられる(25)。

しかし，他の人工補植や間伐も含めて，現代中国では，事実上，人工的に造成された森林の多くを，天然林とみなしてきた可能性も否めない。実際に，近年，森林の希少な北方の黄河中上流域では，森林の回復による水土保全を目的とした天然林資源保護工程という政策が実施されてきた（第3章参照）。その対象地では，明らかに人為的な植栽等に基づく森林再生の試みも見られていた。もっとも，この地区では，歴史的に森林の希少化に伴う表土流出や乾燥化が進んできたため，森林の自然回復が殆ど望めない事情はある。ともあれ，統計上の天然林と人工林の数値は，こうした現場での区分の曖昧さを包含すると思われる。

一方，人工林とは，人為的な播種，植苗，挿し木などによって造成された林分と定義されている。また，後述のように人為的な植栽には，人工造林（人手）と航空造林（航空機からの種子散布）の区分がある。最新の調査結果では，人工林面積は7,954.28万haとなっており，圧倒的な世界首位である。樹冠率0.1等の基準で取りまとめられるFAOの直近の統計では，さらに多く8,470万haと集計されている(26)。

ここにおいても見られるように，現代中国では「森林を増やすための政策」が，大きなトピックとして，或いはプロジェクト・ベースで行われてきた（第3章参照）。これらを「緑化」政策，「植林」政策，「造林」政策と表記する論者も見られるが，実際には，上記した天然林や人工林を含めた様々な造成手法が，個々の政策内容に含まれる場合が殆どであった。こうした「森林を増やすための政策」を総括する日本語表記としては，「森林造成」政策が最も適当である。なぜなら，「緑化」は中国語においても森林に限らず，植物・植生全般の回復や造成を意味する場合がある。また，「植林」は意味が人工植栽に限定され，「造林」は中国語の政策用語としての人工林造成と混同されやすいからである。

1．2．4．土地・林木所有別にみた森林面積

1950年代後半から現在に至るまで，中国では林地（林業用地）を含めた「土地」は，国家所有（中央及び各行政単位による所有），及び，基層集団組織による集団所有（原語：集体所有。現在は「村民小組」，「村」或いは「郷・鎮」による所有）のいずれかに区分され，農民世帯や私営企業などの私的主体による所有が認められてこなかった。一方で，土地に植栽された「林木」をめぐる諸権利は，別個の権利体系として取り扱われつつあり，1980年代から，私的主体による所有を認め，推し進める流れが強まってきている（第6章参照）。

現状，喬木林地の土地所有別内訳で，国家所有と集団所有の割合は概ね4：6となっている（図1-2）。国家所有林地の多くは，東北・西南地区等の大森林地帯に存在する。対して，各地の農村の周囲には集団所有林地が多い。近年，退耕還林工程等の政策実施を通じて，村等の集団所有する農地を林地に指定して森林造成を行うケースが増えている（第3章参照）。このため，今後，全体的な森林面積の増加に伴い，集団所有林地の割合が増す可能性が高い。

中国の所有別面積で特徴的なのは，「林地所有」とは別個に「林木所有」の内訳が集計されていることである。この集計が開始されたのは，第6次全国森林資源調査（1999～2003年）であった。これは，同時期に推進された「非公有制林業」と呼ばれる林木所有権を私的主体に付与する政策の成果を示す狙いがあったためである。すなわち，土地所有権が国家・集団に限定される中で，個人・世帯・企業等の積極的な森林経営を促すために，彼らに「林木」の権利を保障する取り組みが行われてきた。この権利保障は，2000

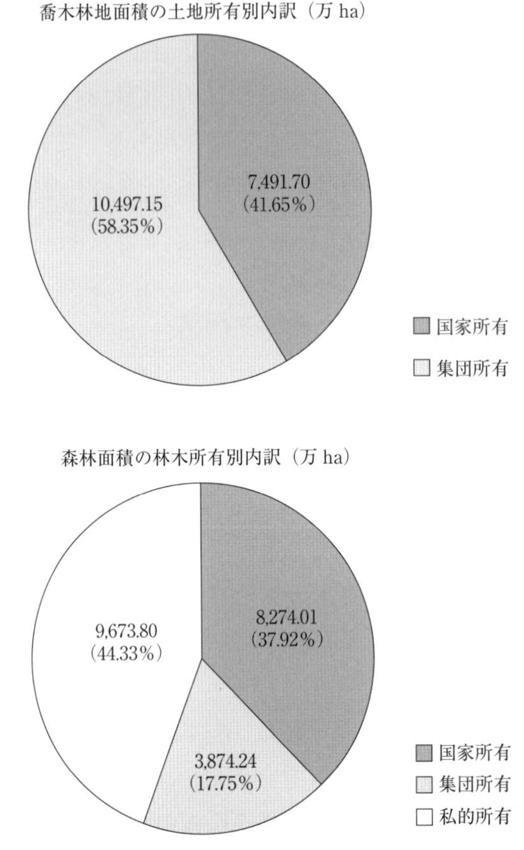

図1-2　中国における森林面積の土地・林木所有別内訳
注：第9次全国森林資源調査では，土地所有別の面積内訳が，喬木林地面積，林地面積に対してのみ公表されている。
出典：国家林業和草原局（2019）『中国森林資源報告：2014-2018』を参照して筆者作成。

年代後半から「集団林権制度改革」等として政策的に本格化し（第6章参照），統計的には林木の私的所有（原語：個体所有）としてその成果が記録されていくことになった。その結果，第6次から第8次調査にかけて私的所有の割合が顕著に上昇し，第9次調査では44.33%を占めるまでになっている。

今日の中国では，しばしばこの私的主体の林木所有を理由に，域内において「私有林」が存在すると語られる場合がある[(27)]。しかし，森林・林地の底地としての土地所有権は国家・集団に限定されているため，他地域の私有林と同義に捉えることはできない。今日の中国で，私有とされているのは，あくまでも「林地」ではなく「林木」である[28]。

1．2．5．森林の用途別にみた面積・蓄積

本書が念頭に置く「森林をめぐる多様な機能・価値・便益」に大きく関わ

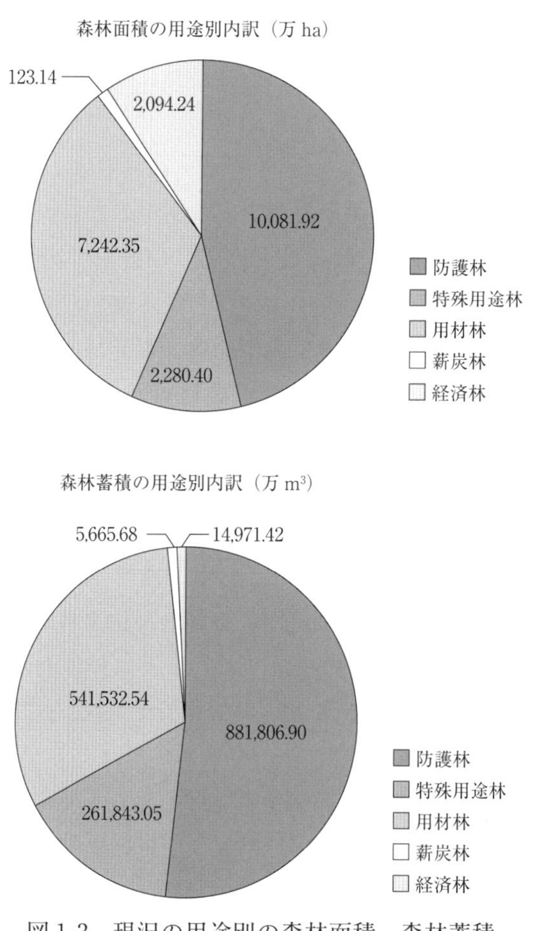

図 1-3　現況の用途別の森林面積・森林蓄積
出典：国家林業和草原局（2019）『中国森林資源報告：2014-2018』を参照して筆者作成。

る公式統計上の項目は，森林の用途別に見た面積・蓄積である（図1-3）。現代中国では，幾つかの方法で森林が用途として機能別に区分・ゾーニングされ，それに基づく政策実施がなされてきた。その中でも，時期を通じて一般的であったのは，「五大林種」と呼ばれる区分である。図1-3に示した「用材林」，「防護林」，「特殊用途林」，「薪炭林」，「経済林」がこれにあたる。

このうち「経済林」は，食用果実，食用・工業油糧，飲料，調味料，工業原料，薬種等の生産を主目的とした林木とその経営地を指す[29]。すなわち，果樹林などの商品作物を生産している土地に相当し，森林をめぐる機能・価値・便益として見ると，商品や生活資材としての物質提供機能に伴う財の蓄積を主目的とした用途区分である。この経済林に関しては，幾つかの注意が必要となる。例えば，クルミ等の食用果実，ツバキ等の食用油糧，松脂・ゴム等の工業原料の生産は，日本でも「特用林産物」としての範疇に含まれる。しかし，リンゴやミカン等の食用果実，茶等の飲料，クワ（養蚕用）等の工業原料の生産は，日本では「農業部門」の統計で扱われてきた。しかし，現代中国では，幾つかの条件や地方における違いが存在すると見られるものの，経済林に基づくこれらの生産関係は「森林部門」の統計に計上されている。また，果樹等の経営地は，農業生産を目的としたものとして，FAOの森林資源調査（FRA）でも基本的に扱われてこなかった[30]。対して，現代中国の公式統計では，経済林として扱われたものは森林面積にカウントされてきた[31]。

次に，「用材林」は，木材生産を主目的とした林木と林地に相当する[32]。すなわち，木材という物質提供機能による財の蓄積を目的とした用途区分である。なお，「竹林」は，第9次調査において五大林種別の面積区分が明示されたが，主に竹材の生産に伴う財の蓄積を目的としてきたため，その68.47%（438.99万ha）が用材林に区分されている[33]。

対して「防護林」は，物質提供機能の発揮ではなく，環境保全機能に伴う価値・便益の保障を目指す用途区分である。すなわち，水源涵養，土壌保全，防風防沙，農田・牧場の防護，護岸，護路等を主目的とした森林と位置づけられる[34]。地域内の多様な状況に応じて，細部ではより多くの目的が存在すると考えられる。現状，面積・蓄積ともに最大の割合を誇るが，蓄積ベースの割合が用材林等を大きく上回るため，総じて天然林での指定が多いことが窺える。

「特殊用途林」は，国防，環境保護，科学実験などを主目的とした森林・林木と定義される[35]。こちらには，風景林等の景勝地の景観を形成する森林や，革命運動等を記念した植樹地などが含まれており，森林の精神充足機能に伴う価値・便益を多分に反映した形となっている。また，重要な森林生態系の保全と，それに関する科学研究の場としての自然保護区の森林が含まれるため，生物多様性維持という森林の環境保全機能に対する，科学的な観点からの人間の価値・便益認識を背景としてもいる。

「薪炭林」は，薪炭燃料の採取を主目的としたものである[36]。すなわち，木質燃料としての地域住民の生活資材の提供機能を主に反映した用途区分である。しかし，冬場の寒さの厳しい地区を中心に，近年でも億単位の住民の需要があるにもかかわらず，その割合は，面積・蓄積ともに微小である。事実，FAOは，2005年の時点で中国の薪炭材生産が，域内の木材需要の半分以上を占めると見積もっており[37]，ここで薪炭林とゾーニングされた森林からの燃料生産が，それをカバーできているとは到底思われない[38]。一方，現代中国では，森林資源のこれ以上の劣化を避ける観点から，林木の伐採を伴う薪炭利用を規制し，他の生活燃料に代替する政策も実施されてきた（第4章参照）。これらの事情もあって，薪炭林は，五大林種の中でもっとも謎が多く，実態面との乖離が疑われる区分である。

この他の森林の用途区分としては，1990年代以降に「森林分類経営」（原語では林業分類経営とも呼ばれる）として実施された「（生態）公益林」と「商品林」への区分が存在する。この二区分の実施背景は第3章で後述するが，基本的には上記の五大林種の区分を，「保護」と「利用」のどちらを主目的とするかで塗り直したものである。すなわち，保護重視の公益林は防護林と特殊用途林に，利用重視の商品林は用材林，経済林・竹林，薪炭林に，それぞれ重なっている。

1．3．地方別の統計に見る森林分布の不均等

現代中国の森林をめぐる諸問題をより複雑化させてきたのは，残された森

林の分布が非常に偏ってきたという事実である。

2000年代における各省・自治区・直轄市（省級行政単位）別の統計データからは，大半の天然林を中心とした森林が，東北の黒龍江省，吉林省，内モンゴル自治区，西南の四川省，雲南省，チベット自治区に跨る地方に蓄積されてきたことが読み取れる（図1-4）。これに対して，北方の黄河流域で，過去の王朝統治の中心地も多く所在した河北省，山西省，河南省，山東省，寧夏回族自治区，さらに新疆ウイグル自治区等は，森林被覆率・面積・蓄積ともに顕著に見劣りする。一方，浙江省，福建省，江西省，湖南省，広東省，広西チワン族自治区等の長江中下流域以南の地方は，温暖湿潤な気候下での木材生産を目的とした森林経営の歴史が古いため，比較的森林が多く，かつ人工林率が高いという特徴を有する。

自然生態的特徴に準じると，中国における森林は，①東北の大小興安嶺から長白山系に跨る一帯（黒龍江省，吉林省，遼寧省，内モンゴル自治区の一部）と，②西南の長江・メコン川上流域の高山地帯（チベット自治区，四川省，雲南省の一部），③長江中下流域以南に広がる低山丘陵地帯（浙江省，安徽省，福建省，江西省，湖北省，湖南省，広東省，広西チワン族自治区，貴州省を含む），④西北に点在する山岳地帯（新疆ウイグル自治区，甘粛省，陝西省の一部），及び，⑤海南島や雲南省南部などに広がる（亜）熱帯多雨林地帯に集中して分布する（地図1-1）。公式統計や政策文書においても，この5つの地帯にほぼ重ねて「五大林区」（①東北・内蒙古林区，②西南高山林区，③東南低山丘陵林区，④西北高山林区，⑤熱帯林区）という呼称が用いられてきた（地図1-2）。これらの五大林区は，土地面積としては中国全域の4割程度であるのに対し，面積で8割近く，蓄積で9割以上の森林を抱えてきたとされる[39]。

この森林集中の構図は，現代中国を通じてほぼ不変であった。1949年，中華人民共和国成立の時点で，①東北・内蒙古林区，②西南高山林区，④西北高山林区，⑤熱帯林区には，多くの未開発の天然林が残されていた。このため，2000年代に至るまで，国家建設に必要な資材の供給源と位置づけられてきた。中でも，大面積・高蓄積の天然林が広がる東北・内蒙古林区と西南高山林区に相当する地帯（写真1-1）は，建国後まもなくして，国家所有

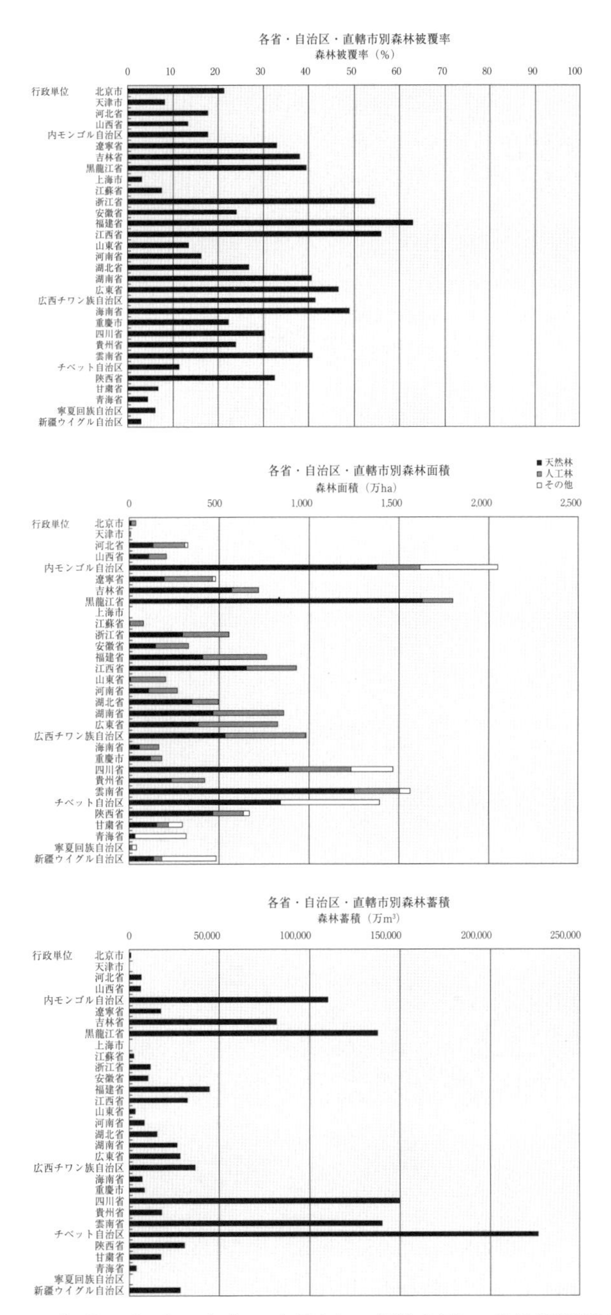

図1-4　2000年代における各省・自治区・直轄市別の森林関連統計データ
出典：国家林業局（2005）『2005：中国森林資源報告』を参照して筆者作成。

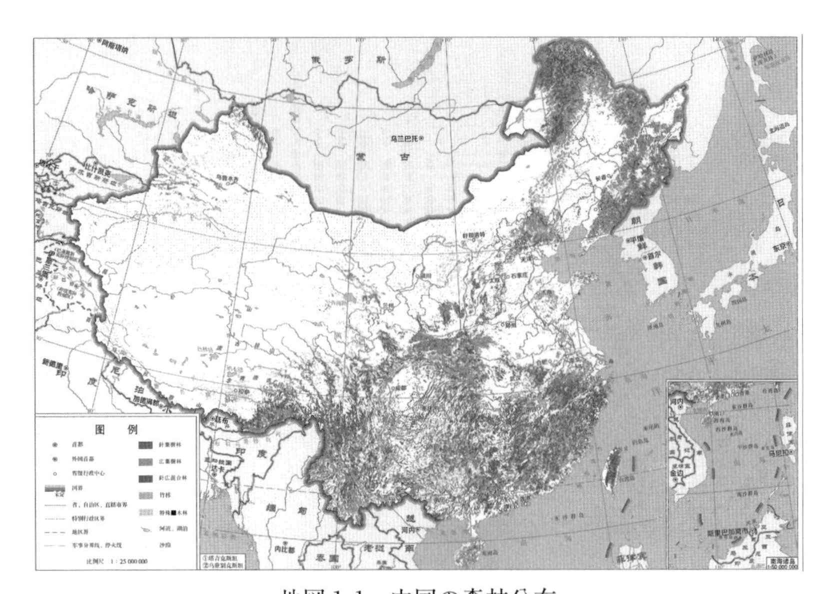

地図 1-1　中国の森林分布
出典：国家林業和草原局（2019）『中国森林資源報告：2014-2018』（附図 1）。

地図 1-2　現代中国の五大林区
出典：国家林業和草原局（2019）『中国森林資源報告：2014-2018』（附図 7）。

写真1-1　中国東北・西南地区等に広がる大面積の国家所有林
出典：チベット自治区林芝地区にて筆者撮影（2007年7月）。

化（国有林区化）と旧体制下に設立された設備・技術の接収が行われ，以後，積極的な森林開発が進められていった（第4章参照）。

すなわち，現代中国においては，森林が多く見られる地区（五大林区等）と，希少な地区（北方黄河流域等）が，比較的明瞭に存在してきた。加えて，森林の分布する五大林区には，現代史を通じた林地所有区分によって際立った違いが内包された。すなわち，1949年の中華人民共和国成立以降，他の四林区における大面積の森林が原則的に国家所有とされていく中，③東南低山丘陵林区を軸とした長江中下流域以南では，個々の住民による以前からの森林経営を受け継ぐ形で，村や世帯での権利保持が認められ，村等の集団が大半の林地所有主体となった（第6章参照）。この林区の総称や範囲は，各時期の公刊資料でも異なっており，公式統計上は，第5次全国森林資源調査まで「南方集団林区」（原語：南方集体林区）とされた。第6次調査以降は，東南低山丘陵林区として位置づけられている（写真1-2）。

以後の各章で取り上げるが，現代中国の森林政策は，しばしば，この森林

写真 1-2　東南低山丘陵林区（南方集団林区）の集団所有林
出典：湖南省石門県にて筆者撮影（2002 年 8 月）。

分布の偏りという自然生態的特徴に，林地所有区分という社会的特徴を重ねた形で，その対象領域を限定してきた。例えば，南方集団林区は，現代史を通じて，森林の権利確定や林産業振興など，独自の森林政策の対象であり続け，近年でも中央からの指示等において度々固有名詞として登場する。同様に，特に多くの森林が分布してきた①東北・内蒙古林区に対しても，「東北国有林区」という通称が用いられ，独自の森林政策が実施されてきた。

以上の事情に基づき，本書では，一般的な地区区分（東北，華北，華中，華南，西南，西北等）や五大林区に加えて，以下の区分においても「地区」を想定する。すなわち，国家所有を基幹とした大面積の森林が分布する地区（東北・内蒙古林区（東北国有林区），西南高山林区等），長江中下流域以南の集団所有を基幹とした森林経営地区（南方集団林区），そして，北方黄河流域を中心とした森林希少地区（写真 1-3）である。これに，社会的特徴の一つとして，国家の方針の下，独自の社会運営や森林経営が一定程度許容されてきた少数民族居住地区（周辺部や南方を中心に熱帯林区等の多くも含まれる）（写真 1-4）を加えて，実際の森林政策では，個別の措置が講じられ

写真 1-3　北方黄河流域の森林希少地区の景観
出典：陝西省米脂県にて筆者撮影（2004 年 3 月）。

写真 1-4　南方の少数民族居住地区と森林景観
出典：雲南省西双版納傣族自治州にて筆者撮影（1997 年 9 月）。

ることが多かった。この四区分が，域内の多様性を踏まえて現代中国の森林政策の影響を明らかにする上では，もっとも妥当かつ実態的な空間領域としての地区ということになろう。

2. 森林関連の公式統計データの時系列的推移

森林関連の公式統計のデータを時系列に見直すと，さらに幾つかの注目すべき点が浮かび上がる。

2. 1. 森林被覆率の倍増

まず，現代中国における森林被覆率は，直近の22.96％が世界平均を大きく下回るとはいえ，1949年のスタート時点に比べれば，2倍以上に上昇している（図1-5）。もちろん，この数値の推移には，幾つかの留意が必要であり，例えば1948年の数値は，それ以前の森林調査に基づく推算である。また，各時期の森林面積の認定基準には，後述のように幾つかの揺らぎが見ら

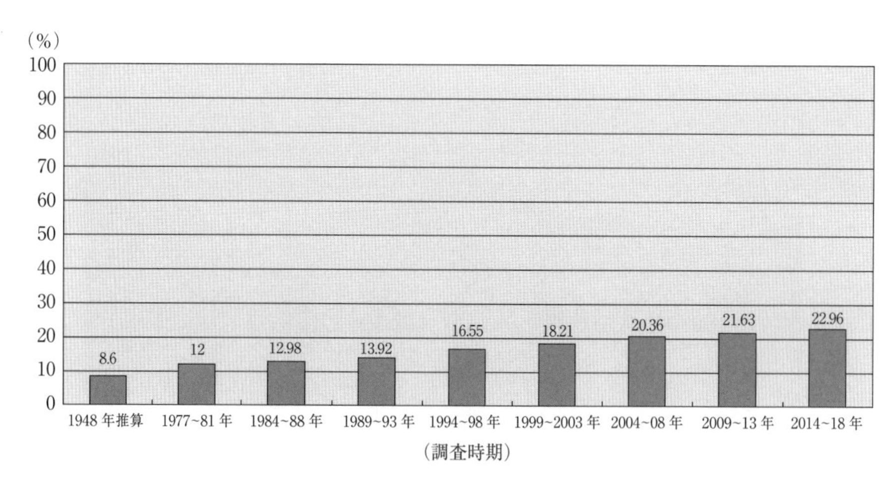

図1-5　現代中国における森林被覆率の推移

出典：中国林学会等（1996）『中国森林的変遷』，国家林業局森林資源管理司（2000）「全国森林資源統計」，国家林業局（2005）『2005：中国森林資源報告』，国家林業局（2009）『中国森林資源報告：第七次全国森林資源清査』，国家林業局（2014）『中国森林資源報告：第八次全国森林資源清査』，国家林業和草原局（2019）『中国森林資源報告：2014-2018』を参照して筆者作成。

れてきた。

しかし，それらを考慮に入れたとしても，わずか70年弱の間にこれだけの森林被覆率の上昇を遂げた例は，他地域に見当たらない。20世紀後半の南米や東南アジア等では，森林が近代化や経済発展のための開発対象としてみなされ，むしろその減少・劣化が問題となってきた。にもかかわらず，中国においては，公式統計上，極めて対照的な状況が示されているのである。すなわち，現代中国における人間と森林との関わりの特徴，及び森林環境の変遷を読み解く大きな鍵は，この数値上の森林被覆率の上昇が，どのような機能・価値・便益を反映し，またどのような効果を実際に社会にもたらしてきたのかを解明することにある[(40)]。

2．2．造林面積の推移

森林被覆率の上昇から容易に想像できるのは，現代中国を通じた大規模な森林造成活動の展開である。

現代中国では，長期にわたって森林が存在しなかった荒廃地等の土地に，新たに人為的に植栽して森林造成を行う場合，その面積は「造林面積」として公式統計に計上されてきた。この数値は，さらに「人工造林」（各種の人手による造林）と「航空造林」（人工造林が効率的でない辺境・奥山等で航空機から種子散布する形態）に区分して集計されてきた[(41)]。

過去60数年間の造林面積を見ると，幾つかの突出した時期を含めて，毎年，数百万 ha 単位での造林が行われ，2000年代に至るまで全体的には増加傾向にあったことが分かる（図1-6）。特に，1950年代後半，1980年代中盤，2000年代前半が突出しており，第3章等ではその背景を改めて論じる。そして，各年の数値を足し合わせると，延べ3億 ha 以上となり，現代中国を通じて途方もない規模の造林が試みられてきたことが分かる。

但し，この膨大な造林面積が，そのまま森林被覆率・面積の上昇に結びつく訳では無い。もしそうならば，現代中国を通じた森林被覆率の上昇は，倍増程度では済まなくなる。

この差異に関して，公式統計上から指摘できるのは，造林面積とは，あくまでも植栽が実施された年毎の集計（各年統計）であり，その後の育成を通

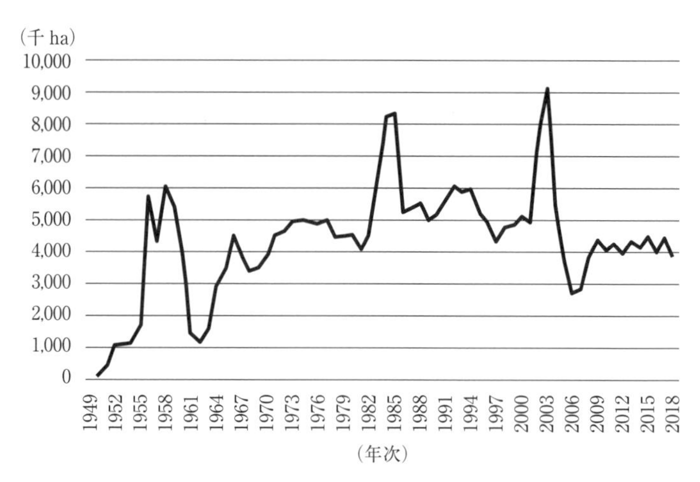

図 1-6　現代中国における造林面積の推移

注：多くの公式統計では，1949 ～ 52 年の造林面積データを一括して集計しているが，本書では，この期間のデータを，1949 年を含めずに 1950 ～ 52 年を個別の具体的数値によってまとめていた林業部『全国林業歴史資料』に拠った。

出典：林業部編（1956）『全国林業歴史資料』，国家林業局編（2005）『中国林業年鑑：2005 年』，国家林業局編（2006）『中国林業統計年鑑：2005 年』，国家林業和草原局（2019）『中国林業和草原発展報告:2018 年度』を参照して筆者作成。

じて森林となった面積を意味するものではないという点である。現代中国の公式統計において，造林面積を森林面積に結びつける鍵となるのは，「成活率」（原語）と「保存率」（原語）という概念である。まず，各年において植栽された林地は，その年の造林面積として集計される際に，植栽樹木の成活率をもって合格か不合格かを判断される。通常，単位面積（1 畝：0.067ha）あたり 85％以上の樹木が定着・生育していれば合格となり，各年の造林面積に加算される(42)。それ未満の場合は不合格となり，補植等の措置をとることが求められる。但し，この基準は地方でばらつきが見られ，気候が乾燥して樹木の育成が難しい北方黄河流域等の地方では，国家の認定に基づいて 70％程度以上を合格とすることも認められている(43)。また，南方でも 80％以上を合格とする場合も見られる。次に，当年の成活率の基準をクリアして造林面積とされた林地は，統計上，未成林造林地として数年間の育成を経た後に，森林面積とみなすかどうかが決まる。この段階の基準が保存率である。こちらは通常，単位面積あたり80％で合格とされ[44]，これ以上を満たした造林地が，次年度から森林面積としてカウントされる。但し，未成林造林地とみなされる期間が地方によって異なるため，何年後に森林と判断すべく保存率を計算するかにもばらつきが見られる[45]。

すなわち，植栽年に造林面積を確定する基準が成活率であり，以降の育成状況を踏まえて統計的に森林かどうかを判断する基準が保存率である。日本では，植栽樹木の定着・生育度合いを示す基準として「活着率」が用いられるが，中国では，異なる期間・段階での両基準が存在することに留意が必要である。そして，地区・地方差を踏まえた後者の合格基準をクリアできなかった造林面積は，結果として森林面積に反映されないことになる。

試みに，第6次全国森林資源調査（1999～2003年）において集計された「未成林造林地」（489.36万ha）と，調査開始時の1999年以前の3年間（未成林造林地とされる最短の期間）の造林面積（1408.54万ha）を比べてみると，この期間の造林面積の実に35％程度しか森林となるべく保存されていないとの試算が成り立つ。造林技術の向上を経た近年での保存結果ということを踏まえると，それ以前は更に非効率であったとも考えられる[46]。

また，これまでには，成活率と保存率の合格基準にも変化が生じてきた。まず，成活率は85％以上（乾燥地帯では70％以上）が造林面積の合格基準とされてきたが，1985年以前は40％以上であった[47]。すなわち，それ以前の造林面積は，格段の緩さで合格認定されてきたことになる。実際に，図1-6の造林面積における1985年（833.68万ha）から1986年（527.40万ha）への急減は，この基準の厳格化が反映されたと思われる。一方，保存率も，通常80％以上の合格基準に落ち着いたのは第5次全国森林資源調査（1994～98年）からで，それ以前は85％以上というより厳しい基準であった[48]。こちらの変更は，反対に，この調査期間以降の森林被覆率・面積の増加に寄与することになったと考えられる。

2．3．跡地更新面積の推移

現代中国における「跡地更新面積」とは，伐採・火災跡地における人工更新及び人工的な措置を通じた天然更新（天然下種更新など）を行った面積を指すと定義される[(49)]。すなわち，造林面積が一定期間，森林ではなかった土地への新規造林（植林）を示す項目であるのに対して，再造林や更新造林の実績に相当するのが跡地更新面積となる。各年の面積集計の際の合格基準も，基本的に造林面積と同様であり，最近の公式統計では，「更新造林面積」と表記されたりもしている。

なお，現代中国においては，住民や家畜の立入を規制し，天然更新によって徐々に森林植生の回復を図る「封山育林」という森林造成の方法が，1949年当初から全域的に実施されてきた（羅・篠原 2004)。但し，これらは跡地への更新に限られず，また立入の規制以外に人為的な措置がとられていないこともあり，跡地更新面積とは公式統計上でも明確に区別されている。2018年の跡地造林（更新）面積が37.19万haなのに対し，封山（沙）育林面積は2,459.61万haである[(50)]。

1949年から前世紀末に至るまで，跡地更新面積も，造林面積と同様，幾つかの突出した時期を含みながら上昇する傾向にあった（図1-7)。跡地更新面積の推移は，伐採の進行や火災等の有無にある程度連動することにな

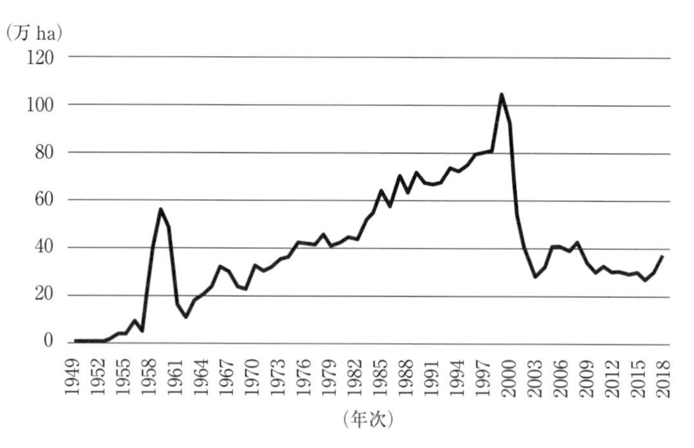

図1-7　現代中国における跡地更新面積の推移

注：1949～52年のデータは一括集計されており，ここではその数字を均分して表記した。

出典：国家林業局編（2005)『中国林業年鑑:2005年』，国家林業局編（2006)『中国林業統計年鑑：2005年』，国家林業和草原局（2019)『中国林業和草原発展報告：2018年度』を参照して筆者作成。

る。例えば，1980年代にかけては，森林伐採の加速と森林火災の深刻化が生じたが，それに伴い跡地更新面積も上昇する傾向にあった。また，1999年の突出は，前年夏の長江・松花江流域大洪水を受けて，天然林資源保護工程と退耕還林工程という森林造成・保護の国家プロジェクトが開始されたことを反映している（第3章参照）。そして，2000年以降の跡地更新面積の急減も，同時期における天然林資源保護工程の展開に伴って，既存の森林地帯における伐採が抑制されたためと考えられる。

2．4．木材生産量の推移

現代中国を通じて，造林・跡地更新による森林の維持・拡大のみならず，伐採による木材生産量も，経済成長に伴う需要の増大に応じて，1990年代半ばまで増加し続ける傾向にあった（図1-8）。その後，2000年代初頭にかけて，天然林資源保護工程に代表される中央政府の本格的な天然林保護への取り組みと伐採規制によって急減し，輸入材の導入によってその埋め合わせが図られた（第4章参照）。その後，2000年代半ばからは，主に育成された

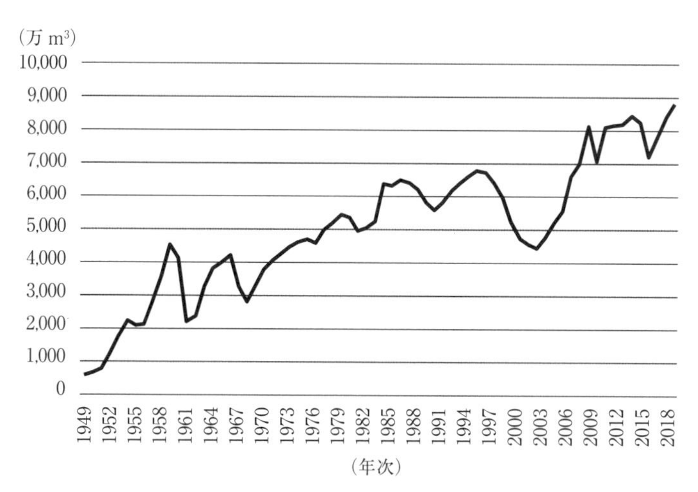

図1-8　現代中国における木材生産量の推移

注：木材生産量には竹材は含まれない。

出典：国家林業局編（2002）『中国林業発展報告:2002』，国家林業局編（2005）『中国林業発展報告：2005年』，国家林業和草原局（2019）『中国林業和草原発展報告：2018年度』を参照して筆者作成。

人工林資源に依拠する形で，再び域内の木材生産量は増加へと転じている。

1949～2018年の木材生産量の総計は，35億2,674万m^3となる。これだけの木材生産量を確保するのには，どれだけの面積の森林を伐採する必要があっただろうか。公式統計において「伐採面積」の推移というのは見当たらないので，試みに第6次全国森林資源調査（1999～2003年）における森林蓄積（120億9,763.68万m^3：林分のみに対して集計）を林分面積（1億4,278.67万ha）で割った単位面積あたりの森林蓄積量（84.73m^3／ha）から伐採面積を推定すると，4,162.33万haとなる。この数値自体は，直近の喬木林地面積（1億7,988.85万ha）の約4分の1程度であり，多くはあるがそこまでインパクトのある量には見えない。

しかし，ここで集計されている木材生産量とは，伐採・集材を経て貯木場や特定の集荷地点まで運搬され，国家の規定する木材基準に適合・換算された後の量であり，例えば地域住民が採取・利用してきた薪炭材等は含まれていない[(51)]。すなわち，実際にどれだけの量・面積の森林が伐採されてきたかは，この項目の数値のみでは判断できない状況にある。そして，1949～2018年の跡地更新面積の総計は2,796.88万m^3で，同期間の森林伐採面積推計の67%である。勿論，木材生産は単位面積あたりの皆伐に限られないため，単純な比較はできないが，膨大な伐採量に見合うだけの森林資源の回復が，現代中国を通じて達成されてこなかった可能性は存在する[(52)]。

2018年の木材生産量は8,810.86万m^3で，直近の第9次調査に基づく森林蓄積（170億5,819.59万m^3）の0.5%，人工林蓄積（33億8,759.96万m^3）の2.6%に相当する。この割合は，域内の森林資源を十分に利用できていないとされる日本と，同時期の森林蓄積比でほぼ同じ水準である。この点からすれば，中国では，巨大人口を抱えての近年の経済発展にもかかわらず，域内の森林の保全培養が進んでいるとも捉えられる。もっとも，中国の全体的な木材需要は，2018年の時点で5億5,675.16万m^3とされ[(53)]，域内の人工林蓄積を数年で消尽させる規模である。すなわち，今日の中国は，多くを輸入木材に依拠することで，域内の森林からの過剰な物質利用を回避する形ともなっている（第4章参照）。

2. 5. 時系列データから見える大々的な森林の造成と利用

以上の森林関連の時系列データ考察からは，「現代中国では，多くの森林が造成されると同時に，伐採・利用もなされてきた」という全体的な過程が浮かび上がる。そして，その総合的な統計上の結果が，森林被覆率の大幅な上昇ということになる。世界各地で森林破壊が深刻化してきた現代史にあって，この特徴的な変化が，どのような内実を伴ってきたのかは改めて興味深

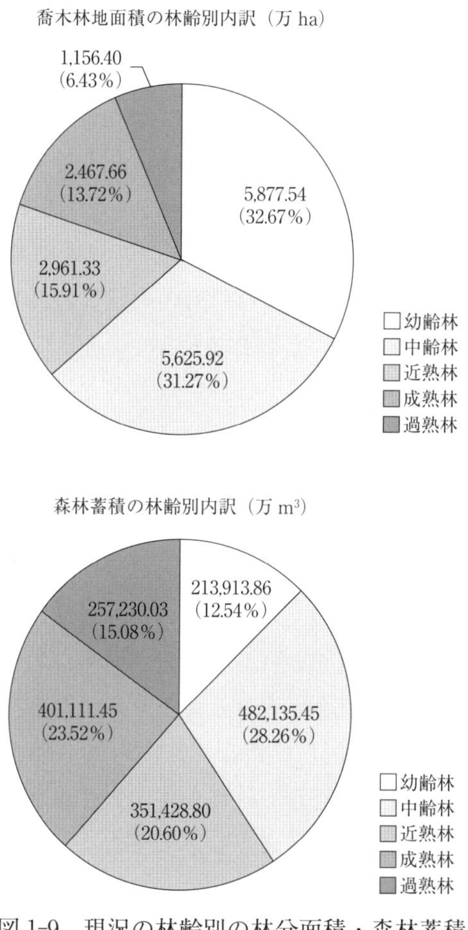

図1-9　現況の林齢別の林分面積・森林蓄積
出典：国家林業和草原局（2019）『中国森林資源報告：2014-2018』を参照して筆者作成。

い。

この過程と内実に迫る定期統計の項目として，林齢別の面積・蓄積データを示しておく（図1-9）。中国では，林分の年齢を「齢級」という概念で区分してきた。一部の寒帯における天然樹種や早生樹種を除き，針葉樹と広葉樹の一部は20年，その他の広葉樹は10年が1齢級単位とされ，ローマ数字で表される。幼齢林はⅠ～Ⅱ齢級（～40年生），中齢林はⅢ齢級（21～60年生），近熟林はⅣ齢級（31～80年生），成熟林はⅤ齢級（41～100年生），過熟林はⅥ齢級以上（51～120年生以上）の森林にそれぞれ相当する。これらは，第9次調査では喬木林地面積のみ，それ以前は林分面積のみを対象として区分されてきた。

図から分かる通り，現在の中国における喬木林地面積のうち，65%近くが幼齢林と中齢林に偏っている。これはまさに，過去数十年間の大々的な造成と利用を通じて，森林の世代交代が進んだことを示している。また，この幼齢林と中齢林は，蓄積で見ると全体の僅か50%程度に過ぎない。現代中国開始の時点での正確な数値は分からないものの，このことからすると，現代史を通じて森林蓄積量自体は，そこまで大きく増加していないのではないかとも考えられる。

3. 森林関連の公式統計と森林政策研究

ここまで，主要な森林関連の公式統計に沿って，データの推移，項目及び用語・概念の特徴を概観しつつ，現代中国の森林政策と人間―森林関係の変遷に対する基本的な視座を明らかにしてきた。同時に，公式統計によるこれらの項目・数値には複雑な概念が介在しており，また集計の基準の変更等といった数多くの問題点が存在していることにも気づかされてきた。以下では，それらの問題点を改めて整理し，現代中国の森林政策研究において公式統計を活用する際のスタンスと留意点を示しておく。

3. 1. 公式統計の集計をめぐる政治構造的な問題点

改革・開放期以前の中国において，多くの公式統計の集計では，「上級から指示された計画目標をどれだけ達成したか」を申告する形で，末端から中央の行政機構へと数値が積み上げられていく方式がとられていた。その積み上げの過程は，各級の地方行政機関，及びそれを指揮する共産党組織の階層性に依拠しており，第三者的なチェック機能が働きにくい状況にあった。こうした集計をめぐる政治構造下では，統計情報の操作が行われやすい。なぜなら，政策運営上，都合の悪い数値を容易に改竄・隠蔽できることに加えて，下級の行政担当者が機構内で昇進するために，上級の要求した目標を数字の上で達成（あるいは超過達成）しようとするという，上下双方からの操作のインセンティブが働くからである。そして，いずれの場合でも，各政策の成果を数値で示したい中央政府の期待（計画目標）通りの数値が公式統計に並ぶ結果となる。

現代中国における森林関連の公式統計は，改革・開放以降の時期においても，この構図が当てはまりやすい状況にあった。すなわち，森林関連の政策を立案する中央の党組織・行政機関によって，短期・中長期を含めた森林造成・保護や林産業発展の全体計画が立てられ，それが具体的な一定期間内での目標値となって，各地方行政機関に降りてきていた。例えば，「5年間で管轄地方の森林被覆率を何％増加させるべき」等である。そして，各地方・基層の政策担当者が，段階的に降りてきた目標値を達成するために実際の活動を組織し，その成果を上級に報告する形で統計データが作られていた。この過程で，政策担当者と統計の集計者・報告者は独立した存在ではなく，主要な森林関連の各年・定期統計の集計管理を担当してきた森林行政機関や林業調査規画設計院は，中央からの政策実施を担う森林行政機構の枠内にあった[(54)]。この状況下で，場合によっては政策担当者の実行力が問われる厳正な統計データを出せるかどうかは，極言すれば関係者のモラル次第となる。

また，深刻な森林過少下にあって，その改善が求められてきた現代中国の政治指導者層や官僚達は，「森林を増やさなければならない」立場に置かれており（第9章・第10章等参照），その成果を速やかに達成するよう各地方・基層の政策担当者に求めてきた。公式統計上の森林被覆率の倍増や造林面積の上昇にも，この中央政府からの圧力に伴う操作が介在していた可能性は排除できない。この可能性は，以下の二点において想定できる。

3. 2. 集計の基準・方法の変更

森林関連の各年・定期統計には，様々な概念や基準が介在するため，本章でも可能な限りその明瞭化に努めてきた。これらの複雑さは，森林造成の合格基準となる成活率・保存率の地方差のように，地域内の多様な気候・生態系の存在を一面で反映したものである。しかしその反面，それらの細部の基準を変更することで，公式統計上の数値を左右できることにもなっている。

図1-5に示した通り，第5次全国森林資源調査（1994～98年）は，第4次調査時からの森林被覆率の2.63％上昇という結果を示した。この数値は，この期間における森林造成の成果と認識されるが，そこには集計基準・概念の操作が介在してもいる。

まず，第5次調査では，それまでの森林の認定基準が大幅に緩和された。現在の喬木林地面積（当時の有林地面積）の認定基準である鬱閉度（樹冠率）0.2以上は，第4次調査以前は0.3（0.3は含まず）とされていた。FAO等における国際的な森林の認定基準は0.1であるため，この緩和は，国際基準に近づけたものとも捉えうる。しかし，この引き下げによって，多くの林地面積を，新たに森林面積として集計できたことは想像に難くない。また，先述の通り，造林地が森林とみなされる際の保存率の合格基準も，第4次調査までの85％から，第5次調査では80％に下げられた。

第5次調査に限っても，これだけの基準変更が細部においてなされた。これらの変更が，どれだけ公式統計上の森林面積の増加をもたらしたかは改めての検証が必要だが，少なくともそれ以前の基準で調査を行った場合，森林被覆率2.63％増という数値が導き出させたかどうかは疑問となる。現代中国の森林関連の公式統計は，こうした複雑な基準・概念を操作することで，その都度，政策の成果を強調することが可能であった[(55)]。

3. 3. 集計に際しての信憑性の問題

もう一つの具体的な公式統計上の問題は，基層社会や地方行政単位において虚偽報告等が行われることで，データの信憑性が問われる可能性である。先の問題が統計上の概念・基準の変更や操作に起因するのに対し，こちらはその集計システムに内在する問題である。前述のように，現状の公式統計の集計システムにおいて，中国各地から申告される数値の真偽が効果的にチェックされ，森林面積の現状・増減が正確に踏まえられた上で，森林被覆率が割り出されているとの保障を得るのは難しい。

実際に，幾つかの虚偽報告の事例は，現代中国において明るみにされてきた。これらは，基本的に詳細がありのままに公表されないものの，中央政府が政策遂行のための引き締めを企図した際に，メディア等を通じて一般に概要のみ周知されることがある。

中央の森林行政機関の公報新聞である『中国緑色時報』では，しばしばこうした報道が紙面を飾る。例えば，1999年12月6日の同報は，森林経営を担う基層社会単位が，上級機関への虚偽報告を行い，国家が規定した伐採許可量を遥かに超える木材を伐り出していると報じた(56)。

また，中央政府がこうした事例を取り締まる姿勢を見せている時には，中央行政機関の責任者レベルが敢えて公にするケースもある。例えば，2001年6月の全国林業庁・局長会議上にて，当時，国家林業局の局長であった周生賢は，以下の跡地更新における虚偽報告事例を紹介している。

黒龍江省大興安嶺西林吉林業局は，更新造林の虚偽報告案件を引き起こした。1992～1996年，西林吉林業局と依安県は，10,516haの火災跡地の造林契約を締結し，林業局は2,125.6万元の資金を払うべきだった。造林後，林業局は前後して1,325.6万元の資金を発給した。1997年に至り，西林吉林業局の新たな指導チームが就任した後，9,747.1haの造林地において，深刻な質の問題が存在することが発見され，専門調査会が設立され，現場調査，証拠集め，確認が行われた結果，造林を請け負った者と基層の関連業務人員の結託，虚偽報告，資金の騙し取りが発見された。林業局は，果断にも，未だに付与されていなかった造林資金804.6万元を差し止め，損失を最小限度に抑えた(57)。

もし，この事態が，林業局の人員交代によって発覚していなければ，「深刻な質の問題」が存在した9,747.1haの更新地は，各年統計の数値に加算されていたことになる。この事例からは，地方・基層で森林関連の統計を正確に集計・報告する仕組みが整っていないこと，森林政策の実施において金銭的な腐敗や汚職が生じてきたこと等が示唆される。同時に，統計データの虚偽報告を通じて，地方の政策担当者が，森林の乱伐・盗伐，造林・更新後の成活率・保存率の低迷等，森林管理・経営の現場で生じてきた都合の悪い問題を覆い隠してきた可能性も想起される。

3．4．森林関連の公式統計の限界克服にあたって

以上の点から，現代中国の公式統計を通じて集計される森林関連のデータには，その集計基準・方法において幾つかの問題点が存在するため，単純に統計数値のみから，現代中国における森林政策の成果や森林環境の変化を評価・判断するのは避けた方がよい。

この限界を克服するには，まず，現代中国の公式統計におけるデータ項目・用語・概念の意味を正確に理解した上で，その定義・基準と変更のプロセスを詳細に把握しておくことが重要である。より正確に森林の現状・変化を把握するのに必要なのは，単純な森林被覆率よりも，各定期調査の時点で何が森林とみなされているかであり，単年度の造林面積よりも，その内どれだけが一定期間後の保存率をクリアして森林となったかである。これらの細部にまで踏み込んで各データを検証し，各時期の変更や操作を克服することが肝要である。そのためには，全国森林資源調査におけるサンプリング推計の手法・精度，地方別の多様な基準・方法，及びそれらの時系列的変化等を踏まえていく必要もあろう(58)。

次に，「公式統計上の事実」として，現代中国を通じて森林被覆率が2倍程度も増加したことが，実際に地域・基層社会での人間―森林関係の改善をもたらしているかどうかは，改めて実地調査に基づいて検証されるべきである。すなわち，森林の多面的機能の発揮と，それに伴う人々の価値・便益の享受に繋がるものであったかどうかを，現場から検証していく研究プロセスが不可欠となる。

一方で，こうした「上の意向に沿いやすい」公式統計のデータは，見方を変えれば森林政策分析の有用なツールともなる。すなわち，中国における各時期の統計データの変化が，中央政府における関連政策への「注目度」を反

映していることになるからである。以下の各章では，この観点に照らして，公式統計の数値を活用していくこととしたい。

〈注〉

(1) 本書では，現代中国において森林政策の実施を主に管轄する政府部門を総括して「森林行政機構」と表記する。また，各行政機構の体系下にある中央林業部，地方林業局等の個別の組織を抽象的に指す場合は「(森林) 行政機関」とする。

(2) 国家林業局編 (1999)『中国林業五十年：1949～1999』(p.176)。

(3) 国家林業和草原局 (2019)『中国森林資源報告：2014-2018』として公刊されている。

(4) FAO, The Global Forest Resources Assessment: 2015 (https://www.fao.org/forest-resources-assessment/past-assessments/fra-2015/en/) (取得日：2018年5月31日) を参照。

(5) 林野庁 (2017)「森林資源現況調査」を参照。

(6) FAO, FAOSTAT：2015 (http://www.fao.org/faostat/en/#country/351) (取得日：2018年5月31日)。

(7) 中国の土地荒廃と森林減少の関係については，高見 (2003) や松永 (2013) をはじめ，域外からも多くの注目が集まってきた。広大な域内にあって，荒廃地とその拡大は，政策面で大きく３つに類型化されてきた。第一に「荒漠化」であり，北方黄河流域などの乾燥地帯において，気候変動や人間活動によって森林・植生が失われた結果，風化，表土流失，アルカリ化等が加速し，土地の生産性や生態系が損なわれる変化である。これによって劣化した土地は「荒漠地」と呼ばれる。第二に，同じく北方等において，自然・人為を含めた各種の要因によって植生が失われ，沙の地表が次第にむき出しになっていくのが「沙漠化」と呼ばれるプロセスである。但し，主に人為的な要因によるものに限定して沙漠化が用いられ，上記の包括的な意味として「沙化」(土地沙化) が用いられることもある。最後に，南方を中心に広がるカルスト地形において，主に人為的な要因によって森林・植生が失われ，表土流失や風化をもたらし地盤・岩盤が露出する状況となるのが「石漠化」(石漠地) である。日本では，特に北方の黄河流域や内モンゴルの草原地帯での沙漠の拡大が有名であるため，これらの類型を含めて「沙漠化」と呼ぶ傾向もみられる。しかし，中国の政策現場において，上記の多様な土地退化の形式を総称する用語は，あくまでも「荒山荒地」や「荒地」であり，その日本語訳としては「荒廃地」を用いるのが妥当である。

(8) なお，現在の国家統計局による定義では，「林地」は喬木，竹類，灌木類の成長する土地とされ，農作物の栽培対象となる「耕地」，多年生木本・草本作物や育苗の培地としての「園地」，草本植物が主に成長する「草地」，更には「湿地」や都市・住宅・工業用地等と区別されている (国家統計局ウェブサイト (https://www.stats.gov.cn/) (取得日：2024年6月11日))。

(9) 正確には，「灌木樹種，或いは育成環境が劣悪なために矮小化した喬木樹種，及び胸高直径2cm以下の雑木 (竹) 帯から構成される，被覆度30%以上の林地面積」と定義される (国家林業局編 (2000)『中国林業統計指標解釈』p.35)。

(10) 喬木樹種によって構成されるが，鬱閉度が0.10～0.19の間の林地面積 (同上書 (p.35))。

(11) 正確には，造林後，植栽株数の80%が活着しているという条件の下で，3～5年に満たない人工造林地，及び5～7年に満たない航空機による造林地（同上書（p.35））。年度の違いは，主に森林の育成環境の違いに基づくもので，例えば比較的条件の良い南方：湖南省では主に造林後3年までを指すとされる。

(12) 日本の「森林法」(1951年6月26日法律第249号，最終改正：2016年6月2日法律第50号）(第2条)。なお，国際的な地球温暖化対策を示した京都議定書やFAOの統計に向けて報告される森林の集計対象は，同法第5条・第7条で規定される計画対象森林である。さらに，面積0.3ha以上の林分，最低樹高5m，樹冠率0.3以上といった基準で限定される場合もあるが，これらの基準の多くも中国とは異なっている。

(13) 太田ら（2001），森林・林業・木材辞典編集委員会編（2001）等を参照。

(14)『簡明林業詞典：第5版』(1998)（p.236），姚慶渭主編（1990）『実用林業詞典』等を参照。時系列的に見ても，現代史を通じて，この林業の意味づけに大きな変化は見られない。

(15) 以上の差異に基づく混乱を避けるため，本書では，中国の状況記述に際して，翻訳語としての林業を極力使用していない。一方，資料の原文引用や行政機関等の固有名詞としては，林業をそのまま用いている。勿論，その場合の林業は，あくまでも広義の意味を指している。

(16)『簡明林業詞典：第5版』(1998)（pp.128-129）参照。

(17) 国務院「中華人民共和国森林法実施条例」(2000年1月29日施行)：第24条（国家林業局編（2001）『中国林業年鑑：2001年』(pp.20-24))。「鬱閉度」の原語は「郁閉度」(立木の樹冠の占有面積歩合)。但し，喬木林地でも人工林は，植栽本数の保存率さえ一定基準をクリアしていれば，森林として集計される場合もあるようである。

(18) この森林面積をめぐる統計項目と算定基準は，第9次調査の時点で大きな変更があった。それ以前の調査では，「林分面積」，「経済林面積」，「竹林面積」を含むものとして「有林地面積」という項目が公表されていた。ここでの林分面積の数値には，上記の森林面積として定義された喬木林地面積，農田林網面積，四傍樹面積が該当した。そして，この三種を森林面積として換算する条件は，「面積1畝（0.067ha）以上，鬱閉度（樹冠率）0.2以上の林地」に加えて，「樹冠幅10m以上の林帯」であるとされてきた（国家林業局編（2001）『中国林業統計指標解釈』(p.34))。より詳しい規定では，農田林網と四傍樹について，二列以上の樹冠幅が10m以上で，合計1畝以上の面積に相当するものを森林面積として含めているとの指摘もあった（全国森林資源調査の地方実施担当者（2004年4月）への筆者聞き取り調査による)。また，これらのうち防護林（後述）として区分されたもののみを林分・有林地・森林とみなすという解釈も存在した（陳建成主編（1995）『実用林業統計』(pp.41-42))。このうち，経済林面積は，第5次調査までは無条件に森林面積とカウントされていた。しかし，第6次調査からは人工林地として扱われ，後述の人工造林の合格基準を満たさねばならなくなった。そして，第9次調査では，この経済林面積の大部分が，林分面積と併せて「喬木林地面積」(1億7,988.85万ha)として算定・公表された。これに伴って有林地面積，林分面積，経済林面積という項目も姿を消し，喬木林地面積に一本化された。以上の過程を経ているため，現在の喬木林地面積には，第8次調査以前に林分面積としてカウントされていた農田林網面積や四傍樹面積が含まれている。

(19) 第８次調査以前における有林地面積も同様に下回ってきた。

(20) 数値の推移からすれば，前回調査までの「経済林面積」の一部は，こちらにカウントされている可能性もある。

(21) 国家林業和草原局（2019）『中国森林資源報告：2014-2018』（pp.5-7）では，森林蓄積（170億5819.59万m^3）が喬木林蓄積に一致する。第８次調査までは，林分面積における立木のみを森林蓄積としていた（国家林業局（2005）『2005：中国森林資源報告』等）。

(22) 竹林の蓄積は公式統計上でカウントされておらず，第９次調査においては，特殊潅木林と共に単位面積あたりのバイオマス量（トン），平均被覆率，平均樹高が算定されている。筆者の聞き取りの中では，そもそも竹林は，「蓄積」集計の対象ではなく，「活立木蓄積」の中にも含まれていないとの見解もあった。

(23) 第８次調査までは，「有林地面積」に即して天然林面積と人工林面積が区分され，「その他」の面積として「国家が特別に規定する潅木林地面積」が別途加わっていた。一方，第９次調査では，特殊潅木林にも天然林（1,201.21万ha）と人工林（1,990.83万ha）を区別したデータが掲載されており，森林面積としての天然林・人工林別の把握が可能となっている。

(24) 国家林業局編（2000）『中国林業統計指標解釈』（pp.34-35）。

(25) 人工造林地への立ち入り禁止措置などとは区別される（国家林業局編（2001）『中国林業統計指標解釈』（p.49））。

(26) FAO, The Global Forest Resources Assessment: 2020（https://www.fao.org/forest-resources-assessment/past-assessments/fra-2020/en/）（取得日：2022年10月10日）。

(27) 例えば，李智勇他編（2001）『世界私有林概覧』。

(28) 例えば分収造林のように，土地所有者と異なる主体が森林造成を主導し，伐採による収益の過半以上を得る契約となっている場合も，造成した林木は，主導した主体の所有として統計上カウントされることもある（第６章参照）。また，現代中国では，集団や私的主体が国家所有地にて，或いは国有林場等の国家機関が集団所有地にて，それぞれ森林造成を主導する場合も見られてきた。このため，林地所有と林木所有のズレは，私的主体の存在に限らず，国家と集団の間でも普遍的に存在すると考えるべきである。

(29) 国家林業局編（2000）『中国林業統計指標解釈』（pp.45-46）。第８次全国森林資源調査までは，独立した項目として面積集計もなされていた。

(30) 例えば，FAO, The Global Forest Resources Assessment: 2005（https://www.fao.org/forest-resources-assessment/past-assessments/fra-2005/en/）（取得日：2008年11月13日）。

(31) 但し，その統計基準は曖昧で，第８次調査までは，「林分面積」に即して森林蓄積が算定され，経済林の蓄積を示す項目が存在しなかった（平野2009）。第９次調査にて，漸く他の用途区分との横並びの面積・蓄積集計が出揃った。

(32) 国家林業局編（2000）『中国林業統計指標解釈』（p.45）。

(33) 国家林業和草原局（2019）『中国森林資源報告：2014-2018』（p.10）。第８次全国森林資源調査までは，竹林面積として統一的に集計され，有林地面積の構成要素であった。

(34) 国家林業局編（2000）『中国林業統計指標解釈』（pp.44-45）。

(35) 同上書（p.46）。

(36) 同上書（p.46）。

(37) FAO, FAOSTAT：2006（http://faostat.fao.org/site/381/defalt.aspx）（取得日2008年4月12日）。中国の燃料用材生産は2億m^{3}を超すと見られており，同時期の産業用丸太生産を大きく上回っていた。

(38) 一応，近年の中国の公式統計では，農民の燃料用の薪としての木材供給量が，全国森林資源調査の結果から「推算」される形で存在する。それによれば，2018年は2,173.49万m^{3}とされるが（国家林業和草原局（2019）『中国林業和草原統計年鑑：2018』（p.69）），なおもってFAOの推計等とは大きな開きが存在する。

(39) 国家林業局（2005）『2005：中国森林資源報告』。

(40) これまでに，どのような政策や社会変化が，現代中国の森林被覆率の上昇を促したかについては，Mather（2007）やTANら（2022）らによる統計的な検証が行われ，関連の政策実施，経済発展，人口変化率，貿易自由化等の要因が指摘されてきた。反面，森林被覆率の上昇が，実際に中国でどのような変化を促してきたかを含め，実態面については殆ど検証がなされていない。

(41) 割合としては，各時期を通じて人工造林が航空造林を上回り，近年はその差が拡大傾向にある。2018年の人工造林面積は367.80万ha，航空造林面積は13.54万haとなっている。

(42) 国家林業局編（2000）『中国林業統計指標解釈』（pp.42-43）。

(43) 例えば，山西省大同市では，1986年以前は40%であった成活率の合格基準が，1986～2003年は85%となり，また2003年以降は，森林分類経営に基づいて，（生態）公益林に区分されたものが70%以上，商品林に区分されたものが80%以上という形に変化したとされる（山西省大同市（2004年3月）での関係者への筆者聞き取り調査による）。

(44) さらに，この造林保存率で合格に達した単位面積の比率を表す「面積保存率」も，地方によっては集計されている。この場合，例えば1畝の造林地が4か所存在し，その内の2つが保存率の合格基準に達していた時，面積保存率は50%となる（全国森林資源調査の地方実施担当者（2004年4月）への筆者聞き取り調査による）。

(45) 例えば，北方黄河流域の陝西省では，西北高山林区の南東端でもある秦嶺山脈の北側と以南で自然生態的条件が大きく異なるため，2000年代の時点で省内でも異なる基準を設けていた。すなわち，森林希少地区である秦嶺山脈の北では人工造林5年・航空造林7年，林区としての南では人工造林3年・航空造林5年の段階で，保存率80%をクリアした造林地を，森林面積（人工林面積）としてカウントすると定められていた（陝西省林業庁（2001）「陝西省森林分類区画界定工作方法」p.2）。

(46) 陳（1998）は，1950～88年までの人工造林は，21%程度しか森林となるべく保存されなかったとした。ここで陳は，「活着しなかった」（p.66）という表現を用いているが，前後の文脈から保存（率）の意味と判断できる。加えて，各年の造林面積は「延べ」面積として集計されているので，例えば一度造林後，保存されずに荒廃地に戻った土地に再造林した場合も差し引いて考えねばならない。

(47) 国家林業局編（2000）『中国林業年鑑：1999-2000年』（p.209）。

(48) 国家林業局森林資源管理司（2000）「全国森林資源統計」（pp.1-2）の前言より。

(49) 国家林業局編（2000）『中国林業統計指標解釈』（pp.47-48）。
(50) 2006 年以降,「新封山育林」という退耕還林工程に付随した区分が公式統計において登場し，人工造林面積，航空造林面積，跡地更新面積等と並列してその対象面積が記載されている。ここで，立入禁止という手法が，退耕還林工程において，人為的な植栽樹木の育成に用いられている可能性は否定できないが，本来の封山育林の意味から，造林面積や跡地更新面積とは別個に扱うべき存在として，本書ではいずれにも含めていない。2018 年の新封山育林面積は 178.51 万 ha である（国家林業和草原局（2019）『中国林業和草原統計年鑑：2018』）。
(51) 国家林業局編（2000）『中国林業統計指標解釈』（pp.119-120）。
(52) この点に関して，公式統計上では，跡地更新面積において伐採と火災等への対応を区分し，また，封山育林面積が伐採後の更新に充当された可能性等を考慮して検証する必要がある。一方，過去の空中・衛星写真が存在する場所では，リモートセンシング等を活用した資源量解析・比較を行うのが適当であろう。現代中国の公式統計から，各時期の森林成長量を検証することは難しいと思われる。
(53) 国家林業和草原局（2019）『中国林業和草原発展報告：2018 年度』（p.68）。2000 年代から，『中国林業発展報告』及び『中国林業和草原発展報告』において，各種の木材産品の中国市場への総供給量を，材積換算した数字として毎年公表されている。
(54) 2018 年までの中央の森林行政機関である国家林業局では,「発展計画与資金管理司」が，国家統計制度の森林関連の執行を担当しており，各年統計の統計表・指標・計算方法等の規定と中央における集計業務を行っていた。
(55) 同じく森林面積の増加をもたらし得た基準変更としては，第 7 次全国森林資源調査（2004 ～ 2008 年）以降，南方沿海部のマングローブ林が有林地面積として集計されるようになったこと等が挙げられる。
(56)『中国緑色時報』（1999 年 12 月 6 日）。
(57) 周生賢「推進林業跨越式発展要着力解決的幾個問題」（国家林業局編（2002）『中国林業年鑑：2002 年』（pp.33-39））。
(58) 張ら（2009）においては，定期・各年統計ともにある程度踏み込んだ検証が行われており，この研究の出発点と位置づけられる。

〈引用文献〉

（日本語）
陳大夫（1998）『中国の林業発展と市場経済：巨大木材市場の行方』日本林業調査会
張玉福・平野悠一郎・山本伸幸（2009）「中国森林関連統計の制度的実態と評価」『林業経済』62(7)：14-29
平野悠一郎（2009）「中国における森林関連の公式統計の特徴と問題点：その集計基準・方法からの考察」『林業経済』61(11)：16-31
林野庁（2017）「森林資源現況調査」（https://www.rinya.maff.go.jp/j/keikaku/genkyou/h29/index.html）（取得日：2022 年 10 月 10 日）
松永光平（2013）『中国の水土流出：史的展開と現代中国における転換点』勁草書房

太田猛彦・北村昌美・熊崎実・鈴木和夫・須藤彰司・只木良也・藤森隆郎編（2001）『森林の百科事典』丸善株式会社

羅攀柱・篠原武夫（2004）「中国南方集体林における工程封山育林林業株式合作制度：湖南省叙浦県の事例を中心にして」『林業経済研究』50(3)：1-10

森林・林業・木材辞典編集委員会編（2001）『森林・林業・木材辞典』日本林業調査会

高見邦雄（2003）『ぼくらの村にアンズが実った：中国・植林プロジェクトの10年』日本経済新聞社

TANJIAZE・道中哲也・立花敏（2022）「中国の森林動態に対する社会経済要因の短期的および長期的影響」『日本森林学会誌』104：74-81

（中国語）

陳建成主編（1995）『実用林業統計』中国林業出版社

『簡明林業詞典：第5版』（1998）科学出版社

国家林業局（2005）『2005：中国森林資源報告』中国林業出版社

国家林業局（2000～2017）『中国林業発展報告：2000～2017』中国林業出版社

国家林業局（2009）『中国森林資源報告：第七次全国森林資源清査』中国林業出版社

国家林業局（2014）『中国森林資源報告：第八次全国森林資源清査』中国林業出版社

国家林業局編（1999～2018）『中国林業年鑑：1998～2017年』中国林業出版社

国家林業局編（2000）『中国林業統計指標解釈』中国林業出版社

国家林業局編（1998～2018）『中国林業統計年鑑：1997～2017』中国林業出版社

国家林業局編（1999）『中国林業五十年：1949～1999』中国林業出版社

国家林業和草原局（2019）『中国林業和草原発展報告：2018年度』中国林業出版社

国家林業和草原局（2019）『中国森林資源報告：2014-2018』中国林業出版社

林業部編（1956）『全国林業歴史資料』中華人民共和国林業部

李智勇他編（2001）『世界私有林概覧』中国林業出版社

陝西省林業庁（2001）「陝西省森林分類区画界定工作方法」

姚慶渭主編（1990）『実用林業詞典』中国林業出版社

中国林学会・馬忠良・宋朝枢・張清華編著（1996）『中国森林的変遷』中国林業出版社

（英語）

Mather. A, 2007, Recent Asian Forest Transitions in Relation to Forest-transition Theory, *International Forestry Review* 9(1)：491-502

第2章　現代中国の森林政策をめぐる歴史的・政治的背景

現代中国の森林政策の展開を見ていくにあたって，公式統計の推移や関連用語・概念と並んで整理しておかねばならない前提は，その歴史的・政治的背景である。すなわち，なぜ，現代史の時点で，中国では森林の過少状況が深刻化していたのか。そして，その状況に向き合う現代中国の政治体制は，どのような特徴の下に推移してきたのかである。

1. 現代中国の森林政策をめぐる歴史的背景

1. 1. 中国における森林の長期的な開発・破壊

現代に至るまでの中国で，歴史的な森林減少をもたらした人為的な開発・破壊は，幾つかの関連する人間活動の結果として捉えられる。

早期からの要因として挙げられるのは，古代から近代に至るまでの中国で，度重なる王朝・政権交代をも帯同してきた戦乱に伴う森林破壊である。紀元前の周王朝から，現代の中華人民共和国に至るまで，中国では，域内の覇権をめぐる争いが繰り返され，また，モンゴル族（元王朝樹立）や満州（女真）族（清王朝樹立）等の外部からの進入が，その構図に拍車をかけてもきた。近代に入ってからも，欧米や日本等の進出を受けての体制変革の過程で，アヘン戦争（1840～42年），太平天国の乱（1851～64年），日露戦争（1904～05年），民国革命戦争と軍閥対立（1911～20年代），日中戦争（1937～45年），国共内戦（1945～49年）等が域内で起こり，多くの血が流されてきた。これらの地域の覇権をめぐる戦争は，軍事作戦の展開に伴う森林の伐開と焼却をもたらした。例えば，太平天国の乱において，清朝軍と太平天国軍が安徽省で交戦した際，清朝軍は上述の軍事上の目的から，幾度となく当地の森林を焼き払ったとされる。また，日中戦争や国共内戦時には，卓越した火力による空襲や砲撃を受けて，多くの森林が灰燼に帰すことになった（熊 1989）。戦争の当事者にとっての最優先事項は，戦闘に勝利することであるため，後の森林の諸機能の発揮等を殆ど考慮することは無かった。

戦争が森林破壊をもたらす第2の理由は，戦争を有利に戦うための施設作りや，戦後，荒廃した都市や施設の再建に，大量の木材を必要とするからである。この点に関して特に有名なのは，北方からの侵入に備えるために，秦の始皇帝をはじめとする歴代の王朝が築いた万里の長城である。この空前絶後の大土木事業を通じて，付近の森林があらかた伐採されてしまったことは想像に難くない（写真2-1）。また，鉄を利用した武器の大量生産も，精錬燃料としての木材を多く必要としていたため，森林の破壊に大きく寄与したと考えられる。そして，都市の再建・新造も，恐らくそれら以上に森林を必要とした。例えば，有史以前，土地の70％以上が森林に覆われていた北方黄河流域の山西省では，動乱を経て都市建設が繰り返される中で多くの木材を消費し，当地の森林破壊を加速させることになった（中国林学会等1996）。

写真2-1　万里の長城と周辺の景観
出典：北京市延慶区にて筆者撮影（1998年3月）。

戦争に伴う破壊と同じく，早期から中国の森林への圧力となってきたのは，人口増加と農地拡大という，相互依存の関係にある要因がもたらす森林開発である。この要因に伴う森林破壊は，大きく分けて北方の黄河流域と南方の長江流域で時間差があった。

比較的長期間・広範囲にわたって，人口増加と農耕発展に伴う森林開発が進められてきたのは，北方の黄河流域である。この地区は，古来，中原とも呼ばれた紀元前の周・秦・漢等，初期の王朝の中心地を含んでいた。この地区に暮らしてきた漢族をはじめとした人々は，農耕を基盤とし，彼らを統治する王朝が支配領域を拡大して水利や交通網を整備するにつれ，その居住範囲を広げ，農業生産力を増大させてきた。

この地区の森林開発は，紀元前の段階で相当に深刻化していた。そもそも，黄河は紀元前の史書において，ただ「河」と記されていた。ところが，約2000年前の『漢書』に至ると河水が黄色く濁ってきたと記されており，既にその流域で農地拡大に伴う森林の消失が深刻化し，多くの土砂が川に流れ込んでいたことが窺える（Elvin 2004）。気候の乾燥化し易いこの地区では，ひとたび森林植生が破壊されてしまうと，その回復は極めて困難となる。その結果，今世紀初頭の段階で，山々に森林が殆ど見られず，「耕して天に至る」という景観が広がっていた（写真2-2）。土壌を固定・形成する植生が失われた急斜面の耕地では，年々，表土の流出が深刻化し，農業生産力の低下と黄河の土砂堆積をもたらすことになった。これらの影響を受けて，黄河流域の農村は，現代史を通じて有数の貧困地帯となってきた（写真2-3）[(1)]。

一方，黄河流域よりも温暖・湿潤な南方の長江流域では，紀元前2世紀頃から，次第に人間活動の森林への圧力が目立ってきた（Elvin 2004）。しかし，この地区で，人口増加と農地拡大が，森林に決定的な影響を与えたのは，16～19世紀にかけての明・清王朝期とされる。この時期には，アメリカ大陸を原産とするトウモロコシやサツマイモといった，痩せた土地でも高い生産力を誇る作物が伝来し，沿海部から内陸へと広がった。これらの栽培等を通じて，各地の人口は急増し，それを賄うために更なる開墾の手が，長江中下流域の山々に伸びていった。この人口増加と農地拡大のスパイラルの

写真 2-2　1900 年代の中国北方黄河流域（山西省五台山付近）

出典：Photograph NO. 47892, Taken by Bailey Willis in 1903-04, Record of the Forest Service, Foreign Forests Photographic Files, BOX LOF 4, File: China, National Archives II, RG95-FFF.（筆者取得日：2006 年 5 月 22 日）

写真 2-3　2000 年代の中国北方黄河流域

出典：山西省大同市にて筆者撮影（2000 年 9 月）。

中で，「棚民」と呼ばれる流動人口が各地で増加した。彼らは，山から山へと移動しながら，トウモロコシ栽培に加えて，製鉄・林産物生産等の様々な商業活動に従事し，山地の森林を次々に伐開していった（上田 1999）。

地域の最南端に位置する四川省南部，雲南省，貴州省，広西チワン族自治区等は，豊かな照葉樹林や熱帯林が分布してきたが，18 世紀から現代を通じて，やはり人口圧に伴う開墾が森林を脅かしてきた（上田 1999）。

人口増加は，自家用の薪炭や建築用材といった，日常生活における木材需要の増大という形で森林への圧力ともなってきた。中国における近代国民国家建設を目指した孫文は，1920 年にその「建国方略」の中で，中国の森林過少が深刻であると問題視した上で，「柴や薪の問題は，国民による最大の（森林の）消耗となっている[(2)]」ため，今後，農村では石炭に代替させ，都市ではガスや電力を用いるようにせねばならないと説いた。しかし，その後も億単位の地域住民による樹木の薪炭利用は継続し，現代史においても，それによる森林破壊が問題視されてきた（第 4 章等参照）。

18 世紀以降の産業革命後，世界各地での森林開発・破壊は，工業を中心とした産業発展に伴う林産物需要の増加が大きな要因となった。都市の建築物や船舶等の建設に必要な木材に加えて，印刷物に用いる紙，鉱山の坑木，鉄道の枕木など，近代社会の形成を支えた諸産業の発展は，森林からの物質提供と切り離せないものだった。これらの物質は，自家用の薪炭や建築用材とは違い，生産地（生産者）と消費地（消費者）が異なる場合が殆どであり，市場取引や国家調達を通じて供給されてきた。ところが，中国では，ヨーロッパで産業革命の始まる遥か前の 10 世紀に，既に需要に応じた広範囲の木材市場が形成されていた。当時，長江中流域で産出された良質の木材は，大運河等を利用して，政治の中心である北方へと運ばれていた（Elvin 2004）。その段階で既に木材生産の中心地と位置づけられていた湖南省・江西省・福建省等の森林は，現代中国では南方集団林区として，中国全域への木材供給を担う役割を付与されてもきた。

19 世紀半ばのアヘン戦争から 20 世紀前半にかけて，中国の森林は，域内の近代化に伴う産業発展に利用されるばかりでなく，域外からの圧力をも受けることになった。それまで，後述の清王朝の保護政策等もあって多くが残されてきた東北地区の森林は，はじめロシア，次いで日本の権益確保の下に大量に伐採され，軍需や諸産業の発展に供されることになった（周・顧 1941）[(3)]。そして，20世紀後半には，東北国有林区として接収・再編され，現代中国の社会建設を支える大量の木材を産出していくこととなる（第4章参照）。

1．2．機能・価値・便益からみた歴史的な森林との関わり

1．2．1．用地提供機能に伴う価値・便益がもたらす開発・破壊

森林をめぐる機能・価値・便益という観点からすると，中国では，他の目的のために森林を転用する用地提供機能に基づく働きかけが，2000年以上の長期にわたって，森林の開発と減少を促してきたと整理できる。人口増加・農地拡大による森林の伐開や，戦争に伴う森林破壊は，この機能・価値・便益に基づく利害が反映されたものである。中国の森林は，食糧生産や軍事作戦上の用地としての価値・便益を見出された結果，次々に焼かれ，伐り倒され，表土流出の激しい荒廃地へと姿を変えていった。

各種の産業発展に伴う森林開発・破壊も，この用地提供機能に伴う利害を一面で反映している。すなわち，工場の立地，鉱山の開発用地，都市建設用地，及び商品作物・原料の栽培地等としても，多くの森林が伐採・転用されていった。

こうした利害に基づく森林減少には，各時期の統治者・指導者をはじめ，企業経営等を行う事業者，そして基層社会で生活を営んできた農民といった，地域のあらゆる人間主体が絡んでいたと考えてよい。指導者は，戦争に勝って政権を握り，その後，統治者として住民の衣食住を満たすための空間として森林を価値づけてきた。また，農民や事業者は，自らの生活維持や財の蓄積のために，農地や工業用地としての森林空間の価値・便益を見出してきた。

1．2．2．物質提供機能に伴う価値・便益がもたらす環境改変

森林の物質提供機能に伴う価値・便益も，中国の歴史的な森林開発・破壊に大きく関わっていた。度重なる戦乱に伴う防衛施設の建設，復興に必要な

資材，住民の日常生活における薪炭・建築用材，産業発展に伴う林産物需要の増大は，中国の森林減少を促す要因となり続けてきた。

しかし，この利害が導く働きかけは，用地提供機能とは違って，森林減少のみをもたらしてきた訳ではない。すなわち，森林自体を使い減らすにつれて，林産物の持続的供給が不可能になるため，この利害を有した人間主体は，次第に将来の物質提供を見越した森林造成・保護を含めた森林管理・経営を考えるようにもなった。

この学びと実践が，中国のどの時点で生じたか，或いは，その実践が継続し得たかには，改めての歴史的検証が必要となる。例えば，既に紀元前の春秋時代において，中国の統治者達は，木材生産を独占して将来的な軍需や財政基盤を確保するために，住民の森林利用を制限する政策をとっていたとされる（上田 1999）。但し，こうした長期的な視座に基づく森林管理・経営は，それを可能とする安定的な社会状況や，確固とした権利・便益保障の下に腰を落ち着けて取り組める人間主体に限定される。反対に，上述の通り，その後も戦争・農地拡大や各種の需要に伴う森林減少は繰り返されてきた。また，王朝交代期等の社会的混乱や，産業発展等の局面では，外部からやってきた人間主体を含めて，近視眼的・収奪的な林産物生産が行われてきた。少なくとも中国は，この物質提供機能に伴う価値・便益がもたらす環境改変の二面性が，歴史的に内在されてきた地域でもあった。

継続的な物質生産を目的とした森林造成の萌芽は，11 ～ 12 世紀頃，森林の育成に適した南方を中心に見られた。当地に居住していた少数民族の間で，薪炭材等の自給のために行われていた植林が，12 世紀後半に入ると，当時，進行しつつあった水運を生かした流通革命に乗じて，広範囲への木材供給を行う形式に変わりつつあった（Menzies 1988）。その後，こうした試みは発展を遂げ，20 世紀前半の中華民国期には，南方各地でコウヨウザン（原語：杉木。中国杉），マツ，竹などの伐採と更新を伴った育成林業が成立していた（行政院新聞局 1947，周・顧 1941）。その中には，雑穀などの農作物栽培と組み合わせたアグロフォレストリー的な経営や，緻密な挿し木の技術を要する造林を行うことで，経済的な効率性を高めてきた地区も存在した（周・顧 1941）[(4)]。

こうした物質提供機能の発揮を促す直接的な人間主体は，各種林産物の生産者，消費者，及び仲介業者であり，彼らの財の蓄積や生活の維持といった価値・便益が，その利害を構成した。自家用の薪炭・建築用材生産に限れば，それは地域住民の日常生活の維持という価値・便益に基づくものであった。一方，統治者や指導者からすれば，森林からの物質供給を通じた産業発展が，国庫や財源の充実に繋がり，かつ各主体の上記の価値・便益を継続的に保障することで，その政権運営の基盤を保つことができた。

1. 2. 3. 環境保全機能に伴う価値・便益がもたらす保護・造成

森林の環境保全機能に伴う価値・便益が，中国において重視されるようになったのは，域外の動向に拠るところが大きい。

16～19世紀の人口増加と農地拡大，或いは林産物需要の増加に伴う森林減少は，洪水，土壌流出，沙漠化，旱干害の深刻化といった形で表れていた。しかし，そうした問題を，水源涵養，土壌保全，防風防沙，気候調節等の森林の水土保全機能に結びつけて捉えるようになったのは，欧米等の域外にて発展した関連の科学的知見が，知識人を通じて導入された19世紀後半以降であった。もっとも，それ以前の中国でも，例えば「風水林」のような呼称・性格で，集落や小流域といった狭い範囲での森林の水土保全機能が認識されていたと思われるケースは点在し，当地に暮らす住民が，ローカルな規範に基づきこれらの森林の維持に努めていた（徐 1998等）。しかし，少なくとも黄河や長江等の大河の流域や，中国全域（国土）を対象とした森林の水土保全機能が意識され始めたのはこの時期以降と思われる。1920年代，広東国民政府の指導者となっていた孫文は，民生主義を唱えた講演の中で，「近年，水害が多くなった原因は，歴史的な森林破壊にあり，水害防止の根本的な方法こそは森林なのだ(5)」とした。こうした認識に基づいて，当時の政治指導者や官僚に登用された林学者達は，民間の森林造成を奨励するとともに，域外からの専門家招聘や，留学生の派遣を通じて，森林の水土保全機能の発揮による地域住民の生活環境の改善を模索していた（第5章・第10章等参照）。

一方，生物多様性維持や二酸化炭素吸収といった，他の森林の環境保全機能に対して，中国の関係主体が重要性を認識したのは，世界的に環境問題への関心が高まってきた1970～90年代にかけてである（第3章・第5章参照）。

すなわち，現代史に突入する直前の段階で，中国では森林の水土保全機能が，主に統治者・指導者，或いは知識人等の専門家において認識され，長期的な開発・破壊の結果としての森林の過少状況を改善する政策的な働きかけの根拠となりつつあった。彼らがそこに見出した価値・便益は，国土保全を通じて地域住民の生活の安寧を図ることで，社会の混乱や不安定化を防ぎ，自らの政治的立場や専門的役割を確保することだった。

1．2．4．精神充足機能に伴う価値・便益がもたらす保護・囲い込み・造成

美しく懐かしい景観の維持，保健休養・レクリエーションの場の提供，及びその神秘性や超越性などによって，人間の精神の安寧・高揚をもたらし，また尊敬や愛情の対象となりうるという，森林の精神充足機能に伴う価値・便益は，中国において比較的早期から見られた。古来の書物において語られる「桃源郷」の描写などからは，樹木や草花が生い茂る風景に対する愛着や憧れといった価値・便益が，文化の根底に存在したことを想起させる。

紀元前の漢王朝期等では，軍事演習でもあり，楽しみの機会でもあった狩猟の場が森林において設けられ（上田 1999），統治者らが森林空間においてレクリエーションに興じ，高揚感を得ていたことが窺える。また，17世紀から19世紀にかけて，中国を統治した清王朝は，その母体となったツングース系満州族の出身地である東北地区の森林地帯を，自文化発祥の景観を維持するという目的から，移民開墾の厳禁，私的な伐採の許可制といった封禁政策の下に置いていた（周・顧 1941等）。すなわち，歴代の中国の統治者は，限定的ではあるが，精神の高揚や自らの統治文化を育んだ景観の維持という価値・便益に照らして，森林を囲い込んで保護するという政策的な働きかけを行ってきた。

一方，基層社会では，特に南方の森林地帯を中心に，周囲の欝蒼とした森林や巨大な樹木を，精神的帰依や崇拝の対象とする文化が存在してきた。1930年に毛沢東が調査した江西省の尋烏では，全ての樹幹の下や，田や平

写真 2-4　20 世紀初頭の中国北京西郊における寺廟林の景観
出典：Show（1914）における pp.16-17 間の写真から転載。

地の下，山稜の下などには，楊大伯公と呼ばれる神的存在が宿っていると信じられていた。山からの用材・薪炭採取を行うにあたっては，その管理責任者である禁長達と，利用を行う各家から一人ずつが，酒・食べ物を持参し，香紙を購入して楊大伯公を敬っていたとされる(6)。また，雲南省の熱帯林地帯では，森には「精霊」が住むと信じられており，人々は立ち入りを禁じてこれを敬っていた（Shapiro 2001）。イ族（彝族）やミャオ族（苗族）等の居住地区では，古樹名木を崇拝する伝統的習俗の存在が取り上げられてもきた（徐 1998）。加えて，各地に存在した寺院，廟，教会も，物質供給や環境保全の目的に加えて，安らかで荘厳な景観を維持し，生けるもの全てに敬意・愛情を注ぐという思想的な背景から，周囲の森林の保護につとめてきた（徐 1998）。20 世紀初頭，北方の黄河上流域においても，残された森林が寺院や廟の周りに集中していたとされる（周・顧 1941）（写真 2-4）。これは，中国各地の集落，宗教組織，住民において，森林の精神充足機能に伴う価値・便益が認識されてきた証左とも言えよう。

写真2-5　1943年の中国四川省における伐採木材搬出風景

出典：Photograph NO. L-593, Taken by W. C. Lowdermilk, Photographs Taken by Walter C. Lowdermilk, 1938-43, China, Box 3, National Archives II（筆者取得日：2006年5月22日）

写真2-6　1943年の中国甘粛省における土壌浸食状況

出典：Photograph NO. L-1027, Taken by W. C. Lowdermilk, Oct. 1st, 1943, Photographs Taken by Walter C. Lowdermilk, 1938-43, China, Box 3, National Archives II（筆者取得日：2006年5月22日）

1．3．現代中国前夜の森林との関わり

長い人類史を通じて，中国では，多様な利害に基づく様々な森林への働きかけが行われてきた。しかし，巨視的に見れば，それらは，森林の用地提供機能と物質生産機能に伴う価値・便益がもたらした森林減少へと帰結した(写真2-5)。そのため，現代中国前夜の20世紀前半に至っては，森林の過少状況が，将来の林産物供給を不可能にし，また，各地での洪水・土壌流出等の深刻な被害をもたらしていると認識されつつあった。中でも，北方の黄河流域に位置する各省では，1949年の時点で森林被覆率が5%を下回っていたと見られ（馬 1952等），当時の写真からも，森林の過少状況と土壌浸食や気候の乾燥化が相当に進んでいた様子が確認できる（写真2-6）。

この過去からの森林減少を通じて形成された自然生態的背景は，現代中国における森林政策を大きく特徴づけることになった。すなわち，社会主義による新たな国民国家を築くことを目指す毛沢東らの共産党指導者達は，1949年に新政権を成立させた直後から，地域の政策当事者として，森林の過少状況を克服する道を探らねばならなかった。これは，東南アジアや南米等が，前後して植民地支配から脱却した時点で，豊かな森林に恵まれ，その用地・物質としての利用による財の獲得を目指せた状況とは明確に異なっていた。

20世紀前半の中国では，孫文や知識人の重要性認識を背景に，森林造成・保護を含めた政策実施の仕組みも整えられようとしてきた。しかし，軍閥対立や日中戦争・国共内戦の勃発を受けて，それらは極めて限定的な範囲にとどまり，基層社会では，多様な主体がそれぞれの利害に基づいて，森林への働きかけを行っている状況にあった。

1945年（中華民国34年）に，国民党政府によって修正・公布された「森林法」と「森林法施行細則」では，森林が国有林，公有林，私有林に区分されている。この時期，国有林とされたのは，特定の所有者のいない大面積の天然林と河川上流域の保安林，少数民族の集落や指導者が法的な所有権を持たずに占有している森林，農林部に直属する森林行政機構が経営・造成している森林，農林部によって毎年挙行される植樹式にて造成される記念林，各地の景勝地や名勝古跡等における森林，及び，各地の駐留軍によって植樹された森林等であった。公有林は，各省・県・郷鎮などの地方行政単位の所有

する森林に加え，鉄道・交通・鉱工業部門や病院・学校等の組織によって所有される森林を意味した。私有林には，大土地所有者の占有する森林，商人・郷紳等が経営する林業企業によって経営・造成されている森林，少数民族の指導者が法的所有権を有する森林，寺や廟，或いは教会等の宗教組織が所有する森林（写真2-7），農民個人，もしくは複数の農民共同によって経営・造成されている森林，「一山二主[7]」の森林，及び，部落（少数民族居住地区），集落，氏族によって経営・造成されている森林が含まれた（熊 1989）。

写真2-7　1943年の中国四川省における教会による造林地

出典：Photograph NO. L-514, Taken by W. C. Lowdermilk on Feb. 21, 1943, Photographs Taken by Walter C. Lowdermilk, 1938-43, China, Box 3, National Archives II（筆者取得日：2006年5月22日）

すなわち，現代中国の前夜においては，個人，村落共同体，商業資本，地方有力者，宗教組織等が介在する私有林というカテゴリーが各地に存在した。また，公的領域においても，多様な森林の所有・経営形態が存在していたことが確認できる。さらに，土地と林木の権利を区分するなど，柔軟な権利関係の運用に基づいて，森林造成・経営が促されようとしていたことも窺える。

現代中国の森林政策は，森林の過少状況を前に，社会主義国家建設という理念的な方針を掲げつつも，これらの複雑化・多様化した森林をめぐる人間主体，利害，権利関係等を踏まえてスタートしなければならなかった。

2. 現代中国の森林政策をめぐる政治的背景

2. 1. 政治体制・変動と森林政策

現代中国の森林政策に焦点を当てる場合，その政治体制の特徴と，度重なる政治変動との関連を踏まえることが重要となる（表2-1)。

現代中国では，1954年以降の「中華人民共和国憲法」（以下，「憲法」）に示された中国共産党の指導性に基づいて，共産党指導者層による一元的な国家運営が行われてきた。共産党の指導体制自体には，個人の権威に依拠した毛沢東時代，鄧小平・江沢民・胡錦濤らを中心とした改革・開放以降の集団指導体制等，幾つかの違いが各時期で見られた。しかし，その下では，中央—地方を通じた党・行政機構の整備が行われ，共産党を主導する政治指導者層の指示を基層社会にまで徹底させる政治体制が確立されてきた（毛里1993，趙 1998，小島 1999，天児 2000)。この政治体制の特徴がどのように反映されてきたのかは，森林政策研究における重要な論点であり，第７章で改めて検討する。

次に，共産党の政治指導者における国家建設のヴィジョンや政策の優先順位は，必ずしも一致してこなかった。一元的な国家運営の下でのこれらの相違は，「党内対立」，「政治路線闘争」の形をとって表れることになる。その結果として，現代中国では，度重なる「政治路線の変動」（政治変動）が生じてきた。そして，対立・闘争に勝利した側は，常に相手側の政治路線を否定することで，自らを正当化するという構図が作り上げられてきた。1950～70年代における，毛沢東を中心とした急進的な社会主義建設を目指す路線（急進）と，劉少奇・鄧小平らに代表される経済発展重視の現実路線（穏歩）との対抗関係は，その代表例であった。鄧小平を中心とした改革・開放路線への転換を経た1980年代以降は，民営化・市場化による経済発展という国家建設の方針自体は堅持されてきた。しかし，その間も，1989年の第二次天安門事件をめぐってなど，幾度となく党内の路線闘争や，それに伴う民営化・市場化の引き締めが，「振り子」のように繰り返されてきた（毛里1993，天児 2000等)。こうした政治変動が，森林政策にどのように反映されてきたかも重要なポイントとなる。

表2-1　現代中国の政治過程と森林政策（年表）

年次	中国政治をめぐる主要な出来事	時期区分	森林政策関連
1949	10．中華人民共和国成立（人民政府主席：毛沢東，総理：周恩来）	建国初期	10．政務院林墾部成立。
1950	6．朝鮮戦争勃発。 6．「中華人民共和国土地改革法」制定。土地改革が本格化。		2-3．第一次全国林業業務会議が開催。第一次全国林業方針が策定。 11．全国木材会議開催が開催。
1951			8．政務院「木材の節約に関する指示」。 11．政務院林業部に改組。
1952			
1953	6．毛沢東，「過渡期の総路線」を提起。第一次五ヵ年計画スタート。 7．朝鮮戦争休戦協定。 12．中共中央「農業生産合作社の発展についての決議」。	第一次五ヵ年計画期（社会主義急進化期）	6-7．政務院財政経済委員会，林業部による木材の統一買付・統一販売を方針化。
1954	下．大行政区撤廃。 9．「中華人民共和国憲法」制定。政務院が国務院に改組。		9．国務院林業部に改組。 12．国務院「一歩進んだ木材市場の管理業務の強化に関する指示」。
1955			
1956	1．最高国務会議「1956年から1967年までの全国農業発展要綱草案」。 4．毛沢東，「十大関係論」を提起。中ソ対立が顕在化。		3．五省青年造林大会が開催。 5．国務院で森林工業部が新設される。
1957	2．百家争鳴・百花斉放の開始。 6．反右派闘争開始。		
1958	5．第二次五ヵ年計画で急速な発展目標提起。「大躍進政策」の展開。 8．人民解放軍，台湾海峡の金門・馬祖島を砲撃。	大躍進政策期	2．森林工業部が林業部に再統合。 4．中共中央・国務院「全国規模の大がかりな造林についての指示」。
1959	3．チベットで大規模な暴動が発生。 6．ソ連，中ソ国防新技術協定の破棄を通行。中ソ対立が深刻化。 7-8．廬山会議。彭徳懐の失脚と反右傾闘争の展開。 9．中印国境で軍事衝突。		
1960	4．「1956年から1967年の全国農業発展要綱」が公表。 7．ソ連，在中国専門家・技術者の一斉引き上げ。		7．森林関連でもソ連の専門家・技術者が引き上げ。
1961	1．中共第八期九中全会。調整政策への移行が決定。 5．「農村人民公社工作条例」（修正草案）。三級所有制提起。	調整政策期	6．中共中央「林権確定・山林保護と林業発展に関する若干の政策規定（試行草案）」。
1962			
1963			6．国務院「森林保護条例」制定。
1964	8．トンキン湾事件。ベトナム戦争開始。		
1965			
1966	5．文化大革命開始 8．毛沢東，「司令部を砲撃せよ」の大字報発表。文化大革命本格化。	文化大革命期	
1967			10．国務院林業部が軍事管制下に置かれる。
1968			
1969	3．珍宝島事件。これを契機に中ソ国境紛争勃発。		
1970		再建期	5．国務院機構回復に伴い農林部が成立。
1971	9．林彪ら，ソ連への亡命途上で墜落死。		
1972	2．ニクソン訪中し，毛沢東と会談。 9．田中角栄訪中し，日中国交正常化。		6．ストックホルム国連人間環境会議が開催。
1973			
1974			
1975	1．周恩来，全人代会議で「四つの近代化」を提起。		

年	中国の主な出来事	時期	森林・林業の主な出来事
1976	2．周恩来死去。四人組により鄧小平再失脚。 9．毛沢東死去。華国鋒が後継して，四人組を逮捕し文革終結を宣言。		
1977			
1978	12．中共第十一期三中全会。鄧小平主導による改革・開放路線移行決定。		5．国務院国家林業総局成立（農林部から独立） 11．「三北」防護林体系建設工程が開始。
1979	1．米中国交正常化。 2．中越戦争勃発。	改革・開放（初）期	2．国家林業総局が国務院林業部へ昇格 2．「中華人民共和国森林法（試行）」制定。
1980			
1981	6．鄧小平が中央軍事委員会主席，胡耀邦が党主席（後に総書記）に就任。		11．林業「三定」工作として森林経営の民営化が本格化。
1982	12．「中華人民共和国憲法」改正（82年憲法）。現行憲法の基盤に。		3．全民義務植樹運動が実施開始。
1983			
1984			9．「中華人民共和国森林法」修正公布。
1985			
1986	4．「中華人民共和国民法通則」制定。		
1987	1．胡耀邦，政治局拡大会議で総書記を解任・失脚。		5．東北大興安嶺にて，大規模な森林火災が発生。 6．中共中央・国務院「南方集団林区の森林資源管理の強化と断固とした乱伐制止に関する指示」。各地での森林伐採の加速が表面化。
1988			
1989	6．第二次（六四）天安門事件発生。趙紫陽失脚し，江沢民が総書記に。 11．江沢民，鄧小平から中央軍事委員会主席を継承。		
1990			
1991			
1992	2．鄧小平，「南巡講話」を発表し，改革・開放の再加速を提起。		6．リオデジャネイロ国連環境開発会議が開催。
1993	4．江沢民，国家主席に就任。		
1994			
1995			
1996			
1997	2．鄧小平死去。		12．第3回気候変動枠組条約締約国会議で京都議定書が採択。
1998	3．行政改革に伴う国務院機構再編。 6-8．長江・松花江流域大洪水が発生。	近年の動向	3．林業部が国務院国家林業局へ降格。 4．「中華人民共和国森林法」改正（1998年「森林法」）。 下．「天然林資源保護工程」と「退耕還林工程」が開始される。
1999			
2000	1．内陸部の発展を促す「西部大開発」の方針が公表される。		
2001	12．中国，WTO加盟。		5．国家林業局「天然林資源保護工程管理辦法」。
2002	11．第十六回党大会で江沢民「三つの代表」理論，小康社会等が提起。胡錦濤らへの指導部交代が進む。		12．国務院「退耕還林条例」制定。
2003	3．胡錦濤，国家主席に就任。		9．中共中央・国務院「林業発展の加速に関する決定」。
2004	1．中央一号文件にて「三農問題」の解決が目指される。		6．林産物生産を含む農林特産税の全面廃止。
2005	10．社会主義新農村建設が提起。		
2006	5．三峡ダム完成		
2007	3．「中華人民共和国物権法」制定。		8．国務院「退耕還林政策を完全なものにすることに関する通知」。

2008	8．北京オリンピック・パラリンピック開催		7．中共中央・国務院「全面的な集団林権制度改革の推進に関する意見」。
2009			
2010	5-10．上海国際博覧会開催。		
2011			
2012	11．党第十八回党大会。習近平らへの指導部交代が進む。		
2013	3．習近平，国家主席・中央軍事委員会主席に就任。		
2014			8．「新一輪退耕還林還草総体方案」が国務院関連部局から出される。
2015	4．「生態文明建設の加速推進に関する意見」が出される。		12．第21回気候変動枠組条約締約国会議でパリ協定が採択。 12．国家林業局が天然林の全域的な商業性伐採停止の基本方針を通達。
2016			
2017	10．第十九回党大会。習近平思想，一帯一路を党規約に明記。		
2018	3．国務院改革		3．国家林業局が自然資源部属の国家林業・草原局に改組。
2019	12．湖北省武漢市で新型コロナ感染症が発生。		12．「中華人民共和国森林法」改正（2019年「森林法」）。
2020			

注：出来事の冒頭の数字は「月」を表す。
出典：筆者作成。

反対に，地域の森林をはじめ自然資源をめぐる状況が，現代中国政治を規定してきた可能性も見落とせない。すなわち，「だれが中国を養うのか」というブラウン（1995）の問題提起を待つまでもなく，限られた域内の自然資源でいかに大人口を支え，社会の安定を維持していくかは，中国の政治指導者達の主要な関心事でもあった。

総じて，冷戦崩壊を経た近年，現代史における社会主義国家建設は，人間と自然の持続的な関係構築をもたらさなかったという評価が一般化してきた。例えば，マルクス主義のイデオロギーは，人間が自然を支配する観点から環境改変を行い，非効率な生産を通じて自然資源を浪費し，汚職の蔓延によって環境政策の実施を不可能にしたとも総括されてきた（ナゴースキー1994等）。では，現代中国の社会主義国家建設の下での森林政策は，果たして同様の影響をもたらしただろうか。本書の検証は，こうした評価にも関わってくることになる。

2. 2. 現代中国の政治過程と森林政策

2. 2. 1. 建国初期（1949～52年）：域内安定化の模索

中華人民共和国は，1949年10月1日，国共内戦の勝利をほぼ決定づけた中国共産党の下に建国を迎えたが，それから数年間にかけての政情は不安定であった(8)。

この時期，今日の中国全域は，まだ新政権の統治下に組み込まれていない。南方等では，国民党を中心とした対抗勢力への掃討戦が行われ，チベットでは当地の民族勢力と人民解放軍の間で激しい戦いが続いていた。そして，蒋介石率いる国民党が退いた台湾，及びそれを援助するアメリカとの緊張が高まる中，1950年6月に朝鮮戦争が勃発し，同年10月，中国は義勇軍として参戦する。この結果，翌年の国連総会において中国は北朝鮮と共に侵略者と認定され，国際的にも厳しい立場に立たされた。

この不安定な情勢下で，新政権にとっての急務は，域内での政治基盤を固めることだった。朝鮮戦争に伴う「抗美援朝運動」，共産党員や企業家の不正打破を目的とした「三反・五反運動」，国民党等に近いと見なされた人々への「反革命鎮圧運動」等は，共産党を中心とした新政権への人々の支持を固めるという意図と切り離せないものだった。

その中で新政権は，共産党による中国解放の旗印であった「土地改革」という，土地所有制の大変革を断行した。1950年6月に「中華人民共和国土地改革法」（以下，「土地改革法」）が制定され，大土地所有者からの土地没収と農民への分配，土地に付随する重要な自然資源の国家所有化などの指針が体系化された(9)。政治指導者層としては，以後の国家建設を進めるにあたり，大土地所有の解体や国家所有化によって，必要な資源を自らの裁量下に確保する必要もあった。こうした観点から土地改革は，不安定な社会情勢にもかかわらず強行された。土地としての森林もその例外ではなく，奥地等の大面積の森林は国家所有とされ，各地の集落周囲の森林は，農民へと分配されることになった。この土地改革に伴う改変は，基層社会での森林をめぐる権利紛争や管理・経営の混乱を帯同しつつ，以後の各種の森林政策における所有区分上の前提となっていく（第6章参照）。

この紛争や混乱を抑え，森林に対する土地改革の円滑な実施を図ることが，建国初期の森林政策の大きな目的ともなった。森林政策実施に向けての動きは，建国直後から見られており，1949年10月の政務院成立に際しては林墾部が担当行政機関として設置され，1950年早々には全域的な方針が示されていた。

2．2．2．第一次五ヵ年計画期（1953～57年）：社会主義建設の進展

第一次五ヵ年計画の実施期間は，建国初期の緊張状況から一息ついた新政権が，域内における社会主義建設に本格的に着手した時期である。中央人民政府主席（1954年9月から国家主席）として政権のトップにあった毛沢東は，「時間をかけて新民主主義から社会主義，共産主義へと移行する」との当初の路線に反して，社会主義集団化への即時移行を提起し，その方針は1953年6月の政治局会議で確定された。これ以降の政治路線は，「過渡期の総路線」と呼ばれる。この中で，急速な工業発展，食糧の強制供出制，都市での配給制をはじめとした生産・流通の国家計画に基づく統制化，初級・高級生産合作社の設立による段階的な集団化等の急進政策がとられ，社会主義中国としての国家建設が進んでいった。

1953年7月に朝鮮戦争の休戦協定が結ばれたことで，対外的な緊張はやや緩和された。しかし，アメリカ，台湾，インドシナ戦争の最中にあったフランス等とは引き続き対立状態にあり，外交政策はソ連との提携を強化する方向に動いていた。第一次五ヵ年計画の経済建設は，ソ連からの援助と派遣専門家・技術者の指導を受けての重工業優先路線であり，緊迫した国際情勢の中での国防建設の側面を強く有していた。

森林政策も，概ね第一次五ヵ年計画の実施に合わせて本格化していった。1956年1月の「1956年から1967年までの全国農業発展要綱草案」等が，その全体的な指針とみなされた。中央からの森林政策を徹底する行政機構や党組織が整備され，住民を組織・動員した様々な森林への働きかけが全域的に試みられるようになった（第3章等参照）。また，林産物の生産・流通の国家統制化が進み（第4章参照），基層社会の森林経営が段階的に集団化されていく（第6章参照）等，その内容も社会主義急進化に沿う形となった。また，森林政策をめぐるソ連の影響も，建国初期から続いて顕著に見られてい

た（第5章・第7章等参照）。

2. 2. 3. 大躍進政策期（1958～60年）：社会主義急進化と人民公社の成立

1957年2月，毛沢東は「人民内部の矛盾を正しく処理する方法について」の講話を発表し，今後の発展を模索するにあたり，これまでの共産党を中心とした国家建設に対する意見・批判を社会各層から広く求めた。その結果，共産党の独裁的な政権運営に対する民主党派や少数民族等からの批判が続出し，共産党指導者層を驚かせた。この反動として，6月以降，直接的に党批判を行った人々のみならず，多くの知識人達を弾圧する「反右派闘争」が始まった。この政治的な硬化と緊張の中で，毛沢東は，さらに急進的な社会主義建設，すなわち生産力の「大躍進」政策へと舵を切った。

大躍進政策は，「大規模かつ公共的であるべきである」という理念に基づき，広域的・積極的な集団化を通じた共産主義社会の建設を目指した。それによって，「15年でアメリカを追い越す」までの経済成長が達成可能と見なされた。農村では，これまで段階的に形成されてきた高級生産合作社を更に複数合併し，生産大隊・生産隊という下部組織を内包した広域の集団単位である「人民公社」が誕生した。農地・林地等は全て人民公社の管理下におかれ，土地・家畜・林木等の個人所有や，労働に応じた収益分配制等は一律に廃止され，極端な平等主義が徹底されることになった。

この大躍進政策は，中国の農村に惨憺たる結果をもたらした。常軌を逸した農業・工業生産目標の設定によって，各地での生産物の過剰供出，数合わせのための粗悪な生産，地方・基層幹部の目標達成の誇大報告が横行した。そして，上がってくる達成数値を政策の成果と捉えた毛沢東らによって，また生産目標が引き上げられるというスパイラルが形成された。また，極端な平等主義は，人々の生産意欲を減退させ，農村経済は大混乱に陥った。同時期の自然災害も重なって，この数年間での農村では，生存のための物資が賄えず，餓死者が2,000～3,000万人にのぼったとみられている（丁 1991等）。

この時期は，中国をめぐる国際情勢も再び厳しさを増した。中ソ対立の深刻化がその主要因である。フルシチョフが政権を握って以降，ソ連と中国の指導者層は，次第に社会主義陣営のあり方等をめぐって溝を深めつつあり，1956年4月には毛沢東が「十大関係論」の中で，ソ連を完全に模倣した経済建設は改めるべきとの見解を示していた。大躍進政策期に入ると，ソ連との不和は顕在化し，1959年6月にはソ連が中ソ国防新技術協定の一方的破棄を通告し，翌年7月には，中国にて森林関連も含めて経済建設の支援にあたっていた技術者1,000余人を一斉に引き揚げさせるに至った。加えて，1958年8月，人民解放軍は台湾海峡の金門・馬祖島を砲撃し，台湾及びアメリカとの関係も一触即発となっていた。さらに，1959年3月，チベットで大規模な暴動が発生し，人民解放軍による鎮圧のためのラサ攻撃を受けて，ダライラマはインドへと亡命した。この結果，インドとの関係も急速に悪化し，同年8月には中印国境での軍事衝突が発生した。こうした国際的な孤立も，毛沢東に，大躍進政策の実施による生産力・国防力の強化を選択させた背景にあった。

この時期の中国の森林が，鉄鋼や農産物の増産達成のために乱伐され，多大な損害を被ったことは，近年の政策当事者も公式に認め，また，公式統計上からも窺える周知の事実である[(10)]。特に，「土法製鉄」と呼ばれる農村の集団単位での粗雑な設備での鉄鋼生産を行うに際しては，精錬用や坑木用の木材の大量生産が求められた[(11)]。その結果，各地に残された数少ない森林が，無計画に伐採される事態となった。この時期は，中国の現代史の中で，産業発展のための物質供給を目的とした森林破壊が最も突出した時期であろう。

しかし，この時期には，各種の森林政策に関しても「大躍進」が求められていた。すなわち，木材増産の達成と並行して，人民公社レベルで地域住民を大々的に動員し，可能な限り荒廃地への森林造成を行い，その育成・保護に努めよとの目標も示されていた。大躍進政策期の森林破壊は，この側面を踏まえた上で，「なぜ生じたのか」が問われなければならない（第3章参照)。

2. 2. 4. 調整政策期（1961～66年上半期）：大躍進失敗の是正

この時期は，大躍進政策の失敗を受けて毛沢東が国家主席の地位を退き，劉少奇をはじめとした現実路線・実務派の指導者達が,「調整政策」と呼ばれる国家運営を進めた期間である。1961年1月の中共第八期九中全会(中国共産党第8期第9回中央委員会全体会議)で,「調整・強化・充実・向上」の八字方針に基づき,農業を中心に減退した地域住民の生産意欲を喚起し,生産力の回復と安定化を図ることが確認された。1962年には,独立採算単位が人民公社から生産隊レベルに下げられ,自留地[(12)],自由市場,自営企業を多く設け,農業生産の任務を個別の農民世帯に請負わせる(原語:承包)という,「三自一包」政策がとられるようになった。これは,人民公社という拡げられた集団内での画一的な平等主義の是正を目指したものであった。また,1961年5月の「農村人民公社工作条例」(修正草案)では,人民公社,生産大隊,生産隊による生産手段の「三級所有制」の実施が提起され,農地や林地を含めた土地は,生産大隊による所有,生産隊による経営を基礎とする方針が確認された[(13)]。こうした調整政策の結果,この時期の後半に入ると,各地の農業生産力はある程度回復をみるに至った。

しかし,私的経営や自由市場を容認した劉少奇らの現実路線は,社会主義の理念を重視する毛沢東らによって,修正主義・資本主義的と見なされるようになる。中央の政治指導者層の対立が深まる中で,中ソ対立は引き続き解消されず,ベトナム戦争も開始され,中国をめぐる国際情勢は緊迫感を増していた。

こうした状況を受けて,1963～66年頃には,有名な「農業は大寨に学べ」や「工業は大慶に学べ」等の運動を通じて,再度,急進的な社会主義集団化による自力更生を目指そうとする動きも強まっていた。これを主導した毛沢東とその周囲の指導者達は,階級闘争の継続や政権運営の主導権奪還を見据えて,実務派指導者の批判につながる社会主義教育運動を,農村で展開させてもいた。これらが,文化大革命の前哨となった。

この時期の森林政策は,大躍進政策下での農村の混乱や森林破壊に対応するという名目で,森林経営単位の小規模化や,権利関係の安定化などが目指された。すなわち,森林に関しても「調整政策」が行われた面が厳然と存在する(第6章等参照)。一方,1963年5月に,初めての森林関連の基本法としての性格をもった「森林保護条例」が制定されるなど(第8章参照),森林政策としての新たな動きも見られた。

2. 2. 5. 文化大革命期（1966年下半期～69年）：現代中国を揺るがした政治闘争

1966年の下半期から本格化した文化大革命は，政治レベルでは激しい実務派批判や，毛沢東個人への崇拝に基づく社会主義急進化路線の推進，社会レベルでは無秩序な批判闘争の展開によって特徴づけられる。主に都市部では，近しい間柄でも密告，武闘，集団暴行，私刑等が横行し，現代中国に生きてきた人々に大きな傷跡を残すことになった。その明らかな発端は，政治指導者層内部における毛沢東ら急進派と，引き続き現実的な経済建設路線を歩もうとする劉少奇・鄧小平ら実務派との政治路線対立の激化である。毛沢東が実務派の打倒を呼びかけてすぐに，急進派による中央文化大革命指導小組（文革小組）が中央を掌握し，以後，各地での実務派からの奪権闘争や，それによって各単位に成立した革命委員会等への行政権限委譲が進められた。中央の実務派とみなされた指導者達は，文革小組の操る学生を中心とした紅衛兵などから激しい批判を受けた。劉少奇は反動分子とされた上で獄中死し，鄧小平は失脚を余議なくされた。一方，紅衛兵の活動や奪権闘争によって，行政機構をはじめとする既存の国家システムの解体が進められた結果，治安維持機構としての人民解放軍の役割が増大することになった(14)。実質的な統治機構となった各地方の革命委員会も，実際には軍が大きな役割を占めており，中央の行政機関も軍事管制下に置かれることになった。

文化大革命は，1976年の毛沢東の死と，文革小組の中心メンバーであった江青ら四人組の逮捕を経て，終結宣言が出された。但し，実際に批判闘争の嵐が吹き荒れ，社会が激しく混乱したのは当初の数年間であった。また，農村部では，都市部ほどの激しさで闘争が展開されなかったケースもあった。1970年代に入ると，周恩来らの主導で，次第に混乱の収束や行政機構の回復が図られていく。中国をめぐる国際情勢も，1960年代末までは中ソ対立が激化の一途をたどり，黒龍江省や新疆ウイグル自治区の国境で軍事衝突も発生した。しかし，1970年代に入ると，1972年のニクソン訪中をはじめアメリカとの関係改善が進み，文革当初の孤立外交からの脱却が見られた。このため，本書では，1966年下半期から1969年頃までを文化大革命期と捉えている。

この時期の森林政策でも，行政機構の改変や地方への権限移譲等，文化大革命期の政治変動に沿った動きが見られた。中央国務院の森林政策の担当機関であった林業部は，1967年10月に軍事管制下におかれている。また，文化大革命で失脚した実務派の指導者や官僚には，それまでに森林政策に強い関心を持ち，その立案や実施をリードしてきた董必武，譚震林，李範五といった重要人物が含まれていた（第9章・第10章参照）。さらに，森林行政機構に所属していた官僚や技術者，研究教育機関に籍を置いていた知識人等の多くの専門家が，実務派批判に伴い離職を余議なくされ，勤労による自力更生を名目に，基層社会の農村に「下放」させられた。これらの結果として，森林政策実施システムの混乱は不可避であった。実際に，行政体系の機能不全に伴う造林面積の低下や，木材生産量の制御不足といった問題が生じていたことが，公式統計の推移からも窺える。但し，急進派が大勢を占めたこの時期の中央政府も，住民の動員による森林造成・保護の徹底等を呼びかけていた事実も存在する（第3章参照）。

2．2．6．1970年代の再建期（1970～78年）：文化大革命収束と「環境問題」の登場

1970年代前半の中国では，表向き文化大革命の継続を唱えつつ，背後で様々な政治路線闘争が繰り広げられ，めまぐるしく権力の座が入れ替わった。まず，一時は毛沢東の後継者された林彪とその一派が，国家主席のポストをめぐって毛沢東との対立を招く。林彪らは，1971年9月にクーデターを計画して失敗し，ソ連に亡命する途上，モンゴル上空で墜落死した。その後，国務院総理の周恩来と復活した鄧小平を中心とする国務院の安定化路線と，文化大革命の継続推進を掲げる四人組との対立が，70年代前半にかけて激化した。その中で1976年，周恩来と毛沢東が相次いで死去する。毛沢東から後継者に認定された華国鋒は，国家主席への就任後，江青ら四人組を逮捕し，文化大革命の終結を宣言した。その後，華は「洋躍進」と呼ばれる海外からの大量のプラント輸入による上からの経済発展を模索したが，政権

内部に確固たる支持基盤を確立できず，鄧小平に実権を奪われていった。こうした政治変動を経て，実権を握った鄧小平のイニシアティブの下，1978年12月の中共第十一期三中全会において，「改革・開放」路線への移行が決定された。

1970年代前半には，既に農業をはじめとした各部門において，改革・開放期の急速な経済成長を実現する下地が整えられつつもあった。1970年8月の北方地区農業会議では，人民公社内での社隊企業の再生が決定された。内容は重工業に限定されたが，実際には軽工業やサービス業部門にも企業活動は波及し，農村内での生産活動の多元化が進められていった（小島1997)。また，1975年の全国人民代表大会で，周恩来は農業・工業・国防・科学技術の「四つの近代化」を提起し，各部門の専門家を再度重視した上で，基層社会での産業基盤の整備や技術革新を求めた。

対外関係でも，前述のアメリカとの接近等に伴い，1971年には国連復帰も実現し，以後，中国は第三世界の牽引者としての国際的地位を確立する動きを強めていく。また，1972年9月には，田中角栄首相が訪中し，日本との国交正常化も達成された。

改革・開放の下地となった経済再建の裏側で，この時期においては，政治指導者や官僚を含めた中国の政策当事者が，開発に伴う自然・生活環境の破壊や汚染の深刻化を「環境問題」として認識し始めた。この背景には，当時の公害等の生活環境汚染や，自然資源の有限性に対する世界的な注目の高まりが存在した。1974年には初の環境行政機関である国務院環境保護指導小組が設立され，大気・水質汚染等に関する具体的な環境政策を定めていった(小島1996)。

この時期に環境概念が受容されて以降，中国の森林政策は，以前からの内容を受け継ぐ形で，森林「環境」政策へと軟着陸を果たしていく（第5章参照)。また，1970年5月には，国務院の機能再開に伴い農林部が成立するなど，森林政策の実施にあたる行政機構や専門人員も，文化大革命の衝撃から徐々に回復し，各地で体系的な政策実施がみられるようにもなった（第7章等参照)。

2. 2. 7. 改革・開放期（1979～97年）：対外開放・民営化・市場化による経済成長

1978年末の中共第十一期三中全会以降，中国は地域全体として，対外開放の促進，市場経済の段階的導入などを掲げる改革・開放の政治路線の下，民営化[(15)]・市場化・国際化への道を歩むことになった。まず，「社会主義を発展させる多種多様な経済形態」という名目の下，各種生産の請負制等を通じた国家・集団以外の主体による経済活動が公式に容認され，中国独自の社会主義集団の象徴とも言えた人民公社は形骸化していった。1950年代に構築された生産・流通の国家統制システムも，1980年代を通じて段階的に撤廃され，市場を媒介とした形態へと変貌を遂げていった。この市場化の流れの中で，人民公社や国営企業に代わって，農民世帯，私営企業，郷鎮企業，更には外資を導入した合弁企業等が担い手となり，改革・開放期の中国経済は，年平均10%程度の高度成長を遂げていった。

対外開放によって域外とのヒト・モノ・カネ・情報・技術の交流も進み，冷戦の崩壊を越えて中国をめぐる情勢は安定化していった。改革・開放路線の成果を確信したこの時期の政治指導者達は，GATTからWTOへと舞台を変えたグローバル経済における秩序づくりや，地球環境問題等の様々な国際的取り組みに対して，積極的に関わってもいく。この国際化の中で，中国は，発展途上国のリーダーとしてのイニシアティブをとりつつ，国際社会における権益確保や影響力強化を目指していくようになった。

この政治変動は，域内の経済発展をもたらした反面，中国共産党による一元的な国家運営を明らかに揺るがすことになった。集団化・計画経済をはじめとした社会主義理念を棚上げすることで，その指導集団としての共産党支配の正当性は失われてしまった。また，それまでの国家・集団を単位とした，物資の再分配や医療福祉等の社会保障システム，農村部と都市部を切り分けての固定的な戸籍制度等の社会統制の仕組みが機能しなくなり，地域社会の流動化が加速した。その結果，市場化や外資導入の恩恵を受けやすい都市部や沿海部に人口や産業が集中し，農村部・内陸部との経済格差，都市の居住環境・治安の悪化，環境汚染の深刻化等の問題が生じた。また，都市部・沿海部等では，経済発展を牽引した地方政府の指導者や私営企業の事業者等は，その経済力や自信を背景に，中央政府とは一線を画した形で社会への影響力を強めていくことにもなった。

世界に衝撃を与えた1989年6月の第二次（六四）天安門事件は，これらの改革・開放路線がもたらした経済発展と社会問題のジレンマを象徴するものでもあった。民営化・市場化を通じて力をつけた私的主体や，国際化を通じて域外の自由主義・民主主義に触れた知識青年等においては，汚職や非効率性を内包した旧来の国家統制システムと，それを長年主導してきた共産党の一元的な国家運営に対する不満が募っていった。第二次天安門事件は，こうした不満が，政治体制の民主化を要求する学生運動として噴き出た形となった。これに対して，鄧小平は，共産党の絶対的・指導的立場を守るとの観点から，民主化に理解を示していた総書記の趙紫陽を失脚させ，人民解放軍を投入して流血の末に学生運動を抑え込み，対外開放や市場化の引き締めを行った（写真2-8）。

1980年代の共産党指導者層は，改革・開放路線が一党支配を脅かす危険性や社会主義理念を強く意識した「保守派」と，国家運営体制の改革を積極的に推し進める胡耀邦や趙紫陽らの「改革派」というグループに分かれ，しばしば綱引きを繰り返していた。鄧小平は，理念的な中心人物として，また，中央軍事委員会主席としての人民解放軍の掌握を通じて，両派の舵取りを行う立場にあった。そして，実際に共産党の正当性が問われた事態では，自らが登用した改革派の指導者達を失脚させ，一元的な国家運営の維持を選択してきた。

事件の余波が一段落したと見ると，鄧小平は，再び改革・開放路線の積極推進へと舵を切った。1992年1～2月にかけての「南巡講話」で，再度の対外開放，市場化等の推進が域内外にアピールされた。以後，中国は再び，グローバル経済への参入を強めながらの発展の道を辿り，土地使用権の売買促進を通じた不動産市場の整備，国営（国有）企業[16]の改革と民営化，人民元の為替レート整備等が政策的に進められた。1990年代半ばには，江沢民を中心とした集団指導体制が固められ，改革・開放路線の継続が目指されると同時に，その統治基盤の揺らぎを避けるため，民主化運動，民族運動，或いは政府内の汚職・不正への取り締まりを強化していった。同時に，法律

写真 2-8　天安門広場と人民大会堂
出典：北京市にて筆者撮影（1998 年 3 月）。

の整備と浸透を通じて，社会秩序を維持しようとする動きも加速した。その中で，各種の環境問題への取り組みも，政権の果たすべき役割として重視され，環境保護行政機構や，「中華人民共和国環境保護法」を基礎とした環境法体系の整備が進められてきた（中国環境問題研究会 2004）。

こうした改革・開放路線への転換は，森林政策や地域の人間と森林との関係にも大きな影響を与えた。これまで国家・集団に限定されていた森林経営には，農民世帯，個人事業家，私営・外資企業等の私的主体が，新たな担い手として参入した（第 6 章参照）。また，林産物の生産・加工・流通においては，国有（国営）企業の寡占状態から，私営企業[17]，外資企業，郷鎮企業や村営企業等の農村集団経済単位（集団企業）[18]といった，多種多様な事業形態の発展が目立っていった。これらの民営化を前提に，株式制の導入や企業間の業務提携等も行われ，林産物流通の市場化や，域外からの知識・技術の導入も進んだ（第 4 章等参照）。また，急速な経済成長に伴って，域内の林産物需要は急増し，社会統制の緩みや国家運営の揺らぎの中で，それらの変化に対応することが，改革・開放期の森林政策に求められることになった（第3章・第4章・第8章等参照）。

2. 2. 8. 最近の動向（1998～2010年代）：グローバル化と格差の中で

改革・開放路線への転換を牽引した鄧小平は，1997年2月に死去し，以後の中国では，江沢民，胡錦濤，習近平を中心とした指導体制の下，グローバル化の中での国家運営の舵取りが進められてきた。

江沢民体制の下では，国務院総理となった朱鎔基を中心に，引き続き，民営化・市場化・国際化の路線に則り，行政機構の合理化，国有林区の企事業体を含めた国有企業改革，外資導入などが積極的に進められた。経済は安定成長の軌道に乗り，新世紀を迎えた2001年末，中国は念願のWTO加盟を果たした。この間，インターネットや携帯電話などの普及や情報技術の革新も進み，域内外の交流は飛躍的に増加し，基層社会に暮らす人々の生活は大きな変化を遂げた。こうしたグローバル化と規制緩和の波に乗り，農産物・工業製品の生産輸出，金融ビジネスや不動産投資を通じて富を蓄える人々も増えていった。

しかし，「豊かになれるものから豊かになる」という先富論に則り，農村からの出稼ぎを含めた低賃金労働力と外資導入に依拠した前時期からの経済発展は，その恩恵に与る沿海部・都市部と内陸部・農村部の域内格差，及び人々の所得格差を拡げることにもなった。この域内格差の解消を目指して，2000年1月の国務院西部地区開発指導小組の発足を契機に，内陸部でのインフラ整備，外資導入，資源開発，IT等の新産業建設を進める「西部大開発」の方針が打ち出された（西川ら 2006等）。また，2000年代に入ると，経済格差の拡大を踏まえ，「三農問題」としての農業・農村・農民の発展成長の課題化と取り組みが，中央政府において本格化していった（厳 2002，武田ら 2008，梶谷・藤井 2018等）。この中で，胡錦濤体制への移行に伴う2002～03年頃から，バランスのとれた発展を念頭に置く「小康社会」や「和諧社会」の提起，農林特産税と農業税の相次ぐ廃止，社会主義新農村建設の推進等，一連の政策方針が示されていった。

1990年代後半から2000年代にかけての森林政策も，この格差拡大の是正という方針に沿った側面を有してきた。内陸部，農村部，そして農民世帯は，主要な森林への働きかけの場でもあったため，それらへの支援策は，大きく森林政策に重なることになった。とりわけ，この時期に本格化した「退耕還林工程」は，西部大開発の一環として，急傾斜地等に切り開かれた耕地や荒廃地への森林造成を通じて，生産性の低い農業に依拠した内陸部・農村部の産業構造の転換を促すものと位置づけられた（第3章参照）[(19)]。

しかし，こうした取り組みは，格差拡大の先にある社会不安の抑制と，共産党の一党支配の維持を見据えたものでもあった。江沢民の唱えた「三つの代表論[(20)]」も，「先富」を体現してきた富裕層，専門家，そして農民達を取り込むことで，共産党の存立基盤を強固にするとの思惑が根底に存在した。この点に関して，この時期の森林政策は，社会不安を抑制する環境政策との色彩をより前面に出すことにもなった。1998年夏に長江・松花江流域で発生した大洪水は，内陸部の河川上流域における森林破壊に大きな原因があるとされた。すぐさま江沢民の指揮下に人民解放軍が投入され，速やかな救済措置がとられると共に，上述の退耕還林工程と「天然林資源保護工程」という，森林の水土保全機能の発揮を主目的とする国家プロジェクトが大々的に実施された。これらは，自然災害の防止による社会不安の抑制という側面を色濃く持つものであった（第3章参照）。

2010年代に入って，トップの座に就いた習近平は，共産党としての統治基盤の強化を図ると共に，党内での汚職や不正の摘発等を通じ，中央政府において自派への権力集中を進めていった（川島・小嶋 2022）。新疆ウイグル自治区や香港では強権的な対応がとられ，「一帯一路」構想等を通じた国際的影響力の強化も図られてきた。一方，その足下では，不動産バブルの崩壊や高齢化社会に伴う社会負担増も懸念されつつある。

その中にあって，2015年に「生態文明建設の加速推進に関する意見」が出され，森林保護の厳格化が求められる等，習近平体制下での森林政策の特徴も見えつつある。地域社会では，地球温暖化防止や生物多様性維持といった森林の環境保全機能への重要性認識も定着し，所得向上と余暇増大に伴って，観光やレクリエーションの対象としての森林の価値・便益認識も広く普及していった（第3章等参照）。

〈注〉

(1) 黄土高原をはじめとした北方黄河流域において，本来，森林と草地のどちらが優勢であったか，或いは，その植生の喪失の主要因を人間活動と気候変動のどちらに置くかには，学術的な論争が存在する（松永 2011）。また，1970年代から観測されてきた黄河の断流や水不足も，土砂の流出・堆積に加えて，農業・工業用水の過剰利用も要因として指摘されてきた。但し，これまでの歴史学的研究や，耕地からの表土流出が加速してきた実態からみれば，歴史的な人間活動の展開が，黄河流域の植生喪失と貧困状況の形成に寄与したことは明らかと思われる。そして，少なくとも近現代の中国の森林政策は，その認識の下に展開していた。

(2) 孫中山（1966）『孫中山選集：上巻』（p.327）。

(3) 20世紀前半の時点で，中国の木材需要は，既に域内の森林からのみならず，北米や日本の勢力圏からの輸入材に多くを依拠していた（萩野 1971，中島 2023）。

(4) 南方のミャオ族（苗族）による育成林業に関しては，18世紀からの森林経営の契約文書をまとめたダニエルス（2004）らの詳細な研究がある。また，大住（2016）は，これらの華南地区で歴史的に展開してきた育成林業が，挿し木造林と木場作とのセットという点で，西日本での伝統的なスギ人工林経営との共通性を持つと指摘している。

(5) 孫中山「民生主義第3稿（抜粋）」（陳嶸著（1983）『中国森林史料』（p.96））。

(6) 毛沢東「尋烏調査：山林制度」（毛沢東（1982）『毛沢東農村調査文集』（pp.133-135））。

(7) 山林版の「一田両主」制度とも言える。育成林業の盛んであった南方で，農民が地主の土地を借りて造林を行うもので，「山地」（土地）は「山骨」と呼ばれ，地主の所有だが，山地上に植栽された林木は「山皮」と呼ばれ，植栽農民の所有とされた。農民は地主に「山租」を納めるか，或いは山林からの収益を双方で分収する形式であった。

(8) 本節における改革・開放期までの現代中国の政治過程は，姫田他（1982），天児（1984），宇野ら（1986），天児（1992），毛里（1993）等の関連記述を整序したものである。

(9) 日本国際問題研究所中国部会編（1971）『新中国資料集成：第3巻』（pp.134-135）。

(10) 例えば，1958～60年の木材生産量はその前後に比べて2倍近くになっている（図1-8参照）。

(11) 例えば，「大力増産木材，保証国家建設」（『人民日報』1958年10月19日）等。

(12) 個々の農民世帯が，自ら処分できる農産物を生産することが可能な土地を指す。農村周辺の土地所有権は，引き続き集団に留保されたため，そこでの経営を請負うという形になった。

(13)「農村人民公社工作条例（修正草案）」（中共中央文献研究室編（1997）『建国以来重要文献選編：第14冊』（pp.385-411））。

(14) 毛沢東と文革小組一派は，当初，人民解放軍を掌握していた国防相の林彪と密接な関係を構築していた。

(15) 本書での「民営化」とは，改革・開放路線下の1980年代以降に進展した，経済活動における私的主体（原語：個体。国家・集団等の公的主体に対置される表現）の一連の経営権拡大を指す。改革・開放以降の森林関連の民営化には，「森林・林地経営」の民営化（森林経営における私的主体の参入）（第6章参照）と，「林産業」の民営化（林産物の生産・加工・流通過程における私的主体の参入）（第4章参照）という二つの側面がある。

(16) 改革・開放期以前の中国では，中央政府による国家統制・計画経済の受け皿としての国「営」企業が諸産業を担っていた。この段階の国営企業は，生産業務のみならず，幹部・労働者として所属する人々の雇用・住宅・教育・医療関連も含めた一つの社会単位であった。しかし，改革・開放路線下の民営化・市場化に伴って，その経営の非効率性や腐敗の蔓延が問題視されていった。このため，「政企分離」と呼ばれる経営権の独立や，運営のスリム化が段階的に進められ，1990年代に入るとその動きが大きく加速した。1990年代後半には，朱鎔基を中心とする国務院の指導者・官僚が，WTO加盟を見据えた国際競争力を養う上で，公共性の高い重点部門（交通，エネルギー供給，ハイテク産業など）を除く各産業部門（林産業部門を含む）の民営化を推し進めた。この改革と民営化のプロセスの中で，国営企業は，国「有」企業と呼称を改められるようになった。

(17) 本書での「私営企業」には，厳密には「自営企業」と「私営企業」が含まれる。改革・開放下の中国で，これらは法的には企業規模の違いであり，経営者個人で資金を出し，個人または家族の労働を中心に，従業員が数名以下に限られるものが自営企業であり，それ以上の従業員を有し，生産手段が国家・集団以外の所有で，資本・賃労働関係を前提としたものが私営企業と定義されてきた。私営企業には，さらにその出資形態などに応じて，個人投資企業，共同出資企業，株式制（出資に応じた有限責任）企業等，幾つかに類型化される。本書では，これらを私的主体の経営に拠るものとして，一括して私営企業と表記する。なお，「民営企業」は，公式統計等で村営企業等の集団に由来する事業体を含むため，本書では用いるのを避けている。

(18) 農村集団経済単位とは，農村の集団単位である郷鎮・村によって所有・運営されている営利事業体である。本書では，郷・鎮に属するものを郷鎮企業と呼び，村に属するものを村営企業と呼び，それらの総称として「集団（所有）企業」を用いる。実際には，その経営が「集団」構成員の全ての利害に関わるとは限らず，また，投資家個人との協同経営なども含まれるため，現時点で完全に集団所有制の下にあるとは考えられない。

(19) これらの政策方針を通じて，域内格差については一定の是正を見たとも評価される（梶谷 2018等）。その一方で，2000年代半ばから最近にかけては，グローバルな動向やエネルギー転換等を受けて燃料・食糧価格が高騰し，中国の農村や農民等の低所得層の生活に影響を及ぼす局面も何度か見られてきた。

(20)「共産党が先進的な生産力，文化，広範な人民大衆の利益を代表する」ことを意味した。

〈引用文献〉

（日本語）

天児慧（1984）『現代中国政治変動論序説：新中国成立前後の政治過程』アジア政経学会研究双書

天児慧（1992）『歴史としての鄧小平時代』東方書店

天児慧編（2000）『現代中国の構造変動4：政治―中央と地方の構図』東京大学出版会

ブラウン，L. R. 著・今村奈良臣訳（1995）『だれが中国を養うのか？：迫りくる食糧危機の時代』

ダイヤモンド社
中国環境問題研究会編（2004）『中国環境ハンドブック：2005-2006年版』蒼蒼社
趙宏偉（1998）『中国の重層集権体制と経済発展』東京大学出版会
ダニエルス，C.（2004）「中国少数民族が残した林業経営の契約文書：貴州苗族の山林経営文書について」『史資料ハブ：地域文化研究：東京外国語大学大学院地域文化研究科21世紀COEプログラム「史資料ハブ地域文化研究拠点」（Journal of the Centre for Documentation & Area-transcultural studies）』3：146-154
厳善平（2002）『農民国家の課題（シリーズ現代中国経済2）』名古屋大学出版会
萩野敏雄（1971）「戦前における海外木材資源調査について：木材資源論ノート（4）」『林業経済』278：34-36
姫田光義他編（1982）『中国近現代史：下』東京大学出版会
梶谷懐（2018）『中国経済講義：統計の信頼性から成長のゆくえまで』中央公論新社
梶谷懐・藤井大輔編著（2018）『シリーズ・現代の世界経済2：中国経済論（第2版）』ミネルヴァ書房
川島真・小嶋華津子編（2022）『習近平の中国』東京大学出版会
小島麗逸（1996）「中国経済スケッチ：環境・生態系問題2 ―第1期の環境政策史（1）」『ジェトロ中国経済』367：52-67
小島麗逸（1997）『現代中国の経済』岩波書店
小島朋之（1999）『現代中国の政治』慶応義塾大学出版会
松永光平（2011）「中国黄土高原の環境史研究の成果と課題」『地理学評論』84(5)：442-459
毛里和子（1993）『現代中国政治』名古屋大学出版会
ナゴースキー，A.著・工藤幸雄監訳（1994）『新しい東欧』共同通信社
中島弘二編著（2023）『帝国日本と森林：近代東アジアにおける環境保護と資源開発』勁草書房
日本国際問題研究所中国部会編（1971）『新中国資料集成：第3巻』日本国際問題研究所
西川潤・潘季・蔡艶芝編著（2006）『中国の西部開発と持続可能な発展：開発と環境保全の両立を目指して』同友館
大住克博（2016）「華南と西日本の伝統的育成林業でみられる育林技術体系の類似について」（第127回日本森林学会大会学術講演集）
武田康裕・丸川知雄・厳善平編（2008）『現代アジア研究第3巻：政策』慶應義塾大学出版会
丁抒（1991）『人禍：餓死者2千万人の狂気』学陽書房
上田信（1999）『森と緑の中国史：エコロジカル・ヒストリーの試み』岩波書店
宇野重昭・小林弘二・矢吹晋著（1986）『現代中国の歴史』有斐閣選書

（中国語）
陳嶸著（1983）『中国森林史料』中国林業出版社
馬驥編著（1952）『中国富源小叢書：中国的森林』商務印書館
毛沢東（1982）『毛沢東農村調査文集』人民出版社
孫中山（1966）『孫中山選集：上巻』人民出版社

行政院新聞局（1947）『林業』行政院新聞局
熊大桐等編著（1989）『近代中国林業史』中国林業出版社
徐国禎主編（1998）『郷村林業』中国林業出版社
中国林学会・馬忠良・宋朝枢・張清華編著（1996）『中国森林的変遷』中国林業出版社
中共中央文献研究室編（1997）『建国以来重要文献選編：第14冊』中央文献出版社
周映昌・顧謙吉（1941）『文史叢書：中国的森林』商務印書館

（英語）

Elvin, M., 2004, *The Retreat of the Elephants: An Environmental History of China*, Yale University Press

Menzies, N., 1988, Three Hundred Years of Taungya: A Sustainable System of Forestry in South China, *Human Ecology* 16(4) : 361-376

Shapiro, J., 2001, *Mao's War Against Nature: Politics and Environment in Revolutionary China*, Cambridge University Press

Show, N., 1914, *Chinese Forest Trees and Timber Supply*, T. Fisher Unwin

第2部　現代中国における森林政策の展開

現代中国の歴史が，過去70数年という短期間にもかかわらず，極めて複雑な過程を辿ってきたのは，中国共産党の政治指導者層を中心としたこの時期の国家建設の方向性が，めまぐるしく揺れ動いたためである。この政治変動に伴い，地域の人間と森林の関係も大きく変化することになった。第2部では，実際の森林政策の展開を通じて，その変化の内実へと踏み込んでいく。

森林造成の展開と木材需要
出典：広西チワン族自治区南寧市にて筆者撮影（2008年6月）。

第3章　大規模な森林造成・保護政策という不変の基軸

本章では，歴史的に形成された「森林の過少状況」改善への取り組みが，「大規模な森林造成・保護政策[(1)]」として，まぎれもなく現代中国の森林政策の主柱となってきたことを，時系列の政治的・社会的背景を踏まえて示す。実際に，1949年から今日に至るまで，中国の森林関連の政策指令は，「大衆を動員して荒廃地に植樹造林し，現有の森林を保護することで，大規模な国土の緑化を推し進めなければならない」と，繰り返し叫んできた。

1. 建国初期の森林造成・保護政策（1949～52年）

1949年10月1日，中華人民共和国の建国に伴い，中央の森林行政機関となった「林墾部」(1951年11月に林業部へ改組）は，翌1950年の2月27日～3月8日，第一次全国林業業務会議を主催し，以下のような当面の森林政策の方針を打ち出した。

> 林業は，生産回復・経済発展における重要な一部分を占めている。…木材の供給は，将来の国家建設を保障する。また，森林は土壌を保持し，水源を涵養するため，森林があってこそ，水利を有効に発展させ，水害・旱害等の災害を防止し，農業生産を保障することができる。しかし，中国の数千年来の統治階級，特に20数年来の国民党の反動政府によって，森林は破壊されるばかりで，造成されることはなく，災害は益々深刻化してきた。1949年の河北省中部・東部における多数の河川の洪水は，有史以来記録的なものであり，河北・山東地方等で深刻な惨状を生み出し，その他の各省も同じく水害・旱害の被害を受けている。このため，我々，個々の林業担当者は，極めて脆弱な業務基盤の下で，大きな任務を請け負わねばならず，断固とした決心をもって，生産回復における我々の力を最大限に発揮する必要がある。…当面は，普遍的な森林保護を主とし，同時に計画的・段階的・重点的に大衆路線を歩みながら造林業務を進めていくことに

なる[(2)]。

第一次全国林業業務会議は，新政権の森林政策の目標を，①普遍的森林保護，②重点造林，③合理的伐採・利用として整理し，将来の木材生産と自然災害の防止のための森林造成・保護を明確な中心に据えていた。続く中央人民政府の第一次全国林業方針でも，「全力で現有の森林を保護し，並びに大規模造林を進め，天災を予防し，農田水利を保障する[(3)]」ことが求められた。以後，森林造成・保護は，今日に至るまで，ほぼ変わることなく中国の森林政策の基本方針として位置づけられることになる。

とはいえ，対外的な脅威に晒されながら，戦乱からの段階的な復興を図らねばならないこの時期，中央政府の予算投入は国防等の目的から重工業建設に限られ，地方・基層での政策実施システムも未整備という状況であった。この財政的・システム的な制約は，まさしく「極めて脆弱な業務基盤」として，1950年代を通じて森林造成・保護政策や，その影響が及ぶ農業・水利部門の関連政策の障害となっていた[(4)]。このために，「重点的な財力の使用と，大衆の力への依拠[(5)]」が求められることにもなった。

それでも，建国当初から森林造成・保護政策が必要視されたのは，洪水を始めとする自然災害が各地で深刻さを増しており，森林の過少状況がその原因とみなされたためである。1950年夏の淮河流域等での洪水をはじめ，多発する自然災害による地域住民の生活の不安定化と貧困状況の加速は，成立直後の中華人民共和国を揺るがす可能性を秘めていた。このため，新政権は，その根本的な改善を目指す森林造成・保護政策を，当初から基本方針として掲げていたのである。

具体的な政策として最優先されたのは，森林火災の防止によって，東北地区等に残された森林の減少を食い止めることであった。事実，1950～52年にかけての森林破壊面積の97％以上が森林火災に起因していたとされ[(6)]，東北地区の暫定行政機関は，度々，森林火災防止の指示を出す必要に迫られていた。これを受けて，1952年3月4日，中央政務院は全域的な政策指令として「森林火災の厳重防備に関する指示」を出し，各級の地方政府に対して，森林火災の防止を徹底するよう求めた（表3-1）。そこでは，森林内で

表3-1　政務院「森林火災の厳重防備に関する指示」内容抜粋

・山火事が発生しやすい時期には，山区及び付近の各級人民政府は森林火災防止による森林保護を中心業務の一つとする。
・大面積の山林は，行政区画に従って，各行政単位が分担して保護の責任を負う。
・山林を破壊しないという原則の下，大衆を組織して副業生産を進める。
・山区・山区付近の地区において焼畑・野焼きを厳禁し，農民には積極的に抜草させ，野焼きに代替させる。
・防火期間は林区を通過する汽車の噴炎や，料理の火を厳重に防止する。
・大面積の国有林区内のまばらな住戸に対して詳しい調査を行わなければならず，必要時には彼らを承服納得させて林外へ出すか，或いは林内に集団居住させよ。林内に隠れていた不良分子に対しては，教育改造者を除き，逮捕して法の下に裁く。
・林区内の各単位は，それぞれが責任を負う所属範囲内の森林火災防止による森林保護業務以外は，各級人民政府を助け，付近の森林火災の発生を防止しなければならない。
・林区の機関・部隊・工鉱業企業・農場等は，責任を負うべき所属範囲内の森林火災防止による森林保護業務以外に，各級人民政府に協力して，付近の地区における森林火災の発生を防止すべきである。
・鉄道・道路・電信部門は消防人員に交通運輸と通信の便宜を供与するべきである。

出典：政務院「関於厳重防備森林火災的指示」(1952年3月4日)（当代中国叢書編集委員会(1985)『当代中国的林業』(pp.76-77)）

の焼畑や野焼きが禁止されると共に，地方政府による住民を組織した防火体制の構築や，不穏な勢力の一掃という目的も含めて林内の住民の移住や集住までが指示されている。この指示に基づき，各地では行政や住民組織による森林防火・消火への取り組みがなされた結果，1953年の森林火災の被害面積は前3年の平均よりも45%程度減少したとされた[(7)]。

当時の基層社会では，森林の無計画な伐採が横行しており，この乱伐制止も建国初期の森林保護政策の重要課題となった。全土の解放の過程で，各地の治安維持にあたっていた人民解放軍部隊や暫定行政機関は，当面，自らの裁量で現地の安定化と復興に取り組まねばならず，森林の伐採と木材販売を生産回復や財政確保の手段とした。河南省のとある県では，1949年11月，生産救済を理由に行政幹部が農民を動員して7万本の樹木を伐採したとされる[(8)]。当時のチャハル省（現：内モンゴル自治区）張家口市では，駐留する人民解放軍部隊が無許可で森林伐採を繰り返し，1950年2月に省人民政府と軍区によって関係者が処分されている[(9)]。同年10月，中央の政務院と人民革命軍事委員会は，共同で「各級部隊が自ら伐採を行ってはならない通例」を出し，駐留軍部隊による森林伐採を戒めた[10]。さらに，翌11月の全国木材会議では，「いかなる機関も，自らの伐採に対して，いかなる口実や名分も得ることができない」とされ，各地での乱伐制止が一律に呼びかけられた[11]。

また，土地改革の実施に伴う権利関係の急激な変動は，その混乱に乗じた人々や土地・林木の没収を恐れた地主等の主体による森林の乱伐を招くことにもなった（第6章参照）。その傾向が強く見られた長江中下流域以南の地方政府は，個々の農民の私有となった森林を保護するため，伐採を許可制とし，村落レベルでの護林公約の締結を求めるといった対策をとっている[12]。北方黄河流域の森林希少地区でも，現有の森林や，新たに造成した林木を保護すべく，幾つかの村落レベルでの護林公約が締結されていた[13]。このように，実際の建国初期の森林保護政策は，不安定な社会情勢下での「急場への対応」という側面を強く持つものでもあった。

建国当初の森林造成政策は，苗木・整地・植栽・育成への準備を要することもあり，森林保護政策に比べて実施は限定的で，公式統計における造林面積（前掲：図1-6）も低調であった。但し，中央政府からは「春季造林に関する指示」や「雨季造林に関する指示」が毎年出され，「大衆動員による大規模造林」が求められている[14]。具体的な対象は，東北地区西部，河北省中西部，陝西省北部，河南省東部，江蘇省北部等，森林過少に伴う自然災害が深刻化し，速やかな防風防沙・土壌浸食防止等の水土保全機能の発揮が必要とみなされていたエリアであった。これらは，抗日戦争や国共内戦で疲弊していた場所でもあり，段階的な防護林の造成が不可欠とされた[15]。

この重点区域を対象とした建国当初の森林造成政策は，総じて，各地の状況に応じた多様な形態を許容しつつ，住民を動員することで財政投入を抑える方法が奨励されていた。河北省西部では，冀西沙荒造林局が設置され，その指導下に地方政府が造林工作隊を組織し，森林造成の利点を宣伝しつつ，農民を組織・動員して植樹する形がとられた[16]。重点区域を多く含む華北地区の農村調査では，建国初期に最も早く始められた社会運動の一つが植樹運動であったと確認されてもいる（三谷ら 2000）。また，当地の農民の造林習慣の敷衍や，山東省等での旧慣としての「封山育林」の有効性も強調された[17]。

2. 森林造成・保護政策の本格的展開（1953～57年）

2. 1. 大衆動員による森林造成・保護活動の全域拡張

1953年からの第一次五ヵ年計画期に入り，社会主義国家建設が本格化すると，森林保護のみならず，森林造成政策の対象も中国全域へと拡張された。基層社会の集団化（第6章参照），党・行政機構などの政策実施システムの整備（第7章参照）を通じて，中央政府の立案する政策に即した地域住民の組織的な動員が可能となった。その結果，建国初期に比べて，大規模かつ広範囲の森林造成・保護活動が展開されることになった。

この拡大は，前時期と同様に，自然災害を克服し，地域住民の生活や農業生産を安定させるために森林造成・保護を進めるとの政策方針に基づいていた。

> 森林面積が大変少ない我が国にとっては，いかなる樹種の森林も，全て貴重な価値があることを指摘せねばならない。ある林木は利用価値が低く，またある林木は直接的な建築需要にも応じきれない。しかしながら，いかなる林木も水土保全，風・沙・水・旱といった災害への抵抗，農業生産の保障と民間用材の解決といった点で，一定の役割を果たすのであり，ゆえに保護されなければならないのである[18]。

> 現状の材積計算に基づくと，我が国の森林資源は不足しているが，国家建設に必要な木材の数量は日増しに増大している。需給の隔たりは益々大きくなりつつあり，相当に深刻な問題となっている。また，我が国の森林過少によって引き起こされる，風・沙・水・旱などの自然災害は，やはり深刻な状況である。森林資源不足に伴うこの現状は，もし徹底して改変を加えるなら，50～100年の努力を行わなければならない。この長期かつ困難な任務に対して，現時点から，速やかに積極的かつ断固とした各種の方法を採り，着実にこれらの問題を解決していくべきである[19]。

各種の自然災害は，この時期の本格的な計画・政策を通じた国家建設を大きく阻害する要因として問題視されていた。1954・56年等には，中国各地で大規模な水害・旱害が発生して全域的な凶作となり，食糧生産が当初の予定を大きく下回る状況となった。特に，1954年の長江流域を中心とした大洪水は，数万人単位の死者を出す建国以来最大規模の被害となり，1953～56年にかけては，毎年，平均約1,000万haの耕地が自然災害の影響を受けたと報告されている(20)。森林造成・保護政策は，全域拡張にあたって，それらの自然災害の防止という任務を明確に付与された。

中でも，北方黄河流域をはじめとした森林希少地区では，自然災害克服に向けて，住民を動員した防護林の大々的な造成が行われるようになった(21)。そのハイライトは，1956年に中国共産党の革命の聖地：陝西省延安にて開催された「五省・自治区（陝西・甘粛・山西・内モンゴル・河南）青年造林大会」（以下，五省青年造林大会）である。これは，黄河流域の防護林造成に，五省・自治区あわせて数万人の青少年が一時に組織・動員されるという，建国以来，最大規模の森林造成キャンペーンであった。中共中央・林業部が祝電を送り，植樹に従事する青少年の様子は『人民日報』や他の報道機関によって大きく宣伝され，まさに，党・国家を挙げての一大イベントの様相を呈した。大会を主催した青年団・林業部・黄河水利委員会は，「全国の青少年に送る手紙」と題した文章を発送し，中国全土の青少年に対して黄土高原をはじめとしたあらゆる荒廃地の緑化を求めた。これに前後して，各地では多くの青少年が組織・動員され，森林造成・保護活動に従事することになった(22)。

この五省青年造林大会は，その動員規模の大きさのみならず，その実施形式や政治的背景に至るまで，この時期の森林造成・保護政策の特徴を端的に示していた。数万人単位の住民動員は，社会主義建設の進展に伴い，基層社会に至るまでの組織体系を形成しつつあった青年団（当初は新民主主義青年団。1957年以降，共産主義青年団）と婦女連合会が担った。これらに加えて，この時期には，農村の集団化の受け皿となった生産合作社，国営林場，人民解放軍等，整備された党・行政機構の下に位置づけられた新しい組織主体が，森林造成の担い手として登場した(23)。毎年の春季や秋季には，中央からの指示に基づき，これらの組織体系を通じた宣伝や動員によって，大規模な植樹活動が実現できるようになっていた。

中でも，人民解放軍の系統は，前時期とは対照的に，森林造成・保護両面における活躍が期待されるようになった。1954年5月の人民革命軍事委員会総参謀部・総政治部「部隊の植樹造林業務への参加に関する指示[24]」等に基づいて，森林造成への参加が各地の軍部隊の普遍的な任務と位置づけられるようになった。これを受けて，新疆ウイグル自治区の人民解放軍生産建設部隊は，当地の防護林建設において大きな役割を担うようになる[25]。また，各地の軍部隊は，度々，森林防火に動員されるようになっていた。中央林業部は，「部隊は最も積極的・効果的に火事を撲滅する力を持つ機関であるばかりでなく，森林火災を防止して森林を保護する任務を行うにあたっての重要な拠り所である[26]」と，その貢献を称揚しつつ協力を求めた。今日，森林防火や洪水の被害救済は，人民解放軍や関連警察の重要な任務であり，彼らの活躍する姿は度々メディアを通じてヒロイックに報道される。その構図は，1950年代において既に見られていた。

東北地区の大面積の森林地帯では，土地改革以降の国家所有化が進む中，林内の住民や国有林区の労働者としての移民を組織して，森林火災・乱伐防止の仕組み作りが引き続き進められた。南方集団林区となった長江中下流域以南では，継続的な物質供給を保障するため，既存の森林の維持や伐採跡地の適切な更新を担う組織が，社会主義集団化の中で模索された。また，少数民族居住地区でも，民族の団結強化という目標の下，住民を組織した周囲の森林保護の徹底が求められるようになった[27]。

2. 2.「全土の緑化」キャンペーンに伴う政治性の反映

「共産党の軍隊」である人民解放軍や，事実上の共産党員養成組織である青年団が，森林造成・保護政策の重要な担い手となっていくにつれ，この時期の中国の森林造成・保護活動は，「共産党の主導する事業」としての性格を強めていった。その中で，「過去の中国で破壊されてきた森林を，共産党の指導下に回復させ，自然災害や荒廃地の消滅による輝かしい未来を描く」との言説が形成されていった。五省青年造林大会は，こうした性格や言説が前面に押し出されていた。

その伏線は，1956年1月に最高国務会議の招集・検討を経て公表された「1956年から1967年までの全国農業発展要綱草案」（以下「草案」）にある。この「草案」は，農業・農村建設の中長期的な政策目標を設定するとともに，当時，毛沢東を中心とした急進路線が推進していた速やかな社会主義集団化のもたらす「輝かしい未来像」を明示する内容だった。この総合的な方針を示す政策文書にて，「全土において緑化できる全ての荒廃地や空地の緑化」が，森林関連の目標として掲げられた(28)。この全文公表の同日，担当行政機関となる林業部は，「緑化規格」，「十二年緑化計画に関するいくつかの意見」という二つの政策指令を発表した。そこでは，1967年までの12年間で，全国（「緑化規格」ではチベットと新疆を除く）の「全ての荒山荒地を緑化する」とされ，「草案」の目標に沿う形での実務規定がなされた(29)。その約1ヵ月後の五省青年造林大会は，この「草案」の掲げた目標達成に向けて，地域住民を動員するためのプロパガンダとして位置づけられていた。この1956年前半の流れは，森林造成をめぐる明らかな政治的転機となり，公式統計上の造林面積もそれを裏打ちするように急上昇した（前掲図1-6）。すなわち，全域的な緑化という方針・目標が打ち出されたことで，各級行政機関や組織体系への造林任務の割り当てが跳ね上がったのである。

この「草案」と後に修正公布された「要鋼」が掲げた「全土の緑化」という目標は，文化大革命期を経て1970年代に至るまで，森林造成・保護政策の中心的な指針とされた。そして，「全土の緑化」を合言葉に，この「草案」と五省青年造林大会以降，あらゆるメディアを通じた森林造成・保護キャンペーンが活発化していく。同年12月には，林業部・青年団中央委・中華全国科学技術普及協会によって「林業宣伝の強化に関する連合通知」が出された。そこでは，翌1957年の春季造林に際して，「一斉に集中的な林業宣伝を行う準備をしており，中央の各新聞社・テレビ局・雑誌に依頼して，林業関係の社論，専門文書，科学技術知識を発表し，特別報道プログラムを実施する予定」であり，「各地方の報道機関もこれに応じて緑化のキャンペーンを張り，直接に広告画，掛け図，標語，黒板報を用いて農村での宣伝効果を拡大せよ(30)」とされた。これらの根回しを受けて，春・秋の造林シーズンを

人民日報

1956年4月2日　星期一
昨日本报2时18分开印

第2824号
今日共四版

每份五分　每月一元五角
訂閲处：全國各地邮局

4月2日内容提要

第一版　社論：加強对春耕的具体領導
綠化我們偉大的祖國（專欄）
澤登巴尔总理招待朱德副主席

第二版　陈迹：大吃一驚和深入領導

第三版　柳梆、燕樹桂：要改变落后的農業生產面貌
阿・杜金諾夫：苏联人民的偉大勝利

第四版　世界工联發表“五一”國际劳动節告世界工人書
欽本立：眞理的声音是窒息不了的
馮之丹：埃及人民热爱中國藝術

綠化我們偉大的祖國

天津一日植樹二十多万株

天津市一万四千多名青少年在四月一日——第一个全國植樹造林日，冒着雨雪栽种樹苗二十多万株。

“廣州——滿洲里万里鉄路共青团林蔭大道”从北倉到山海关沿綫三百五十多公里的植樹任务，是由青年鉄路职工和沿綫的青年農民担任的。今天有九千多名青年在茶淀到胥各庄的鉄路兩旁栽种了八万八千多株樹苗。今天上午，有一千五百多名少年組成的造林大隊出現在天津市歷史博物館的空地上。天津市市長黃火青也

甘肅展开营造“万里綠長城”活动

甘肅省河西走廊地区營造我國北部“万里綠長城”的活动全面展开。

今年春天，这个走廊东起烏鞘嶺西至敦煌一千二百多公里的防沙綫上，將要營造起八十万畝左右的防护林。現在，在走廊上的疏勒河、黑河、黃羊河等許多內陸河流兩岸和村庄附近的叢林里，每天清晨和夜晚都有人爬上高大的母樹砍樹栽；白天，一片片長滿雜草和堆着碎石的荒地和沙灘上，有黑压压的人群挖着樹窩。走廊里的荒灘上响起一片鏗鏘的声音。

走廊西部嘉峪关外的玉門、安西、敦煌等縣的農民們，冒着風沙進行植樹活动。酒泉市妇女还提出要在市周圍營造一个長达十多華里的“环城妇女林”。　（据新華社訊）

造林突击日在江苏

江苏省开展了春季植樹造林突击日运动。四月一日，南京市五千多名机关干部和居民，在莫愁湖、五台山和郊区等地進行了植樹活动。南京市副市長陈立平等都在莫愁湖勝棋楼旁栽植了白楊和垂柳。江都縣三月三十日开展突击日活动，在三十六里長的長江沿岸，栽植桑、柳二十万株，这些樹苗三年后即可成林。銅山縣从三月二十五日至三十日在沙荒和公路兩旁栽樹117万株，全縣已造林一万畝，超过原計划七倍。

写真3-1　『人民日報』の1面を飾る緑化キャンペーン
出典：『人民日報』（1956年4月2日）。

中心に，『人民日報』をはじめとした中央の報道機関が「全土の緑化」キャンペーンを張り，森林造成・保護活動への参加を繰り返し呼びかけ，各地での成功経験を大々的に紹介するようになっていったのである（写真3-1）。

2. 3. 森林造成・保護政策における課題の表面化

しかしその反面，これらのキャンペーンは，政治的な呼びかけと根回しがなければ地域住民を森林造成・保護に動員できず，森林の過少状況の克服，ましてや「全土の緑化」等は達成できないという政策当事者の認識の裏返しでもあった。中央政府の主導による本格的展開が見られたとはいえ，この時期の森林造成・保護政策は，引き続き，予算面や技術面での制約を，地域住民の労力提供で補おうとする性格のものでもあった。そして，この「大衆に依拠する」方式に付随する問題点も，全域化に並行して次第に明るみに出始めていた。

最も問題視されたのは，農村部をはじめとした基層社会に暮らす住民が，森林造成・保護活動に消極的であった点である。各地の農民は，育成した林木から経済収入を得るまで長期を要すること，水土保全機能の発揮に伴う便益が認識しづらいこと，及び，作業の大変さなどから，森林造成・保護活動を敬遠し，生活のために農地への開墾と農作物のケアを優先する傾向にあった。「遠くの水は近くの渇きを解かず」とは，この時期の森林造成・保護の重要性を強調する政策文章に，必ずといっていいほど登場する表現である。「遠くの水」とは，森林造成・保護がもたらす長期的な便益を意味する。対して，「近くの渇き」とは，当面の農村における住民の貧困状況を指した。森林造成・保護を通じて，用材や油・果樹などの林産物が得られ，水土保全機能の回復・発揮によって農業の安定化や増産が見込めるまでには，少なくとも 10 年以上の長期を要する。このため，当面の農村の貧困状況を改善する手段とはならず，農民にインセンティブを与えづらい。政策当事者には，「この構図を何とかしなければ，全土の緑化は進まない」という共通認識が存在した。

そこで，過渡期の総路線に基づく社会主義建設を進めていた中央政府は，1953 年 11 月の『人民日報』の以下の記事に見られるように，「社会主義の理念」を強調することで，地域住民の関心を「遠くの水」に向けさせようとした。

> 当面の具体的な情況に応じて，大衆の林業建設に対する積極性を発揮させ，並びに林区の農民に対して社会主義改造を次第に実行せねばならず，それにあたっては以下の注意が必要である。第一に，農民大衆に対して，常に政治思想教育を推し進めなければならない。…我々には，農民大衆の目を，将来の利益，集団の利益に向けさせる責任がある。造林・育林・森林保護は国家のための利益であり，かつ大衆の長期的利益でもある。
>
> 造林は即時に利益を得ることはできないが，将来的には巨大な利益をもたらすことになる。河南省東部・河北省西部の防護林も，数年間は効果が出なかったのであり，これが明らかな例である[(31)]。

ここでは，長期的な便益をもたらす「遠くの水」を追求する森林造成・保護が，将来の利益，集団・国家の利益を，「近くの渇き」を癒す農業生産が，当面の利益，個人の利益を体現すると位置づけられた。その上で，森林造成・保護を進める人間は，長期的な視座から国家・社会全体を考慮した「共産主義的な人間」とされた。逆に，短期的かつ利己的に農業生産活動にのみ目を向けるのは，過渡期の総路線が批判する「ブルジョア資本主義的な人間」との論理が構築された。この論理に基づき，この時期の農村部では，基層社会の幹部や住民に対して政治思想教育を行い，森林造成・保護を通じて「将来の利益，集団の利益に目を向けさせる」ことが求められるようになった(32)。

当初，この論理は，農業生産に偏りすぎた労力投入の是正と，効率的な森林造成・保護の推進という現実的な必要性を背景としていた(33)。しかし，後の大躍進政策期や文化大革命期のように，政治路線闘争が先鋭化した時期には，共産主義的な人間像を森林造成・保護活動に投影させる傾向がエスカレートする。すなわち，これらの活動に参加しないのは資本主義分子だとの論理で，強権的に住民を「全土の緑化」に動員していく傾向がみられていった。

次に深刻化していた問題は，植栽後の森林造成地における育成・管理の不徹底である。すなわち，苗木の植栽に際しての知識・技術の欠如，その後の育成過程での放置，検査制度の欠落といった要因から，「造林活着率（成活率・保存率）が極端に低い」という状況が表面化していた。1954年8月の林業部「一歩進んだ造林業務の展開・改善に関する指示」では，育成管理技術の改善による造林活着率の向上が強く求められた(34)。同年11月の林業部「監察工作暫行条例」では，造林活着率の検査制度構築が必要とされた(35)。これらの動きは，森林造成活動が，その質を議論するまでに定着してきたことを一面で示している。反面，春季や秋季に号令一下，大衆動員によって苗木を植栽しても，その後の管理が行き届かず，造林地が森林として結実しなかった状況を裏打ちしてもいる。第1章で述べた通り，造林の成活率・保存率の低さは，現代中国を通じて森林造成政策の成果の判断・評価を難しくさせる要因となってきた。この問題は，既に1950年代に表面化しており，中央政府は以降も度々，植栽後の育成・管理の徹底に腐心することとなった[36]。

3. 森林造成・保護政策における「大躍進」（1958～60年）

3. 1.「緑化祖国」と「大地の園林化」

農業・鉄鋼関連の常軌を逸した生産目標の設定によって，深刻な森林破壊をもたらした大躍進政策期（1958～60年）においても，中央政府レベルでは，積極的な森林造成・保護の実施が求められていた。成都会議で毛沢東が生産力の「大躍進」を提起した1ヵ月後の1958年4月7日，中共中央・国務院は「全国規模の大がかりな造林についての指示[37]」を出し，改めて大衆動員による大規模な森林造成，そのための思想教育，質や効率の向上，事後の育成・管理の徹底等を求めている。すなわち，大躍進政策期には，中央の森林造成・保護政策が森林の維持・拡大を志向したにもかかわらず，基層社会で深刻な森林破壊が生じることになった。

この時期の中央政府は，他部門の政策と同様に，森林造成・保護の成果の「大躍進」を明らかに目指していた。まず，前時期からの「全土の緑化」という概念を受け継ぎつつ，そこに一層の政治性とナショナリズムを伴った「緑化祖国」，「大地の園林化」というスローガンが政策の中心に据えられた。

> 大地の園林化は，緑化祖国の遠大な目標である。いわゆる大地の園林化とは，祖国の全ての土地において，全面的な計画に従って，その土地に適した各種の樹木を植え，植樹造林を通じて，次第に荒山，荒地，沙漠を消滅させ，それによって自然災害の回避，気候の調節，環境の美化を達成し，生産に有利かつ人民の生活に有益な環境を建設することである。大地の園林化の目的とは，自然を改造し，大地を美化し，また大いに山水草木の利を興して，生産を発展させようというものである[38]。

すなわち，「緑化祖国」と「大地の園林化」は，自然災害等を引き起こす森林の過少状況という「劣悪な自然環境」に対して，森林造成・保護を通じた「自然改造」を施し，地域住民にとっての「良好な自然環境」を創り出すこととされた。これは，従来からの森林造成・保護政策の目的を先鋭化させたものだった。また，「大地の園林化」からは，美しい景観・風土の形成という森林の精神充足機能に伴う価値・便益を前提に，当時の政治指導者層が，「人民の生活改善と共に，美しく豊かな国土の形成に，真剣に取り組んでいる」実例として，森林造成・保護政策の推進を位置づけていたことも窺える（第9章参照）。

大躍進政策期に立案・実施された政策も，1956年からの流れを基本的に受け継ぎ，中央政府の指令の下，大衆動員による森林造成・保護活動をより広範囲に展開させることを企図していた[(39)]。

1960年4月に公表された「1956年から1967年までの全国農業発展要綱」（以下，「要鋼」）では，1956年1月の「草案」に比べて，自然災害防止や将来の林産物確保のための緑化を行う目標が，より詳細な方針を伴って積極的に打ち出されている。特に，同時期の森林破壊への対応もあり，「必ず森林資源を保護・愛惜し，防火措置を強化し，虫害と病害を防除し，乱伐や伐採木材の浪費現象を抑制するとともに，伐採跡地にいち早く植樹を行って森林を回復しなければならない[(40)]」との具体的な文言も新たに盛り込まれた。また，「草案」の段階では農作物に被害を与える「四害」の一つとして撲滅の対象であったスズメが除かれ，トコジラミに替わった[(41)]。これは，スズメが樹木や果樹の害虫の天敵であり，今後，これ以上の駆除は森林保護に影響が出ると認識されたためであった。

1956年の「草案」や五省青年造林大会では，緑化可能な荒廃地に加えて，住宅・集落・道端・水辺の空地にも植樹することが求められていた。この試みは，大躍進政策期に「四傍植樹」と公式に呼ばれるようになる。この四傍植樹は，以降，「大地の園林化」とともに，都市緑化や農村も含めた生活環境の改善に向けてのスローガンとなり，かつ今日に至るまでの具体的な政策目標ともなった。すなわち，一切の宅傍，村傍，路傍，水傍（＝四傍）に，計画的に植樹していくことが，森林造成・保護政策の重要任務の一つとされるようになった[(42)]。この理念・目標に基づき，この時期の北京市等では，学生，幹部，居住者，人民解放軍，少年等を担い手とした都市緑化のための植樹運動が展開していた[43]。

大衆動員による森林造成・保護活動の成果も，『人民日報』等の各種メディアを通じて頻繁に宣伝された。特に北方黄河流域の森林希少地区にて，住民に従事時間を義務づけて一気に森林造成を行った事例や[44]，付近の人民公社や生産隊が連合して大面積の防護林造成を行った事例等の紹介が目を引く[45]。森林保護関連でも，東北国有林区で大衆を組織動員しての森林火災の防止事例や[46]，植栽した林木の管理保護責任制を確立させた公社や生産隊の事例が[47]，見習うべきモデルとして紹介された。

このように，少なくとも中央の政策において，この時期に森林造成・保護の「大躍進」が企図されてきたことは確かである。それを裏付けるように，この3年間の公式統計上の造林面積も突出している（図1-6)。改革・開放以降の中国では，この時期の毛沢東を中心とした急進路線が，森林造成・保護を無視したため，森林破壊を招いたとの評価がしばしば下されてきた[48]。しかし，実際には，建国初期からの問題意識を受け継ぎつつ，むしろ「大躍進」の掛け声とともに，森林造成・保護政策自体も，ナショナリズムや社会主義理念に結びついて「急進化」されつつあったのである。

3. 2. なぜ大躍進政策期の森林破壊は生じたのか

それでは，大躍進政策期の森林破壊はなぜ生じたのだろうか。その理由は，森林政策それ自体ではなく，他部門を含めた全体的な社会主義急進化と，それに直面した基層社会の反応に求められる。

この時期の森林破壊の大きな要因は，農産物や鉄鋼等の過大な増産目標を急遽達成するために，鉄鋼精錬，坑木確保，水利建設に大量の木材が必要とされた結果，各地に残る森林が無計画に伐採されたためであった。すなわち，各産業における「大躍進」が，資材提供のための過剰伐採を止む無しとする雰囲気を形成していった（第4章参照)。

さらに，食糧の過剰供出や自然災害で，農村が飢餓に喘ぎ始めると，各地の住民は，森林を伐採して農地とし，喫緊の食糧確保に動くようになった。多数の餓死者を前に，中央政府もこの動きを黙認せざるを得なかった。食糧不足が深刻化していた1960年4月の「要綱」は，森林造成・保護の重要性を唱えつつも，耕地を緑化にあてるべきでないとした(49)。この動きに歯止めがかからなかった遠因として，生産合作社から人民公社の設立に至る画一的な集団化が，各地の農村における伝統的な森林管理・保護の仕組みを崩していたことも指摘される(50)。

これらの結果，森林造成・保護活動は，基層社会において益々「遠くの水」となった。短期的な便益をもたらさない森林造成・保護は，鉄鋼等の他部門の増産要請に多大な労力・時間を割かねばならない状況下で軽視されていった。同時期の森林造成・保護政策において，女性の役割が強調され始めたこと等は(51)，労働力が手一杯との苦衷の表れであろう。1959年7月の廬山会議で大躍進政策を批判した共産党指導者層の一人である張聞天は，森林造成・保護政策を含めての失敗をもたらしたこの原因を明快に述べている。

> …鉄鋼指標が高すぎたため，全民錬鉄をもたらした。この指標を完成させるために，一切の力量をそこに投入せざるを得なかった。…最大の問題は，7千万から9千万人が山に登ってしまったため，農村の主要な労働力を抽出してしまい，農業・工業労働力間の正常な配分がかき乱され，農業・副業生産における大きな損失を招いてしまったことにある。食糧は粗雑にしか生産されず，生産された綿花も質がとても低かった。松脂・木耳・油漆などは，生産を行う者さえいなかった(52)。

中央からの森林造成・保護の「大躍進」要請が，資金・技術・労力に加えて積極性をも欠く地方・基層に下りてきた結果，造林活着率の低迷という問題も必然的に深刻化した(53)。当時，集団所有林の経営単位となった（人民）公社運営林場では，行政機関から毎年の造林目標のみが下達され，技術指導等は殆ど行われず，公社や生産隊の裁量に任されていた(54)。そこでは，目標としての造林面積や植栽本数の超過達成こそ強調されるものの，その後のケアがなされることはなく，大躍進政策期の造林活着率は極めて低かったと総括される(55)。

以上の理由から，基層社会の人々は，各部門の大躍進政策の中で，結果的に森林造成・保護を軽視し，森林破壊のみを加速させた。しかし，人民公社の幹部や各級の地方政府の政策担当者は，中央から下達される森林造成・保護の要求と基層社会の食糧危機・労力不足との間で「板挟み」となった。その結果として，各地での森林造成・保護の成果の虚偽報告が横行するようにもなっていた[(56)]。

こうした事態は，大躍進政策の失敗を受けて毛沢東が国家主席の地位を退き，劉少奇や鄧小平らによって調整政策が進められるに至って，一定の落ち着きを見せる。しかし，この時期の失敗は，建国初期から次第に軌道に乗りつつあった森林造成・保護政策に，大きな禍根を残すことになった。勿論，只でさえ中国において稀少化し，回復に長期を要す森林が，多く失われたのは直接的なダメージとなった。それ以上に痛恨であったのは，大躍進政策期も含めた1950年代を通じて中央の政策が奨励し，或いは1949年以前から基層社会で個別に進んできた森林造成・保護の取り組みが，「報われない」結果となったことである。これ以降，中国の基層社会において，多大な労力・時間を費やし，長期的な視座をもって木を植え育てる自発的な動きは，前にも増して期待できなくなった。以後，近年に至るまで政策当事者は，「どうしたら森林造成・保護への人々の積極性を喚起できるか」に頭を悩ませることになり，権利関係の付与を通じた経済的便益の保障のみがその鍵と認識されるようになった。

森林造成・保護政策の立案・実施に携わってきた当事者からすれば，大躍進政策は，その基層社会への反映が，必ずしも自分達の思惑通りにならないことを実感する契機ともなった。この時期，東北国有林区や西南地区をはじめとした森林地帯で，木材等の資源節約や再利用を求める政策がひときわ目立つようになっていた[(57)]。これは，林産物需要の高まりの中で，基層社会の森林造成・保護の限界に気づき，将来の森林の諸機能の発揮が危ういことを見越した当事者によるせめてもの布石であったと考えられる。

4. 森林造成・保護の「調整政策」(1961～66年上半期)

1960年代前半の調整政策期においては，大躍進政策期に基層社会で加速した森林破壊を抑えつつ，森林造成・保護の目標自体を実現可能なレベルに引き戻すことで，再度，着実に森林の維持・拡大を進める体制を整えることが急務となった。同時期，劉少奇ら実務派の政治路線の下，共産党指導者として森林政策に深く携わった譚震林は，1962年7月の南方各省・自治区・市林業工作会議で，大躍進政策の失敗と反省を踏まえて，再度，森林造成・保護活動を展開する必要性を提起した。

> 伐採が比較的集中しているために，幾つかの伐採区の過伐情況は比較的深刻である。しかし，目下，我が国の森林破壊の問題は，主にこの点ではなく，盲目的に森林を破壊する開墾・乱伐であり，これらは，我々の業務における欠点と錯誤が生み出してしまったものである。大いに食堂を運営し，大いに鋼鉄を精練し，大いに工具を改革する時に，多くの森林を破壊してしまった。 去年と今年の主な森林破壊の要因は，開墾，山焼き，乱伐である。森林破壊は，既に水土流失，河道閉塞，旱洪災害の増加，各種林産物の激減に結びついている。…総じて，盲目的に森林を破壊する現象は，必ず速やかに停止せねばならない(58)。

この時期の政治路線は，まず，個別の農民世帯による農業生産任務の請負を軸とした「三自一包」政策を通じ，社会主義急進化で沮喪した農民の生産意欲を喚起しようとした。これを受けて，森林に関しても権利関係の変更が行われたが，そこでは森林造成・保護を効果的・安定的に進める上での経営形態の再構築が重要な目的とされた(59)。この権利変更によって，基層社会における森林管理・経営の主体とされたのは，人民公社よりも小規模な社会主義集団単位の生産隊であった(60)。生産隊による森林造成・保護の取り組みは効果的・安定的であると評価され(61)，その範囲での住民の組織・動員が求められてもいた。同時に，「植えた者が所有する」という原則が強調され，集団や個別世帯等，労力を投じた主体の便益享受を保障することで，森林造成・保護活動への積極性を喚起しようとの方針も見られた。

森林造成・保護の達成目標も，1956年の五省青年造林大会から大躍進政策期に至る熱狂から，現実的な水準へと落ち着いた。1961年の造林面積は約144万haと，前3年のほぼ3分の1程度に抑えられ，1955年の数値（約

171万ha）に近い形となった（図1-6参照）。

しかし，それらの引き戻しでは，大躍進政策期にクローズアップされた森林造成・保護政策の問題点やダメージの解消には至らなかった。1962年7月の北方各省・区・市林業工作会議では，依然として「造林の質が低く，虚偽報告が多く，活着率が極めて低い」ことが問題とされ，「一部の地方での調査によれば，大衆による造林の保存率は5%～28%にしか達せず，国営の造林の保存率も25%～70%でしかない[62]」とされた。基層社会では，住民の食糧確保の希求に伴う森林の乱伐と開墾がなかなか収束しなかった[63]。また，緊迫する国際関係の中で，域内の木材需要に対応するため，東北地区の大興安嶺や西南地区の金沙江といった天然林地帯の伐採も加速せざるを得なかった（第4章参照）。

加えて，大躍進政策期から調整政策期にかけては，水害・旱害等の自然災害が大きなピークを迎えていた（図3-1）。譚震林の提起に見られる通り，

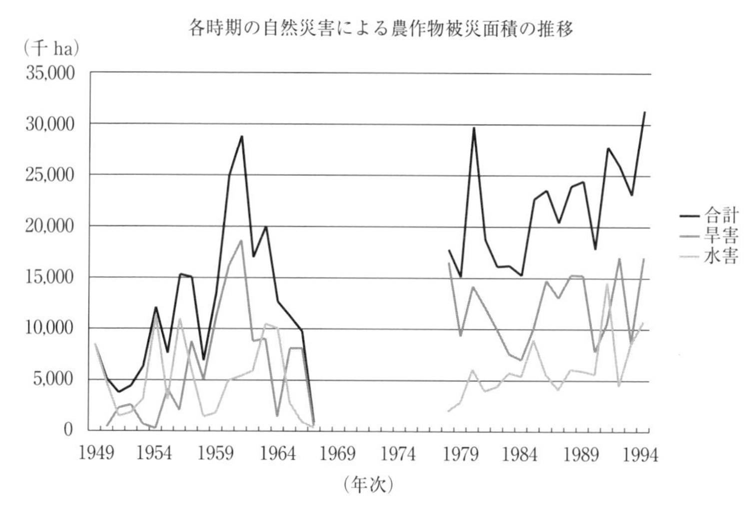

図3-1　1949～94年の中国における自然災害被災面積の推移

注：1968～1977年はデータ欠損。

注2：自然災害による農作物被災面積の集計には，災害によって予定生産量のどれだけが失われたかに応じて，軽微な方から「受災面積」，「成災面積」，「絶収面積」等の区分が存在する。ここでは，下記資料における「成災面積」の数値を引用した。

出典：中華人民共和国国家統計局・民政部編（1995）『中国災情報告』を参照して筆者作成。

この事態は，大躍進政策期における森林造成・保護の挫折と森林破壊の帰結だと認識されていた。すなわち，この段階で，森林造成・保護を国家や将来の利益に結びつけ，輝かしい共産主義の体現とみなす論理は破綻をきたしつつあり，その「失敗」による自然災害の増加は，共産党指導者層を中心とした統治政権の存立基盤を揺るがすダメージと脅威になっていた。

その中で，「全土の緑化」キャンペーンをはじめ，森林造成・保護をめぐる政治的な宣伝は，この時期，低下した住民の積極性や政権の威信を補うようにエスカレートしている。「緑化祖国」に向かって邁進するため，森林造成・保護を重視する思想教育を大衆・幹部に徹底すべしとの強い呼びかけがなされた。そこでは，「森林資源の比較的豊富な地区であればあるほど，目の前の森林を利用することだけを考え，全国の森林の過少状況を見ようとしない」傾向があり,「営林業務を軽視する思想を必ず克服せねばならない[64]」とされた。

一方，調整政策期には，大躍進政策期までの大衆運動としての森林造成・保護活動からの脱却を図る政策方針も見られるようになった。その一つが，「専業化」の志向である。森林造成に関しては，大衆動員による大規模な植樹活動を春季・秋季等の植栽の適期に限定し，通年的・中長期的に行われる育成・管理を専門人員が担当する方針が示された。各地の人民公社では，生産大隊レベルで「専業隊」が組織され，水利，育成，補植，種の採集，苗木の育成，林木の保護業務を担当するようになった[65]。基層社会において，この専業化の舞台となったのは，1950年代前半から局地的・段階的な整備が行われていた「林業工作所」であった（第7章参照)。1963年の林業部「林業工作所工作条例」では，県の林業機関・党委員会の指導の下，林業工作所が，人民公社において通年の専門的な森林管理業務を指揮する機関とされ，全域にわたっての再整備が促された[66]。この他，南方集団林区では，生産隊内部に造林専業隊や専門人員が設置され，森林造成地の育成・管理を担うことになった[67]。

こうした森林造成・保護をはじめ，森林関連の専門人員・組織を充実させていく方針は，1950年代から林業工作所の設置が模索されたように，従来から政策当事者において意識されてはいた。しかし，この調整政策期に強調された背景としては，大衆動員に依拠した急進的な政治路線からの転換に加えて，大躍進政策期に基層社会での労力投入のバランスが失われるに至って，人海戦術による森林造成・保護の限界が認識されたためである。調整政策期から文化大革命期にかけて，基層社会での諸産業の「統一的発展」が強調されたのも[68]，そうした反省の表れと捉えられる。1961年の南方林業庁長会議では，「農（業）・林（業）・牧（畜業）・副（業）」の同時並行の発展が方針化された。その上で，「林区の大衆は，従来から，農・林を共に行い，農・林・牧・副業を総合的に経営する伝統・経験を有してきた」ため，「各種の生産に必要な労働力の合理的配分」，特に「農林生産における季節的な法則と耕作習慣に照らした配分」が実践の鍵だとされた[69]。また，1962年の林業部「一歩進んだ営林工具改革業務の指導と新工具の試用推進の強化に関する通知」等，森林造成・保護の効率化を目指した技術改良も，専業化と並んで強く求められていた[70]。

もう一つの新たな政策方針は，森林造成・保護の「規範化」であった。すなわち，大躍進政策の失敗で疲弊した社会状況にあって，積極性が大きく損なわれた森林造成・保護活動を進めるには，その義務や責任を明確化した法規範等の制度構築が不可欠と認識された。同時に，前時期の自力更生路線から，中央集権による国家運営への転換が図られたことにも呼応した動きであった。この規範化の流れの中で，1963年に，現代中国において初の森林をめぐる体系的な法規範とも呼ぶべき「森林保護条例」が制定された。これは，それまでに中共中央，国務院，林業部等から出されていた法令を，森林保護のために基層社会の諸活動を規制・管理するとの観点で体系化したものであった（第8章参照）。この条例では，森林保護の専業化の方針も顕著に反映され，各級地方政府における森林保護指揮機構，基層社会での森林保護組織，森林を抱える人民公社での森林保護責任区の確定と専業・兼業の森林保護人員の配備等が求められている[71]。

これらの政策方針に基づき，調整政策期の森林造成・保護活動は立て直しが図られていった。公式統計上は，1963年を境に造林面積（図1-6）や跡地更新面積（図1-7）等の数値が緩やかな上昇に向かっており，ある程度の安定化と回復傾向も窺える。しかし，総じてこの時期の森林造成・保護政策は，大躍進政策期に大きく狂った目算と軌道を，何とか引き戻そうとする中央の政策当事者の焦りと苦慮が滲み出る内容でもあった。

5. 文化大革命期の森林造成・保護政策（1966年下半期～69年）

1966年下半期からの文化大革命の動乱下で，森林造成・保護政策が，どのように実施されていたのかを把握するのは困難である。森林行政機構が中央革命委員会の軍事管制下に置かれ，多くの官僚や知識人等が地方・基層社会へと下放されたため，公文書，統計，研究書等の資料刊行が限られてしまった。『人民日報』等で，森林関連の政策方針を部分的に確認することはできるが，毛沢東思想を声高に掲げるのみで，具体的な内容が記載されていない場合も多い。また，近年での否定的評価や当時の生々しい闘争の記憶も，この時期の実態把握を阻んでいる。

しかし，限られた資料からすれば，文革推進派が大勢を占めたこの時期の中央政府も，積極的な森林造成・保護による「全土の緑化」の推進を企図していた。毛沢東が大衆の力に依拠することを正当化した「愚公山を移す」という標語は，「共産党の指導下に人々の力量を結集すれば，自然災害をもたらす森林の過少状況をも難なく克服できる」という意味で，文化大革命期の森林造成・保護政策における代表的なスローガンとなっていた(72)。毛沢東思想の体現として森林造成・保護を奨励する傾向も，この時期において顕著に見られた。

> 毛沢東の「森林の培養，畜産の増殖も，農業生産の重要な構成部分である」という教えに基づいて，造林業務をしっかり行い，自然の景観を改造し，農業の増産を促すことによって，毛沢東の「奮戦，奮荒，人民のために」という偉大な戦略方針の重要措置が体現され，植樹造林への積極性は空前の高まりを見せている(73)。

そして，この時期以降，森林造成・保護活動による森林の維持・拡大が，対抗的な政治路線を批判し，自路線の国家運営を正当化するために露骨に利用されるようになる。

　蒋峪公社・李子行大隊は，過去において，資本主義の道に走った党内の一握りの実権派が掌握するところとなり，封山せず，造林せず，禿山を個人によって放牧させるがままにし，水土保持を崩壊させて農業生産の発展を妨害した。今回の文化大革命で，貧下中農の革命派は，革命大衆と革命幹部と団結し，林業生産グループを結成し，積極的に封山育林を行った。
　…既に四清運動を経た地方や各単位の広範な貧下中農と革命幹部は，資本主義の道に走った幹部と反動的立場を堅持する地主，富農，反動・破壊・右派分子の林木を破壊する犯罪活動を打ち破り，造林や森林保護の業務を強化した。棗庄市台児区賀窰公社の各社隊は，全て民主的に護林公約と林業生産計画を制定し，新たに1500畝を既に造林した[(74)]。

　この1967年の『人民日報』記事では，調整政策期の政治路線が，「森林造成・保護を重視せずに森林破壊を行った資本主義の徒」として批判対象となった。対して，文化大革命を主導する毛沢東や四人組等の指導者達，及び，その奪権闘争に参加した基層社会の住民が，「全土の緑化」への情熱をもった主体とされた。
　すなわち，今日，国家運営システムの混乱と社会の分断を招いたと評価される文化大革命期の政治路線ですら，森林造成・保護政策を無視することはなかった。中央からの政策指令は継続して出され，むしろ，自路線の正当性を誇示する要素として，森林造成・保護の積極的推進が位置づけられていたことが分かる。
　その一方で，文化大革命の政治路線が，再度，広範囲かつ急進的な社会主義集団化と，そこでの大衆の「自力更生」を志向したことは，基層社会の森林造成・保護・経営を担う主体の変化と混乱をもたらした。調整政策期の生産隊や専業機構に代わり，再び県，人民公社，生産大隊等の大規模単位での大衆動員が目指されたのである。「農業は大寨に学べ」で知られた山西省の大寨生産大隊がそのモデルとなり，森林造成・保護に限っては広東省電白県，吉林省扶余県等の取り組みがクローズアップされた[(75)]。その結果，県や人民公社が森林経営単位となり，調整政策期にある程度，認められていた個別世帯の植栽樹木の権利等は，再びこれらの集団へと還元されることになった（第6章参照）。

また，行政機構の混乱と，多くの官僚・知識人・技術者等の逮捕・投獄・下放によって，中央からの森林造成・保護政策を徹底するシステム的・人的基盤は大きく損なわれた。反対に，自力更生への情熱に満ちた大衆による自発的な森林造成・保護活動が表向き目指された。しかし，これは大躍進政策期の失敗の記憶も新しい当時，殆ど期待できない方針でもあった。

文化大革命期の政策当事者は，その困難をある程度認識していたものと思われる。その証左として，この時期の森林造成・保護政策は，調整政策期の「専業化」や「規範化」を受け継ぐ部分があった。例えば，1967年2月には，国務院・中央軍事委員会「護林防火工作に関する指示」が出され，同年9月の「山林の保護管理の強化と山林・樹木の破壊の制止に関する通知」では，前時期に制定された「森林保護条例」の徹底執行や，森林破壊行為の撲滅が求められた[76]。また，毛沢東は，「農・林・牧の相互依存」による統一的な社会発展を指示し，「指導層，大衆及び技術人員の結合」を求めてもいた[77]。実際に，山東省では，一部の農民と県の幹部による林業生産グループが，効果的な封山育林を行っていたともされ[78]，引き続き，森林造成・保護活動における専業機構や専門人員の役割が重視されている。また，下放された専門家達が，基層社会での森林造成・保護の知識・技術普及を進め，その実践を担ったケースもあった。

他方で，この時期のシステム的・人的な混乱が，森林造成・保護の取り組みを阻害し，森林破壊を加速させたとの見方も根強く存在してきた。改革・開放期以降の中国で，この時期を振り返った文献の多くは，地方・基層において中央の指導・管理が行き届かず，森林が盲目的に破壊される傾向が見られたとする。東北・西南地区の国家所有林では，末端の専業機構が廃止されるか弱体化したために，森林伐採後の更新が顧みられないこともあったとされる。

現状の資料的制約からは，この内実と影響に関して決定的な評価を下すことは難しく，今後の現地調査や資料の発掘を通じた，詳細な解明が待たれる部分である。しかし，少なくともこの時期，森林造成・保護政策が軽視されてはおらず，政治路線闘争の激化に伴って一層の政治性を帯びたことは事実である。

6. 森林造成・保護政策の環境政策化（1970～78年）

1970年代に入ると，再び具体的な方針やシステム的・人的基盤を伴った森林造成・保護政策が志向されるようになる。1970年5月，国務院の森林行政機関は軍事管制下から脱し，農林部として再建された（第7章参照）。また，1977年の全国林業・水産会議等で，全域的な森林造成・保護政策の方針提示や，効果的な政策実施システムの再構築が図られた。そこでは，引き続き「緑化祖国」等のスローガンが用いられ，森林の過少状況を克服する試みとしての位置づけが強調された(79)。

それに並行して，この時期は，国際的な環境問題への関心の高まりを受け，従来の森林造成・保護政策が「環境政策」として位置づけられる端緒となった。そこでは，建国初期から一貫して重視されてきた森林造成・保護による水土保全機能の発揮が，「環境保全機能」の発揮へと読み替えられた（第5章参照）。以後，中国の環境政策は，新設の環境保護行政機構の管轄する大気・水質汚染等への対処と，森林行政機構による森林造成・保護を通じた自然・生態環境の改善という二つの政策的・行政的側面を有することとなる。

この時期の森林造成・保護政策は，調整政策期からの専業化・規範化という方針が強く意識されていた。1973年8月の全国造林工作会議等では，地域住民の森林造成への積極性を高めるために，森林の権利関係の安定化と，「家屋の周囲や生産隊の指定した地方において，社員（個別世帯）の植樹を奨励し，彼ら自身が植えたものは所有させる(80)」との方針が示された。「森林保護条例」の徹底や，人民公社や生産大隊を中心とした森林保護の推進も求められた。それらの集団が運営する社隊林場や，国家所有林区における国営林場が，この時期の森林造成・保護活動の実施単位とされ(81)，そこでの技術者や専門人員・組織の役割が強調された。1971年9月3日の『人民日報』では，李順達らによる山西省平順県西溝生産大隊の先進事例を紹介する際，「平時，70％の労働力を農業に，30％を専業隊の組織を通じて林業・牧畜業・副業経営に注ぐ」ことが，植樹造林を成功に導いたとされた[82]。また，森林火災の防止における専門人員や専業隊の役割が改めて強調される等[83]，大衆動員と専業化の並立が森林造成・保護の明確な方針となっていた。

この時期の森林造成・保護は，農業や牧畜業を含めた統一的・総合的な農村発展モデルの重要構成部分としても再度位置づけられ，その観点からの新たな政策展開を見ることにもなった。特に，北方の森林希少地区では，森林造成を軸に治山・治水・治沙を結合した総合的な水土保全の政策プロジェクトの実施を通じて，農村の貧困状況を改善する試みが始まった[84]。1977年9月の華北・中原地区平原緑化現場会議を契機に，河北省・山東省・河南省等の黄河下流域の平原地帯で，農田を囲む樹林帯（林網）の造成による防風防沙と農業生産の保障，及び将来的な木材供給を目的とした「平原緑化」も，初期的なプロジェクトとして開始された[85]。

専業化・規範化を軸とした森林造成・保護政策の展開を受けて，この時期，造林面積等の関連の公式統計も安定的な上昇傾向を描いた。また，南方集団林区では品種改良や早生樹種の導入による人工林造成が本格化する傾向にあり[86]，東北国有林区でも伐採跡地への更新や付近の公社による防護林造成が進められていた[87]。これらの政策展開は，改革・開放期以降の森林造成・保護政策を部分的に下支えすることにもなった。

反面，森林造成・保護活動の問題点も相変わらず指摘されていた。華国鋒体制の重鎮であった陳永貴は，1977年3月の全国林業・水産会議で以下のように述べている。

> ある同志は認識不足であり，建国二十年以上過ぎても，とある地方は荒山禿峰があり，「四傍」樹木が極めて少ない。とある地方は造林せず，却って森林を破壊し，乱伐し，森林火災が非常に深刻である。去年，福建省では，四人組の干渉破壊と階級敵の乱伐扇動によって，40万畝以上の森林が破壊され，森林保護人員400人以上が手傷を負った。去年，黒龍江省

で焼失した森林は 1900 万畝以上となり，5 年間分の造林面積に匹敵した。とある林区では資本主義が深刻で，多くの社隊は集団の旗を掲げながら，自由伐採・自由加工・自由販売を行い，高利を得ることで森林資源を破壊している[(88)]。

すなわち，東北国有林区や南方集団林区での森林火災・乱伐は引き続き深刻であったとされ，また，北方や雲南省西双版納等でも，森林破壊による土地荒廃の深刻化が指摘されていた[(89)]。この時期に実施された第 1 次全国森林資源調査では，建国以来，造成された人工林の保存率が 30％程度に過ぎなかったと結論づけられた[(90)]。基層社会において森林造成・保護を「遠くの水」と軽視する傾向は，1970 年代を通じても根強く存在していたのである[(91)]。

7.　改革・開放期の森林造成・保護政策（1979 ～ 97 年）

7. 1.　森林造成・保護の観点からみた「民営化」

1978 年末の中共第十一期三中全会を経て，改革・開放期に入ると，市場経済の導入と民営化の推進に伴って，森林造成・保護の実施形態に大きな変化が訪れることになった。

まず，1981 年から林業「三定」工作と呼ばれる森林の権利関係の政策的改変が開始され，1982 年の全国林業「三定」工作会議においてその実施体制が固められた。ここでの林業「三定」とは，「山林の権利の安定，自留山の画定，林業生産責任制の確定」を意味し，農業部門と同様に，集団に属する個々の農民世帯ベースでの森林経営を奨励するものであった（第 6 章参照）。改革・開放期の民営化・市場化は，全体的には国家・集団ベースの土地経営や生産流通の国家統制システムからの段階的な脱却を図り，私的主体へのインセンティブ付与による生産向上と市場を通じた効率的な財の分配を志向するものだった。しかし，森林造成・保護政策の観点では，農民世帯等の私的主体に長期的・自主的な権利を付与することで，その関心や積極性を喚起し，森林の維持・拡大を促進するものと位置づけられていた。1981 年

11月の十三省・区林業「三定」工作座談会は，その意義・目的を以下のように総括している。

1：広範な大衆・幹部の造林・育林の積極性を促し，森林の回復と発展を促進する。
2：山林の管理保護を強化し，森林を保護する。
3：山林の権利紛糾を処理する。
4：社隊林場を強固にし，発展させる[92]。

しかし，私的主体への権限移譲は，それまでの人民公社内での社隊林場や専業隊，及び国営林場等，国家・集団ベースの森林造成・保護活動の実施基盤の喪失を意味した。この基盤喪失は，南方集団林区を中心に，1980年代半ばから後半にかけての森林の乱伐加速を促すことになった。そして，この乱伐は，長く指摘され続けた森林造成・保護における問題点，すなわち基層社会の人々の消極性を背景としてもいた。林業「三定」工作に並行した林産物市場の統制緩和に伴い，この時期の南方集団林区では，個々の木材商人等の様々な主体が，木材の流通に参与するようになっていた。彼らの来訪に対して，森林経営の権利を付与された農民達は，その区画の林木を大々的に伐採して売却する行為を選択した。彼らにおいて，長期持続的な育成林業を目指す余地は最早無く，むしろ再度の政治変動，政策変更によって資格や権利を奪われるリスクが強く意識された。その結果，近視眼的な伐採が横行したのである。同時に，「遠くの水は近くの渇きを解かず」とばかりに，農業生産力の向上が追求され，森林造成・保護の対象であったはずの林地は，伐採を経て農地へと変わっていった。1981～88年頃にかけて，南方集団林区をはじめ各地の森林は，この経営形態の変化に伴う乱伐加速によって減少の一途を辿った[93]。個別の農民世帯にまで実施形態を拡げ，森林造成・保護を効果的に進めるはずの林業「三定」工作は，その開始後数年の時点において完全に裏目に出た形となった。

国家所有林地においても，私的主体の参画は，思うような成果を挙げなかった。地域住民による森林保護へのインセンティブ増大が期待されたにもかかわらず，1987年5月には，東北国有林区の大興安嶺において，建国以来最大規模の森林火災が発生し，1ヵ月にわたって114万haが焼き尽くされ，人民解放軍も多数出動して消火にあたらなければならない事態となった。建国初期から抑制傾向にあった森林火災は，この1987年をはじめ，森林保護の基盤の掘り崩しを反映するように1980年代半ばに再度深刻化し（図3-2），政策当事者に大きな衝撃を与えた。前年に失脚した胡燿邦総書記の下，森林関連の民営化を推進していた林業部部長の楊鐘は，この大興安嶺森林火災の責任をとる形で解任されている。

この改革・開放直後の1980年代に，大躍進政策期と並んで，各地で森林造成・保護の取り組みに逆行する事態が見られたことは，近年の中国で公然の事実となっている。政治路線が継続する中でも失敗を認めざるを得ないほど，その初期の民営化の影響は深刻であった。そして，政策的には森林造成・保護の加速が求められていたにもかかわらず，基層社会で相反する状況が生み出された構図も，大躍進政策期と同様であった。

各地での森林破壊を目の当たりにして，1987年，中央政府は林業「三定」工作の方針を一時的に転換させた。森林行政機構を管轄する副総理の田紀雲は，1987年4月，南方集団林区の森林破壊の深刻化に対して，「完全な開放政策をとり，有効な抑制措置をとらなかったことが，我が国の現実にそぐわなかったのではないか」と述べ，個々の農民世帯による森林経営を引き締める必要性を提起し，他の指導者達の同意を得た。6月30日には，中共中央・国務院「南方集団林区の森林資源管理の強化と断固とした乱伐制止に関する指示」が公布され，行政機構による森林保護の強化と集団管理の必要性から，農民世帯への森林の権利分配の差し止めが指示されるに至った[(94)]。その後しばらくは，南方集団林区での私的経営化は停滞し，旧来の社隊林場の流れを引き継ぐ郷村林場による集団管理が復活する傾向にあった[(95)]。湖南省等でも，改革・開放後，農民世帯の経営する森林でやはり乱伐が加速し，木材生産の長期性や規模の経済性から私的経営は不適正と認識された結果，集団経営が再度志向されていた（田中 1998 等）。また，大興安嶺森林火災を受けて，人民解放軍を中心に中央森林防火総指揮部が設立されるなど，軍・警察機構の整備による各地の森林保護強化も図られていった。

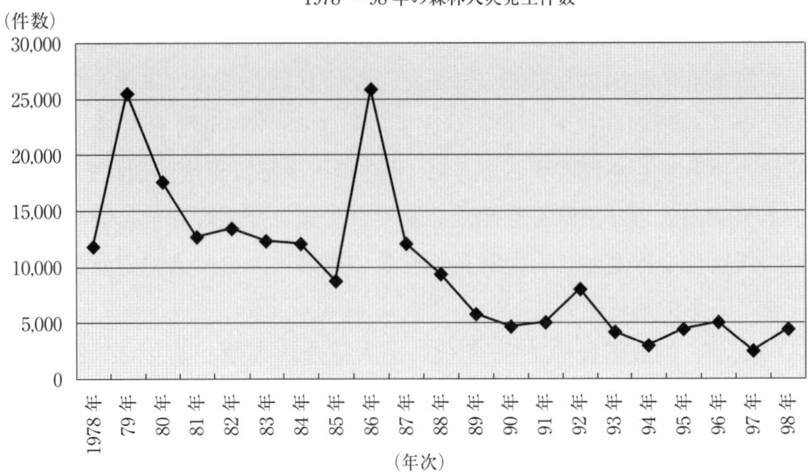

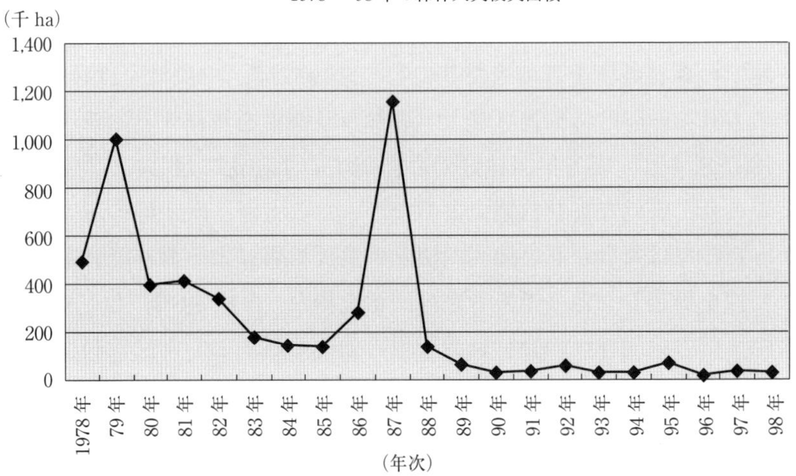

図3-2　改革・開放期の森林火災の統計推移

出典：中華人民共和国林業部編（1989）『全国林業統計資料彙編：1949-1987年』，中華人民共和国林業部（各年版）『中国林業年鑑』を参照して筆者作成。

7．2．森林造成・保護に関する法規範の充実

1980年代中盤から1990年代初頭にかけて引き締められた森林関連の民営化は，1990年代中盤に入ると，森林造成すべき荒廃地の私的主体への払い

下げ等を伴って再加速する（第6章参照）。しかし，この再度の権利下放と私的経営化の加速は，森林破壊の繰り返しを招くのではないかと政策当事者に懸念されていた。

その中で，旧来の実施システムの緩みによる森林破壊の加速を回避するために強調されたのが，「法によって森林を治める」という方針であった。すなわち，法規範の整備を通じて，基層社会での森林造成・保護の徹底を図るというものである[(96)]。まず，森林関連の基本法として，1979年2月26日に「中華人民共和国森林法」が試行され，修正を経て1984年9月20日に公布された。その第1条では，「森林資源を保護・育成し，または合理的に利用し，国土の緑化を速め，森林の持つ貯水や土壌の保全，気候調節，環境改善及び林産物の提供といった役割を発揮させ，社会主義建設と人民生活の必要に応えるため，特にこの法律を制定する」とされ，森林造成・保護が法整備の目的とされた。以後，「森林防火条例」や「森林病虫害防治条例」等，森林破壊への明確な罰則規定を伴った法体系が整備されていった（第8章参照）。

改革・開放期の政治路線は，市場開放と民営化を促す中で，法規範の整備と浸透を通じた社会秩序の維持を全体的に目指していた。森林政策においても，この「人治」から「法治」へという潮流に沿って，基層社会の森林利用の制御が企図されていた。そして，1980年代中盤にかけての森林破壊の加速は，法規範による森林造成・保護の徹底を大きく後押しすることになったのである。

また，この時期の中国は，「ワシントン条約（絶滅のおそれのある野生動植物種の国際取引に関する条約）」（1975年発効），「生物多様性条約」（1992年採択，1993年発効）をはじめ，森林保護への取り組みを前提とした国際条約に加盟し，その約束事項の履行という観点からも域内の法整備が行われた（第8章参照）。すなわち，改革・開放期の政治路線下では，全体的な民営化・市場化・国際化に対応し，基層社会での森林造成・保護の新たな基盤を構築する観点から，法規範の整備が進められていった。

7. 3. 森林伐採限度量制度の確立

但し，こうした法規範の整備は，執行体制の充実や遵守意識の浸透を待たねばならず，同時並行した民営化・市場化に伴う森林破壊を即時に制御する手段とはなり得なかった。反面，1980年代半ばの森林破壊への直接的な対策として本格化したのが，「森林伐採限度量制度[97]」であった。これは，年間の伐採限度量（m^3単位）を全体として予め定めておき，その全体量に則って，各地方行政単位に許容伐採量が割り当てられていく総量規制である。最終的な割当の単位は，国家所有の森林・林木の場合は末端の国有林業企事業単位（国有林場等）・農場・鉱場，集団所有の場合は県級行政単位となる。東北・内蒙古等の重点林区の森林伐採限度量は，国務院の森林行政機関によって直接審査された後，国務院が批准する[98]。

全体の伐採限度量は，年間の林木成長量を超えないように設定され，通常，その約50％前後とされてきた。各級の地方行政単位は自らの管轄領域内の事情と要望を上級に報告し，全体量を超えない範囲での中央からの許容伐採量の割り当てを待つ。各地方への割当量は，主に当地の林木成長量や森林の環境保全機能の発揮の度合い等，幾つかの要素を勘案した結果となる。総量としての限度量の外に，例えば樹種や天然林—人工林別など，幾つかの個別基準も割当に際して設けられた。そして，この割当量の範囲内で，地方政府は伐採許可証を発行し，木材運輸証明書等と併せて，伐採の絶対量を管理するという仕組みである。

この仕組みは，農民が経営する自留山や責任山等，私的経営の森林での伐採にも適用された。実際の伐採限度量は，主伐，間伐，その他の性質の伐採という伐採方式，及び市場販売される商品材，自家用材，燃料材，更には人工林材といった，複数の森林の用途や属性に区分されて割り当てられていた[99]。また，商品材に関しては，別途，国家によって定められる年度の「木材生産計画」に従うことが求められた[100]。

「林木の伐採量が成長量を超えてはならない」という発想自体は，建国当初からの森林造成・保護政策に長く存在してきた。1984年「森林法」にも伐採を総量規制する枠組みの整備は明記され，それに基づく形で，1985年には「年森林伐採限度量を制定する暫行規定」が出されていた。しかし，この制度が大きくクローズアップされたのは，1987年前後に表面化した森林破壊の加速にほかならなかった。前述の中共中央・国務院「南方集団林区の森林資源管理の強化と断固とした乱伐制止に関する指示」でも，「長期間存在した林木の過剰伐採は，抑制されがたく，森林資源は下降傾向を続けている。ここ１～２年の間，過剰伐採は普遍的に存在し，乱伐は禁じても止まず，さらに苛烈になっている」とされ，「厳格に年間の森林伐採限度量制度を執行する[(101)]」ことが，まずとるべき対策として挙げられた。公式統計上，森林伐採限度量制度として許容伐採量が集計されたのも1987年以降であった。1991年からは，国家の五ヵ年計画に対応して５年単位で全体量が設定されるようになり，今日に至っている（図3-3）。

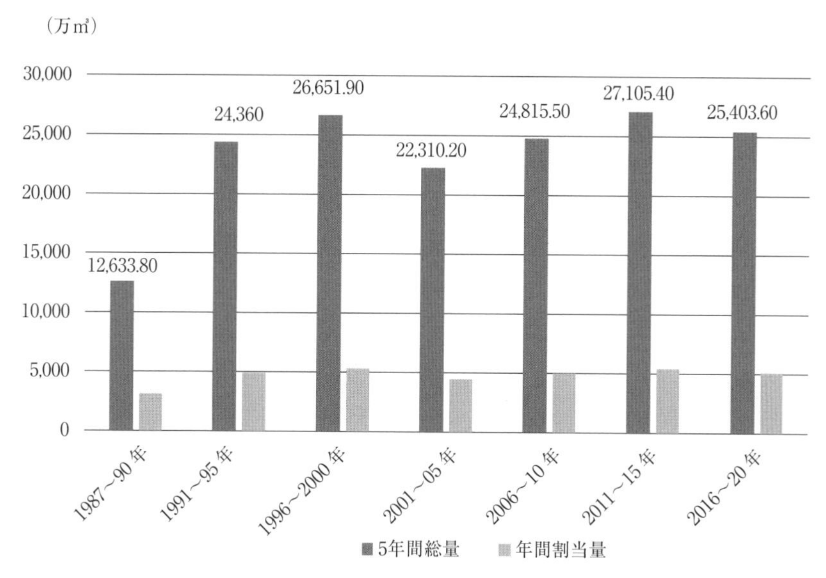

図3-3　中国における森林伐採限度量の推移

出典：中華人民共和国林業部編（1988）『中国林業年鑑：1987年』，同（1991）『中国林業年鑑：1990年』，同（1996）『中国林業年鑑：1995年』，国家林業局編（2002）『中国林業発展報告:2002年』，同（2006）『中国林業発展報告:2006年』，全国“十二五”期間年森林採伐限額滙総表（http://www.51wendang.com/doc/70cb6b0febf4e65613216982）（取得日：2019年5月18日），全国“十三五”期間年森林採伐限額滙総表（tp://www.gov.cn/zhengce/content/2016-02/16/content_5041486.htm）（取得日：2019年5月18日）を参照して筆者作成。

7．4．全民義務植樹運動の展開

改革・開放路線への転換は，社会主義理念の棚上げと共産党支配の正当性の揺らぎをもたらすものであったため，この時期，森林造成・保護政策においても，共産党政権の存在意義を改めて強調する取り組みが進められた。その典型的な政策が，「全民義務植樹運動」である。

全民義務植樹運動とは，中華人民共和国の満11歳以上の公民に，毎年3～5本の植樹を「義務づける」という政策である。この政策は，1981年，森林の私的経営化の端緒となった林業「三定」工作とほぼ同時期に実施された。但し，そこで体現される発想自体は，改革・開放路線への転換直後から見られていた。1979年3月，林業部部長の羅玉川は，全国人民代表大会常務委員会にて，毎年の3月12日（孫文の逝去日）を「植樹節」とする提議を行い承認された。その際，羅玉川は，この植樹節を契機に，全住民を動員した大規模な植樹活動を実施すべきだとした。

> 森林は国家建設と人民生活の重要資源であり，また自然界の生態バランスを保持する重要な要素である。森林の多少は，直接，社会主義現代化建設の進展に関係し，人民の根本利益に関連し，子孫後代に影響を与える。…我が国は，森林が少ないのみならず，分布が極めて不均等で，半分以上が東北・西南の辺境地区にあり，中原・華北と西北の広大な地区の森林率は，5%にも満たない。森林が少なく，分布が不均一のために，多くの地区の気候はバランスを失い，水土流失が深刻となり，風・沙・水・旱等の自然災害が頻発し，農牧業生産に極めて大きな被害を与えている。現在，全国には，未だ12億畝の森林とすべき荒山・荒地があり，多くの「四傍」の空き地があり，そこには樹が育っていない。今後の緑化任務は相当に困難である。このため，大いに林業発展を加速させ，一刻の猶予も辞さずに任務を成し遂げなければならない。
>
> 全国の各民族・人民を動員して，積極的に植樹造林し，緑化祖国を加速させるために，毎年の3月12日（孫中山先生逝去記念日）をもって，我が国の植樹節とすることを建議したい。孫中山先生は，我が国の偉大な革命先駆者であり，我々は，この日を我が国の植樹節と定める意義は極めて

大きいと認識している。各地は，植樹節前後に広範に人民大衆を組織し，広く植樹造林活動を展開しなければならない。

同時に，広範な人民大衆に対して宣伝教育を進め，全国に少しずつ，造林・育林・森林保護の良好な風潮を形成していく。長期の努力を経て，我が国の一切の荒山・荒地と「四傍」の空き地に樹が生い茂るようになれば，我々の社会主義祖国は，更に美しさと豊かさを増すことになるであろう[102]。

1981年12月，第五期全人代第四次会議は「全民義務植樹運動の展開に関する決議」を通過させ，この建議を具現化した。すなわち，植樹節を中心に，中華人民共和国に居住する全ての人民が，毎年，義務的な植樹を行うべきとしたのである。

会議において，植樹造林・緑化祖国は，社会主義を建設し，子孫後代に福利を創り出す偉大な事業であり，山河を治理し，生態環境を維持・改善する重大戦略措置の一つであると認識された。…およそ条件の整った地方の，年齢満11歳以上の中華人民共和国の公民は，老弱傷病者を除き，その土地に適した方法で，各人毎年3～5本を植樹し，或いはその労働量に相当する育苗・管理保護とその他の緑化任務を完遂する。…我々の偉大な社会主義祖国を建設するために共同で奮闘せよ[103]。

翌1982年の植樹節では，鄧小平，胡耀邦，趙紫陽ら，当時の中心的な共産党指導者が，高級官僚を従え，初回の義務植樹運動期間を記念して，植樹の手本を示すというパフォーマンスを行った[104]。以後，毎年3～4月には，共産党指導者層が率先して植樹し，それに応じて全域的な義務植樹が行われるというパターンが形成され，今日に至っている。近年は，気候の温暖な南方では3月の植樹節に前後して行われ，その時期に寒さの残る北方では1ヵ月遅らせて4月の実施となるのが通例である。1984年「森林法」の第9条にも，「植樹造林・森林保護は公民の当然の義務である」として，全民義務植樹運動は組み込まれた。1990年代以降も，義務植樹の実施徹底のための組織や法令の整備が求められ[105]，指導者層の参加と関心の高さをアピールする宣伝も，各種の報道機関や共産主義青年団等によって周到化されていった[106]。

全民義務植樹運動は，社会主義国家建設が本格化した1950年代以降，森林造成・保護政策が，「全土の緑化」や「緑化祖国」に向かう大衆動員であり，社会主義理念の下に地域住民を統合する目的を有してきたことの延長線上にあった。同時並行した林業「三定」工作を通じて，従来の国家・集団単位での動員が難しくなる中，引き続き住民を森林造成・保護に従事させるためには，法規範を伴って緑化を義務づける必要があった。この意味で，全民義務植樹運動は，改革・開放期における森林造成・保護政策の実施基盤の再構築の一環でもあり，かつ緑化を通じた社会的凝集力の維持を狙いともしていた。こうした側面は，運動の目的を示した「計画経済時代の“人海戦術”は，市場経済の条件下で，その新しい内容を付与されるべきであり，社会主義市場経済体制に適応した義務植樹運動を行うことが求められている[107]」との主張に端的に表れていた。また，中国の近代革命のシンボルである孫文を記念した植樹節に前後して，共産党指導者層が中心となって全土の緑化を主導する構図は，現政権が望ましい方向に中国を導いているアピールともなった。その展開過程では，人民解放軍や青年団等の共産党組織の役割が何度も強調された[108]。すなわち，全民義務植樹運動は，改革・開放期に揺らいでいた共産党支配の正当性を確保する手段とも位置づけられたのである。

7．5．森林造成・保護のプロジェクト・ベース化

改革・開放期の森林造成・保護政策においては，地方・基層での実施が各種の「プロジェクト」（原語：工程）へと収斂する傾向も見られた。

その代表例は，1980年代から1990年代末にかけて，中央政府によって森林造成・保護を目的に開始された複数の国家プロジェクトである。1999年までに，全国で実施されたこれらの国家プロジェクトは，「「三北」防護林体系建設工程」（1978年開始），「太行山緑化工程」（1986年開始），「長江中上流防護林体系建設工程」（1989年開始），「沿海防護林体系建設工程」（1991年開始），「全国防沙治沙工程」（1993年開始），「平原緑化工程」（1993年開

始)，「黄河中流防護林工程」(1996年開始)，「淮河太湖流域総合治理防護林体系建設工程」(1996年開始)，「遼河流域総合治理防護林体系建設工程」(1997年開始)，「珠江流域総合治理防護林体系建設工程」(1997年開始）であり，「全国十大林業生態建設工程」と総称された。1979年から1999年にかけて，それぞれのプロジェクトによって実施された造林面積は3,800万haを越え，同期間の造林面積の約33%に及んだ（図3-4)。これらのプロジェクトは，森林行政機構が主に管轄し，水土保全が必要な地区を網羅的に対象として，森林の維持拡大と生態環境の改善を通じて「我が国の林業生態システムの基盤となる[109]」ことを目的とした。

この国家プロジェクト化は，中央政府による森林造成・保護の上からの規格化を志向したものだった。1950～70年代にかけての森林造成・保護政策は，中央政府の計画に基づく年度の目標達成こそ求められたものの，その実施の多くの部分は基層社会の国家・集団単位の裁量や住民動員による「自力更生」に委ねられていた。対して，これらのプロジェクトでは，細分化された個別の課題に即して，特定の地方行政単位に対象区域がある程度限定され，実施に際して中央・地方政府から相当額の資金投入がなされた。これは「自力更生と国家扶助の結合[110]」等と呼ばれ，改革・開放期以降の国家プ

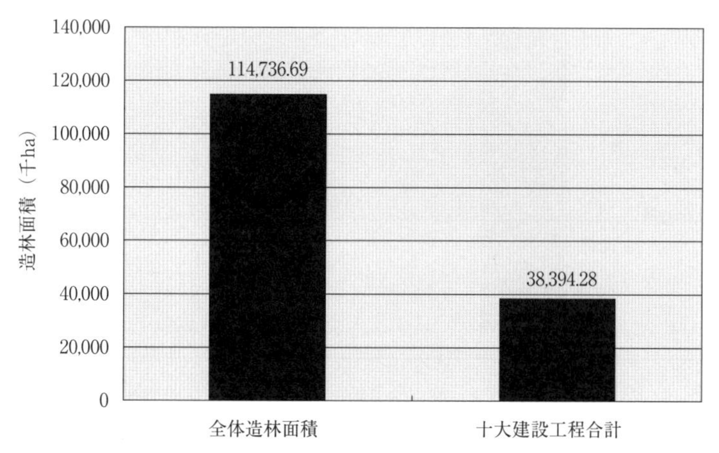

図3-4　1979～99年の国家プロジェクト造林面積比
出典：国家林業局（2000）『中国林業発展報告：2000年』を参照して筆者作成。

ロジェクトの特徴となってきた。対象区域となった地方行政単位では，個別のプロジェクト計画に重ねる形で年度の森林造成・保護計画が設定され，また資金の出所に応じた縦割りの目標達成が求められるようになった。

この時期の森林造成・保護のプロジェクト・ベース化は，目的や計画の面では従来の踏襲と細分化であったが，資金面では一定の変化をもたらすものだった。1979年から1998年までの森林造成・保護を中心とした営林部門への固定資産投資額において，全国十大林業生態建設工程による投資額は約3割を占めており，そのうちの3割強は国家投資であった（図3-5）。すなわち，短期的な便益をもたらさない「遠くの水」として基層社会で敬遠されていた森林造成・保護活動を，中央・地方政府の積極的な財政投入によって促す方針が，国家プロジェクトの実施を通じて示されたことになる。

全国十大林業生態建設工程は，その内訳を見ると，殆どの地方が網羅できるように配慮されていた。しかし，実際には1978年から華北・東北・西北に跨る森林希少地区を対象とした「三北」防護林体系建設工程が突出した規

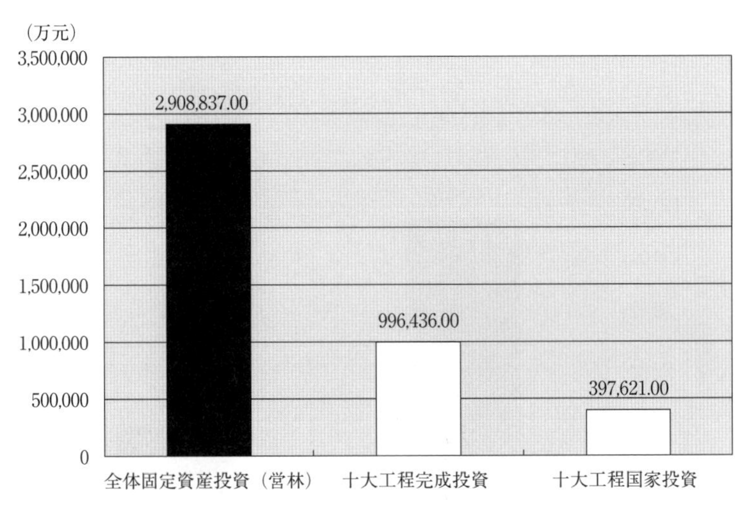

図3-5　1979～98年の国家プロジェクト投資額比

注：1979年から98年までの総計としたのは，1999年からこれまでの国家プロジェクトの投資額を大きく上回る天然林資源保護工程と退耕還林工程が開始されたため。

出典：国家林業局（2000）『中国林業発展報告：2000年』を参照して筆者作成。

模を誇った（図3-6）。

この地区での防護林建設を国家プロジェクト化する動きは，改革・開放期に入る前に生じていた。1977年，当時の農林部林業局は，現地視察を踏まえて「三北」防護林の造成計画をまとめ，翌1978年5月に開催された十省・自治区林業庁・局長会議で具体的な内容を検討した[111]。1978年11月，国務院はこの計画を国家プロジェクトとして正式に批准し，その対象区域，及び1985年までの「第1期工程」の造林目標を決定した。当時の『人民日報』

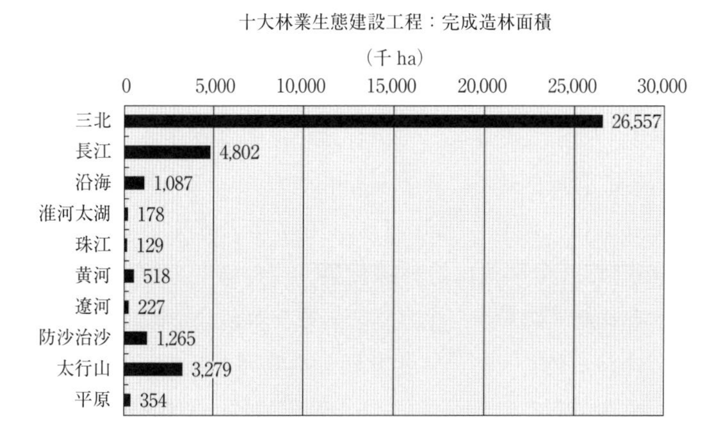

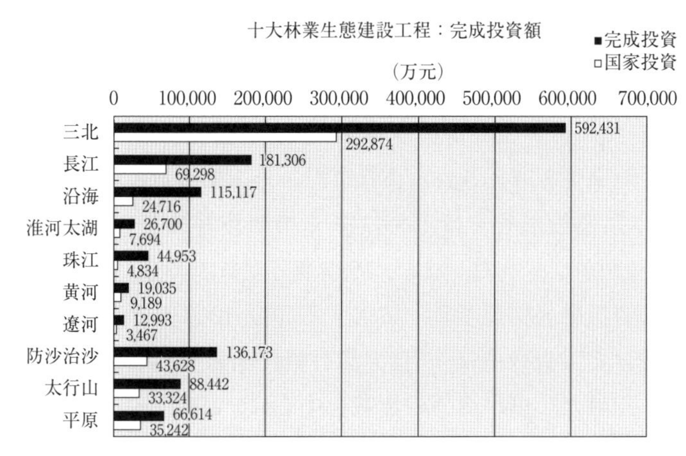

図3-6　1979～99年における全国十大林業生態建設工程別の成果
出典：国家林業局（2000）『中国林業発展報告：2000年』を参照して筆者作成。

は，このプロジェクトを北方における「緑色万里の長城の建設」と呼び，歴史的な森林破壊によって荒廃した土地を蘇らせる偉業のはじまりと宣伝した[(112)]。改革・開放期を通じて，このプロジェクトは，中央政府の威信をかけた代表的な森林造成・保護政策となり，3段階・8期にわたる1978～2050年までの長期間の実施が想定された。その対象地区も，東は黒龍江省から西は新疆ウイグル自治区まで，合計13の省級行政単位，551の県級行政単位を含む大規模なものとなった[(113)]。1979年から1999年までの造林面積は2,600万ha以上であり，同時期の全国十大林業生態建設工程での実施面積の約7割に及んだ。

この時期には，地方行政単位での森林造成業務も，プロジェクト化される傾向にあった。例えば，1990年の国務院「1989年から2000年までの全国造林緑化規画綱要[(114)]」に基づき，省級行政単位の森林造成目標は，期間内に荒廃地を基本的に消滅させることと規格化された。この省級レベルを対象としたプロジェクトは「滅荒」と呼ばれ，1991年に率先してその基本目標を達成した広東省は，「全国荒山造林緑化第一位の省」の称号を中共中央・国務院から与えられた[(115)]。

これらのプロジェクト・ベース化を促した要因として，対外開放の進んだこの時期に，域外からの資金提供による森林造成・保護活動の展開が目立ってきたことも挙げられよう。1990年代に入ると，ドイツや日本からのNGOが，中国各地で地方行政機関や基層組織と連携し，森林造成・保護の協力活動を展開していった。これに並行して，国連食糧農業機関（FAO），国連開発計画（UNDP），世界食糧計画（WFP），世界銀行等からの森林造成・保護を目的とした融資も導入されるようになった（第5章参照）。例えば，「三北」防護林体系建設工程をはじめ，多くの防護林建設プロジェクトにはFAOの資金援助がなされた。また，1990年5月に世界銀行の執行理事会は，中国の「森林資源発展保護項目」に対する3億6,000万ドルの貸付を決定した。これを受けて中央政府は，「世界銀行貸付国家造林項目」というプロジェクトを立ち上げた。早生樹種の植栽を中心に，1990～97年の実施期間での造林面積は138.5万haに達したが，その完成投資5.6億ドルのうち世界銀行の貸付が3.3億ドルを占めた[(116)]。これら多方面の資金の呼び込みと，独自の管理運用の必要性を受けて，森林造成・保護のプロジェクト・ベース化が促された側面もある。

7．6．森林造成・保護の実態的問題：陝西省楡林市の事例から

これらの森林造成・保護政策における新たな動きとは裏腹に，基層社会では，違法な過剰伐採がしばしば報告され[(117)]，活着率の低さや住民の消極性といった以前からの問題も根深く残っていた[(118)]。国務院「1989年から2000年までの全国造林緑化規画綱要」でも，森林面積や森林被覆率こそ上昇しているが，「森林資源の消耗量は，成長量を上回り，森林の質自体は低

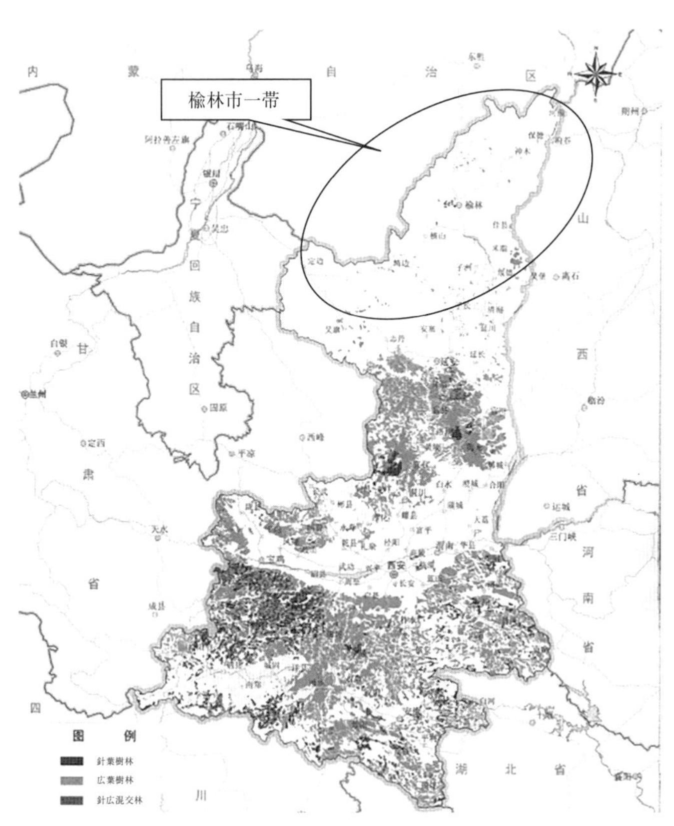

地図3-1　陝西省・楡林市周辺の森林分布
出典：肖興威主編（2005）『中国森林資源図集』（p.141）。

写真 3-2　陝西省楡林市の森林造成地
出典：陝西省楡林市にて筆者撮影（2004年3月）。

下している」ため，「このままのペースで伐採が続くと，7～8年もすれば，伐採可能な森林資源は枯渇に瀕してしまう[119]」との懸念が示されていた。この「綱要」も促したプロジェクト・ベース化と，それに沿って域内外からの公共投資の対象としていく方針は，民営化・市場化・国際化を志向する政治路線下での森林造成・保護の推進策として，順当であったとも言えよう。その一方で，この方針は，新たな実施面での問題を幾つか内包することにもなった。

陝西省楡林市は，北方黄河流域の森林希少地区に位置し（地図3-1），1978年から開始された「三北」防護林体系建設工程の重点的な対象となった（写真3-2）[120]。筆者が2004年に訪れた時点で，楡林市での「三北」防護林体系建設工程は，1978年からの2010年までの計画が具体化していた[121]。

表 3-2　陝西省楡林市における「三北」防護林体系建設工程の推移

～計画段階～

	第 1 期工程 (1978 ～ 1985)	第 2 期工程 (1986 ～ 1995)	第 3 期工程 (1996 ～ 2000)	合計 (1978 ～ 2000)	第 4 期工程 (2001 ～ 2010)
造林面積 (万 ha) [年平均]	61.76 [7.72]	40.1 [4.01]	23.01 [4.60]	124.87 [5.43]	33.33 [3.33]
全体投資額 (万元) [年平均]	15,929 [1,991]	18,668 [1,866.8]	11,040 [2,208]	45,637 [1,984]	—
中央投資額 (万元) [年平均]	8,917.80 [1,114.73]	4,500 [450]	—	—	—

～完成～

	第 1 期工程 (1978 ～ 1985)	第 2 期工程 (1986 ～ 1995)	第 3 期工程 (1996 ～ 2000)	合計 (1978 ～ 2000)
造林面積 (万 ha) [年平均]	59.53 [7.44]	48.71 [4.87]	20.8 [4.16]	129.04 [5.61]
保存面積 (万 ha) [年平均]	20.24 [2.53]	13.99 [1.40]	2.44 [0.49]	36.67 [1.59]
全体投資額 (万元) [年平均]	—	—	—	32,328 [1,405.57]
中央投資額 (万元) [年平均]	2,675.36 [334.42]	3,862.60 [386.26]	790 [158]	7,327.96 [318.61]

～完成投資額の内訳～

完成投資総額	32,328 万元
内：中央投資額	7,328 万元
地方投資額	2,000 万元
大衆投資額	23,000 万元
計	32,328 万元

中央投資額	7,328 万元
内：造林投資額	6,074.8 万元
インフラ投資	1,038.8 万元
宣伝・検査等	214.4 万元
計	7,328 万元

出典：陝西省楡林市（2001）「三北防護林体系建設工程第一段階自評価報告」を参照して筆者作成。

改革・開放後の20数年間，楡林市における森林造成の65%以上は，この「三北」防護林体系建設工程の枠内で実施されてきた[122]。まず，その間の投資額の推移からは，当時，最大規模を誇った国家プロジェクトといえども，実際には引き続き，基層社会の自助努力に多くを依拠せざるを得なかったことが分かる（表3-2）。第1～3期の中央投資額は合計7,328万元で総投資額の22.7%に過ぎず，省～郷鎮までの地方政府に至っては2,000万元（6.2%）しか拠出していない。残る71.1%は，基層社会の私的主体や集団による投資であり，第4期工程に至っても「一世帯，数世帯での投入を主，国家投資を従，銀行貸付を支えとする[123]」方針とされた。

実際に，当地では，経営力のある私営企業や富裕層などが，プロジェクト関連の森林造成に投資する事例も見られ，民営化に伴う実施基盤の変化は確認できた。しかし，同プロジェクトを通じて，楡林市の森林造成の気運が盛り上がったのは1980年代であり，1990年代以降は，投資・成果両面で尻すぼみの傾向にあった。特に，中央による完成投資額等は，プロジェクト開始当初から大きく落ち込んでおり，造林面積も減少の一途を辿っていた。実際に，「三北」防護林体系建設工程が，1990年代末から衰勢にあったことは楡林市の政策担当者も認めていた。

ここで特筆すべきは，第3期工程期間の年平均の造林保存面積が0.49万haと，第1期工程の5分の1にも満たないことである[124]。この間，造林技術が「退歩」した訳では勿論無く，中央投資額の減少に加えて造林コストが上昇したこと，急速な経済発展や地方財政の悪化に伴って防護林建設が次第に軽視されたことが理由として挙げられた[125]。

ここからは，改革・開放期の楡林市において，国家投資の割合が下がり，基層社会の負担が増えるにつれて，森林造成の実効性が低下したという実態が浮かび上がる。そもそも，第1～3期を通じた造林面積129.04万haの内，保存面積はその28.4%の36.67万haに過ぎない。この効率の悪さは，沙漠化や荒漠化に直面する黄河中上流域での森林造成の難しさを改めて示すものだが，時期を経る毎にこの割合も低下する傾向にあった[126]。すなわち，楡林市での「三北」防護林体系建設工程の展開過程からは，総じて地域住民は緑化に消極的であり，公的資金の投入にその成果が依存してきたとの構図が示唆される。

そして，そのカギを握る中央投資額も，計画と完成で著しい差が生じていた。特に第1期工程では，8,917.8万元が投入される予定だったが，実際の完成投資額は2,675.36万元と，計画時の30％程度にとどまった。実際に，プロジェクト資金が期限までに届かないという問題が，政策報告でも指摘されていた(127)。

これらの実態からすると，改革・開放期におけるプロジェクト・ベース化は，中央・地方政府や外部からの資金投入による森林造成・保護の公共事業化を著しく推し進め，基層社会における自力更生的な緑化への可能性との決別を志向していたとも捉えられる。

8.　近年の森林造成・保護政策の内容と課題（1998～2010年代）

8．1．経済発展の中での自然災害と森林造成・保護への再注目

1990年代から2010年代にかけて，改革・開放路線に基づく国家建設が継続して進められ，中国社会は，大枠での政治的安定と経済発展を享受してきた。その中で，洪水等の自然災害は，地域社会の安定や成長の阻害要因として一層クローズアップされることになった。その結果，近年の中国では，その克服手段としての森林造成・保護政策がより重視されてきた。

改革・開放以降の中国の森林造成・保護政策にとって，1987年以来の大きな転機となったのが1998年である。同年春，国務院総理の朱鎔基が主導した機構改革によって，中央国務院の林業部が国家林業局に改組された（第7章参照）。この事実上の格下げと業務簡略化によって，夏場にかけて森林行政機構は，大幅な人員整理や権限下放等への対応に追われた。そこへ，6月から8月にかけて，長江・松花江流域を中心とした大洪水（以下，長江・松花江流域大洪水）が直撃したのである。

この1998年夏の長江・松花江流域大洪水は，結果として中国の森林造成・保護政策の大々的な拡張をもたらした。江沢民を中心とした指導部は，大水害の主要な原因を河川上流域の森林減少と即時断定し，8月5日に国務院から森林破壊を伴う開墾や林地の徴用・占用を停止する指示が発せられた(128)。

同時に,「天然林資源保護工程」と「退耕還林工程」という,森林造成・保護による水害防止を企図した二大国家プロジェクトが始動した。前者は,大面積の天然林地帯を中心に,水土保全機能を維持・発揮させるべき土地にて,伐採停止や立ち入り規制による森林の保護・育成・回復を目指すものである。後者は,主に急傾斜地に切り開かれた農地や荒廃地を森林に戻し,水土保全機能を回復させようとするものである。

この両プロジェクトは,それぞれ対象地で行われてきた耕作や放牧,或いは林産物の生産・流通・加工といった地域住民の生業の「転換」を前提としていた。すなわち,中央政府の一元的な指導と強制力を背景に,基層社会の産業・就業構造を改変する政策であった。同時に,仕事を失う人々への莫大な補償も必要となるため,両プロジェクトの成否は,世界的に注目されることにもなった。

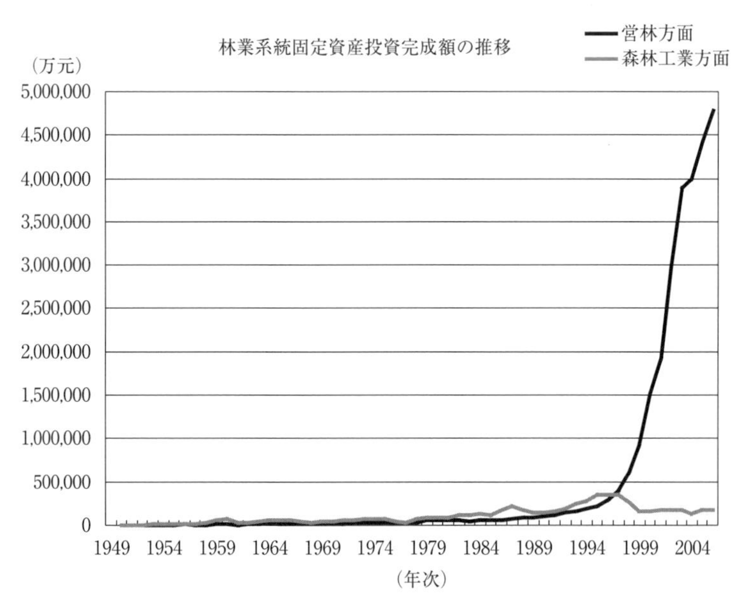

図 3-7　現代中国における林業系統固定資産投資完成額の推移

注：固定資産投資とは,使用年限が1年以上,単位価格が規定の標準以上で,かつ使用過程において本来の物質形態を維持している資産(固定資産)の建造・購入のための投資と定義される。営林方面では,森林造成・保護関連の投資項目が主であり,森林工業方面では,木材加工・流通関連の投資がその多くを占めた(解釈:国家林業局編(2000)『中国林業統計指標解釈』)。

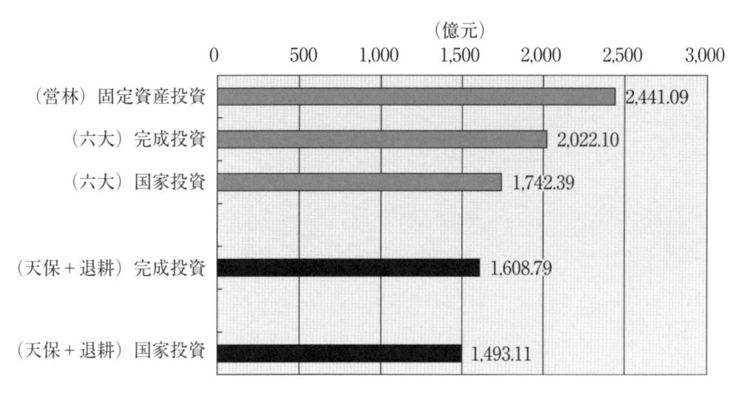

図3-8　1999～2006年間の営林投資に占める天然林資源保護工程と退耕還林工程の割合

注：「六大」は「国家六大林業重点工程」（天然林資源保護工程，退耕還林工程を含む）を，「天保」は「天然林資源保護工程」，「退耕」は「退耕還林工程」をそれぞれ示す。

出典：国家林業局編（2007）『中国林業発展報告：2007年』を参照して筆者作成。

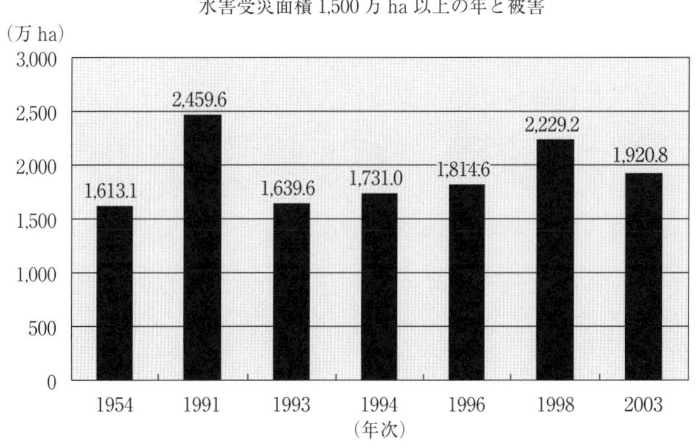

図3-9　2000年代までの中国における水害被害の大きな年

注：1968～1977年はデータ欠損。

注2：下記出典資料における「受災面積」の数値を引用したもの。

出典：中華人民共和国国家統計局・民政部編（1995）『中国災情報告』，及び国家統計局ウェブサイト（http://www.stats.gov.cn/）（取得日：2010年8月10日）を参照して筆者作成。

実際に，両プロジェクトには公的資金が大々的に投入された。1990年代を通じて森林行政管轄範囲（林業系統）の固定資産投資額は，全体的に上昇傾向にあったが，森林造成・保護を含めた森林管理・経営部分を指す営林方面の投資額が，1997年に伐採から林産業発展までを指す森林工業方面を逆転し，1998年以後は急上昇した（図3-7）。その上昇分の多くが，天然林資源保護工程と退耕還林工程に準備された国家投資であった（図3-8）。

近年の中国では，長江・松花江流域大洪水の被害に政治指導者層が驚き，慌てて両プロジェクトの実施を指示したとの噂も飛び交った。しかし，公式統計上では，むしろ1991年の方が洪水被害は深刻であった（図3-9）。また，前述の通り，1950年代等には，多くの被災者を数えた大洪水が頻発し，その対策として森林造成・保護政策が長く位置づけられてきた。これらの点からすれば，むしろ以前からの連続性や当時の社会状況の中で，この大洪水が，より強力な森林造成・保護政策を実施する契機とみなされたと捉えるべきである。

実際に，1990年代に入って以降，中国の洪水被害は深刻化・常態化し，1991年を筆頭に被災面積1,500万haを上回る年が続出していた。その中で，西南林区や南方集団林区が中上流域に広がる長江，そして東北国有林区に跨る松花江で発生した大洪水は，既存の森林地帯の荒廃を政治指導者層に想起させるに十分であった。また，この時期の北方の黄河流域や都市部・沿海部では，経済発展に対応した水資源の確保が難しくなっていた。沙漠化の進行が問題視され，砂塵の飛来も年々深刻化していた北京の首都移転が囁かれるまでになっていた。これらの自然災害・劣化を受けて，改めて地域の森林の過少状況の改善が，鄧小平を1997年に喪った統治政権の沽券にかかわる課題として認識されつつあった。

加えて，天然林資源保護工程と退耕還林工程の実施は，当時の政治路線の国家建設の方針に符号してもいた。朱鎔基を中心とした国務院は，WTO加盟を見据えた国際競争力を養う上で，非効率な経営や腐敗の温床となっていた国有企業（旧：国営企業）に基づく経済体制の抜本的改革に着手していた。天然林資源保護工程の実施は，この国有企業改革の方針に沿って，東北・西南地区をはじめ大面積の森林経営と林産物生産を担ってきた国有企事業体に，森林の回復・保護への特化と人員削減を求める形となった。以後，各産業部門の自由化という改革方針に則り，東北国有林区や域外からの林産物を含めた生産・加工・流通過程には，私営・外資企業等の新たな主体が参入するようになっていく（第4章参照）。

また，経済発展を遂げた沿海部・都市部と，取り残された内陸部・農村部の格差是正も，当時の大きな政策課題となっていた。2000年以降の「西部大開発」では，内陸部での天然資源開発（石油，石炭，天然ガス，各種鉱物等），重工業・ハイテク産業の発展，都市型産業の育成が求められたが，その前提として農村部の農民を土地経営から切り離し，地方都市を基点とした各産業に従事させる必要があった[(129)]。退耕還林工程の実施は，森林造成による洪水の抑制を目指すと同時に，この内陸部の都市化と農村部からの労働力確保という産業構造の転換を促すものでもあった。

8. 2. 進むプロジェクト・ベース化：国家六大林業重点工程

これらの複合的な要因を受けて，1998年以降の森林造成・保護政策は，森林の環境保全機能の発揮を中央政府の主導するプロジェクト・ベースで目指す傾向を強めていった。その傾向自体は，前時期の方向性を受け継ぐものであり，法規範や森林伐採限度量制度等，改革・開放以降の基盤整備がその実施・徹底を支えることになった。

新世紀を迎えた2001年，それまでの森林行政機構が管轄してきた国家プロジェクトは，「国家六大林業重点工程」として統合・再編され，天然林資源保護工程と退耕還林工程を双璧に，多額の公的資金が投入されることになった（図3-10）。

「三北・長江流域等防護林体系建設工程」は，1980～90年代にかけて全国各地で実施されてきた個別の防護林建設プロジェクトを統合したものである。すなわち，前時期の全国十大林業生態建設工程のうち，「三北」防護林体系建設工程（2001年からは第4期工程），長江中上流防護林体系建設工程，沿海防護林体系建設工程，珠江流域防護林体系建設工程，太行山緑化工程，平原緑化工程がこの枠内に包括された。

「北京・天津風沙源治理工程」は，首都北京の周囲の五つの省級行政単位

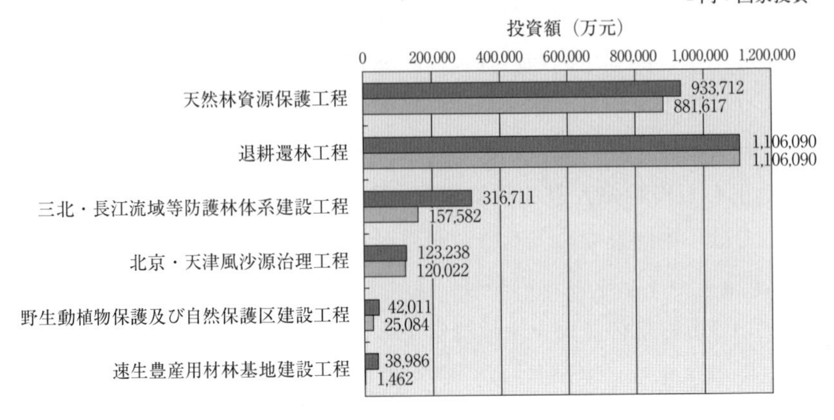

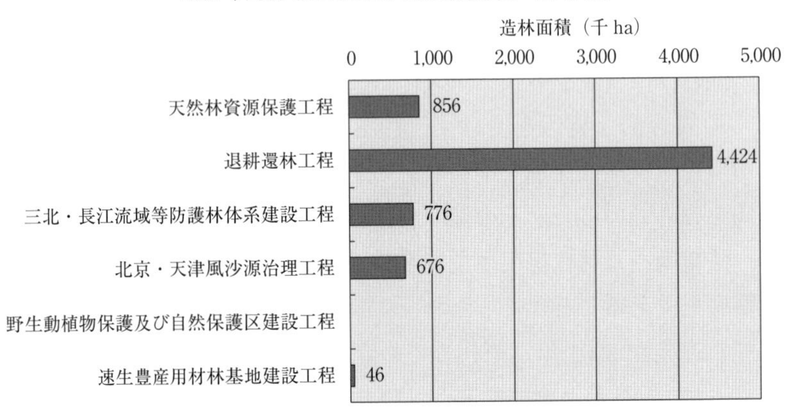

図3-10　2002年の国家六大林業重点工程実施状況

注：野生動植物保護及び自然保護区建設工程については，業務の性質が異なるため造林面積は計算されていない。

出典：国家林業局（2003）『中国林業発展報告：2003年』を参照して筆者作成。

(内モンゴル自治区，北京市，天津市，河北省，山西省）を対象とした特別なプロジェクトであった。2001～10年までの二段階の期間が設定され，沙漠化・沙地化する土地での森林造成や草地回復，そのための放牧禁止措置等が主な内容となった。このプロジェクトの枠内でも，急傾斜地の退耕還林が手法として実施されてきた[(130)]。2008年の北京オリンピックの開催決定は，北京市一帯の美観や生活環境を保ち，国際社会にアピールする機会と捉えられたため，このプロジェクトをより重要なものにした。

「野生動植物保護及び自然保護区建設工程」は，絶滅危惧種等の生物を育む貴重な森林生態系の保護を主目的としており，環境保護に向けての国際的な取り組みへの対応という側面を引き継ぐものであった。このプロジェクトは，三段階で2050年までという長期目標が設定され，各段階での自然保護区の面積の増加目標等が掲げられた[(131)]。

「重点地区速生豊産用材林基地建設工程」は，全国各地の県級行政単位（東北国有林区等では国有林業局や国有林場）を対象に，早生樹種の植栽奨励による木材生産のサイクルの早い人工林地帯形成を目的とした。2001年時点での目標は，2015年までに対象の人工林地帯から，域内の生産用材需要の40%を供給するというものであった[(132)]。すなわち，森林の過少状況下にあって，経済発展に付随する林産物需要を賄わねばならない中国の状況を象徴するプロジェクトでもあった。但し，既に当時，企業や個人による人工林造成・経営は活発化していたため，国家プロジェクトとしては規模が抑えられたものとなった。

このように，国家六大林業重点工程は，それ以前からの森林造成・保護政策の目標や課題を，ほぼ網羅するものであった。この他にも，森林造成等を通じた沙漠化防止を目指す「全国防沙治沙工程」，道路・鉄道周囲の緑化を行う「緑色道路工程建設」等の個別プロジェクトが継続的に実施され，地方レベルでも独自の関連プロジェクトが，これまでの森林造成・保護政策の延長線上に企画されてきた。

その反面，政治指導者層をはじめとした中央政府の関心は，2000年代を通じて明らかに天然林資源保護工程と退耕還林工程を中心とした「新規のプロジェクト」に置かれていた。2006年までの投資額等は，両プロジェクトの動向にほぼ沿う形で推移してきた（図3-11）。対して，前時期のメインを含む三北・長江流域等防護林体系建設工程は，引き続き長期の実施期間が想定されたものの，投資額・造林面積ともに尻すぼみの傾向を見せた（図3-12）。すなわち，近年の中国の森林造成・保護政策では，プロジェクト・ベース化が進むにつれて，個別の政策間の栄枯盛衰も顕著となってきた。

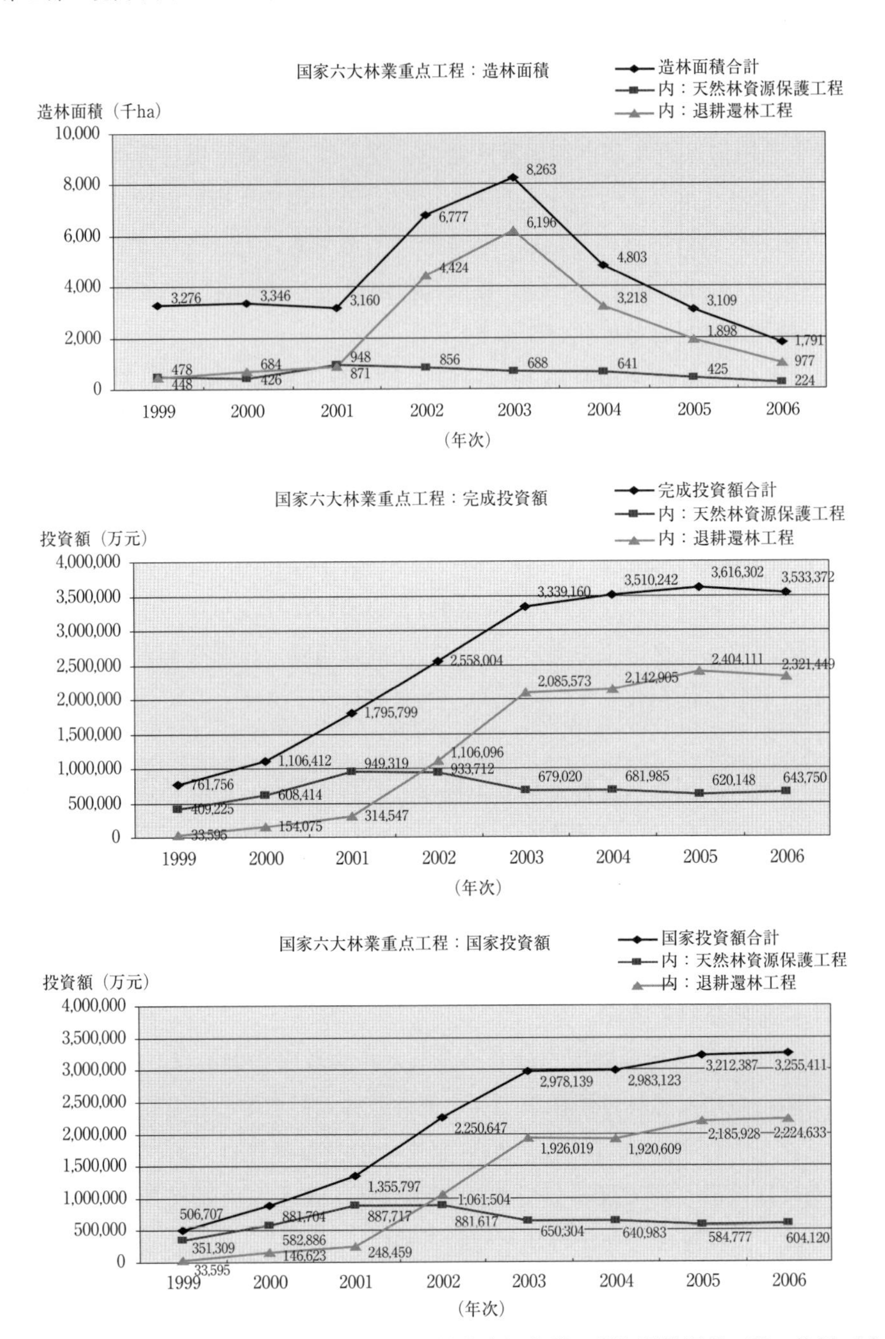

図3-11　国家六大林業重点工程における天然林資源保護工程と退耕還林工程の位置づけ
出典：国家林業局（2007）『中国林業発展報告：2007』を参照して筆者作成。

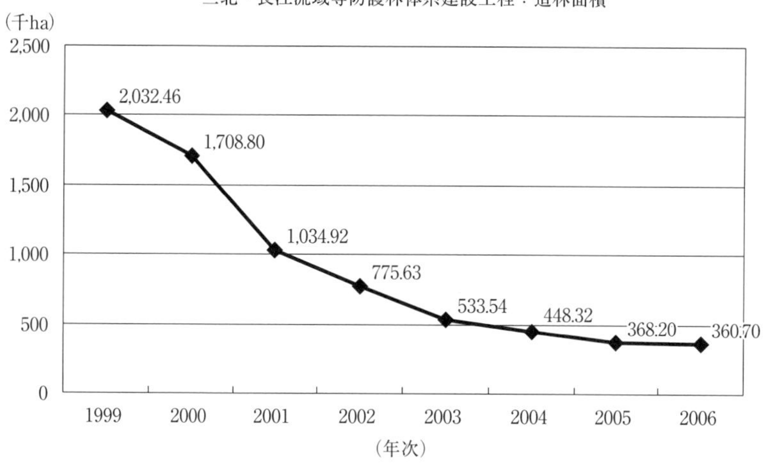

図3-12　三北・長江流域等防護林体系建設工程の推移
出典：国家林業局（2007）『中国林業発展報告：2007』を参照して筆者作成。

8. 3. 天然林資源保護工程

8. 3. 1. 政策の展開過程

天然林資源保護工程は，長江・黄河流域の重点地区での天然林伐採の「基本的な停止」と，東北・内蒙古等地区での天然林伐採の「部分的な停止」を目的に，1998年下半期から1999年にかけて本格化した[133]。省級行政単位別に見ると，四川，重慶，貴州，雲南，陝西，甘粛，青海の重点地区で全面的な天然林伐採の停止が，黒龍江，吉林，内モンゴルの対象区域で計画的な天然林伐採量の削減が開始された[134]。

1999年当初，このプロジェクトは，前年夏の長江・松花江流域大洪水を踏まえた緊急対策の側面が強く出ていた。「工程区」として指定された重点地区では，天然林の商品生産目的の伐採が全面的に停止され，割当済の森林伐採限度量に基づく許容伐採量も無効とされた[135]。また，早生樹種による速生豊産林を含む人工林の伐採にすらも，一定の制限が設けられた[136]。1999年4月の国家林業局「重点地区天然林資源保護工程建設項目管理辦法[137]」が，この初期の天然林資源保護工程の指針となった。

次いで，国家六大林業重点工程としてのスタートを控えた2000年12月には，「長江上流・黄河上中流地区天然林資源保護実施方案」と「東北・内蒙古等重点工業国有林区天然林資源保護工程実施方案」が策定され，新世紀の国家プロジェクトとしての概要が固められた。この二つの「方案」では，長江・黄河流域の重点地区が，寧夏，内モンゴル（西部），山西，河南に拡張され，計13の省級行政単位に及ぶものとなった。後者の東北・内蒙古等地区の対象地には，東北国有林区（黒龍江，吉林，内モンゴル北東部）の他，海南と新疆の主要な国家所有林地帯が加えられた（地図3-2）。この段階で，両地区でのプロジェクト期間は，2000年から2010年までの11年とされた。これらを踏まえて，翌2001年5月には，「天然林資源保護工程管理辦法[138]」（表3-3），「天然林資源保護工程核査験収辦法[139]」が国家林業局から出され，以後，天然林資源保護工程を実施する上での基本的な規範となった。

この二つの対象区域では，プロジェクトの内実に差異が見られた。まず，長江・黄河流域では，全面的な天然林伐採が停止されると同時に，水土保全を目的とした森林造成や封山育林も実施された（写真3-3）。2006年までに，このプロジェクト範疇での造林面積は，480万ha以上に及んだ。森林の過少状況と水土保全機能の低下が問題視された重点地区で，天然林資源保護工程は，実質としては包括的な森林造成・保護政策となった。

一方，後者の対象区域では，国家所有としてこれまで域内への木材供給を担ってきた天然林地帯において，伐採量削減に伴う産業・就業構造の転換が主要な政策内容となった。特に東北国有林区では，現代中国を通じて森林開発を前提とした国有企事業体（国有林業局，国有林場，森林経営所等）[140]による社会形成が行われてきた（第４章参照）。天然林の伐採規制は，この地区の基層社会の前提を覆し，伐採や関連産業への従事者としての人々の生活を脅かすものだった。このため，こちらの対象区域では，天然林伐採の即時停止ではなく，段階的な木材生産量の削減という方針の下，次第に労働者の配置転換を図りつつ，森林保護・経営を軸とした国有企事業体の改革を進める柔軟策がとられたのである。

無論，この産業・就業転換の必要性は，程度の差こそあれ，前者の対象区域においても生じた。全工程区における木材生産量は，1997年の3,205.40万 m^3 から，2003年の923.47m^3 へと実に30％弱まで急落し[141]，両対象区

地図 3-2　天然林資源保護工程の対象地区
出典：肖興威主編（2005）『中国森林資源図集』（p.28）。

表3-3　国家林業局「天然林資源保護工程管理辦法」内容抜粋

第16条：およそ，天然林資源保護工程実施方案に列せられた建設単位は，厳格に国家木材生産量削減計画と年度の木材生産計画を執行し，木材生産・販売に対して厳格に“統一会計”管理を実行し，計画外の木材の伐採・販売を決して許してはならない。
第19条：森林資源管理保護経営責任制を着実なものとする。
第20条：大江大河の主流と1・2級の支流の，第1層の山背両側500mの範囲内では，一切の林床植被の破壊を造成する可能性のある経営活動を禁止する。批准を経ずに，禁伐区の喬木・潅木を伐採してはならず，林木植被を破壊する開墾を行ってはならず，幼林地・封山育林，未成林造林地内で放牧活動に従事することを禁止し，随意に土石を採掘し，建築物を修築したりしてはならない。林地の徴用・占用の必要がある場合は，必ず「中華人民共和国森林法実施条例」と国家林業局「占用徴用林地審核批審批管理辦法」の規定に従って報告批准しなければならない。
第21条：林地・林床資源の合理利用のため，森林植被を破壊しないという原則の下，省級林業主管部門の批准を経て，禁伐区では以下の生産経営活動のみに従事してよい。 ① 森林観光業の設立 ② 養殖業の設立。魚類・林蛙・ミツバチ・家禽などを含む。 ③ 林薬・野生菌類・野生山菜・液果などの栽培への従事 ④ 野生液果・林薬・種子などの採集。
第24条：余剰労働力の再分配を必ず徹底させなければならない。実施単位は，広範囲に就業の門戸を開き，積極的に失業労働者を安定再配置させなければならない。各級林業部門は，失業労働者の再就職訓練を重視し，失業人員の基本技能と業務能力を向上させ，再就業への安置を実現しなければならない。
第32条：工程県（局）は，厳格に関連規定に従って建設資金を配分しなければならない。すなわち，造林工程の前払額は，年度計画投資の50％以内に抑え，その後，工程の進度に従って30％の資金を配分する。年度造林任務の完成の後，検査検収を経て，合格後に，10％の資金を配分する。残りの10％は質の保証金として据え置き，3年を待って保存率検査が基準を満たした後，改めて付与される。

出典：国家林業局「天然林資源保護工程管理辦法」(2001年5月8日)（国家林業局編（2002）『中国林業年鑑：2002年』(pp.82-85))。

域での木材生産を前提とした組織や人々は廃業の危機に直面した。長年の森林開発を通じて根づいた産業構造，人員配置，そして住民意識の転換を図るのは容易でなく[(142)]，天然林資源保護工程の枠内で様々な方法が考案され，各地で試行錯誤が重ねられていった。

2001年の「天然林資源保護工程管理辦法」第19条にも見られる「森林資

源管理保護経営責任制」の実施は，その一例であった。これは，木材生産に関する仕事を失った労働者に一定面積の国家所有林地を画定し，その管理保護を委託するという制度である。同辦法では，状況に応じて多様な形式を取ることが認められているが，総じて，この制度の下で，労働者をはじめとした森林経営主体は，画定された林地の林木を伐採することはできない。しかし，管理保護費の支給を受けるとともに，林地において特用林産物の生産等の副業経営を行い，収入を得ることが認められてきた。従来の国有林業局・林場などの事業単位も，同辦法第21条に基づき観光業，特用林産物の培養・加工等の多角経営を展開し，彼らの新たな生業を支援することが求められた。

写真3-3　四川省汶川県における天然林資源保護工程の実施区の表示
出典：四川省汶川県にて筆者撮影（2002年8月）

しかし，それだけでは到底，伐採による収益を補い，多数の労働者を吸収しきるには至らず，各地では失業問題が深刻化することになった。余剰人員となった労働者は，一定額の退職金を受けるか，再就職センターに登録して暫時の社会保障を受けるかしつつ，他の仕事を探すしか道はなかった[(143)]。例えば，新疆ウイグル自治区の天山西部林業局では，天然林資源保護工程実施以前に4,238人の労働者を有していたが，その内，森林管理保護と多種経営に移行できたのは1,800名程度で，残りは失業することになったとされる（徐・秦 2004）。

こうした国家所有林をめぐる改革・転換は，天然林資源保護工程の実施以前に，既に大枠の方向性として定まっていた。1990年代後半に入ると，中

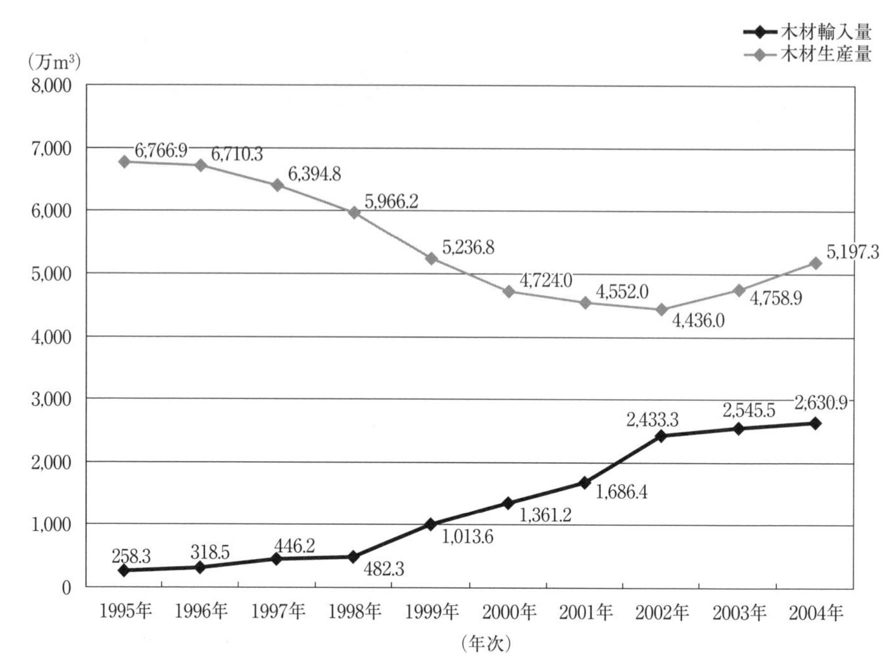

図3-13　天然林資源保護工程実施前後の中国における木材生産量・輸入量の推移
出典：国家林業局（2005）『中国林業発展報告：2005』を参照して筆者作成。

央の政策当事者は，東北国有林区をはじめとした天然林地帯が，長年の木材生産を通じて相当に劣化していることに危機感を抱いていた。また，森林管理・経営にあたってきた国有企事業体は，合理化を志向する国有企業改革の対象とも位置づけられていた。1998年3月の時点で，副総理の温家宝は，中央の森林行政機関の担当者に対して，以下のように述べている。

現在，林業部門が直面している任務は非常に困難なものである。国有森林工業企業の在職労働者は140万，離退職者は180万に及んでおり，国有企業の中でも困難な事業に属している。現在，重点国有天然林保護工程（ママ）を実施しなければならず，林業隊伍は，生産転換，分流しなければならず，妥当な調整が必要となっている(144)。

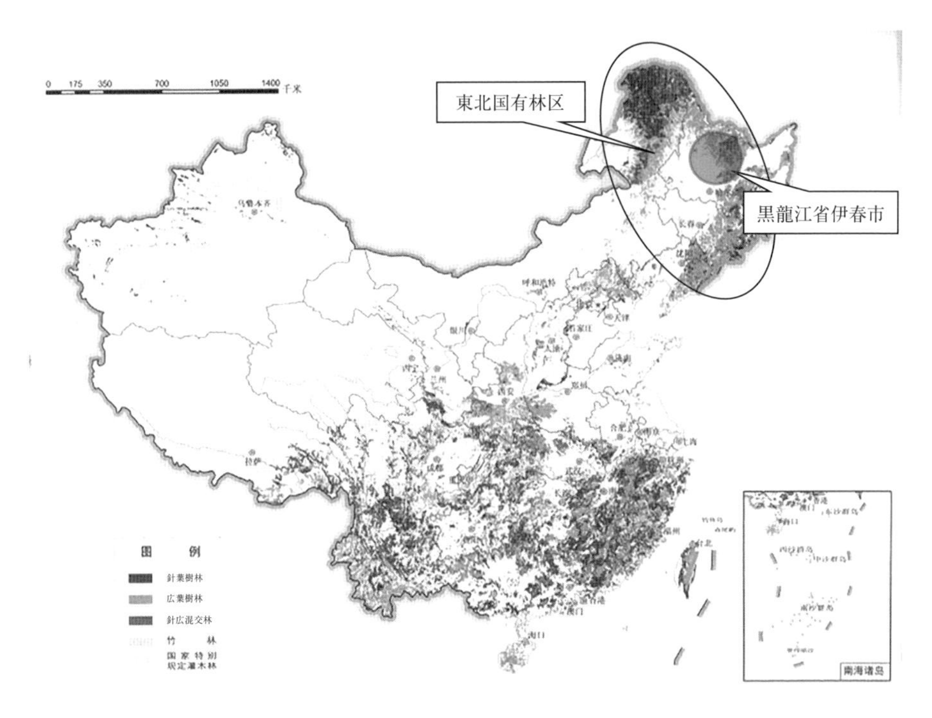

地図3-3　黒龍江省伊春市の位置
出典：肖興威主編（2005）『中国森林資源図集』（p.17）。

すなわち，天然林資源保護工程とそれに伴う国家所有林の管理・経営形態の変革は，いずれは必要になるとみなされており，直後の夏の大洪水がそれを後押しする形となった。

天然林資源保護工程の実施に伴う域内の木材生産量の減少は，域外からの木材輸入によって埋め合わせが図られた。1998年以降，域外からの木材輸入量は最近に至るまで急増の一途をたどった（図3-13）。主に，ロシア（東シベリア，沿海州等）からの輸入が急増するとともに，日本や欧米等への林産物輸出にも大きな影響が生じ，アジアにおける林産物の流通構造を大きく変える結果をもたらした（第4章参照）。

8. 3. 2. 黒龍江省伊春市の事例

黒龍江省伊春市は「林都」と呼ばれ，長らく東北国有林区における木材生

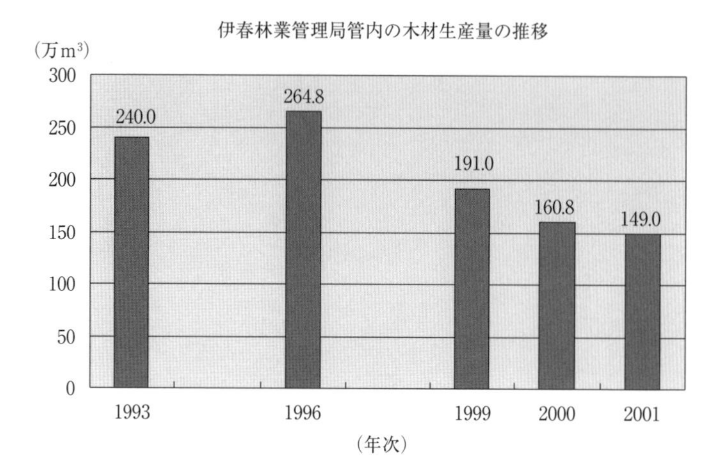

図 3-14　天然林資源保護工程の開始前後の伊春林業管理局管内の木材生産量推移

注：2001年は「計画」の数値。

出典：中華人民共和国林業部編（1994）『全国林業統計資料彙編：1993年』，中華人民共和国林業部編（1997）『全国林業統計資料：1996年』，及び「政府工作報告」『伊春日報』（2001年3月9日）を参照して筆者作成。

産の中心地であった（地図3-3）。

伊春市における国家所有林の管理経営システムは，黒龍江省森林工業総局に属する伊春林業管理局が市区内を主に取りまとめ，その下に17の国有林業局があり，さらに下に末端の経営組織としての国有林場や森林経営所（経営林場）が存在するという形である。筆者が訪れた2001年3月の時点で，既にこれらの末端の林場等は，天然林資源保護工程の実施に伴う伐採量規制を受けて，経営悪化が顕著となっていた。林場に所属する労働者や製材所の多くが，従来からの木材生産の担い手としての役割を果たせておらず，伊春林業管理局管内で1996年に260万 m^3 以上あった年間の木材生産量は，2001年には149万 m^3 にまで落ち込む見込みとなっていた（図3-14）。

当地では，官民のいずれもが，根本的な問題は，長年の伐採を通じた森林劣化にあると認識していた。同月の第九期全国人民代表大会第四次会議で，伊春市党委員会書記の呉杰凱は，過去からの過剰伐採によって，近年は良材を提供できる森林が少なくなり，当面の収益をもたらさない幼齢林の育成業務が中心となってきたと述べた[145]。既存の国家所有林の管理経営システムの行き詰まりは，この森林劣化に，天然林資源保護工程に基づく伐採量規制，更には国有企事業体としての非効率な経営が相まった結果とされた。

急激な伐採量の減少に伴う労働者の失業問題は深刻化していた[146]。事態打開のために，2001年度の計画において，市政府は大枠で二つの対策を示した。第一には，森林資源管理保護経営責任制の導入である。国有林場・森林経営所単位で区画を決め，請負契約に基づいて，個々の労働者に森林内での林木以外の副産物利用を認め，代わりに区画の森林の管理保護責任を担わせる形式であった。当時，既に管内128の林場で実施され，労働者の新たな生計手段とみなされていた。黒龍江省全体では，その時点で10万人の伐採労働者が，森林資源管理保護経営責任制の下で「森林管理人」として再編成されていた[147]。

第二の対策は，管内からの素材生産に代替する新たな森林関連産業の振興であった。特に，家具等の木材加工業，漢方薬製造業，食用林産物の製品加工業，森林観光業が，「四大産業」として位置づけられ，その発展が促されていた[148]。

当時の伊春市では，国家所有林地の経営の私的主体への委譲も実践されようとしていた[149]。その背景には，使用権・経営権としての国家所有林地の払い下げによって，関連産業の低迷で悪化した財政を立て直したいとの市政府の苦しい立場もあった[150]。

長年，東北国有林区における森林開発を通じた地方発展の旗手であった黒龍江省伊春市は，その帰結としての森林劣化や国有企事業体の経営悪化が，天然林資源保護工程の実施に伴って著しく表面化することになっていた。2001年の時点で，既に労働者の失業や地方財政の悪化といった典型的な影響が見られており，様々な対策を試行錯誤しながら実践する役割をも課せられていたのである。

8. 3. 3. その後の天然林資源保護工程

天然林資源保護工程は，2010年の終了を控えて，2020年までの延長が公表され，1999～2010年は第1期工程，2011～2020年は第2期工程として位置づけられた。第2期に入ってからも，当初は第1期同様，国有企業改革を進めつつ天然林伐採を逐次減少させていく方針だった。例えば，国家林業局は2011年時点で，東北・内蒙古等地区の年間伐採量1,094万m^3を，3年後までに402.5m^3に減少させる方針を掲げていた[151]。また，2012年2月には，国家林業局から「天然林資源保護工程森林管護管理辦法」が出され，森林資源管理保護経営責任制（条文中では森林管理保護人員）における権限・義務等も含めたプロジェクト枠内での森林管理・保護制度が規格化された。

ところが，胡錦濤から習近平に国家主席が交代して間もない2015年春に，「国有林場改革方案・国有林区改革指導意見[152]」，「生態文明建設の加速推進に関する意見[153]」が相次いで出され，そこでは天然林のより厳格な保護が求められるようになった。具体的には，2020年までに全域的に天然林の商業性伐採を完全に停止すると共に，森林被覆率を23％以上にするという目標が掲げられたのである。これを受けて，2015年12月には国家林業局が全国天然林資源保護部門工作会議にて，2016年をもって全国のあらゆる国有林場での天然林の商業性伐採を停止し，2017年より協議を通じて全国の集団所有の天然林の商業性伐採を漸次停止するとの業務目標を通達した。これらは，域内全ての天然林からの用材生産の完全停止と解釈でき，「天然林をもうしばらくは伐って使わない」との政権の意思表明であった。その後，2017年3月の時点で，既に域内の天然林伐採の完全停止を達成したと国家林業局がアナウンスするに至っている[154]。

すなわち，最近の中国では，天然林資源保護工程が継続延長されるのみならず，天然林伐採を停止するという形で，森林造成・保護政策が急進化した。この背景としては，腐敗防止を含めた国有企業改革の徹底，地球温暖化問題への対応を始めとした環境改善など，習近平体制が掲げる政策方針の影響に加えて，第1期工程からの東北・西南地区等での労働者の配置転換に一定の目途が立ったこと等が挙げられよう。また，2010年代以降，中国が林産物の国際貿易においてその地位を高めた結果，輸入材確保への自信を深めたという事情も考えられる。

8. 4. 退耕還林工程

8. 4. 1. 政策の展開過程

天然林資源保護工程は，既存の森林地帯（林地）における伐採規制や森林経営の方向転換を主な内容としていたため，森林行政機構の管轄する従来の森林造成・保護政策の範疇にとどまる傾向にあった[155]。対して，退耕還林工程は，部門横断的な国家プロジェクトとしての「退耕還林・還草工程」の一部であり，森林行政機構が「還林」（林地としての森林造成）を担当し，国務院農業部を頂点とした農業行政機構が「還草」（草地としての草原の造成・回復。放牧地を対象とする退牧還草工程も2003年から実施）を担当した。国家六大林業重点工程における退耕還林工程とは，このうちの森林行政機構の管轄範囲内でのプロジェクトを指す政策用語である[156]。また，農地である耕地を「還林」の対象とし，退耕農民に対して食糧・現金補償を行い，彼らの受け皿となる代替産業の発展を模索する必要があったことから，このプロジェクトは，農村を対象とした部門横断的な性格を自ずと備えていた。このため，国務院西部地区開発指導小組を頂点とする西部開発機構，国務院国家発展計画委員会の下での発展計画部門による総合的な計画立案が早期から行われてきた。

国家プロジェクトとしての退耕還林工程は，具体的には二つのカテゴリーの森林造成を実施する形で始まった。一つは「退耕地造林」であり，急傾斜地に切り開かれた耕地や，土地荒廃によって生産力の著しく低下した耕地に造林するものである。もう一つは，「荒山造林」（宜林荒山荒地造林）であり，耕地ではない急傾斜地や荒廃地に造林を行うもので，従来からの荒廃地での森林造成と同様の形式であった。すなわち，このプロジェクトが域内外の耳目を集めたのは，実際の農民の収入基盤となっている耕地を森林に転換するという，前者の退耕地造林が含まれていたからであった[157]。

退耕還林をめぐる問題意識自体は，現代中国の森林造成・保護政策のそれに一致する。建国当初から，森林破壊をもたらす開墾の抑制が，しばしば政策当事者によって求められる中で，1960年代には，退耕還林と同様の発想が政策に反映されていた。1962年7月の南方各省・区・市林業工作会議では，「25度以上の傾斜地を開墾しない規定を厳格に執行し，25度以下の開墾でも，必ず水土保全への取り組みを行う[158]」べきことが求められた。退耕還林工程における「退耕地造林」の対象地基準は，まさにこの「25度以上の傾斜」である。「退耕還林」という政策用語自体も，1980年代には既に確認できる。1985年1月の中共中央・国務院「一歩進んだ農村経済の活性化に関する十項政策」では，「山区において25度以上の急斜面の耕地は，計画的・段階的に退耕還林・還牧し，地理的な優位性を発揮させねばならない[159]」とされている。このように，中国の森林造成・保護政策においては，1990年代後半に至るまでに退耕還林への着想と一定のノウハウ蓄積があった。1998年夏の大洪水と2000年初頭の西部大開発の本格化は，これらを本格的な国家プロジェクトへと結実させる契機となったのである。

同時に，この国家プロジェクト化の背景には，1990年代の中国において，食糧備蓄が不足から過剰に転じていたことがあった。表土流出による生産力の減退や貧困に悩む内陸部の農民に，余剰食糧を給付して退耕・生業転換を促すには合理的なタイミングでもあった。

とはいえ，農民生活の一大変革を帯同する政策実施に際し，中央政府は慎重にならざるを得なかった。このため，1999年の退耕還林工程は，西部大開発の対象地区である陝西・甘粛・四川の3省のみで試験的に実施された。2000年には，それが西部の13省級行政単位（174県級行政単位）へと拡大された。そして，2001年に国家六大林業重点工程としての再編を経た後，2002年から全国25省級行政単位（1,897の県級行政単位）にて展開されることになった（地図3-4）。この時点で，国家プロジェクトとしての期間は2001～2010年に設定され，2001～2005年が第1段階，2006～2010年が第2段階とされた。2010年までの目標としては，退耕地造林1,466.7万ha，荒山造林1,733.3万ha，合計3,200万haの植栽面積増が掲げられた[160]。

退耕還林工程の方針は，実施後の数年間で，主に退耕の対象地や苗木の供給方法等をめぐって試行錯誤が繰り返され，2003年1月の国務院「退耕還林条例[161]」の施行に至り一定の落ち着きを見た。それ以前は，同じく国務院から出された「一歩進んだ退耕還林還草の試験的業務の遂行に関する若干意見[162]」(2000年9月)，「一歩進んで退耕還林の政策措置を完全なものにすることに関する若干意見[163]」(2002年4月）という二つの政策指令が指

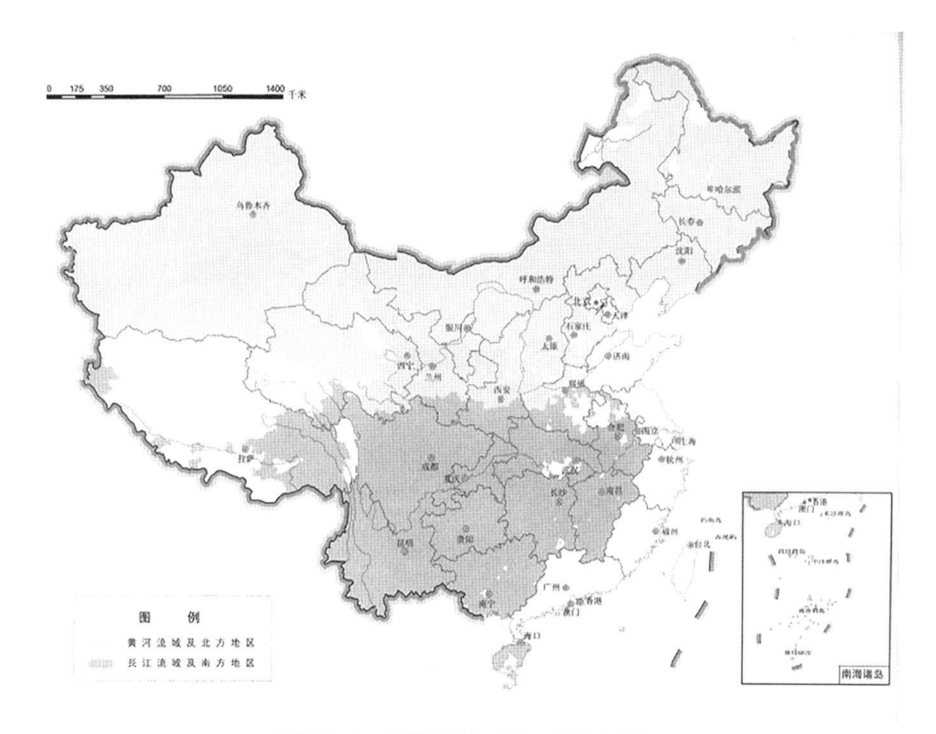

地図 3-4　退耕還林工程の対象地区
出典：肖興威主編（2005）『中国森林資源図集』（p.29）。

針となっていた。「退耕還林条例」では，当初からの「傾斜度25度以上の耕地」に加えて，「水土流失が深刻であり，土地荒廃が進むか，或いは生態的に重要な位置づけにある生産力の低い耕地」を，各地の自然生態的条件に基づいて退耕還林の対象に含めるべきとされた[(164)]。

農民が農業収入を失う退耕地造林に対しては，①現金生活補助，②食糧補助，③造林苗木補助費という三種の補償支援策が当初から用意されていた。現金生活補助は１畝あたり一律20元であったが，食糧補助は元々の生産力の違いを考慮し，長江流域・南方では１畝あたり150kg，黄河流域・北方では100kgに設定された。苗木補助費は１畝あたり50元が支給されることになっていた。しかし，1999年の開始当初，これをどのように農民に支給するかについては明確な規定が無く，各地方の森林行政機関がその経費を利用して苗木を調達し，農民に配給する形がとられていた。このシステムは，各地で自らの好む樹種を植えたいとする退耕農民の不満を招き（向・関 2003等），かつ地方機関による不正の温床ともなった[165]。これらを受けて，2003年の「退耕還林条例」第25条は，退耕農民が直接苗木を買い付けてもよいとした。

苗木補助費は植栽当年のみの支給だが，現金生活補助，食糧補助は，退耕還林工程のゾーニングに応じて異なる受給期間が設定された。すなわち，防護林としての条件を満たす「生態林」には8年間，果樹生産等による収入が見込める「経済林」には5年間，これらの補助が支給され続けることになった[166]。

この生態林と経済林の指定や割合をめぐっても，各地で大きな議論が巻き起こった。中央政府レベルでは，果樹などの植栽では十分な水土保全効果が期待できないとの認識から，一貫して，退耕地における生態林の比率を80%以上にすべきと要求した。しかし，実際の基層社会では，数年で安定的な収入を見込める経済林を植えたいとの農民の希望が強く表れていた。このため，以後の関連政策では，繰り返し，生態林の造成と比率の遵守が呼び掛けられることになった[167]。

こうした声が部分的に反映されてはきたものの，退耕還林工程は，近年の森林造成・保護政策の中でも，中央政府の立案に即して，基層社会の自然との関わりを強制的に改変するという性格を際立って有するものであった。その象徴的な側面として，退耕還林地におけるアグロフォレストリーの禁止と生態移民の加速が挙げられる。

林床で植栽苗木の間に農産物を栽培するアグロフォレストリーは，農民にとって退耕地の有効活用と収益の維持に結びつく。しかし，開始当初から2007年に至るまで，中央政府は，退耕地での「農林間作」や「林糧間作」と呼ばれるこの種の行為を厳しく禁じてきた。森林造成による水土保全効果を確固たるものにすることが，その主な理由とされた[168]。

「生態移民」という概念は，三峡ダム建設に伴う移住に際して使用され有名となった。その内実は多様で，画一的な定義は難しいものの[169]，「退耕還林条例」第4条では，政策実施に際しての「生態移民との結合」が求められた。すなわち，退耕地造林や荒山造林の対象となる土地に暮らす人々を，都市等に移住させる方針が盛り込まれたのである。その結果，退耕還林工程の実施に伴い，村全体での移住を含めて2005年末までに約180万人の「生態移民」が行われたとされる(170)。

総じて，退耕還林工程は，その理念・契機・内容いずれの点においても，農村部・内陸部での第一次産業に依拠した産業構造の転換を前提としたものだった。アグロフォレストリーが禁じられる中，表土流出の激しい傾斜地等の条件不利な対象地で，植栽林木の間伐・択伐等による収益を得るには数十年以上の育成期間を要する。果樹生産等を行うにしても，収穫までに数年を要するのに加え，経営基盤の整備や販路の開拓が不可欠となり，更には需給バランスを含めた市場動向に経営が左右される。このため，多くの対象地では，近場での日雇いや都市部への出稼ぎを含めて，畜産業，鉱工業，サービス業等の新規産業の振興と就業人口の配置転換が必然的に模索されることになった。

2000～2010年代にかけては，この一大実験的なトップダウン政策に対して，域内外から多くの注目が集まり，その社会的影響を解明しようとする研究も盛んとなった。これらの研究が一致して指摘してきたのは，「生態林＝8年，経済林＝5年」という補償期間の「過ぎた時点」で，農民が新たな収入手段を確保できているかに，退耕還林工程の成否が掛かっているという点であった（向・関 2003・2006等）。その時点までに，退耕した林地からの満足な収入を得られず，或いは新たな就業の道を見出せていなければ，生活に困窮した農民が退耕還林地の再開墾に踏みきると予想された。実際に，その後の政策展開では補償期間が延長され（後述），また，退耕農民の近隣の地方都市への吸収による産業構造の転換が進む事例も見られてきた（桒畑・伊藤 2008等）。但し，退耕還林工程自体は，あくまでも総合的な農村・社会政策の一部として，他部門の措置や支援と連動して実施されてきた。ゆえに，「森林造成が促された結果，農民の生活が向上した」等の短絡的な評価には馴染まないことに留意すべきである。

8. 4. 2. 北方黄河中上流域の事例

陝西省楡林市をはじめとした黄河中上流域は，殆どが退耕還林・還草工程

表3-4　楡林市における退耕還林・還草工程の展開

〈1999～2001年の実績〉

	退耕地造林（植草）（万ha）		荒山造林（植草）（万ha）		合計（万ha）	食糧補助（万元）	管理費（万元）	苗木費（万元）
	造林	植草	造林	植草				
1999年	1.87	0.58	1.63	0.76	4.84	10,304	1,472	3,631
2000年	0.65	0.12	0.06	0.02	0.85	3,220	460	635
2001年	0.32	0.14	0.54	0.13	1.13	—	—	—

出典：楡林市林業局（2001）「楡林市退耕還林（草）基本状況」を参照して筆者作成。

〈楡林市退耕還林年度任務規画表（万ha）〉

県区＼年度	2002年	2003～06年	2007～11年	合計
楡陽区	0.53	2.67	2.13	5.33
神木県	0.53	4	4.13	8.67
府谷県	0.53	3	2.8	6.33
定辺県	0.67	5.33	7	13
靖辺県	0.6	4.47	4.93	10
横山県	0.53	4	2.13	6.67
綏徳県	0.27	3	3.4	6.67
米脂県	0.27	2	2.6	4.87
佳県	0.4	2.67	2.6	5.67
呉堡県	0.2	0.53	0.4	1.13
清澗県	0.27	2	2.73	5
子洲県	0.53	3	3.13	6.67
合計	5.33	36.67	38	80

出典：陝西省楡林市「退耕還林工程規画方案」を参照して筆者作成。

の対象区に含まれることになった。楡林市では，1999年から3年間の試験的実施を経て，2002年からの10年間の実施計画が立案され，退耕地造林（植草）と荒山造林（植草）がその枠内に組み込まれていた（表3-4）。荒山造林は請負等の形式で行われ，1畝あたりの三種の補償支援は，退耕地に対してのみ支給された。最初の1999年の実績が突出している理由としては，

写真 3-4　陝西省楡林市の退耕還林地
出典：陝西省楡林市にて筆者撮影（2004 年 3 月）。

同年，全市 12 県区で退耕還林・還草工程が実施されたのに対し，2000 年と 2001 年は，指定された楡陽区，綏徳県，定辺県，靖辺県の四つのモデル県のみでの実施となったためである。

退耕地造林では，それまで対象地で農業生産を行っていた各農民世帯（農戸）が，基本的に苗木の植栽と育成を担うことになった。毎年，各県級行政単位の林業局と郷級政府の派遣工作員が，春に植えられた場所を当年の夏から秋にかけて検査し，「合格」と見なすと，農民世帯に証明書を発給する。農民は，それを持って指定された場所に行き，現金生活補助と食糧補助を受け取るという仕組みであった。検査時に活着（成活）率が 70％以上であれば，1 畝あたり 20 元の現金と 100kg の食糧が全額支給され，40 ～ 70％であれば食糧補助のみ一部を支給し，40％以下は植栽やり直しとされた[171]。植栽苗木は，民営や国営の苗圃から，政府を通して配給されるのが一般的となっていた。1畝あたり50元の苗木補助費が，そのシステムの運営に当てられていた。

基層社会での実施の問題点としては，植栽後の苗木の育成の難しさが共通して指摘されていた。中央からの財政支出に依拠した三種の補償支援のうち，現金生活補助は「管理費」とされ，本来的には植栽後の育成と保存率の向上を促すための費用と位置づけられていた。しかし，実際には当年の成活率検査の後に支給されており，退耕と植栽に対する報償的な意味合いとなっていた。このため，その後の育成を保障するための管理業務や，各年の活着率の検査実施等の関連業務は，基本的に地級・県級・郷級政府の裁量で行わねばならなくなっていた。しかし，各地方政府の財政は逼迫しており，資金不足と自転車操業に悩まされている結果となった。加えて，中央からの資金も，往々にして滞りがちであるとも懸念されていた。その中で，当地では，野ウサギによる苗木の食害も深刻化しており，植栽苗木の健全な育成が危ぶまれる状況にもあった（写真3-4）。

農民の積極性を維持できるかどうか，との懸念も燻っていた。農民は，プロジェクト開始当初，各種の補償支援が本当に受けられるのかどうか分からず，また現状の改変を望まなかったため，消極的であったとされた。この消極性は，元々の農業収入額よりも多くの補償が支給されたことで改善した。しかし，退耕地における林地の改変や林木の伐採は禁止されたため，農民達は，特に生態林を造成する場合，8年の補償期間終了後は全く収入が得られなくなることを懸念し始めた。その結果として，農民の積極的な協力は期待できず，補償期間後，植えた樹木が引き抜かれ，再び開墾される可能性が高いとされていた[(172)]。また，実際の活着率の低さも問題視されており，虚偽報告等の不正行為の存在も指摘されていた[(173)]。

楡林市の場合，農民達の新たな収入手段としては，村レベルでの観光業や酪農生産等の振興が想定されていた。また，既に当地での植栽や商品化の実績があったこともあって，特に「経済林」としてのナツメ，アンズ，サジー（沙棘），ナシなどの植栽を通じた果樹生産への転換が奨励された[(174)]。

8．4．3．その後の退耕還林工程

2007年8月9日，国務院は「退耕還林政策を完全なものにすることに関する通知[175]」（以下，「通知」）を決定し，同15日に公布した。これは，退耕還林工程の大きな転換点となった。この「通知」では，「第十一次五カ年計画期間内に耕地を18億畝以下にしない，という方針を担保するため，元来，定めていた第十一次五カ年計画期間内の退耕還林2,000万畝という規模のうち，2006年に既に振り分けられて実施された400万畝以外は，暫時振り分け・実施を行わない」とされた。すなわち，新規の退耕地造林の停止（荒山造林は継続）による耕地の確保が求められたのである。

これには，その時点で深刻化していた世界的な穀物・燃料価格の上昇と，食糧不足への懸念というプロジェクト開始当初とは正反対の状況が影響していた。中央政府の関心は，過剰食糧の分配と生態保護を目指した退耕還林から，食糧・エネルギー資源の確保，及びインフレ抑制等の経済のマクロ・コントロールへと移りつつあったのである[176]。工程の目玉であった「退耕地造林」が停止となり，食糧減産に直結しない「荒山造林」が継続したのはそのためだった。また，豆科等の矮小な農作物のアグロフォレストリーが，苗木の育成を促しかつ食糧を確保できるとして，この「通知」では許可・奨励された。

こうして退耕還林工程においても，国際的な動向や社会経済等の外部事情に翻弄されるという，現代中国の森林造成・保護政策の典型的な側面が表れることになった。実際に，当時，中国各地では，この中央の関心変化に伴う退耕還林・還草の見直しや，食糧や飼料の高騰に伴う造林地の再開墾が取り沙汰されてもいた。

この状況下で，それまでの成果を維持できるかの焦点となったのは，退耕地に対する補償の継続の有無であった。2007年8月の「通知」では，「現行の退耕還林の現金生活補助・食糧補助が満期となった後も，中央財政は資金を準備して，退耕農戸に対する適当な現金補助の給与を継続し，彼らの当面の生活上の困難を解決する」とされた。具体的には，既成の補償期間が終了する退耕地に対して，補償の継続（生態林はさらに8年，経済林はさらに5年）を行うことが決められた。これは裏返せば，各地で補償がなくても農民

が生活していけるだけの代替産業が，十分に整備されていない証左でもあった。また，この継続補償は，逼迫する食糧事情を背景に，従来は現金と食糧に分かれて支給されていたものを，一括して現金で支払う形式とされた。退耕地1畝あたり，従来の20元の現金補助に加えて，黄河流域及び北方地区では毎年70元の現金，長江流域以南及び南方地区では毎年105元の現金が，従来の食糧分の継続補償額とされた。

2007年の転換の後，退耕還林工程は，継続補償の分配以外では，「荒山造林」と新たに加えられた「新封山育林」（封山育林の方法を援用したもので，公式統計上は2006年から実施）という，非耕地での森林造成のみを対象に実施された。しかし，2014年に入ると，国家プロジェクトとしての再編が本格化する。2014年8月，国家発展改革委員会・財政部・国家林業局・農業部・国土資源部から共同で「新一輪退耕還林還草総体方案[177]」が出され，「新一輪退耕還林還草工程」と題した新たなプロジェクトが始まった。ここでは，再び「退耕地造林」としての耕地への森林造成が対象に含められ，生態林と経済林における補償期間の区別を設けず，一律に苗木代（300元／畝）と現金補助（1200元／畝）のみを，第1年，第3年，第5年に分けて退耕者（農民世帯・個人等）に支給するとされた。加えて，前時期との際立った違いとして，森林造成の実施者が，自らの意志で造林樹種を選ぶことができるとされた。このため，最近では，果樹や山菜等として利用可能な換金性の高い樹種が植えられつつあることが予想できる。さらに，貧困地区や，集団所有の耕地を取りまとめて森林造成できる大規模経営者を確保できた集団に，優先的に退耕地還林の任務を与える等，同時期に並行していた農村の貧困解消，或いは集団林権制度改革（第6章参照）といった他の政策の影響も窺える。

この再転換の表立った背景としては，2013年に公表された「第2次全国土地調査」の結果，林地に転換すべきとされてきた25度以上の急傾斜地の耕地が，まだ400万ha以上存在していることが明らかになったためとされる（金・薮田 2023）。その一方で，同時並行していた農林業や農村の改革方針の影響，及び2013年3月の習近平体制の発足に伴う新機軸の追求といった背景の存在が，その実施内容・時期から想起される。

その後，退耕還林工程は，還草工程も含めて2018年3月以降，国家林業・草原局の管轄に一本化された。また，2019年12月の「中華人民共和国森林法」改正に際して，法体系にもその計画的な実施が反映されることになった（第8章参照）。

8. 5. 森林造成・保護政策に付随するゾーニング

1998年から2000年代にかけて，森林造成・保護を目的とした国家プロジェクト実施等の結果，中国では森林・林地のゾーニング（区画・線引き）が多様な形で進められた。各プロジェクトの対象区画は勿論，世界自然遺産の指定，自然保護区・森林公園等の画定が大幅に進んだ。また，以前から用途別に五大区分（防護林，用材林，経済林，薪炭林，特殊用途林）されていた森林を，改めて「公益林」（2000年代にかけては生態公益林とも呼ばれた[178]。生態系保護の観点から伐採を制限して公的補償を行う），「商品林」（物質生産の用途に供する）として区分し直す試み（森林分類経営）が実践された。また，個別のプロジェクト内でも，例えば，退耕還林工程における「生態林」と「経済林」のように，それぞれにゾーニングを行う場合も見られた。各ゾーニングにはそれぞれ森林の育成・保護のための制約が課せられており，それらが重複することもしばしばとなった（表3-5）。

8. 5. 1. 主要な森林ゾーニング

2008年の時点で，中国における「世界自然遺産」は計7か所（文化との複合遺産を含めると10か所）指定された。その殆どが，当地の森林保護を促す指定理由を有しており，森林を含めた指定地を「保護区」（いわゆるコア区，コアゾーン）や「農副業区」，「建設区」等に区分して管理する方式が用いられている。

代表的な自然生態系や，絶滅の恐れのある動植物の生息域の保護と健全な利用を主目的とする「自然保護区」は，2005年末の時点で7割以上が，陸域の森林・荒地（沙漠等）関連として森林行政機構の管轄下にあった。その数は1,699箇所，面積は12,000万ha弱（国土面積の12.5%）に達した[179]。1994年の国務院「自然保護区条例」に基づき，自然保護区内では，「コア

表3-5　2005年時点の中国におけ

カテゴリー1	カテゴリー2	カテゴリー3	範囲・面積（千ha）	主な目的・用途
総面積			960,000	
森林面積			174,909	
	公益林		60,127	生態保護の理由から伐採を制限して公的補償を行う
		防護林	53,746	源涵養，土壌保全，防風防沙，農田・牧場の防護，護岸，護路等を主目的
		特殊用途林	6,380	国防，環境保護，科学実験などを主目的
	商品林		103,050	物質生産の用途に供する
		用材林	78,626	木材生産を主目的
		経済林	21,390	食用果実，食用・工業油糧，飲料，調味料，工業原料，薬種等の生産を主目的
		薪炭林	3,034	薪炭燃料の採取を主目的
世界自然遺産				世界的な価値を有する自然の保護
自然保護区			149,950	代表的な自然生態系や絶滅の恐れのある動植物の生息域の保護と健全な利用
	：森林行政機構管轄		119,885	森林生態系，荒地（沙漠），野生動物等を対象
	：その他		30,065	湿地，草原，海洋，地質等を対象
生態示範（モデル）区			528県級行政単位	経済・社会の発展と環境保護の調和のモデルとなり得る行政単位の建設
生態機能保護区			55箇所	経済・社会の発展と環境保護の調和のモデルとなり得る区域の建設
森林公園			15,134	森林景観の合理利用や森林観光の発展。森林の保健休養・レクリエーション機能の発揮
天然林資源保護工程			1867県級行政単位 森林保護面積：96,790	大河流域における森林の水土保全機能の発揮
退耕還林工程			19,535	主に急傾斜地に切り開かれた耕地や荒地への造林による森林の水土保全機能の発揮
	退耕地造林		8,696	耕地の還林
		生態林	全体の80%以上	生態保護の条件を満たす
		経済林	全体の20%未満	主に果樹生産等の収益を得られる
	荒山造林		10,839	荒廃地への森林造成

出典：国家林業局編（2006）『中国林業年鑑：2006年』，国家林業局（2006）『中国林業発展報告

る主要な森林関連のゾーニング

根拠・由来	性格	管理運営主体	備考
「関於開展全国森林分類区画界定工作的通知」(1999年) 等	森林分類経営		「国家公益林」ほか，幾つかの保護管理方面におけるランクを内包。
「中華人民共和国森林法」(1984年) 等	五大林種(用途別区分)		
「中華人民共和国森林法」(1984年) 等	五大林種(用途別区分)		
「関於開展全国森林分類区画界定工作的通知」(1999年) 等	森林分類経営		
「中華人民共和国森林法」(1984年) 等	五大林種(用途別区分)		
「中華人民共和国森林法」(1984年) 等	五大林種(用途別区分)		
「中華人民共和国森林法」(1984年) 等	五大林種(用途別区分)		
「世界遺産保護条約」(1972年)。中国は1985年に加盟			地区によっては，「保護区」，「農副業区」，「建設区」等を内包。
「中華人民共和国自然保護区条例」(1994年) 等	保護区分	各行政機構(環境保護行政機構が総括)，保護区管理運営機構	「国家級」，「省級」，「地級」，「県級」のランクが存在。地区によっては，世界自然遺産指定地区の実質的な保護管理ゾーニングとなる。「コア区」，「バッファー区」，「実験区」等を内包。
同上	同上	森林行政機構，保護区管理運営機構	「国家級」，「省級」，「地級」，「県級」のランクが存在。地区によっては，世界自然遺産指定地区の実質的な保護管理ゾーニングとなる。また，森林公園とのオーバーラップもあり。
同上	同上	その他の行政機構，保護区管理運営機構	「国家級」，「省級」，「地級」，「県級」のランクが存在。
「全国生態環境保護綱要」(2002年)	行政区分(県級行政単位)	県級行政機構	
「全国生態環境保護綱要」(2002年)	保護区分(流域，山脈等)		
「中華人民共和国森林法」(1984年)，「森林公園管理辦法」(1994年) 等	保護・利用区分	森林行政機構，森林公園管理運営機構	「国家級」，「省級」，「地級」，「県級」のランクが存在。従来の国有林場や国有苗圃等による転用も可能。自然保護区とのオーバーラップもあり。
「天然林資源保護工程管理辦法」(2001) 等	プロジェクト対象区	森林行政機構，国有森林企事業体	
「退耕還林条例」(2003年) 等	プロジェクト対象区	西部開発機構，森林行政機構等	
同上	同上	同上	
同上	同上	同上	
同上	同上	同上	育成後の森林分類経営としては一般的に「商品林」に編入。
同上	同上	同上	

：2006』等を参照して筆者作成。

区」,「バッファー区」,「実験区」等のゾーニングが設定されている。コア区は，手つかずの森林生態系や，貴重・絶滅危惧動植物種の集中分布している区域に指定され，如何なる個人・機関の立ち入りも基本的に禁止される。バッファー区は，コア区の外周に設けることができ，科学的な研究・観測活動のみの進入が許可される。実験区は，バッファー区のさらに外周に設定され，科学研究，教育実習，参観考察，観光，及び貴重・絶滅危惧野生動植物の訓練・繁殖などの活動に従事するための立ち入りが許可される。また，自然保護区の建設を批准した政府は，必要と認めるならば，自然保護区の外周に，一定面積の外周保護地帯を画定できるとされた(180)。

一方，訪問・観光を通じた森林景観の合理利用を主目的とする「森林公園」は，2005年末までに1,928箇所，1,513.42万haの面積に設置されてきた(181)。こちらは，森林行政機構が一括して管轄し，管理・運営には専門の機関が設置された。但し，国有林場，国有苗圃等，従来の国家・集団単位の経営範囲内に建設された森林公園については，従来の事業主体が，そのまま運営管理に当たることが認められた(182)。すなわち，天然林資源保護工程の実施に伴って，国有林場がその管轄区域ごと，木材生産から観光事業に転換する道が用意されていた。

「森林分類経営」は，1990年代からその必要性が説かれてきた。その際の目的は，主に民営化・市場化に森林経営を適応させることにあった。すなわち，商品林で一層の民営化を通じた森林経営・林産物生産を推し進め，公益林を厳格に保護するという発想であった(183)。

しかし，この概念が，全域的な森林ゾーニングとして結実したのは，1999年から天然林資源保護工程が実施されたことによる。1999年4月の国家林業局「重点地区天然林資源保護工程建設項目管理辦法（試行)」では，天然林資源保護工程の実施内容として,「公益林」建設項目と「商品林」建設項目が挙げられた。公益林建設項目とは,「保護と人工培養を通じて，水源涵養，水土保持，気候調節，防風固沙を行い，生態効能と生態環境の改善を主目的とした天然林と人工林の建設」であり，商品林建設項目は,「市場化を方向性とし，集約経営を手段として，最大の経済効能の追求を主目的とし，社会に対して木材・工業用の原料とその他の林産品を提供する天然林・人工

表3-6　国家公益林の画定基準

① 大河（江河）の源流。
② 大河（江河）の主流，1・2級支流の両岸。
③ 重要な湖と保水量1億 m^3 以上の大型ダム周囲の自然地形第1層山背以内，或いは平地1,000m範囲内の森林・林木・林地
④ 海岸線第1層山背以内，或いは平地1,000m以内の森林・林木・林地。
⑤ 乾燥荒漠化が深刻な地区の天然林と鬱閉度0.2以上の沙生の潅木植被，沙漠地区のオアシスの人工生態防護林，及び，周囲2,000m以内の地域の大型防風固沙林の基幹林帯。
⑥ 雪線以下500m，及び氷河外周2,000m以内の地域の森林・林木・林地。
⑦ 山の傾斜36度以上で，土壌の薄く，岩石露出し，森林伐採後に更新が難しく，或いは森林生態環境が容易に回復しない森林・林木・林地。
⑧ 国鉄・国道（高速道路を含む）・国防道路両側の第1層山背以内，或いは平地100m以内の森林・林木・林地
⑨ 国境沿い20kmの範囲内，及び，国防軍事禁止区内の森林・林木・林地。
⑩ 国務院の批准した自然・人文遺産地と，特殊な保護意義を持つ地区の森林・林木・林地。
⑪ 国家級の自然保護区及びその他の重点保護1級・2級の野生動植物及びその生息地の森林，野生動物類型自然保護区の森林・林木・林地。
⑫ 天然林資源保護工程区の禁伐天然林。

出典：国家林業局「国家公益林認定辦法（暫行）」（国家林業局編（2002）『中国林業年鑑:2002年』（pp.71-72））。

林の培養」とされた(184)。両者の区分は，速やかに年間の森林伐採限度量の設定にも援用された。すなわち，商品林として区分された用材林の伐採量が，その成長量を下回る形で主に限度量として設定され，商業性の伐採を禁じる公益林は対象外とされた(185)。また，以前からの五大区分のうち，用材林，経済林，薪炭林を商品林，防護林，特殊用途林を公益林として経営管理を行うとともに，既成の森林のみならず，今後の森林造成予定地を含めた林業用地全体に対しても，この区分を行うとされた(186)。以後，天然林資源保護工程や退耕還林工程等を通じて，保護されるべき対象を公益林として明確化する形で，森林分類経営のゾーニングは進められた。

公益林では，水土保全や生物多様性の維持といった観点から伐採を制限し，その代わりとして所有・経営者には公的な補償（森林生態効益補償基金：1998年「森林法」第8条）を与えるという方針が明確化された。一方，商品林は，林産物生産に向けての積極性喚起のため，民間への権利開放を行う上での主対象と位置づけられていく（第6章等参照）。

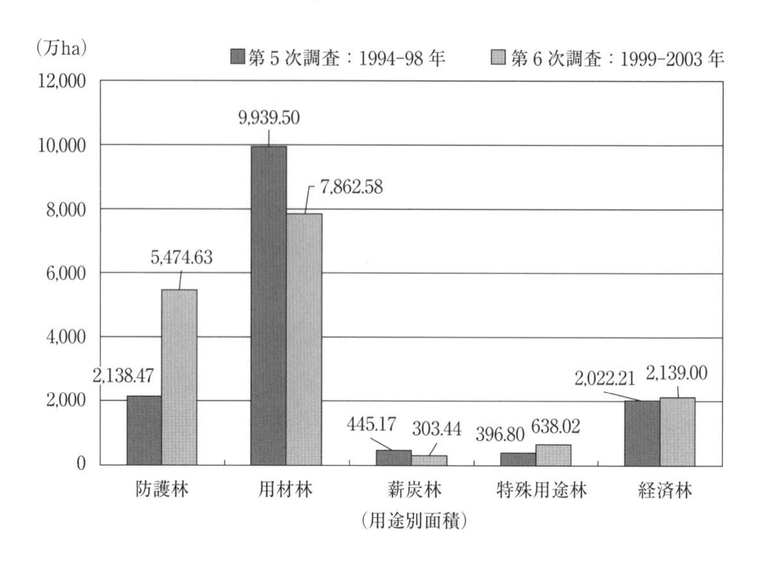

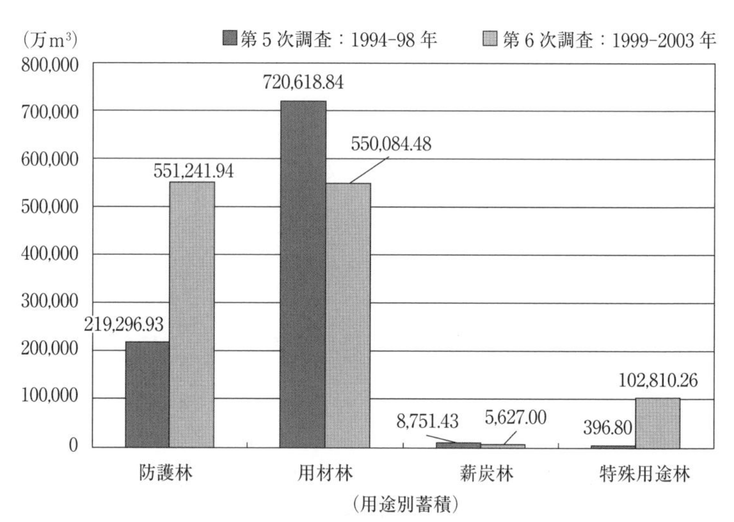

図3-15　第5次・第6次全国森林資源調査における森林の用途別面積・蓄積の変化

注：両調査において経済林は蓄積が算定されていない。

出典：国家林業局森林資源管理司(2000)「全国森林資源統計」，国家林業局(2005)『中国森林資源報告：2005』を参照して筆者作成。

森林分類経営の展開に伴って，公益林自体にも，幾つかのランクが付与された。まず，2001年に修正公布された「中華人民共和国森林法実施条例」の第8条では，「国家重点防護林・特殊用途林」（国務院森林行政機関が意見提出，国務院が批准公布），「地方重点防護林・特殊用途林」（省級森林行政機関が意見提出，省級人民政府が批准公布），「その他の防護林・用材林・特殊用途林・経済林・薪炭林」（県級森林行政機関が，国家の林種区分の規定と同級の人民政府の組織配置に基づいて計画制定し，同級人民政府が批准公布）という三種のランク分けが，公益林に相当する防護林と特殊用途林をめぐってなされた(187)。このうち，国家重点防護林・特殊用途林には，「国家公益林」のランクと認定基準が与えられた(188)（表3-6）。

この時期に進展した自然保護区や森林分類経営等の森林ゾーニングの目的が，保護すべき森林の明確化であったことの証左は，公式統計上の森林の用途区分の変化にも表れていた。1999～2003年に行われた第6次全国森林資源調査では，1994～98年の第5次調査時に比べて，防護林・特殊用途林等の公益林に含まれる面積・蓄積の割合が激増した（図3-15）。すなわち，森林分類経営の実施に並行して，本来は商品林たるべき用材林が，大幅に防護林＝公益林として付け替えられたのである。

8．5．2．湖南省常徳市石門県の事例

湖南省常徳市石門県は，南方集団林区に位置し，省都の長沙から鉄道で西北に4時間ほどである。県の人口は約70万人で，その内の約70%は伝統的に山岳地帯で暮らしてきた土家族という少数民族である。県政府の所在する石門県市はその東南端に位置し，長沙・宜昌・張家界へ向かう三本の鉄道が集まる交通の要所でもある。県内を東南から西北に向かって，長江の一支流である澧水が平地や丘陵地に沿って流れ，西北部は，壷瓶山国家級自然保護区をはじめとした，急峻な山岳地帯となっている（地図3-5）。

20世紀末からの石門県は，省内でも極端な森林造成・保護政策をとった。県林業局の方針によって，1998年より5年間，県内での森林伐採（一部の薪炭採集を除く）の全面禁止が打ち出されたのである。伝統的に木材生産の盛んな長江中流域にあって，同時期の中央政府の森林造成・保護重視に，積

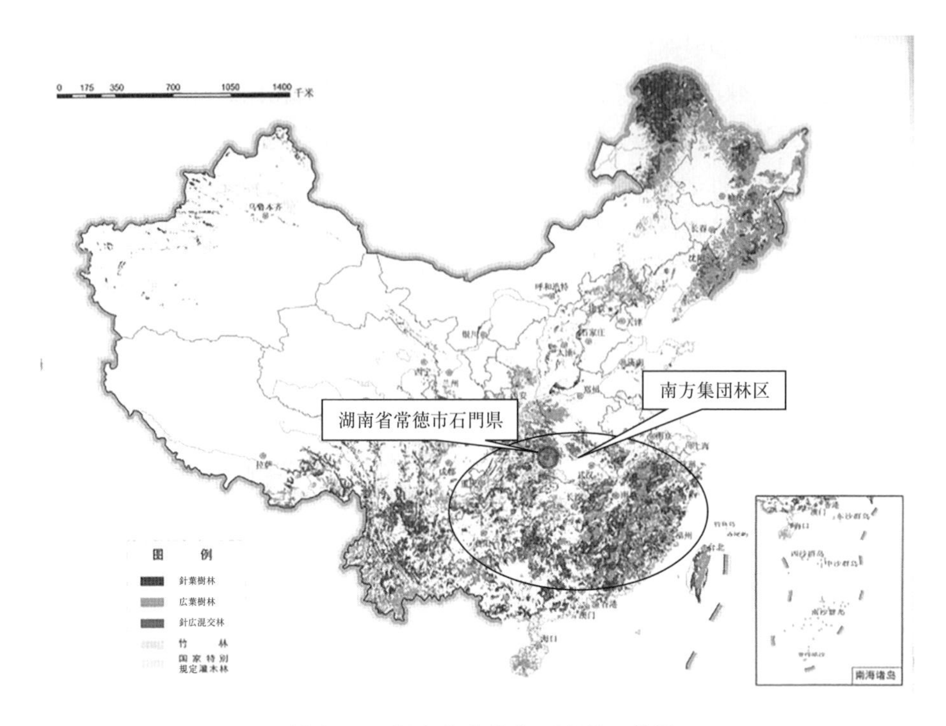

地図 3-5　湖南省常徳市石門県の位置
出典：肖興威主編（2005）『中国森林資源図集』（p.17）。

極的に対応した動きを見せたことになる。県林業局の担当者も，全県禁伐を実施した理由は，第一に中央の方針に沿った結果であるとした[189]。同時に，過去の森林破壊によって，灌木や草本しか生えていない山や丘陵地が極めて多く，森林の水土保全機能が満足に発揮できないとの事情も挙げられた。第4次全国森林資源調査（1989～1993年）では，全県の林業用地268,517haの内，森林（有林地面積）は半分程度の150,425haしか存在せず，残りは疎林地・灌木林地・無林地等となっていた[190]。すなわち，森林造成・保護を行うべき土地が多く存在する状況下で，1998年夏以降の中央政府の森林造成・保護政策を率先して実践する形で，県林業局は全県禁伐の方針を定めた。石門県は，天然林資源保護工程や退耕還林工程の対象となる長江中流域に位置し，各種の助成がおりやすい事情もあった。

実際に，2002年の石門県では，中央からの助成の一つとしての森林生態効益補償基金がクローズアップされていた。森林分類経営に基づく公益林に支給される補償として，財政部・国家林業局「森林生態効益補償基金の試験的業務の展開に関する意見」(2001年11月26日）に基づき，対象森林の使用権を持つ住民に対して，中央財政から毎年10億元を割り当てて補償するとされた[191]。この時点での対象森林は，国家・省・県レベルで指定される重点防護林と特殊用途林，すなわち「国家公益林」をはじめとした各種の公益林とされていた[192]。2002年の時点で，石門県は，全国に先駆けてこの補償基金の給付モデルとなっていた。このモデルに選ばれた大きな理由は，県林業局が「石門県森林分類経営総体規画」という形で，森林分類経営，とりわけ各レベルの公益林の区分を明確に行っていたことを[193]，中央政府に評価されたからであった。実際に，補償基金給付の対象となったのは，主に西北部の壺瓶山国家級自然保護区内の土地である。県林業局は，この地区において，複雑化していた森林の権利関係を全て明確化し，登記簿を作成する作業を予め行っていた。このことも，モデル県としての国家公益林の認定を後押ししたと考えられる。県林業局は，中央の森林政策の動向を注視・把握しており，森林造成・保護の強化に伴う資金確保を率先して進めていた。2002年7月，石門県では，既に665.25万元の補償基金が，公益林地の使用権を有していた農戸に分配されていた[194]。実際の基金は，対象となる森林1畝あたり3.5元の基準で県林業局の手に渡っているが，そこから人件費等が差し引かれた結果，自然保護区管理単位（管理所)，農村信用社を経て農民の手に渡る時には，1畝あたり3元が基準となっていた。

補償基金の対象となる森林の広がる壺瓶山国家級自然保護区は，紙棚河原始森林の景観保護等を目的とした石門県西北端42.3万haを区画とする。1982年にまず省級の自然保護区として認定され，1994年に国家級に昇格した。その際，保護区が跨る三つの郷が合併されて壺瓶山鎮となり，そこに自然保護区管理所が置かれるようになった。保護区内では15万haが公益林として指定されており，30数名の管理員（県林業局職員が兼務）が保護区内をエリア別に分担して管理していた。別途，鎮としての保護区の管理を担う「護林員」も69名おり，基本的には鎮内の村民委員会の推薦によって選出されていた。その内の18人は保護区によって雇用され，他は村から1,200

写真 3-5　湖南省石門県の壷瓶山国家級自然保護区の森林景観
出典：湖南省石門県にて筆者撮影（2002 年 7 月）。

元程の賃金を供与されて雇われているとのことであった。国家所有林地は 2,000ha に過ぎず，残りは全て改革・開放初期の 80 年代に，「責任山」（第 6 章参照）として使用権等が農民世帯へ分配されてしまった集団所有林地である。県林業局は，その際に多くの大木が伐採され，国家レベルの自然保護区となった 90 年代からようやく本格的な保護が行われ始めたとした（写真 3-5）。

自然保護区として指定された区域には，少なくとも数千人の土家族の人々が生活していた。それらの人々は，山地を開墾しての煙草や茶の栽培，及び木材生産で生計を立ててきた。しかし，天然林資源保護工程，国家級自然保護区，公益林指定，それらの集大成としての全県禁伐が実施された後は，木材生産による収益をあげることはできなくなった。また，退耕還林工程によって耕地の大幅な縮小を迫られたため，保護区外に移住する人も出始めていた。生態移民として村ごと移転の例も，1998 年以降，保護区内で二つ存在したとのことであった。形式的には自主的な移住であり，県林業局は，移住を促進して保護管理を行いやすくしたいとの考えであった。実際に，１畝あたり３元の森林生態効益補償基金では，木材生産を行っていた際の収入には及ばず，保護区内に留まった住民は，森林を活用した観光業等を通じた新たな生計の道を模索しつつあった。

9. 森林造成・保護政策の総括

9. 1. 首尾一貫した森林造成・保護の目的と課題

近年の天然林資源保護工程，退耕還林工程に代表される森林造成・保護政策は，確かに巨額の公的資金の投入や新たな森林のゾーニング等を伴うものであった。また，1970年代以降，「森林環境問題」として位置づけられていったこともあり，近年の関連研究の中には，現代中国の森林造成・保護への取り組みが，あたかも改革・開放前後や1998年夏の長江・松花江流域大洪水以降に登場したと捉えるような記述も見受けられる。

しかし，本章で見てきた通り，現代中国における森林造成・保護政策は，その目的において建国当初から首尾一貫したものであった。すなわち，その推進によって，森林の過少状況を改善し，自然災害の防止や将来の物質供給を保障するというスタンスは，全く変わることが無かった。むしろ，改革・開放以降にプロジェクト・ベース化が進んだことで，政治路線の変更や政治指導者の交代に伴う新規性アピールの一環として，各種の森林造成・保護プロジェクトが短期間に盛衰し，再編される傾向が強まったとも捉えられる。

1998年11月に発せられた「全国生態環境建設規画」では，環境保護としての森林造成・保護の必要性が再確認されると共に，建国初期からの成果を根拠とした，現政権の指導力や先見性が強調されている[195]。この規画では，森林造成・保護による森林環境改善の目標は，短期・中期・長期に分けて以下のように設定された。

①短期目標（1998年～2010年）

人為的要因による新たな水土流失を完全に抑制し，荒廃地の拡大を努力して抑制する。

森林面積を3,900万ha増加させる（森林率19%以上）。

②中期目標（2011年～2030年）

悪化を食い止めた後，全国の生態環境の明確な改善を行う。

森林面積を4,600万ha増加させる（森林率24%以上）。

③長期目標（2031年～2050年）

全国において持続可能な発展に適応し得る良好な生態システムを基本的に創りあげる。

森林率は26%以上に安定させる。

これらの2050年に向けた目標は，建国当初から1950年代にかけての森林造成・保護を通じた将来像をほぼトレースする形となっている。以後，この規画で提示された森林造成・保護の目標は，天然林資源保護工程，退耕還林工程等の実施を含めて，今日に至るまでの基本的な指針となった。この現代史を通じた森林造成・保護政策の継続的な実施が，各年の造林面積や，1949年比で2倍以上に上昇した森林被覆率等の公式統計データの推移を「方向づけてきた」のである。

その一方で，建国当初からの積み重ねの中で認識されてきた森林造成・保護政策をめぐる課題は，引き続き中国の基層社会に燻ってもいる。すなわち，基層社会における森林造成・保護への消極性に起因する，乱伐や盗伐，育成管理の不徹底による造林活着率の低さ，地方・基層での資金運用をめぐる不正，任務達成の虚偽報告といった問題点が，プロジェクト・ベース化の中でも目立っていた。これらの課題に対して，中央政府は改革・開放以降，罰則を伴う法規範の整備を通じて解決するとのスタンスをとってきた。

9．2．森林造成・保護政策の背景

現代中国の森林造成・保護政策を首尾一貫たらしめた最も直接的な背景は，時期を通じて意識されてきた森林の過少状況という，地域の自然生態的な前提にあった。20世紀の中国では，この状況改善に向けて，森林の維持・拡大を行うことが統治政権の急務となっていた。まさに，建国直後の全国林

業方針に定められたとおり,「全力で現有の森林を保護し，並びに大規模造林を進める」ことで，森林の諸機能の低下に伴う洪水，土壌流失，風沙害[196]，木材供給不足等から生じる社会不安を解消し，自らの統治基盤を維持する必要に迫られてきたのである。

改革・開放以降，一定の経済成長を達成し，国際協調の道を歩みつつあった政権にとって，残された警戒すべき「不安定要因」は，貧富の格差拡大と並んで，森林過少に伴う大規模な自然災害であった。1998年夏の大洪水以降，天然林資源保護工程や退耕還林工程が，大々的に展開された事実は，そのことを端的に示していよう。そして，この森林の過少状況の改善は，ともすれば強権的な政策実施の大義名分ともなり得てきた。森林造成・保護政策の実施を通じた土地利用規制，生態移民，産業構造の転換等は，基層社会の住民の生活に大きな影響を及ぼしてもきた。

多くの政治路線が交錯した現代中国において，森林造成・保護が中央政府レベルで重視され続けたより構造的な理由は，森林の維持・拡大が，共産党を中心とした統治政権の「正当性」に結びついてきたためである。1950年代から本格化した全域的な森林造成・保護活動は，共産党政権下に新たに整備された行政・組織体系（各種生産合作社，人民公社，国営林場，人民解放軍，青年団，婦女連合会等）を通じて住民を動員するという形で行われてきた。この新たな体系・主体を通じた森林造成・保護活動の推進は，共産党による一元的な国家運営を正当化するという側面を持った。

すなわち，大規模な森林造成・保護政策の実施は,「過去の中国の統治政権が，森林破壊によって森林の過少状況を生み出してきた」という言説に対比され，中国共産党による統治こそが，旧来の構図を脱却し，自然災害の防止や農業生産の向上を通じて地域住民を安寧に導くことを証明するものと位置づけられてきた。各時期の森林造成・保護活動にて，人民解放軍や青年団といった「共産党組織」の活躍が目立つこと，1956年の五省青年造林大会が革命の聖地：延安で開催されたこと等は，この観点からすれば決して偶然ではない。

1980年代初頭の民営化は，農民・企業といった主体に，林地・林木の権利を分配したという点で，従来の国家・集団単位を根幹とした森林造成・保護活動とその正当性を低下させる可能性を有していた。しかし，並行して開始された「全民義務植樹運動」を通じて，共産党の組織体系は，引き続き，大きな役割を果たしてきた。また，森林造成・保護のプロジェクト・ベース化も，人々の生活環境や地球環境を維持・改善する事業に，各時期の政権や政治指導者達が取り組んでいることをアピールする図式となっている。これらの点を踏まえれば，改革・開放以降の森林政策の変化とは，民営化・市場化という総合的な政治路線を受け入れつつも，森林の維持・拡大という「不変」の目的とその成果を，「統治政権の力による森林政策」というイメージの下に「繋ぎ止める」ためのものだったと評価できる。

今日でも，「共産党の指導する中央政府による体系的な規制・管理無くして，基層社会の森林破壊を食い止めることはできず，効果的な森林造成・保護も達成できない」という声は，中国の政策現場において根強い。これは，現代中国の森林造成・保護政策が，共産党の存在意義，ひいては政権の正当性の維持に結びついてきたという構図を端的に示していよう。

9．3．今後の研究課題

これまでの域内外の研究において，現代中国の森林造成・保護政策は，通史的に取り上げられることが殆どなく，森林政策の大きな軸であり続けた事実も周知されてこなかった。既存の研究の多くは，断片的な把握に止まっており，とりわけ近年の国家プロジェクトとしての天然林資源保護工程や退耕還林工程を対象としたものが目立ってきた（Kelly and Huo 2013，Groom *et al.* 2009 等）。特に，両プロジェクトの実施が，東北国有林区の労働者や退耕農民の生活等，地域社会にどのような影響をもたらしたのかを，関連統計やアンケート調査から定量的に把握することに関心が集中してきた（徐・秦 2004，謝ら 2021 等）。他方で，個別の地方や基層社会において，共同研究や実地調査を通じて，それらの影響を定性的かつ詳細に把握する気鋭の試みも見られつつあった（関ら 2009，菊池 2023 等）。

対して，本章では，1949 年以降の森林造成・保護政策を通史的に捉えることで，それらの研究とは一線を画す視座を幾つか提示できたかと思う。但し，その間においては，様々な変化や，個別の政策が入り乱れて存在しており，その内実を把握する上での多くの課題も残されてしまった。

現代史を通じての検証から導き出せる課題としては，まず，1949年以前に遡って，中国においてどのような森林造成・保護の試みが存在し，そこに現代中国の政策的取り組みが，どのように結びついたのかを明らかにすることが挙げられる。第2章で触れた通り，現代中国の前夜には，各地で継続的な物質生産を目的とした森林造成や，水土保全の取り組みが行われてもいた。これらが，1949年以降の大規模な森林造成・保護政策に，どのように反映されたのかは要検証である。

次に，通史的に見ると，森林の過少状況の改善という一貫した目的の中でも，個別の政策・プロジェクトの栄枯盛衰が繰り返されてきたのが，現代中国の森林造成・保護の特徴でもあった。この視座は，中国政治論，政治過程論，或いは社会運動論的に深められる余地が大いにある。例えば，政治路線の変動や指導者層の交代に応じて，「新しさ」を強調した個別政策が，目を引くスローガンを伴って打ち出される。しかし，それは年月と共に尻すぼみになっていき，ついには再度の変動・交代等に伴って，次の「新しい」プロジェクトに取って代わられる。こうした傾向は，近年のプロジェクト・ベース化に伴って，殊更に目立ってきたようにも思われる。一見，長期性・継続性が前提となりそうな森林政策だが，実のところ中国政治の中では，そうならない要素が多いのかもしれない。但し，表面的にはそうした新陳代謝が促されても，実際の地域社会では，技術改良を伴っての樹木の植栽と育成，巡視や防火対応，それらの検査や調査等が，変わらずに行われてきたのもまた事実である。

現代史に限定すると，1949年以降の中国の森林造成・保護政策は，はじめ基層社会・地域住民の自助努力（大衆の自力更生）に依拠していた。しかし，大躍進政策の失敗を経て1960年代に入ると，関連の専門家や専業組織・人員といった専門性に依拠する傾向が見られるようになる。そして，改革・開放以降は，国家予算をはじめ公的資金の大々的投入を通じて，その実施を担保するという推移が描けるように思われる。このプロセスは，森林造成・保護政策の中央集権化や公共事業化と捉えるべきだろうか。他部門の政策や取り組みの推移と比較しつつ，この視座を掘り下げる研究が望まれる。少なくとも，近年の天然林資源保護工程や退耕還林工程をはじめ，森林造成・保護政策のプロジェクト・ベース化は，こうした流れの延長に位置づけられている。

自然災害等による社会不安の抑制と，それによる統治政権の正当性維持にその目的があったとすれば，貧困対策，農村振興，或いは社会福祉政策の観点から森林造成・保護政策の展開を捉える視座も重要となる。近年では，西部大開発等を通じた格差是正の観点において，退耕還林工程等は明確に位置づけられてもきた。その反面，森林造成・保護を通じて，地域住民，それも立場の弱い貧困農民の価値・便益が，むしろ阻害される局面も描かれてきた。このように，現代中国の森林造成・保護政策は，地域住民の暮らしに対して両面性を持ちつつ展開しており，その表裏を規定する論理を明らかにするのも重要なポイントとなろう。

現代中国の各時期に登場し，今日までその命脈を保ちながら，十分に注目されていない個別の政策も数多い。例えば，森林伐採限度量制度，全民義務植樹運動，森林生態効益補償基金などである。それらをめぐる政策過程や実施状況を掘り下げることで，現代中国の森林造成・保護政策の政治性や，建前と実態等が，より明らかになるものと思われる。一方で，封山育林（羅・篠原 2004）や自然保護区・森林公園（田口 2007）等，日本語でも過去に基本的な整理がなされている個別政策もあり，そちらの掘り下げは容易となる。

いずれにせよ，今後の研究における一つの方向性としては，個別の政策やそれぞれの視座に基づき，長いタイムスパンでの政策展開に目を向けていくことであろう。同時に，特定の地方や基層社会において，菊池・呉（2023）や菊池（2023）に見られるような中長期にわたって政策の実施状況を見据えるアプローチ，或いは袁・百村（2016）のような各種の政策展開を横断的・網羅的に観察するアプローチも，新たな発見や可能性を導くと思われる。

〈注〉

(1) 本書において，「森林造成」とは，荒廃地・農地等における新規植林と育成，及び，伐採・火災後の跡地更新等，森林を育て増やすための活動全般を，「森林保護」とは，既存の森林環境を維持するための活動全般を指す。それらの活動を規定する政策を，森林造成・保護政策と呼ぶ。

(2) 陳嶸（1983）『中国森林史料』（pp.241-243）。

(3) 中国林業編集委員会（1953）『新中国的林業建設』（p.18）。

(4) 日本国際問題研究所中国部会編（1971）『新中国資料集成：第4巻』（p.418）。

(5) 陳嶸（1983）『中国森林史料』（pp.241-243）。

(6) 中国林業編集委員会（1953）『新中国的林業建設』（p.18）。

(7) 中華人民共和国林業部編（1989）『全国林業統計資料匯編：1949 ～ 1987』（p.150）。

(8) 当代中国叢書編集委員会（1985）『当代中国的林業』（p.79）。

(9) 同上。

(10) 中央人民政府林墾部編印（1950）『林業法令彙編：林業参考資料之一〈上編〉』（p.5）。

(11) 中国林業編集委員会（1953）『新中国的林業建設』（p.20）。

(12) 例えば，湖南省人民政府・軍区司令部「森林破壊を厳禁し合理伐採を実行する布告」（1950年9月7日）等では，このような規定に加え，土地改革前の地主の手中にある森林に手をつけてはならないことが強調された（中央人民政府林墾部編印（1950）『林業法令彙編：林業参考資料之一〈上編〉』（pp.54-55））。

(13) 例えば，華北の永定河区大興県三区天宮院村・良郷四区公義荘村など（中央人民政府林墾部編印（1950）『林業法令彙編：林業参考資料之一〈下編〉』（pp.11-14））。

(14) 林墾部「春季造林に関する指示」（1950年3月28日），同「華北西北等区の雨季造林に関する指示」（1950年5月26日）等（中央人民政府林墾部編印（1950）『林業法令彙編：林業参考資料之一〈上編〉』（pp.6-7，pp.8-9））。

(15) 当代中国叢書編集委員会（1985）『当代中国的林業』（p.80-81）。

(16) 同上書（p.80）。一方，例えば，重点区域内の山西省楡社県等では，住民による自発的な森林造成活動が建国当初から行われていたとも言われている（『人民日報』1954年1月26日）。

(17) 当代中国叢書編集委員会（1985）『当代中国的林業』（pp.83-84），中国林業編集委員会（1953）『新中国的林業建設』（pp.31-32）。第1章で述べた通り，封山育林は，近年では独立した公式統計や政策プロジェクトの項目ともなっているが，この時点では，特定の荒廃地への立入を規制して森林の天然更新にまかす行為全般を意味した。

(18) 林営「山火是森林的敵人」（『人民日報』1955年3月15日）。

(19) 林業部の政務院財政経済委員会への報告抜粋「関於解決森林資源不足問題的報告」（1954年11月19日）（中華人民共和国林業部編印（1954）『林業法令彙編：第5輯』（pp.29-32））。

(20) 日本国際問題研究所中国部会編（1971）『新中国資料集成：第5巻』（p.461）。

(21)「春季造林在各地山区和宜林地帯火熱進行」（『人民日報』1954年4月8日）。

(22) 中共中央「致五省（自治区）青年造林大会的祝電」（1956年3月1日）（中華人民共和国林業部辦公庁編（1959）『林業法規彙編：第7輯』（pp.131-132）），林業部「致五省（自治区）青年造林大会的祝電」（1956年3月4日）（同上書（pp.132-133）），「社論：青年們努力緑化祖国」（『人民日報』1956年3月2日）。

(23) 例えば，山西省地方志編纂委員会編（1992）『山西通志：第9巻　林業志』，「新疆建設部隊将造林萬多畝」（『人民日報』1955年4月26日）。

(24) 前掲，当代中国叢書編集委員会『当代中国的林業』(p.533)。
(25)「新彊建設部隊将造林萬多畝」(『人民日報』1955年4月26日)。
(26)「駐黒龍江・内蒙古解放軍六千官兵協助群衆補滅森林大火：林業部和当地群衆写信慰問」(『人民日報』1956年7月13日)。
(27)「林業部召開全国護林工作座談会」(『人民日報』1954年9月13日)。
(28)「1956年から1967年までの全国農業発展要綱草案」(日本国際問題研究所中国部会編 (1971)『新中国資料集成：第5巻』(pp.60-69))。
(29)「林業部提出十二年緑化全国的初歩規画」(『人民日報』1956年1月18日)。
(30) 林業部・中国新民主主義青年団中央委員会・中華全国科学技術普及協会「関於強化林業宣伝的連合通知」(中華人民共和国林業部辦公庁編 (1959)『林業法規彙編：第7輯』(pp.106-108))。
(31)「把林業建設工作提高一歩」(『人民日報』1953年11月5日)。
(32)「内蒙古自治区大興安嶺林区：護林防火的成果」(『人民日報』1954年2月26日) 等。
(33) 第一次五ヵ年計画期には，「長期的な利益である林業建設が大衆の当面の利益を妨害しないような政策の実行」や，「長期的な利益と当面の利益を矛盾させないような方法の探求」が求められ，農業生産活動と森林造成・保護活動のバランスが意識されていた。
(34) 当代中国叢書編集委員会 (1985)『当代中国的林業』(pp.533-534)。
(35) 中華人民共和国林業部辦公庁編 (1956)『林業法規彙編：第6集上冊』(pp.77-83)。
(36) 例えば「提高秋季造林的成活率」(『人民日報』1955年10月7日) や，「造林任務完了嗎？」(同1956年9月3日) では，地方の森林行政機関を中心とした技術指導や，各級の行政機関・組織体系を通じた造林活着率の上層への報告義務化などが提議されてきた。
(37) 日本国際問題研究所中国部会編 (1975)『中国大躍進政策の展開：上』(pp.31-36)。
(38)「向大地園林化前進」(『人民日報』1959年3月27日)。
(39) 前掲，当代中国叢書編集委員会『当代中国的林業』(p.542)
(40) 日本国際問題研究所中国部会編 (1975)『中国大躍進政策の展開：下』(pp.300-301)。
(41) 同上書 (p.273)。
(42) 例えば，羅玉川「在全国林業庁局長会議上的総結報告」(1960年1月2日) (中華人民共和国林業部辦公庁編 (1960)『林業工作重要文件彙編：第1輯』(pp.178-196)) 等。
(43)「北京市開展植樹運動」(『人民日報』1959年3月27日)。
(44)「譲荒山更快地緑化」(『人民日報』1958年1月23日)。
(45)「少数民族大規模造林」(『人民日報』1958年4月18日)，「従一個郷看全省造林工作」(同1958年5月3日) 等。
(46)「大興安嶺林区第一次全年無火災」(『人民日報』1958年1月4日)。
(47)「譲幼林処処成蔭」(『人民日報』1958年4月16日)，「江西農民訂造林公約 保種 保活 保成林」(『人民日報』1958年4月22日) 等。
(48) 例えば，中国環境保護行政二十年編委会編 (1994)『中国環境保護行政二十年』等。
(49) 日本国際問題研究所中国部会編 (1975)『中国大躍進政策の展開：下』(p.301)。
(50) 当代中国叢書編集委員会 (1985)『当代中国的林業』(pp.105-107)，上田 (1992)，上田

(1998) 等。

(51) 例えば，1958年の宣伝工作においては，全国婦女聯合会が，林業部・共産主義青年団中央・中華全国科学技術普及協会と連盟で，「婦女に呼びかけて，植樹造林・森林保護・火災防止・森林破壊防止の積極的な力量を発揮させよ」と宣伝している（中華人民共和国林業部辦公庁編(1960)『林業法規彙編：第8輯』(pp.7-8))。

(52) 張聞天「在廬山会議上的発言」(1959年7月21日)（張聞天 (1985)『張聞天選集』(pp.480-506))。

(53)「1958年6月林業庁局長会議総括提要」(中華人民共和国林業部辦公庁編 (1960)『林業工作重要文件彙編：第1輯』(pp.119-126)) をはじめ，この時期の中央の殆どの政策指令は，造林活着率の向上を切実に求めている。

(54) 羅玉川「1960年1月2日在全国林業庁局長会議上的総結報告」(中華人民共和国林業部辦公庁編 (1960)『林業工作重要文件彙編：第1輯』(pp.178-196))。

(55)「牛汰公社植樹愛樹成風気」(『人民日報』1963年4月1日)，スミル (1996) 等。

(56) 譚震林は，1962年の報告において，大躍進政策期以降の造林面積の虚偽報告の割合が50%にのぼったと総括している（譚震林「在南方各省・区・市林業工作会議上的総括報告」中華人民共和国林業部辦公庁編 (1963)『林業法規彙編：第10輯』(pp.4-11))。

(57) 梁希「毎社造林百畝千畝万畝毎戸植樹十株千株」(中華人民共和国林業部辦公庁編 (1960)『林業工作重要文件彙編：第1輯』(pp.227-234))，「合理採伐・合理加工・合理使用」(『人民日報』1959年7月26日) 等。

(58) 中華人民共和国林業部辦公庁 (1963)『林業工作重要文件彙編：第2輯』(pp.4-11)。

(59)「認真保護森林」(『人民日報』1962年5月28日)。

(60)「林業十八条」(当代中国叢書編集委員会 (1985)『当代中国的林業』(pp.108-109)) や国務院「森林保護条例」(『人民日報』1963年6月23日) の関連規定参照。当時，社員としての個別世帯が経営を完全に一任されたのは，個人の家屋や村の周囲・路や水路の両脇に植栽された「四傍植樹」の樹木のみであった。

(61)「生産隊広種林木有利生産改善生活」(『人民日報』1962年1月28日)。

(62)「北方各省・区・市林業工作会議紀要」(1962年7月31日)（中華人民共和国林業部辦公庁 (1963)『林業工作重要文件彙編：第2輯』(pp.23-30))。

(63) 例えば，1962年の国務院農林辦公室「迅速に有効措置を取っての厳格な森林を破壊する開墾や急傾斜地の開墾の禁止に関する通知」では，森林の乱伐と開墾による水土流失の深刻化が改めて問題視されている（中華人民共和国林業部辦公庁編 (1963)『林業法規彙編：第10輯』(p.7))。

(64)「林業建設要以営林為基礎」(『人民日報』1964年12月16日)。

(65)「雁北地区植樹造林的幾点経験」(『人民日報』1962年2月11日)。

(66) 中華人民共和国林業部辦公庁 (1964)『林業法規彙編：第11輯』(pp.43-45)。

(67)「国営林場大面積営造用材林」(『人民日報』1963年3月5日)。

(68) この時期では，例えば「牛汰公社植樹愛樹成風気」(『人民日報』1963年4月1日)，文化大革命期では，「迅速発展林業的榜様」(『人民日報』1969年12月10日) 等を参照。

(69)「南方十一省林業庁長会議紀要」(中華人民共和国林業部辦公庁編（1962）『林業法規彙編：第9輯』(pp.19-33))。
(70) 中華人民共和国林業部辦公庁編（1963）『林業法規彙編：第10輯』(pp.44-46))。
(71) 国務院「森林保護条例」(『人民日報』1963年6月23日)。
(72) 例えば,「愚公治山隊」(『人民日報』1969年2月5日),「老愚公的護林隊」(『人民日報』1970年4月12日など。
(73)「遼寧突撃進行春季造林工作」(『人民日報』1967年4月14日)。
(74)「山東開展大規模植樹造林活動」(『人民日報』1967年3月30日)。
(75)「為人民搞林業，依靠人民搞林業」(『人民日報』1966年3月12日)。
(76) いずれも，前掲，当代中国叢書編集委員会『当代中国的林業』(p.553)。
(77)「迅速発展林業的榜様」(『人民日報』1969年12月10日)。
(78)「山東開展大規模植樹造林活動」(『人民日報』1967年3月30日)。
(79)「植樹造林・緑化祖国」の題字で緑化活動の推進を要求した記事は,『人民日報』(1970年2月18日）をはじめ多数見られる。
(80) 当代中国叢書編集委員会（1985）『当代中国的林業』(p.556)。
(81) 劉（1994）によれば，1975年の時点で社隊林場が25万箇所以上存在し，1977年にはその就労人員も255万人以上に達したとされる。また，国営林場による国営造林面積も，1975・76年に改革・開放以前のピークを迎えていた（中華人民共和国林業部編（1989）『全国林業統計資料匯編：1949～1987』(p.50))。
(82)「植樹造林，緑化祖国」(『人民日報』1971年9月3日)。
(83) 例えば「要加強対山林的保護管理」(『人民日報』1972年12月19日),「全国城郷春季植樹造林取得新成績」(同1973年4月27日),「大規模植樹造林・向大地園林化進軍」(同1977年10月5日）等。
(84) 総合建設に関しては,「平原造林・林茂糧豊」(『人民日報』1977年11月30日）等，総合治理に関しては,「青山常在・林茂糧豊」(『人民日報』1973年1月26日),「緑化要有規画」(同1975年3月24日）等を参照。
(85) 当代中国叢書編集委員会（1985）『当代中国的林業』(pp.116-117, p.558)。
(86) 例えば,「“人工林海之郷”：株洲県」(『人民日報』1978年1月4日)。
(87) 例えば,「北国河山処処春」(『人民日報』1973年5月8日)。
(88) 農林部林業局編（1977）『全国林業会議文件材料選編』(p.7)。
(89) 例えば,「西双版納密林与回帰沙漠帯」(『人民日報』1978年7月18日)。また，高橋（2000）によれば，内モンゴル自治区のホルチン草原では，60年代後半から70年代前半にかけて開墾による穀物増産が目指された結果，沙漠化が進行したとされる。
(90)「要在全国大大提唱一下植樹造林」(『人民日報』1978年1月14日)。
(91) 森林造成の政策展開においては,「遠くの水は近くの渇きを解かず」の思想が，普遍的な障害であったと明確に述べられている（「北国河山処処春」(『人民日報』1973年5月8日))。
(92) 楊旺「在13省・区林業“三定”工作座談会上的講話」(中華人民共和国林業部辦公庁編（1982）『林業工作重要文件彙編：第7輯』(pp.64-74))。

(93) 陳（1998）の表3-10（p.68），及び，各地の森林行政担当者への筆者ら聞き取り調査による。
(94) 孫翊編（2000）『新時期党和国家領導人論林業与生態建設』（pp.213-216）。
(95)「宜春“緑色企業”呈現勃勃生機」（『人民日報』1990年3月13日）では，江西省の宜春地区は1985年以来，郷村林場をモデルとして各種形式の造林連合体が重要な位置を占め始めたとされる。一方，劉（1994）は，郷村林場が増加し始めたのは，1989年頃からとする。
(96) 例えば，李鵬「植樹造林・緑化祖国」（孫翊編（2000）『新時期党和国家領導人論林業与生態建設』（pp.23-27））。
(97) 原語は「年森林採伐限額」。政策現場においては「採伐限額」や「採伐限制」等とも略され，その割当量を指して「採伐指標」と呼ぶこともある。
(98) 国務院「中華人民共和国森林法実施条例」（第28条）（国家林業局編（2001）『中国林業年鑑：2001年』（pp.20-24））。
(99) 例えば，「湖南省林業条例」（湖南省林業庁（2001）『学習《湖南省林業条例》輔導資料』（pp.43-53））。
(100) すなわち，改革・開放期の中国の市場を介した木材生産は，森林伐採限度量制度と木材生産計画のダブルチェックに基づいていた。この二制度の範囲は必ずしも一致せず，例えば，農民が自留山で所有林木を新炭として伐採するか，自留地・住宅周囲の零細林木を伐採し商品として販売する場合は，森林伐採限度量の対象として伐採許可証は必要である反面，国家の木材生産計画には含まれない（国務院「中華人民共和国森林法実施条例」（第29条）（国家林業局編（2001）『中国林業年鑑：2001年』（pp.20-24））。
(101) 孫翊編（2000）『新時期党和国家領導人論林業与生態建設』（pp.213-216）。
(102) 中華人民共和国林業部辦公庁編（1980）『林業法規彙編：第13輯』（pp.20-21）。
(103) 中華人民共和国林業部辦公庁編（1982）『林業法規彙編：第15輯』（p.11）。
(104) 同上。1979年の第一回の植樹節でも，当時の中心的な指導者であった華国鋒，鄧小平，李先念らが植樹に参加した（「華国鋒鄧小平李先念等同志到京郊同幹部群衆一起植樹」『人民日報』1979年3月13日）。
(105)「把全民義務植樹運動推向新水平」（『人民日報』1990年3月8日），「全民義務植樹要強化管理」（『人民日報』1994年3月12日）。
(106) 例えば，王任重副総理「首都植樹造林動員大会上的講話」（中華人民共和国林業部辦公庁編（1981）『林業工作重要文件彙編：第6輯』（pp.57-65））を始め，義務植樹運動開始前には，政権の意向によって主催される動員大会・キャンペーンが繰り広げられる。
(107)「把義務植樹運動落到実処」（『人民日報』1999年3月12日）。
(108) 中央緑化委員会・共青団中央「関於展開全国青少年義務植樹競争的決定」（湖南省林業庁編印（1984）『林業政策法規彙編：1983年』（pp.21-23）），「青少年行動起来，開展植樹造林競賽」（『人民日報』1979年3月6日），「争当緑化祖国的突撃手」（同1979年3月25日），「総参総政総後聯合通知要求部隊積極参加植樹節活動」（同1979年3月12日），「全軍緑化工作成績突出」（同1986年1月9日），「“緑色使者”：子弟兵為緑化作貢献」（同1986年3月11日）等。
(109) 国家林業局編（1999）『中国林業五十年：1949～1999』（p.32）。
(110) 張志達主編（1997）『全国十大林業生態建設工程』（p.9）。

(111) 当代中国叢書編集委員会（1985）『当代中国的林業』（p.126）。
(112)『人民日報』（1978年11月20日）。
(113) 張志達（1997）『全国十大林業生態建設工程』（pp.6-11）。
(114) 中華人民共和国林業部編（1991）『中国林業年鑑：1990年』（特輯9-16）。また，実施要領としては林業部「全国消滅宜林荒山荒地核査験収技術規定（暫行）」（1994年6月15日）が定められた（中華人民共和国林業部編（1995）『中国林業年鑑：1994年』（特輯31-33））。
(115) 国家林業局編（1999）『中国林業五十年：1949～1999』（pp.51-53）。この後に相次いで目標を達成した福建省と湖南省には，「全国荒山造林緑化先進省」の称号が与えられた。
(116) 国家林業局（2000）『中国林業発展報告：2000年』（p.80）。
(117) 例えば，西南地区の雲南省の国営林場では，割当量を遥かに超えた伐採が組織ぐるみで行われていた（『中国緑色時報』2000年8月7日）。
(118) 1985年以前の統計における造林合格率の基準が，成活率40％という低いものであったことは既に述べた。1990年においても，造林品質を向上させようというキャンペーンが展開され，1987年の造林合格率は55％，88年は63％と公式発表されている（「落実地開展“林業品質年”的活動」『人民日報』1990年3月11日）。
(119) 国務院批複「1989-2000年全国造林緑化規画綱要」（中華人民共和国林業部編（1991）『中国林業年鑑：1990年』：（特輯9-15））。
(120) 陝西省楡林市（2001）「三北防護林体系建設工程第一段階自評価報告」。
(121) 同上（p.11）。実施期間は2段階，4期工程に分けられ，第1段階は第1期工程（1978～1985年），第2期工程（1986～1995年），第3期工程（1996～2000年）を含み，第2段階が第4期工程（2001～2010年）とされた。1986～1995年の長期に及んだ第2期工程は，本来5年間の計画が任務の増加を伴わずに延長された結果であり，合計10年間で当初計画された5年間の任務を達成することになった。，また，2000年からは，三北・長江流域等防護林体系建設工程として国家の林業六大重点工程の一つと位置づけられた。
(122) 同上（p.6）。より正確には，第1期～第3期工程期間中（1978～2000年）の同市の有林地面積の増加分の65％強を，「三北」防護林体系建設工程による造林保存面積が占めていた。
(123) 同上（p.20）。
(124) ここでの造林保存面積とは，植栽後，一定期間を経た後の保存率の達成基準をクリアした面積と考えられるが，詳細は確認できていない。
(125) 陝西省楡林地区「楡林地区1978－1998年三北防護林体系工程建設総結報告」（pp.11-12）。
(126) 一例として，2000年に楡林市は春季と秋季に旱魃に見舞われたが，任務達成のために各地で造林が強行され，結果として20～30％程度しか活着しなかったとされている（楡林市人民政府（2003）「強化管理，落実責任，全面提高三北防護林工程建設質量」（p.8））。
(127) 陝西省楡林市（2001）「三北防護林体系建設工程第一段階自評価報告」（p.23）等。
(128) 国務院「関於保護森林資源制止毀林開墾和乱占林地的通知」（国家林業局編（1999）『中国林業年鑑：1998年』（pp.28-29））。
(129) 西部大開発の対象地区では，都市化率の低さが問題視されていた（西川ら2006等）。
(130) 国家林業局（2002）『中国林業発展報告：2002』（pp.25-28）。退耕還林工程とはあくまでも別枠である。

(131) 同上。

(132) 同上。

(133)「国家林業局局長王志宝在全国林業庁局長会議結束時的講話」(1999年2月5日)(国家林業局編 (2000)『中国林業年鑑：1999／2000年』(特輯19-26))。

(134) 国家林業局 (2000)『中国林業発展報告：2000』(pp.28-29)。

(135) 国家林業局「関於編制2001～2005年年森林伐採限額工作的通知」(1999年4月9日)(国家林業局編 (2000)『中国林業年鑑：1999／2000年』(特輯52-54))。

(136) 国家林業局・国家計画委員会・財政部・労働和社会保障部「関於組織実施長江上流黄河上中流地区和東北内蒙古等重点国有林区天然林資源保護工程的通知」(1999年12月1日)(同上書 (pp.42-43))

(137)「重点地区天然林資源保護工程建設項目管理辦法」(1999年4月12日)(同上書 (pp.54-57))。

(138) 国家林業局編 (2002)『中国林業年鑑：2002年』(pp.82-85)。

(139) 同上書 (pp.85-87)。

(140) ここでの国有企事業体とは，本書を通じて，現代中国の国家所有林地の管理経営にあたってきた地方・基層レベルの組織・機構（但し人民政府内の行政機構は除く）全般を指すものとする。第7章等で後述する通り，これらは当初，国営「企業」として位置づけられていたが，1990年代以降，「政企分離」の方針に伴い，林産物の生産・加工・販売を中心とした経営部門と，森林・林地の管理部門の切り離しが進められた。このため，企「事」業体として総称するのが妥当と思われる。

(141) 国家林業局編 (2004)『中国林業年鑑：2004年』(pp.86-87)。

(142) 実際に，2000年末の「東北・内蒙古等重点工業国有林区天然林資源保護工程実施方案」では，対象区域における112.5万人の国有森林工業企業の労働者のうち，木材生産量の削減の結果として，48万人の余剰人員が出ているとされた。こうした社会的影響の大きい記述を多く含むためか，これを含む二つの「方案」は，当時の公刊資料上に記載されていない。

(143) これらの退職金や再就職システムも，多くの場合，満足に機能していなかったと言われる。

(144) 中共中央政治局委員・中央書記処書記・国務院副総理温家宝「在宣布国家林業局領導班子大会上的講話」(1998年3月25日)(国家林業局編 (1999)『中国林業年鑑：1998年』(特輯1-3))。

(145)「呉杰凱代表在9期全国人大4次会議上呼吁実行森林資源有償流転機制」(『伊春日報』2001年3月16日)。

(146)「政府工作報告」(『伊春日報』2001年3月9日)。

(147)「黒龍江省10万"伐樹人"変成"管樹人"」(『伊春日報』2001年3月13日)。ここでは，森林資源管理保護経営責任制の実施後，労働者の再就職問題は解決に向かいつつあるとされるが，当時の黒龍江省の木材生産・加工を行ってきた国有企事業体の失業者は30万人とされているため，この制度のみでは，余剰労働力を吸収しきれなかったことも見て取れる。

(148)「政府工作報告」(『伊春日報』2001年3月9日)。

(149)「呉杰凱代表在9期全国人大4次会議上呼吁実行森林資源有償流転機制」(『伊春日報』2001年3月16日)。

(150)「進一歩解放思想 打破禁区 為非公有制林業大発展 創造良好環境」(『伊春日報』2001年3月19日)。これは，同時期に国家林業局が全域的に推奨し始めていた「非公有性林業の発展」と同様の方向性を持つものでもあった。

(151) 国家林業局ウェブサイト（http://www.gov.cn/gzdt/2011-05/17/content_1865437.htm）（取得日：2019年5月23日）

(152) 中華人民共和国中央人民政府ウェブサイト（https://www.gov.cn/gongbao/content/2015/content_2838162.htm）（取得日：2019年5月23日）

(153) 中華人民共和国中央人民政府ウェブサイト（http://big5.www.gov.cn/gate/big5/www.gov.cn/gongbao/content/2015/content_2864050.htm）（取得日：2019年5月23日）

(154) 新華社ウェブサイト（http://www.gov.cn/gzdt/2011-05/17/content_1865437.htm）（取得日：2019年5月23日）

(155) 但し，失業した伐採労働者の配置転換という段階までを考慮するならば，その限りではない。

(156) このほか，実際の退耕還林・還草による水土保全状況を調査・判断する上で，国務院水利部を頂点とした水利行政機構もプロジェクトに加わっている。

(157) 日本でも，現地機関との共同調査等を通じてこの展開への着目がなされてきた（西川ら2006，保母・陳2008等)。

(158) 中華人民共和国林業部辦公庁（1963）『林業工作重要文件彙編：第2輯』(pp.16-23)。

(159) 湖南省林業庁編（1986）『林業政策法規彙編：1985年』(pp.1-9)。

(160) 国家林業重点工程社会経済効益測報中心・国家林業局発展計画与資金管理司（2005）『国家林業重点生態工程社会経済効益監測報告：2004』。

(161)「退耕還林条例」(2002年12月6日国務院第66次常委会議通過制定，14日公布。2003年1月20日より施行)（国家林業局編（2003）『中国林業年鑑：2003年』(pp.36-40))。

(162) 国務院「関於進一歩作好退耕還林還草試点工作的若干意見」(国家林業局（2001）『中国林業年鑑：2001年』(pp.24-27))。

(163) 国務院「関於進一歩完善退耕還林政策措置的若干意見」(国家林業局編（2003）『中国林業年鑑：2003年』(pp.40-43))。

(164) 曹康泰・李育才主編（2003）『退耕還林条例釈義』(pp.45-48)。

(165)「退耕還林条例」の第25条からは，これらに加えて，地方機関による苗木の流通壟断，有力者による苗木の独占供給や価格の吊り上げ等が起こったことが窺える（同上書（pp.65-67))。

(166) 退耕還草の場合は，1999～2001年までの実施地区で5年間，2002年以降は2年間の支給と指定された（同上書（pp.80-81))。

(167) 例えば，国務院「関於進一歩作好退耕還林還草試点工作的若干意見」(国家林業局（2001）『中国林業年鑑：2001年』(pp.24-27)）等。

(168) 曹康泰・李育才主編（2003）『退耕還林条例釈義』(pp.72-74)。但し，向・関（2006）の指摘にも見られる通り，アグロフォレストリーの実施が水土保全効果の低下に結びつくというのは短絡的であり，作物によっては施肥や窒素固定の効果から，むしろ植栽苗木の成長を促進する場合もある。このため，同時期の中央政府による厳禁の背景には，例えば，アグロフォレストリーの許容が貧困地区の産業構造の転換を妨げる等，他の事情や懸念が存在した可能性もある。

(169) 生態移民の概念の登場や内実に関しては小長谷ら（2005）に詳しい。

(170) 国家林業局編（2006）『中国林業年鑑：2006年』(p.167)。この数値の算出方法は明示されていないが，2003年までに退耕還林工程の対象となった100の県級行政単位で行われた抽出調査の結果，政策実施に伴う移民数は6万超と集計されている（国家林業重点工程社会経済効益測報中心・国家林業局発展計画与資金管理司（2005）『国家林業重点生態工程社会経済効益監測報告：2004』(pp.132-133))。同時期の対象範囲は1,867県級行政単位に及ぶことから，単純な比率推計では2003年までの全移民数は120万人弱となる。したがって，「2005年末までに180万人」との数にも信憑性がありそうに思われる。

(171) 楡林市林業局（2001）「楡林市退耕還林（草）実施情況的匯報」(pp.1-2)

(172) 楡林市延安精神研究会調査組（2003）「対我市退耕還林（草）工程実施情況的調査報告」(pp.8-9)。

(173) 楡林市林業局（2001）「楡林市退耕還林（草）実施情況的匯報」(p.4)。

(174) 陝西省楡林市「退耕還林工程規画方案」，同「対我市退耕還林（草）工程実施情況的調査報告」等。対して，陝西省の西北に位置する寧夏回族自治区では，地域の特徴を生かした第二次・第三次産業の発展が課題として挙げられ，観光業に加えて，アルミニウム・マグネシウム等の金属，クコ等による果実酒，乳製品，プラスチック樹脂，製紙，カシミヤ等の紡績といった産業の優位性が確認されている（保母・陳 2008)。

(175) 国務院「関於完善退耕還林政策的通知」(国家林業局編（2008）『中国林業年鑑：2008』(pp.66-67))。

(176) このことは，「通知」の条文内にも「基本食糧生産田」の建設と確保として明確に表れている。

(177) 国家林業局編（2015）『中国林業年鑑：2015年』(p.101)。

(178) 1999年の時点では，「公益林」と「生態公益林」は違う概念として用いられることもあった。この場合，前者は，森林分類経営における広義の概念であり，後者は，重点天然林資源保護工程における保護対象としての概念だったようである。

(179) 国家林業局編（2006）『中国林業年鑑：2006年』(p.203)。

(180)「中華人民共和国自然保護区条例」(1994年9月2日国務院常務委員会会議通過，12月1日施行）(中華人民共和国林業部編（1995）『中国林業年鑑：1994年』(特輯14-17))。

(181) 国家林業局編（2006）『中国林業年鑑：2006年』(p.198)。

(182) 林業部「森林公園管理辦法」(1994年1月22日）(中華人民共和国林業部編（1995）『中国林業年鑑：1994年』(特輯26-27))。

(183)「高挙鄧小平理論偉大旗幟努力開創我国林業改革和発展的新局面：姜春雲副総理在林業部党組拡大会議的講話」(1997年8月9日）(中華人民共和国林業部編（1998）『中国林業年鑑：1997年』(特輯3-25))。

(184) 国家林業局「重点地区天然林資源保護工程建設項目管理辦法（試行）」(1999年4月12日)（国家林業局編（2000）『中国林業年鑑：1999／2000年』(pp.54-57)）。
(185) 国家林業局「関於編制2001～2005年年森林伐採限額工作的通知」(1999年4月9日)（同上書（特輯52-54)）。
(186) 国家林業局「関於開展全国森林分類区画界定工作的通知」(同上書（pp.59-60)）。
(187) 国務院「中華人民共和国森林法実施条例」(国家林業局編（2001)『中国林業年鑑：2001年』(pp. 20-24)）。
(188) 国家林業局「国家公益林認定辦法（暫行)」(2001年3月9日通知)（国家林業局編（2002)『中国林業年鑑：2002年』(pp.71-72)）。
(189) 石門県林業局における筆者ら聞き取り調査による（2002年7月)。
(190) 周遊主編（1998)『石門林業志』(p.53)。
(191) 湖南省林業庁編印（2002)『林業政策法規彙編：2000～2001』(pp.230-236)。
(192) 同上書（pp.100-103)。石門県では，重点防護林は川の両岸付近の森林，特殊用途林は自然保護区内の森林において指定されていた。
(193) 蕭生幸「我県生態公益林項目建設奏凱歌」(『石門晩報』2002年7月25日)。
(194) 同上。
(195)「全国生態環境建設規画」(孫翊編（2000)『新時期党和国家領導人論林業与生態建設』(pp.266-285)）。
(196)「風沙」害とは，風によって移動・飛来する砂（風沙）が引き起こす土地荒廃，交通の阻害，人体への影響，農作物等の生産活動への被害を総称した表現である。特に，ゴビ砂漠や黄土高原（黄砂の主要な発生源）等の北方の森林希少地区における荒漠化，沙漠化，土地沙化に起因するものが問題視され，砂塵の飛来によって北京等の都市部の交通機能や生活環境が脅かされることが懸念されていた。特に激しい砂塵で視界が限られる風沙は「沙塵暴」と呼ばれ，発生源での森林造成等の植被の回復が急務とされた。なお，「風」害と「沙」害は，それぞれ別個の災害として現代中国の政策現場でも扱われ，「風・沙・水・旱」等として自然災害が総括される場合も多かった。森林政策に関連しては，風害は防風林や海岸林の造成を通じて防止できる高潮や農作物の被害を主に意味した。対して沙害は，移動・飛来する砂に起因する被害全般を意味してきたため，風沙害はその範疇に含まれることになる。

〈引用文献〉

(日本語)
陳大夫（1998)『中国の林業発展と市場経済：巨大木材市場の行方』日本林業調査会
袁テイテイ・百村帝彦（2016)「集団所有林における異なる森林政策による農家への影響と課題：中国・湖南省隆回県雨山鎮における事例研究」『林業経済研究』62(3)：59-67
保母武彦・陳育寧編（2008)『中国農村の貧困克服と環境再生：寧夏回族自治区からの報告』花伝社
菊池真純（2023)『中国農村での環境共生型新産業の創出：森林保全を基盤とした村づくり』御茶の水書房

菊池真純・呉晨陽（2023）「退耕還林工程開始から20年間の自然環境と住民生活の変化：中国貴州省畢節市黔西県素朴鎮古勝村を事例に」『林業経済』75(11)：1-16
金承華・薮田雅弘（2023）「中国における退耕還林政策の展開と課題：第2期の退耕還林政策を中心に」『地域共創学会誌』11：1-14
小長谷有紀・シンジルト・中尾正義（2005）『中国の環境政策・生態移民：緑の大地，内モンゴルの砂漠化を防げるか？』地球研叢書，2005年
向虎・関良基（2003）「中国の退耕還林と貧困地域住民」依光良三編『破壊から再生へ：アジアの森から』日本経済評論社：149-209
向虎・関良基（2006）「貧困地域の生態建設」西川潤・潘季・蔡艶芝編著『中国の西部開発と持続可能な発展：開発と環境保全の両立を目指して』同友館：146-176
栗畑恭介・伊藤勝久（2008）「退耕還林（還草）政策による農村経済への影響」保母武彦・陳育寧編『中国農村の貧困克服と環境再生：寧夏回族自治区からの報告』花伝社：101-124
羅攀柱・篠原武夫（2004）「中国南方集体林における工程封山育林林業株式合作制度：湖南省叙浦県の事例を中心にして」『林業経済研究』50(3)：1-10
劉玉政（1994）「中国における郷（鎮）村林場の展開と課題」『日本林学会論文集』105：25-28
三谷孝他編（2000）『村から中国を読む：華北農村50年史』青木書店
日本国際問題研究所中国部会編（1971）『新中国資料集成：第4巻』日本国際問題研究所
日本国際問題研究所中国部会編（1971）『新中国資料集成：第5巻』日本国際問題研究所
日本国際問題研究所中国部会編（1975）『中国大躍進政策の展開：上』日本国際問題研究所
日本国際問題研究所中国部会編（1975）『中国大躍進政策の展開：下』日本国際問題研究所
西川潤・潘季・蔡艶芝編著（2006）『中国の西部開発と持続可能な発展：開発と環境保全の両立を目指して』同友館
関良基・向虎・吉川成美著（2009）『中国の森林再生：社会主義と市場主義を超えて』御茶の水書房
スミル，V.著・丹藤佳紀・高井潔司訳（1996）『中国の環境危機』亜紀書房
田口秀実（2007）「中国の自然保護区における自然資源の統合管理について：森林公園等の経営事業を事例として」『林業経済』60(7)：1-15
高橋勇一（2000）「中国東北部の沙漠化地域における持続可能な発展に関する基礎的研究」東京大学農学生命科学研究科博士論文
田中茂（1998）「中国の林業・木材事情：18」『林材新聞』1998年3月30日
上田信（1992）「緑と村：中国の内発的緑化」『思想』816：109-129
上田信（1998）「〈山林権属〉と森林保護：16世紀～現代，九嶺山の事例」『現代中国研究』2：14-31

（中国語）
曹康泰・李育才主編（2003）『退耕還林条例釈義』中国林業出版社
陳嶸（1983）『中国森林史料』中国林業出版社
当代中国叢書編集委員会（1985）『当代中国的林業』中国社会科学出版社

国家林業局（2000）『中国林業発展報告：2000年』中国林業出版社
国家林業局（2002）『中国林業発展報告：2002年』中国林業出版社
国家林業局（2005）『中国林業発展報告：2005』中国林業出版社
国家林業局（2005）『中国森林資源報告：2005』中国林業出版社
国家林業局編（2006）『中国林業発展報告：2006年』中国林業出版社
国家林業局編（2007）『中国林業発展報告：2007年』中国林業出版社
国家林業局編（1999）『中国林業年鑑：1998年』中国林業出版社
国家林業局編（2000）『中国林業年鑑：1999／2000年』中国林業出版社
国家林業局編（2001）『中国林業年鑑：2001年』中国林業出版社
国家林業局編（2002）『中国林業年鑑：2002年』中国林業出版社
国家林業局編（2003）『中国林業年鑑：2003年』中国林業出版社
国家林業局編（2004）『中国林業年鑑：2004年』中国林業出版社
国家林業局編（2006）『中国林業年鑑：2006年』中国林業出版社
国家林業局編（2008）『中国林業年鑑：2008年』中国林業出版社
国家林業局編（2015）『中国林業年鑑：2015』中国林業出版社
国家林業局編（2000）『中国林業統計指標解釈』中国林業出版社
国家林業局編（1999）『中国林業五十年：1949～1999』中国林業出版社
国家林業局森林資源管理司（2000）「全国森林資源統計」
国家林業重点工程社会経済効益測報中心・国家林業局発展計画与資金管理司（2005）『国家林業重点生態工程社会経済効益監測報告：2004』中国林業出版社
湖南省林業庁（2001）『学習「湖南省林業条例」輔導資料』湖南省林業庁
湖南省林業庁編印（1984）『林業政策法規彙編：1983年』湖南省林業庁
湖南省林業庁編（1986）『林業政策法規彙編：1985年』湖南省林業庁
湖南省林業庁編印（2002）『林業政策法規彙編：2000～2001』湖南省林業庁
農林部林業局編（1977）『全国林業会議文件材料選編』農業出版社
山西省地方志編纂委員会編（1992）『山西通志：第9巻　林業志』中華書局
孫翊編（2000）『新時期党和国家領導人論林業与生態建設』中央文献出版社
陝西省楡林地区「楡林地区1978－1998年三北防護林体系工程建設総結報告」
陝西省楡林市（2001）「三北防護林体系建設工程第一段階自評価報告」
陝西省楡林市「対我市退耕還林（草）工程実施情況的調査報告」
陝西省楡林市「退耕還林工程規画方案」
肖興威主編（2005）『中国森林資源図集』中国林業出版社
謝晨・張坤・王佳男・聶楊（2021）「退耕還林動態減貧：収入貧困和多維貧困的共同分析」『中国農村経済』5：18-37
徐晋涛・秦萍主編（2004）『退耕還林和天然林資源保護工程的社会経済影響案例研究』中国林業出版社
楡林市林業局（2001）「楡林市退耕還林（草）基本状況」
楡林市林業局（2001）「楡林市退耕還林（草）実施情況的匯報」

楡林市人民政府（2003）「強化管理，落実責任，全面提高三北防護林工程建設質量」
楡林市延安精神研究会調査組（2003）「対我市退耕還林（草）工程実施情況的調査報告」
張聞天（1985）『張聞天選集』人民出版社
張志達主編（1997）『全国十大林業生態建設工程』中国林業出版社
中華人民共和国国家統計局・民政部編（1995）『中国災情報告』中国統計出版社
中華人民共和国林業部編印（1954）『林業法令彙編：第5輯』中華人民共和国林業部
中華人民共和国林業部辦公庁編（1960）『林業工作重要文件彙編：第1輯』中国林業出版社
中華人民共和国林業部辦公庁（1963）『林業工作重要文件彙編：第2輯』中華人民共和国林業部
中華人民共和国林業部辦公庁編（1981）『林業工作重要文件彙編：第6輯』中国林業出版社
中華人民共和国林業部辦公庁編（1982）『林業工作重要文件彙編：第7輯』中国林業出版社
中華人民共和国林業部辦公庁編（1956）『林業法規彙編：第6輯上冊』中国林業出版社
中華人民共和国林業部辦公庁編（1959）『林業法規彙編：第7輯』中国林業出版社
中華人民共和国林業部辦公庁編（1960）『林業法規彙編：第8輯』中国林業出版社
中華人民共和国林業部辦公庁編（1962）『林業法規彙編：第9輯』中華人民共和国林業部
中華人民共和国林業部辦公庁編（1963）『林業法規彙編：第10輯』中華人民共和国林業部
中華人民共和国林業部辦公庁（1964）『林業法規彙編：第11輯』中華人民共和国林業部
中華人民共和国林業部辦公庁編（1980）『林業法規彙編：第13輯』中国林業出版社
中華人民共和国林業部辦公庁編（1982）『林業法規彙編：第15輯』中国林業出版社
中華人民共和国林業部編（1988）『中国林業年鑑：1987年』中国林業出版社
中華人民共和国林業部編（1991）『中国林業年鑑：1990年』中国林業出版社
中華人民共和国林業部編（1994）『中国林業年鑑：1993年』中国林業出版社
中華人民共和国林業部編（1995）『中国林業年鑑：1994年』中国林業出版社
中華人民共和国林業部編（1996）『中国林業年鑑：1995年』中国林業出版社
中華人民共和国林業部編（1998）『中国林業年鑑：1997年』中国林業出版社
中華人民共和国林業部編（1989）『全国林業統計資料匯編：1949～1987』中国林業出版社
中華人民共和国林業部編（1994）『全国林業統計資料彙編：1993年』中国林業出版社
中華人民共和国林業部編（1997）『全国林業統計資料：1996年』中国林業出版社
中国環境保護行政二十年編委会編（1994）『中国環境保護行政二十年』中国環境科学出版社
中国林業編集委員会（1953）『新中国的林業建設』三聯書店
中央人民政府林墾部編印（1950）『林業法令彙編：林業参考資料之一〈上編〉』中央人民政府林墾部
中央人民政府林墾部編印（1950）『林業法令彙編：林業参考資料之一〈下編〉』中央人民政府林墾部
周遊主編（1998）『石門林業志』石門県林業局

（英語）

Groom, B., Grosjean P., Kontoleon, A., Swanson, T., and Zhang, Shiqiu, 2009, Relaxing Rural Constraints: a 'Win-win' Policy for Poverty and Environment in China?, *Oxford Economic*

Papers 62: 132–156

Kelly, P. and Huo, Xuexi, 2013, Do Farmers or Governments Make Better Land Conservation Choices?: Evidence from China's Sloping Land Conversion Program, *Journal of Forest Economics* 19(1) : 32–60

第4章　林産物需要の増大に伴う森林開発・林産業発展政策

前章では，大規模な森林造成・保護政策が，現代中国の森林政策の一つの大きな柱となってきたことを述べた。しかしその裏側で，10億人前後の人口を抱え，経済発展に邁進してきた現代中国では，物質利用としての森林への圧力が常に存在してきた。この巨大需要に対応するため，現代中国では，大規模な森林造成・保護と並行して，生物多様性に富む天然林を含めた森林の伐採が政策的に進められてきた。それによって木材等の林産物を生産供給し，製品としての消費に向けての加工・流通を担う諸産業の発展も図られてきた。本章では，「森林開発」及び「林産業発展」政策として，これらに焦点を当てる。

現代中国においては，大規模な森林造成・保護と，大々的な森林開発・林産物生産が，地理的・空間的にも両立し得た。すなわち，森林分布が不均等であったため（第2章参照），北方黄河流域をはじめ各地の荒廃地を主対象とした森林の回復・拡大，東北・西南地区に残された大面積の天然林地帯や，長江中下流域以南に広がる南方集団林区からの林産物供給という図式が成り立ってきた。そして，前章と本章で扱う諸政策は，全域における森林の物質提供機能の長期的な発揮を見据え，計画的に保護・利用するという点で結節する。

森林開発・林産業発展政策の特徴としては，まず，林産物に関する域内外の需要や市場動向を踏まえて生産力を規定し，地域住民の生活や雇用を保障し，社会運営を支えるといった経済・産業政策の性格を色濃く有する。加えて，林産業を含めた諸産業を「いかなる形で発展させていくか」という，総合的な国家建設の方針・ヴィジョンが，中央政府レベルで問われることになる。

その林産業の発展形式を決める総合的な国家建設の方針が，現代中国においては，二度のドラスティックな変動を遂げた。すなわち，社会主義体制における計画経済・国家統制システムの成立（1950年代中盤とそれ以降）と，改革・開放路線への転換による市場経済の導入（1980年代前半とそれ以降）

である。そこで，本章ではまず，この二度の変動に即して，現代中国における森林開発・林産業発展政策の展開過程を概観する。その上で，実際の森林開発や林産物の生産・加工・流通過程に影響を与えた要因を整理する。同時に，その変動を含めた社会変化への「対応」という観点から，これらの諸政策を捉えなおすという形をとる。

1. 社会主義経済体制下での森林開発・林産業発展政策の展開

1. 1. 建国当初の森林・林産業の状況と開発計画

抗日戦争や国共内戦の混乱・破壊を経た1949年の時点で，新政権は「いかに希少な森林をもって域内の復興に当たるか」に頭を悩ませることになった。そこでは，長期的な林産物供給を見据えた森林造成・保護の推進と同時に，当面の経済建設に必要な木材等の物質資源を，速やかに確保することが課題となった。このため，建国当初から，東北地区（東北・内蒙古林区），西南地区（西南高山林区），華東・中南地区の大部分に該当する長江中下流域以南（南方集団林区），西北地区に位置する西北高山林区等，残されていた森林地帯（表4-1）において，森林資源調査と路網等のインフラ整備，それに基づく素材生産開始という一連の森林開発計画が模索された。

中でも，ひときわ大面積・高蓄積の天然林が広がる東北・内蒙古林区（大小興安嶺，長白山系等）では，森林開発が早期から展開した。1945年末か

表4-1　中華人民共和国建国前後の各地における森林概況

	東北地区	西北地区	西南地区	華東地区	中南地区	華北地区
森林面積（万 ha）	3,051.59	119.60	626.11	978.46	259.88	3.95
森林蓄積（万 m^3）	305,000	17,000	157,000	26,000	7,000	3,000

注：データの由来は，中華民国農林部が1949年以前に実施した森林統計調査。但し，この統計調査においては，算出された森林総面積：約8,280万haのうち，約5,040万haしか実際の踏査を経ていないと注釈されている。この他，1947年の時点で中華民国の行政院新聞局から出版された統計は，「東北林区」，「西北林区」，「西南林区」，「東南林区」，「華中林区」，「華北林区」として区分けしており，対象範囲が微妙に異なっているものの，「東北」と「西南」の森林規模が，特に蓄積ベースで抜きんでていたことが示されている（中華民国行政院新聞局印刷発行（1947）『林業』）。
出典：馬驥編著（1952）『中国富源小叢書：中国的森林』を参照して筆者作成。

らの国共内戦に際して，中国共産党側は早々に東北地区を解放して支配下に置いていた。1947年の「中国土地法大綱」では，同地区の森林の国家所有化が宣言され，その後，暫定的な現地政府である東北行政委員会の下，森林管理や木材生産の体制整備についての方針が打ち出されていた。また，この地区では，以前の帝政ロシアと日本の支配下にあって，既に大規模な伐採場や加工施設，森林鉄道が整備されつつあった（永井 2009）。新政権は，国家所有化（国有林区化）に即して，これら旧来の設備・技術を接収しつつ，速やかな林産物生産の拠点建設を進めた。その結果，東北・内蒙古林区は「東北国有林区」として，国共内戦の推進，さらには新政権樹立後の国家建設に際しての重点的な木材供給を担うことになった（戴 2000）。1950年には，大行政区としての東北行政区に独立した林業部（1953年に東北森林工業管理局に改組）が設けられ，森林開発・木材生産の継続推進を図るべく，行政・管理体系も整備されていった。

当時，東北地区に次ぐ森林蓄積を誇ると目されていた西南地区の森林は，主に四川省，雲南省，チベット自治区東部（当時は西康省）に跨る，長江（金沙江），メコン川（瀾滄江），サルウィン川（怒江）の上流が並走する地帯から，西に進んでインドとの境界付近であるヤルサップ川の上流域に至る地帯に存在した。建国初期のこの地区の森林をめぐる状況は，東北と対照的であった。この一帯は山岳民族の居住地であり，中でもチベット族を中心としたチベット文化の影響が強かった。また，雲南省等では，1949年以降も国民党の残存勢力がこれらの森林地帯等を根拠地に抵抗を続け，新政権による統治の浸透が遅れることになった。

しかし，当時の中国の統治政権にとって，この西南地区の国境，少数民族居住地区，チベット文化圏に重なる地帯の森林の確保は，長期的な国家建設・政権運営を見据えた際の至上命題であった。中華民国期の1930年代の時点で，この地区の森林への政策的注目は既に高まりつつあった。当時の専門家は，「この地区の森林の90％はチベット族等の各族の居住地帯にあり，森林の所蔵量はどれだけか未だに謎である。…引き続き詳しい調査が必要である」とした上で，この地区が「我が国で最も経済価値のある大林区であることは確か」であり，「針葉樹林は約15万㎢以上に及び…，その材積は，恐らく東北林区以上ではないか[(1)]」と，当地の森林開発への期待を示していた。膨大な需要を見据えた中華人民共和国の指導者層も，この豊かな森林に注目しないはずがなかった。1951年，新政権は人民解放軍を派遣し，中心都市ラサを制圧してチベットを統治下に置いた。その際には，四川から西康，すなわちこの森林地帯を段階的に占拠していく東部ルートが主要な進軍経路となった（写真4-1）。そこには，森林をはじめとした貴重な天然資源を確保する意図が働いたと考えられる。ヤルサップ川上流の要所である林芝の一帯では，1951年，人民解放軍がチベットへ進軍した際，森林を接収して当地に伐採場（塔工伐木場）を建設したことが記録される[(2)]。この制圧の過程を経て，西南地区に広がる森林地帯はほぼ国家所有化され，国有林区として位置づけられた[(3)]。以後，国営の伐採場や林場の設立を通じ，東北に次いで，国家の管理下での計画的な木材供給の役割を果たすことになって

写真4-1　チベット自治区林芝地区ヤルサップ川（東部ルート）周辺の森林景観
出典：チベット自治区林芝地区にて筆者撮影（2007年7月）。

いく。

他の地区の面積規模の大きな森林も，土地改革を通じて国家所有化され（第6章参照），国営による計画的な森林開発，林産物生産・加工事業の発展が模索されていった。但し，建国当初から本格的な木材供給事業が展開できたのは東北国有林区のみであった。このため，建国当初の各地の復興・生活需要に対応した林産物の供給は，現地の人民解放軍の駐留部隊や暫定行政機関による調達と分配，及び，従来からのノウハウやネットワークを有する個別の森林経営者，林産物の加工・流通業者といった民間主体に依拠することになった。

木材流通に関して，陳（1998）は，建国当初から1950年代半ばまでを計画経済（国家管理）体制への「移行期」と位置づける。建国当初において，大きな比率を占めていたのは，民間の木材流通業者が，各地から木材を自由に仕入れて販売する方式であった。当時，南方を中心に，「行幇」等と呼ばれる同業組織が形成されており，そのネットワークを通じた木材の買い付けが広範囲で行われていた。林産物の加工についても，建国当初は既成の民間資本に拠るところが大きく，福建省三明市では，建国以前に設立された個人資本の製材所が1952年頃まで操業していたとされる(4)。

これに同時並行して，東北国有林区，及び各地の暫定行政機関による直接的な木材調達も進められた。これは主に，復興・生産回復に向けての重点部門への木材供給（石炭坑木，鉄道枕木，電気・電信用電柱，製紙用木材，建設資材，軍事用材等）を担う形となった。さらには，1950年代前半にかけて国営木材卸売業網（中国石炭建築器材公司，及び1954年以降の中国木材公司）の整備が進み，農民やその他の民間の森林経営者から木材を買い上げ，小売業者（都市国営商店・民間小売業者，農村の小売商店等）等に卸す仕組みも登場した。また，農村の社会主義集団化が進むにつれて，生産合作社等の集団単位の流通部門が，国営・民間主体から木材を仕入れて販売するパターンも生まれていった(5)。

しかし，これらの公私の主体は，中央における森林造成・保護政策の方針に沿わず，当面の復興需要に応じて森林の過剰伐採を促す傾向にあった（第3章参照）。これに対して中央政府は，その傾向を引き締めるための政策指令を頻発している[6]。しかし，復興とその後の社会建設に伴って，木材需要が増え続ける中で，基層社会の森林からの物質提供への希求は，しばしば統制不能な状況に陥ってもいた。

1．2．第一次五ヵ年計画期からの森林開発の本格化

1953～57年の第一次五ヵ年計画期には，新政権下での各地における森林開発が本格化した。政務院財政部長の薄一波は，1953年の林産業発展の建設費が128.38％と，最大の伸び率になるとした。その上で，「…工業を発展させるために，1953年には地質調査と建築工業を大幅に発展させることになっている。セメントは17％，木材は38％，それぞれ増産される[7]」との見通しを示した。工業発展を軸とした第一次五ヵ年計画を遂行する上で，資材としての林産物の増産は欠かせないとみなされていたのである。

この方針を受けて，第一次五ヵ年計画期には，西南地区や海南島等に広がる未開発の天然林地帯において，森林資源調査が積極的に進められた[8]。その後，木材をはじめとする新たな林産物の生産拠点（国営林場・伐木場等）が建設されていった。また，既に全域に向けた木材供給基地となっていた東北国有林区でも，森林鉄道が相次いで整備され，大小興安嶺・長白山系の奥へと開発が拡張していった[9]。その際には，華北等の人口稠密な地区からの移民を奨励し，彼らを組織して未開発森林地帯に踏み込ませ，木材生産を基盤とした国営企業として，新たな社会単位を創り上げるという大掛かりな方法がとられた（戴 2000）。今日の土地管理・行政機能も備えた東北国有林区の国有企事業体（国有林業局，国有林場，森林経営所）（第7章参照）の原型は，こうして作られていった。

当時の公刊資料からも，1953年に前後して，各種の木材生産量や森林資源調査面積が飛躍的に増加したことが明らかである（表4-2）。木材増産の内訳は，各種建設用の一般用材，鉄道の枕木，鉱山の坑木が多くを占めた。第一次五ヵ年計画期の工業発展に寄与すべく，森林開発を通じた物質供給が促された構図である。当時，東北国有林区の中枢である大興安嶺では，移民を中心に組織された多くの労働者達が，ソ連の支援の下に導入された機械を用いて，大量の木材を国家建設に供給すべく働いていた[10]。後述する馬永

表 4-2　建国初期から第 1 次 5 ヵ年計画期にかけての森林開発と木材生産の推移

年次	木材伐採量（m³）							森林資源調査面積（ha）
	総量	主要産品合計	一般用材	枕木資材	鉱柱（坑木）	四等材	薪炭材	
1950 年	5,841,040	4,743,222	2,295,045	1,067,611	470,185	268,303	27,693	1,415,347
1951 年	5,987,013	5,297,237	3,191,576	827,255	620,268	254,080	52,920	419,211
1952 年	9,639,658	9,091,768	5,686,321	1,095,267	1,336,469	306,925	118,178	2,112,678
1953 年	13,395,576	13,130,876	8,311,859	1,857,359	1,356,038	477,844	122,184	5,866,598

注：四等材とは，建国当初における原木の規格を示す用語である。主に直径によって区分され，例えば東北地区では，三等材以上が枕木資材となる条件とされていることから，一般用材，枕木資材，坑木材としての使用が難しい小径木の材を指す単位と考えられる（東北森林工業管理局「合理造材技術操作規定」（中華人民共和国林業部編印（1954）『林業法令彙編：第 5 輯』（pp.290–292））。
出典：林業部編（1956）『全国林業歴史資料』を参照して筆者作成。

順（第 10 章参照）等が精力的に伐採に励んだのもこの時期であり，天然林地帯は奥地に至るまで，次々に開発の手が入ることになった。

1958 年からの大躍進政策期に入ると，工業発展を中心とした社会主義建設の急進化に伴って，森林開発と木材増産はさらに加速する。第一次五ヵ年計画期に森林開発が本格化した当初は，持続的な木材供給を念頭に，伐採方式における制限や，森林更新の義務も定められていた[11]。しかし，大躍進政策が本格化するに連れて，林産物の生産・加工・流通を意味する「森林工業」方面では，「鉄鋼生産を優先的に支えるべきである」という雰囲気が支配的となる。精錬燃料用や坑木用の木材増産を行うため，特に国家所有林地において広範囲の森林伐採が計画・実行された（写真 4-2）[12]。例えば，南部の秦嶺山脈などにまとまった天然林地帯を抱え，それらの開発に力を注いでいた西北地区の陝西省では，全省の木材生産量が 1958 年の 9.1 万 m³ から，1960 年には 40.3 万 m³ にまで増加した。このうち，国営の企事業体による生産量は，0.6 万 m³ から 7.1 万 m³ と，実に 10 倍以上増となった[13]。

1960 年代にも，引き続く域内の人口増加・経済建設に伴う需要増や，中ソ対立の表面化に伴う国際的な孤立状況に対応するため，各地の林区の組織的基盤の強化と伐採量の増加が求められた[14]。これを受けて，東北地区の大小興安嶺，西南地区の金沙江流域，雲南省シーサンパンナ（西双版納）といった天然林地帯の開発も継続して進められていった[15]。

写真 4-2　1950 年代の東北国有林区における木材生産状況
出典：馬永順記念館（黒龍江省鉄力市）にて筆者撮影（2009 年 9 月）。

その後，1990 年代に至るまで，東北・西南地区を中心とした大面積の森林地帯は，国内の木材需要の大半を賄わなければならない立場に置かれ続けた。その過程では，伐採後の更新に加えて，そのための育林基金の積み立て等も，政策的に義務づけられてはきた。しかし，既存の天然林の劣化，大径木材の減少といった傾向は否めず，水土保全機能の低下に加えて，生物多様性の喪失も深刻化していった。近年，厳しい伐採制限を伴う天然林資源保護工程（第 3 章参照）が，これらの地区を対象に実施されてきた背景には，1950 年代からの過剰利用による「劣化の蓄積」が存在していたのである。

1．3．林産物生産・加工・流通過程の国家統制

第一次五ヵ年計画期には，社会主義建設に伴って，林産物の生産・加工・流通に関しても，国家統制に基づく計画経済の仕組みが整えられた。すなわ

ち，国務院国家計画委員会を頂点とした発展計画部門が，全体的な中長期・年度計画を策定し，それに基づく生産目標値が地方政府の行政機構や関連組織に割り当てられ，それらに応じた木材等の林産物の調達と配分が行われるというシステムである。

この前提として，1954 ～ 56 年にかけては，農村の社会主義集団化に並行して，林産物の生産・加工・流通を含めた商工業の所有形態の社会主義改造が本格化した。そこでは，「公私合営」の名の下に，私営企業への共同出資・経営という形で，国家による人員派遣と指導・管理が行われ，民間資本の経営権の独立性が失われることになった（山内 1989）。これらの公私合営企業と国営企業を通じて，国家の指令に基づく計画経済を運営することが可能となった。この改造を通じて，林産業においても建国当初に活躍していた民間の製材企業や木材商人，小売業等が，公私合営企業や農村合作社の商工業部門に再編・吸収されるか，国家調達・配分システムより疎外されて経営不能となった。

一方，東北・西南地区をはじめとした国家所有林地では，森林開発を通じて設置された国営企業が，独立採算制の下に森林経営，素材生産，加工事業等を展開していた。しかし，素材や製材といった主要な製品の販売価格は，国家によって規定された計画利潤率に基づき，低額にて長期固定されていた。戴（2000）によれば，東北国有林区の木材販売価格は，1979 年に至るまで，1950 年代の水準に据え置かれていた。この価格コントロールによって，工業化の促進に向けての天然林地帯からの安価な物質供給が保障された。

この所有・経営形態の改造と表裏一体となって，生産財の国家調達・配分システムの整備が進められた。1953 年末，中央政府は，食糧の「統一買付・統一販売」と呼ばれる制度を実施した。この制度は，国家の規定した価格で農民から余剰食糧を強制的に買い上げ，それを都市住民及び農村の食糧不足住民に分配するもので，事実上の食糧の強制供出・配給制であった。また，この制度の実施に当たって，私営商人による自由取引が禁止された。これも，第一次五ヵ年計画による社会主義建設，工業発展優先の政治路線の体現であり，低価格で農産物を労働者に供給して，工業発展と国庫への上納利潤を担保するためであった（小島 1988，山内 1989 等）[16]。

この社会主義建設に伴う市場の国家統制の動きは，林産物関連も例外ではなく，時期的には主要林産物である木材流通の統制が，むしろ農産物等に率先する形で実施されている。1950 年 11 月に中央林墾部が開催した全国木材会議では，1951 年から，早々に全国での木材の統一買付・統一販売を実施し，木材管理を強化し，木材の生産流通を次第に計画的な枠組みに編入するとされた[17]。そして，1953 年 6 ～ 7 月には，政務院財政経済委員会（後の国家計画委員会）によって，中央林業部が統一的に木材の生産・販売業務の指導管理を行い，その下で木材の生産・販売を一体化させる方針が確定した[18]。これに伴い，林業部は，木材調運総局と国営の中国木材公司を発足させ，既に指令計画の枠内にあった木材の調達・配分と，市場取引されていた木材の買付・販売業務を担当させた。この結果，主要な木材の生産・加工・流通過程は，国家の指令計画下，森林行政機構の管轄下に統制されることになった。もっとも，この政策は 1950 年代半ばにかけて幾つかの曲折を経ることになり[19]，また，末端にて生産・流通を管理する機構（中国木材公司支社，木材検査所等）を整備するのにも時間を要した。このため，1950 年代半ばに至るまでは，林産物の市場流通が完全に統制されていた訳ではなく，農村の集団化に伴って設立された初級生産合作社による木材販売や民間業者による木材流通が残存していた。特に，生産合作社は，引き続き農村部における主要な木材生産・流通の担い手とされ，対して中国木材公司の統制体系は，主に都市部への供給を担うという区分けも見られた[20]。

しかし，非統制ルートの木材流通は，政策的・段階的に排除されていく経過をたどった。偏った森林分布を背景に，主要な木材の生産地（東北・西南地区や南方集団林区の農村部）と消費地（大都市とその近郊，工業地帯）の乖離が目立った現代中国では，当初から，林産物の流通網が広範化していた。この点を背景に，社会主義建設に際して，各地に偏在する木材生産地と各消費地を効果的に結びつける上では，計画に即した木材の国家調達・配分システムが必要との論理が構築された。1954 年 12 月の国務院「一歩進んだ木材市場の管理業務の強化に関する指示」では，民間業者による木材の長距離搬送が禁止され，国営木材公司（中国木材公司）の体系が木材販売を管理する単位とされた。以後，1950年代後半にかけて，この中国木材公司の統制体系を通じた地区間の木材流通が固定化された。また，この枠外となる地区内の流通も，生産合作社，人民公社（生産大隊・生産隊）といった集団内での調達・配分や，木材を必要とする国営企業への計画配分といった形がとられた。その結果，基層社会における主要な木材生産・流通・消費単位は，ほぼ完全に国家統制システム下に置かれることになった（図4-1）。

こうして，主要な林産物である木材の国家統制システムは，1950年代初頭にその枠組みが率先して考案され，社会主義建設の急進化に伴って整備が進み，以後，改革・開放政策が本格化する1980年代まで堅持された。この率先性は，まず，共産党を中心とした統治政権が，域内の復興と社会主義建設を進めるにあたって，森林からの物質資源の稀少性を強く認識していたことに起因する。すなわち，生産拠点となる森林の国家所有化に次いで，重点部門への木材の集中的・計画的配分が必要不可欠だと考えられていた。次に，当時の中国の地方政府や国営企業にとって，低価格に据え置かれていた林産物の調達と加工・販売が，上納利潤目標の達成や利益追求を容易に行う手段であった点も指摘されてきた（Ross 1988等）。これらの関連主体の突き上げが，中央政府に林産物の生産・加工・流通過程の早期の一元化・統制化を志向させた側面もあろう。加えて，農民の生活や短期的収入に直接影響を及ぼす農産物に比べて，林産物は都市・工業建設向けの木材をはじめ，農民にとっては副次的な収入手段であり，また，商品経済・市場流通に馴染んでいた。このため，農民の抵抗感が少なく，社会主義計画経済の試金石とみなされた木材が，比較的早期からの統一買付・統一販売の実践対象となったとも考えられる。

さらに，森林が過少であり，かつ分布が偏る状況で，その物質提供機能を合理的に発揮させる上では，国家の介入が必要との論理が，林産物生産・加工・流通過程の統制を正当化する根拠ともなった。すなわち，林産物市場の国家統制強化は，広範囲に向けての販売を前提とした基層社会の住民や木材商人による乱伐や過剰生産を阻止し，既存の森林を保護し合理的に利用するためとの理由づけがなされてきた[21]。各地方でも，各所有形態下にある森林の伐採主体の限定や木材流通の固定が，森林保護と合理利用を目的に定め

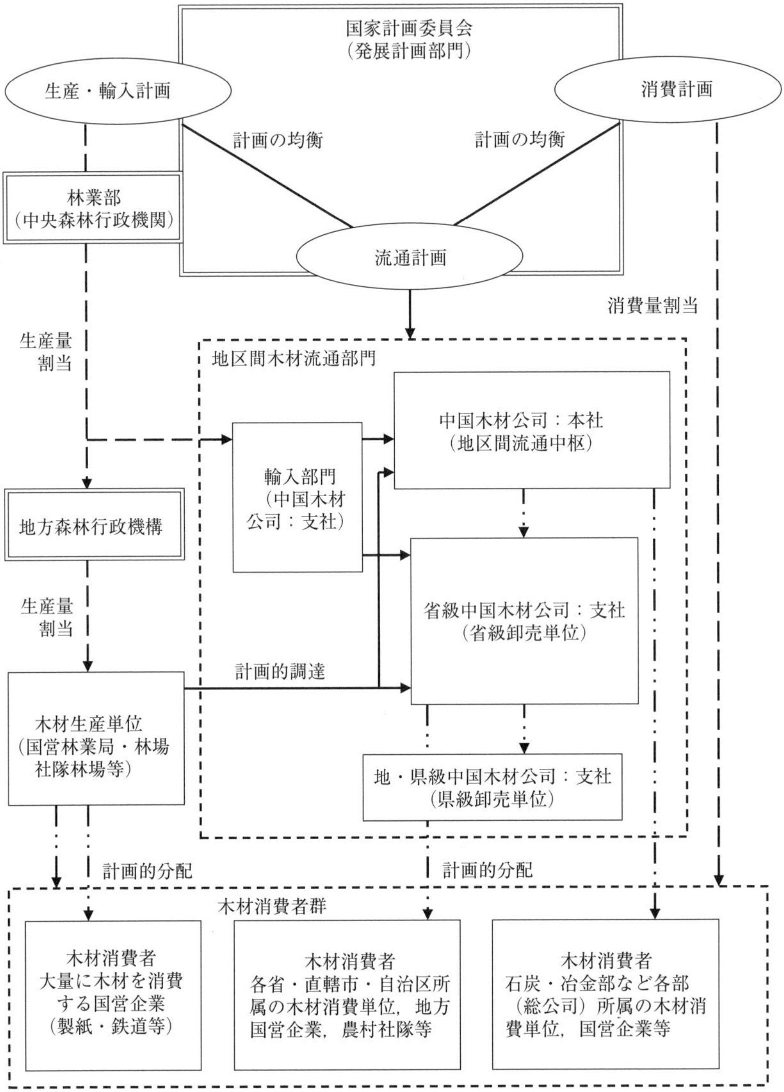

図4-1　社会主義建設に伴う国家統制下での木材流通管理体制

出典：陳（1998）の図3-3（中央指令的計画の制度のもとでの木材流通管理体制：p.56）
に基づき作成。

られていた[22]。

2. 改革・開放以降の森林開発・林産業発展政策の展開

2. 1. 林産物の生産・流通過程の段階的な市場化と統制の残存

改革・開放期に入った1980年代以降は，これらの国家統制システムが段階的に解体され，林産物の生産・加工・流通における民営化・市場化が促されてきた。この政策変化は，農産物をはじめ他部門の動向に，基本的には連動するものだった。しかし，細部では，森林からの物質供給部門としての特徴的な変遷も見られており，国家統制への揺り戻しも生じていた。

改革・開放初期の林産物流通の市場化は，1981年3月の国務院「森林保護と林業発展の若干問題に関する決定」で幕を開ける。ここでは，全域的に重要な木材の供給拠点（国有林区や南方集団林区等）で，引き続き国家調達・配分による生産・流通管理を行うものの，それ以外の地区や社員（農民世帯）の経営に任された林地からの木材は対象外とされた[23]。すなわち，経済建設に必要な資材を統制下に確保する一方，小径木材（非規格材）や，農民自身が生産した木材・竹材等，周縁的な物質資源の流通を，段階的に市場メカニズムに委ねる方針が示された。国有林区での素材生産においても，一定規格以下の小径材は，国家調達・配分システムを介さず，実際の生産単位である国営企業（国営林場等）が，自ら市場価格で消費地に販売できるようになった。また，南方集団林区における規格材（大径材）の固定価格による国家買付の比率が70～90%とされ，それ以外の木材や他地区の集団・農民世帯によって生産された木材・竹材は，当地の森林行政機構の監督下に，消費地・消費単位との価格交渉を通じた取引が実質的に可能となった。この結果，国家の固定価格よりも高い値段で，木材をはじめとした林産物の市場流通が進むことになった。こうして，1981～84年にかけての中国社会では，国家調達と市場メカニズムという二つの流通形態に沿った，「双軌制」と呼ばれる二重価格体系が形成された（陳 1998)。

この林産物の市場化は，1985年1月の中共中央・国務院「農村経済の一歩進んだ活性化に関する十項目の政策」（以下，「政策」）によって第二段階を迎える[24]。この「政策」の主な内容は，これまでの国家による農産物の統一買付・統一販売を改め，総需要予測に基づく年間計画で決められた割当分の食糧を買い付ける「契約」を農民と結び，その契約量を超える食糧の自由市場販売を認めるというものだった。すなわち，農産物流通における双軌制と市場流通を正当化するものであり，1980年代前半を通じて進展していた民営化・市場化と人民公社の解体，前時期からの技術改良や豊作による大量の備蓄食糧の発生等がその背景となった（山内 1989，山本 1999 等）。

これに対して，林産物に関するこの「政策」の内容は，南方集団林区を中心とした集団所有林における木材の国家調達・配分を「廃止」し，木材流通を「全面的に市場化する」というものだった。第三項で「集団林区では，木材市場を開放し，林業を営む農民世帯や集団による木材の自由な市場取引を許可する」とされており，薬剤となる木質原料に関しても，希少で保護の必要な品種を除き，自由取引が許可された。この結果，木材をはじめとした林産物の流通に，県級・郷級の国営企業や物資調達・配分部門，集団企業に加えて，党，行政，軍隊等の関連機関，私営企業，農民などの様々な主体が参入することになった。特に，地級・県級等の森林行政機構に属する木材流通部門（木材公司や林業総公司等）は，この政策実施に乗じて，大都市等の消費地市場へと進出していった（陳 1998）。すなわち，この「政策」の実施を通じて，1950年代から運用されてきた林産物の国家統制システムは，一度，完全に撤廃されることになった。

ところが，これらの多様な買付主体に対して，林地経営の権利を得た農民が，先を争って林木を伐採し売却することになり，森林破壊が加速した（第3章参照）。このため，この問題が表面化した1987年には，再度，南方における木材市場の統制へと政策が転換する。すなわち，1987年6月の中共中央・国務院「南方集団林区の森林資源管理の強化と断固とした乱伐制止に関する指示」の公布に伴って，南方集団林区に位置する一定量以上の森林面積・蓄積と年間の木材生産量を誇る158の林業重点県（県級行政単位）で，自由木材市場の閉鎖と，再度の国家調達の実施という「引き戻し」が行われた（陳 1998）。翌1988年4月には，国家物価局・林業部等から，南方集団林区の木材価格を，「最高・最低価格の設定」という形で再度統制する規定が出された[(25)]。ここでは，「木材経営開放がなされて以来，木材価格は大幅に上昇し，林業を営む農民世帯，林区政府，林業企業の収入は増加し，林区経済は更に活性化したが，価格の過剰上昇，収益分配の不合理，中間搾取の過多が，林木の超過伐採を助長し，市場物価の安定に悪影響を与えている」とされた。そして，「造林を奨励し，過剰伐採を抑制し，農民の合理的な収益を保護し，中間搾取による不合理な収入を抑える」ため，南方集団林区で生産される主要なコウヨウザンとマツの原木に対して，それぞれ650元／m^3，320元／m^3という最高販売価格が設定された。また，森林行政機構の木材流通部門による素材の買い叩きを抑える目的から，原木買い上げの最低価格も設定された。但し，林業重点県以外の県級行政単位の木材市場に対しては，基本的に制約がなされず，引き続き，私営業者や集団組織による木材流通が展開した（陳 1998）。

2．2．林産物の生産・流通過程の市場化の定着

こうした引き戻しこそ見られたものの，それ以降の改革・開放期を通じて，林産物の生産・流通過程の市場化という方針自体は堅持された。

1980年代半ば以降は，国家所有林地からの林産物生産・流通でも市場化が進んでいく。1984年，国家計画委員会・林業部は，国有林区の国営企業（国営林業局・林場等）の経営自主権を拡大する一環として，同企業による自主販売可能な「非統制材」というカテゴリーを設けた。1985年の「政策」では，従来の国家調達による「統制材」に対して，この「非統制材」の割合を増加させていくことが求められ，1994年には統制材の割合が6.8％にまで低下するに至った。この結果，東北・西南等の大面積の国有林区からの木材流通は，各国営林業局・林場によって素材生産・加工が行われた後に，市場を通じて販売されるのが一般的となった（陳 1998）。

1990年代後半に入ると，林産物の流通は新たな市場化の段階を迎えた。すなわち，1998年春の行政改革に際して，国家による木材の統一買付・統一販売の全面的廃止が決定された[(26)]。これを受けて，林業部から国家林業局への改組にあたり，1950年代から中央の森林行政機関として国家調達・配分を管轄していた部署が撤廃された。同時に，木材生産，木質パルプによ

る製紙，森林を活用した観光，木本薬剤，樹木性花卉等の産業発展を管轄する部署も，企業単位として行政から分離され，独立採算制が実施されることになった（第7章参照）。この結果，森林行政機構は，林産業発展を管轄する部門としての性格を弱めることになった。

その直後，1998年夏の長江・松花江流域大洪水の発生を受けて，天然林資源保護工程をはじめとした大規模な森林造成・保護プロジェクトが実施された（第3章参照）。これ以降は，森林分類経営によるゾーニングをベースとした統制が強化される。すなわち，（生態）公益林として指定された森林からの林産物生産・流通は，法令を通じて厳しく規制された。天然林資源保護工程の対象区では，森林破壊につながる違法な木材加工・流通の取り締まりを理由とした，加工企業や市場の整頓が進められることにもなった[(27)]。但し，商品林とゾーニングされた森林等に対しては，1998年夏の大洪水以後も，生産・加工過程の民営化に加えて，市場取引による流通促進が方針として堅持された。

2. 3. 林産業の民営化の推進と事業主体の多様化

改革・開放以降の中国で，市場化と表裏一体に進められたのは，各生産・加工・流通事業の所有・経営形態の改革であった（土地・林地関連の改革は第6章参照）。その基本的な方向性は，これまでの国営企業や集団に限定せず，株式制や合資・合弁などを通じた合理的かつ多様な国有・集団企業（国有企業，郷鎮・村営企業），更には個人や私営・外資企業等の私的主体による経営を促すものだった。林産業においても，この民営化・多様化という方向性に沿った変革が進められた。

この結果として，1980年代後半から2000年代にかけて，林産物の生産・加工・流通過程において，私営・外資企業の参入による大々的発展が見られた。各種の林産物が，一次産品から高次加工製品に至るまで，低賃金労働力を活かして中国域内で生産され，域外へと輸出される「世界の工場」状態が演出された。その発展は，まず，広東，浙江，江蘇，山東，河北等の沿海部で，産業集積を伴う形で促された。

山東省臨沂市では，1980年代後半から合板を中心とした木質ボード製品

（各種合単板，ファイバーボード，パーティクルボード，ランバーコア合板等）加工を行う私営企業が集積していった（写真4-3）。当初，これらの企業は，東北国有林区からの天然林材等を原料としていたが，企業数の増加で原料不足に直面した結果，水土保全機能の発揮を目的に市内や近隣に植栽されていたポプラ人工林材を主要な原料とするようになった。このポプラ原木の初期加工は，市内の個別の農民世帯を中心とした家族経営的な零細企業が主に担うようになった。1990年代後半から2000年代前半にかけて，多くの農民世帯が，簡便なロータリーレースを数万元以下の値段で購入し，自らの請負経営地を敷地として，単板加工に従事するようになった。ポプラ原木は，手斧で樹皮を落とされ，玉切りにされた後にロータリー単板に剥かれ，敷地内に並べて天日で乾燥させた後，各種の合板企業に販売された。また，

写真4-3　臨沂市中心部の専業市場に立ち並ぶ多数の木質ボード製品加工企業の販売店

出典：山東省臨沂市にて筆者撮影（2011年3月）。

写真4-4　臨沂市内の家族経営的な零細企業によるロータリー単板加工
出典：山東省臨沂市にて筆者撮影（2011年3月）。

写真4-5　加工後に敷地内で天日乾燥されるポプラ単板
出典：山東省臨沂市にて筆者撮影（2011年3月）。

端材等も余すところなく他の木質ボード製品企業に卸される仕組みが構築された（写真4-4，写真4-5）。このような私的主体をベースとした林産業の集積・発展は，河北省廊坊市文安県（後述），江蘇省徐州市邳州市，広西チワン族自治区南寧市周辺等でも見られた（森林総合研究所 2010）。

対外開放に伴い，外資企業の進出も目立ってきた。遼寧省大連市は，東北地区最大の港湾都市として，改革・開放以降，1984年に経済技術開発区が設置された。その結果，1990年代から2000年代前半にかけて，日系をはじめとした外資の合弁による多数の家具・フローリング加工企業が集積し，後背の東北国有林区を原料供給地として，日本向けの構造用集成材の加工拠点ともなってきた（森林総合研究所 2010）。また，広東省広州市を中心とする珠江デルタ一帯でも，1980年代から，輸入材や南方の人工林材を原料に，台湾・香港等からの資本導入による輸出向けの家具生産が盛んとなった。特に，東莞市・深圳市では，欧米資本を含む多くの企業が集積し，大掛かりな展示・販売施設も整備され，欧米向け輸出を中心とした家具産業が発展した。仏山市順徳区でも，1990年代初めから家具製造の私営・外資企業が多く設立され，主に域内向けの家具の加工・流通拠点となった（写真4-6）。また，浙江省嘉善県は，長江デルタの港湾部に近い立地を活かして，1990年代以降，台湾等からの投資を呼び込み，輸入材を主要な原料として各種の木質ボード加工産業が発展した（宋 2007）。

各地で事業を展開する林産物生産・加工関連の私営企業は，「協会」等と呼ばれる企業連合体を形成し，共同して商品の宣伝や販路の拡大に努めるようにもなった[(28)]。これらは，行政機構との繋がりを生かしたロビー活動を展開し，林産業発展を後押しするよう政府に働きかけてもいる。外資企業も，域内の各種企業と競争・協力を重ねつつ，林産物における「世界の市場」ともなった中国への販路開拓に積極的に取り組んできた。

但し，こうした私的主体の参入が進む中で，旧来の国家・集団経営が全く役割を果たさなくなった訳では無い。特に，南方集団林区等での生産・加工においては，従来の集団単位での経営の流れを汲む郷村の事業体（郷村林場等）が，株式合作制，林業専業合作社等，多様な組織形態をもって当地における林産物の生産・加工を行い，市場への出荷を担ってもきた（第6章参

写真4-6　広東省における家具産業の加工・流通拠点
出典：広東省仏山市にて筆者撮影（2009年11月）。

照)。

従来の国営企業は，改革・開放の政治路線下に「政企分離」と呼ばれる経営権の独立が段階的に進められ，国家（政府）が経「営」に直接関与していないことを示すため，1992年から公式に国有企業と呼ばれるようになった。林産業でも，この改革が1980～90年代を通じて進められた。1998年に中央の森林行政機関から林産業関連の部署が廃止・分離されたのに前後して，東北国有林区の経営体制も改められた。1990年代には，黒龍江・吉林省，内モンゴル自治区における省レベルの国有林区の行政・経営機関であった森林工業（総）局が，政企分離の観点から「森林工業集団」（龍江集団，吉林集団，内蒙古集団）という形に改組された。この時期，各地の旧国営（国有）企業は，私営企業の成長の中で，計画経済時代の非効率性を内包するものと批判されてきた。しかし，国有林区としての生産・加工単位は，区画としての森林を経営する林場等として一体化されてきたため，原料調達に強みがあった。また，政府や研究機関等のサポートを得られやすい利点をも活かして，2000 年代に至っても，各地の林産物生産・加工に一定の役割を果たしてきた。中には，行政・研究機関の協力を受け，或いは私営・集団・外資企業との合弁を通じて，新技術や効率的な生産システムを導入し，余剰人員の削減を図りつつ，当地での木質ボードや非木質林産物等の生産・加工を牽引するケースも存在してきた（森林総合研究所 2010）。

2．4．2000 年代にかけての林産業の急速な発展と影響

これらの多様化した担い手が，市場競争を展開する形で，中国では 2000 年代にかけて，各種の林産物の生産・加工が右肩上がりの成長を遂げていった。

素材をはじめとした一次産品の生産段階では，これまでの国有林区に加えて，品種改良された早生樹種の人工林経営が発展した沿海部の平原地帯等が，新たな生産拠点として加わった。北方の華北平原等ではポプラ，長江流域以南ではコウヨウザン・バビショウ（馬尾松）・竹類，南方沿海部ではユーカリが，主要な素材提供樹種となった。当初，これらは国家所有地や農民世帯に分配された集団経営地で植栽されていたが，林地使用権・請負経営権の移転の加速に伴って，私営企業や個人投資家等，経営力のある私的主体による大規模・集約経営も可能となった。この方針は，2000 年代には「非公有制林業の発展」等とよばれ，国家・集団以外の私的経営を前提とした素材生産が政策的にも促されていった。

同時期の林産物の加工産業で，最も顕著な成長を遂げたのは，合板やファイバーボードを主軸とした木質ボード類であった（表 4-3）。この理由としては，まず，住宅をはじめとした建築物の構造材に殆ど木材を使用してこなかった中国では，改革・開放以降の域内の資材関連の需要増が，主に家具やフローリング・造作材等の内装材，及びコンクリート型枠等の土木用材に集中してきたためである（森林総合研究所 2010）。合板は，これらの需要全てに加えて，輸出向けの家具等にも幅広く用いられてきた。ファイバーボードやランバーコア合板（原語：細木工板）[(29)] は，主に一般住宅向けの家具や

表4-3　改革・開放以降の主要な林産加工品の生産量推移

年次	製材 （万 m^3）	木質ボード （万 m^3）	内： 合板	ファイバーボード	パーティクルボード	竹材 （万本）	松脂 （トン）
1981	1,301.06	99.61	35.11	56.83	7.67	8,656	406,214
1982	1,360.85	116.67	39.41	66.99	10.27	10,183	400,784
1983	1,394.48	138.95	45.48	73.45	12.74	9,601	246,916
1984	1,508.59	151.38	48.97	73.59	16.48	9,117	307,993
1985	1,590.76	165.93	53.87	89.50	18.21	5,641	255,736
1986	1,505.20	189.44	61.08	102.70	21.03	7,716	293,500
1987	1,471.91	247.66	77.63	120.65	37.78	11,855	395,692
1988	1,468.40	289.88	82.69	148.41	48.31	26,211	376,482
1989	1,393.30	270.56	72.78	144.27	44.20	15,238	409,463
1990	1,284.90	244.60	75.87	117.24	42.80	18,714	344,003
1991	1,141.50	296.01	105.40	117.43	61.38	29,173	343,300
1992	1,118.70	428.90	156.47	144.45	115.85	40,430	419,503
1993	1,401.30	579.79	212.45	180.97	157.13	43,356	503,681
1994	1,294.30	664.72	260.62	193.03	168.20	50,430	437,269
1995	4,183.80	1,684.60	759.26	216.40	435.10	44,792	481,264
1996	2,442.40	1,203.26	490.32	205.50	338.28	42,175	501,221
1997	2,012.40	1,648.48	758.45	275.92	360.44	44,921	675,758
1998	1,787.60	1,056.33	446.52	219.51	266.30	69,253	416,016
1999	1,585.94	1,503.05	727.64	390.59	240.96	53,921	434,528
2000	634.44	2,001.66	992.54	514.43	286.77	56,183	386,760
2001	763.83	2,111.27	904.51	570.11	344.53	58,146	377,793
2002	851.61	2,930.18	1,135.21	767.42	369.31	66,811	395,273
2003	1,126.87	4,553.36	2,102.35	1,128.33	547.41	96,867	443,306
2004	1,532.54	5,446.49	2,098.62	1,560.46	642.92	109,846	485,863
2005	1,790.29	6,392.89	2,514.97	2,060.56	576.08	115,174	606,594
2006	2,486.46	7,428.56	2,728.78	2,466.60	843.26	131,176	845,959

出典：国家林業局（2007）『中国林業発展報告：2007』を参照して筆者作成。

扉などの基板として用いられ，無垢材に比べて安価なため，ローエンド需要を満たす形で発展してきた。後述するように，これらは製材や合板の端材や規格に満たない小径木等を原料とする場合が多く，その生産地は合板産業の集積地にも重なってきた。これらの木質ボード加工産業は，域外からの技術導入と設備投資，更には企業誘致を志向する地方政府の積極的な支援を通じて，製品の品質向上と生産拡大に取り組んでいった。また，各地で造成が進んだポプラ，コウヨウザン，ユーカリ等の原木を，素材として活用することもできた。これらの条件に恵まれた木質ボート加工産業は，2010年代に入っても成長を続け，ともすれば原料不足が問題視される程であった（写真4-7）。

対して，改革・開放初期の国営・集団企業における主要な加工製品であった製材は，1990年代後半までは一定の生産水準を維持してきた。しかし，1998年夏の長江・松花江流域大洪水を契機とした天然林資源保護工程の実施に伴い，東北・西南地区での伐採が規制され，当地や移出先での製材加工が一時的に低迷した。その後は，ロシア，ニュージーランド，北米等からの輸入材を原料とした製材生産が行われてきた。製材品の主要な用途としては，無垢材としての高級家具・フローリングやコンクリート型枠が挙げられるが，1990年代以降は日本等への輸出を前提とした構造材の加工生産も行われてきた（森林総合研究所 2010）。

竹材・松脂等の非木質林産物の生産量も，改革・開放期には増加の一途をたどってきた。特に，1990年代後半からの竹材生産の急速な成長は，浙江省，江蘇省，福建省等の長江流域以南を中心に，農民世帯をはじめとした私的主体が竹林経営や初期加工を行い，周囲に多数の私営・集団企業が集積して，各種の製品加工を行う形式でもたらされた（楊 2012，孫ら 2020等）。例えば，浙江省のとある県では，1978年の段階で，19の加工企業が460名を雇用して，マット，床板，筍製品，竹細工，竹家具製品を行い，年間96万元の生産額を得ていた。しかし，1985年に市場開放を契機として郷鎮企業が設立され，1988年には海外の投資家との合弁事業による資本・技術投入がなされた結果，竹製品の販路が拡大し，1998年には1,182の竹材加工企業と18,914名の従業員を抱えるまでに至ったとされる（Perez ら 2003）。

写真4-7　北京市近郊の市場に運ばれた域内産の木質ボード
出典：当地にて筆者撮影（2008年5月）。

写真4-8　南方の沿海部にて加工企業の経営するユーカリ人工林地
出典：広西チワン族自治区にて筆者撮影（2009年11月）。

製紙業の発展も，経済発展に伴う需要増を背景に，外資導入が大きな役割を果たした。APP（シンガポール），Stora Enso（フィンランド），理文（香港），王子製紙（日本）等の外資企業が続々と中国に進出し，当地の国有・集団・私営企業等と合弁・競合しながら，生産量を拡大させていった（項ら2008等）。2000年代には，各企業の事業展開や木質ボード生産の発展等に伴い，製紙原料の域内確保がままならなくなり，木質チップ・パルプの輸入量が増えるという局面も見られた。

改革・開放以降，今日に至るまでの市場化と民営化を志向する政治路線は，中国社会における森林からの物質供給を効率化し，その商品財としての幅を拡げてきたと評価できよう。同時に，物質提供機能に伴う価値・便益を認識する主体の多様化（政府，国有企業，集団企業，私営企業，外資企業，個人投資家，農民世帯等）をもたらし，彼らが「限られた」森林から提供される林産物を「奪い合う」構図を生み出してもきた。沿海部や南方を中心に，各地では原料の獲得競争が激化した。その中で，各加工企業は，その安定的な供給源として土地の使用権・請負経営権を集団や農民世帯から取得し，大規模な用材林造成を展開する動きも見せるようになった（写真4-8）。これに，企業誘致・産業集積を図る地方政府や基層集団幹部，更には生活手段として分配された土地の権利関係を重視する農民達の思惑が絡み，各地で林産物の生産・加工・流通をめぐる複雑な利害関係が形成されていった。

2．5．域内森林開発の限界と林産物貿易の自由化・拡大

改革・開放以降から2000年代にかけての林産物生産・加工・流通の発展は，同時期の急速な経済発展に伴う需要増に裏打ちされ，域内の森林からの物質供給を求める大きな圧力ともなった。この時期には，1999年の天然林資源保護工程の本格化以降ですら，あの大躍進政策期（1958～60年）を上回る年間の木材生産量が公式統計に計上されてきた（図4-2）。

しかし，建国当初から同種の圧力に晒されてきた域内の森林地帯は，この時期の大幅な需要増に耐えうる余力を失っていた。1980年の時点で，既に各地で「森林資源が劣化しており，材の質が益々低下している」との声が，中央の政策現場に反映されていた[(30)]。国家所有林では引き続き国営（国有）

企業が，集団所有林では経営権を得た農民や集団企業が中心となって森林経営にあたっていたが，基層社会での過剰伐採は1980年代にかけて加速した。その引き締めも経ての1980年代末の時点で，域内の森林からの物質供給は最早限界に近づいたと政策当事者に認識されていた。

> 森林資源の保護のためには，伐採を減少させなければならないが，各企業の経営が維持できなくなる。最低限度の収支を維持するには，造林への投資を減少させねばならない。その結果，更に森林資源の危機を強め，伐れば伐るほど貧しくなり，貧しくなるほどにまた伐るという悪循環に陥っている[31]

この需要増と森林劣化のジレンマは，1990年代を通じた水害等の自然災害の深刻化，そして1998年夏の長江・松花江流域大洪水を受けて，ついに

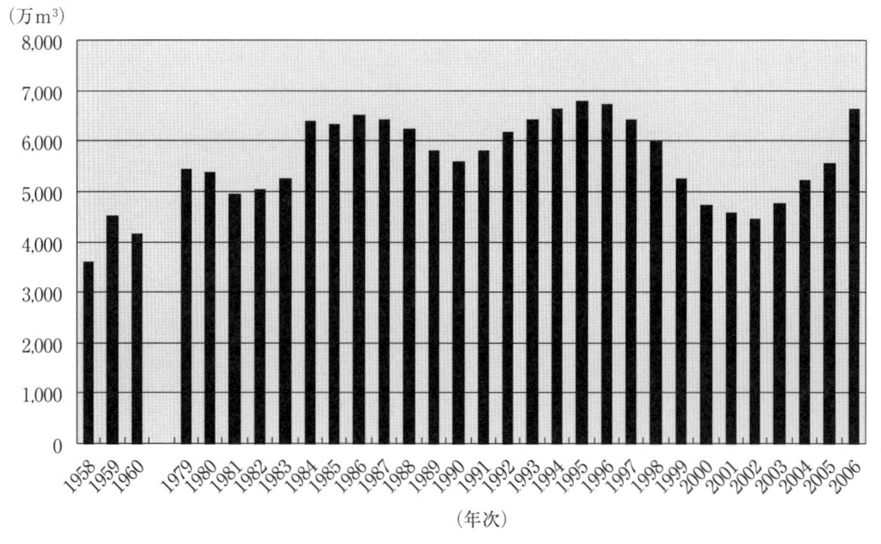

図4-2　改革・開放以降の木材生産量の推移

注：木材生産量には竹材は含まれない。

出典：国家林業局編（2002）『中国林業発展報告：2002年』，国家林業局編（2007）『中国林業発展報告：2007年』を参照して筆者作成。

限界を迎えたとみなされた（第3章参照）。

この状況にあって，増え続ける林産物需要に対応するほぼ唯一の手段は，域外からの輸入であった。折しも，貿易拡大は，改革・開放路線の対外開放・貿易自由化を通じた経済発展という全体的な方向性にも沿うものだった。1980年代当初，原木等の林産物輸入は，中国木材公司をはじめ特定の公的機関のみ行うことができた。まず，1990年代後半にかけて，木材輸入許可証を得た企業に対して，国家計画に基づく割当量の枠内での輸入を認める規制緩和が行われた。そして，1998年12月より，全ての企業の木材輸入業への自由参入が認められることになり（Zhang ら 2005），輸入量に関する制限も最終的に撤廃されることになった。

素材としての原木と，その一次加工製品である製材は，域内の森林劣化と貿易自由化を要因として，輸入材への依存度を急速に高めていった（写真4

写真4-9　中国の港湾に山積みされるようになった輸入原木
出典：江蘇省張家港市において筆者撮影（2008年11月）。

表4-4　1995～2007年の中国にお

林産物製品名	単位	輸出入		1995年	1996年	1997年	1998年	1999年
原木	m³	輸出		97,149	64,170	63,319	31,926	23,016
		輸入		2,582,601	3,185,482	4,462,311	4,823,042	10,135,683
製材	m³	輸出		408,860	384,064	389,640	258,081	354,591
		輸入		862,990	938,483	1,331,473	1,690,315	2,756,371
合板	m³	輸出		129,018	176,834	437,703	176,876	422,542
（胶合板）		輸入		2,082,925	1,775,110	1,488,436	1,690,636	1,042,430
パーティクルボード	m³	輸出		8,347	10,459	16,911	10,967	16,865
（刨花板）		輸入		55,232	107,613	147,860	156,329	248,146
ファイバーボード	m³	輸出		62,642	56,141	36,975	19,779	18,577
（纖維板）		輸入		273,448	340,132	462,826	572,401	794,880
家具	（件）	輸出		34,029,260	39,559,551	53,740,664	68,081,315	78,374,918
		輸入		712,125	481,962	600,136	803,745	728,154
木質チップ	（トン）	輸出		1,897,652	1,848,712	1,948,365	1,570,723	1,600,959
（木片）		輸入		607	1,259	2,060	1,522	2,835
木質パルプ	（トン）	輸出		28,517	11,794	16,388	13,327	1,676
（木浆）		輸入		778,617	1,457,572	1,529,007	2,179,198	3,080,230
紙・紙製品	（トン）	輸出		148,910	119,835	146,108	141,244	134,646
		輸入		2,868,379	4,125,104	4,956,593	5,023,409	5,529,826
木炭	（トン）	輸出		26,077	32,688	45,612	46,842	63,429
		輸入		1,655	603	1,047	3,153	4,952
松脂	（トン）	輸出		215,392	175,945	204,693	253,925	261,060
（松香）		輸入		1,018	1,400	1,755	1,323	1,228

出典：国家林業局（2008）『中国林業発展報告：2008』を参照して筆者作成。

ける主要林産物の輸出入量の推移

2000 年	2001 年	2002 年	2003 年	2004 年	2005 年	2006 年	2007 年
26,711	17,739	10,957	9,397	6,137	6,927	4,282	3,721
13,611,746	16,863,751	24,333,043	25,455,467	26,308,522	29,367,986	32,152,934	37,132,605
414,336	449,748	448,337	543,013	489,331	682,072	829,990	763,544
3,613,693	4,034,120	5,483,706	5,598,051	6,051,670	6,054,178	6,153,148	6,557,793
686,991	965,361	1,792,423	2,040,470	4,305,484	5,583,972	8,303,695	8,715,903
1,001,808	650,859	636,130	797,810	799,298	589,120	413,429	304,098
26,273	24,958	51,183	67,463	130,751	95,035	141,658	179,824
343,773	447,559	589,686	623,999	652,594	633,972	541,102	524,918
35,308	26,815	80,338	85,035	509,945	1,376,697	1,968,316	3,056,768
1,014,513	1,070,243	1,251,646	1,394,223	1,377,045	1,137,113	924,481	702,512
91,340,898	93,611,649	117,969,289	142,179,765	175,777,874	211,601,212	248,149,710	280,364,654
624,847	576,391	571,981	876,469	851,909	863,112	1,290,094	2,468,740
1,854,972	1,771,351	1,559,915	1,137,770	1,094,162	880,655	596,242	214,540
1,202	3,596	52,271	279,741	302,680	871,274	895,437	1,139,607
12,829	5,776	4,639	3,763	1,504	20,456	32,007	50,781
3,294,418	4,873,085	5,232,622	5,988,591	7,214,995	7,520,149	7,881,293	8,383,914
263,340	352,519	364,822	502,386	576,634	790,907	1,145,650	1,457,278
5,049,529	4,693,795	5,285,423	5,301,144	5,100,886	4,372,254	4,604,689	4,208,691
81,540	97,690	103,759	106,615	68,141	37,497	46,652	42,643
24,852	31,279	21,839	26,654	31,066	43,013	39,406	75,003
281,420	302,279	356,308	301,173	342,888	347,455	367,148	329,214
1,556	836	1,136	1,924	2,152	2,345	2,872	3,122

-9)。1990年に入ってからの林産物輸入量の推移を見ると，原木・製材輸入に関しては，この双方の要因の顕在化を経た1999年を明らかなターニングポイントに急増したことが分かる（表4-4)。木質パルプや紙・紙製品は，一貫して輸入が輸出を大きく上回っており，既に1990年代から域外の森林に依存しなければならない状況にあった。2000年代には，外資の進出を経て沿海部で製紙産業が発展し，生産された紙製品の輸出量も増えつつあるが，域内需要を賄い得るには至らなかった。

合板・パーティクルボード・ファイバーボード等の木質ボード類は，1990年代終盤まで，やはり需要増に域内の産業形成が追い付かず，輸入量が大幅に上回っていた。しかし，1999年から2004年にかけて，輸入量は横ばいから減少へと転じ始める。これは前述の通り，域内での加工技術の向上や産地形成が進み，各地の早生樹種や輸入原木を利用した生産体制が整ってきたためである。特に，著しい産業発展を遂げることになった合板は2001年，ファイバーボードは2005年の時点で，輸出量が輸入量を上回るに至った。

一方，製材や木質ボードを用いた二次加工製品である家具や，非木質林産物である松脂等に関しては，1990年代から輸出が輸入を大幅に上回ってきた。これは，安価な労働力を背景に，域内の加工産業が早期からグローバル市場での優位性を確保できたためである。但し，家具の原料自体には輸入材が多く用いられてもきた（森林総合研究所2010)。

1990年代から2000年代にかけての中国は，森林開発と物質供給までを踏まえた場合でも，改革・開放以降の林産業発展の大きなターニングポイントとなった。すなわち，原木，製材，紙製品等の形で，域外の森林に依拠して原料の供給不足を補いつつ，低賃金・労働集約による木質ボード類や家具等の加工産業を発展させ，それらの製品輸出を図ることが目指されてきた。これは，典型的な輸出志向型の発展戦略であり，この時期の中国における林産物貿易拡大の内実も，その戦略に沿うものであった。この観点からすれば，改革・開放期の森林開発・林産業発展政策は，安価な労働力を生かした製品輸出による外貨獲得と，域内の森林からの物質供給の限界克服を念頭に，グローバル市場へのリンクを促す側面を持っていたことにもなる。

換言すれば，この時期の中国の林産物貿易の拡大は，国際情勢に対応した自由化の結果としてのみでは捉えきれないことになる。すなわち，域内の森林の諸機能の低下や，全体的な産業発展のヴィジョンに基づいて，林産物貿易が大きく方向づけられていた。近年の中国の輸入材依存が，価格差等の市場要因よりはむしろ，域内の森林状況を踏まえた政策的要因を起点とするものだったことには留意すべきである。

2001年，中国政府は念願のWTO（世界貿易機関）への加盟を果たした。WTOの加盟国には，貿易における数量制限の禁止，補助金の規制，最恵国待遇の付与等，多角的な自由貿易を促進する上でのルール遵守が求められる。但し，輸出入の関税率や，関連の域内税率（輸出増値税など）については，低率化への姿勢が求められるものの，具体的な制限は設けられていない。このため，加盟後の中国でも，これらの税率の変更や，輸出禁止等の措置がとられてきた。これらの措置は，域内の森林保護や原材料の確保を名目に実施されることが殆どであった。例えば，段階的な規制を経て，2004年8月に中央政府は，木炭の全面輸出禁止を発表し，多くを中国からの輸入に頼っていた日本の産業に大きな影響を与えた。この理由として真っ先に挙げられたのが，森林の劣化に伴う諸機能の維持・回復の必要性であった。これによって中国の木炭輸出は一挙に落ち込み，2005年には輸入量が輸出を上回った（表4-4）。また，2003年から，主に広葉樹を利用していた中国の割り箸産業における輸出増値税還付率の引き下げ（13%→0%）が実施され，以後の輸出税や消費税の課税に伴い，域内外での中国産割り箸価格が高騰した。この際にも，域内の森林保護が理由として掲げられた(32)。輸出増値税の還付率引き下げや輸出税増税は，木質ボード類や木質チップ等の他の方面でも見られた。特に，木質ボード加工産業の発展した沿海部の各省では，木質チップ等の製紙方面に回る原料が不足しがちのため，この間接的な輸出制限措置は，森林からの物質資源の海外流失を避け，域内での加工・消費を確保する側面があったとも捉えられていた(33)。

その後，2000年代から2010年代にかけて，中国の林産業の発展は，輸入材に大きく依拠し続けながら進んだ。2002年の時点で，中国域内の木材及び木製品（紙類を含む）総供給量は1億8,787.15万m^3，そのうち輸入材は9,445.88万m^3と積算され，既に全体の約50%を占めることになっていた(34)。

2014年には，総供給量が5億3,945.91万 m^3 にまで増加し，輸入材は2億5,859.61万 m^3 で，その割合は約48%であった[(35)]。この過程を通じて，中国政府は，原料としての輸入材確保への自信を強めつつも，国際的な資源獲得競争の激化や情勢変化を見据えた動きも見せるようになった。例えば，木材供給の輸入依存状況を緩和するため，2017年の中央1号文件では，人工林資源の育成を念頭に「国家備蓄林基地の建設を強化せよ[(36)]」との方針が提起された。

2. 6. 政策の位相の変化：直接的な資源管理政策から間接的な産業振興政策へ

市場化，民営化，貿易自由化という政治路線の目指す全体的な方向性に基づいて，改革・開放以降の林産業発展政策は，それ以前の物質資源確保のための国家「統制」とは，全く異なる位相を見せることになった。1950年代以降の政策の内実は，固定価格の設定，経営形態の規制，国家調達・配分システムの整備を通じた，稀少な森林の「直接的な資源管理政策」であった。対して，改革・開放以降は，市場化・民営化の方針を通じて，林産物の生産・加工・流通に携わるようになった多様な主体の異なる利害を「調整」するという性格が前面に押し出されてきたのである。

より具体的には，まず，生産過程における税率の調整や，製品品質基準の変更といった，市場メカニズムを前提とした間接的な調整策が主軸となった。例えば，企業所得税や増値税（付加価値税）の増減を通じて，域内の林産物加工企業の発展速度が調整されようとしてきた（森林総合研究所 2010)。また，輸出税等の調整によって，林産物の輸出が抑えられ，域内での加工業の発展や流通の促進が図られることもあった。

一方，素材等の一次産品の生産・取引過程では，1980～90年代を通じて，農業特産税[(37)]をはじめとした諸税（原語では「税」として総括される）や，各建設項目に供される名目の諸費用（原語では「費」として総括される。諸税と併せて「税費」と一括される場合もある）が，各地方行政単位によって徴収されてきた（Liu ら 2003 等)。これらは，地方政府の財源となる反面，生産者である農民世帯や私営・集団企業等の負担となり，彼らの林産物生産・加工への参入を阻む要素となっていた。このため中央政府は，1990年代を通じて何度か農業特産税の税率に変更を加え，調整を重ねた結果，2004年6月をもって素材等の一次林産物に課せられてきた農業特産税の全面廃止（タバコ等は除く）に踏み切った。諸費用に関しても，地方政府の腐敗の温床となりやすいこと等から，中央政府は，決められた項目以外で設定してはならないと度々強調してきた。しかし，財源不足に喘ぐ地方では，これらの指示が事実上無視され，依然として過剰な負担を住民や企業に要求する例も見られてきた。これらの政策的な調整は，まさに森林・林産物をめぐる主体の多様化と，利害関係の複雑化を反映したものであった。

また，改革・開放以降の林産業発展政策は，森林行政機構の管轄する統制から，市場化・民営化という全体的な政治路線の方向性に沿ったことで，部局横断的・総合的な位相を強く持つようになった。国家所有林地からの林産物生産・加工・流通は，「政企分離」に基づく国有企業改革の一環として位置づけられ，林産物加工産業における外資導入も輸出指向型の発展戦略に則り，税制優遇措置を伴って指定された経済特区や経済技術開発区を中心に進んだ。

こうした政策の位相の変化は，林産業の発展が，近年の中国の全体的な社会・経済変化に応じて規定される様相を強めた。多くの林産物加工企業が立地してきた沿海部では，2000年代後半の時点で，都市化や不動産投資の拡大に伴い，既に土地使用権の価格上昇に直面していた。同時に，インフレの加速や格差拡大への不満を背景に，農村部からの出稼ぎ等，低賃金労働に従事してきた人々による賃上げ・社会保障要求も強まり，中央政府は「労働契約法」の整備をはじめとした対策に追われた。その結果，沿海部では，原料となる素材供給地の確保や，林産物加工企業の経営におけるコストが急速に上昇することになり，内陸部・農村部への移転を迫られる状況が生み出されていた[(38)]。

すなわち，改革・開放以降の林産業発展政策は，市場化・民営化を前提としつつ，その都度の社会状況や政策課題に応じて調整を加える「間接的な産業振興政策」へと，その性格を変化させたと捉えることができよう。その調整は，WTO加盟に見られる「規制緩和」（政府の干渉排除，市場化，自由貿易化）という方向性をもつ場合もあった。但し，輸入材の積極的な導入や，各時期の林産物の輸出規制に見られるように，森林資源が限られる中で，域内への物質供給を確保するという論理が，引き続き働いてきた点も見落とせない。

3. 林産物需要増に伴う森林開発をもたらした背景と政策的対応

第一次五ヵ年計画を契機とした工業優先の社会主義建設，及び，改革・開放以降の市場化・民営化による産業発展は，その方向性こそ異なっていたが，等しく域内における森林開発と林産物増産を必要とした。

この森林開発と林産物増産，それによる域内の森林劣化と輸入材への依存は，現代中国における幾つかの社会的背景が助長してもきた。中でも，人口増加に伴う薪炭材等の生活資材需要の増大，食糧増産の必要に伴う森林の農地等への転換，及び，木材利用率の低さ等に伴う木材浪費の深刻化は，上記のプロセスを加速させる要因となり続けてきた。これらの要因への「対応」という点から見ると，現代中国における森林政策の新たな側面が浮かび上がってもくる。

3. 1. 人口増加に伴う住民の生活資材需要

最近の中国の人口は14億人を超過している。但し，1949年の時点では6億人を下回っており，現代史を通じて倍以上に増加したことになる（図4-3）。その過程を見ると，基層社会で数千万単位の餓死者が出るに至った大躍進政策期の1960年に，死亡率が出生率を上回り，自然増加率がマイナスに転じている他は，概ね増加の一途をたどっている。単年の自然増加率では，1949～50年代末と，1962～70年代前半が目立っている。この両時期には，年間の自然増加率がほぼ2%以上を示す勢いであり，現代中国の人口増加に大きく寄与してきたことが分かる。1950～70年代にかけての中国では，人口に対する政策当事者の考え方が錯綜してきた。しかし，総じて「人口は多いほど良い」とされる時期が目立ち，また，農村部等の伝統的価値観の改変には至らなかったことが，この時期における人口増加の背景に存在したとされる（若林 1989 等）。一方，改革・開放路線に転換した1980 年代以降は，計画出産による人口抑制が定着化したことなどによって漸増にとどまってきた。

この間，８億人の増加を見た基層社会では，必然的に住民の生活で使用さ

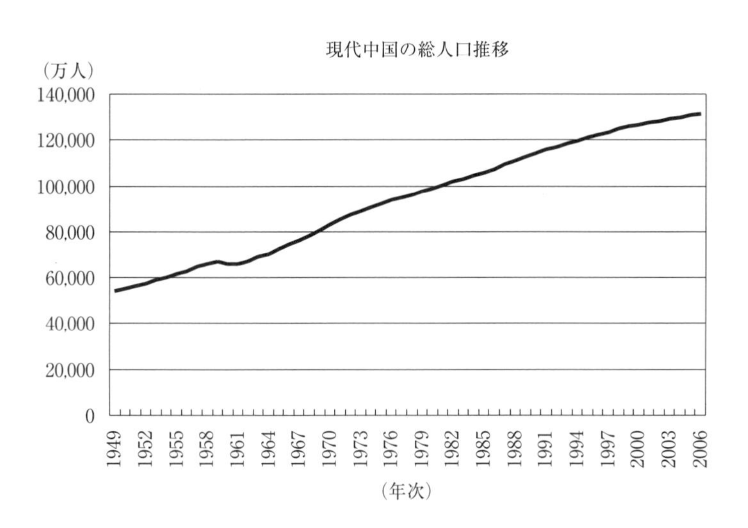

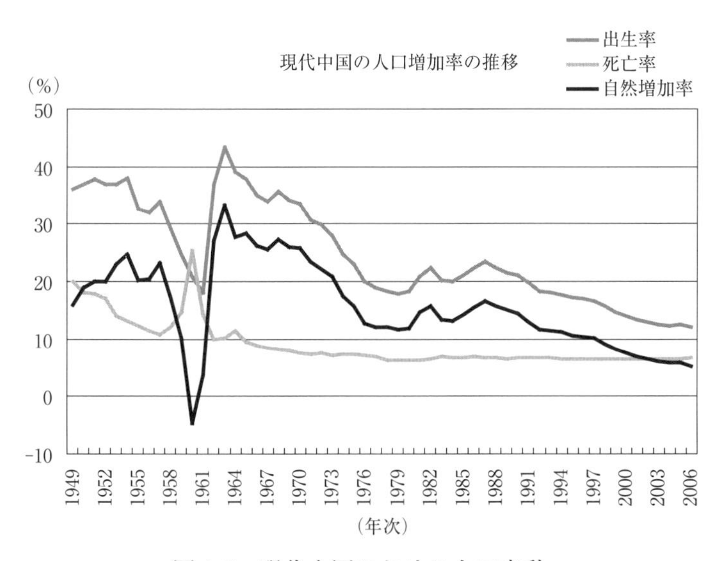

図 4-3　現代中国における人口変動
出典：中華人民共和国国家統計局編（2008）『中国統計年鑑：2008』等を参照して筆者作成。

れる林産物も増加したことになる。中でも，生活資材を自給しつつ多くの人口を抱えてきた農村部では，住居などの建築用に加えて，薪炭燃料としての木材需要が急増したはずである。しかし，中央政府の公式統計は，この間の薪炭材の需要変化を示す確固としたデータを用意していない。対して，国連食糧農業機関（FAO）は，1976年から1980年にかけて中国で行った調査をもとに，当時の中国社会における薪炭材需要を推計した[(39)]。それによれば，当時の中国の農村社会では，1人あたり年間1 m^3 の薪炭材が必要とみなされている。しかし，同時期の薪炭材供給は約1億5,000万 m^3 に過ぎず，内，7,000万 m^3 が森林地帯で，8,000万 m^3 が農村で採取される材と見積もられている[(40)]。1978年の時点で農村人口は8億人未満とされるため，1970年代後半において，多くの農村社会が深刻な薪炭不足に陥っていたことが想像できる。実際に，この報告書は，現状の320万haの薪炭林を，1,000万haほど拡張しなければ，住民の需要に対応できないという見方を示していた。FAOは，その後も中国における薪炭材使用量の推計を行っており，2006年時点での薪炭材は，商品流通しているもので8,000万 m^3 以上，非流通の自家用のもので1億2,000万 m^3 以上，合計2億 m^3 以上が消費されているとする。これは，同年の中国政府が積算した木材及び木製品（紙類を含む）総供給量（3億3,709.96万 m^3）の6割程度に匹敵するが，公式統計上に表される農民の消費した燃料材は僅か2,847.20万 m^3 である[(41)]。

ここでいずれの数値が正しいかの検証はできないが，現代史を通じて，生活燃料としての巨大需要が農村部を中心に存在し，それが森林への利用圧となってきたことは疑いない。実際に，基層社会の住民による生活燃料確保を目的とした森林の乱伐は，1950～70年代にたびたび問題視された。とりわけ，冬場の寒さの厳しい東北・華北・西北地区等では，石炭という代替オプションはあるものの，生活燃料としての樹木利用は普遍化していた（写真4-10）。例えば，1975年の『人民日報』記事では，吉林省磐石県の事例として，「都市でも農村でも，幹部と大衆は，飯を炊き，暖をとるために薪を焼くことになり，毎年，少なからぬ良材を焼いてしまう習慣が残ってきた[(42)]」としている。薪炭向けのみならず，増加した人口を賄うだけの住居や家具などに供される木材も必要であった。このことからすれば，1950年代から

写真 4-10　生活燃料用の落枝を採取する地域住民
出典：陝西省西安市近郊にて筆者撮影（2002年7月）。

1970年代にかけての急激な人口増加を受けて，各地で薪炭・建築等の生活資材としての林産物需要が高まり，改革・開放期以降もその圧力が燻ってきたと捉えられる。

この基層社会の住民の生活資材確保という価値・便益に向けて，現代中国の森林政策は，主に二つの方針で対応した。第一には，森林造成を積極的に行うことで，住民の生活資材の供給源を増やしていくというものである。例えば，1960年1月の全国林業庁局長会議において，林業部長の羅玉川は，「各地の農村では木質燃料の需要量が増大している」として，薪炭林を造成する必要を強調した[43]。しかし，同時期の森林造成政策は，総じて，自然災害防止や工業発展に向けての資材供給を主な目的に掲げていた。その中で，実際に住民の生活資材供給が念頭に置かれていたのは，「四傍植樹」のような生活エリアでの樹木の植栽に限られていた。すなわち，まとまった面積での森林造成・保護政策において，地域住民への生活資材提供という機能発揮は殆ど意識されてこなかった。今日に至るまで，公式に「薪炭林」と用途区分・ゾーニングされた面積が僅少であったことも（第1章参照），その点を裏打ちしている。

各時期の政策でより際立っているのは，第二の対応である。それは，生活資材としての薪炭利用を，他の物質に代替することで抑制するというものである。1950年代には，既に将来の林産物供給の保障や，自然災害の防止等を理由に，住民生活における木材利用の転換を促す方針が見られた。1951年8月の政務院「木材の節約に関する指示」は，第9条にて，「習慣的に木材・木炭を燃料としている地区では，積極的に薪炭林の造成を進めるほか，例えば当地の石炭資源が不足していない場合，次第に石炭燃料を使用するよう提唱し，併せて良質な成木の燃料としての販売を禁止すべきである(44)」とした（後掲表4-5）。住居用の建築材や家具・工具等としての木材利用も，金属・セメント・プラスチック等の代替品を通じて可能な限り抑制する方針が示されていた(45)。Ross（1988）は，幾つかの文献資料を引用しながら，1979年の時点での家具生産用に割り当てられた木材が，増加した人口の半分程度の需要を満たすに過ぎなかったとする。改革・開放期の1980年代に入っても，地域住民の薪炭材利用を森林資源の「浪費現象」だとして，石炭に代替する指示が中央の政策当事者において出されていた(46)。近年でも，地域住民の日常生活における森林からの物質利用を制限する方針は見られており，農村部でのメタンや石炭による薪炭燃料の代替が呼びかけられてきた。

この二面の政策的対応は，いずれも森林の過少・分散状況にあって，その諸機能の発揮が限られていることに立脚したものである。前者は，長期的な視野から限られたパイの拡大を求めるもので，後者は，現状のパイの配分先を減らすという選択である。換言すれば，現代中国の森林政策は，自然災害の防止に加えて，国家建設に向けての資材供給，経済発展を支える商品提供という森林の機能発揮を優先するために，地域住民への生活資材提供という機能を「削っていく」側面をも有していた。

3．2．食糧増産等の必要性に伴う森林の用地転換

現代中国における人口増加は，食糧の確保という観点においても，各地に

残されていた森林への圧力となった。大躍進政策期や改革・開放初期の1980年代半ば等，この圧力は，森林伐開と植生破壊を伴う農地転換としてしばしば顕在化した（第3章参照）。

雲南省南部のシーサンパンナ（西双版納）自治州では，タイ族の人々を中心に山岳森林地帯での焼畑が行われてきた。しかし，1949年以降，漢族系の移民が継続的に増加し，ゴムなど商品林産物のプランテーションが拡大した結果，林内での焼畑の持続性が脅かされてきた（Saint-Pierre 1991）。1961年，この地を訪れた周恩来は，「森林を破壊した開墾」が進んでいることに憂慮し，「もし，森林と土壌の保護に注意を払わなければ，深刻な結果を招くであろうし，その時，我々は歴史における罪人となってしまうだろう[(47)]」と述べている。しかし，こうした認識は中々反映されず，1979年1月の『人民日報』は，改めて「どうしたらシーサンパンナの森林を破壊した開墾を効果的に制止することができるのか？」と題した特集記事を組んだ。そこでは，1970年以来，開墾によって破壊された森林は4万haに及び，当地に設置された人民公社・生産（大）隊と国営農場が，食糧生産の重視を掲げてきたことがその原因とされた[(48)]。近年に至るまで，シーサンパンナ自治州は，かつて天然林に覆われていた土地で農地経営が行われ，また，ゴムの単一林が拡張することになってきた[(49)]。

改革・開放期以降，森林の用地転換は，むしろ多様な用途を加えて深刻化する傾向も見せていた。1980年代半ばには，南方集団林区等で，農民が権利取得した森林を伐採して，木材を売り払い，短期的な収入を得られる農地へと転換する風潮が加速した。1990年代に入ると，この農地転換への圧力に加えて，地方政府や私営企業の主導する産業発展に伴い，工場の立地，鉱山開発用地，都市建設用地，及び商品作物の栽培地等として，現有の森林が伐採・転用されるケースも増加することになった。これらは，1998年夏の長江・松花江流域大洪水に際しても，大河流域の森林劣化の大きな要因として認識され，度々，これらの目的による林地の転用を規制する政策指令が頻繁に出されてきた[(50)]。

これらの用地転換への対応は，森林造成・保護政策という文脈においては，政策指令や法体系の整備を通じて厳格に抑制すべしとの方針が一貫してきた（第3章参照）。その反面，農民の収益保障，工業発展，都市建設の促進も，各時期の政治指導者層にとっての重要な政策課題であり，そのための用地確保は必要不可欠でもあった。このため，現代中国の森林政策では，しばしば，工業発展や都市建設に向けての過剰伐採を伴う資材供給や，森林の開発転用が許容される側面もあった。前章で述べた，退耕還林工程の展開過程で生じた水土保全と食糧確保のせめぎ合い等は，その都度の外部事情を反映してこの両面が表れた事例でもある。すなわち，現代中国の森林政策は，基層社会の開発・転用への需要・圧力と，森林の諸機能の維持・増強との狭間での綱渡りを余儀なくされてきた。そして，シーサンパンナ州の事例，或いは大躍進政策期や改革・開放期のプロセスに顕著なように，そのバランスを維持することは決して容易ではなかったのである。

3．3．木材利用率の低さと浪費の深刻化

1950年代からの計画経済・国家統制の下では，原料価格が据え置かれ，技術開発等のインセンティブも働かなかったため，林産物の生産・加工過程の効率性向上が見込めなかった。その結果，社会主義建設や人口圧に伴う需要増を前に，森林からの物質資源の「浪費傾向」が顕著となり，同時期の過度な森林開発を促すことにもなった。例えば，間伐材や残材・端材等の利用を可能にするパーティクルボード生産は，国家統制下に固定された低価格の製材が流通していたため，1980年代まで需要拡大に至らなかった（陳1998）。同様に，小径木や残材・端材・廃材等を利用可能なファイバーボード（MDF等）の生産も小規模であった[(51)]。すなわち，1950～70年代にかけて，皆伐に伴って出された大量の小径木や，各種の残材・端材等は，住民の薪炭燃料に供される以外，ほぼ物質利用の用途が見出されていなかった。

1960年代，中国木材公司等を通じた国家統制システムでは，規格に沿った原木にて，各種の用途に応じた資材が，一律に加工単位に分配されていたようである。このシステム下で，木質パルプ・チップ等に利用可能な小径材は規格外とされていた。加えて，製材や合板等の一次加工に伴う端材や廃材を，製紙用木質パルプ・チップ，パーティクルボード，ファイバーボード等の生産に利用するといった，効率的なカスケード利用が成り立ち難い状況で

もあった。1963年，このシステム下の木材浪費を憂慮した国家主席の劉少奇は，「一律に各用材単位に原木を供給しない。そうすれば，大量の木材を節約できる」とし，一次加工の残材をパルプやファイバーボードに利用すべきだと提案した[(52)]。これを受けて，1964年の東北地区では，機械化された製材工場の他に，合板，ファイバーボード，パーティクルボード等の生産体制が整備されようとしていた。また，パルプ製紙工場も存在していたが，製材工場と立地が重なっていたのはジャムス，牡丹江等の数か所であり，松香や樹皮油等の他方面の加工利用も漸く生産の目途がついてきた状況であった[(53)]。

各時期の政策当事者にとって，ただでさえ稀少な森林資源を非効率に浪費する基層社会の状況は，決して容認できるものではなかった。この状況を改善するための政策的試みは，高度な利用技術の開発促進はもちろんのこと，木材の節約，総合利用の推進といった形で，建国直後から見られてきた。1951年8月の政務院「木材の節約に関する指示」では，第5条で，「各公営企業，機関，部隊，団体，学校等の一切の工程建築は，必要な木材の数量を，徹底して最低基準にまで引き下げるべきである。…その他の材料，例えば竹，セメント，煉瓦，石などを代替するようにして，木材の不使用や削減を行うべきである」とされた。第8条では，「製紙原料としては，できるだけ竹や蘆，あるいはその他の繊維植物を利用するべきである」とされ，また第10条では「廃材利用等の発明・発見を奨励する」等，節約・代用・技術開発をもって，森林からの物質利用を極力抑え，また効率化するよう指示している（表4-5）。同様の名称・内容の指示は，その後も中央政府から繰り返し出された。例えば，大躍進政策の失敗後の1962年4月には，国務院からの「指示」によって，「木材浪費現象を消滅させ，更に木材節約の潜在力を掘り下げる」ことで，「今年内の木材節約100万～150万m^3を勝ち取らねばならない[(54)]」とされた。

これらの木材節約に関する指示が出されてきた時期は，建国当初や大躍進政策失敗後等，基層社会における森林破壊が深刻化し，将来の林産物供給の見通しが厳しくなった時期にも相当する。その中にあって，改革・開放期の1988年に，国家経済委員会・国家計画委員会・国家物資部・林業部の連名

表4-5　政務院「木材の節約に関する指示」内容抜粋

1：各級人民政府財政経済委員会は，国家の木材欠乏状況に鑑みて，厳格に各木材需要単位の計画を審査し，虚偽報告による水増しを厳重に防止するべきである。
2：各木材需要部門は，国家の統一計画を経て分配された木材を，貿易部門を除いて，一律に移転や販売などを行ってはならない。
3：地方人民政府は，国家の下達した伐採任務を完成すべきほか，さらに木材伐採の方式をもって，地方の財政問題を解決してはならない。
4：如何なる公営企業・機関・部隊・団体・学校は，いかなる理由やいかなる名義をもってしても，木材の伐採や，木材経営売買の業務を行ってはならない。
5：各公営企業・機関・部隊・団体・学校の一切の工程建築は，必要な木材の数量を，真剣に最低基準にまで引き下げるべきである。…その他の材料，例えば竹，セメント，煉瓦，石などを代替するようにして，木材の不使用や削減を行うべきである。
8：製紙原料としては，できるだけ竹や蘆，あるいはその他の繊維植物を利用するべきである。
9：習慣的に木材・木炭を燃料としている地区では，積極的に薪炭林の造成を進めるほか，例えば当地の石炭資源が不足していない場合は，しだいに石炭燃料を使用するよう提唱し，併せて良好な成材木を燃料として販売することを禁止するべきである。
10：廃材利用等の発明・発見を奨励する。…成長の早い林木（杉木，ユーカリ，泡桐，白楊，洋槐など）の造成を奨励する。

出典：政務院「関於節約木材的指示」(1951年8月13日)（中共中央文献研究室・国家林業局編(1999)『周恩来論林業』(pp.20-22)）を参照して筆者作成。

で改訂・通知された「木材の節約使用・合理的利用と木材代替品の採用に関する若干規定」は，現代史を通じて，最も厳格な形で木材利用の削減・転換を求めたものだった（表4-6）。この年は，経済建設に伴う林産物の需要が増す中で，私的経営下の南方集団林区などにおける森林乱伐が表面化し，また大興安嶺の大森林火災によって政策的な見通しが大きく狂った翌年である。その内容を見ると，都市の建築物，電柱，枕木，乗り物，坑木，工具，施設の敷居，橋梁，薪炭燃料等から，果ては葬儀の棺桶に至るまで，あらゆる現場での木材の利用が規制され，コンクリート，プラスチック等の代替品の開発や，木材の効率的利用を可能とするボード類の使用，木質製品の再利用，再生利用等が強く求められている。このうちの多くの規制は，一時的なものであったようだが，森林破壊や林産物供給の危機に直面した際，中央政府が地域社会全体に対して，木材利用の制限を求めてきたことは留意すべき点である。

今日の中国においては，木造建築や木質製品を目にする機会が少ない。こ

表4-6 「木材の節約使用・合理的利用と木材代替品の採用に関する若干規定」内容抜粋

〈1部：木材部品の使用禁止〉

第1条：都市の一般の建築，郷鎮の鉱工業企業の施設建設においては，木の骨組み，木の屋根の使用を禁止し，室内は木製の階段手すり，木質の壁，床板，木製の装飾物の使用を禁止する。

第2条：特殊な場合を除き，一律に木電柱，木横担の使用を禁止する。

第3条：新たに建設する鉄道や，線路の改修時，幾つかの場合を除いては，一律に木製の枕木の使用を禁止する。

第4条：新設計・建造の汽車，バス，貨物船，タンカー，漁船などの底板や床板，甲板板，装飾品等…，均しく木材による作製を禁止する。

第5条：新たに建設される鉱山の竪穴でも，木材による支柱の使用を禁止する。

第6条：永久性の建築施設では，木材による杭打ちを禁止。永久性の測量座標では，木製の三脚の使用を禁止する。

第7条：各種の囲い（施工地における臨時の囲いを含む）に，木材の使用を禁止。

第8条：鉄道と道路の橋梁では，緊急に修理の必要がある臨時の場合以外は，木材構造による橋梁の修築建設を禁止する。

第9条：レンガ・石炭・陶磁器・製錬・茶・松脂・乾燥タバコ等の製造業では，木材を燃料にすることを禁止する。林区の労働者住民が飯炊き，暖を取る際は，良材の焼却を禁止する。

第10条：各種食品，飲料等の包装箱は，大材良材による作成を禁止し，併せて積極的にプラスチックやその他の非木材包装箱を採用する。

第11条：凡そ条件の整った地方では，積極的に火葬を推し進め，少数民族の習俗と香港・マカオの同胞で帰国した華僑が必要とするものを考慮する以外は，木材による棺桶の製作を禁止する。

〈2部：代替と回収利用〉

第12条：建築用材

4：農村と林区の住民の住居建築では，積極的に鉄筋コンクリート部材等の代用品の使用を奨励しなければならない。

第14条：家具用材

1：経済・実用と美観の原則に基づいて，人造板，特にパーティクルボードの使用を拡大させる。

2：積極的に鋼材，軽金属，竹材，プラスチック等の材料を採用して家具を生産する。

第16条：採掘と地下工程では，積極的に非木材による支柱を発展させるべきである。

第19条：製紙用材では，まず，樹種利用を拡大し，併せて措置を取って枝・チップ・二次加工材・小材・薪炭材を使用させる。また，紙の異なる用途別に，棉・竹・アシ・麻・麦・サトウキビの粕等を原料とした製紙業を拡大すべきである。

第21条：その他

1：全紙マッチの使用を推奨する。

2：プラスターボードの縫合機台板の使用を推奨する。

3：プラスチック材料を使ったレコーダー・テレビやスピーカーの外殻製作を推奨する。

4：プラスチック鉛筆やシャープペンシルの使用を推奨する。

第22条：木材・木製包装の回収再利用制度を確立する。…これらの業務は，当地の木材企業或いは，その委託単位によって処理される。…如何なる単位も，加工再利用できる廃材・木製品を燃料としてしまってはならない。

出典：「関於節約使用，合理利用木材和採用木材代用品的若干規定」（1988年2月4日，国家経済委員会，国家計画委員会，国家物質部，中華人民共和国林業部により通知）（中華人民共和国林業部編（1989）『中国林業年鑑：1988年』）を参照して筆者作成。

のため，域外の人間に対して，森林・樹木との関わりが薄い社会との印象を与えることもある。現代中国を通じた政策的な木材利用の規制は，これに少なからず寄与してきたと思われる。

現代中国において，域内の森林あるいは輸入原木を「木材」として経済的に利用する際，その利用の効率性を政策現場において問う指標は，大きく二つ存在した。第一の指標は，木材生産量が，伐採された林木の材積総量に占める比率で，「森林資源利用率」と呼ばれる(55)。ここでの「木材生産量」とは，伐採後，一定の集積地まで運搬された素材の材積で，通常，伐採時点での材積総量に比べて少なくなる。例えば，林地残材や落枝落葉，抜根といった部分の多くが，薪炭燃料等の生活資材として地域住民に利用されているならば，実質的な利用率は100％に近いものとなる(56)。第二の指標は，この素材としての原木が木材製品へと加工される段階の利用率で，「木材利用率」と呼ばれる(57)。これは，主要な一次加工産品である製材，木質ボード（合板，ファイバーボード，パーティクルボード含む），それらの端材を利用した製品，木炭，家具，農具，木質パルプ等の生産量を，相互の重複が無いよう足し合わせた上で，生産に要した原木の材積との比率を求めたものである。一般的に，中国域内での木材利用の効率性が問われる際，主に問題とされるのはこちらの指標である。計画経済時代における木材利用率は定かではないが，上記の諸点からすれば，相当に低かったと推測できる。

改革・開放以降の中国では，輸入材を原料利用し，かつ民営企業を中心に，ファイバーボード等の加工生産を発展させることで，域内の希少な森林からの過剰な物質利用や浪費現象を，一面において解決しつつあった。この時期の中央政府は，森林を有効利用する上で，木材利用率の総合的な向上を重要任務とし，しばしば規定や指示を通じた要求を行ってきた。2004年11月に出された国家林業局「全国林業産業発展規画綱要」によれば，現状の木材総合利用率（薪炭利用を含まず）は63％とされている。そして，2010年までに70％に向上させるという目標が掲げられ，各企業の技術革新が奨励されている(58)。これを受け，また，利益率を向上させる観点から，個別の加工企業は，生産過程における木材利用率の向上を目指していった。

以下に紹介するように，近年の中国の林産業においては，森林からの物質資源を余すところなく，段階的に使うカスケード利用が確立されているケースが多い。また，林地残材，加工端材，建築廃材，植物性廃棄物（稲藁や蘆など）を含めた中国のバイオマス利用は，今日，エネルギー開発を含めて大きく発展している。その背景には，稀少な森林資源をめぐる経済的効率性の追求に加えて，それを促してきた各時期の政策措置が存在してきた。

それでも将来，中国の経済建設に必要な林産物は不足すると予測され，天然林資源保護工程の強化等を通じて，域内の森林からの物質供給もそこまで期待できない状況は続く。各種産業の輸入材への依存も強まった中で，中央政府は，引き続き節約・総合利用を通じた，域内の森林との持続的な関係を模索していかねばならない立場に置かれている。

3．4．林産物の有効利用事例：華北平原のポプラ造林と木質ボード産業

前述の通り，近年の中国は輸入材への依存を強めた反面，為替相場の変動，輸送燃料の高騰化，輸出側の規制等の不安定な事情も踏まえて，域内の森林の物質提供機能の増強と，その効率的な活用が不可欠とも捉えられてきた。

首都北京市近郊の内装・家具向けの木質ボード市場では，2000年代後半の時点で，約100kmの郊外に位置する河北省廊坊市文安県で加工された製品の比率が増えつつあった。この文安県の左各庄鎮には，各種の木質ボード工場が集中しており，合板工場のみならず，ファイバーボード（MDF等），パーティクルボード，同じく小径木を利用したランバーコア合板を生産する工場も多く存在した（写真4-11）。ここで加工される木質ボード類には，合板の表面材等にアフリカやミャンマー等からの輸入材が使用されるほかは，半径500km以内の農村から調達されたポプラ人工林材が主要な原料として用いられていた[(59)]。

河北省・北京市等を含む華北平原では，平原緑化工程等の実施を通じて，以前から大々的なポプラ造林が奨励されてきた（写真4-12）。もちろん，これには農地の保護や飛砂防止といった環境保全的な意味があった。他方で，早生樹種であるポプラの植栽が奨励され，品種改良が重ねられてきたのは，木材としての物質利用も視野に入っていたためであった。加えて，2000年

写真 4-11　河北省文安県の木質ボード生産
出典：当地において筆者撮影（2008年5月）。

代に入ると，林地や荒廃地の使用権（収益権を含む）の売買が本格的に許容されてきたため（第6章参照），改革・開放当初，集団に属する農民世帯に分配された植栽可能な土地で，経営力のある個人や組織がポプラ人工林を大々的に造成・経営することが可能となった。

こうした事情の下に，華北平原で植えられてきたポプラ材が，左各庄鎮における木質ボード生産の主要な原料供給源となってきた。とりわけ，技術革新の進んだMDF（中密度繊維板。ファイバーボードの一種）やランバーコア合板は，丸太の形状や品質が問われないため，現地のポプラ材にはうってつけの製品と見なされた。品種改良の結果，当地のポプラは7～10年程度で伐期を迎えられる場合もあり，極めて回転率の高い人工林経営が可能となってきた。

しかし，ポプラ材の供給に関しては，幾つかの問題も散見された。まず，

写真4-12　河北省廊坊市のポプラ造林地
出典：当地において筆者撮影（2008年5月）。

華北平原の主要産業はあくまでも農業であり，ポプラ造林地は，農地の間隙を縫って存在していた。一つ一つの規模は，大きいものでも数ha程度に過ぎない。このため，近年の日本と同様に，経営規模の制約と安定供給への懸念という問題がつきまとうことになってきた。新興ボード工場の原料調達地が半径500kmにも及ぶという背景には，当地のポプラ造林の零細性が存在していた。土地使用権の流動化という制度は整備されたものの，これが主に効果を発揮するのは食糧生産に適さない大面積の荒廃地等での請負造林と考えられていた。加えて，世界的な農産物価格の上昇に直面し，食糧不足が懸念される2008年時点で，華北平原のみならず中国全域では，農地の造林地への転換は容易に許可されておらず，むしろ逆にいかにして農地を確保するかが課題ともなっていた。

次に，ポプラ材に焦点を絞った生産・加工システムを構築したため，単一林造成が進んだ結果，病虫害等の被害の深刻化が当地で問題となっていた。廊坊市に属する香河県では，そうしたリスクを軽減するため，当地の人工林の20％を混交林とするよう林業局が指導しているにもかかわらず，殆どが収益性の高さを生かしたポプラの単一林となっていた。こうしたリスクも，経営規模の零細性と同様，ポプラ材の安定供給に関わる問題となっていた。

また，収益性は高いといっても，リスクを抱えた林木が育成するまでには数年を要するため，一般の農民は経営に手を出せないという問題も存在した。すなわち，資金・技術・情報等を含めた経営力のある主体（例えば事業経営者，政策担当者等）に造林による利益が集中し，当地の収入格差を拡大させてしまうとの懸念も見られた。

文安県をはじめとした華北平原では，総じて効率的な木材利用が達成されていた。県内でファイバーボード生産を行うA社は，生産製品がMDFであるため，各地の農村から集めてきた合板に利用できないポプラ等の小径木材，辺材，残材に加えて，付近の合板工場等から出た端材を利用しており，「当地の木材利用率を100％にするための企業」という位置づけであった（写真4-13）。聞き取りに応じた社長も，この点をもって「森林資源の節約利用が可能な環境保護的な企業である」と，同社の特長をアピールした。

対して，原木からの合板生産を行うB社は，逆に端材を出す立場にあり，A社のようなMDF工場や，線香の原料として売却することによって，原料の利用率を100％に保っていると回答した。

また，敷地内で原木を製材に加工して販売する多数の企業を抱える北京市郊外の新発地市場（写真4-14）の管理主体であるC社は，ここで製材加工を行っている企業のほとんどが，その端材をMDFや合板などの他の企業に売っているので，最終的な原木の利用率は高いのではないかとの見解を示していた。

これらの経営実態からすれば，華北地区や北京市近郊に流入した木材の最終的な利用率は，ほぼ100％に近くなっていたと考えられる。製材・合板加

写真4-13　河北省文安県のファイバーボード生産の原料調達
出典：当地において筆者撮影（2008年5月）。

写真4-14　北京市郊外の新発地市場での製材加工
出典：当地において筆者撮影（2008年5月）。

工後の端材や未利用材は，ファイバーボード等のマテリアル利用，更には薪炭やバイオマスを含めた需要に余すところなく供されていた[(60)]。森林資源利用率，木材利用率の向上を目指す政策にも後押しされ，一度，流れてきた木材を，一次加工，二次加工を経て，最終的にはエネルギーとして一本の枝葉も残さず使い尽くすカスケード利用が，華北平原のポプラ人工林をめぐっては成立していた。

4．森林開発・林産業発展政策の総括

4．1．森林開発・林産業発展政策の背景と影響

以上に見てきたように，現代中国の森林開発・林産業発展政策は，各方面の巨大需要を前にして，森林の過少状況下に限られた物質資源を，いかに供給・分配していくかが主要な課題であった。この効率的な供給・分配のあり方が，1950年代から70年代にかけては，林産物生産・加工・流通過程の国家統制に基づく直接的管理であると考えられ，反対に，改革・開放以降の1980年代から近年にかけては，民営化・市場化をベースとした各主体の利害や産業発展の調整にあるとみなされてきた。この転換は，各時期の総合的な政治路線の方向性に従属したものであった。

この過程で，森林開発・林産業発展政策は，「域内の森林が限られる」という点において，森林造成・保護政策との連動を度々見せてきた。すなわち，森林の物質提供機能を持続的に発揮するための人工林資源の育成，林産物の節約・代替・総合利用の推進，森林保護に伴う輸入材の導入拡大等が，その典型的な局面であった。その一方で，農業や工業等の需要や都市建設に即して，既存の森林地帯の開発が進められ，森林の用地転用や乱伐・劣化が進む等，森林造成・保護政策とは矛盾する局面を描き出すこともあった。

そして実際に，中国の基層社会における林産物の生産・加工・流通と消費利用は，これらの政策の方向性に沿う形での発展を遂げてもきた。華北平原の事例のように，育成された人工林資源を余すところなく使う仕組み等は，域内の森林からの持続的・効率的な物質供給のメカニズムを形成しようとする政策的試みを反映していると捉えられよう。

4. 2. 今後の研究課題

本章でも参照してきた通り，現代中国の森林開発・林産業発展政策の展開に関しては，陳（1998），戴（2000），崔（2000），森林総合研究所（2010）をはじめ，これまでに体系だった整理が比較的なされてきた。また，それらの政策方針を受けての個別の資源利用，或いは産業別の発展過程についても研究が進められてきた。但し，本章において，域内の森林状況や，用地・商品財・生活資材といった多様な需要の存在を踏まえて，その内実を通史的に検証することで，新たな政策的側面や検証のポイントが，幾つか浮かび上がってもきた。

限られた域内の森林を，農地開墾や都市建設等とのせめぎ合いの中で，いかに利活用していくかというバランスの視座は，森林開発・林産業発展政策の内実を研究する上で深められるべきポイントである。この視座からすれば，改革・開放以降の市場化・民営化は，明らかにバランスをとっての政策運営を難しくさせる方向に働いた。反面，貿易自由化は，域外の森林資源を組み込むことで，綱渡りに幾分の余裕を与えたと見ることもできる。この探求は，森林造成・保護政策や，他の部門の関連政策との対比を通じて，アプローチすることができよう。

他部門の関連政策としては，林産業発展政策と農業発展政策の対比も非常に注目すべきポイントである。本章でも触れたように，現代中国の林産物生産・流通過程の政策的改変には，農業等に先行して進められた局面が存在してきた。これが単に，林産物が農産物に比して，農民の生活や短期的収入に直結しないため，試験的な変革の対象として好都合だったのか，それとも他の理由が存在してきたのかは，先行研究の記述を並べても結論が出ていない。筆者としては，第３章で詳述した森林の過少状況下における諸機能の維持・増強への要請が，林産物生産・加工・流通過程の各時期の変革に，一定の独自性を加味してきたと捉えている。ともあれ，様々な観点を踏まえて，中国における林産物・林産業の特徴を浮き彫りにする研究の充実が望まれる。

本章では通史的な視点に拘ったとはいえ，各時期の実際の基層社会における森林開発や，林産物の生産・加工・流通の実態については，中央の政策内容の検証では分からない部分も多い。まず，1949年以前から国家統制システムの確立に至るまで，どのような林産物の生産・加工形態が存在したのかはよく分かっていない。例えば，素材をはじめとした原料生産をどのような主体が担ったのか，搬出後に当地で加工されたのか，それとも消費地で加工されたのか等は，中央レベルの公刊資料から窺うことが難しい。改革・開放以降の私営企業の勃興と集積が，こうした以前の状況や国家統制の仕組みから，どのような影響を受けていたのかも検証すべきポイントである。

加えて，近年の林産物流通を担ってきた民間業者においては，特定地方や同郷的なネットワークの存在も目立ってきた（森林総合研究所 2010）。これらは，陳（1998）の整理する建国当初に活躍していた木材の民間流通業者のネットワークと，どこまで親和性が存在するのか等も，興味深いところである。これらの実態の深掘りを通じて，現代中国の林産業発展政策の新たな側面も見出せよう。

現代中国における政策実施の影響検証という面では，地域住民の生活資材需要が，量と手段の両面において，どのように改変されてきたのかが要注目となる。これまでの研究では，国家建設の資材や市場流通を前提とした商品としての木材が主対象となってきた。対して，公刊資料に依拠した本章の結論は，生活資材としての林産物供給は，政策的には二の次であり，規制・転換の対象だったというものである。しかし，実際にその影響を明らかにするには，地方誌等を詳しく読み込んだうえでの基層社会でのフィールドワークが不可欠となろう。

同様に，現代中国を通じて，木材の節約利用を掲げ続けてきた政策が，実際の地域社会にどのような影響を与えたのかも，突き詰めていきたいテーマである。

〈注〉

(1) 周映昌・顧謙吉著（1941）『文史叢書：中国的森林』（pp.7-8）。

(2) 林芝地区地方志編纂委員会編（2006）『林芝地区志』（pp.350-388）。

(3) その規模や一体性から「西南国有林区」と呼ばれる場合もあるが，政策現場においては，「東北国有林区」に比べて汎用されているようには見受けられない。

(4) 三明市林業志編纂委員会編（1998）『三明林業志』（p.100）。

(5) この時期の木材流通形態の整理については，陳（1998）（pp.49-53）を参照。
(6) 例えば，当代中国叢書編集委員会（1985）『当代中国的林業』（p.530），及び中国林業編集委員会（1953）『新中国的林業建設』（p.20）等。
(7)「1953年国家予算に関する財政部部長薄一波の報告」（日本国際問題研究所中国部会編（1971）『新中国資料集成：第4巻』（pp.20-36））。
(8) 例えば，海南島については「調査海南島和雷州半島的熱帯植物資源」（『人民日報』1954年9月1日），西南地区については「西康省大規模森林資源調査工作即将開始」（『人民日報』1955年3月29日）。
(9) 例えば，「開発長白山林区的設計完成」（『人民日報』1957年1月10日）。
(10) 朝（1956）等の当時のルポルタージュにその様子が描かれている。
(11) 例えば，「国有林主伐試行規程」，「国有林区森林経営所組織条例」，「森林撫育伐採規定」等（中華人民共和国林業部辦公庁編（1959）『林業法規彙編：第7輯』）。
(12)「大力増産木材，保証国家建設」（『人民日報』1958年10月19日）。
(13) 陝西省地方志編纂委員会編（1996）『陝西省志：第12巻：林業志』（p.281）。
(14) 例えば，中共中央・国務院「関於成立東北林業総局的決定」（中華人民共和国林業部辦公庁編（1963）『林業法規彙編：第10輯』（pp.1-3））。
(15) 当代中国叢書編集委員会（1985）『当代中国的林業』（pp.100-101）。
(16) 但し，食糧の過剰供出等への農民の反発も高まり，1950年代後半まで，この市場統制の運用は紆余曲折を経る。
(17) 当代中国叢書編集委員会（1985）『当代中国的林業』（p.91）。
(18) 同上書（p.92）。
(19) 例えば，1953年の時点では，基層社会における木材の市場取引の自由を一定程度認めるという「中間全面管理，両頭放松」（重点的な産業部門への資材供給や長途運輸などの流通の中心をしっかりと管理し，基層社会における農民の素材生産と私営商人の木質製品販売の自由をある程度認める）の方針が取られていた。これによって，特に南方集団林区における森林の乱伐が加速したため，1954年に入ると，「中間全面管理，両頭適当控制」（基層社会における素材生産や木質製品販売も一定の管理の対象とする）という方針に転換している（「関於私有林地区木材経営管理工作中如何貫徹総路線問題的報告」中華人民共和国林業部編印（1954）『林業法令彙編：第5輯』（pp.424-430））。
(20) 中央人民政府林業部・中華全国合作社聯合総社「木材供応試行辦法（草案）」（同上書（pp.503-504））。
(21)「関於私有林地区木材経営管理工作中如何貫徹総路線問題的報告」（同上書（pp.424-430））。
(22) 例えば，「河北省林木管理暫行辦法」（同上書（pp.430-433））。
(23) 中共中央・国務院「関於保護森林発展林業若干問題的決定」（湖南省林業庁編（1983）『林業政策法規彙編：1979～1982』（pp.13-24））。
(24) 中共中央・国務院「関於進一歩活躍農村経済的十項政策」（湖南省林業庁編（1986）『林業政策法規彙編：1985年』（pp.1-9））。
(25) 国家物価局・林業部・物資部・国家工商行政管理局「関於加強南方集体林区木材価格管理

的規定」(中華人民共和国林業部編（1989）『中国林業年鑑：1988年』(p.15))。

(26) 国家林業局編（1999）『中国林業五十年：1949～1999』(p.116)。

(27) 例えば，1999年7月の国家林業局「関於堅決制止超限額採伐森林的緊急通知」(国家林業局編（2000）『中国林業年鑑：1999／2000年』(pp.64-65))。

(28) 林産業における代表的な協会としては，中国木材流通協会（木材市場管理企業，フローリング企業，木質ドア企業，木構部材企業等が参加），中国林産工業協会（木質ボード類加工企業，フローリング企業，竹材加工企業，木質パルプ加工企業，松脂加工企業等が参加），中国家具協会（家具加工企業等が参加），中国建材市場協会（建築材市場管理企業等が参加）などが設立された（林 2006)。これらは，元々，政府の林産業管轄部署の一部であったり，森林行政機構・民政行政機構等によって設立されたものも含まれる。

(29) ランバーコア合板とは，細かな芯材を貼り合わせて幅広いコア板を作り，その両面に単板を接着した木質ボード製品である。中国においては木材加工産業の集積地で必ず生産が見られ，2010年の時点で国内生産量は1,652.29万m^3であった（国家林業局 2011)。表面板には，用途やランクに応じて輸入材や域内人工林材が使用される。コア板のバリエーションは極めて豊富であり，最もよく見られるのは，製材時の端材や，コウヨウザン，ポプラ，ユーカリ，マツ等の人工林の小径木材である。無垢製品や合板に利用できない部分が板状に加工され，貼り合わされることでコア板を形成する。また，ロータリーレース加工で残された直径数cmの原木の芯部，或いは，コンクリート型枠合板や構造用LVL等の製品の寸法裁断時の余剰部分が用いられるケースもある。

(30) 例えば，雍文涛「在南方9省林業工作座談会上的講話」(1980年1月15日)（中華人民共和国林業部辦公庁編（1981）『林業工作重要文件彙編：第6輯』(pp.1-23))。

(31)「1989-2000年全国造林緑化規画綱要」(国務院1990年9月1日批准)（中華人民共和国林業部編（1991）『中国林業年鑑：1990年』(特輯8-15))。

(32) もっとも，欧米等の輸出先からのダンピング提訴への対処や，貿易黒字の調整を狙ったという側面も指摘される。

(33) 筆者らの聞き取り調査（2008年5月：河北省廊坊市文安県，2008年6月：広西チワン族自治区南寧市周辺，2008年10・11月，2009年7月：遼寧省大連市，2009年11月：広東省広州市周辺，2010年5月：福建省漳州市）による。同様の観点から，家具生産の方面においても，域内材を用いて製造した家具には，輸出規制がなされているようであった。

(34) 中央の森林行政機関の発行する毎年の『中国林業発展報告』に掲載される項目で，各木材製品を原木材積に換算した供給量として算定されている。その中には，中国域内で加工された輸出製品も含まれる（国家林業局（2003）『中国林業発展報告：2003』(p.73))。

(35) 国家林業局（2015）『中国林業発展報告：2015』(pp.148-149)。

(36) 中共中央・国務院「関於深入推進農業供給側結構性改革加快培育農業農村発展新動能的若干意見」(2016年12月31日)（中華人民共和国中央人民政府ウェブサイト（https://www.gov.cn/zhengce/2017-02/05/content_5165626.htm))（取得日：2023年10月9日)。ここには，森林関連の知識人達の意見提出や，習近平体制の掲げる「生態文明建設」に伴う天然林保護の厳格化も影響したと言われる。

(37) 林産物をはじめ，園芸農産物（果物等），水産物，毛皮等の生産によって得られた収入に課せられる税で，食糧等の生産収入に課せられる農業税とは区別される。
(38) 筆者らの聞き取り調査（2008年5月：河北省廊坊市文安県，2008年6月：広西チワン族自治区南寧市周辺，2008年10・11月，2009年7月：遼寧省大連市，2009年11月：広東省広州市周辺，2010年5月：福建省漳州市）による。
(39) Food and Agriculture Organization of the United Nations, 1982, *Forestry in China,* (pp.242-243)。
(40) 後者は，住民が自家用として利用可能な四傍植樹等から採取される材を含むと考えられる。
(41) 国家林業局（2007）『中国林業発展報告：2007』（p.108）。
(42)「植樹造林・緑化祖国」（『人民日報』1975年3月24日）。
(43) 羅玉川「1960年1月2日在全国林業庁局長会議上的総結報告」（中華人民共和国林業部辦公庁編（1960）『林業工作重要文件彙編：第1輯』（pp.178-196））。
(44) 政務院「関於節約木材的指示」（1951年8月13日）（中共中央文献研究室・国家林業局編（1999）『周恩来論林業』（pp.20-22））。
(45) 例えば，宋継善「談談節約木材」（『人民日報』1964年4月10日）。
(46) 胡耀邦「対〈希望解決林区居民取暖焼好材問題〉的批示」（1985年2月26日）（林業部林業工業局編（1985）『全国国有林区経済体制改革座談会資料彙編』（p.38））。
(47) 周恩来「在発展中要注意保護森林和水土保持」（1961年4月14日）（中共中央文献研究室・国家林業局編（1999）『周恩来論林業』（p.84））。
(48)「怎么才能有効制止西双版納的毀林開荒？」（『人民日報』1979年1月12日）。
(49) 当地での筆者らの聞き取り調査（1998年7月）による。1980年代末には，4,500ha程の面積を経営する国営ゴム農場が，シーサンパンナ自治州だけで11存在したとされており，また，個々の住民もゴム経営に従事するものが多いとされた（Saint-Pierre 1991）。
(50) 例えば，国務院「関於保護森林資源制止毀林開墾和乱占林地的通知」（1998年8月5日）（国家林業局編（1999）『中国林業年鑑：1998年』（pp.26-29）），国家林業局「占用徴用林地審核審批管理辦法」（2000年11月2日）（国家林業局（2002）『中国林業年鑑：2002年』（pp.59-60））等。
(51) 公式統計によれば，1981年の時点で，パーティクルボードの生産量は7.67万m^3，ファイバーボードは56.83万m^3である（国家林業局（2005）『中国林業発展報告：2005』（p.127））。
(52) 中共中央文献研究室編（1996）『劉少奇年譜：1898-1969：下巻』（p.569）。
(53) 黄達章主編（中国科学院林業土壌研究所）（1964）『東北経済木材志』。
(54) 国務院「関於節約木材的指示」（中華人民共和国林業部辦公庁（1963）『林業法規彙編：第10輯』（pp.20-23））。
(55) 国家林業局編（2000）『中国林業統計指標解釈』（p.136）。
(56) 輸入材に関しては，この利用率が計算されているか不明である。
(57) 国家林業局編（2000）『中国林業統計指標解釈』（p.136）。但し，原木の一次・二次加工等で生じた端材が，燃料用に最終利用される場合は考慮されていないようである。
(58) 国家林業局「関於印発“全国林業産業発展規画綱要”的通知」，「附：全国林業産業発展規画綱要」(2004年11月28日)(国家林業局編(2005)『中国林業年鑑:2005年』(pp.119-126))。

(59) 当地での筆者らの聞き取り調査(2008年5月)による。

(60) 実際に,当地では「用材林」あるいは「防護林」として造成されていたポプラの多くが,頻繁に枝打ちされた状態にあった。その枝は,住民の薪炭燃料を含めた他の木材需要に供されたと考えられる。

〈引用文献〉

(日本語)

陳大夫(1998)『中国の林業発展と市場経済:巨大木材市場の行方』日本林業調査会

林良興(2006)「中国の木材工業と木材規格」『JAS情報』2006年9月:13-21

小島麗逸(1988)『中国の経済改革』勁草書房

永井リサ(2009)「タイガの喪失」安富歩・深尾葉子編『「満州」の成立:森林の消尽と近代空間の形成』名古屋大学出版会:19-60

日本国際問題研究所中国部会編(1971)『新中国資料集成:第4巻』日本国際問題研究所

崔麗華著・村嶌由直監修(2000)『中国林業・その変貌の行方:集体林にみる市場経済化』日本林業調査会

孫鵬程・貫名涼・柴田昌三(2020)「中国の管理モウソウチク林における維持管理・生産および林分構造:江蘇省宜興市における調査事例」『日本森林学会誌』102:244-253

戴玉才(2000)『中国の国有林経営と地域社会:黒竜江国有林の展開過程』日本林業調査会

上田信(1999)『森と緑の中国史:エコロジカル・ヒストリーの試み』岩波書店

若林敬子(1989)『中国の人口問題』東京大学出版社

山本裕美(1999)『改革・開放期中国の農業政策:制度と組織の経済分析』京都大学学術出版会

山内一男(1989)「中国経済近代化への模索と展望:建国後40年の軌跡」山内一男編『岩波講座:現代中国2:中国経済の転換』岩波書店:1-36

(中国語)

朝襄(1956)『大興安嶺林区散記』新文芸出版

当代中国叢書編集委員会(1985)『当代中国的林業』中国社会科学出版社

国家林業局編(1999)『中国林業五十年:1949～1999』中国林業出版社

国家林業局編(1999)『中国林業年鑑:1998年』中国林業出版社

国家林業局編(2000)『中国林業年鑑:1999/2000年』中国林業出版社

国家林業局編(2002)『中国林業年鑑:2002年』中国林業出版社

国家林業局編(2005)『中国林業年鑑:2005年』中国林業出版社

国家林業局(2002)『中国林業発展報告:2002年』中国林業出版社

国家林業局(2003)『中国林業発展報告:2003年』中国林業出版社

国家林業局(2005)『中国林業発展報告:2005』中国林業出版社

国家林業局(2007)『中国林業発展報告:2007』中国林業出版社

国家林業局（2008）『中国林業発展報告：2008』中国林業出版社
国家林業局（2011）『中国林業発展報告：2011』中国林業出版社
国家林業局編（2000）『中国林業統計指標解釈』中国林業出版社
黄達章主編（中国科学院林業土壌研究所）（1964）『東北経済木材志』科学出版社
湖南省林業庁編（1983）『林業政策法規彙編：1979 ～ 1982』湖南省林業庁
湖南省林業庁編（1986）『林業政策法規彙編：1985 年』湖南省林業庁
李智勇・王登挙・樊宝敏（2005）「中国竹産業発展現状及其政策分析」『北京林業大学学報：社会科学版』4(4)：
林業部編（1956）『全国林業歴史資料』
林業部林業工業局編（1985）『全国国有林区経済体制改革座談会資料彙編』中国林業出版社
林芝地区地方志編纂委員会編（2006）『林芝地区志』中国蔵学出版社
馬驥編著（1952）『中国富源小叢書：中国的森林』商務印書館
三明市林業志編纂委員会編（1998）『三明林業志』三明市
宋維明等著（2007）『中国木材産業与貿易研究』中国林業出版社
陝西省地方志編纂委員会編（1996）『陝西省志：第 12 巻：林業志』中国林業出版社
項東雲・陳健波・劉建・葉露（2008）「広西桉樹資源和木材加工現状与産業発展前景」『広西林業科学』37(4)：175-178
行政院新聞局印刷発行（1947）『林業』
楊開良（2012）「我国竹産業発展現状与対策」『経済林研究』30(2)：140-143
中共中央文献研究室編（1996）『劉少奇年譜：1898-1969：下巻』中央文献出版社
中共中央文献研究室・国家林業局編（1999）『周恩来論林業』中央文献出版社
中国林業編集委員会（1953）『新中国的林業建設』三聯書店
中華人民共和国国家統計局編（2008）『中国統計年鑑：2008』中国統計出版社
中華人民共和国林業部編（1989）『中国林業年鑑：1988 年』中国林業出版社
中華人民共和国林業部編（1991）『中国林業年鑑：1990 年』中国林業出版社
中華人民共和国林業部辦公庁編（1959）『林業法規彙編：第 7 輯』中国林業出版社
中華人民共和国林業部編印（1954）『林業法令彙編：第 5 輯』中華人民共和国林業部
中華人民共和国林業部辦公庁編（1963）『林業法規彙編：第 10 輯』中華人民共和国林業部
中華人民共和国林業部辦公庁編（1960）『林業工作重要文件彙編：第 1 輯』中国林業出版社
中華人民共和国林業部辦公庁編（1981）『林業工作重要文件彙編：第 6 輯』中国林業出版社
周映昌・顧謙吉著（1941）『文史叢書：中国的森林』文史叢書編集部出版・商務印書館発行

（英語）
Food and Agriculture Organization of the United Nations, 1982, *Forestry in China*, FAO Forestry Paper
Liu, Jinlong, and Landell-Mills, N., 2003, Taxes and Fees in the Southern Collective Forest Region, *China's Forests : Global Lessons from Market Reforms*, ed. William F. Hide, Brian Belcher, and Jintao Xu, RFF Press: 45-58

Perez, M. R., Belcher, B., Fu, Maoyi, and Yang, Xiaosheng, 2003, Forestry, Poverty, and Rural Development: Perspectives from the Bamboo Subsector, *China's Forests : Global Lessons from Market Reforms*, ed. William F. Hide, Brian Belcher, and Jintao Xu, RFF Press: 151-176

Ross, L., 1988, *Environmental Policy in China*, Indiana University Press

Saint-Pierre, C., 1991, Evolution of Agroforestry in the Xishuangbanna Region of Tropical China, *Agroforestry Systems* 13: 159-176.

Zhang, Yufu, S. Tachibana, S. Nagata, 2005, Roundwood Trade and its Impact on the Dynamics of Forest Resources in China: A Time Series Approach,（張玉福・立花敏・永田信「中国における原木貿易及びその森林資源動態への影響：時系列アプローチ」『林業経済研究』51(2)：58-66）

第5章　周縁からの森林政策：域外との交流と社会変動の反映

現代中国の森林造成・保護政策と森林開発・林産業発展政策が，建国当初から今日に至るまで，相反する方向性を内包しつつ，相互に連動しつつ「両輪」となってきた理由は，森林をめぐって人間主体が認識する多様な機能・価値・便益に照らすと理解しやすい。すなわち，森林造成・保護政策は，国土保全や国家建設の観点から，森林の水土保全機能と，木材をはじめとした商品提供機能を長期的に発揮させようとする域内の政策当事者の価値・便益を主に反映してきた。対して，森林開発・林産業発展政策は，国家としての社会・経済発展に必要な資材や商品を短期的に提供する機能・役割が，異なる政治路線に基づく方向性の違いを内包しつつも，政策当事者に重視されてきたことを背景とした。

しかし，現代中国の森林政策は，こうした域内の人間主体における機能・価値・便益認識のみによって規定されてきた訳ではない。本章では，「周縁からの森林政策」として，この両輪・両軸となる政策に影響を及ぼしてきた要素を概観する。これらの周縁的な要素を彩るのは，域外の主体を含めた森林をめぐる国際的な機能・価値・便益認識の変化と，それらを受容・反映した域内外の社会変動である。

1. 域外との知識・技術交流の影響

現代中国を通じて，森林政策の前提となった知識・技術は，域内で独自の発展を遂げてきた訳ではない。1949年の建国当初から今日に至るまで，域外との交流を通じて獲得された新たな知見は，各時期の森林造成・保護や森林開発・林産業発展を支え，場合によっては森林政策の方針を規定するものでもあった。同時に，この知識・技術交流は，対外関係の変化に準じてもいた。すなわち，中国をめぐる国際関係や政治路線の変動に伴い，交流の相手や対象が変化し，導入された制度や技術が短期間に覆されるといった状況も演出されてきた。

1. 1. 建国当初の森林政策に生かされた知識・技術

1949年の中華人民共和国成立当初の森林政策は，将来の継続的な諸機能の発揮を見越した既存の森林保護，自然災害の深刻化した地区における重点的な森林造成（第3章参照），そして東北地区等の大面積森林地帯の開発を通じた木材供給量の確保を主要課題とした（第4章参照）。

これらの政策方針を規定した問題意識は，中国共産党を中心とした新政権の樹立によって，新たに中国社会にもたらされた訳ではない。それ以前の清朝末期（清末。19世紀後半）から中華民国期（1911年以降）に至る近代中国における，域外との知識・技術交流を踏まえて涵養されてきたものである[(1)]。さらに，具体的な森林政策実施にあたっては，中華民国政府や日本の統治下に設置されてきた教育施設，実験林場，林産物の加工工場等の各地の設備や機材の接収と運用が前提となった。このため，建国当初の中央・地方の森林行政や関連組織・機関では，中華民国期に海外での留学経験等を積み，これらを運用する知識・技術を身につけ，行政や教育の現場で活躍してきた人間が，必然的に多く登用されることとなった。

中華人民共和国の初代林墾部・林業部長として1950年代後半まで森林行政・官僚のトップとなった梁希は，その代表的存在であり，1910年代にドイツや日本への留学を通じて近代林学の知識・技術を習得した人物であった。その外にも，留学・実務経験のある多くの知識人が登用され，域外との交流を通じて蓄積された知識・技術が，建国当初の森林をめぐる政策現場に生かされることになった（第10章参照）。

中華民国期において蓄積された森林政策に関する知識・技術は，域外の著名な知識人の招聘を通じてももたらされていた。例えば，近代の時点で深刻化していた黄河中上流域の土地荒廃に対しては，欧米の林学者や水土保全の専門家が，中華民国政府や地方政府によって招聘され，森林造成・保護を通じた状況改善の試みが行われていた。1934年（民国23年），陝西省政府は，当地の西北農林専門学校に招かれて教鞭をとっていたドイツのフェンツェル（G. Fenzel）を，新設の省林務局の副局長に任命し，当地の森林回復・経営の指揮をとらせた[2]。また，ドイツ・イギリスで林学を学び，アメリカの森林局の職員や土壌保全局の副局長を務め，水土保全学者として世界的な名声を確立したロウダーミルク（W. C. Lowdermilk）（写真5-1）は，1922～27年と1942～44年の二度にわたって中国に滞在した。一度目は金陵大学（南京）林学科教授，二度目は甘粛省天水（黄河支流の渭河上流）に設置された水土保持実験区の責任者として，森林造成・保護による土壌侵食・流出

写真5-1　中国の森林造成・保護による水土保全技術確立を目指したW.C.ロウダーミルク

出典：Walter C. Lowdermilk, 1969, "Soil, Forest, and Water Conservation: China, Israel, Africa, United States," Volume1, 1969より転載。

の防止技術の確立と普及に力を注いだ[(3)]。中国側の記録では，この実験区は，50畝の苗圃と，地形の異なる実験地1,500畝からなり，招聘されたロウダーミルクらが実質的な調査や技術人員の育成にあたったとされる[(4)]。ロウダーミルクが中国を離れた後も，この実験区は，その研究成果や育成人員とともに，新政権の黄河水利委員会へと受け継がれた。2007年11月に筆者が天水市を訪れた際，実験区の後身である黄河水利委員会：天水水土保持科学試験所や天水市林業局等の行政担当者や技術者が，一様に「自らの業務の原点を作った人物」として，ロウダーミルクに深い尊敬の念を抱いていたのは印象的であった[(5)]。

これらの域外との交流を経て蓄積された知識・技術や設備を受け継いだ建国初期の森林政策は，18世紀後半においてドイツで確立され，日本にも取り入れられていた収穫保続の思想に基づく森林経営や，19世紀後半から20世紀前半にかけてヨーロッパ，アメリカ，イギリスインド帝国，日本等で深められていた森林の水土保全機能への重要性認識を，多分に取り込む形となった。梁希をはじめ，建国当初の森林行政・教育の現場で登用された知識人の多くは，中華民国期にこれらの域外で発展した林学の理論や実証データ等を収集・翻訳し，所属する行政機関や大学，或いは中華農学会，中華森林会，中華林学会等の学会組織を通じて，その普及と実践に取り組もうとしてきた（中国林学会編 2017）。これらの取り組みは，新政権の担い手であった中国共産党の指導者達の森林認識や，地方の行政担当者・技術者の職業意識にも，一定の影響を与えていったと考えられる。すなわち，建国当初の森林政策は，前時期に域外との交流を通じて蓄積されてきた知識・技術が，清末の動乱と列強進出，軍閥政治による域内の断片化，そして抗日戦争・国共内戦の混乱を経て，はじめて中国全土に向けて発信された結果との側面がある。

1950年代に入ると，これらの知識・技術を全域的に定着させ，森林政策の実施の下支えとする動きが顕著となる。それは具体的には，森林資源調査，森林造成・保護活動，森林開発事業，木材等の林産物の生産・加工・消費を効果的に行うための科学研究の充実であり，また，その実際の担い手となる人材育成システムの構築であった。1951年2月には，域外留学経験を持つ陳嶸，沈鵬飛，殷良弼らの提起に基づき，前時期の学会組織を受け継ぎ，科学研究の発展と知識・技術普及の基盤となることを目的に中国林学会が設立された（中国林学会編 2017）。同じく1951年には，中央の森林政策の要請に応え，その効果を保障する研究機関として，中央林業部林業科学研究所が設立され，陳嶸が所長となった。1958年以降，中国における統合的な森林研究の拠点となり，文化大革命期には解体を経験したものの，中国林業科学研究院として今日に至る。また，中華民国期に長く大学で林学の教鞭をとっていた林墾（林業）部長の梁希は，森林関連の教育制度の充実こそが，森林の過少状況をはじめとした現代中国の課題解決の基盤と捉えていた(6)。この認識を受けて，部長在任中の1952年には，北京・南京・東北に独立した林学院（現在の北京林業大学，南京林業大学，東北林業大学）が創設された。また，中央・地方の農学院（現在の各農業大学等）内に林学科が設置され，各地で多くの森林関連の職業専門学校も開校し(7)，必要な人材の養成と確保が図られていった。

これらの学術組織や研究・教育機関では，森林政策の目的に沿った研究・教育が行われていった。人工林資源の造成に際しては，1950年代からコウヨウザン，マツ類（油松，チョウセンゴヨウ（紅松）等），カラマツ（落葉松），トウヒ（雲杉），モミ（冷杉），クスノキ，アブラツバキ（油茶）等の生態研究，育種，造林実験が進められ，各地で効果的な造林方法が追求された。また，荒漠化や沙漠化等の土地荒廃防止や防風のための森林造成についても，当初から積極的な研究対象となった。この中で，特に北方黄河流域の森林希少地区では，農地の周囲の防風林造成や「四傍植樹」の樹種としてポプラ類（ヤマナラシ属・ハコヤナギ属）が注目を集めた。これに応じて，1950年代からポプラの育種研究が行われ，1960～70年代には交雑や造林試験が進められた。森林病虫害の防治（防除，予防と治療）に関する研究も初期から行われ，植栽・伐採・運搬等の機械改良，木材加工技術の発達，林産化学における製品開発も，効果的な森林造成や林産物資源の節約・総合利用の観点から進められた（中国林業科学研究院科技情報研究所 1979）。

建国当初から1950年代にかけて，森林政策の内実にも，これらの知識・技術が顕著に反映されていた。例えば，1956年に出された林業部「国有林主伐試行規程」と「森林撫育伐採規定」では，森林資源調査と科学的な試験データに基づき，各地で適切な伐期と面積を割り出して定め，林班（伐区）を単位に伐採・保育施業を行うことが求められた。また，過剰伐採に陥らないよう林業部の計算範囲内で伐採を行い，跡地の更新が義務づけられていた。ここでは，ドイツ林学を由来とする収穫保続の観点から，区画単位の森林の齢級構成の平準化を旨とした伐期設定が企図されている。但し，ここでもみられる「林木の成長量を超えないように伐採量を設定すべき」という原則は，収穫保続の思想に叶う一方で，森林の過少状況という前提下に，できるだけ効果的・持続的に木材生産を行わなければならないという地域的な事情も反映していた[(8)]。

梁希をはじめ，域外からの先進的な知見を背景に建国当初の森林政策に携わった知識人は，1980年代以降の中国において，一様に高い評価を受けてきた。これは，一面において，彼らが建国当初から1950年代にかけて，培った知識・技術を中国社会に定着させ，各種の森林政策の実施基盤を固める役割を果たしたからである。他方で，この高評価は，近年，対外開放の政治路線の下，域外に赴いて森林造成・保護・経営，木材加工・林産化学等の先進的な知識・技術を習得し，国家建設や経済発展に活かそうと考える人々が再び急増した事情も反映している。改革・開放以降の彼らの域外進出は，建国当初の森林政策に知識・技術交流が活かされた経験をトレースする形でもあった。実際に，彼らの多くは，留学期間後に中国に戻り，行政機構や各種の研究・教育機関において，身につけた知識・技術や卓越した国際感覚を反映させ，今日の森林政策の立案・実施に携わることになっている。

1. 2. ソビエト連邦からの専門家派遣とその政治的後退

中華民国期の域外との交流成果とともに，現代中国の開始当初から森林政策に導入されていたのは，第二次世界大戦後の資本主義／社会主義陣営の対立を見据えて，中国共産党による新政権樹立を支援していたソビエト連邦（ソ連）の知識・技術であった。当時，重工業優先の社会主義建設を先んじて行っていたソ連は，各種施業の機械化を進め，特徴的な森林行政機構や，ソフホーズ（集団農場）・コルホーズ（国営農場）等の社会主義基層組織を通じた独自の実施体系を構築していた（塩谷 1953）。但し，その知識・技術のルーツを辿ると，18世紀後半頃から森林の枯渇を契機に森林経理学等の発展がみられており（田中 1991），同様のプロセスを辿ったドイツ等との親和性を含めて，それまで中国が導入してきた近代林学の一系譜という側面もあった。

建国当初，森林関連のソ連の知識・技術は，専門家の派遣という形で主に導入された。1950年，設立されたばかりの中央の森林行政機関である林墾部は，林産化学工業の専門家であるシェジューコフと，木材伐採・運搬方面の専門家であるダイノフの2名を，ソ連から顧問として招いたとされる(9)。

1953年の第一次五ヵ年計画の開始を控えた時期には，ソ連からの多くの専門家が訪れ，中国の森林政策実施に一定の影響力を持っていた。当時，中央林業部等においては，前後して10人のソ連の専門家が顧問として招聘され，全体的な森林政策決定に参与することになっていた。1952年頃からの中国各地では，ソ連の専門家が主導したと見られる各種の森林造成・保護，及び森林開発・林産物増産を目的とした事業が開始されていた。

このうち，最もソ連型の知識・技術導入が顕著であったのは，土地改革によって国家所有林地となっていた大面積の森林開発であったと思われる。第一次五ヵ年計画期に入って本格化した東北地区の大興安嶺の森林開発事業には，19人のソ連の専門家が招聘され，国家所有林地の区画整備と森林工業局の設置に携わっていた。また，1954年から，東北・西南・西北地区に残されていた大面積の国家所有林の航空測量調査が開始されたが，このために前後して211人のソ連専門家が招聘されたとの記録がある(10)。これは，1952年8～9月に，当時の林業部副部長の李範五が，周恩来に随行して訪ソし，ソ連の農業部に専門家派遣と必要機材の提供を要請した結果であった(11)。彼らは，技術指導を通じて，森林調査を行う中国側の人員養成にも携わっていた。1952年以降，南方沿海部の各省・自治区（広東・広西・海南）では，58名のソ連専門家が招聘され，その技術指導の下，当地のゴム・プランテーション建設が行われ，資金としてソ連から855万ルーブルの借款が供与されていた(12)。また，1957～58年にかけては，北方黄河流域の森林希少地区，鉄道沿線地，南方集団林区の用材林造成予定地等を対象とした重点的な森林造成に際して，11人のソ連専門家が，省級行政単位での造林設計を行う技術人員の養成にあたったとされる[13]。教育面でも，1951～57年にかけて，複数の専門家がソ連から招聘され，北京・南京・東北林学院にて，林学，森林経理，林業経済，造林，木材伐採・運送の機械化，木材加工，林産化学工業の講義を担当していた[14]。また，1950年代に確立された教育制度のうち，中等専門学校は，ソ連の教育システムを模倣して1963年の時点で八学科（348の専門を含む）に区分され，そのうちの一つが「林科」（11の専門を含む）であった（黄2002）。

森林政策実施システムにおいて，ソ連の影響が顕著に表れたのは，1956年5月の国務院を頂点とする森林行政の改変である（第7章参照）。ここでは，ソ連の森林行政を模倣する形で，国務院内に新たに森林工業部が設けられ，従来の林業部を頂点とした森林行政体系から，林産物生産・加工・流通過程の管理・監督という機能が分離された。これ以降，各級地方政府に属して林産物の生産供給を計画する森林工業局は，森林工業部を頂点とした体系に位置づけられ，伐採後の更新や森林造成・保護を主な任務とする林業行政機構とは別個の行政体系を構築することになった。これに伴い，国有林区では，森林工業機構系列の伐木場と，林業行政機構系列の森林経営所が，従来，国営林場等として一体であった基層の森林経営組織を分離する形で設置されていった[15]。以後，この林業行政・森林工業機構の並立状況下に実施された政策には，判で押したように「ソ連の先進的技術・経験に基づいて」という文言が加わる[16]。この時期，招聘専門家を通じた知識・技術の模倣が顕著であったことを窺わせる点である。

ところが，この模倣は，中ソ対立が表面化し始めた1958年以降，次第に公の批判にさらされることになる。1958年2月11日，僅か二年にも満たずに森林工業部と森林工業機構の体系が廃止され，林業行政機構に吸収される形で，再度，森林行政機構が一体化された。これに前後して，森林政策の現場でもソ連型に対して否定的な見解が示されるようになる。後に，この森林工業機構の廃止は，「両機構を分けたことによって，適切な森林経営が行い得なくなった」ことが公式な理由として回顧されている[17]。しかし，この行政機構の二度の改変に代表されるソ連の知識・技術導入プロセスは，明らかに中ソ関係，ひいては国際政治の動向に大きく影響されていた。当時の中ソ関係は，1956年4月に毛沢東が「十大関係論」において，ソ連の経験の盲目的導入を戒めて以来の潜在的な対立から，1958年7月のフルシチョフ訪中を経て，1959年6月の中ソ国防新協定の破棄へと至る対立表面化の段階へと進みつつあった。

中ソ対立の表面化は，大躍進政策期以降の森林政策にも大きな影響をもたらした。1958年2月の全人代会議で，林業部部長の梁希は，希少な森林の効率的な利用のために，木材利用率の向上や林道整備の重要性を訴えた際，敢えてソ連を引き合いに出さず，東ドイツとチェコスロバキアの先進的事例に学ぶ必要があるとした[(18)]。以降，中央レベルの会議において，ソ連の知識・技術導入を求める発言は確認できなくなる。反対に，1959年に入ると，ソ連の専門家の指導によって行われた湖南省のコウヨウザン造林が，高密度に植栽し過ぎたため失敗したと槍玉に上がっている[(19)]。さらに，1959年6月の全国林業庁局長会議では，ソ連式の「一斉皆伐・天然更新」の森林経営を見直す議論がなされ，その結果，1960年の林業部「国有林主伐試行規程」では，現地の状況に応じた多様な伐採方式が許容され，適時の天然・人工更新が求められるようになった（戴 2000）。

このように，ソ連の知識・技術導入が，冷戦下の国際政治と二国間関係に強く影響されていた事実からすれば，事後の否定的評価が妥当でない部分も多いであろう。特に，1950年代前半までは，森林政策の立案・実施における担い手や技術・資金不足を背景に，むしろ中国側が，森林資源調査や森林開発等に際して，ソ連からの専門家招聘や，機械・設備等の導入に積極的であったようにもみえる。実際に，1950年代初期の時点で，ソ連からの招聘専門家達は，各地での森林造成・保護や木材生産の効率化への技術的アドバイスを行う等[(20)]，中国側のニーズに沿った活動もしている。一方で，それまでソ連は豊富な天然林を活かした森林管理・経営を行ってきたため（塩谷 1953），森林の過少状況下にあった中国とは明らかに事情が異なってもいた。第一次五ヵ年計画を契機としたソ連の専門家の大量招聘や行政機構の分離等は，中国の自然生態的・社会的条件の下で蓄積された知識・技術や経験を背景に，森林政策実施システムや教育制度の安定的発展を目指していた中国側の専門家達の意にそぐわなかった可能性もある。今後，詳細な検証が望まれるところだが，いずれにせよ政治的対立の表面化に伴って，1960年7月，ソ連による在中国専門家・技術者の1,000余人の一斉引き揚げが通告され，森林政策へのソ連の実質的な関与もほぼ失われることになった。

その後，1960～70年代にかけては，中国独自の森林政策を確立すべしとの論調が目立つようになり，また，同時期の関係が良好であった他の社会主義国家との知識・技術交流が推進された。1962年から，中国はベトナムの森林資源調査や森林開発への技術協力を行い，カンボジア，ミャンマー，アルバニア，タンザニア，北朝鮮等に対しても，1960～70年代にかけて，林産物加工の技術援助が実施された[21]。また，林業部を通じてアルバニアに研修に赴いた専門家によってオリーブの栽培技術が中国に導入され，広東や雲南で実際に生産基地が造営されたケースもあった[22]。

1．3．改革・開放以降の国際化と知識・技術交流の進展

1970年代後半から1980年代の改革・開放期に至ると，対外開放を前提とした経済発展を模索する政治路線の方向性に基づき，域外との技術・知識交流が再び活発化することになった。先んじて，1977年には中国林学会の活動が再開され，また1978年には中国林業科学研究院の復活が実現し，独立した中央森林行政機関として国家林業総局が設立された。こうした改革・開放初期の森林関連の科学研究の立て直しと交流を促し，森林政策の実施を支えたのは，沈鵬飛，鄭万鈞，呉中倫等，中華民国期に域外で学んだ存命の専門家達であった。

公式記録では，改革・開放初期の1978～86年にかけて，森林関連の域外交流を目的として派遣された行政人員は1,411名にのぼり，その対象地も，アジア，ヨーロッパ，アメリカ，オセアニア等，世界各地に及んでいた[23]。これらの域外交流は，中央の林業部と，それらの国々の森林行政部門との技術協定に裏打ちされていた。1979年以降，林業部は，フィンランド，カナダ，ニュージーランド，メキシコ，オーストラリア，アメリカ等との相互交流協定を締結していく[24]。これらの国々は，森林の効率的な育成・利用の面で進んだ技術を有しており，この時期の中国政府が，域外からの知見吸収

を積極的に企図していたことが分かる。ソ連時代に途絶えたロシアとの交流も再開され，国境の森林地帯における火災防止，病虫害防治，違法伐採の取り締まり等について協力が図られるようになった[25]。

この時期の域外交流を通じた知識・技術導入は，引き続く森林の過少状況の中での経済建設に伴う林産物需要の増大を見越し，森林造成・保護と利用を効果的に両立させ，諸機能の維持・増強に努めるという点に集約された。とりわけ，継続的な物質生産が可能な早生樹種による人工林資源の育成と，木材利用率の向上に関して研究・技術発展が推奨される傾向にあった。

南方沿海部の広西チワン族自治区では，1980年代からオーストラリアとの交流を通じて，早生樹種であるユーカリ造林の技術革新に取り組んできた。自治区レベルで管理・運営される国営東門林場では，1982年から1989年までの８年間，オーストラリアの専門家を招いて，当地に適したユーカリ品種の導入と改良についての共同研究が行われた[26]。研究基地として東門林場が選ばれたのは，平坦な地形に位置し，ユーカリ造林技術が進んでいたオーストラリアのクイーンズランド州と，気候条件が似ていたからであった。もともと，中国にユーカリが導入されたのは19世紀末とされ，東門林場をはじめ広西自治区では，1960年に既にユーカリの植栽が行われていた[27]。しかし，その際には，葉から採取される油の生産が主目的とされ，用材確保のための造林技術の発達は，この時期のオーストラリアとの交流を契機とした。その後，2000年代に至るまでクローン技術を駆使した早生の優良品種が100以上開発され，苗木の大量生産と普及を通じて，広西のユーカリ造林地は飛躍的に拡大していった。この結果，1981年に159.70万m^3であった広西自治区の木材生産量は，2007年には779.65万m^3にまで急増した[28]（写真5-2）。改革・開放以降の域外との知識・技術交流を通じて，林産物資源の供給を前提とした森林造成が促された例である。

また，北方を中心に1950年代から造成が進められてきたポプラ類も，技術的な限界から必ずしも造林活着率は高くなかった[29]。しかし，この時期に入ると，後述のように域外からの技術や資金がもたらされたことで，乾燥に強く成長の早い品種開発が進み，森林造成の効果的な進展を促すことになった。

写真 5-2　広西チワン族自治区のユーカリ人工林
出典：広西チワン族自治区南寧市近郊にて筆者撮影（2008年6月）。

改革・開放の政治路線が浸透していくにつれて，中国の森林をめぐる知識・技術交流は，国家間の協定を通じた専門家の派遣・招聘のみならず，国際機関や他国政府による援助，外資企業との合弁事業，域外NGO等の非政府組織による支援活動といった，公私にわたる多種多様な形をとるようになった。

まず，資金面においては，世界銀行による借款項目が，改革・開放以降の中国における森林政策実施に際して大きな役割を果たしてきた。1985年9月の「林業発展項目貸付協定」の発効以後，1998年までに，①林業発展項目（商品材生産拠点の建設と科学研究の促進），②大興安嶺森林火災恢復項目（1987年の大森林火災からの森林回復と最新の防火設備の建設），③国家造林項目（最大規模の項目。高品質の人工林造成と科学研究の促進），④森林資源発展・保護項目（人工林の集約経営と長江流域の防護林建設），⑤貧困地区林業発展項目（中西部の貧困地区における森林造成・利用を通じた経済発展）という五つのプログラムが実施され，7億ドルの借款が投入された[30]。これらの資金は，国際的な経験交流や域外での技術研修などにも用いられ，知識・技術の導入を促してきた。2000年代でも，これらの援助項目は名称を変えつつ，より知識・技術導入というソフト面にシフトした形で実施された[31]。また，世界食糧計画（WFP），国連開発計画（UNDP），国連環境計画（UNEP），国連工業開発機関（UNIDO），国連食糧農業機関（FAO）等の国際機関も，先進技術の導入を目的とした専門家派遣や研修プログラムへの資金供与を行ってきた。これらは，木材総合利用（木材利用率の向上），森林観測システムの樹立，早生樹種の育成と普及，乾燥地帯における森林造成技術の革新等を目的に実施されてきた[32]。

二国間レベルでの資金援助・技術協力では，改革・開放初期からドイツが目立った動きを見せた。1984年の時点で，山西省のポプラ育種に関しての技術協力が本格化していた[33]。1993年以降は，「三北」（東北・華北・西北）地区や長江中上流域での森林造成・保護を軸とした水土保全や貧困解消・経済建設を見据えた資金供与・技術協力が進められた[34]。こうしたドイツとの協力活動では，資金のみならず，「先進的な森林経営の理念」の導入が成果として挙げられ，森林の多面的機能の認識，資金の合理的管理・運用，適切な植栽樹種の選択等での知識・技術向上が図られた[35]。

日本政府からの資金援助・技術協力も，次第に目立っていった。1980年代から，国際協力事業団（JICA：2008年10月より国際協力機構）等を主な窓口に，森林に関しても各種の政府間レベルの技術協力プロジェクトが実施されるようになった。まず，1984～97年にかけて，東北地区の黒龍江省森林工業総局，黒龍江省林業科学院・林産工業研究所を対象に，木材の加工技術や廃材の有効利用等を目的とした「中国黒龍江省木材総合利用研究計画」が，JICAの技術協力プロジェクトとして，森林総合研究所（1984年当時は林野庁所属の林業試験場。現：国立研究開発法人森林研究・整備機構森林総合研究所）の専門家を派遣する形で実施された。この期間に移転された製材・木質ボード加工技術は，中国の林産業に広く普及することになった。1990年からは，「中国・黄土高原治山技術訓練計画」として，同じくJICAを通じ，森林総合研究所と北京林業大学の間で，森林造成による土壌浸食防止，荒廃地の復旧に関する技術向上を目的とした研究協力が実施されてきた

(森林総合研究所 2005)。また，1998年11月に行われた小渕恵三と江沢民の首脳会談では，同年夏の長江・松花江流域大洪水を受けて，中国での森林造成・保護を通じた森林の多面的機能の発揮という点で，日中の協力体制強化が確認された。これを受けて，2000年に発足した「四川省森林造成モデル計画」(JICA技術協力プロジェクト）をはじめ，2001年からの「黄河中流域保全林造成計画」(JICA無償資金協力プロジェクト）等，天然林資源保護工程，退耕還林工程等の実施を促す資金・技術提供も進められてきた。さらに，小渕-江会談を契機に，中国での緑化NGO等の民間活動を支援する目的から，日中民間緑化協力委員会（事務局：日中緑化交流基金。通称：小渕基金）が，両国の外交・森林行政機関を軸に発足した。この基金として国家予算から拠出された100億円は，後述するNGO等の各種の民間団体が中国で実施する森林造成協力活動に供された(36)。

改革・開放以降は，民間レベルの知識・技術交流も大きく進展した。林産業関連の外資企業の進出は，合弁事業を通じた資金投入・技術普及や，市場競争の激化を促し，今日に至るまでの林産物生産・加工業の成長に大きく作用した。2000年代に入ると，中国域内で原料調達から素材生産・加工・販売過程までを賄おうとする外資企業も，特に製紙業や家具生産業で多く見られるようになった（森林総合研究所 2010)。大学や研究機関同士の協定を背景とした研究者や留学生の往来も増え，森林関連を含めたグローバルな知識・技術・情報の移動に中国はほぼリンクできるようになった。

また，対外開放の中で，中国の森林の過少状況が認知されるにつれ，森林造成・保護を目的とした多くの域外NGOが訪れ，活動を展開するようになった。例えば，世界規模のネットワークを持つ世界自然保護基金（WWF)は，1980年から中国政府の要請を受け，西南地区のパンダ生息地保護に取り組み，北京や各地に事務所を設け，多くのスタッフとともに森林生態系の保護の知識普及を図ってきた。1990年代に入ると，日本からのNGO団体も目立った活動を展開するようになった。2000年代には，中国で活動する日本の環境NGOのうち，「砂漠化防止」(19団体）と「森林の保全・緑化」(18団体）を目指す団体が，目的別の1・2位を占めた（高橋 2004)。これらの団体は様々な経緯・規模・組織形態をもち，日本沙漠緑化実践協会（内蒙古自治区），緑の地球ネットワーク（山西省大同市等），内モンゴル沙漠化防止植林の会（内蒙古自治区奈曼旗）等は，各地方の党組織・行政機関，研究機関，基層集団等をカウンターパートとして協力活動を展開していった[37]。その一方で，中国域内でも，民政行政機構（中央：民政部，地方：民政局）に「社会団体」として登録された民間団体等が，党組織・行政機構とは一線を画す形で，国際的な支援を受けつつ非営利の森林造成・保護活動を基層社会で展開するケースも見られてきた（関ら 2009，菊池 2023 等）。

グローバルな技術水準への接合という点では，「林業標準化建設」等と呼ばれる各種の基準整備が，1990 年代から政策的に行われてきた。ここでは，森林造成・保護の効果や持続性，或いは林産物生産・加工過程における衛生面や安全面の保証が技術的に求められ，ISO シリーズ等の国際的な標準化制度の導入・普及に対応する形で進められていった。

1990 年代以降，市場メカニズムを通じた消費者意識の反映によって，森林の物質利用における合法性・持続可能性を担保する手段として，森林認証制度に世界的な注目が集まった。これに対応する形で，中国でも，FSC（1993年設立。Forest Stewardship Council），PEFC（1999年設立。Program for Endorsement of Forest Certification Schemes）等の国際的組織からの認証取得事例が見られるようになった。また，2001 年から，中国独自の森林認証制度の構築が，国家林業局・中国林業科学研究院・北京林業大学等の共同研究を通じて模索された（社団法人全国木材組合連合会・違法伐採総合対策推進協議会 2008）。2006 年からの吉林省，黒龍江省，浙江省，福建省，広東省，四川省の計 6 か所の地点でのモデル事業の実施を受け，2007 年に CFCC（China Forest Certification Council）として仕組みが構築され，2012 年には PEFC との相互認証化を達成した（金 2019）。

改革・開放以降から今日に至るまでの中国は，その対外開放・国際化の政治路線に則り，森林に関しても国際的な資金を積極的に呼び込み，政府間・民間レベルの知識・技術交流を活発化させてきた。この背景のもとに，国際的な基準や枠組みに対応し，またそれらを受容することで森林政策が規定されていった。それらの結果，今日の中国の森林政策は，グローバル化の影響を受け，他地域との相互依存的な側面を有してもいる。

2.「環境問題」への対応を通じた森林政策の変化

知識・技術の伝播に加えて，現代中国の森林政策に重要な影響を与えたのは，20世紀後半にかけて「環境」という概念が世界的に注目され，その結果，それまでの中国で認識されてきた森林をめぐる諸問題が，「環境問題」とみなされていったことである。この過程では，国際機関，NGO，IPCC等の科学者組織の取り組みを反映して，地球環境問題の解決，自然環境の保護という視点で，森林政策が位置づけられることになった。その結果，森林の育む生物多様性の維持や地球温暖化の防止といった，それまで殆ど認識されなかった機能に伴う価値・便益が，森林政策の内実を彩ることにもなっていった。

2. 1.「環境問題」概念の森林政策への受容（1970年代）

中国の政策現場において「環境問題」という概念が本格的に登場したのは，1970年代前半である（井村・勝原 1995，環境経済・政策学会編 1998年，小島 1996，中国研究所編 1995）。この時期は，日本の公害をはじめとした生活環境汚染が世界各地で表面化し，第二次世界大戦以降の経済発展を支えていた化石燃料の有限性や，農薬使用等を前提とした科学技術・生産力万能志向に対して疑問が投げかけられつつあった。

当時の中国でも，各地での環境汚染の深刻化が見られていた。1970年代前半の時点で，大連湾・松花江等で深刻な水質汚染が生じ，中央政府はこれらの問題を明確に「環境問題」と位置づけ対策を打ち出していった。その中で，1972年のストックホルム国連人間環境会議への代表団派遣，翌1973年の第1回全国環境保護会議の開催と「環境保護と改善に関する若干の規定」（試行草案）の採択，そして，1974年の初の環境専門の行政機関である国務院環境保護指導小組の設立が行われた（小島 1996）。以後，この「小組」の系譜を組む環境保護行政機構が，主に汚染対策面での具体的な環境政策を規定していくことになる。

しかし，この時期に登場した「環境問題」概念とその解決への取り組みは，森林に関して言えば，既に建国初期から続けられてきた森林造成・保護政策の目的と内実に重なった。このため，1970年代の中国では，これまでの森林造成・保護政策の成果をもって，統治政権による環境問題への適切な対応の証左とする形で，「森林環境問題」のフレーミング[38]が行われた。

まず，1970年代の初頭から，森林造成・保護政策の成果を示す際に，「自然環境」或いは「森林環境」という語が頻繁に用いられ始めるようになった。

> 雲南冶金第一鉱山は，大いに植樹造林し，自然環境を改造して，大量の木材を生産し，鉱山建設に際しての木材需要を部分的に解決し，一挙にいくつかの効果を得た。…各地の鉱工業企業の同志は，雲南冶金第一鉱山の方法を学習し，自己が所属する鉱工業用地内の空き地を，可能な限り緑化することを希望する[39]。（傍線は筆者）

> 1954年以後，多くの労働者は合理的伐採，伐採育成並立の方針を貫いてきた。しかし，一部の劉少奇反革命修正主義路線の影響で，大面積を「禿山にする」伐採方式が遂行され，1955年から58年にかけて，「禿山」は15万畝以上に達した。これらの山上の老・中・幼齢林は一掃され，天然幼樹も壊滅し，森林環境は徹底的に破壊された。
> …禿山式の伐採を克服した後，林業局の面々は，森林の発生・成長と変化の客観的な法則を探り出した。森林の樹木は森林環境に依存しており，森林環境の破壊は森林の樹木に深刻な影響をもたらすことを理解したのである。…彼等は，合理的伐採の鍵となるのは，森林環境が破壊されないように保持されることであり，特に伐採速度が過剰にならないよう抑制することであると発見した[40]。（傍線は筆者）

> 毛主席・共産党中央は，一貫して環境保護業務を重視してきた。解放以来，国民経済の発展に従って，我が国の環境は大いに改善された。農村では大規模な農田水利建設と大衆性の植樹造林運動が展開され，効率的に農業生産の条件と自然環境が改善され，抗災能力が増強された[41]。（傍線は筆者）

それ以前の1950～60年代にも，森林政策において「環境」という表現が全く用いられなかった訳ではない[42]。しかし，1970年代に入ると，これまでとは比較にならない程度で「環境」としての意味づけが顕著となる。そこでは，自然・森林環境の破壊が生じ，その改善が必要とされるなど，環境問題の解決として森林造成・保護の目的や成果が語られる傾向にあった。

この変化は，一面において，この時期の中国の森林政策が，環境問題への注目という世界的・国際的な動向に影響されていたことを示している。その反面，この「自然環境」や「森林環境」といった表現は，実はそれぞれの文脈で新しい意味を持っておらず，それ以前の森林造成・保護政策が目指してきた森林の維持・拡大と諸機能の発揮が，「環境改善である」と言い換えられたに過ぎなかった。すなわち，実際の森林政策において，「環境」という表現は，それ以前からの森林造成・保護への取り組みを，ほぼそのまま包摂する形で受容されたのである。

2. 2. ストックホルム国連人間環境会議

1972年6月5日から12日間にわたって，スウェーデンの首都ストックホルムで開催された国連人間環境会議は，世界114カ国が出席し，国連という場で最初に環境問題が議論された会議であった。会議は「人間環境宣言」の採択をもって終結したが，開催中は先進国と発展途上国の利害対立が表面化し，具体的な取り組みを伴う国際協定は締結されなかった。

この会議において，中国代表団の団長を務めた唐克（燃料化学工業部部長）は，「先進国の環境破壊批判」の急先鋒となり，途上国側のリーダーシップを取ると同時に，これまでの森林造成・保護活動の展開と成果を，中国の「環境問題」への積極的な取り組みとして強調した。

> 我が国は，この会議を積極的に支持・賛助し，我が代表団は，共同の努力によって会議が積極的成果を得られることを望んでいる。
>
> …多年来，我々は大衆性の愛国衛生運動と植樹造林・緑化祖国の活動を展開し，土壌改造を強化し，水土流失を防止し，積極的に旧都市の改造を行い，計画的に新しい鉱工業区の建設を行うなど，人類環境を維持・保

護・改善しようとしてきた。事実が説明するように，人民が国家の主人公であり，政府が真に人民のために服務し，人民の利益に心を砕いてこそ，工業の発展は人民に福利をもたらすことができるのであり，工業の発展中に付随する問題も，解決することができる。

…人類環境の維持・保護・改善という問題に対する我々の立場は，発展途上国の独立自主の民族経済の発展を支持し，自己の需要に基づいて本国の自然資源を開発し，次第に人民の福利を向上させていくことである。各国は，それぞれの条件に基づいて本国の環境基準と環境政策を決定する権利を有し，いかなる国家も環境保護の名を借りて，発展途上国の利益を損なうことはできない。いかなる人類環境改善に関する国際的な政策・措置も，各国の主張と経済利益を尊重し，発展途上国の当面・長期利益に符合させるべきである。

…我々は，超大国が人類環境改善の名の下に抑圧と掠奪を行うことに反対する[(43)]。

ここでは，中国政府のこれまでの「人間環境の維持・保護・改善への取り組み」として，愛国衛生運動[(44)]と共に，全土での森林造成・保護活動が挙げられ，世界的な課題となった環境問題への積極的な取り組みを通じて，政権の正当性を域内外に示そうとの内容であった。

次に，唐克は，途上国の今後の経済発展や人口増加が，より深刻な環境破壊を招くとの見方に対して，森林造成・保護政策の成果を軸に，「中華人民共和国では，建国後からの経済発展・人口増加にもかかわらず，人民の生活環境は次第に改善している」との反論を展開した。この会議を通じて，中国をはじめとした発展途上国は，地球規模の環境保護が自国の国益に優先するという発想や，環境保護のために経済発展の抑制をもたらすような国際制度の設計に対して，先進国の都合による不公平なものとの激しい非難を浴びせていた[(45)]。中国政府からすれば，国際的な環境問題への取り組みが，大人口を抱えた発展途上の自らの権益を脅かさないよう気を配る必要があった。そこで，これまでの中国の森林造成・保護の取り組みを強調することで，「環境破壊をもたらしたのは先進国」との主張に，より説得力を持たせようとしたのである。

この点に関して，この会議では，ベトナム戦争におけるアメリカ軍の北爆や枯れ葉剤散布による森林破壊・環境汚染が重要な議題として取り上げられていた[(46)]。中国代表団は，上記の構図を強調するため，そこでも「資本主義の環境破壊性」という文脈でアメリカ批判を積極的に展開した。読み換えれば，それは，社会主義体制に基づく政治路線こそが，森林造成・保護による自然環境の改善を達成できるとのアピールでもあった。

総じて，この会議において，中国代表団が認識していた森林「環境」とは，域内外の各主体に対して，それまでの政権による森林造成・保護の推進という政策の正しさを強調するための概念であった。1970年代以降の中国では，森林造成・保護政策が「環境問題の解決」を目指すものであり，「生態環境保護の取り組み」であるとの認識が普遍化していく。この過程では，中央政府の強いイニシアティブの下に森林「環境政策」が実施されるのが，以前からの方針であり，自明のことと捉えられた。それは少なくとも，政府や大企業の進める開発に対抗した住民運動・自然保護運動や，その中で認識・形成されていった環境問題の概念とは，明らかに異なる捉えられ方であった。

2. 3.「環境政策」としての森林政策の領域拡大（1980～2010年代）

1970年代に「環境」の意味づけを与えられた現代中国の森林政策は，以後，その恩恵を受けて多様な拡がりを見せるようにもなる。その主な理由は，地球規模の環境問題に対する世界的な関心の高まりと国際的な取り組みを通じて，新たな機能・価値・便益が森林に見出されてきたためである。

ストックホルム国連人間環境会議以降，1992年のリオデジャネイロ国連環境開発会議の開催や森林原則声明の採択をはじめ，地域の森林が大きく関わる環境問題への国際的取り組みが進展することになった。中国に影響を及ぼしたこれらの取り組みには，「世界遺産条約」（1972年），「絶滅のおそれのある野生動植物種の国際取引に関する条約」（ワシントン条約）（1973年），「生物多様性条約」（1992年），「砂漠化防止条約」（1994年），そして「気候変動枠組条約」（1992年）とそれに付随した「京都議定書」（1997年）や

「パリ協定」（2015年）等の具体的な条約も含まれる。これらの取り組みを通じて，生物多様性維持，二酸化炭素吸収といった森林の環境保全機能と，それに伴う価値・便益が新たにグローバルに認識され，それらが中国の森林政策へと反映されることになってきた。

中国政府が，二酸化炭素吸収による地球温暖化の防止という森林の機能を，森林造成・保護政策の新たな意義づけとして本格的に認識し始めたのは，1990年前後のことである[(47)]。1987年にブルントラント委員会によって提起された「持続可能な発展」というスローガンもすぐに受け入れられ，様々な公刊物で見かけるようになった（原語：可持続発展）。その後のリオデジャネイロ国連環境開発会議や京都会議への積極的参加も，中国政府の地球環境問題に対する関心の高さを示すものであった。リオ会議に出席した当時の国務院総理：李鵬をはじめとした中国代表団は，党中央・国務院に対して，「地球規模の環境意識の向上に則して，植樹造林の方針を堅持していくべき」と報告した[(48)]。実際の会議でも，中国代表団は，率先して「生物多様性条約」と「気候変動枠組条約」への署名を行ったと記録される[(49)]。

こうした中国政府の地球環境問題への対応は，幾つかの複合的な要因から理解できる。しかし，その根本的な要因は，前述の通り，1970年代以降の中国における地球環境問題への地域としての取り組みが，以前からの森林造成・保護政策の成果のみならず，それが政権の正当性に結びつく構図をも受け継いでいた点にあろう。

例えば，改革・開放期に入った時点で，後の「生物多様性条約」における具体的な取り組みとなった自然保護区の画定や渡り鳥の保護は，地域の「統治国家や社会文明の進歩の度合い」を示すバロメーターと認識されていた。

〈林業部他「自然保護区管理・区画と科学考察の強化に関する通知」（抜粋）〉

この（生態系や景観の保全を目的とした区域画定）方面の事業は国際舞台で重視されており，しばしば自然保護区の総面積が国土面積に占める割合をもって，一つの国家の自然保護事業の発展レベルが測られている。例えば，農工業生産が高度に発展したアメリカ，日本，西ドイツ，発展中であるザイール，ギニア，タンザニア等は，みな国土面積の10%以上が自然保護区である。ソ連も，5%を占めている。目下，我が国は16の省・自治区に45の自然保護区を画定したのみで，その総面積は157万haであり，国土面積の1.6%に過ぎない。既に画定した保護区は，大多数の管理機構が薄弱，或いは機構自体が存在せず，管理が悪く，破壊が深刻であり，科学研究業務は全く展開されておらず，いまだ本来の自然保護区の役割を果たし始めていない(50)。

〈林業部他「鳥類の保護と中日渡り鳥保護協定の執行の強化に関する請示」（抜粋）〉

鳥類は，大自然の重要構成部分であり，国家の貴重な資源である。この資源の保護と合理利用は，自然の生態バランスの維持，科学研究，教育，文化，経済等の面において等しく重要な意義を持つ。国際舞台においてこの方面の取り組みは非常に重視されており，この取り組みをもって，一つの国家・地区の自然環境・科学文化と社会文明の進歩の度合いが測られている(51)。

このように，対外開放・国際化を含めた改革・開放路線の下で，国際的な関心を集めていた環境問題への取り組みは，「中国の社会発展・文明化のレベルを示す指標」と捉えられていった。域内での森林造成・保護等を通じた地球環境問題への取り組みは，中国社会を「然るべき」方向に導く政治路線の「正しさ」を示す根拠とされてきたのである。

1980年代以降，この構図を強化した付随的な要因としては，域外交流の活発化が挙げられよう。すなわち，対外開放に伴う国際機関，政府機関，外資企業，NGOといった域外主体との交流や協力を通じて，生物多様性維持や二酸化炭素吸収における森林の役割が，中国の政策当事者や知識人に浸透していくことにもなった。

この中で，従来の森林政策の範疇でも見られてきた，地域住民による森林や樹木の愛護の促進も，「文明化」の指標であり，環境先進的な活動と意味づけられていった(52)。「緑化」は進歩や正しさの象徴であり，反対に緑の無い「荒廃地」等は後発・停滞を表すとの社会認識が定着していき，1990年のアジア陸上大会や2008年の北京オリンピック等の国際的なイベントに際しては，「首都を緑化しなければならない」との号令の下，都市緑化や「北京・天津風沙源治理工程」（第3章参照）が急ピッチで進められることになった。

但し，その一方で中国政府は，地球温暖化防止への取り組み等で，中国の経済発展の制約につながる措置に強く反対する態度を採り続けてもきた。1997年の京都会議の時点でも，温室効果ガスの自発的な排出削減義務の設定を行わなかった（Ross 1998等）。この点から，地球環境問題への取り組みよりも，地域の経済発展による住民生活の向上が，近年に至るまでの中国共産党の政治指導者層を中心とした統治政権にとって，より優先すべき課題であったとの評価も国際NGO等を中心に多く見られてきた。

しかし，従来の森林政策との連接という視座から見ると，この評価はやや一面的でもある。すなわち，中国の国際交渉における態度は，「従来からの森林造成・保護政策の成果を強調できるかどうか」に大きく左右されてもきた。現代中国を通じて推進されてきた森林造成・保護政策の目的と一致し，その成果を援用できる国際的取り組みに関して，中国政府は積極的な立場をとる傾向にあったのである。

1992年のリオ会議で発表された「森林原則声明」は，各国に森林造成・保護を通じた生態系，野生動植物の保護，及び絶滅危惧種の輸出管理の徹底を求め，「ワシントン条約」等の重要性を確認しつつ「生物多様性条約」の基盤となるものでもあった。中国がこの国際宣言に前向きであった理由は，以下の林業部の建議を見ると明らかである。

> 「森林原則声明」は，生態環境を維持・改善する上での，何物にも代え難い重要な森林の作用を十分に肯定するものである。…「森林原則声明」は，国際社会が森林資源の保護・発展を呼びかける宣言書であり，世界各国の森林保護，林業発展，生態環境改善の切迫した願いと強烈な叫びが十分に反映されている。
>
> 党中央と国務院は，従来から十分に造林緑化・林業発展を重視し，植樹

> 造林・緑化祖国を国家の重要政策の一つとして，一連の森林保護や林業発展の法規・条例・政策を公布してきた。とりわけ改革・開放以来，鄧小平同志の貫くも鋭い洞察によって，1981年に全民義務植樹運動の展開が提唱され，1983年には，「植樹造林・緑化祖国は，社会主義を建設し，子孫後代の幸福を創り出す偉大な事業であり，20年，100年，1000年と堅持し，一世代一世代が永遠に行わなければならないものである」との認識が出された。…各級党委員会と政府の指導や，各部門の支持と協力の下，林業建設は大きな成績を納めた。造林面積は次第に増加し，質は不断に向上し，造林緑化の成果は顕著である。現在，我が国の人工造林面積は既に3,331万haに達し，世界第一位である。植樹造林・林業発展は，現代に功績が有り，子孫に幸福を創り出す偉大な業務である。但し，林業の生産周期は長く，目に見える効果は遅く，特に森林の生態的な機能は次第に表れてくるものであり，往々にして人々が認識するのは難しく，林業の重視と支持に影響をきたしている。これはすなわち，全社会が更なる戦略的眼差しをもって，林業の地位と役割の重要性に対する共通認識を持つ必要があることを示している。国連環境開発会議「森林原則声明」の執行と実施を契機として，全社会で広範に植樹造林・林業発展を通じた生態環境改善の宣伝教育を展開すべきである。多くの幹部や大衆に，等しく造林緑化・生態環境改善の重要性と緊迫性を認識させるべきである[(53)]。

すなわち，「森林原則声明」は，それまでの現代中国を通じた森林造成・保護への取り組みが国際的に評価され，翻って域内の取り組みを将来的に発展させるための契機と位置づけられていた。以後，中国は森林造成・保護政策の成果を背景に，自然保護区の画定をはじめ研究・保護体制の充実を進めつつ，1993年12月の発効当初から「生物多様性条約」に基づく国際的取り組みに参画していくことになる。

地球温暖化対策においても，森林による二酸化炭素の吸収関連のプロジェクトに関しては，中国政府の取り組みは比較的熱心であった[(54)]。京都議定書における二酸化炭素削減義務の約束期間開始を控えた2007年9月，中国政府は，APEC首脳会議で，吸収源としての森林の面積拡大を重視した削減への独自案を提出した[55]。これは，それまでに域内で実施されてきた森林造成・保護政策の成果を背景としたものであった。また，国家間での炭素吸収クレジット取引が可能なCDM事業では，先進技術を使ったプラント整備等，二酸化炭素「排出源」に関する事業（EB-CDM）が圧倒的多数を占める世界情勢の中，中国は，森林行政機構の主導の下，植林・再植林による「吸収源」CDM（AR-CDM）事業の受け入れを積極的に進めてきた。2004年から，広西，内蒙古，雲南，四川，山西，遼寧の６省（自治区）に跨って，炭素吸収とその市場取引を目的としたモデル造林が実施された[56]。このうち，広西自治区の珠江流域の再植林プロジェクトは，2006年11月，国連気候変動枠組条約CDM理事会の有効化審査を受けて正式に登録され，当時において世界唯一のAR-CDMの登録事例となった。また，以前からの中国における全域的な森林造成・保護活動が，地球温暖化の防止に果たした役割として，1980～2005年の「造林活動」（新規植林・再植林）によって合計30.62億トン，森林管理によって合計16.20億トンの二酸化炭素が吸収され，また，森林破壊の防止によって排出されるはずだった4.3億トンの二酸化炭素を減少させたとの試算が行われた[57]。

2015年に採択された「パリ協定」でも，中国は「2030年までに，二酸化炭素を固定吸収した森林蓄積を2005年比で約45億m^3増加させる」という自主目標を前面に掲げた。一方で，当初の排出削減に関する目標案が，二酸化炭素については「2030年までに，2005年比で，GDP単位あたりの排出量60～65％削減」とされ，「2030年までに，一次エネルギー消費に占める非化石燃料の割合の20％増」との目標案と併せて，各方面から限定的との強い批判を浴びた。これらの目標案は，2010年代に入ると日本を抜いてGDP世界第二位となるまでに中国の経済発展が進んだことに加え，その持続性を模索する上で，省エネ対策や再生可能エネルギーの導入が必要視されてきたことがその背景にある（森 2012，大塚 2022等）。また，2020年には，2060年までに二酸化炭素の排出量と吸収量を差し引きゼロ（ネットゼロ）にするカーボンニュートラルの達成が新たに目標に掲げられた。このため，今後も，木材等のバイオマス・エネルギーの利用拡大を通じた化石燃料の代替や，二酸化炭素の固定吸収源という面で，引き続き，中国の地球温暖化対策における森林政策の役割が大きくなると予想できる。

3. 経済発展に伴う「森林への訪問」の広がりと森林政策

人間に精神的な充足をもたらす森林の機能・価値・便益のうち，外部から森林を訪れ，その景観を楽しみ，保健休養・レクリエーションの対象とする側面が大きく注目され始めたのは，総じて改革・開放以降のことである。すなわち，「豊かになれるものから豊かになろう」との政治路線の恩恵を受けた都市の富裕層・中間層が，余暇や余剰を使って観光旅行，自然体験，登山，ハイキング，各種スポーツ等の場として森林を位置づけていったことによる。同時に，対外開放に伴って，世界各地から同様の目的で中国を訪れる人々が増加したことも，この動きを後押しすることになった。

もっとも，観光やレクリエーションのために森林を訪れ，或いは山川草木の織り成す景観に触れることで，自然美を感じ，精神的な高揚や安寧を得る人々は，中国にも古くから存在してきた。現代中国の観光行政も，1962年の中国旅行遊覧事業管理局の設立を皮切りに，1982年以降は国務院直属機関としての国家観光局を頂点とした体系が存在してきた（2018年以降は文化観光部に統合）。また，森林・樹木を含む景観整備を目的とした園林・園芸（日本では造園・風致に相当）の知識・技術も，中華式の庭園建築に端を発し，近代以降は欧米・日本の影響を受けつつ発展してもきた（田中 1988，見城 2018等）。1950年代には，復旦大学や北京林学院等に園林系（科）も設置されていた(58)。しかし，森林への訪問を前提とした利用の促進・管理やインフラ整備が，森林政策の明確な対象となるのは，改革・開放以降のことである。

自然を体感する観光は，日本では物見遊山，名所・名勝めぐり，グリーン・ツーリズム，エコ・ツーリズム等の用語に内包されてきたが，改革・開放期以降の中国では，「生態旅游」が用語として一般化してきた。その中でも，主に森林・林地を対象とした観光・レクリエーションであり，森林政策の範疇で捉えられるものは「森林旅游」等と呼ばれてきた。この森林旅游の対象地として，森林行政機構が設置・整備・管理を担ってきたのが，陸域

(林業系統）の自然保護区と森林公園である[59]。第3章で紹介したように，改革・開放期には，各地で自然保護区や森林公園の画定が進められた。さらに，特に景観の美しい森林地帯を，世界自然遺産として登録しようとする動きも，中央・地方政府において活発になった。

自然保護区は，元々，1956年に全人代の提案に基づき，第七次全国林業会議で決定された「天然林禁伐区画定草案」にその端緒がある。これに基づき，1959年から省級行政単位にて初期の自然保護区の画定が行われた。但し，この段階では稀少な天然林の林相や動植物を，研究・試験目的で保護することに主な狙いがあった[60]。改革・開放後も，学術面や生物多様性の維持という目的から設置が促されたが，実際には1990年代以降，森林旅游の対象（景区）としても重視され，観光・レクリエーションの場としての整備が進んできた。1994年の「自然保護区条例」制定等，管理の仕組みも次第に整えられ，2016年の時点で，全国に2,301か所，面積にして12,553万haが，林業系統の自然保護区となっていた[61]。

対して，森林公園は，改革・開放当初から観光・レクリエーションによる訪問を主要な目的とし，1993年の「森林公園管理辦法」等を軸に森林行政機構の管轄内で設置・整備・管理が進められてきた。李ら（2009）は，森林公園の整備状況を，初歩的段階（1982～91年），発展段階（1992～99年），成熟段階（2000年～）に区分している。初歩的段階の10年間において，設置された国家級の森林公園は，僅か34箇所に過ぎなかった。しかし，1992年，当時の林業部が「全国森林公園・森林観光工作会議」を開催し，森林旅游の発展が大々的に呼びかけられたのを契機に設立ラッシュが生じ，この年だけで141箇所の森林公園が開設された。その後，やや設立のペースは落ち，発展段階における国家級の合計設置数は275箇所となったものの，2000年より再び上昇傾向となったとされる。2016年時点で，国家級の森林公園は828箇所（地方級を含めると3,392箇所），その総面積は1,320万ha（地方級を含めると1,887万ha）に及んだ[62]（写真5-3）。

すなわち，対外開放と経済発展が進んだ1990年代以降，地域社会における森林の観光・レクリエーションへのニーズへの政策的対応として，インフラ整備や観光業の振興等が図られていったことが分かる。2014年には国務

写真 5-3　多くの人々が訪れる整備された森林公園
出典：黒龍江省五営国家級森林公園にて筆者撮影（2009 年 8 月）。

院の指示に基づき，国家林業局が「全国森林等自然資源旅游発展規画綱要」を出し，森林空間を積極的に活用した観光発展の推進が中央政府の方針として明確化した[(63)]。近年にかけて，これらの対象地への訪問者数は着実に増えていった。1992 年の段階で，国家級・地方級を含めた森林公園を訪れる観光客の総数は 0.24 億人であったが，2007 年には約 10 倍の 2.47 億人となった（李ら 2009)。そして，2016 年には 9.18 億人まで増加している[(64)]。この訪問者の価値・便益を反映して，これらの対象地周辺の宿泊・飲食や訪問ツアーを提供する観光業も発展していった。最近では，トレイルランニング，マウンテンバイク，ロッククライミングといった，域外で発展してきた野外スポーツを目的に，森林・林地を訪れる人々も目立ちつつある。

その一方で，こうした改革・開放以降の森林旅游の発展は，森林造成・保護政策の展開にも大きく関わっていた。特に，1998年夏の長江・松花江流域大洪水を契機に本格化した天然林資源保護工程では，既存の森林地帯からの林産物生産が制限されたため，保護された森林を活かした観光・レクリエーションを当地の代替産業とすべきことが求められた（第３章参照）。また，退耕還林工程の実施に際しても，森林造成によって農地や放牧地を失う農民の代替的な生計の場として，森林旅游をはじめとしたサービス産業の興隆が政策的に推奨された。これを受けて，旧来の伐採労働者や農民が，自然保護区や森林公園内での従業員として再編・雇用され，或いは農山村の簡易宿泊施設である「農家楽」を経営する事例も目立ってきた[(65)]。

4. 周縁からの森林政策の総括

4. 1. その背景と内実から見た森林の諸機能の政策的反映

森林造成・保護と森林開発・林産業発展を両軸としてきた現代中国の森林政策は，林学，水土保全，景観形成といった領域での域外との知識・技術交流，国際関係や環境問題への注目等の国際的な動向，さらには改革・開放期の対外開放や経済発展に伴う社会変化といった，周縁からの要素に強く規定されてもきた。

この構図を，森林の諸機能の政策への反映プロセスとして捉えると，図５-1のようになる。まず，基軸の一つである森林造成・保護政策は，建国当初から，近代の域外交流を通じて蓄積された知識・技術を反映して実施された。そこで中心的に求められてきたのは，水土保全機能の回復と，持続的な商品提供機能の発揮である。ここに，1950年代後半からは，「緑化祖国」や「大地の園林化」等，森林造成・保護を通じた一体感やナショナリズムの喚起を目的とした景観・風土形成機能の重視が加わった。さらに，国際的な動

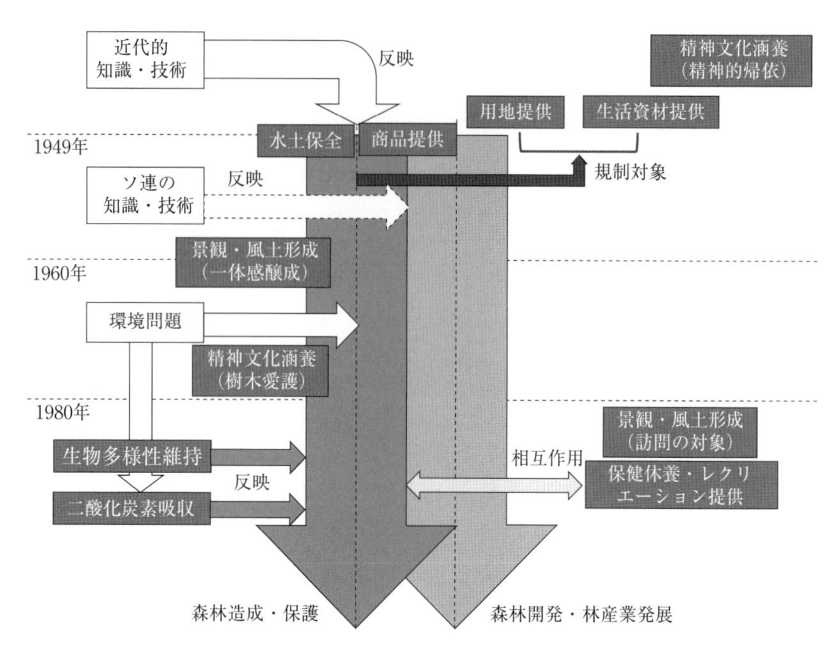

図 5-1　現代中国における森林の諸機能認識の政策への反映過程
出典：筆者作成。

向を反映して，1970 年代から環境問題への対応という意味づけがなされ，改革・開放以降になると，生物多様性維持，地球温暖化防止としての機能が重ねられていくことになった。一方で，森林開発・林産業発展政策は，1950 年代にかけてはソ連の知識・技術も取り込みつつ，社会・経済発展に必要な林産物の確保という意味での商品提供機能の発揮を目指してきた。この両軸に，改革・開放以降の対外開放と経済発展に伴って，保健休養・レクリエーション提供機能の発揮という意味づけが加わった。そのための景観形成やインフラ整備が森林造成・保護政策の一環として行われつつ，新たなサービス産業としての森林旅游の発展が促された。この発展は，森林造成・保護政策の強化に伴う各地の産業構造の転換の受け皿ともみなされていた。そして，建国初期から今日に至るまで，森林政策による規制の対象となってきたのは，用地提供機能に伴う森林の転用と，生活資材提供機能に伴う薪炭等の林産物利用であり，逆にこれらが森林政策に対する他部門や地域社会からの圧力を体現してもきた。

但し，景観・風土形成機能は，これに付随する価値・便益を，政治指導者層のような政策当事者の期待する一体感やナショナリズムの醸成とみるか，森林を訪れて風景を楽しむ訪問者や，彼らから対価を得る観光事業者のニーズとみるかで，位相が全く異なってくる。現代中国で後者が森林政策に反映されたのは，保健休養・レクリエーション提供機能と同様，改革・開放以降であった。同じく，精神文化涵養機能も，例えば森林や樹木を愛護する文化の醸成は，1950年代から森林造成・保護政策の目的の一つとなってきた。一方で，第6章でも述べる通り，旧来の地域共同体において存在してきた風水林など，森林・樹木を信仰や畏敬の対象とする地域住民の価値・便益は，現代中国を通じてほぼ森林政策の対象外であった。むしろ，大躍進や文化大革命等の社会主義国家建設の節目においては，旧弊として排除の対象ともなってきた。

このように，森林に対する機能・価値・便益認識という利害関係を踏まえて，地域の森林政策の展開を総合的・全体的に把握するにあたって，「周縁」からのアプローチは極めて重要となる。森林政策を規定する知識・技術は，近代・現代といった時期区分を超え，域内の政治体制・路線の変動や経済発展のプロセスとも，ある程度一線を画す流れを有してきた。加えて，森林をめぐる国際的な動向と，それらが帯同する機能・価値・便益認識の変化も，表面的な政策内容の推移からは見えづらい点である。これらの要素は，同時に，域内の事情や人間―森林関係のみでは決して完結しないという森林政策の特徴を，改めて我々に示してくれもする。

そして，現代中国の森林をめぐる域外交流は，域外からの伝播のみならず，域内からの発信という双方向のアプローチを伴った。1970年代以降の森林政策の環境政策化は，国際的な価値認識の変化への対応であったと同時に，従来の森林造成・保護政策の成果を域内外に強調することをも目的に進められた。また，中華民国期のように内発的に域外の知識・技術が求められる時期もあれば，ソ連との知識・技術交流のように国際政治の変化に否応なく従属させられる局面もあった。

4．2．今後の研究課題

総じて，現代中国の森林政策をめぐる知識・技術の発展や，そこでの域外との交流を含めた背景や内実については研究の蓄積が少ない。参照・確認すべき資料が膨大かつ多岐に渡り，また，人物史，学説史，施業史，技術論，組織論，制度論などが交錯するため，研究アプローチを定めにくいのも，この分野の研究が進んでこなかった一因であろう。本章で行った整理も，限定的・概要的なものであり，今後は，技術史や科学技術社会論の視点を踏まえて，森林政策とそれを支えた知識・技術の推移を明らかにする研究が求められる。

特に，近代林学の伝播をはじめ，域外との交流が，地域の森林政策にどのような影響をもたらしてきたかは，十分に解明されていない部分である。その中にあって，松永（2013）は，近現代の中国における土木関連も含めた水土保全技術の発展過程を先駆的に整理している。

近年では，二酸化炭素吸収源としての森林の役割や期待に関する政策研究（張・武 2006，李 2007 等），新たな産業や地域住民の生計手段としての生態・森林旅游の可能性を探る研究等（蘭・董 2018，徐・任 2023 等），個別の関連研究は中国において充実しつつある。その中にあって，森林を含めた地球環境問題の国際交渉における中国の立場や役割を検証した研究は，域内外に限らず依然として少ない。今後の研究発展が望まれる部分であり，その過程では，本章で見たような，森林政策を含めた域内政策との密接な結びつきも観察できるであろう。また，森林政策をはじめとした従来からの繋がりを踏まえて，「周縁」から中国の環境政策を捉え直す試みも必要である。

一方，「周縁からの森林政策」と題したにもかかわらず，本書でも十分な検証に至っていないのは，農業，牧畜，草原，水利，都市・農村建設，教育，観光といった他部門の政策との関連性である。実際の土地利用や行政機構の管轄という面において，これらの他部門と森林は，せめぎ合い，或いは連動する関係にもあった。それらの出力として現代中国の森林政策を捉える視座も，今後，深められていくべき点である。

〈注〉

(1) 近代中国における森林政策と，それを支えた知識・技術に関する研究は十分に行われていない。概観的・通史的な整理としては，熊（1989），樊（2009）等が業績として存在する。また，中国林学会編（2017）等によって関連の学術研究の歩みも整理されている。しかし，近代中国において，森林に関する科学的な知見や技術発展が，どのような社会背景や人々の機能・価値・便益認識に基づいて進められてきたのかは詳細な検証が必要であり，今後の大きな研究課題となる。

(2) 陝西省地方志編纂委員会編（1996）『陝西省志：第 12 巻：林業志』（p.635）。

(3) Lowdermilk, W. C., 1969, Soil, Forest, and Water Conservation: China, Israel, Africa, United States, Volume1.

(4) 行政院新聞局印刷発行（1947）『林業』（pp.34-35）。

(5) 筆者取材調査（2007 年 11 月）による。

(6) 梁希（1983）『梁希文集』，李範五（1988）『我対林業建設的回憶』等。

(7) 具体的には，職業高等学校と中等専門学校に大枠で区分される。前者は，地方の省級人民政府が開設し，高卒を対象とした専門学校で，かつては森林関連の知識・技術教育に特化して「林校」と呼ばれた。近年は，他の農業・環境・水利等の分野との合併・統合が顕著に進み，現在は名称も変更されている場合が多い。後者は，中卒を対象とした技術者教育の場だが，後述のようにソ連のシステムの影響を受けているとされる。

(8) 例えば，第３章で取り上げた，1980 年代以降の年森林伐採限度量制度のように，全面的な森林の年間の伐採限度量（m^3）をあらかじめ定め，その全体量に則って，各地方行政単位に許容伐採量が割り当てられるという厳格な仕組みは，ドイツや日本をはじめ他地域では見られなかった政策である。

(9) 李範五（1988）『我対林業建設的回憶』（p.7）。

(10) 中華人民共和国林業部（1987）『中国林業年鑑：1949 〜 1986 年』（p.630）。

(11) 李範五（1988）『我対林業建設的回憶』（p.39-42）。

(12) 中華人民共和国林業部（1987）『中国林業年鑑：1949 〜 1986 年』（p.630）。

(13) 同上。

(14) 同上。

(15) 林業部「関於発行国有林区森林経営所組織条例的指示」（1956 年 8 月 24 日）（中華人民共和国林業部辦公庁編（1959）『林業法規彙編：第 7 輯』（pp.192-193））では，「我が国の現実状況に基づき，並びにソ連の国有林管理の先進化学経験を参考とし，ソ連専門家のセルゲイエフ同志の指導の下，国有林森林経営所組織条例を制定する」とされた。

(16) 例えば，林業部「領発森林撫育伐採規程的指示」（1956 年 12 月 27 日）（同上書（pp.207-208））では，「ソ連の先進科学に基づいて，我が国の具体状況を結合させ，森林撫育伐採規程を制定した」とされる。

(17) 例えば，当代中国叢書編集委員会（1985）『当代中国的林業』（p.94）等。

(18) 梁希「毎社造林百畝千畝万畝毎戸植樹十株百株千株」（第 1 期全人代第 5 次会議上の発言）（1958 年 2 月 5 日）（中華人民共和国林業部辦公庁編（1960）『林業工作重要文件彙編：第 1 輯』

(pp.227-234))。

(19) 当代中国叢書編集委員会 (1985)『当代中国的林業』(p.94)。

(20) 中国林業編集委員会 (1952)『中国林業論文集：1950-51』では，「ソ連の先進科学の経験」として，招聘専門家達の見解と活動が一章にわたって紹介されている。

(21) 中華人民共和国林業部 (1987)『中国林業年鑑：1949 ～ 1986 年』(p.631)。

(22) このアルバニアからのオリーブの導入に際しては，周恩来が自ら推進を提唱したとされる(周恩来「一定要種好管好油橄欖」(1964 年 3 月 3 日) 中共中央文献研究室・国家林業局編(1999)『周恩来論林業』(pp.121-129))。

(23) 中華人民共和国林業部 (1987)『中国林業年鑑：1949 ～ 1986 年』(p.631)。

(24) 同上書 (pp.631-632)。

(25) 国家林業局編 (2007)『中国林業年鑑：2007』(p.357)。

(26) 筆者らの聞き取り調査 (2008 年 6 ～ 7 月) による。

(27) 中国林業科学研究院科技情報研究所 (1979)『中国林業科技三十年：1949-1979』(p.18) 等。

(28) 1981 年の数値は，中華人民共和国林業部編 (1990)『全国林業統計資料彙編：1949 ～ 1987 年』，2007 年の数値は，国家林業局編 (2008)『中国林業発展報告：2008』を参照。

(29) 中国林業科学研究院科技情報研究所 (1979)『中国林業科技三十年：1949-1979』(pp.137-138) 等。

(30) 国家林業局編 (1999)『中国林業五十年：1949 ～ 1999』(pp.315-316)。

(31) 国家林業局編 (2007)『中国林業年鑑：2007』(pp.365-366)。

(32) 国家林業局編 (1999)『中国林業五十年：1949 ～ 1999』(pp.315-316)。

(33) 同上書 (p.314)。

(34) 国家林業局編 (2007)『中国林業年鑑：2007』(p.358)。

(35) 同上書 (p.358)，及び，国家林業局編 (1999)『中国林業五十年：1949 ～ 1999』(p.314)。

(36) 外務省ウェブサイト／各国・地域情勢／アジア／日中民間緑化協力委員会の設置とその活動 (2007 年 8 月) (http://www.mofa.go.jp/mofaj/area/china/green.html) (取得日：2009 年 2 月 19 日)。2021 年 3 月末をもって基金は終了した。

(37) 中国環境問題研究会 (2004) 等。日本沙漠緑化実践協会の活動は遠山 (1993)，緑の地球ネットワークの活動は高見 (2003) に詳しい。

(38) 佐藤 (2002) は，地域の人間と自然の多様な関わりが存在する中で，表出する環境問題は，特定の意図・権力に基づいた情報取捨選択 (フレーミング) の結果である可能性を指摘している。

(39)「緑化砿区」(『人民日報』1971 年 9 月 14 日)。下線は筆者註。

(40)「発展森林工業的正路」(『人民日報』1972 年 1 月 25 日)。下線は筆者註。

(41) 郭賽「重視環境保護工作」(『人民日報』1974 年 9 月 17 日)。下線は筆者註。

(42) 例えば，林業部「第五次全国林業会議総括報告」(中華人民共和国林業部辦公庁編 (1956)『林業法規彙編：第 6 輯上冊』(p.93)) 等。

(43) ストックホルム国連人間環境会議における唐克の発言は，唐克「闡述我国対維護和改善人類環境問題的主張」(『人民日報』1972 年 6 月 11 日) に全文掲載された。

(44) 1952年に毛沢東の呼びかけで開始された全国規模の大衆的な衛生運動。主に公衆衛生の改善を目的とした。近年ではゴミ処理，公害防止といった環境政策の一つとして位置づけられる。
(45) ルーマニア，ユーゴスラビア，アフリカ諸国等の会議上での発言にも同様の主旨があった（「美国侵略印度支那厳重悪化人類環境」『人民日報』1972年6月14日）。
(46) 会議に出席した各国代表は，ベトナム戦争を「生態根絶戦争」としてアメリカを批判した。「瑞典向美国政府提出強烈抗議」（『人民日報』1972年6月16日）では，開催国のスウェーデンによる批判が紹介されている。
(47) 例えば「人類生存環境面臨厳重挑戦」（『人民日報』1990年1月15日）では，「大規模な森林の乱伐は目前の地球温暖化の要素の一つと認識している」とされ，また同年2月に気候変動に関する国家調整グループが，中国科学技術協会内に設置されている。
(48) 李鵬「出席聯合国環境与発展大会的情況及有関対策的報告」（国務院環境保護委員会秘書処編（1995）『国務院環境保護委員会文件彙編：2』（pp.531-542））。
(49) 中国環境保護行政二十年編委会編（1994）『中国環境保護行政二十年』（p.49）。
(50) 中華人民共和国林業部辦公庁編（1980）『林業法規彙編：第13輯』（pp.41-44）。
(51) 中華人民共和国林業部辦公庁編（1982）『林業工作重要文件彙編：第7輯』（pp.2-5）。
(52) 中華人民共和国林業部辦公庁編（1982）『林業法規彙編：第15輯』（p.46）。
(53) 国務院環境保護委員会秘書処編（1995）『国務院環境保護委員会文件彙編：2』（pp.577-582）。
(54) 但し，域内の工場などの技術向上につながる排出源CDMを促進したい等の他の理由から，国際交渉の舞台では，吸収源CDMの拡大に否定的な立場を取ることも多い。
(55)「中国，森林拡大へ独自案：APEC首脳会議で提案へ」（『朝日新聞』2007年9月8日）。
(56) 李怒雲（2007）『中国林業碳汇』（pp.125-139）。
(57) 国家林業局（2008）『中国林業発展報告：2008』（p.48）。
(58) 李範五（1988）『我対林業建設的回憶』（p.20）。
(59) このほか，湿地公園，沙漠公園，生態公園等が含まれることもある（国家林業局（2017）『中国森林等自然資源旅游発展報告：2016』）。
(60) 中国林業科学研究院科技情報研究所（1979）『中国林業科技三十年：1949-1979』（pp.342-350）。
(61) 国家林業局（2017）『中国森林等自然資源旅游発展報告：2016』（p.45）。
(62) 同上書（pp.38-39）。
(63) 国家林業局（2015）『中国森林等自然資源旅游発展報告：2014』。
(64) 国家林業局（2017）『中国森林等自然資源旅游発展報告：2016』（pp.60-61）。
(65) 農家楽については，方ら（2015）等の研究がある。

〈引用文献〉

（日本語）
中国環境問題研究会編（2004）『中国環境ハンドブック：2005-2006年版』蒼蒼社
中国研究所編（1995）『中国の環境問題』新評論

方琳・山本信次・山本清龍・藤崎浩幸（2015）「中国における三農問題解決のための農家楽の可能性と課題：浙江省杭州市桐廬県を事例とする質的調査から」『日本森林学会誌』97：115-122
井村秀文・勝原健編著（1995）『中国の環境問題』東洋経済新報社
環境経済・政策学会編（1998）『アジアの環境問題』東洋経済新報社
見城悌治（2018）『留学生は近代日本で何を学んだのか：医薬・園芸・デザイン・師範』日本経済評論社
菊池真純（2023）『中国農村での環境共生型新産業の創出：森林保全を基盤とした村づくり』御茶の水書房
小島麗逸（1996）「中国経済スケッチ：環境・生態系問題（2）」『ジェトロ中国経済』367：52-67
金承華（2019）「中国における森林認証制度の展開と課題：国際森林認証（FSC と PEFC）の展開とその検討」『関東学園大学経済学紀要』45：23-39
黄学哲（2002）「中華人民共和国における中等専門学校の成立と変遷」『産業教育学研究』32(1)：55-62
松永光平（2013）『中国の水土流出：史的展開と現代中国における転換点』勁草書房
森晶寿編（2012）『東アジアの環境政策』昭和堂
大塚健司（2022）「環境問題の解決はどこまでできるのか」川島真・小島華津子編『習近平の中国』東京大学出版会：51-65
佐藤仁（2002）「“問題”を切り取る視点：環境問題とフレーミングの政治学」石弘之編『環境学の技法』東京大学出版社：41-75
関良基・向虎・吉川成美著（2009）『中国の森林再生：社会主義と市場主義を超えて』御茶の水書房
社団法人全国木材組合連合会・違法伐採総合対策推進協議会（2008）『中国における合法性証明制度の実態調査報告書』（合法性・持続可能性証明木材供給事例調査事業）
森林総合研究所（2005）『森林総合研究所 100 年のあゆみ』森林総合研究所
塩谷勉（1953）『ソ連邦の林業と林政』林野共済会
戴玉才（2000）『中国の国有林経営と地域社会：黒竜江国有林の展開過程』日本林業調査会
高橋智子（2004）「NGO・各種団体による日中環境協力」中国環境問題研究会編『中国環境ハンドブック：2005-2006 年版』蒼蒼社：368-370
高見邦雄（2003）『ぼくらの村にアンズが実った：中国・植林プロジェクトの 10 年』日本経済新聞社
田中茂（1991）『森と水の社会経済史：資源環境問題の源流』日本林業調査会
田中淡（1998）「中国造園史研究の現状と諸問題」『造園雑誌』51(3)：190-199
遠山柾雄（1993）『砂漠を緑に』岩波新書

（中国語）
当代中国叢書編集委員会（1985）『当代中国的林業』中国社会科学出版社
樊宝敏（2009）『中国林業思想与政策史：1644 ～ 2008 年』科学出版社
国家林業局編（1999）『中国林業五十年：1949 ～ 1999』中国林業出版社

国家林業局編（2007）『中国林業年鑑：2007年』中国林業出版社
国家林業局編（2008）『中国林業発展報告：2008』中国林業出版社
国家林業局（2015）『中国森林等自然資源旅游発展報告：2014』中国林業出版社
国家林業局（2017）『中国森林等自然資源旅游発展報告：2016』中国林業出版社
国務院環境保護委員会秘書処編（1995）『国務院環境保護委員会文件彙編：2』中国環境科学出版社
蘭思仁・董建文主編（2019）『2018中国森林公園与森林旅游研究進展：森林公園建設与郷村振興』中国林業出版社
李柏青・呉楚材・呉章文（2009）「中国森林公園的発展方向」『生態学報29(5)：2749-2756
李範五（口述）（于学軍整理）（1988）『我対林業建設的回憶』中国林業出版社
李怒雲（2007）『中国林業碳汇』中国林業出版社
梁希（1983）『梁希文集』（「梁希文集」編集組編）中国林業出版社
陝西省地方志編纂委員会編（1996）『陝西省志：第12巻：林業志』中国林業出版社
行政院新聞局印刷発行（1947）『林業』
熊大桐等編著（1989）『中国近代林業史』中国林業出版社
徐美華・任秀峰（2023）「中国森林旅游産業競争力評価研究」『緑色科技』25(3)：265-270
張小全・武曙紅編著（2006）『中国CDM造林再造林項目指南』中国林業出版社
中共中央文献研究室・国家林業局編（1999）『周恩来論林業』中央文献出版社
中華人民共和国林業部辦公庁編（1956）『林業法規彙編：第6輯上冊』中国林業出版社
中華人民共和国林業部辦公庁編（1959）『林業法規彙編：第7輯』中国林業出版社
中華人民共和国林業部辦公庁編（1960）『林業工作重要文件彙編：第1輯』中国林業出版社
中華人民共和国林業部（1987）『中国林業年鑑：1949～1986年』中国林業出版社
中華人民共和国林業部編（1990）『全国林業統計資料彙編：1949～1987年』中国林業出版社
中華人民共和国林業部辦公庁編（1980）『林業法規彙編：第13輯』中国林業出版社
中華人民共和国林業部辦公庁編（1982）『林業法規彙編：第15輯』中国林業出版社
中華人民共和国林業部辦公庁編（1982）『林業工作重要文件彙編：第7輯』中国林業出版社
中国環境保護行政二十年編委会編（1994）『中国環境保護行政二十年』中国環境科学出版社
中国林学会編（2017）『中国林学会百年史：1917-2017』中国林業出版社
中国林業編集委員会（1952）『中国林業論文集：1950-51』中国林業編輯委員会出版
中国林業科学研究院科技情報研究所（1979）『中国林業科技三十年：1949-1979』

（英語）

Lowdermilk, W. C., 1969, Soil, Forest, and Water Conservation: China, Israel, Africa, United States, Volume1（Walter Clay Lowdermilk papers, MS597, Box1, Yale University Manuscript and Archives）
Ross, L., 1998, China : Environmental Protection, Domestic Policy Trends, Patterns of Participation in Regimes and Compliance with International Norms, *The China Quarterly* 156（December 1998）: 809-835

第３部　森林政策をめぐる制度の変遷：
権利・実施システム・法令

第３部では，現代中国の森林政策の変遷に制度的な側面から切り込んでいく。具体的には，森林をめぐる権利関係，政策実施システム，法令の整備と変容過程に着目する。これらの制度的な枠組みは，一面において，各時期の森林政策を反映し，その方向性や内容を固定化するものである。同時に，地域の森林をめぐって存在する多様な価値・便益に基づく利害関係を具体的に調整し，各人間主体に「何をすべきか」，「何をしてよいか」，「何をしてはならないか」といった規範を提示する役割も与えられている。すなわち，これらの制度とその変遷の把握は，各時期の森林政策が，地域の人間と森林との関係に与えた影響を実態的に掘り下げる上で不可欠な前提となる。そして，地域における旧来の森林利用の慣行が残る中，近代的な知識・技術，所有権概念，法体系が導入されつつ迎えた現代中国では，さらに社会主義の理念に基づく国家建設という要素が加わったことで，これらの制度が極めて複雑な変遷を辿ることになってきた。

基層社会の村民小組を単位とした農民世帯への林権確定
出典：広西チワン族自治区百色市にて筆者撮影（2010 年 9 月）。

第6章　現代中国の森林をめぐる権利関係の改変

森林をめぐる権利関係とそれに関する政策は，現代中国において，各主体における森林の所有・利用・管理形態と，それに伴う義務や権限を規定してきた。このため，地域社会での森林をめぐる価値・便益の追求を根本的に方向づける位置づけにあった。

そして，この権利関係の改変こそが，現代中国を通じた森林政策の不安定かつ複雑な変遷を体現してきた部分でもある。すなわち，人々の森林への価値・便益追求を保証し方向づけるはずの権利関係が固定化されず，各時期の国家建設の方向性を反映して目まぐるしく変動することになってきた。

その結果として，今日の中国では，各主体の森林の所有・管理・利用に際して，極めて複雑化した独特の権利関係が成立している。この権利関係は「林権」と総称され，その内実は，過去からの権利概念や関連政策の推移を踏まえずには到底理解できない。現時点で，これらの権利関係は，中国域内においても体系的に整理・把握されているとは言い難く，域外も含めての調査・研究でも解釈が入り乱れ，しばしば大きな誤解を伴う記述も見られる程である。本章では，現代中国の関連政策の推移を踏まえて，可能な限りその内実に迫ってみたい。

1. 現代中国の森林をめぐる権利関係の概要

1. 1.「林権」という概念

今日の中国において，森林をめぐる権利関係は，関連政策や研究・実践の場において，「林権」という用語で公式に総括される。ここでの林権は，「森林・林木・林地の所有者或いは使用者が，法に従って森林・林木・林地に対して，占有，使用，収益，処分を行う権利」であると一般的に定義される(張 2001)。すなわち，その実態は，大きく「土地」(森林・林地) と「林木」(立木・樹木) の諸権利に区分される。時期や場所によっては，「森林権属」と表現されることもあり，山岳・丘陵地帯等では，林地をめぐる諸権利を「山権」，林木をめぐる諸権利を「林権」と便宜的に呼び分け，双方を合わせて「山林権属」等と称されることもあった（上田 1998 等）。しかし，少なくとも改革・開放以降の関連政策では，林権という用語が，森林の所有・管理・利用を規定する権利関係を指すものとして定着してきた。

もっとも，森林をめぐる権利関係は，この土地（森林・林地）と林木に特化した「林権」の定義よりも広い範囲に及びうる。例えば，徐（1998）は，「林地と林木のみに過ぎない」林権に対して，森林経営や林産物の生産・加工における知識・技術等の知的所有権，生産設備の所有・利用権，さらには環境権等といった，森林にまつわる広範囲の資産に関する権利関係を「林業産権」（林業資産権）という用語で総括した。実際に，森林をめぐっては，知的所有権，自然アクセス権，景観享受権等，世界各地で様々な権利関係が派生しつつあり，今後，中国でも権利関係の対象拡大が，社会変化に伴って政策面・制度面でも見られる可能性は高い。しかし，いずれにせよこれらの権利は，林産物や快適な環境をも生み出す森林・林木と，それが立脚する土地に付随するものと捉えられるため，林権は今後も，中国の森林をめぐる権利概念の基軸となることが予想される。

1．2．林地所有権

近年の中国においては，林権が論じられる際，土地に関して少なくとも三種の異なる権利が内包されてきた[(1)]。すなわち，林地の所有権，使用権，請負経営権である。

今日の中国で所有権は，財産に対する「占有，使用，収益，処分」の権利であり，他の用益物権，担保物権の根本と解釈される。占有権は，その財産を事実上占用しコントロールする権利である。使用権は，財産の性質や用途に基づき，財産自体の性質を損なわないという前提で，その財産に対して利用を加える権利とされる。収益権は，財産に対する占有・使用を通じて，その利益を増加させる権利である。処分権は，財産の事実上・法律上の命運を決定する権利となる。

林地所有権の内実は，この「財産」を「林地」と置き換えることで把握できる。林地所有権が特別な地位に置かれる大きな理由は，その処分権の存在にある。後述する林地使用権・請負経営権は，林地の占有権，使用権，収益権を，特定の条件に基づいて享受しているに過ぎず，処分権は理論上享受しない。後述するように，現代中国では，林地を含めた土地所有権の保有が，1950年代の社会主義公有制の完成以降，国家と集団[(2)]のみに認められてきた。今日，国家所有の林地に関しては，各地での管理主体となる国有企事業単位（国有林業局等。第7章参照）が，実際の行使の主体となる。集団所有の林地では，「中華人民共和国土地管理法[(3)]」（以下，「土地管理法」）第8条に基づき，郷（鎮），村，或いは農村集団経済組織（村の下部の農民集団組織である村民小組等）が，現状での具体的な権利保有主体となる[(4)]。したがって，個人，農民世帯，私営企業といった私的主体[(5)]は，所有者である国家・集団の同意や，確固たる法的根拠を得ない限り，自己の意志や裁量に基づいて林地を利用・処分することはできない。

1．3．林地使用権

使用権は，国家・集団所有の土地など天然資源に対する「占有，使用，収益」の権利と一般に定義される。

現在の中国の土地使用権は，1980年代以降，改革・開放路線への転換に伴って発展した新しい権利であり（小田 2001），1986年制定の「民法通則」と「土地管理法」において法的に確立された。当時，民営化の推進，外資導入による経済発展が目指される中で，事実上，土地の所有者（国家，集団）と使用者（個人，世帯，私営・外資企業等）が分離する傾向にあった。これらの使用者に対して，何らかの権利保障を行う必要があったことが，土地使用権の発展の背景にある。その後，1988年の改正「憲法」や改正「土地管理法」等を通じて，土地使用権における譲渡，賃貸，相続等が認められ，その物権的な独立性が高まっていった。2007年3月に制定された「中華人民共和国物権法[(6)]」（以下，「物権法」）では，「用益物権」として明確に位置づけられ，これを有する者は，「他人の所有する不動産或いは動産に対して，法に依拠して占有・使用・収益を行う権利を有する」（第117条）とされた。但し，前述のように土地の「処分権」は有しない。また，第120条では，「所有権者は，用益物権者の権利の行使に干渉することができない」とされており，使用権者がその土地において収益を上げる権利が独自に保障されている。

林地使用権は，理論的には土地使用権の一形態であり，林地において行使される占有，使用，収益の権利ということになる。林地所有権とは異なり，国家，集団に加えて，私的主体も行使することができる。私的主体が行使する場合，「土地管理法」第9条に基づき，林地の保護，管理，合理的利用の義務を負う。また，後に触れるが，使用者による林地の非林地への無断転用は許されていない。

林地使用権の形成・発展は，現代中国における国家建設のプロセスと深く結びついている。1956年以降，全域的に普及した高級生産合作社の下で，農村の土地の集団所有化が達成され，時を同じくして都市等でも土地の国家所有化が完了した（社会主義公有制の成立）。林地も例外ではなく，この時期に農民等の私的主体によって所有されていたものは集団所有化され，以後，国家・集団以外の「林地所有」は一貫して認められていない。すなわち，土地所有上の私有林は，この1950年代後半以降，中国から理論的に姿を消す。ところが，1980年代以降の中国では，改革・開放路線への転換に伴い，森林造成や林産物の生産収益を含む各種の活動を，私的主体を中心に行う方針がとられるようになった（第3章・第4章参照）。既に1970年代末から，農村の農民世帯に対して，完全な自主経営が可能な農地としての自留地が分配され，また請負契約に基づく各種の生産請負経営（農業生産責任制）が実施された結果，農地の私的な占有，使用，収益が進みつつあった。しかし，土地の公有制は，中国共産党の理念である社会主義建設の根幹として維持せねばならなかった。かといって，何の権利保障も無い状況では，農民や企業による森林造成・経営の積極性を喚起することができない。そこで，クローズアップされたのが林地使用権であった。中央の政策レベルで，国家・集団所有の林地における占有，使用，収益を認める動きは，1981年の「森林保護と林業発展の若干問題に関する決定[7]」において既に確認できる。「使用権」という文言こそ1984年「森林法」まで確認できないが，既に1980年代初頭から，林地に関する所有者と使用者の分離は始まっていた。

この「決定」は，後述する林業「三定」工作と呼ばれた全域的な林権確定政策の端緒となったものである。林地使用権の発展は，この「三定」工作を通じた自留山の画定と林業生産責任制（責任山）の普及によって促された。自留山は，一定面積の集団所有の林地を農民世帯に分配し，その林木所有権を無期限に与え（相続も許可），森林造成・経営を行わせるという形態に発展する。この森林造成・経営を土地レベルで保障する権利として，林地使用権が付与されると考えられた。一方，林業生産責任制は，請負契約に基づき，国家・集団所有の林地において，その所有者と異なる主体による森林造成・経営活動の展開を保障するものであり，次に述べる「請負経営権」の表現形態である。しかし，この場合でも，請負契約の定める限りにおいて，請負者が林地使用権を獲得・行使しているとも考えられてきた。

林地使用権は，1990年代以降，次第に各種の方式での権利の流動化（相互交換，賃貸，譲渡等）が進んでいく。同時に，所有権を持つ国家・集団による，造林予定地としての荒廃地の使用権の競売が奨励されるようになった。現在では，「物権法」や「中華人民共和国森林法」（以下，「森林法」）によって，その相続，賃貸，譲渡等が公式に認められている。

林地使用権には，その所有者からの獲得において幾つかの形式があり，無償・有償に大別できる。無償獲得は，林業「三定」工作が実施された1980年代前半における，自留山や責任山の分配等が代表例であり，近年の集団林権制度改革（後述）でも，農村の集団所有林地がこの形で個々の農民世帯に分配されている。有償獲得は，上記した荒廃地使用権の競売に加え，資産価値に基づく分配，入札，個人交渉等，無償獲得した使用権の転売も含めて，幾つかの形式が見られてきた。

1．4．林地請負経営権

請負経営権は，法的効力を持つ請負契約に基づいて，財産に対する占有，使用，収益を進める権利と定義できる。但し，今日の中国においては，土地（林地）の請負経営権と，その他の請負経営権を区別して考える必要がある。

まず，林地請負経営権は，「中華人民共和国農村土地請負法[(8)]」（以下，「農村土地請負法」）及び「物権法」に照らすと，私的主体や集団が，集団・国家所有の農用地等に対して行使する，農村土地請負経営権の範疇に含まれる。農村土地請負経営権とは，改革・開放以降の農業・林業生産責任制の中で発展を遂げてきた権利であり，独立した物権とみなされている。「物権法」第125条では，「土地請負経営権者は，法に依拠して，その請負経営する耕地・林地・草地等に対して，占有・使用・収益の権利を有し，栽培業，林業，牧畜業等の農業生産に従事する権利を有する」と規定された。

林地請負経営権は，「請負契約に基づく林地における土地使用権」との解釈が可能で，実際に，「森林法」の規定や，集団所有の各筆の林地に応じた権利関係を証明する林権証においては，林地使用権のカテゴリーで扱われている[(9)]。すなわち，請負者が，法の制約，及び所有者と交わす請負契約に記載された期限・制約の下に，請負林地に対して行使できる限定的な占有，使用，収益の権利ということになる。相続については，請負期間中に請負者が死亡した場合，しかるべき相続人への継承が保障されている。これらを踏まえて，周ら（2004）は，林地請負経営権を「一種の特殊な土地使用権である」とした上で，「請負地の使用・収益と，土地請負経営権移転の権利，自主的に組織した生産経営と産品処置の権利，請負地の徴用・占用に対する補償を受ける権利等を包括する」と定義した。

林地請負経営権の農村土地請負経営権としての性格は，「物権法」制定に加えて，後述する2008年以降の集団林権制度改革を通じて強められ，社会主義集団に所属する農民世帯の固有かつ強固な用益物権として位置づけられる傾向にあった。すなわち，集団（村や村民小組等）を構成する個々の農民世帯が，農地と同様に，集団との請負契約に基づく公正な分配を受けた使用権として解釈されてきた。その中では，農村における不平等の是正や安定的発展の観点から，外部主体への移転制限，集団による強制回収の原則禁止が求められた。

その一方で，林地請負経営権には，その発展に際して独自性も見られてきた。まず，集団所有林地に対してのみならず，国家所有林地に対しても行使される場合が存在してきた。前者は，土地所有者である集団と，その構成員である農民世帯との請負契約によって成立するが，後者は，国家所有林地の土地使用権を付近の村等の集団が獲得し，さらにそれを構成員である各世帯に請負経営させる場合等である。

次に，他のカテゴリーの土地請負経営権と比べた場合，林地請負経営権の最大の特徴は，法律で承認された請負期間の長さであった。農地の場合，改革・開放当初の請負期間は3～5年であり，1984年に最長15年，1993年に最長30年と延長されていったが，林地の請負期間は最長70年までが認められてきた(10)。これは，森林経営における周期の長さが考慮された結果でもあった。

また，近年では，後述する「三権分離」のように，林地を含めた農村土地請負経営権を，さらに土地請負権と経営権の二つに分離し，前者を農民世帯に留保し，後者を外部の私的主体等へと移転・流動化させる政策的試みも見られている。このように，林地請負経営権の性格と立ち位置は，林地所有権・使用権との関係を含めて，近年に至っても決して安定したものではなかった。

一方，森林をめぐる「請負経営権」の客体は，「土地」（林地）のみとは限らない。改革・開放以降は，森林造成・保護や林産物の採取・伐採・搬出の各段階における，個別の行為・事業（苗木の植栽，林木の育成・保護，木材の伐採・搬出，キノコ・山菜・薬材などの採取，林床での放牧・養殖等）の「請負」も多く行われてきた。中では，村等の集団の所有・管理下に育成された森林を，数年間の期間で，伐採に至るまでの作業のみを私的主体に請負わせる（再造林義務は無し）という，事実上，伐採権販売に近い請負経営も見られてきた（龔ら 2005）。実際に，現在の中国では様々な請負主体が活躍しており，それぞれが「契約」に基づく権利を有する形で，森林をめぐる多様な関係を形成している。但し，これら土地（林地）請負経営権以外の請負は，多くが権利移転の登記を伴わない形で行われており，賃借権等の「債権」の範疇として考えてよい。土地や生産設備の所有権や使用権を有する主体が，文書上等での契約を交わして，他の主体に植栽・伐採・輸送などの特定の事業を行わせ，或いは管理・保護業務を委託するといったものである。これらは，経済活動における法律行為としての契約（請負契約）のみに従属し，「民法通則」や「中華人民共和国契約法」の規定に沿って遂行されることになる。

1．5．林木の権利

今日の林権の内実で注目すべきは，「林地」と「林木」，すなわち森林をめぐる「土地」と「立木[11]」の権利が完全に分離されている点である。歴史的な荒廃地の拡大に対する森林造成の取り組みを進めてきた現代中国の政策現場や公式統計で，「森林」と「林地」は明確に区別されてきた（第1章参照）。同時に，今日の中国では，林木の占有・使用・収益・処分も，森林・林地から独立した権利として確立されている。これが，中国の森林をめぐる権利関係の現状把握を困難にする大きな要因でもある。

この分離自体は，近代以降の世界で珍しいことではない。例えば，日本でも，登記された立木は土地所有権，地上権等から独立した不動産とみなされてきた[12]。しかし，実際には，土地上の樹木を立木として登記・明認しているケースは稀であり，土地売買契約に伴い立木の権利も移転するのが通常である。また，土地所有者が素材生産業者等に立木の状態で販売するケースがあるが，これは長くても数年後の伐採・搬出を前提としている。

ところが，中国においては，上物である林木の占有・使用・収益・処分が，森林・林地から独立した権利として定義されているばかりか，実際に「林木の所有者」が「林地の所有者」と恒常的に異なるケースが少なからずみられてきた。現行の2019年「森林法」第15条では，「森林・林木・林地の所有者と使用者の法に適った権利は，法律の保護を受け，如何なる単位と個人もこれを侵害してはならない」とされ，林木の権利が，森林・林地の権利に並列する形で明記されている。また，最近の中国で，各筆の林地に応じた権利関係を証明する林権証の登記表頁には，「林地所有権」，「林地使用権」に加えて，「林木所有権」，「林木使用権」の保有者が記入される欄が設けられている（写真6-1）。

この林地と林木の権利の明確な分離は，詳しくは後述するが，現代中国における歴史的・政治的な事情を反映したものである。一因として，改革・開放以降の森林経営の民営化の方針は，疑いなく林木の権利の独立性を高めてきた。すなわち，林地使用権，林地請負経営権と同様に，土地の社会主義公有制を維持しながら，私的主体による森林造成や林産物生産への従事を保障するために，林木の権利がクローズアップされてきた側面がある。林地は国

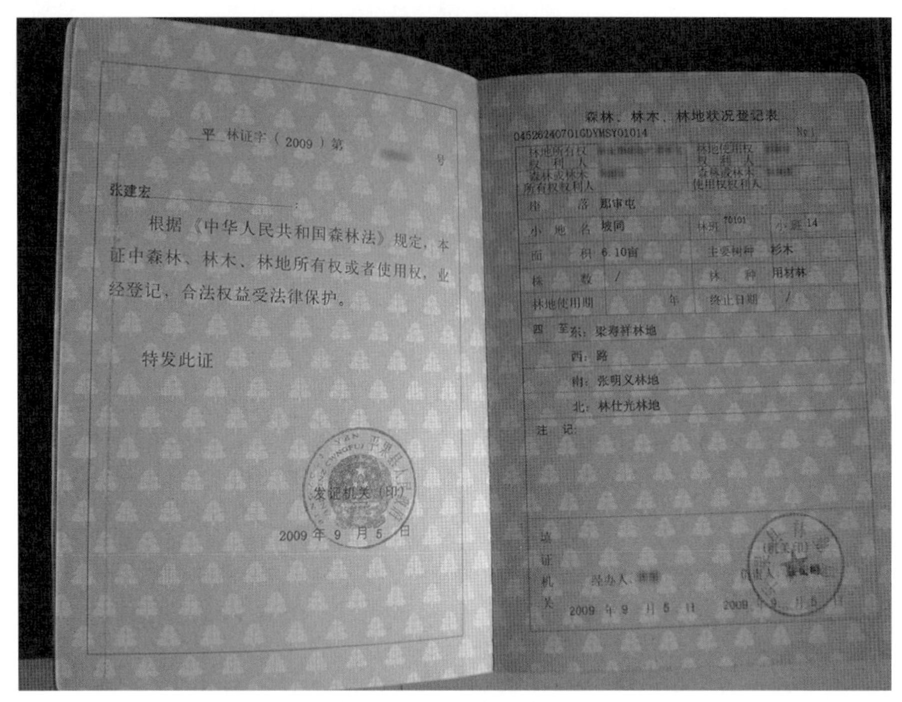

平 林证字（2009）第　　号

张建宏：

根据《中华人民共和国森林法》规定，本证中森林、林木、林地所有权或者使用权，业经登记，合法权益受法律保护。

特发此证

发证机关（印）

2009年9月5日

森林、林木、林地状况登记表

04526240701GDYMSY01014

林地所有权权利人		林地使用权权利人	
森林或林木所有权权利人		森林或林木使用权权利人	
坐落	那审屯		
小地名	坡同	林班 70101	小班 14
面积	6.10亩	主要树种	杉木
株数	/	林种	用材林
林地使用期	年	终止日期	/

四至：东：梁寿祥林地

西：路

南：张明义林地

北：林仕光林地

注记：

2009年9月5日

写真6-1　中国において農民世帯に公布されている集団所有林の林権証
出典：広西自治区平果県にて筆者撮影（2010年9月）。

家・集団所有であっても，林木を私的所有とすることで，多様な主体による森林経営が促されるとの期待が，政策現場で存在してきた。実際に，改革・開放以降に発展した自留山，林業生産責任制（責任山），承包山（後述）等にあっては，林地使用権・請負経営権と共に，既存の立木や，自らが造林した樹木の「林木所有権」が，個別の農民世帯をはじめとした経営主体に帰すると解釈されてきた。

しかし，この変化は，林木の権利が恒常的に分離・設定されている状況を十分に説明しない。土地所有の限定を乗り越えるだけならば，土地の用益物権としての林地使用権や請負経営権の設定で事足りるからである。にもかかわらず，改革・開放以降も林木の権利の独立性が強調されてきた理由は，「植えた者が所有する」（原語：誰造誰有）と呼ばれる森林造成の形式が，それ以前から政策的に認められてきたことに起因する。

そもそも，中華人民共和国成立の時点で，中国では，他人の所有する土地に別の主体が樹木を植栽し，その権利が保障されるという事例が数多く存在した。1950年代前半においては，国家所有とされた荒廃地において，付近の住民を動員した森林造成が奨励される際，自らが植栽した樹木に対する所有が原則的に認められていた。この「植えた者が所有する」原則は，「四傍植樹」としての家屋や村落の周囲などに植栽された樹木にも適用され，個々の農民が，村等の集団所有地，もしくは他の農民の所有地において造林を行うケースにも援用されていた。このため，1950年代後半に社会主義集団化が進められた際には，農民の「所有」する林木を貨幣換算し，それに基づく補償を支払う形で，改めて生産合作社等の集団単位の所有としていた。こうした原則に基づく林木の権利は，1958～60年の大躍進政策期，或いは1960年代後半の文化大革命の先鋭化時に，国家・集団に吸収されることになったが，それ以外の時期においては連綿と維持されてきた。改革・開放以降においても，「植えた者が所有する」森林造成慣行は政策的に後押しされ，現行の「森林法」でも，第20条等でこの原則を反映した林木所有権の保障が明記されている。

こうした背景に基づき，今日，林木の諸権利は，林地使用権・請負経営権とは別個かつ同列に保障されるべき権利として位置づけられている。また，第1章で見た通り，近年の中国の公式統計や研究書等では，この林木の所有主体別の状況整理・把握がなされる場合もある。

2. 重層的な権利関係の運用における諸問題

2. 1. 林地所有権と他の権利の関係

しかし，「林権」の内実として成立してきたこれらの重層的な権利関係が，実際の中国でどのように運用されているのか，系統立てて理解するには様々な困難が伴う。

まず，林地所有権が国家・集団に限定されている状態で，林地使用権・請負経営権や林木所有権（以下，「林地使用権以下の権利」と表記する）が，どの程度，物権としての独立性を持つことができるかは，農地・都市建設用地等と同様に議論の焦点となってきた。林地使用権以下の権利は，「物権法」において保障され，保有者による自由な売買や抵当権の設定も認められてきた。しかし，林地使用権以下を保障したとしても，土地の最終的な処分権が国家・集団にある以上，私的主体をはじめとした保有者の権益は不安定なものにならざるを得ない（姚 2005等)。集団所有権を保有する村・村民小組等や国家所有林地の管理機関は，農民世帯や他の主体への林地使用権以下の付与に際して，その分配・売却の主体となる。そして，これら林地所有権の保有者は，土地・立木に対する独自の処理権限（林地使用権以下を設定・分配・回収し，当地における森林造成・保護や生産状況を監督する権利）を有しているとも考えられる。

この状況下で，これらの権限を有する林地所有者と，林地使用権以下の保有者との間に利用方針が対立するケースが当然ながら存在してくる。実際に，こうした権利紛争は，改革・開放以降の中国において数多く見られてきた。特に，集団内の実力者や，その意向を汲む農村集団経済組織によって，分配された個別の農民世帯等の林地使用権以下が強制回収されるケースが問題化してきた(13)。このため，近年では，農民世帯に分配された権利に関して，「物権法」や「農村土地請負法」に準じた保障が求められてきた。例えば，個別の農民世帯に一旦分配された農村土地請負経営権の一環としての林地請負経営権は，林地所有者（集団）による強制回収を原則的に認めず，請負者が請負契約の義務を履行していない場合であっても即回収せず，集団との十分な話し合いを経て解決する方針が望ましいとされた(14)。

2. 2.「林木の権利」の具体的運用と「林地の権利」との関係

林木の権利（林木所有権・使用権）が，林地の権利，特に林地使用権・請負経営権とどのように関係づけられるのか，或いは，林木の所有権と使用権がどのように区分されるのかについては，地域に応じた多様なケースが見られ，今日でも体系的な理解が殆ど不可能である。林木の権利の独立性については，中国でも見解が分かれてきた。すなわち，林木所有権は「林木という物権の所有者が，この権利をもって林地請負経営権の違法な調整に対抗し，林木物権を保護するために行使できる」という独立性を有するものであり，故に「林木は独立した形でも，林地所有権と抱き合わせの形でも抵当化できる」と理解される。しかしその傍らで，林地・林木を含めた森林資源は本来，不可分なものであり，「林木という物権の変動は，林地という物権の変動・管理と同一であるべきである」との指摘も見られた（侯 2011 等）。

中国での林権の具体的運用に関しては，林権証をはじめとした権利証書の記載内容を確認していくのが大きな手掛かりとなる。国家・集団からの分配・払下を受けた当事者のみが林地での占有，使用，収益にあたっているケースでは，林権証の林地使用権，林木所有権，林木使用権の保有者の欄に，その者の名前が共通して記載される。問題は，林地使用権と林木所有権の保有主体が異なる場合だが，これに関しては 2010 年代の時点で地方によって解釈が分かれていた。

広西チワン族自治区では，林権証において，林地使用権と林木所有権の保有主体が分かれる場合が「ある」とされた。例えば，林木の「植えた者が所有する」方針に則り，集団の所有・使用地において契約に基づき A 戸が植栽と育成を行ったため，その林木所有権を A 戸が保有するというケースである。また，A 戸が経営を請負った（林地使用権・請負経営権を持った）土地において，B 戸と契約を結んで森林造成を行わせ，その林木を B 戸の所有とするとした場合，林木所有権の欄に B 戸の名前が記載されることもあるとの回答であった。また，過去において「植えた者が所有する」方針が普及した結果，場所によっては，林地の境界は明確でないけれども，一つ一つの林木の所有権は非常に明確であることも珍しくないとのことであった[(15)]。これに類似して，菊池（2020）は，山東省済南市の房幹村において，林地の所有権はもとより使用権が集団所有単位としての村に留保されている中で，経済林としての果樹が，林木の本数で農民個人に分配されている事例を取り上げている。これらは，林木の所有権及び使用権が，林地の権利と別個に扱われているケースと判断できよう。

また，江西省遂川県では，森林造成・経営の分収契約が結ばれる際，5 割を超える収益が林地所有者（使用者）以外の主体に渡るとされる場合，林権証において「林木所有権」がそれらの他主体にあると解釈されるケースも指摘された。遂川県では，県に属する国有林場が，付近の集団所有地にて大面積の分収造林[16]を従来から行ってきた。国家・集団聯営と呼ばれる経営形態で，集団と国有林場が4：6の分収契約を結んでおり，かつその集団所有地は近年，個別の農民世帯に農村土地請負経営権が分配されていた。このケースでは，「林地所有権＝集団，林地使用権＝各農民世帯，林木所有権＝国家（国有林場）」ということになるとの説明がなされた[17]。

一方，四川省では，林権証において林地使用権・林木所有権の保有者が異なるというケースは「ない」と指摘された。但し，当地においても，主体Aの所有・使用する林地において，「植えた者が所有する」との原則の下に，主体Bが樹木の植栽と育成を行うケースはあった。その場合，林地使用権以下の保有者はAだが，その際にかわした造林の「契約」は有効であり，Bの樹木の権利もその範囲で保障されるとの解釈がなされていた[18]。類似の解釈は，退耕還林工程における退耕地や荒廃地への樹木の植栽においても見られている。2004年の国家林業局の指示では，集団からA戸が請け負った退耕地・荒廃地において，他主体Bに実際の造林を委託した場合，当該地の林権登記申請を行えるのは引き続きA戸であり，Bの植栽した樹木の権利は，委託契約書面に明記の上，林権証の登記表下段の「注記」の欄（写真6-1参照）に記載するよう求めている[19]。

このように，中国各地の多様な状況に照合させながら，林木の権利と林地使用権・請負経営権を体系づけるのは現状で難しい。統一規格のはずの林権証に対して，「どのように記載すべきか」という指示が別途出されていること自体が，その複雑な実態を裏づけている。

また，林木所有権と林木使用権の分離については，立木の所有者とは別の主体が果実，種子，松脂，漆等の排他的な採取権限を有する場合が考えられる。しかし，林権証等において，明確に双方の保有者が異なるケースはこれまでに確認できていない。

2．3．権利の制約とその解釈

現状の中国では，これらの林権の行使に際して，幾つかの共通した制約が政策的に付与されている。まず厳然と存在するのは，林地の用途変更に対する制約である。現在の中国では，理論的には処分権を有する所有主体といえども，行政の許可無く林地を非林地に転用することは認められていない。また，諸開発項目による林地の占用・徴用も，関連行政部門の審査と承認が必要になる[20]。承認が得られた場合でも，林地の開発主体は，用地提供された面積を下回らない森林造成を行えるだけの森林植生回復費を，森林行政機構に納付しなければならないと現行「森林法」第37条で規定されている。

次に，林地における活動上の制約が存在する。改革・開放以降，荒廃地や伐採跡地における私的主体や集団による林地使用権・請負経営権の獲得に際しては，決められた期間内に造林や更新を行わなかった場合，「それらの権利を林地所有者である国家・集団に回収する」と定められることが多かった。前述の通り「物権法」や集団林権制度改革では，林地利用をめぐる不平等回避の観点から，強制回収を見直す方向性が打ち出されたが，森林造成や管理保護の義務自体は，引き続き関連文書に明記されている。

また，防護林と特殊用途林を合わせて公益的機能の発揮を主目的とした（生態）公益林，及びその造成地にゾーニングされた場所では，林木の伐採が制限され，林地使用権・請負経営権の譲渡も自由に行うことはできない。とりわけ，近年，天然林資源保護工程，退耕還林工程の展開に伴って急増した河川の流域や傾斜地の禁伐林地では，限られた副業以外の経営活動が許可されない。

さらに，各権利主体は，森林伐採限度量制度（第3章参照）に基づいて森林行政機関から発行される伐採許可証を獲得しなければ，木材生産を行うことができない。これに対しては，林木所有権に付帯するはずの処分権の制限であるとして，批判的に捉える論者も多い（謝 2009等）。また，この制限が余りにも厳格なことが，民間による木材生産を前提とした森林経営が積極化しない要因と捉えられ，近年では，政策的な見直しも試みられてきた。すなわち，林権開放を受けて，総量規制ではなく，個々の権利主体による森林認証の取得等を踏まえた森林経営計画の確立を通じて，伐採量を管理していくという方向性が見られてきた[21]。

このように，中国における林権は，事実上，森林造成・保護の義務という前提下にある権利であったといっても過言ではない。この背景には言うまでもなく，建国初期から現在に至るまで，森林の諸機能の回復が目指されてきたという政策的な事情が存在する。近年の中国において，これらの制約に関する解釈は，幾つかに分かれてきたが，総じて，歴史的な森林の過少状況の克服を「公共の目的」と捉え，それに照らして個々の権利行使に伴う利用活動が制限されるべきとの立場に則っている（張 2001，周ら 2004 等）。

3. 林権確定政策の推移と基層社会への影響

今日の中国における複雑かつ重層的な林権の背景のみならず，それらが基層社会の人間と森林との関係にどのような影響を及ぼしてきたかを詳しく理解するには，現代中国を通じた関連政策の推移を概観する必要がある。この関連政策は，「林権確定政策」と総称され，各時期の政策文書や公刊資料でも独立したカテゴリーとして位置づけられてきた。

3. 1. 土地改革（建国当初）：森林の国家所有化と農民世帯への分配

1949 年以降，中国の森林をめぐる権利関係に初めての改変をもたらしたのは，中華人民共和国の成立に前後して推進された「土地改革」である。地主の土地没収と貧しい農民への分配を謳ったこの政策は，新中国における社会主義建設に不可欠な前提とされ，1950 年 6 月の「土地改革法」を典範として全域的に実施された[22]。

この土地改革は，森林に関して大きく二つの面を有していた。すなわち，大面積の森林（林地）の国家所有化という「囲い込み」，そして，村落共同体や地主の所有であった森林（林地）の個別の農民世帯への分配と所有権付与である。

土地改革に際しては，各地に残されたまとまった面積の森林を，国家所有としてゾーニングすることが規定路線であった。1947 年の「中国土地法大綱」と「土地改革法」では，大面積の森林を国家所有とし，国家が管理すべきことが規定されている[23]。その後，行政機構等の政策実施システム整備に伴い，国家所有地としてゾーニングされた森林の管理体系も明確になっていく。まず，東北・西南地区等の大面積の森林地帯が中央政府の所有（中央国有）とされ，各地に点在するまとまった面積の森林は，省級行政単位

（省・自治区・直轄市政府）の所有（地方国有[24]）に分けられ，それぞれが管理に責任をもつことになった。また，中央国有の森林の管理・経営形態の区分として，中央直属で行われるエリア（国家直営）と，地方政府に委託されるエリア（国家間営）が存在するようになった（戴 2000）。中央直属にゾーニングされたのは，特に大面積・高蓄積を誇り，国家建設にあたっての重要な木材供給源とみなされていた，東北地区の黒龍江省・内モンゴル自治区にまたがる「大興安嶺林区」である。それ以外の東北・西南等の大面積の森林地帯は，省級行政単位に管理委託され，それぞれ省レベルでの管理・経営機構（東北地区では森林工業局）が設置された。すなわち，土地改革時の囲い込みが，現在でも面積にして4割以上，蓄積にして6割以上を誇る，現代中国における国家所有林地（国有林地）[25]の原点となった。

1949年の時点で森林の過少状況が相当に深刻化していた北方黄河流域の山西省の場合，森林を対象とした土地改革は，地方国有化による希少森林の囲い込み政策であった。「土地改革法」が公布された直後の1950年8月，山西省政府は「山西省森林管理暫行条例」（以下，「暫行条例」）を制定し，省内の森林に対する土地改革の方針を具体的に示した[26]。この第2条では，「省内の天然の大山林は，中華人民共和国土地改革法の…原則に基づき，全て政府管理の下で経営する」とされ，具体的には，面積が25ha以上か，大面積森林と隣接しており，水土保全に影響を与える森林は，国家所有化しなければならないとされた[27]。この「暫行条例」に基づいて，権利確定・登記申請が進められた結果は驚くべきものである。すなわち，全登記森林面積551万畝（約36万ha）のうち，その96.55％にのぼる532万畝（約35万ha）が国家所有とされ，私有林として住民に分配されたのは僅か19万畝（約1万ha）であった[28]。

この囲い込みの傾向は，実際の権利確定のプロセスにも色濃く反映されていた。「暫行条例」制定後の1950年9月には，山西省人民政府から「森林所有権の申請登記に関する布告」が出され，「およそ公有・私有の森林は，面積の大小にかかわらず，均しく一律に登記申請しなければならない」とされた[29]。その登記申請に基づく所有証明書の発給という形で，土地改革に伴う林権の変更を明確化する方針が打ち出された。しかし，この「布告」では，登記申請の期間が「1950年10月1日から30日まで」に限定され，「この登録手続きを履行できなかった場合は，その森林を国有とする」とされていた。当時の基層社会に暮らす人々は，建国初期の混乱から復興の中，同時並行していた農地の土地改革を含め，様々な新しい政策に対応しなければならなかった。その状況下で，僅か30日間で森林の所有権を証明できた主体は，相当に限られたはずである。

すなわち，山西省の森林をめぐる土地改革とは，結果と手法いずれから見ても，明らかに残された森林の国家所有化を前提としたものであった。この事例で顕著なように，現代中国の開始直後に国家所有化された森林は，確実な数字は得られないものの，現在よりも高い割合に及んだと考えられる。内戦直後の不安定な新政権は，効果的な水土保全による自然災害の防止，或いは将来の国家建設に必要な物質資源の確保という観点から，残された森林の囲い込みによる一元的管理を志向していた。

一方，長江中下流域以南の南方集団林区のように，歴史的に森林経営・林産業が発達し，森林からの物質供給が住民の生活に組み込まれていた地区では，個々の農民世帯への権利の再分配が土地改革の主目的となった。しかし，その再分配の対象となった森林は，単に山林地主の持ち分だけに止まらなかった。

福建省三明市では，1951年，福建省人民政府によって出された「土地改革中における山林処理の方法」に基づいて，森林に対する土地改革が実施された(30)。ここで，権利改革の対象となっていたのは，農地等と同様に没収の対象であった地主・半地主・富農の所有する林地に加え，それ以前に47.5%もの割合を占めていた「祭山」，「公山」と呼ばれる林地であった。これらは，同族，寺院，廟，学校，村落等の主体によって所有・経営されていた林地を指し，1949年以前の中国各地における森林所有・経営の多様性を体現していた。例えば，血縁で結ばれた祠堂による森林経営は，限られた構成員によるローカル・コモンズ的な性格を持つものであった(31)。しかし，土地改革の結果，1952年の林地の権利主体から，これらの祭山，公山というカテゴリーが消失した。対して，この時期の土地分配の対象であった中農・貧農・小作農の所有する山林の割合が増加し，国有林（国家所有林），及び後

表6-1　福建省三明市における土地改革が森林所有・経営に与えた影響

階級・権利主体	人数	山林改革前（1951年）		山林改革後（1952年）	
	（人）	面積（ha）	比率（%）	面積（ha）	比率（%）
合計	644,157	300,044.25	100.0	300,044.25	100.0
地主	36,233	29,303.25	9.8	9,058.19	3.0
半地主	5,420	3,849.15	1.3	1,378.43	0.5
富農	10,124	6,816.98	2.3	2,770.17	0.9
中農	250,604	53,462.31	17.8	91,980.09	30.7
貧農	322,376	51,580.18	17.2	122,612.67	40.9
小作農	19,400	1,811.17	0.6	7,498.11	2.5
祭山		99,154.12	33.0		
公山		43,591.75	14.5		
其他		10,475.35	3.5		
国有				24,761.25	8.2
郷有				26,106.73	8.7
村有				13,878.61	4.6

注：面積は目測であり，奥地の大面積の天然林や荒山は含まれていない。
出典：三明市林業志編纂委員会編（1998）『三明林業志』の表2-1：「三明市山林改革前後山林占有情況表」（p.29）を引用して筆者作成。

に「集団」として位置づけられる郷・村による所有が登場することになっている（表6-1）。すなわち，森林関連の土地改革は，地主・富農等からの没収に加えて，基層社会にて歴史的に形成されてきた多様な森林所有・経営形態を，国家・郷村・私的主体による所有へと再整理する側面をも有していた。

こうした林地の国家所有化と再分配は，それまで各地の森林を利用・管理してきた多くの主体の権利を，半ば強制的に奪うことを意味した。事実，所有権を「没収」された地主，補償を伴う「徴収」に直面した各団体等，これまでの森林からの便益享受が不可能となる主体が続出した。その結果，林地・林木を奪われることを恐れた地主や富農層は，土地改革の波が及ぶ前に，自らの所有地での林木の伐採に踏み切った。また，権利確定の間隙を縫って，林地での伐採に従事する農民や木材商人が増加したため，各地方政府は，土地改革による森林の権利確定を急ぐとともに，伐採許可制や護林公約の締結等，森林保護を徹底する布告を出し，これらの混乱回避に腐心することになった[(32)]。

土地改革時には，土地としての森林の登記申請も義務づけられていた。山西省では，「森林所有権の申請登記に関する布告」に基づき，様式に基づく登記申請と政府部門の審査・公開を経て，森林（林地）所有証が発給された[(33)]。この土地改革時の権利証書は，所有主体によって保管され，以後の権利関係の改変時にも，しばしば従来からの権利を主張する根拠として各地で参照されることになった。但し，この時期の登記申請は，測量の期間・技術が限られていたばかりか，地図等を通じた明確な境界画定を伴わない形で行われていた。このため，土地改革時の各証書は，事後の権利認定に際して不十分とみなされる場合も多く，むしろ境界紛争や権利の重複等の火種となることもあった。

3．2．社会主義集団化（1950年代）：農村における林地所有の集団化

土地改革に続いて訪れた権利改変の大きな波は，1950年代における社会主義集団化である。これによって，都市・農村を含めた全ての土地が，国家・集団の所有に限定されるという「社会主義公有制」が成立することになった。森林に関しても，互助組，初級生産合作社，高級生産合作社，人民公社と続く段階的な農村の集団化を経て，土地改革時に個々の農民世帯に分配された林地の所有権が，基層社会の集団単位に接収されることになった。

そもそも，森林をめぐる集団化の萌芽は，1950年代初頭，土地改革直後において既に見られていた。当時，中国各地では，農作業における伝統的な互助労働をベースとした「互助組」が形成されつつあった。これらは，1953年12月の中共中央「農業生産合作社の発展についての決議[(34)]」を大きな契機に，個々の農民が土地，工具，労働力を出資して協同経営を行い，出資分に基づいて収益を分配するという初級生産合作社に帰結する。しかし，特に荒廃地への森林造成においては，農業に先んじる形で，1950年代初頭から，集団的な権利関係を内包した分収造林の一種としての「合作造林」が奨励されてきた。河北省等では，農民が人工林造成に必要な労働力，苗木，土地を株式換算して出資し，保有株式に応じて将来の林産物の収益を分配する仕組

みが作られていた[35]。一方，長江中下流域以南等では，村落の各住民が，土地改革によって得た林地・林木の権利を出資して，共同で森林経営・林産物生産に従事するケースも多く見られた[36]。集団化政策の実施を待たずに生じていたこれらの動きは，森林の育成・利用における規模の経済性が，地域社会に経験的に認知されていたためでもあった。この動きは，1954年以降の初級生産合作社の設立に迎合する形となり，合作社単位での森林経営が主流となっていく。そして，1956年以降，毛沢東を中心とした急進派によって，土地や生産手段に関する権利関係をも集団化する高級生産合作社が各地に設立されるに至り，個々の農民世帯の林地所有権をはじめとした森林関連の諸権利も，後述する一部の例外を除き，農地と同様に合作社の所有とされた。この時点をもって，中国における「国家・集団所有への限定」という林地の社会主義公有制は基本的に完成し，国家所有林地以外は，全て集団所有林地となった。

この集団化の過程で派生的に生じたのは，前述した「林木の権利」の林地からの明確な分離である。まず，土地改革直後から，個々の農民や郷村の所有となった土地や，国家所有化された荒廃地等で，土地の所有者と別の主体が造林を行った場合，その主体に林木の権利を付与することが政策的に奨励されていた。この「植えた者が所有する」形式は，1950年代半ばまで，各地の森林造成における原則とされた[37]。上述の合作造林でも，この原則に基づき，実際に植栽を行った互助組や初級生産合作社に，林木の所有権，もしくは部分的な収益権が帰属することになっていた。この方針に則り，山西省では，互助組・合作社に加えて，青年団，婦女連合会，人民解放軍等，社会主義建設の担い手となる新たな主体が造林を行った結果，各地で村（村落共同体）林，社（合作社）林，組（互助組）林，青年林，婦女林，民兵林，学校林，機関林，工場林，軍属林が出現したとされる[38]。また，国家所有の荒廃地において，付近の住民が自ら造成した樹木に対しても，その住民による「所有」が認められていた[39]。

高級生産合作社の成立した1956年以降は，林地が公有制の下に置かれる中で，林木の権利の土地からの分離がより明確となる。高級生産合作社の成立に際しては，土地とは「別個の財産」として，立木の処理方法が議論され，まとまって存在する農民所有の林木は，代価を受けて合作社の所有とすべきことが規定された[40]。また，家屋の周囲などに植栽された樹木は，引き続き，社員（合作社参加住民）の所有として認められていた。また，この時期，各地の高級生産合作社では，自留地・自留山等と呼ばれる区域が設定され，個別の社員による自主経営が容認されていた。この自留地・自留山上の林木も，社員によって自由に利用・処分することが可能とされた。すなわち，1950年代後半にかけては，土地としての森林の公有化が進む中で，住民等の私的主体に残された可処分財産の「特例」として，林木の権利の独立性が強まった。

しかし，こうした私的な林木所有の権利は，1958年，大躍進政策に伴う急進的な社会主義建設の政治路線が展開された際，全て高級生産合作社を受け継いだ人民公社の所有に統合されることになった（Liu 2001）。人民公社は，多くの場合，郷級を単位に，複数の高級生産合作社を取り込み，従来の政府機能を一体化させる形で設立された。林地所有の主体も，そのまま合作社から人民公社へと移行することになった。また，それまで西南・南方等の少数民族居住地区で許容されていた，旧来の慣行に基づく森林所有・利用形態も，大躍進政策の展開以降，ほぼ全域にわたって，社会主義集団化に包摂されることになった（Saint-Pierre 1991等）。

1950年代後半には，急激な集団化と時を同じくして，土地改革に引き続く「第二の囲い込み」とも言うべき国家所有化が各地で展開された。山西省では，1957年2月に山西省人民委員会「林権問題の確定・処理に関する通知」が出され，それまで「面積540畝（36ha）以上」であった林地の国家所有化の基準が，一挙に「100畝（約6.7ha）以上」にまで引き下げられた。さらに，「元来，地主，富農，社族，祀堂，寺廟などの所有に属してきた山林は，面積の大小にかかわらず全部を国家所有として収用する」とされ，高級生産合作社に包括されたものを除き，「林権を証明する手だてのない私有山林も，一律に国家所有として収用する」とされたのである[41]。

土地改革から数年を待たずして実施されたこれらの権利改変は，前回以上の混乱を招くことになった。1954年の段階で，中央政府の林業部は，多くの農民が社会主義になれば山林は一律に国家のものとなると認識しており，

「今日，伐採を行えば利益は自分のものになるが，明日は誰のものになるか分からないから，速やかに伐採してしまおうと考えている[42]」と懸念していた。また，同時期の華東・中南地区では伐採量が計画を超過しており，その理由は，森林を所有経営する農民達が「社会主義化」を怖がり，大量の伐採を行っているからだとされた[43]。農民をはじめとした私的主体は，急激な社会主義集団化が政策的に推進された時点で，土地改革時に得た権利に基づく便益が保障されなくなり，「植えた者が所有する」原則も堅持されないと認識していた。事実，1950年代後半の高級生産合作社化から人民公社の成立にかけて，林地・林木の権利は公有制の下に置かれたため，彼らの長期持続的な森林経営への意欲喪失は，実際の政策展開をもって裏打ちされた。すなわち，1950年代を通じた急激な社会主義集団化に伴う上からの権利改変は，基層社会での私的主体の森林経営への消極性と，それに伴う過剰伐採を導くことになった。

3. 3. 調整政策と文化大革命（1960～70年代）：政治変動に伴う紆余曲折

1961年からの調整政策期には，大躍進政策へと帰結した1950年代後半の行き過ぎた集団化と平等主義が，森林造成・保護や林産物生産への人々の積極性を失わせたとの認識に基づき，人民公社の下に位置づけられた生産大隊・生産隊，及び所属する個々の住民（社員）に諸権利を下げ渡す動きが見られた。

その方針を示したのは，1961年5月の「農村人民公社工作条例（修正草案）[44]」，及び翌月の「林権確定・山林保護と林業発展に関する若干の政策規定（試行草案）[45]」である。ここでは，まず，林地所有の主体となる集団を，旧高級生産合作社の範囲に相当する生産大隊とし，土地改革時に「郷有林」として区分された森林，高級生産合作社の所有とされていた森林が，基本的に生産大隊の所有とされた。その上で，「請負」や「責任を負う」という表現を通じて，より小規模の自然村をルーツとする生産隊にそれらの林地を経営する権利が与えられた。また，旧来，自然村の所有であった水土保全，景観形成，薪炭採取等のための森林については，歴史習慣に基づいて，村の範囲での所有・管理が許容された。さらに，生産隊と個々の住民が，小面積・零細の山林及び路傍・村傍における「林木」を「所有」することが認められた。結果，高級生産合作社の時点で，社員の所有とされていた零細の林木，社員が植栽した四傍樹や自留地上，墓地上の樹木は，全て社員個人[46]の所有に戻された。また，高級生産合作社時の自留山も，個別の社員に属する権利として復活している。自留山を与えられた社員は，森林保護という制約の下，長期にわたる経営使用を行い，幾つかの具体的な生産収入を得る権利を有するとされた。加えて，大躍進政策下での森林の国家所有化傾向が改められ，小面積の国家所有林を人民公社や生産大隊等の集団所有に戻すことも許容された（表6-2）。

総じて，この時期の森林をめぐる権利改変は，人民公社成立以前の高級生産合作社の段階における権利関係に引き戻された印象が強い。その一方で，生産大隊を林地所有の基幹とし，また，集団に所属する社員個人を私的な権利主体とする等，新たに構築された社会主義の管理体制に則った側面も見られている。

この時期の政策指令では，改変後の権利関係の長期的な固定・保障が標榜され，社員個人レベルにおける，生産・収益と結びつけた形での森林造成・保護の実施が期待されている。また，零細林木の所有権の返還のみならず，元々，社員が植栽したもので，集団化以降に集団によって伐採された樹木に対しては，その損益を補償すべきことも規定されている[47]。これらは明らかに，「集団化によって自分が便益を享受できないのであれば，樹木を植えても無駄だ」と，地域住民に思わせないための措置であった。

しかし，これらの政策指令には，伐採されていた場合の具体的な補償額や，残存林木の返還方法等が詳しく明記されておらず，実質的な業務は，各級地方政府，及び人民公社・生産大隊・生産隊内での裁量に任されることになった。この結果，各地で林地・林木の所有をめぐって集団・社員同士の紛糾が激化することとなり，上述の方針での権利改変は，1960年代半ばになっても徹底されていなかった。そうした中で，中国は，1960年代後半から文化大革命の政治的動乱期に突入することになった。この時期，各地では，自留山や林木の私的所有が否定され，再び一元的な権利関係の集団化が実施

表6-2　中共中央「林権確定・山林保護と林業発展に関する若干の政策規定（試行草案)」内容抜粋

2：元来，国有であった山林のうち，幾つかの分散した小面積のもので，国家が専門的な機構を設置して経営にあたるのに不便である場合は，公社・生産大隊・生産隊による経営に帰し，山林の保護と発展に更に有利な場合に対しては，付近の社・隊の所有とすることができ，或いは彼等に経営を請け負わせることもできる。 元来，郷の公有に帰していた山林は，生産大隊の所有に分配することができ，幾つかの大隊の共有とすることも，公社の所有とすることもできる。 元来，自然村の所有に帰していた防洪林・防風林・風景林・柴草山等は，歴史習慣に基づいて，依然として村の所有に帰すことができる。
3：元来，高級生産合作社の所有であった山林は，一般的に全て生産大隊の所有とすべきであり，小面積の零細の林木は，大隊が分配して生産隊の所有とすることもできる。 …高級生産合作社の時期に生産隊の所有であった山林は，依然として生産隊の所有とする。
5：高級生産合作社の時期に，社員個人の所有と確定されていた零細の林木，社員が村の周囲，家屋の周囲，路傍，水傍，自留地上，墓地上に植栽した樹木は，全て社員個人の所有とする。 柴を採取する山や荒れた傾斜地のある地方では，歴史的な習慣や大衆の要求に基づいて，社員に一定面積の「自留山」を画定し，長期的に社員の家庭によって経営使用させることができる。 社員の自留山を画定する場合，既に植樹成林を経ている場合もあり，未だ植樹されていない場合もある。社員がどのように自留山の経営使用を行うかという方法は，生産大隊の社員代表大会，或いは社員大会によって決定される。
6：主体による山林の所有と，林木からの産品と収入の支配は，いかなる単位と個人によっても侵犯されてはならない。人民公社の各級組織は彼らの所有する山林に対して，社員は自留山と個人所有の林木に対して，みな以下のような権利を有する。 国家の発する森林保護の法令，集団の規定する森林保護公約や当地の習慣に基づいて，いかなる単位と個人の山林破壊・乱伐をも制止する。 森林保育と結合させながら，薪炭燃料，小農具材やその他の細かな用材を採取する。 森林の成長法則に基づいて，合理的な伐採と更新を行う。 山林資源の利用にあたって山林を破壊せず，水土保全を損なわないという原則の下，地に適した林業・農業・牧畜業の生産活動を行う。 自らの林産物・副産物と収入を支配する。 社員が「自留山」の林内で間作した食糧は，社員個人の所有とし，…国家の食糧統一買付の枠内に含めない。

出典：中共中央「関於確定林権，保護山林和発展林業的若干政策規定（試行草案)」(1961年6月26日)（中華人民共和国林業部辦公庁（1962)『林業法規彙編：第9輯』(pp.1-7))。

表6-3　雲南省における経済林の林木所有権変遷の事例

具体年	主な政策的要因	林木所有権の移動
1956年	高級生産合作社の成立（社会主義集団化）	個別世帯から高級生産合作社へ
1958年	大躍進・人民公社の成立	高級生産合作社から人民公社へ
1961年	調整政策	人民公社から個々の社員世帯へ
1969年	文化大革命	個々の社員世帯から生産隊へ
1971年	経済再建への努力	生産隊から個々の社員世帯へ
1977年	指導部の交代に伴う政治的混乱	個々の社員世帯から生産隊へ
1970年代末	改革・開放	生産隊から個々の農民世帯へ

出典：Liu（2001）（pp.244-245）の記述に基づき筆者作成。

されることとなった。

この調整政策から文化大革命にかけての政治変動に伴う権利関係の紆余曲折は，地域住民の権利確定政策への不信を決定的なものとした。雲南省のある生産大隊では，1961年から1970年代末にかけて，林木所有の権利主体が数年単位で五度変更された事例も見られた（表6-3）。この僅か20年間の度重なる権利改変で，特定の主体が持続的な森林経営を行う余地はほぼ失われることになってきた。

3. 4. 改革・開放直後の林業「三定」工作（1980年代）

1978年末からの改革・開放路線では，私的主体への各種の権利付与を促す形で，民営化による経済発展と国家建設を進める方針がとられてきた。その中で，郷鎮（主に旧人民公社の範囲に相当し，地方行政単位として再規定），村（旧生産大隊の範囲に相当），村民小組（旧生産隊の範囲に相当）に再編された集団に属する農民世帯への農村土地請負経営権や，企業活動における用地の使用権等が，土地所有権とは別個に認められることになり，森林に関しても，農民世帯，個人，私営・外資企業といった私的主体に，林地使用権以下を開放するのが全体的な方針であった。しかし，改革・開放期の具体的な林権確定政策の進展は，大きく三つの段階に分けることができ，それぞれの基層社会への影響も異なるものであった。

第一の段階は，改革・開放期に入って間もない1981年からの林業「三定」工作を契機とした権利改変であり，その実施と影響は1980年代初頭から後半にかけて生じた。第3章で紹介した通り，「山林の権利の安定，自留山の画定，林業生産責任制の確定」を意味した林業「三定」工作は，集団の所有・管理下にあった森林や荒廃地を，その構成員である個々の農民世帯（原語：農戸）に分配することが主な目的であった。分配に際しては，均等を原則とし，地勢・地力やアクセス等の善し悪しで面積を調整する等，各世帯間の公平性が強調された。同時に，土地改革や調整政策時に，人々が保有していた林地・林木の権利も基準とされ，無事に境界画定された場所に対しては，当地の森林行政機関から山林権証が発行されることになった。但し，全ての森林に対して，この権利分配が義務づけられた訳ではなく，例えば居住区から離れた奥地や一帯の水土保全の要地等，分割にそぐわないと判断された森林は，引き続き集団に権利が止め置かれ，郷村林場等の専門組織によって管理・経営されることになった。また，この時期には，国家所有林地の経営も，付近の集団に請け負わせることが可能とされた。

この時期の集団所有林地の権利分配の大きな特徴は，「自留山」と「林業生産責任制」（責任山）という二つの形態が全域的に採用されたことである[48]。自留山は，実質上の林地使用権と林木所有権の分配を意味し，農民世帯は，その土地の使用と林木の所有が，相続も含めて永続的に認められるとされた。一方，林業生産責任制は，国家・集団所有の林地において，その所有・管理主体（国営林場，村・村民小組等）との請負契約に基づいて，農民世帯による森林経営を促し，一定の割合の収益を保障するものであった。この請負契約の期間は，当時，30年までと定められており，自留山とは違って有限の権利であった。この段階で，中央の政策当事者は，責任山の林木が国家・集団と農民世帯との「共有」であるのに対し，自留山の林木は農民の所有であり，「私的経営」（原語：個体経済）に属すると認識していた[49]。

この二つの分配形態の背景としては，当時，農業部門において「自留地」と「農業生産責任制」という類似の分配形態による権利改変が進められていた影響が挙げられる。しかし，「自留山」と「林業生産責任制」は，単に権利の内実のみならず，対象地の違いをも内包した区分であった。

まず，林業生産責任制（責任山）の場合は，森林造成された土地も含め，「既成の森林」を分配するケースが目立っていた[50]。すなわち，分配された土地における既存の林木を，請負契約に基づき管理育成し，その部分的な収益を得る権利が，農民世帯に与えられたことになる。

対して，この時期の自留山は，荒廃地（未造林地）が主な画定の対象として想定され，そこでの林木所有や収益を保障することで，農民の森林造成を奨励しようという政策的意図に基づくものであった[51]。すなわち，一から森林造成を始めねばならない自留山に対して，それに見合うだけの優位な権限が与えられた形となる。この時期の自留山設定は，私的経営下での森林造成の促進を主目的とした点で，農産物の生産向上を目指した「自留地」や，旧来の森林利用の延長線上にあった1950・1960年代の「自留山」とは全く異なる性格を有していた。

しかし，この権限の差別化があったために，政策の実施当初から，各地の農民の間で，責任山となるべき林地に対しても，自留山なみの権限を求める声が高まることになった。こうした動きを受けて，1983年頃には中央政府も，自留山を最優先の形態とみなすようになる。特に，森林経営や林産物生産が盛んな長江流域以南では，自留山の優位性は明確となり，「林とすべき荒山は，全て自留山としてもよい。小面積の山林は，責任山とせず，全て自留山にしてよい」という措置が許容されるようになった[52]。

一方，自留山画定の理由に見られたように，この時期の林業「三定」工作は，私的主体への権利委譲を認めつつも，その枠内での森林の維持・拡大を目的としていた。このため，自留山・責任山として農民世帯に分配された権利自体にも，この観点に照らした「制約」が付けられていた。すなわち，自留山・責任山の経営を行う農民世帯が森林造成・保護の義務を果たさない場合，その「土地所有者」である国家・集団は，これを回収することができるという条項が，関連の政策指令や契約に必ず盛り込まれた。また，林地の保護管理を徹底する目的から，これらの権利の売買は禁じられていた。自留山の画定を積極的に推し進めた江西省も，「自留山は売買を許さず，譲渡も許さず，森林を破壊する開墾も許さず，3～5年内に緑化造林しない場合は，集団によって回収され，その他の社員に請負わせる[53]」と規定している。

しかし，このような形での「制約」は効果を得られず，林業「三定」工作は，その開始後数年の時点で裏目に出た結果となった。第3章・第4章で述べた通り，改革・開放直後の権利開放と私的経営化は，1981年から88年頃にかけての南方集団林区を中心とした森林破壊を促した。それ以前の度重なる権利関係の政策的改変によって，農民の間に権利保障への不信感が蓄積され，長期的な森林経営を行う基盤は失われていた。このため，彼らは再びの政策変動によって付与された権利を奪われるのを恐れ，林産物市場の自由化が進む中で，林木を一度に伐採して売却することを選択した。この状況下で，権利回収を軸にした制約は，むしろ逆効果であり，農民による短期的な林木の伐採と売却を後押ししたと想像できる。また，改革・開放以降において，罰金や刑罰を伴う森林造成・保護を目的とした法体系の整備は，1980年代後半以降を待たねばならず（第8章参照），これらの動きに歯止めをかける仕組みも存在しなかった。

1980年代における森林破壊の加速は，明らかにそれまでの森林をめぐる権利改変の積み重ねの結果として生じた[(54)]。これを受けて，1987年6月に中央政府は林業「三定」工作の方針を一時的に転換し，農民世帯への森林分配の差し止めを指示した（第3章参照）。その後しばらくは，郷村林場等を通じた集団単位の管理経営が奨励され[(55)]，一部においては自留山・責任山における農民世帯の権利が，再び集団に吸収される事態も生じていた。この1980年代末の森林破壊の加速をもって，改革・開放路線下の権利開放は，一つの区切りを迎えることとなった。

3．5．私的経営化・権利開放の再加速（1990～2000年代前半）

改革・開放以降の林権確定政策の第二段階は，1987年の時点で一旦は歯止めの掛けられた私的経営化が再加速した時期に相当する。その萌芽は，1980年代後半から1990年代前半にかけて見られてきた。

まず，この時期には，前時期に「譲渡」が原則として禁じられ，利用期間や相続にも一定の制限が付けられていた農民世帯の権利が，他の農民世帯，個人，企業等へと自発的に賃貸，譲渡される動きが目立ち始めた（Liu and Edmunds 2003）。同時に，地方国有の林地の所有・管理主体である省級・

県級政府や，集団所有地の所有主体である郷村が，独立採算で管轄区域の運営を行わねばならなくなり，その財政基盤を確保する必要から，所有する土地の長期の使用権を民間に競売する方針をとり始めた。この動きは，すぐに森林・林地にも反映されることになった。国務院林業部は1994年に「四荒」地の使用権競売についての十項目の原則を出し，民間の森林造成の積極性を養うという名目で，荒廃地の使用権の競売を奨励した[(56)]。競売の対象は数十年単位の長期の使用権であり，相続・譲渡も認めるとされた。これらは，「承包山」或いは「承包荒山」と呼ばれ，以後，特に荒廃地の割合の多い北方黄河流域などでは一般的な私的主体による林地経営形態となる（写真6-2)。

1990年代後半に入ると，この権利移転の動きは，競売をはじめとした多種多様な形式を通じて，既に立木の存在する土地にも拡大していく。1998年の「森林法」改正に際しては，この動きが法律的に追認され，用材林，経済林，薪炭林とその伐採・火災跡地，及び国務院が規定するその他の林地使

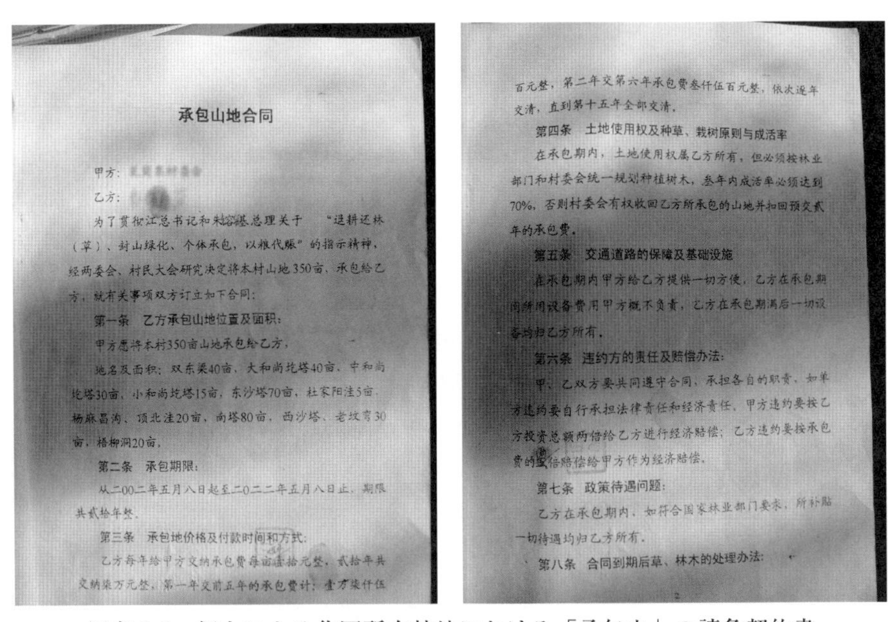

承包山地合同

甲方:

乙方:

为了贯彻江总书记和朱镕基总理关于　“退耕还林（草）、封山绿化、个体承包，以粮代赈”的指示精神，经两委会、村民大会研究决定将本村山地350亩，承包给乙方，就有关事项双方订立如下合同:

第一条　乙方承包山地位置及面积:

甲方愿将本村350亩山地承包给乙方，

地名及面积：双东梁40亩、大和尚圪塔40亩、中和尚圪塔30亩、小和尚圪塔15亩，东沙塔70亩，杜家阳洼5亩，杨麻昌沟、顶北洼20亩，南塔80亩，西沙塔、老坟湾30亩，榆柳洞20亩。

第二条　承包期限:

从二00二年五月八日起至二0二二年五月八日止，期限共贰拾年整。

第三条　承包地价格及付款时间和方式:

乙方每年给甲方交纳承包费每亩壹拾元整，贰拾年共交纳柒万元整，第一年交前五年的承包费计：壹万柒仟伍百元整，第二年交第六年承包费叁仟伍百元整，依次逐年交清，直到第十五年全部交清。

第四条　土地使用权及种草、栽树原则与成活率

在承包期内，土地使用权属乙方所有，但必须按林业部门和村委会统一规划种植树木，叁年内成活率必须达到70%，否则村委会有权收回乙方所承包的山地并扣回预交贰年的承包费。

第五条　交通道路的保障及基础设施

在承包期内甲方给乙方提供一切方便，乙方在承包期间所用设备费用甲方概不负责，乙方在承包期满后一切设备均归乙方所有。

第六条　违约方的责任及赔偿办法:

甲、乙双方要共同遵守合同，承担各自的职责，如单方违约要自行承担法律责任和经济责任，甲方违约要按乙方投资总额两倍给乙方进行经济赔偿；乙方违约要按承包费的壹倍赔偿给甲方作为经济赔偿。

第七条　政策待遇问题:

乙方在承包期内，如符合国家林业部门要求，所补贴一切待遇均归乙方所有。

第八条　合同到期后草、林木的处理办法:

2

写真6-2　個人による集団所有林地における「承包山」の請負契約書
出典：陝西省楡林市にて筆者撮影（2004年2月）。

用権を，法に従って譲渡することができるとの条文が盛り込まれた[57]。この林権の流動化の是認は，同時期において，都市・工業建設等の他用途の土地に対しても見られており，1992年の鄧小平の南巡講話以降，再加速した民営化路線の一環と捉えられる。

一方，この時期に奨励された承包山は，林地の「使用期間」が想定されていることなどから，前時期における林業生産責任制（責任山）に近い権利関係となっていた。すなわち，最も経営自主権が強く基層社会で望まれていたはずの自留山（林地使用権・林木所有権の完全分配）に比べると，「譲渡」可能な点を除き，権利の制約が多い形態とされた[58]。無論，一定の期間内に森林造成を行わなければ，国家・集団が権利を回収するとの条件もつけられていた。その反面，1990年代後半にかけて，責任山・承包山を含めた林地の請負期間の上限は，従来の30年から70年へと延長され，かつ相続も可能とされるようになった。これは，同時期の農地の請負期間の上限が30年であったのに比べて，極めて長期間，私的主体の権利保障がなされることを意味していた。これによって，私的主体の森林造成・経営への積極的な参入が，前時期と同様に期待されたのである。

この段階の変化を最も特徴づけているのは，譲渡等を通じた林権の流動化である。2003年に出された中共中央・国務院「林業発展の加速に関する決定」では，林地使用権は法に従って相続，譲渡，抵当化，担保化，株式化でき，合資・協同経営への出資及び条件とすることもできるとされ[59]，林地使用権以下の流動化を積極的に進める方針が示された。

この背景には，1990年代以降の中国の経済発展に伴う社会変化が存在する。まず，1990年代後半にかけては，再加速された民営化・市場化・対外開放の中，各地で成功を収めた企業経営者や，万元戸と呼ばれる富裕農民等，資金力を持つ私的主体が形成されつつあった。同時に，海外からの投資も増加し，外資企業も低地価・低賃金を当て込んで中国での事業を拡大した。すなわち，農民世帯に森林をめぐる権利開放を行った第一段階に比べ，基層社会で権利の受け皿となる私的主体が多様な成長を遂げていた。このうち，富裕農民，外資・私営企業経営者，行政担当者，森林関連の技術者等は，一定の経営力やノウハウを有し，荒廃地や森林の集約経営を，新たな財の蓄積の手段と捉え始めていた。同時期の経済発展に伴う林産物需要の増大も，この傾向を後押しした（第4章参照）。同時に，個別の農民世帯においては，度重なる政策的改変への不信や多くの制約が存在する中，権利分配された小規模な森林・林地において，将来を見据えた積極的な森林造成・経営の実施が躊躇われる傾向にもあった。

これらの事情を反映して，林地使用権以下の流動化は，この時期の政策において不可欠とみなされるようになった。すなわち，森林造成・保護や林産物生産を効率的に進めるには，民間において蓄積された資本とノウハウを活用する必要があり，そのためには経営力のある私的主体に，大規模面積における集約的な森林・林地経営を担わせるべきという方針である。この社会変化と政策の追認を受けて，2000年代以降から今日に至るまで，個々の農民世帯から，大規模経営を志向する有力な個人や企業等へと，林地使用権以下の移転が加速する傾向が見られてきた。

また，1990年代末には，WTO加盟（実際には2001年に加盟）を見据えた国際競争力を養う上で，腐敗や経営非効率の温床となっていた国有企業（旧：国営企業）と，それに基づく経済体制の抜本的な改革が進められた。この動きを受けて，国家所有林の経営も大きな転換を迫られ，木材生産・加工等の営利部門の切り離しと合弁等の企業経営への移行が進んだ（第4章参照）。同時に，「森林資源管理保護経営責任制」のように，林地経営の権限を，国有林場等に所属する労働者個人に与えるといった施策も見られてきた（第3章参照）。国有企事業体の下での経営非効率や森林資源劣化に鑑み，私的主体が参入できるよう，国家所有林地の権利関係を改変すべきとの声も，政策・研究現場で高まっていった（国家林業局経済発展中心編 2007，許 2008 等）。

3. 6. 試行錯誤の続く近年の林権確定政策（2000年代後半以降）

3. 6. 1. 集団林権制度改革と三権分離

2000年代後半に入ると，それまでの林権確定政策と権利開放の方向性を前提としつつも，その結果として重層化・複雑化していった森林をめぐる権利関係を整序する動きが見られた。まず，2007年3月に「物権法」が制定され，森林をめぐる諸権利を，近代的な権利概念に組み込む下地が整えられた。その上で，翌年から「集団林権制度改革」（原語：集体林権制度改革）と呼ばれる政策が全域的に推し進められた。この政策は，とりわけ複雑化していた集団所有林地の権利関係の近代的再編を念頭に置いたため，その実施過程では，これまでの中国の林権確定政策の特徴と課題が改めて浮き彫りとなった。

集団林権制度改革は，2008年6月の中共中央・国務院「全面的な集団林権制度改革の推進に関する意見[(60)]」（以下，中共中央・国務院「意見」）を嚆矢とした。その主な内容は，表6-4の通りである。このうち，①個別の農民世帯への林地請負経営権（使用権）と林木所有権・使用権の付与，及び，②権利関係の明確化は，「主体改革」と呼ばれる中心的な位置づけにあり，5年程度での完了が求められた。一方，③林地請負経営権（使用権）と林木所有権・使用権の流動化（移転）の加速と規範化，④林業への投融資改革，⑤

表6-4　2008年に本格化した集団林権制度改革の内容

区分	期限	改革方針	具体的内容
主体改革	5年間	①個別の農民世帯への林地請負経営権（使用権），林木所有権・使用権の付与	集団による林地所有という前提の下で，林地請負経営権（使用権），林木所有権・使用権を，集団内の農民世帯に原則的に与え，林地経営主体としての農民の地位を確立させることで，農村の生産力を解放・発展させる。林地の請負期間は70年までとし，関連規定に基づき延長も可能とする。これらの権利は，処分権・収益権を保障される。
		②権利関係の明確化	①の達成のために，集団所有林地の境界調査・確定を行い，林権の登記と林権証の発行を徹底する。
配套改革	主体改革に付随して段階的に実施	③林地請負経営権（使用権），林木所有権・使用権の流動化（移転）の規範化と加速	合法･志願･有償という前提の下で，林地請負経営者は，様々な方式による林地請負経営権（使用権），林木所有権・使用権の流動化（移転）を行うことができる。移転の期間は請負期間の残りを超過することはできず，移転後に林地の用途を改変することはできない。この流動化（移転）を規範的に進めるため，健全な林権取引の場の設立，森林資源資産の評価体系の確立等の制度を速やかに整備する。
		④林業への投融資改革	林業への投融資改革を進め，林業へのマイクロクレジットや信用貸付制度，林権の抵当貸付制度などを完備させ，森林保険制度も速やかに設置する。
		⑤林業発展のためのサービス強化	林業専業合作組織の発展を扶助し，経営力のある優良企業を育成し，林業の規模化・標準化・集約化経営を促す。

出典：平野悠一郎（2013）「中国の集団林権制度改革の背景と方向性」（『林業経済』66(8)：1-17）の表-2（p.7）を転載。

林業発展のためのサービス強化等は，「配套改革」（付随改革）と呼ばれ，主体改革による権利確定後の森林造成や林産物生産といった林地経営を方向づける性格を有している。

主体改革（①・②）の内容は，集団に所属する個別の農民世帯への権利開放という方針に基づき，その権利関係の内実と保障を明確化するというものである。すなわち，集団所有林の経営主体として，「個別の農民世帯」が明確に想定され，「とにかく一度，集団所有林地の権利関係を個別の農民世帯に分配すること」が原則として掲げられた。しかし，個別の農民世帯への権利分配は，林地経営の零細化・分散化による非効率化にも繋がりうる。加えて，集団単位での経営に比べて管理が徹底し難くなり，林業「三定」工作後にも見られた森林の近視眼的な利用や諸機能の低下に繋がる恐れもある。実際に，この時点で，規模経営が望ましい，公益的機能が高い等の理由から，林地使用権以下の権利を集団に留保している森林・林地も多く存在した。しかし，2008年7月の中共中央・国務院「意見」とそれに続く2009年10月の国家林業局「集団林権の流動化管理業務の切実な強化に関する意見[(61)]」（以下，国家林業局「意見」）では，「世帯請負経営に適さないものでも，まずは林地請負経営権を株式化して集団の構成員（世帯）に分配した後，改めて請負経営や株式合作経営を行う」とされた。そして，この改革において各世帯に分配される権利の形式は，「請負契約」に基づくとされ，農村土地請負経営権としての位置づけが明示された。その結果，この世帯請負経営の権利関係は，前時期からの林業生産責任制（責任山）にほぼ相当する形式となった。但し，前時期の責任山が，集団との林木の収益の分配等を請負者に課していたのに対し，この改革に伴う集団内世帯への権利分配は，林地の用途変更・破壊の禁止，適時の造林更新，国家の収用への対応等を義務づけるのみであった。

この方針がとられた理由は，この時点で基層社会において，森林をめぐる権利関係の不明瞭さと混乱，及び，集団内における林地からの便益享受の不平等が深刻化していたためである。1980年代以降に農民世帯に分配された自留山や責任山では，権利の及ぶ境界が不明瞭であり，また，同一地において複数の主体が権利主張を行うケースも見られていた。こうした状況下で，経済格差の拡大や農村の権力構造を背景に，郷鎮政府や村の有力者が，私営・外資企業等と結託して集団所有林地を独占的に運用し，立場の弱い世帯から権利を買い叩く動きも加速しつつあった。このため，2000年代にかけては各地で多くの権利紛争（林権紛糾）が勃発することになっていた。ここにおいて，中央政府は，林地の境界調査・確定を正確に行い，登記に基づく林権証発行による権利保障の徹底を伴う形で，「ひとまず各世帯に画一分配する」のが，資源利用の公平性を担保した最善の方法と捉えた[(62)]。そこには，農民の都市移動が加速する中で，農村における第一次産業や自然資源利用の担い手を維持しつつ，貧富の格差拡大とそれに伴う不満の蓄積を回避し，段階的に経済発展を進めなければならないという，近年の中国の国家運営上の課題も反映されていた。

その上で，世帯への権利分配に伴う弊害については，幾つかの予防措置が付随して出された。まず，地方政府レベルで，森林分類経営に基づいて（生態）公益林（第3章参照）としてゾーニングされた集団所有林地は，林地使用権以下を農民世帯に統一的に分配せず，集団や株式合作事業体の下に残すよう規定するケースが見られてきた。2004年に出された江西省の「集団林権制度改革の深化に関する意見[(63)]」では，今回の改革の範囲を主に商品林に限定した。そして，権利紛争下にある林地は暫時改革の範疇に含めず，公益林は林権証発給の対象となるが，改革の範疇には含めないと規定した。また，四川省では，公益林の林権証は村や村民小組に発給し，その上で，これらの集団が「股権（株式権利）証」を各世帯に渡す方針がとられた。股権証には，「各世帯が使用権を有するべき面積」が記載されており，その面積に応じて，各世帯に所得補償としての生態効益補償基金（第3章参照）が分配される仕組みとなっていた[(64)]。これらの措置は，直接的には，環境保全機能を有する森林を適切に維持管理していくことが目的である。反面，木材生産という収益活動を行えない公益林の権利分配に対して，農民世帯をはじめとした私的主体の関心が薄いことも反映している。

一方で，既に自留山や責任山として農民世帯に分配された森林が，改めて公益林にゾーニングされる例も多く存在してきた。この用途別の収益の不公平感を解消する目的から，2008年7月の中共中央・国務院「意見」では，森林分類経営の重要性を再度強調すると同時に，生態効益補償基金の増額等も掲げた。

集団林権制度改革において，多大な労力が費やされたのは，過去からの推移を踏まえて権利関係を明確化する業務であった。林業「三定」工作時に行われていた個別世帯への権利分配には，境界を示す地図が存在せず，形式的な範囲の記載や口約束にのみ基づいているパターンも多かった。そこで，具体的な実施を担う県級の林業局，及び郷鎮の関連機関（郷鎮政府，林業工作所等）の担当者は，集団所有の林地に赴き，GPS等を使って境界を示す地図作りを行うことから始めねばならなかった（口絵参照）[65]。また，過去に許容されてきた集団内の様々な経営形態を，改めて個別世帯への林地使用権以下の付与という形で仕切り直す業務も困難を極めた[66]。さらに，権利紛争が発生している林地に対しては，それらの調査・解決に多くの時間が費やされた。実際に，個別の請負契約において境界が重なっている場合や，1950年代の土地改革時，1960年代の調整政策期，1980年代の林業「三定」工作時に出された権利証書に記載された範囲が一致しないケースもあった。そうした場合は，当事者同士の証書の検証，話し合いの斡旋，当時の状況を知る古老への事情聴取，法的・政治的な調整を必要とした[67]。こうして集団内での林権の再整理の目途がつくと，村民委員会や村民大会を開催して3分の2以上の賛成を得て権利確定とし，その後，作成した各筆の林権登記申請表に基づいて，林権証を発給するというのが，林業局等の担当者に課せられた業務となった。

これ以後，林権証は，中国の森林をめぐる権利関係の所在を証明する謄本と登記簿の役割を果たすようになった。すなわち，権利関係の移転が生じた場合は，関連の行政機関に赴いて登記事項を変更し，それに基づく林権証の記載事実の変更を行わねばならない。木材等の林産物生産を目的とした商品林の場合，伐採に際しては森林伐採限度量制度の割当に即した伐採許可証を申請しなければならないが，この際に，自らの権利関係を示す林権証が必要とされた。一方，公益林については，生態効益補償基金の支給を受ける際に，やはり林権証が必要となった。新たに権利関係を獲得した主体が，そこから便益を得るためには登記変更を行わねばならなくなる仕組みである。

これに対して，配套改革の内容は，③林地請負経営権（使用権）と林木所有権・使用権の流動化（移転）の加速と規範化に顕著なように，主体改革後の農民世帯の権利関係を積極的に移転させ，経営力のある私的主体による大規模経営を促すための仕組みづくりである。④林業への投融資改革は，個別の農民世帯が，権利を得た林地に対する経営の積極性を促す措置であると同時に，権利移転後の集約経営も前提としていた。すなわち，様々な林地経営主体に対して，抵当貸付による資金調達や保険サービスが受けられる仕組みを提供することを目的とした。⑤林業発展のためのサービス強化も，林業専業合作組織の発展，経営力のある優良企業の育成等の内容に見られるように，世帯分配によって否応なく林地の細分化をもたらす主体改革後に，改めて規模化・集約化による効率的な森林経営を促すための措置であった。

その一方で，林権をめぐる不平等を回避すべく，流動化に関する様々な政策的配慮もなされた。2009年10月の国家林業局「意見」では，現在，集団によって統一的に経営されている山林や荒廃地を，原則的にまずその集団の構成世帯に請負わせるべきとし，その権利の移転に際しても，集団内の住民の希望を優先するとした。どうしても，集団内の世帯への分配を行わずに，企業等の外部の主体にまとまった林地の権利を移転（売却）する場合は，村民委員会・村民大会の3分の2以上の成員の賛成と，郷鎮人民政府の批准を条件とした[(68)]。これらによって，人口の都市流出と失地農民の増加，或いは，沿海部や都市近郊等での不動産価格の高騰に伴う林地の買占めや転がしに，一定の歯止めがかけられた。

すなわち，集団林権制度改革は，主体改革によって農民世帯への権利開放を仕切り直し，基層社会での不公平感や混乱を解消した上で，改めて，市場を通じた権利の流動化を合法的に進めるというものであった。その要諦は，「農民世帯の便益保護」と「公正かつ合理的な森林経営の規模化」の両立にあった。この中で，林地使用権以下の流動化に付随して掲げられている，「健全な林権取引の場の設立」，「森林資源資産の評価体系の確立」は，個別の農民世帯が，自らの権利を手放すことになったとしても，相応の見返りが得られるための措置である。以後，集団所有林地の多い南方長江流域の各地方（県級）には，林業産権取引市場が公設され，当地における林権の売り手

写真 6-3　北京市内に設立された中国林業産権交易所
出典：北京市内にて筆者撮影（2011 年 11 月）。

と買い手を結びつける場となっていった。また，2009 年には北京市において中国林業産権交易所が設立され，全域的な林権取引の仲介業務を開始した（写真 6-3）。また，江西省南昌市にも私営の南方林業産権交易所が設立され，南方の集団所有林地の林権売買を統一的に仲介していた。

集団林権制度改革は，前時期までの林権確定政策の積み残しという側面に加えて，2000 年代後半から 2010 年代にかけての中国の森林をめぐる幾つかの社会変化を反映してもいた。まず，権利関係の個別の農民世帯への分配が掲げられた背景には，同時期の中国各地における開発の加速，不動産投資の拡大，木材等の林産物需要の急増を受けて，林地・林木の経済的価値が目立って上昇してきたという事情が存在した（第 4 章参照）。この結果として，私営・外資企業等の外部主体が集団所有林地に注目し，林地経営や開発転用のために権利の買い上げや賃借を行う事例が増えていった（森林総合研究所

2010)。また，林地・林木の価格上昇が，集団内部での権利紛争を加速させたことは想像に難くない。加えて，同時期には，「物権法」をはじめ土地・財産権全般をめぐる法制度の枠組みが整備され（第8章参照），それに基づく各種の土地運用が進みつつあった。さらには，都市・農村部で各種の財産権を保障し，取引市場や登記・抵当・保険制度などの整備を通じて，民間における権利運用の自由を担保する動きも加速していた。これらの要因も，集団林権制度改革の実施を後押しすることになった（奥田 2014)。

ところが，この集団林権制度改革の主体改革の完成年限すら待たずに，新たな政策的な権利改変の動きが，森林を含めて見られつつある。それは農村における土地の「三権分離」政策と呼ばれ，農村土地請負経営権の一種として農民世帯に分配された集団所有林の林地請負経営権をさらに二つに区分し，「請負権」を農民世帯に固定・留保しつつ，「経営権」を他の私的主体へと積極的に移転させるというものである。この政策方針は，2012 年の時点でその萌芽が見られ，2014 年 11 月の中共中央・国務院「農村土地請負経営権移転と農業規模化経営の発展に関する意見 (69)」によって明確化し，2016 年 10 月の中共中央・国務院「農村の土地所有権，請負権，経営権の分離処置の方法に関する意見 (70)」で，その具体的な内容が示された。ここでは，農村の土地所有権，請負権，経営権の分離が，土地資源の合理的な利用を促し，かつ農民の利益を保障するものとされた（趙ら 2016)。

この政策は，森林・林地のみならず農地等を含めた農村土地請負経営権全体を対象としたものであり，農村―都市間の格差解消や経済発展の軟着陸を念頭に，農村の産業構造の転換を促す総合的な政策の一環として実施されている。この中で，農地・林地に共通する背景として挙げられるのは，同時期に深刻化していた都市への人口移動に伴う農村の過疎化と，土地経営の放棄という問題であった（周 2015)。その解決にあたり，請負権を農民世帯に留保して失地農民化を避けつつ，経営権の移転による大規模経営を志向するとの狙いである。しかし，森林・林地に関しては，僅か数年前に「林地請負経営権」としての権利分配と流動化を，集団林権制度改革で規定したばかりである。既に流動化させた請負経営権と，新たに分離・流動化する経営権の整合性はどうつけるのか。請負権と経営権をどう登記・管理していくのか。そして，請負権・経営権の保有者はそれぞれ何ができるのか，双方に対立が生じた場合にどのように調整するのか等，多くの疑問が残される。

3．6．2．国有林権改革の現状と展望

集団所有林地に比べて，国家所有林地の権利関係については，近年，体系的な再編の動きが進んでいない。2000年代後半から，黒龍江省伊春市では，天然林資源保護工程に伴う東北国有林区の経営悪化を受けて，国家所有林地の使用権・経営権の移転を試験的に実施する動きが見られた（第3章参照）。2006年6月には，国務院が「黒龍江省伊春林権制度改革試点実施方案」（以下，「方案」）を批准した[71]。これに基づいて，2006年8月には黒龍江省人民政府「黒龍江省伊春林権制度改革試点実施細則[72]」（以下，「細則」）が制定され，2007年12月までを目途に，伊春市で試験的な「国有林権（制度）改革」が実施されることになった。「細則」では，指定された国有林業局に所属する林業労働者（旧伐採労働者等）に限定して，林業局との請負契約の方式をもって，彼らに「契約内容に基づく林木所有権と林地使用権を享受させ，法に依拠した林木・林床植物資源の経営利用を行わせる[73]」と規定された。この請負経営の対象となる林地は，指定された国有林業局において登記され，請負者には黒龍江省から権利証明書が発行されることになった。

しかし，この試験的改革は，同時期に進んでいた集団林権制度改革に比べると，極めて限定された内容となっていた。まず，実施対象として指定されたのは，伊春林業管理局管内（伊春林区）の五つの国有林業局における15林場であり，全対象面積は8万haを超えないこと，しかも商品林に対象を限るとされた[74]。これは，約290万haに及ぶ伊春林区の林地総面積の2.6%，商品林に限っても9.3%に過ぎず，東北国有林区の林地総面積からみると僅か0.28%の範囲であった。

次に，林地使用権・林木所有権の請負期間は，集団所有林地の最長70年間に対して，「細則」では最長50年とされた。また，請負期間内の権利の「継承」（相続）は可能とされているが，満期後の延長についての規定は無く，「移転」（売買）も林場内部（所属する林業労働者世帯間等）においてしか認められなかった[75]。

また，国有林区経営の赤字の解消という当初のヴィジョンに照らして，これらの林地使用権・林木所有権は「有償」（払い下げ）であった。具体的には，請負前に対象林地の資産評価を行った上で，評価額の90％を払い下げ最低価格とし，競争入札と協議によって請負者を決定する。その収益は，各国有林業局において「優先的に請負経営労働者の給料未払い分と初期経営費用に当てられ，残りを他の労働者の給料未払い分，社会保障費用，森林資源の経営管理，国有林区のインフラ整備に用いる(76)」とされた。これに加えて，請負者は毎年，1畝あたり1~3元の請負経営費を国有林業局に納めなければならない(77)。こちらも，未払いの給料との相殺が可能と「細則」に規定されており(78)，国家所有林経営主体における財政悪化への対応策という側面が色濃く見られた。

さらに，「方案」・「細則」及び請負契約には，請負者の林地保護・管理・経営についての義務も厳格に定められており，権利開放による「国有資産」の毀損・流出を予防しようとの配慮が強く見てとれる。この点に関して，請負者が請負経営費の納入や林地保護等の義務を果たさない場合，国有林業局は，その法律責任を追及すると共に，請負契約に基づく林権の回収を行うことができるとされている。

すなわち，伊春市にて試験的に実施された国有林権改革は，国有林区経営の行き詰まりや，国有資産である森林資源の管理保護を前提としていた。このため，内部の私的主体に開放される林権は，集団所有林に比べて必然的に制限されることになった。これらの制限は，実際に試験的改革の展開にも大きく影響した。2007年半ばの時点で改革の実施状況調査は，各労働者世帯が5～10haの国家所有林地を請負えば基本的な生活が可能とする反面，請負経営費の負担が重いと指摘した。さらに，銀行からの貸付の条件も厳しいため，絶対多数の労働者において，獲得した林地への初期投資がままならず，また，商品林とはいえ請負った林木の伐採は森林伐採限度量の割り当てに従わねばならないため，投入に見合った十分な収益が期待できない等の問題点を挙げている(79)。

2010年代に入ると，伊春市で試験的に行われた国有林権改革は，他の地方の国家所有林地においても次第に反映されていった。江西省では，管轄内の国有林場に対して，所属の労働者に競争入札によって林地経営を請け負わせるよう指示すると共に，個人や法人の資金・技術・管理方式を吸収する形での株式化経営を導入した[80]。しかし，全国的な国有林権改革を規定・奨励する法令は2010年代を通じて発せられていない。

国有林権改革は，集団所有林地と同様，まずは国家所有林の経営単位内部の労働者に林権を与えることで不公平感を和らげた後に，それらの権利を明確に保障し，内外の私的主体への移転や抵当貸付等の制度を整備することで，民間資本を呼び込んだ集約経営を行うことを目指している。このため，次の段階としては，林権の流動化を通じた意欲のある労働者や個人投資家による大々的な経営が想定される。しかし，国有資産である森林の持続管理を行いつつ，これら民間の林地経営の積極性を喚起するためには，権利保障，林権取引，登記管理，資金貸付制度・森林保険の整備等の行政サービスの充実が欠かせない。現状の国家所有林の管理体系にこのサービスを望むのは難しく，また，権利開放の結果として生じうる行政権限の弱体化も，彼らの改革への消極性に結びつくと指摘される（許 2008）。

しかし，実際には，2000年代の時点で，既に外資・私営企業をはじめとした，外部の私的主体の強いニーズに直面している国家所有林地も存在してきた。例えば，南方の広西チワン族自治区では，複数の外資企業が，まとまった面積を有する地方国有の国家所有林地の経営に積極的に参入していた。請負契約に基づいてこれらの企業が実際に植栽・育成・伐採等を行い，収益を所有管理者（国有林業局・林場）と比例分配する分収造林方式が主流であった。この中では，各種の企業が，林地使用権・林木所有権を明記した林権証の発給を自治区政府に要求するケースも見られてきた[81]。

これらの状況からすれば，今後も，国家所有林地の権利改革は，外部の個人や企業を含めた民間資本を積極的に活用し，権利の保障・流動化を通じた規模経営を実現させることで，林地からの収益最大化を目指す方向に推移すると考えられる。ただ同時に，環境保全機能の発揮が求められ，また，建国当初から貴重な国有資産として位置づけられてきた国家所有林を適切に維持・管理できるかは重い課題であり，これらを両立させる権利関係のあり方が引き続き模索されることになろう。

4. 森林をめぐる権利関係の政策的改変の総括

4. 1. 重層的な権利関係を反映した多様な森林管理・経営形態の存在

以上の歴史的な推移を通じて，今日の中国では，林地所有権に加えて，林地使用権・請負経営権，林木所有権といった重層的な林権が公式に成立し，それらを組み合わせつつ，国家，集団，そして各種の私的主体が運用することで，基層社会における多様な森林管理・経営形態が生み出されている（表6-5）。

中国の国家所有林地は，所有レベルで中央政府（中央国有）と，地方政府（地方国有：③）に分かれる。中央国有には，管理経営が中央直属で行われる場合（①）と，地方政府に委託される場合（②）がある。これらの国営形態は，大面積の天然林地帯を多く含むため，1999年からの天然林資源保護工程の実施に伴い，一様に木材生産中心の経営からの転換を迫られてきた。その受け皿として，これまでの経営林地（伐採制限地，伐採跡地を含む）を，一定面積に区分して労働者に割り当て，立木を管理育成させる代わりに土地内での副業（特殊林産物の培養・採集等）を許可する④森林資源管理保護経営責任制や，付近の集団や私的主体等への経営委託が容認されてきた。この場合，付近の集団や私的主体への通常の請負は，林地所有権が国家にある状態で，収益分配などの請負契約に基づく形で，林地使用権以下が経営主体に下げ渡されることになる。森林資源管理保護経営責任制の場合も，管理保護員として林地を割り当てられた労働者をもって，林地の請負者（使用者）とみなすことができる。但し，請負地における林木の伐採は基本的に認められておらず，その保護・育成を担当させるという主旨であるため，彼らは林木所有権を有さず，この権利は引き続き国家（各国有企事業単位）にあると解釈できる。⑤他部門国営は，森林行政機構以外で，それぞれの管轄地において森林造成・保護義務を有する行政機構による森林経営である。例えば，工業・エネルギー部門によって管轄される鉱山用地などでは，敷地内・周囲の緑化と坑木資材の自給が1960年代から目標とされてきた。また，農業行政機構の管轄する国営農場等の造成した農田防護林もこの一例である。一方，基本的に国家所有地である都市部の公共緑地は，都市建設部門によっ

表6-5　現在の中国における主要な森林管理・経営形態

林地所有	経営形態	主な経営主体	権利関係	展開地区
国家所有	①国家直営	国有林業局・林場（中央直属）	林地使用権＝国家 林木所有権＝国家	東北：大興安嶺
	②国家間営	国有林業局・林場（省級所属）	林地使用権＝国家 林木所有権＝国家	東北，内モンゴル，西南，西北
	③地方国営	省属・地属・県属国有林場（各級所属）	林地使用権＝国家 林木所有権＝国家	各地
	④森林資源管理保護経営責任制	国家所有林労働者，現地住民世帯	林地使用権＝経営主体※ 林木所有権＝国家※	東北等
	⑤他部門国営	国有農場・鉱場，都市建設部門等	林地使用権＝国家 林木所有権＝国家	各地
国家 or 集団所有	⑥承包山	個人事業者，農民世帯	林地使用権＝経営主体 林木所有権＝経営主体 （請負契約に従属）	各地の荒廃地等の宜林地
	⑦合作経営	経営事業体（林業専業合作社，株式合作社等）	林地使用権＝経営主体 林木所有権＝経営主体	南方を中心とした林業地帯
	⑧自主経営	農民・都市世帯	林木所有権＝経営主体	各地の都市・農村
	⑨個人・法人経営	私営・外資企業，林業大戸等	林地使用権＝経営主体 林木所有権＝経営主体 （請負契約等に従属）	各地
	⑩共同経営	複数の農民世帯・個人	林地使用権＝経営主体 林木所有権＝経営主体 （請負契約等に従属）	各地
集団所有	⑪集団経営	郷村林場等	林地使用権＝集団 林木所有権＝集団	各地（生態公益林等）
	⑫責任山	農村世帯	林地使用権＝経営主体 林木所有権＝経営主体 （請負契約に従属）	南方を中心とした林業地帯，一部荒廃地等
	⑬自留山	農村世帯	林地使用権＝経営主体 林木所有権＝経営主体	各地の林業地帯，荒廃地等
	⑭退耕地造林	私的主体（傾斜地農地の請負者）	林地使用権＝経営主体※ 林木所有権＝経営主体※	各地の急傾斜地農地

注：※については疑問の余地があるが，関連政策や権利内容からの解釈に基づく。
注2：ここでは，林地使用権と林地請負経営権を区別して表記せず，後者の意味合いをもつ権利関係については「請負契約に従属」としている。
出典：平野悠一郎（2014）「中国の森林をめぐる重層的権利関係の意義と課題：資源利用の効率性・公平性・持続性からの考察」（『環境社会学研究』20：149-164）の表1（p.151）を改変して筆者作成。

て管理されてきた。これらの林地・林木の維持管理が，農民や民間業者によって請負われる場合も多い。

⑥承包山（承包荒山）は，全国各地の国家・集団所有の荒廃地（宜林地）を対象に，1990年代中盤から奨励されてきた形態であった。すなわち，⑫

責任山・⑬自留山が主として集団を構成する農民世帯への無償の権利分配だったのに対し，こちらは特に請負主体に制限を設けず，希望に基づく入札・競売等を通じた土地使用権の有償分配という形式をとった。すなわち，農民世帯に加えて，個人事業者，私営企業等による請負が可能であり，使用料や落札価格としての対価が土地所有者に支払われる。この場合，請負者は，土地所有者である国家・集団から「有償で土地使用権を買い取った」と解釈される。このため，通常，請負期間内の林地での収益活動には，特に所有者との分収等の制限が無く，彼らが造成した林木もほぼ「植えた者が所有する」とされる。この限りにおいて，林木所有権が請負者にあると考えることも可能である(82)。

⑦合作経営には，多様な形式が存在する。まず，株式合作経営（原語：林業股分制）は，国家・集団が保有する林地所有権，農民世帯等が保有する林地使用権・請負経営権，林木所有権を価値換算・株式化して，事業体が経営を行い，その収益を株式（拠出した権利）に応じて株主（権利主体）に配分するという形式である。但し，今日では，林権以外の資金・技術・労働力投入のみが株式化された場合も，株式合作経営と呼ばれることがある。先進事例とされる福建省三明市では，分配された⑫責任山や⑬自留山の林地使用権，林木所有権，及び労働力を投入する農民と，林地所有権を有する集団が主要な「株主」となり，彼らの合意に基づいて設立される事業体（「林業株主会」等と呼ばれる）が，実際の経営にあたってきた（Song ら 1997）。一方で，農民同士が自らの林権や資金・労働力を株式化して協同経営を行うケース（安徽・福建・貴州），専門機関（森林行政機関，国有企事業体等）が郷村の林場経営に資金や技術を提供し，収益を比例分配するケース（雲南）等も存在してきた（Liu 2001）。また，国家所有林地においても，管理経営単位と外部の私的主体の間に，株式合作を行う動きが見られてきた。総じて，これらの株式合作経営は，農民世帯への権利開放と，森林経営や林産物生産における「規模の経済性」の維持を，最も自然な形で両立できるものとして，1990 年代から 2000 年代にかけて政策当事者の高い評価を受けてきた(83)。しかし，農民にとって，株式化と事業体への集約は，折角分配された林権の制限ともなり得るため，その評価・注目にもかかわらず，林権を株

式化して集約経営を行うという方式は主流化しなかった[84]。代わって，2000年代後半以降，政策当事者に注目されてきたのが，林業専業合作社等の設立による合作経営である。基本的に集団レベルの法人格として，林権を農民世帯に据え置いたままで，加入世帯から徴収した資金にて，森林経営や林産物生産の技術サービスの提供，或いは林産物の共同販売を，これら合作社の単位で行うことが想定されてきた[85]。すなわち，日本の森林組合等に類似した事業内容をもって，森林経営の零細化を克服する手段としての普及が進められつつあった。

⑧自主経営は，宅地や家屋の庭などにおける零細林木，いわゆる四傍植樹の所有経営である。現行の「森林法」第20条に基づき，農村住民は宅地の周囲等，都市住民は家屋の庭に植えた零細林木の所有権を保障されている。

⑨個人・法人経営（民間企業・林業大戸による集約経営）は，私営企業の資本蓄積や外資企業の進出，及び，林権の流動化に伴って，急速に発達してきた。既存の私営・外資企業のみならず，地方の有力者，行政幹部，富裕層などの個人が，大面積の土地使用権を有償獲得し，人を雇用して森林造成・経営にあたるという事例も増えた。これらの大面積の個人経営者は，総称的に林業大戸と呼ばれる。この他にも，複数の企業の合弁や，地方政府と企業の合弁，現地企業と外資企業の合弁など，多くの派生形が生み出されてきた。貴州省等では，県の木材企業が投資を担当して経営にあたり，林業局が技術を提供し，郷村が土地を提供するといった形式も存在した（徐1998）[86]。

⑩共同経営は，林地使用権・請負経営権，林木所有権の保有者が「2名以上いる形態」等と定義される（張2001等）。例えば，1980年代の集団所有林地の無償分配に際しては，幾つかの農戸が共同で請負主体となったケースも多く存在した。また，林地の又請負や，林権保有者が他者と分収造林を行っているケース等も場合によっては含められよう。また，少数民族居住地区等における，ローカルな社会関係に基づいて複数名で行われる独自の森林経営・管理も該当する。

集団所有林地における経営形態のうち，⑪集団経営は，1950年代からの社会主義集団化を通じて形成された集団による森林経営が，改革・開放以降も村・村民小組の単位で維持されたものである。具体的には，社会主義建設時における集団内での林業生産合作社や専業組織としての社隊林場を受け継いだ「郷村林場」（集団林場）を中心に経営が行われている。また，前述の通り，公益林に分類された森林は，環境保全機能の維持に必要であること，伐採・権利移転等による経済的収入が期待できないこと等から，集団林権制度改革に際しても個別の農民世帯に分配されず，集団経営に据え置かれるケースが各地で存在してきた。

⑫責任山は，既述の通り，改革・開放初期の1980年代における林業生産責任制の実施を起源とする。本来は，南方を中心とした既成の集団所有の森林経営を，集団内の農民世帯に無償で請け負わせることを目的としたものだった。森林経営による収益は，基本的に請負契約に基づいて分配される形式となっていたが，近年では，請負契約に基づく農民世帯への林地請負経営権の付与と解釈されている。現行の林権証において，責任山の権利関係が記載される場合，林地使用権・林木所有権・林木使用権の保有者の欄には請負者であるA戸の代表者名が記載される（写真6-1参照)。但し，「林地使用期」の欄に，請負契約の期限である「30～70年」の間の年数が明記され，請負契約に所有主体との収益分配の記載がある場合はその契約に従うことが求められる。この形式は，既成の集団所有の森林経営のみならず，荒廃地への森林造成や，一部の国家所有林地の経営に対しても実質的に敷衍されてきた[(87)]。

⑬自留山も，改革・開放初期を起源とした無償分配であるが，こちらは林地使用権，林木所有権の無期限の分配であった。このため，林権証の権利保有者の記載は承包山・責任山等と同じとなるが，「林地使用期」の欄が「長期」または記載無しとされる。改革・開放初期の自留山画定の本来の狙いは，集団所有の荒廃地を対象とした権利分配によって，農民世帯による森林造成の積極性を喚起するというものであった。この方針に則り，各地では当初，集団内の森林造成予定地が「自留山」（地方によっては自留荒山・自留沙等とも呼ばれた）として画一的に農民世帯に無償分配されたが，その後は圧倒的な人気を踏まえて既存の森林も画定の対象となった。

⑭退耕地造林は，1999年から本格化した退耕還林工程の実施形態の一つ

である。すなわち，改革・開放以降に農民世帯等が権利分配を受けた耕地において，森林造成が行われたケースである。ここでは，育成段階での伐採・転用は許されず，その代わりに数年間の現金生活補助・食糧補助が経営者に支給される等，幾つかの特殊な経営条件が付与されてきた（第3章参照）。他方，退耕還林工程のもう一つの実施形態である荒山造林は，⑥承包山，⑨個人・法人経営等の形式を通じて行われていると解釈できる。

4. 2. 森林をめぐる権利関係の改変をもたらしてきた要因とその影響

これらの近年の中国各地に成立してきた多様な森林管理・経営形態は，林地・林木の所有権・使用権という重層的な権利関係によって支えられている。

この重層性・複雑性は，建国当初からの森林政策の課題であった森林造成・保護への取り組みや，森林経営や林産物生産の効率性を追求した結果との側面は確かに存在する。しかし同時に，1950年代の社会主義公有制の確立と，改革・開放後の私的経営化という，総合的な政治路線の方向性と変動に強く規定されていた。すなわち，「土地」（林地）の所有が国家・集団に一度限定されたからこそ，改革・開放期以降は，林地使用権・請負経営権，及

表6-6　現代中国における政治変動と

			土地改革（1950年代初期）	社会主義集団化（1950年代）		
				初級生産合作社（1953年）	高級生産合作社（1956年）	大躍進と人民公社の成立（1958年）
国家所有林	林地所有権		国家	国家	国家	国家
	林地使用権		国家	国家	国家	国家
	林木所有権		国家／集団／私的主体	国家／集団／私的主体	国家	国家
集団所有林	林地所有権		農民世帯，郷村等	集団（初級生産合作社）／農民世帯等	集団（高級生産合作社）	集団（人民公社）
	林地使用権	使用権	各団体・私的主体（慣行的権利）	各団体・私的主体（慣行的権利）	社員（自留山等の慣行利用）	－
		請負経営権	各団体・私的主体（慣行的権利）	各団体・私的主体（慣行的権利）	－	－
	林木所有権	林分樹木所有権	各団体・私的主体（植えた者が所有する）	各団体・私的主体（植えた者が所有する）	集団（高級生産合作社）	集団（人民公社）
		四傍樹木所有権	－	－	社員	集団（人民公社）

注：林分樹木とは，まとまった面積の森林における樹木を指し，四傍樹木とは，家屋，村落，道
出典：筆者作成。

び林木所有権を想定・駆使することでしか，私的主体による森林の管理・経営が保障され得なかった。換言すれば，改革・開放期以降の林権確定政策は，厳然として覆されることのない「社会主義公有制との妥協の積み重ね（小田 2001）」であり，今日の森林をめぐる権利関係の重層性や複雑性も，現代中国のこうした歴史的・政治的背景に基づくものであった（表6-6）。

そして，この総合的な政治路線の変動こそが，現代中国の森林をめぐる権利関係の短期的改変をもたらし，地域住民における不信感や不公平感と，それに基づく近視眼的な森林利用を促してきた大きな要因であった。政治路線の変動に応じた度重なる権利関係の政策的改変は，現代中国を通じて，基層社会の森林管理・経営を振り回し，長期的な視野をもって森林と向き合うことを難しくした。この政策的改変が生じるたびに，基層社会では深刻な森林破壊が生じることになった。すなわち，土地改革から改革・開放期に至るまでの林権確定政策は，総合的な政治路線の変動という外的要因に従属し，基層社会における森林管理・経営の断絶をもたらしてきたと言ってもよい。

改革・開放以降においては，林地・林木の権利の分離や林地使用権以下の開放を通じて，土地所有を国家・集団に限定した状態で，多様な森林管理・経営形態の発展を促すことには成功した。しかし，その「柔軟」な，ともす

森林の権利関係の改変

調整政策期（1960年代前半）	文化大革命期（1960年代後半）	改革・開放期（1980年代～）	
		林業「三定」工作（1980年代）	私的経営化の再加速（1990年代～2000年代前半）
国家	国家	国家	国家
国家／集団	国家／集団	国家／集団	国家／集団／私的主体
国家／集団	国家／集団	国家／集団	国家／集団／私的主体
集団（人民公社・生産大隊）	集団（人民公社・生産大隊）	集団（郷鎮・村・村民小組）	集団（郷鎮・村・村民小組）
社員個人（自留山等の慣行利用）	－	集団（村・村民小組）／農民世帯（自留山等）	集団（村・村民小組）／農民世帯・企業・個人等
生産隊（請負・責任を負う）	－	集団（村・村民小組）／農民世帯（責任山等）＜30年期限	集団（村・村民小組）／農民世帯・企業・個人等＜70年期限
集団（人民公社・生産大隊・生産隊）	集団（人民公社・生産大隊）	集団（郷鎮・村・村民小組）／農民世帯・企業・個人等	集団（郷鎮・村・村民小組）／農民世帯・企業・個人等
社員個人	集団（人民公社・生産大隊）	私的主体（個人・農民世帯）	私的主体（個人・農民世帯）

路，水路等の周囲に植栽された樹木を指す。

表6-7　集団林権制度改革（2000年代後半）

経営形態	展開時期	主な経営主体	保有権利関係
世帯請負経営（責任山）	責任山：1980年代～ 世帯請負経営：改革時	農民世帯	林地使用権（農村土地請負経営権），林木所有権（請負契約に従属）
自留山	1980年代～	農民世帯	林地使用権，林木所有権
承包山	1990年代～	個人事業者，農民世帯	林地使用権，林木所有権（請負契約に従属）
合作経営	1980年代～	経営事業体（林業専業合作社，株式合作社等）	林地使用権，林木所有権
個人・法人経営	1990年代～	私営・外資企業，林業大戸等	林地使用権，林木所有権（請負契約等に従属）
自主経営	1950年代～	農民・都市世帯	林木所有権
共同経営	1950年代～	複数の農民世帯・個人	林地使用権，林木所有権（請負契約等に従属）
集団経営	1950年代～	郷村林場等	林地使用権，林木所有権

出典：平野悠一郎（2013）「中国の集団林権制度改革の背景と方向性」（『林業経済』66(8)：1-17）

れば「場当たり」的な権利概念の拡大のために，複数の権利が引き起こす矛盾に対する，理論的な解釈や体系的な摺り合わせが十分に追いついてこなかった。これが，今日の中国の林権をめぐる複雑な状況を形成する一つの要因であり，この権利関係の曖昧さを縫い合わせる作業が，集団林権制度改革等の形を取って進められてきたと理解することができよう（表6-7）。

改革・開放以降，40年以上にわたって私的経営化を前提とした権利開放の方針自体は堅持されてきたため，今日，基層社会における不信感はある程度解消されたようにも見える。しかし，各地で指摘される農民世帯の森林造成・保護・経営への消極性は，過去の度重なる総合的な政治路線の変動に伴う強制的な権利改変の記憶が，未だに燻っていることの裏返しとも捉えられる。また，林地使用権以下の私的主体への解放に際して付加されてきた各種の制約も，過去の権利改変に伴う混乱の中で表出してきた森林の過剰利用・転用への圧力が，政策当事者のトラウマとして残っていることを示すものであろう。

に伴う各森林経営形態の権利関係の整序

改革に伴う変化	外部移転（流動化）	集団による権利回収
・既存の集団経営林地を吸収し大々的に拡張 ・農村土地請負経営権のとしての性格が明確化	制限付で可能	原則的に不可（契約義務不履行の場合は補償）
・既存の権利関係を変更せず改めて保障	原則不可能	原則的に不可（公共の利益に著しく反した場合は検討・補償）
・既存のものは継続 ・有償を原則 ・但し，集団内世帯による請負を優先	可能	義務不履行の場合は契約内容に準じて回収可能
・個別世帯への権利分配後の再集約化の手段として奨励	制限付で可能	
・既存のものは基本的に継続 ・但し過去の権利移転の妥当性を改めて検討	可能（林権証に基づく）	義務不履行の場合は契約内容に準じて回収可能
・継続	据え置き（林権証未発行）	不可
・原則的に個別世帯に分配	制限付で可能	段階的に世帯分配
・原則的に個別世帯に分配 ・生態公益林や荒廃山林等，分配に適さないものは，集団内世帯の収益を保障する限りで継続	制限付で可能	

の表-3（p.12）を一部改変のうえ転載。

4．3．今後の研究課題

現代中国の森林をめぐる権利関係に対しては，その法的位置づけを探る研究（張 2001，周ら 2004，申 2015 等），森林政策の一部としての事例研究（徐 1998 等），或いは，基層社会における資源管理や社会構造の研究としても（Liu 2001，Liu and Edmunds 2003 等），比較的多くの注目がなされてきた。しかし，現時点で残された研究課題は非常に多く，それらは様々な観点に及ぶ。

まず，現状において林地所有権・使用権・請負経営権，及び林木所有権・使用権という重層的な権利関係が，相互にどのように位置づけられるのかに対して共通認識は存在していない。この点については，法整備等に伴う制度的な体系化が待たれる。それに際しては，基層社会の森林管理・経営の推移と実態を踏まえ，森林利用の持続性，公平性，効率性に資する形で相互の権利を位置づけていくプロセスが不可欠となろう。そのための事例研究の充実が，学術研究のみならず，政策実施の観点からも求められることになる。

また，森林政策研究の視座からすれば，どのような主体がどのような権利関係を有して，どのような森林管理・経営を行うことが目指されているのか，林権確定政策の内実と目的を見極めることが望まれる。上述したように，現代中国の林権確定政策は，結果としては外部変化に対応した場当たり的な側面が強く，この内的な視点が極めて曖昧なままに推移してきた。或いは，法学的な視座から，各種の林権紛糾において，どのような事情や背景が反映され，どのような根拠や正当性をもって権利関係が立証され，紛争の解決が図られるのかを分析することも重要である。

現代中国の数十年間で生じてきた度重なる権利改変は，世界的に見ても稀有な地域実験の事例である。これまでの森林政策研究では，育成や経営に長期の時間軸を要する森林の権利関係に対して，長期安定させる方が望ましく，また，経営における規模の経済性や効率的な林産物供給の観点から，分散化・零細化させることに否定的な見解がとられてきた[(88)]。ところが，現代中国では，いずれにおいても逆行する状況が生じてきたことになり，実際に権利関係・経営形態の度重なる政策的改変は，非持続的な森林利用に結びついてもいる。すなわち，これまでの見解を実証する場としても，或いは常識とは異なる何らかの論理を見出す場としても，現代中国の森林をめぐる権利関係の推移には，もっと議論の目が向けられてよい。

例えば，今日の重層的な権利関係を成立させた現代中国の林権確定政策は，度重なる国家建設の方針転換に際して，「柔軟」に対応した結果との見方もあり得る。地域の森林をめぐる権利関係は，それ自体が学問的に注目されてきたテーマである。そこでは，伝統的なローカル・コモンズによる資源利用が持続性を担保していた事例等がクローズアップされ（Ostrom 1990等），近現代の所有権を軸とした自然の管理・利用の仕組みに対する疑問も投げかけられてきた。また，本書の視座に沿って言えば，そもそも森林は人間主体によって多様な価値・便益を認識されているため，それらを合理的かつ公平に調整していく上で，一元的な所有権の保障が果たして望ましいのかも問われてくる。これらの視座からすれば，「柔軟」な対応に基づく今日の中国の森林をめぐる重層的な権利関係は，あながち否定的にのみ捉えるべきではないのかもしれない。

近年，自留山・責任山等の農民世帯による経営のみならず，彼らの持つ権利を集約しつつ，様々な形式をもった個人・法人経営や合作経営等の発展が見られてきた背景には，総合的な政治路線の許容する範囲内で，既存の権利関係を「応用」し，積極的に森林に働きかけて財の蓄積に励もうとする様々な私的主体の動きが存在した。この点に関して示唆的なのは，寺田浩明によって指摘されている中国の伝統的な権利観である。寺田（1989）は，皇帝支配が自明であった近世中国の基層社会に暮らす人々にとって，土地に付随する諸権利は，「業」（働きかければ収益を生み出す素），すなわち経済的な便益を追求する「手段」として捉えられており，近代的所有制度における領土的・空間的支配といった政治的感覚を帯同するものではなかったとする。こうした社会的背景から，「社会主義公有制」の下に限定されている土地所有に拘らず，新たに想定された林地や林木の権利の積極的運用を通じて，森林・土地に対する多様な価値・便益追求を行うという人々の姿を捉えることもできそうである。すなわち，慣習的な権利概念を踏まえて，現代中国の森林をめぐる権利関係が規定されてきた可能性も検証する必要があろう。

また，農地や都市建設用地といった，他の行政機構が管轄する土地利用における権利関係の推移との関連性や相違の検証も，中国における森林の政策的な位置づけを理解する上で重要なテーマであり，今後の課題として残される。

〈注〉

(1) 後述する最近の「三権分離」の関連政策では，林地請負経営権がさらに請負権と経営権に分離されるため，厳密にはそれ以上の分類が存在してもきた。

(2) 現代中国における「集団」（原語：集体）とは，1950年代以降の社会主義集団化を通じて生み出されてきた基層社会の運営主体を指す。1950～70年代にかけて，集団の規模や権限には幾度も変更が加えられてきたが，改革・開放路線への転換以降は，村や村民小組が集団単位とみなされてきた。

(3)「中華人民共和国土地管理法」(1986年6月25日制定，1988年12月29日・1998年8月29日・2004年8月28日改正)（法律出版社法規中心編（2009）『中華人民共和国土地管理法配套規定：注解版』)。

(4) 但し，現代中国の集団所有権とその権利主体をどう捉えるかは，多くの議論が重ねられ，結論が出されていない部分でもある。まず，「物権法」を含めて，集団所有権は国家による収用が可能である。また，末端の行政単位である郷（鎮），名目的には農民の自治組織だが実際には郷鎮人民政府の下で行政機能を果たしている村の村民委員会や，互助組織としての生産隊をベースとした村民小組といった異なる範囲と性質を持つ集団単位に権利主体が跨っている。そして，これらの集団の自由意志に基づく売買などの処分権に関する規定は存在していない（奥田 2014）。

(5) ここでの私的主体とは，一般的に国家・集団（国有企業，郷鎮・村営企業等の集団経済単位を含む）以外の権利主体を指す。具体的には，農民世帯，個人事業家，私営・外資企業等である。これらの私的主体は，原語では「個体」と表現される。また，中国では，しばしば国家・集団という公の主体による土地をはじめとした財産所有（公有）に対応する形で，これらの私的主体による林地・林木を含めた財産所有を「非公有」と呼ぶことがある。

(6)「中華人民共和国物権法」(2007 年 3 月 16 日制定)（法律出版社（2007)『中華人民共和国物権法』)。

(7) 中共中央・国務院「関於保護森林発展林業若干問題的決定」(湖南省林業庁編（1983)『林業政策法規彙編：1979 ～ 1982』(pp.13-24))。

(8)「中華人民共和国農村土地承包法」(2002 年 8 月 19 日制定，2009 年 8 月 27 日改正)（法律出版社法規中心編（2009)『中華人民共和国農村土地承包法配套規定：注解版』)。

(9) 但し，農村土地請負経営権自体は，域内外の法学者の間で物権説や債権説を含めた様々な解釈が試みられてきた微妙な権利でもある。特に，農村土地請負経営権を，請負契約に定められた義務を負う債権と解釈する立場にあっては，土地使用権を用益物権と捉えて明確に区別されることもある。また，都市等の国家所有地における建設用地や，集団所有の宅基地が，私的主体の利用に供される場合は使用権となる（奥田 2014)。

(10) 前掲「中華人民共和国農村土地承包法」の第 20 条を参照。この 70 年という請負期間は，既に 1994 年の時点で中央の政策によって承認されていた。

(11) 厳密には，日本語としての「立木」は，法律用語としての意味を含めて土地上に生育した生物学上の「樹木」一般を指すが，現代中国における「林木」とは，第 1 章で紹介した公式統計上の項目にも見られる通り，「林地」に対応する政策用語である。すなわち，林木は，林地（林業用地）上の立木・樹木を指すものとして本書でも用いている。

(12)「立木に関する法律」(明治 43 年 5 月 20 日施行）第 2 条を参照。

(13) 広西チワン族自治区（2009 年 11 月)，及び北京市（2009 年 12 月）における関係者への筆者らの聞き取り調査による。

(14) 例えば，「文山県徳厚村与湯発俊山林権属紛糾」(金瑛・韓文洪・余涛主編（2010)『雲南山林権属紛糾理論与案例研究』雲南民族出版社（pp.91-93))。

(15) 広西チワン族自治区林業局（2009 年 11 月)，平果県林業局（2010 年 9 月）における筆者らの聞き取り調査による。

(16) 分収造林は，現代中国において相当な広範囲に及ぶ。単純に，複数の主体が契約に基づき，育成林木の「収益を分配すること」(原語：収益分成）をその条件とみなすならば，国家，集団，私的主体を含めた様々な形式があり得た。後述するように，改革・開放初期の責任山もこの観点からすれば分収造林の意味合いを含んでいた。

(17) 江西省遂川県林業局（2009 年 12 月）における筆者らの聞き取り調査による。

(18) 四川省林業庁（2011年11月）における筆者らの聞き取り調査による。

(19) 国家林業局「関於退耕還林林権登記発証有関問題的意見」(2004年7月28日)（王菊芳主編(2008)『林権争議調処：法律法規文件彙編』(p.594))。

(20) 国務院「中華人民共和国森林法実施条例」(2000年1月29日施行)（国家林業局編（2001)『中国林業年鑑：2001年』(pp.20-24)）第16～18条を参照。しかし，実際には地方における林地の乱開発の深刻化が，度々報告されている。

(21) 国家林業局「関於開展森林経営試点工作的通知」(2009年3月11日)（国家林業局編（2010)『中国林業年鑑：2010』(pp.80-81))。また，国家林業局「関於加快推進森林認証工作的指導意見」(2010年9月16日)（国家林業局編（2011)『中国林業年鑑：2011』(pp.91-92)）等でも，この方向性が明確に見られる。

(22) 但し，山西省や陝西省等の革命根拠地（老区）では，1949年以前に土地改革が実施された地区も多く，森林もそれに付随して収用・分配がなされていった（山西省地方志編纂委員会編(1992)『山西通志：第9巻　林業志』(p.130))。したがって，以前に出された「土地法大綱」や，「土地改革法」の段階において，森林の収用・分配にどのような規準の差異があったかを検討する必要がある。

(23) 日本国際問題研究所中国部会編（1971)『新中国資料集成：第3巻』(pp.134-135)。

(24) 中華人民共和国において，各級の地方行政単位は，自治体ではなく国家機構であるため，その管轄下に置かれる土地は国家所有（国有）のカテゴリーに属す。すなわち，中央，省級，地級，県級それぞれの行政機関が，「全人民所有地」としての国家所有地の管理運用を委任されているという形式である。このため，地方自治体が所有する民有林の一つとしての「公有林」といった，同時期の日本のような森林の所有区分は存在していない。

(25) このように，現代中国における国有林（地）は，日本における「国有林（地)」(中央政府所有）とは異なる概念であるため，本書では混同を避ける観点から「国家所有林（地)」という表現を用いている。但し，「国有林」という用語自体は，「国有林区」や「国有林主伐規程」等，中国語自体や現代中国の政策現場において通用されてきた。

(26)「山西省森林管理暫行条例」(1950年8月16日)（中央人民政府林墾部編印（1950)『林業法令彙編：林業参考資料之一〈下編〉』(pp.19-24))。

(27) 土地改革によって既に個人分配されていた場合は有償，そうでない場合は無償との条件が付与されていた。

(28) 山西省地方志編纂委員会編（1992)『山西通志：第9巻　林業志』(p.141)。

(29) 中央人民政府林墾部編印（1951)『林業法令彙編：林業参考資料之二』(pp.19-20)。

(30) 三明市林業志編纂委員会編（1998)『三明林業志』。

(31) 同じく南方集団林区に位置する湖南省等でも，祠堂を頂点とした同姓の住民による，厳格な管理規定を伴う森林経営がなされていた（毛沢東「尋烏調査：山林制度」(1930年5月）毛沢東（1982)『毛沢東農村調査文集』(pp.133-135))。

(32) 例えば湖南省人民政府・軍区司令部「森林破壊を厳禁し合理伐採を実行する布告」(1950年9月7日）等では，このような規定に加え，土地改革前の地主の手中にある森林に，何人も手をつけてはならないことが強調された（中央人民政府林墾部編印（1950)『林業法令彙編：林

業参考資料之一〈上編〉』(pp.54-55))。

(33) 山西省地方志編纂委員会編（1992）『山西通志：第9巻　林業志』(p.141)。

(34) 日本国際問題研究所中国部会編（1971）『新中国資料集成：第4巻』(pp.160-174)。

(35) 中央人民政府林墾部編印（1951）『林業法令彙編：林業参考資料之二』(pp.12-14)。これら合作造林の株式設定において，土地の価値は全体的に低く算定され，労働力出資に応じた分配方式との傾向が強く見られていた。

(36) 当代中国叢書編集委員会（1985）『当代中国的林業』(p.85)。

(37) 林業部「1952年春季造林工作の指示」(1952年2月16日）では，「植えた者が所有する」ことを徹底すべしとされ，積極的な造林が呼びかけられている（中国林業編集委員会（1952）『林業法規彙編：第3輯』(pp.9-11))。

(38) 山西省地方志編纂委員会編（1992）『山西通志：第9巻　林業志』(p.219)。

(39) 例えば，「山西省森林管理暫行条例」(中央人民政府林墾部編印（1950）『林業法令彙編：林業参考資料之一〈下編〉』(pp.19-24)）の第4条等を参照。

(40)「高級農業生産合作社模範定款」(1956年6月30日：原語は「高級農業生産合作社示範章程」）の第18条「立木・樹林の処理」を参照（日本国際問題研究所中国部会編（1971）『新中国資料集成：第5巻』(pp.186-201))。

(41) 山西省地方志編纂委員会編（1992）『山西通志：第9巻　林業志』(p.143)。

(42) 林業部「関於在南方私有林区対木材収購計画進行控制問題的指示」(中華人民共和国林業部編印（1954）『林業法令彙編：第5輯』(pp.420-424))。

(43)「関於農業・林業・水利的五年計画」(1954年7月13日）(鄧子恢（1996）『鄧子恢文集』(pp.372-385))。

(44) 中共中央「農村人民公社工作条例」(修正草案）(中共中央文献研究室編（1997）『建国以来重要文献選編：第14冊』(pp.385-411))。

(45) 中共中央「関於確定林権，保護山林和発展林業的若干政策規定（試行草案)」(1961年6月26日）(中華人民共和国林業部辦公庁（1962）『林業法規彙編：第9輯』(pp.1-7))。

(46) 上記した「政策規定」等，関連する政策文書では，明確に世帯等ではなく「社員個人」とされている。

(47) 同上の「政策規定」参照。

(48) この二つを指す「両山」という表現が，事後の林権確定政策で慣例的に用いられることもある。

(49) 劉琨同志「在全国林業庁局長会議上的総括講話」(1983年7月1日）(中華人民共和国林業部辦公庁編（1984）『林業工作重要文件彙編：第9輯：1983年』(p.25))。本書では，個体経済としての原語の意味に即して，私的主体が専ら収益権を保持して経営にあたるケースを私的経営と呼び，その発展を促す政策的潮流を「私的経営化」と呼んでいる。

(50) もっとも，荒廃地等の森林造成予定地における責任山，すなわち農民世帯の請負経営が存在しなかった訳ではない。例えば，各地で森林造成・経営への関心の高い世帯は，率先して大面積の荒廃地造林を請負い，経営にあたっていたことが伺える（山西省林業庁林業専業戸調研組：蔡 1985)。

(51) 林業部「関於穏定山権林権落実林業生産責任制情況簡報」(1981 年 6 月 30 日)（中華人民共和国林業部辦公庁編（1982）『林業工作重要文件彙編：第 7 輯：1981 年』(pp.6-9))。

(52) 中共江西省委・江西省人民政府「関於加快林業建設若干問題的決定」(1983 年 7 月 20 日)（中華人民共和国林業部辦公庁編（1984）『林業工作重要文件彙編：第 9 輯：1983 年』(pp.58-66))。こうして，既成の森林に対しても自留山としての無期限の権利開放が行われた結果を，南方集団林区等では「両山統一」等と呼ぶこともある。また，荒廃地に拘らなくなった結果として，1950・60 年代に農民に留保されていた「旧来の自留山」の再確定の動きも，1980 年代にかけて見られた。

(53) 同上。

(54) 農民等の私的主体への権利開放が森林破壊を帯同する可能性は，当初から，森林政策担当者に意識されていたようである。例えば，当時の総書記：胡燿邦や林業部部長：楊鍾等は，明らかに改革・開放路線の一環として，森林の私的経営の推進を位置づけ，政府内の保守派路線指導者層や森林官僚・専門家等の懸念・反対を押しきる形で，林業「三定」工作を進めたとされている（Ross 1988)。この政策論争の存在は，呉（1999）らによっても指摘されている。

(55) 田中茂「中国の林業・木材事情：18」(『林材新聞』1998 年 3 月 30 日)。

(56)「四荒」とは，荒山荒地等の四種類の荒廃地（原語：荒山，荒溝，荒地，荒灘）を意味する。森林造成を前提とした林地使用権の競売は，1992 年頃から主に山西省で開始されていた（陳・王 1994)。林業部は，これらの先行する取り組みを総括する検討会を 1994 年 8 月に開催した上で，土地使用権の請負期間を当初 20 ～ 70 年とし，外部の主体も含めた取得・譲渡を前提とする形でこの 10 項目の原則を設定した（「林業部提出十項原則宜林“四荒”使用権拍売」『現代農業』(1994 年 11 月 15 日))。また，この荒廃地の土地使用権競売の方針は，鄧小平の南巡講話に伴う，私的経営化の再加速による土地有効活用と水土保全の促進の一環と捉えられていた（山西省呂梁地委宣伝部写作組 1994)。

(57) 1998 年「森林法」第 15 条を参照（鄔福肇・曹康泰主編（1998）『中華人民共和国森林法解釈』(pp.124-135))。

(58) ここで「自留山」形式ではなく，あえて「請負期間」が設けられた理由は不透明であり，この点については，この政策過程の詳細な検討が必要である。

(59) 中共中央・国務院「関於加快林業発展的決定」(2003 年 6 月 25 日)（中共中央・国務院（2003)『関於加快林業発展的決定』人民出版社。

(60) 中共中央・国務院「関於全面推進集体林権制度改革的意見」(2008 年 6 月 8 日)（国家林業局林業改革領導小組辦公室編著（2008)『中共中央・国務院「関於全面推進集体林権制度改革的意見」輔導読本』(pp.59-67))。

(61) 国家林業局「関於切実加強集体林権流転管理工作的意見」(2009 年 10 月 21 日)（国家林業局編（2010)『中国林業年鑑：2010』(pp.130-132))。

(62) 北京市（2009 年 12 月）における国家林業局農村林業改革発展司，及び中国林業科学研究院の関係者への筆者の聞き取り調査による。

(63) 中共江西省委・江西省人民政府「関於深化林業産権制度改革的意見」(江西省林業庁ウェブサイト（http://www.jxly.gov.cn/lyzt/lqgg/lgzc/200611/t20061124_8689_1.htm)（取得日：

2012年6月1日))。

(64) 四川省林業庁（2011年11月）における筆者の聞き取り調査による。

(65) 江西省遂川県林業局（2009年12月），及び広西チワン族自治区平果県林業局（2010年9月）における筆者らの聞き取り調査による。

(66) 同上。

(67) 同上。

(68) 国家林業局「関於切実加強集体林権流転管理工作的意見」(2009年10月21日)（国家林業局編（2010）『中国林業年鑑：2010』(pp.130-132))。

(69) 中共中央・国務院「関於農村土地請負経営権移転与発展農業規模化経営的意見」(2014年11月20日)(『人民日報』2014年11月21日)。

(70) 中共中央・国務院「関於完善農村土地所有権承包権経営権分置辦法」(2016年10月30日)(『人民日報』2016年10月31日)。

(71) 国家林業局「関於“黒龍江省伊春市林権制度改革試点実施方案”的批複」(2006年6月16日)(伊春国有林権制度改革試点指導協調小組主編（2008）『国有林区林権制度改革実践与探索：伊春国有林権制度改革試点紀実』(pp.175-182))。

(72) 黒龍江省人民政府「黒龍江省伊春林権制度改革試点実施細則」(2006年8月15日)（同上書(pp.188-194))。

(73) 同上書（p.192)。

(74) 同上書（p.189)。

(75) 黒龍江省森林工業総局「黒龍江省伊春林権制度改革試点森林資源管理辦法」(試行：2007年5月)（同上書（pp.195-199))の第6条を参照。但し，この規章には「国家の森林・林木・林地における流動化の具体的な政策が出されていない段階において，先ずは林業内部での流動化制度を樹立し，林業系統における内部単位間の流動化，林業労働者（世帯）間の流動化を行う」との記述がある。また，第17条では，大規模林地経営者の形成が奨励されている他，「方案」では労働者による合作組織の設立も促されており，私的主体による林地の集約経営自体は推進の方向にある。

(76) 財政部・国家林業局「黒龍江省伊春林権制度改革試点森林資源資産収益管理辦法」(2007年2月12日)（同上書（pp.186-187))。

(77) 期間内（50年）全額一括払いの金額。他に分割払いと，林地からの収益を得た後の支払いというオプションがあり，これらのケースでは金額が上乗せされる。

(78) また，造林の難度の高い荒廃地を請負う場合には減免も可能とされている。

(79) 孔祥智「伊春市国有林権改革急需解決的幾個問題」(伊春国有林権制度改革試点指導協調小組主編（2008）『国有林区林権制度改革実践与探索：伊春国有林権制度改革試点紀実』(pp.112-116))。

(80) 中共江西省委・江西省人民政府「関於深化林業産権制度改革的意見」(江西省林業庁ウェブサイト（http://www.jxly.gov.cn/lyzt/lqgg/lgzc/200611/t20061124_8689_1.htm)（取得日：2012年6月1日))。

(81) 広西チワン族自治区林業局（2009年11月）への筆者らの聞き取り調査による。

(82) 但し，土地の諸権利からの独立性には疑問が残る。徐（1998）らは，1998年の著書の中で，「承包山」の「林地・林木所有権は集団に属し，請負者は部分的な経営決定権を有する。収穫物は請負者の所有に属する」という，やや苦しい説明を行っている。

(83) 行政側から出版された『三明林業志』は，林業「三定」工作を含めた私的経営化の流れを認めつつも，三明市の株式化経営の成立に対して「…森林が個別世帯に細分化されることを回避し，そこから生まれる副作用を減少させ，森林資源の保護と林区の大局の安定に有利である」としている（三明市林業志編纂委員会編（1998）『三明林業志』（p.140））。

(84) この点に関して，Liu（2001）は，三明市の株式化経営が「新たな林業発展のための共同経営モデル」として，中央政府の強力な後押しを受けて普及されようとしていたものの，実際の農民の参加は限られたものだったとした。

(85) 北京市（2009年12月）における国家林業局農村林業改革発展司，及び中国林業科学研究院の関係者への筆者の聞き取り調査による。

(86) ここで徐（1998）らは，この形式を「企業聯合経営」と呼び，郷村単位で林場を設立して運営される株式化経営とは一線を画した区分を行っている。しかし，異なる主体が異なる生産要素を拠出して収益分配をするという意味では，両者は似通ったものとなる。

(87) 山西省地方志編纂委員会編（1992）『山西通志：第9巻　林業志』（p.151）。

(88) 例えば，ハーゼル（1979）は，森林の保続経営の観点から，所有が細分化されており，しかもその土地が，世代の代わるたびに均分相続によって所有者を変えるような形態では，それが温存されないと述べている。

〈引用文献〉

（日本語）

呉鉄雄（1999）「中国南部林区における林業生産構造に関する研究」『宇都宮大学演習林報告』35：1-118

ハーゼル著・中村三省訳（1979）『林業と環境』日本林業技術協会

菊池真純（2020）「村民の自助努力での植林活動による村内環境改善と発展：中国山東省房幹村を事例に」『水環境・資源研究』33(1)：1-6

龔涛・野口俊邦・三木敦朗・谷建才（2005）「中国における個別農家の林業経営に関する実証的研究：中国河北省囲場県T村を事例として」『林業経済研究』51(1)：61-66

日本国際問題研究所中国部会編（1971）『新中国資料集成：第3巻』日本国際問題研究所

日本国際問題研究所中国部会編（1971）『新中国資料集成：第4巻』日本国際問題研究所

日本国際問題研究所中国部会編（1971）『新中国資料集成：第5巻』日本国際問題研究所

小田美佐子（2001）『中国土地使用権と所有権』法律文化社

奥田進一編著（2014）『中国の森林をめぐる法政策研究』成文堂

戴玉才（2000）『中国の国有林経営と地域社会：黒竜江国有林の展開過程』日本林業調査会

田中茂（1998）「中国の林業・木材事情：18」『林材新聞』1998年3月30日

寺田浩明（1989）「中国近世における自然の領有」柴田三千雄他編『シリーズ世界史への問い1：歴史における自然』岩波書店：199-225

上田信（1998）「〈山林権属〉と森林保護：16世紀～現代，九嶺山の事例」『現代中国研究』2：14-31

（中国語）
陳生慶・王小明（1994）「呂梁地区拍売“四荒”使用権的発展与思考」『中国水土保持』1994（1）：42-44
当代中国叢書編集委員会（1985）『当代中国的林業』中国社会科学出版社
鄧子恢（1996）『鄧子恢文集』人民出版社
法律出版社（2007）『中華人民共和国物権法』法律出版社
法律出版社法規中心編（2009）『中華人民共和国農村土地承包法配套規定：注解版』法律出版社
法律出版社法規中心編（2009）『中華人民共和国土地管理法配套規定：注解版』法律出版社
国家林業局編（2001）『中国林業年鑑：2001年』中国林業出版社
国家林業局編（2010）『中国林業年鑑：2010年』中国林業出版社
国家林業局編（2011）『中国林業年鑑：2011年』中国林業出版社
国家林業局経済発展中心編（2007）『中国国有林産権制度改革：理論与探索』中国大地出版社
国家林業局林業改革領導小組辦公室編著（2008）『中共中央・国務院「関於全面推進集体林権制度改革的意見」輔導読本』中国林業出版社
侯寧著・北京林業大学経済管理学院“英才計画”出版工程編（2011）『集体林改視角下的森林資源物権制度構建』中国林業出版社
湖南省林業庁編（1983）『林業政策法規彙編：1979～1982』湖南省林業庁
金瑛・韓文洪・余涛主編（2010）『雲南山林権属紛糾理論与案例研究』雲南民族出版社
毛沢東（1982）『毛沢東農村調査文集』人民出版社
三明市林業志編纂委員会編（1998）『三明林業志』三明市
山西呂梁地委宣伝部写作組（1994）「拍売「四荒」地使用権的実践，理論与政策思考」『山西水土保持科技』1994(4)：28-30
山西省地方志編纂委員会編（1992）『山西通志：第9巻　林業志』中華書局
山西省林業庁林業専業戸調研組：蔡仁宝（1985）「林業専業戸和家庭林場」『山西林業増刊』1985年3月：10-21
申惠文（2015）「農地三権分離改革的法学反思与批判」『河北法学』33(4)：2-11
王菊芳主編（2008）『林権争議調処：法律法規文件彙編』中国林業出版社
鄔福肇・曹康泰主編（1998）『中華人民共和国森林法解釈』法律出版社
謝屹（2009）『集体林権制度改革中的林地林木流転研究』中国林業出版社
徐国禎主編（1998）『郷村林業』中国林業出版社
許兆君（2008）『中国国有林権制度改革研究』中国林業出版社
姚順波（2005）『中国非公有制林業制度創新研究』中国農業出版社
伊春国有林権制度改革試点指導協調小組主編（2008）『国有林区林権制度改革実践与探索：伊春国有林権制度改革試点紀実』中国林業出版社
張力主編（2001）『林業政策与法規』中国林業出版社

趙金龍・董海栄・戴芳（2016）「農地産権由“両権分離”向“三権分離”転変分析」『合作経済与科技』2016（22）：180-181
中共中央・国務院（2003）「関於加快林業発展的決定」人民出版社
中共中央文献研究室編（1997）『建国以来重要文献選編：第14冊』中央文献出版社
中国林業編集委員会（1952）『林業法規彙編：第3輯』中国林業編集委員会
中華人民共和国林業部編印（1954）『林業法令彙編：第5輯』中華人民共和国林業部
中華人民共和国林業部辦公庁編（1962）『林業法規彙編：第9輯』中華人民共和国林業部
中華人民共和国林業部辦公庁編（1982）『林業工作重要文件彙編：第7輯：1981年』中国林業出版社
中華人民共和国林業部辦公庁編（1984）『林業工作重要文件彙編：第9輯：1983年』中国林業出版社
中央人民政府林墾部編印（1950）『林業法令彙編：林業参考資料之一〈上編〉』中央人民政府林墾部
中央人民政府林墾部編印（1950）『林業法令彙編：林業参考資料之一〈下編〉』中央人民政府林墾部
中央人民政府林墾部編印（1951）『林業法令彙編：林業参考資料之二』中央人民政府林墾部
周訓芳（2015）「所有権承包権経営権分離背景下集体林地移転制度創新」『求索』2015(5)：71-75
周訓芳・謝国保・范志超著（2004）『林業法学』中国林業出版社

（英語）

Liu, Dachang, 2001, Tenure and Management of Non State Forests in China, *Environmental History* 6(2) : 239-263
Liu, Dachang and Edmunds, D., 2003, Devolution as a Means of Expanding Local Forest Management in South China: Lessons from the Past 20 Years, *China's Forests : Global Lessons from Market Reforms*, ed. William F. Hide, Brian Belcher, and Jintao Xu, RFF Press: 27-44
Ostrom, E., 1990, *Governing the Commons*, Cambridge
Ross, L., 1988, *Environmental Policy in China*, Indiana University Press
Saint-Pierre, C., 1991, Evolution of Agroforestry in the Xishuangbanna region of tropical China, *Agroforestry Systems* 13: 159-176
Song, Yajie, Burch Jr., W. R., Geballe, G., and Geng, Liping, 1997, New Organizational Strategy for Managing the Forests of Southeast China: The Share-holding Integrated Forestry Tenure (SHIFT) System, *Forest Ecology and Management* 91: 183-194

第7章：森林政策実施システムの整備と特徴

現代中国では，前章でみた森林をめぐる権利関係のように，政治路線の変動に伴う上からの改変が，基層社会の人間と森林との関係に大きな影響を及ぼしてきた。だが，その都度の改変を含めた森林政策の基層社会への徹底は，中央から地方を貫く体系的な政策実施システムがあってこそ可能であった。

過去70数年のこの政策実施システムの整備には，一貫してきた部分と変動してきた部分が存在した。一貫したのは，基層社会における森林の保護や利用の実践を担保するために，森林行政機構を基軸とした実施基盤を充実させ，それらの機構や組織における中国共産党の指導性を確保するという点であった。対して，各時期の政治路線の変動は，権利関係と同様に，この政策実施システムにおける変更をもたらしてもきた。本章では，まず，それらの一貫した部分と変動した部分を，それぞれ時系列に沿って整理した上で，実際の政策決定・実施過程にまで踏みこんでの考察を進める(1)。

1.「党＝国家体制」と森林行政機構による体系化

歴代の中国の政治体制と比較して，中華人民共和国が特徴的とされるのは，末端まで張り巡らされた共産党組織と行政機構によって，中央の指令を基層社会の村落レベルにまで徹底させる仕組みが全域的に作り上げられてきたことである（図7-1）。各時期で多少の変動はあるものの，中央の国務院とそれに属する各行政機関から，各級の地方人民政府を経て，基層社会へと政策が下達される。19世紀半ば以降，中国では様々な指導者・知識人や政治体制を通じて，近代的な国家建設が模索されてきた。しかし，周縁の少数民族居住地区までを含む広大な範囲にわたり，中央政府の意向を徹底させる政策実施システムを構築しえたのは，この時期の政権をおいて他に見当たらなかった。

現在の地方政府は，通常，省級（省・自治区・直轄市），地級（地級市・

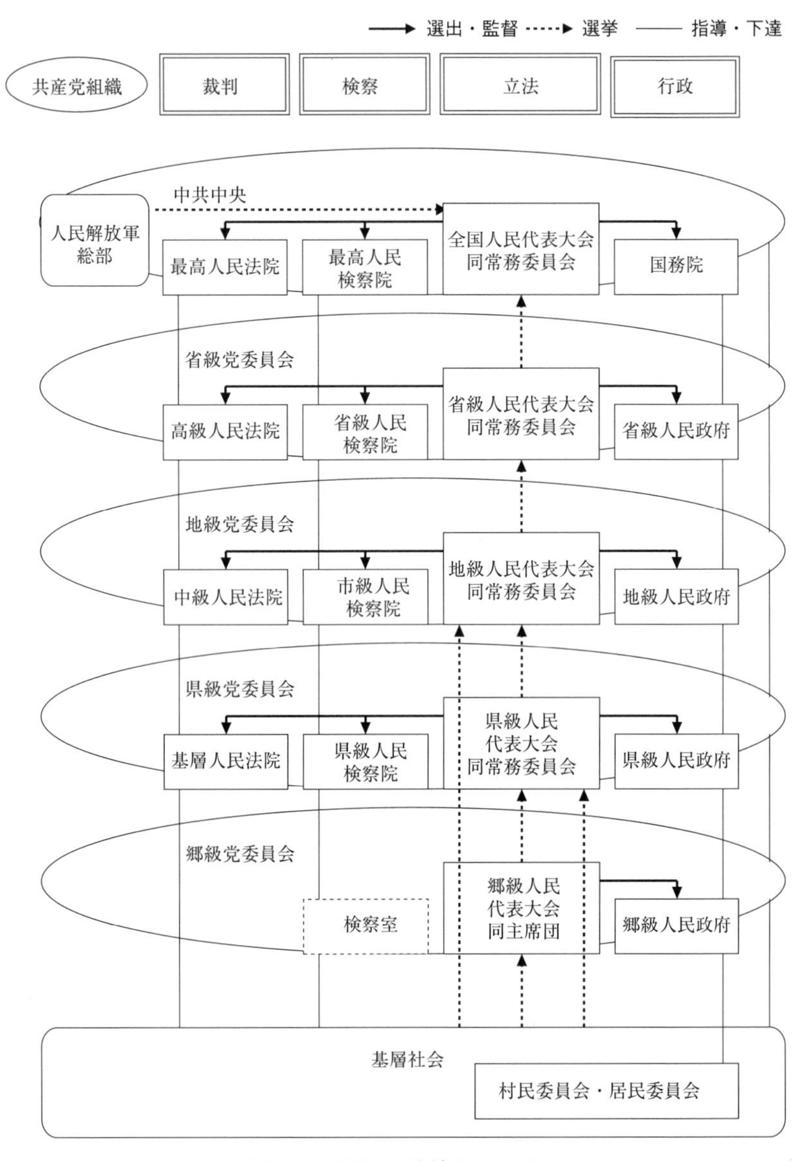

図7-1　中国の政治システム

注：全国人民代表大会（全人代）のメンバーは，省級人民代表大会と人民解放軍から選出され，全人代は国務院，最高人民検察院，最高人民法院の構成員を選出・監督する。

注2：基層社会の住民の直接選挙の対象は，区が未設置の地級市又は県級の人民代表まで。

出典：趙（1998）の図（p.69）を参照して筆者作成。

自治州等），県級（県・自治県・県級市等），郷級（郷・鎮等）に区分される。基層の集団単位である村（農村部）や社区等（都市部）には，それぞれ村民・居民委員会が設けられている。これらは名目上，住民の自治組織であり，選挙を通じて選出されているが，実質的には，郷級人民政府や区政府・街道弁事処から通達される各種の政策を宣伝・徹底する役割を果たす。各レベルの政府は同級の共産党委員会の指導下に置かれ，村等の基層単位に至るまで，共産党の書記が実質的なトップとして存在する。また，それぞれの行政機関内には，監視役も兼ねて意思決定に大きな影響力を持つ党組（党グループ）・機関党委員会が設けられてきた。これらの共産党組織を通じて，行政機関の人事も実質的に管理されてきた。これらによって，「憲法」前文に掲げられる「四つの基本原則」の一つである「中国共産党の指導性」が確保されてきた。

この地域を縦に貫く「党＝国家体制[(2)]」を体系的に整備できたことが，今日に至るまで，中国共産党が一元的な国家運営を維持できている大きな要因となっている[(3)]。改革・開放期の1980年代には「党政分離」を志向する動きも見られたものの，近年では益々一体化が進んでいる。今日，中国共産党員は総数で１億人に迫っており，公務員数の約８割に達したとされる（岡村 2018）。

中国の森林政策実施システムは，現代史を通じて，この「党＝国家体制」の全域化・体系化という方向に準じて形成されてきた。すなわち，中央行政府の国務院における部局を頂点として，各地方政府を貫く森林行政機構と，それを背後から支える党組織が，段階的に整備されていったのである。森林行政機構と関連の党組織においても，上級の下級に対する指導性は明確であり，中央の意向を地方が無視することはできず，このようなシステムを維持することが，森林政策の目標を達成するのに不可欠と認識されてきた（施・劉 1995 等）。

1．1．森林行政機構と党組織・基層組織の段階的整備

1949年10月１日，中華人民共和国の建国に伴い，北京にて中央人民政府：政務院が発足し，各部門の全域的な行政を担当する部局がこれに所属し

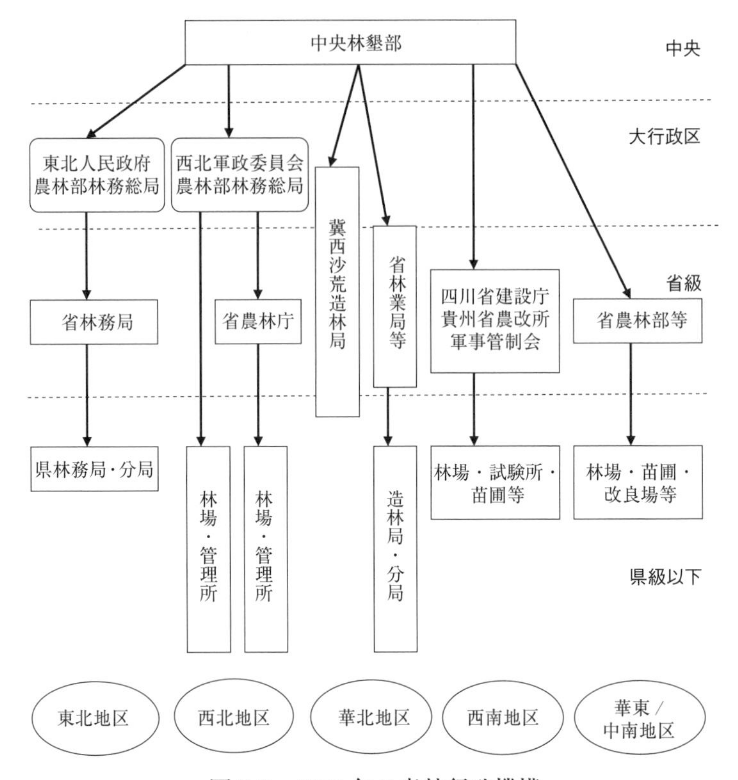

図 7-2　1950 年の森林行政機構

出典：中華人民共和国林業部編印（1950）『林業法令彙編〈林業参考資料之一〉』，中華人民共和国林業部編印（1951）『林業法令彙編〈林業参考資料之二〉』，及び中国林業編集委員会（1953）『新中国的林業建設』等を参照して筆者作成。

て成立した。この時点で，森林関連の業務を管轄する政務院の中央行政機関は「林墾部」とされた。建国当初，中国全土は六つの大行政区（東北，華北，西北，華東，中南，西南）に分けられ，1952 年まで，各大行政区に人民政府または軍政委員会が置かれていた。この間，森林政策を含めた中央の方針は，大行政区を経由して省級や県級に伝達された。

1950 年時点での森林行政機構の整備状況には，大行政区ごとの差異が見られている（図 7-2）。比較的早期から機構整備が進んでいたのは，大面積の国家所有林地を抱えた東北，及び，森林の希少な華北・西北という対照的な行政区であった。これは，国共内戦の中で東北・華北・西北地区が早期に共産党側の統治下に組み込まれていたこと，東北地区が戦争遂行や各種の復興・建設に必要な木材生産基地として位置づけられていたこと（第4章参照），及び，華北・西北地区において深刻化していた自然災害を重点的に防止する必要があったこと（第3章参照）に起因した。華北地区の冀西沙荒造林局は，風沙害が深刻化していた河北省西部で1949年2月，華北地区人民政府が率先して設置し，10月の建国後，中央林墾部の直属となった。1950年の春季には，その指導下に地区・県人民政府の幹部が造林工作隊を組織し，植樹造林の利点を宣伝しつつ，農村の住民を動員する形での森林造成を行っていた[(4)]。

対して，共産党側の支配が最も遅れた西南地区では，四川・貴州といった一部の省で，建設・農業部門に付随した行政担当部署が存在するのみであった。また，華東・中南地区でも，農民や民間資本が主に担っていた森林経営を，農業部門と合わせて監督する形で，行政機構の整備が進められようとしていた。このように，建国当初の森林をめぐる政策実施システムは，新政権の統治の浸透と，森林政策上の重点に即して，明らかな「北高南低」という整備状況にあった。

実際に，建国当初は，各大行政区の独立性が比較的強く，異なる政策実施システムを通じて，地区内で独自の森林政策が立案・実施されることも多かった。例えば，東北地区では，1951年8月に東北人民政府に独立した林業部が設置され，部内の東北森林工業総局が地区内の木材生産・加工部門を統括し，四カ所（牡丹江・松江・伊春・黒龍江）の森林工業管理局と基層の林務分局（製材工場）を傘下に置いた（戴 2000）。すなわち，新中国の森林開発・林産物生産拠点となった東北国有林区では，当初，大行政区政府を通じて政策実施システムが整備されたのである。

こうした分権的状況は，1954年の下半期にかけて行われた大行政区の廃止，「憲法」の制定，政務院の国務院への改組という，一連の国家運営の仕組みの整備を通じて改められた。この背景には，建国当初の政治的過渡期を終えて，地方主義を抑え，党＝国家体制の下，中央集権的な社会主義国家建設を本格化させようとする，毛沢東を中心とした共産党指導者層の意向があ

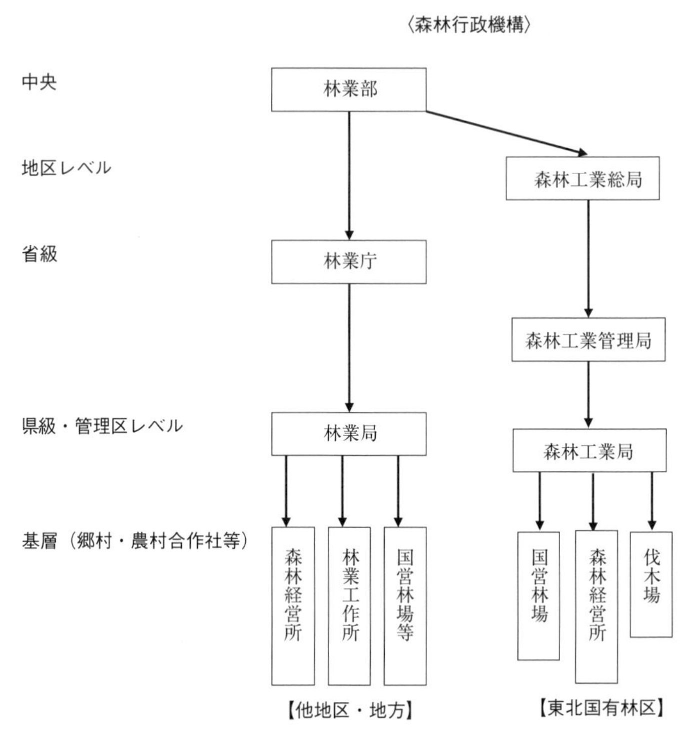

図7-3　1954年下半期以降の森林行政機構
出典：戴（2000），及び，当時の資料を参照して筆者作成。

った（第2章参照）。これに先んじて，政務院内では森林行政を専門的に管轄する林業部が成立しており，この1954年の下半期以降は，国務院：林業部を頂点とする各地方共通の森林行政機構が整えられていった（図7-3）。

旧大行政区によって運営されていた森林行政機関は，計画・財務・統計・資料管理といった業務を中央に移譲して廃止され，中央と省級（省・自治区・直轄市）を繋ぐ直線的なラインが確立された。全ての省級の人民政府には林業庁，県級には林業局が設置され，末端の機関として各地に森林経営所が，農村部の生産合作社に林業工作所が，国有林区に国営林場・国営造林所が，それぞれ建設されていった[(5)]。この時期の森林経営所とは，管轄地方の森林の更新・育成に加え，森林保護・防火を担う機関を指し，主に既成の森林地帯において建設された。林業工作所は，基層社会の農村における住民の育苗，植栽，育成，経営を指導する機関とされ，この時期，農村の生産合作社として集団化されつつあった森林造成・保護及び森林経営の実質的な担い手とも位置づけられた。

但し，東北国有林区では，旧大行政区において形成され，既に当地の森林開発に動き出していた森林工業総局と森林工業管理局，その傘下の森林工業局が，末端機関である国営林場，森林経営所，伐木場等を含めて，そのまま中央の林業部に引き継がれる形となった（戴 2000）。これらは後の林業行政機構と森林工業機構の分離や，省級行政単位への転属・分割による国家間営化等を経て改編・改称され，近年に至る。黒龍江省では，森林工業管理局が林業管理局，森林工業局が国有林業局の前身である。林産物の生産・加工・流通でも，国営の中国木材公司の体系を通じた国家計画に基づく木材の統一買付・統一販売がシステムとして確立された（第4章参照）。

森林政策実施に不可欠な財務方面でも，行政機構の体系化に沿って中央から地方へと予算が執行される仕組みが整えられていった。各年の人件費等の運営費はもちろんのこと，各時期において，森林関連の設備費・事業費等は，営林・森林工業の両方面を含めた国家投資に少なからず依存してきた。こうした各年の国家予算・投資額は，基本的に「国務院の中の国務院」とも呼ばれた国家計画委員会（1952年設立。国家発展計画委員会（1998～2003年）を経て，現在は国家発展改革委員会）にて調整された年次計画に基づき，中央の財政部によってまとめられ，森林行政機構に配分された。森林行政機構内では，財政処等が，予算管理にあたることになった。

中央集権型の行政体系の確立に並行して，行政機構に対する共産党の指導性も強化されていった。国務院の成立以降，各レベルにおける殆どの国家行政機関に対応した，党委員会・党組・対口部（党内に設けられた行政担当組織）が創設され，共産党の政策を指導・徹底する役割を果たし始めた[(6)]。森林行政機構も，1950年代半ばには，「党の指導に依拠し，党委員会の助手を努める」ことが公に求められるようになった[(7)]。1950年代後半の大躍進政策期には，各地方政府の党委員会や森林行政機構内における党組等の発する指示や報告が，明らかに増加した[8]。すなわち，毛沢東を中心とした社会主義急進路線の掲げる「党の一元的指導」を体現する形で，森林政策の決定・実施においても共産党の影響力が増す傾向が見られた。かくして，1950年半ばから後半にかけての中央―地方を通じた森林行政機構の体系化，党組織の整備を通じて，以後，今日に至るまでの森林政策実施システムにおける「党＝国家体制」の骨格が整うことになった。

これらの行政機構・党組織の形をとって，大躍進政策期から1960年代前半の調整政策期にかけては，基層社会における森林政策実施の「受け皿」づくりが大きく進んだ。大躍進政策期の農村では，急激な社会主義集団化に沿って，人民公社が運営する「公社運営林場」が各地で急速に建設された。1957年の湖北省黄梅県永安郷に始まったとされる公社運営林場は，1958年下半期の宣伝推進を経て，1960年9月までに約8万箇所，約100万人の労働者を抱えるまでになったとされる[9]。この公社運営林場は，農村の集団的な森林経営形態として，後の社隊林場[10]や郷村林場の起源と位置づけられる。一方，国家所有林地では，大面積の天然林経営や人工林の育成，及び，荒廃地への森林造成を進行させるための国営林場（森林経営が中心となるエリアには森林経営所）が，それまでの森林経営所や伐木場を合併する形で急激に増加した[11]。これらも後に国有林場へと名称を変え，今日に至るまで，国有林区の末端の運営機関として，森林政策の徹底と管理経営の実践を担うことになる。1990年代以前の国営林場の設立過程を見ると，第一次五ヵ年計画期から調整政策期にかけて，とりわけ大躍進政策期の3年間の設立数が突出している（表7-1)。すなわち，行政機構・党組織の骨格整備を受けて，大躍進政策という社会主義急進化の波を背景に，今日の中国の基層社会における森林政策実施の組織的基盤が築かれたことを示唆している。

調整政策期には，森林造成・保護・経営の「専業化」という方向性が打ち出されたため（第3章参照)，基層社会の組織的充実が強く志向されていた。人民公社や生産大隊等において組織された社隊林場や専業隊等の基層森林保護組織が，森林行政機構等を通じた政策の実施を，末端において担うこととなった。また，1950年代から各地で設立されてきた林業工作所も，1963年「林業工作所工作条例」によってその立ち位置が明確化され，農村において

表7-1　各時期における国営林場設立数

各時期（期間）	設立数	単年平均
建国以前（～1949年）	65	—
建国初期（1950～52年）	123	41
社会主義建設期（1953～57年）	654	130.8
大躍進政策期（1958～60年）	1402	280.4
調整政策期（1961～66年）	833	166.6
文化大革命期（1967～69年）	72	24
1970年代再建期（1970～78年）	618	77.3
改革・開放以降（1979～92年）	401	28.6
建国後合計（1950～1992年）	4123	95.9
総計（～1992年）	4188	—

注：1949年は建国以前，1966年は調整政策期，1978年は再建期として集計。
出典：林業部（1990）『全国林業系統国営林場普査資料』（pp.42-141）を参照して筆者作成。

通年の専業的な森林関連業務を指揮する組織とされた[(12)]。以降，1962年の時点で1,424ヵ所であった林業工作所は，1981年に至るまでに6,524ヵ所に増加し[(13)]，今日の農村における関連技術の普及と森林政策の徹底を担う拠点となってきた。さらに，後に森林公安となる森林火災や乱伐等の防止を目的とした森林警察の配備も，1963年の「森林保護条例」で定められた[(14)]。この他，東北国有林区では，国営林場の下に住民を組織して森林造成・保護を行う独立採算単位として営林村も建設された[(15)]。

国家・集団所有林地における「育林基金」制度が，全域的に整備されたのも調整政策期である[(16)]。1961年12月に「国有林区育林基金使用管理暫行辦法[(17)]」，1964年2月に「集団林育林基金管理暫行辦法[(18)]」が相次いで制定された。育林基金とは，林木の伐採による素材生産収益に応じて，その受益者に課せられる費用である。その存在自体は以前から見られ，森林造成・保護活動が本格化しつつあった1954年3月，中央の林業部が「育林基金管理辦法」を公布している。また，省・自治区・直轄市等での地方レベルの育林基金が，既に幾つか存在していた。地方の森林行政機関を通じて徴収されるが，その用途は森林造成・保護事業，及び林場・苗床整備等にのみ制限される。近年では,「林業両金」（育林基金と更新改造資金に区分）等と呼ばれ，森林の維持・拡大を担保する政策手段と位置づけられている。1960年代は，原木1m^{3}あたり国家所有林で10元，集団所有林で5元として徴収されていたが，近年は，主に素材販売量や素材販売価格からの一定の割合（%）で徴収されているようである。その管理・運用も，地方の森林行政機構（省級林業庁，地・県級林業局，国有林業局・国有林場）によって行われ，財政部門経由で配分・執行される国家予算とは別枠となってきた。すなわち，理論的には，森林回復・維持・拡大を目的とした森林行政機構の特別会計である。しかし，実際には，上記の制限以外の各用途への資金不足を補う「万能資金」として，その多くが流用され，確実な森林更新が行われない原因の一つとも指摘されてきた（陳 1993)。類似の制度として，石炭・製紙などの部門も，石炭及びパルプ・紙などの生産量に応じた一定額の資金を積み立て，専ら坑木・製紙などの用材林造成に供することが求められてきた(19)。

以上のプロセスを経て，1960年代半ばまでには，党＝国家体制に基づき各地方に張り巡らされた行政機構・党組織，及び基層社会の末端組織を通じて，目標達成や変革を遂行する森林政策実施システムが完成されつつあった（図7-4)。文化大革命期においては混乱が見られたものの，1970年代には，再びこのシステムを通じた政策実施が模索された。

改革・開放期以降は，1980年代にかけて，森林造成・保護の実施を目的とした幾つかの体系的なシステムの補完が見られた。まず，中央から各地方行政単位に対応する形で,「緑化委員会」の体系が成立した。この体系は，1981年に開始された全民義務植樹運動を統一指導するために作られたもので，1982年2月28日の中央林業部内における「中央緑化委員会」の誕生を嚆矢とする。中央緑化委員会は，その後,「全国緑化委員会」として再編され，今日まで存続している。その主な任務は，全民義務植樹運動の企画・指導の他，森林造成による全土の緑化の推進と調整である。毎年一回の全体委員会では，全国の緑化業務の進展状況を聞き，全民義務植樹運動の遂行に関する措置と決定を下し，緑化業務中の問題について研究・解決するとされる。この体系の事務局は，通常，各級の森林行政機構内に設けられるが，形式上は「緑化」をキーワードにした部門横断的な組織である。成立当初から

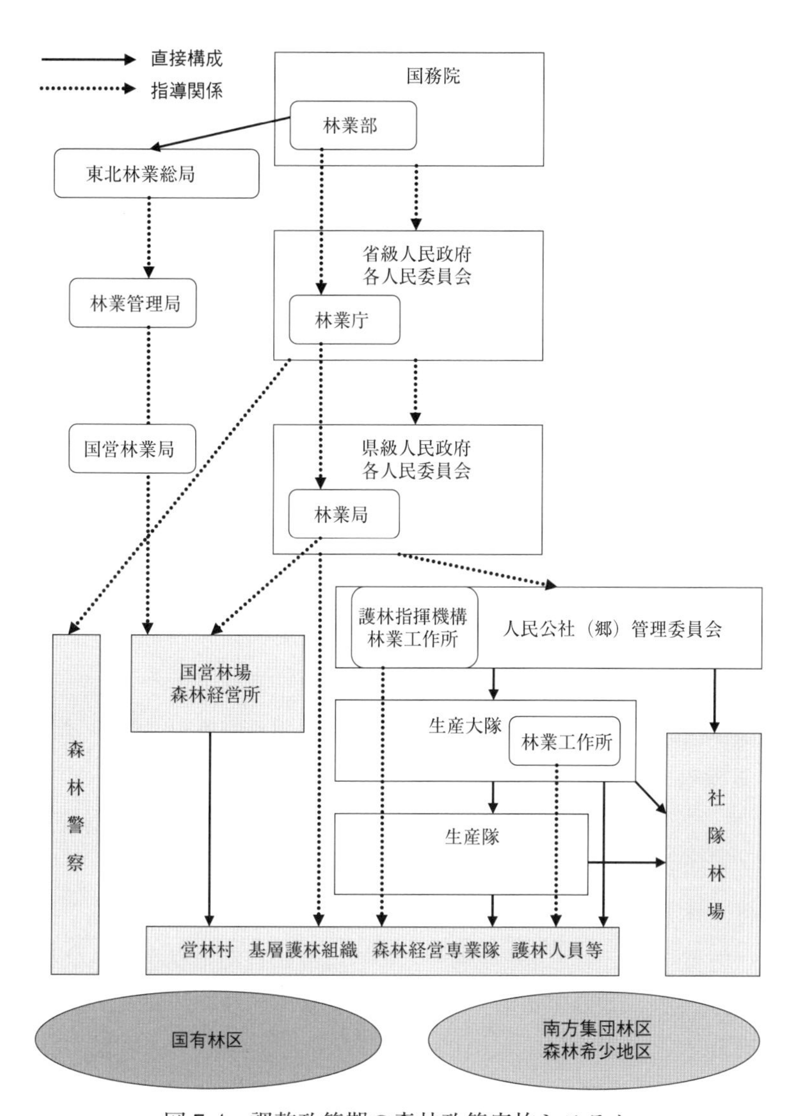

図 7-4　調整政策期の森林政策実施システム

出典：国務院「森林保護条例」（『人民日報』1963 年 6 月 23 日）に基づいて筆者作成。

中央の林業部外や地方にも支部を持ち，事務室の下に「都市組」（国家城郷建設総局内），「農村組」（旧林業部内），「部隊組」（人民解放軍総後勤部内），「総合組」（林業部内）が置かれていた。すなわち，人民解放軍を含め，緑化の担い手となり得る党組織・行政機関をヨコに繋ぐ構図である。成立当初の中央緑化委員会は，主任委員が鄧小平の片腕であった万里（国務院副総理），副主任は雍文涛（林業部部長），洪学智（中国人民解放軍総後勤部部長），杜星垣（国務院秘書長），韓光任（国家建設委員会主任）であった。委員は計19名で，林業部部長の雍文涛が委員会事務室主任を兼任した。この後も，雍文涛や楊鍾といった国務院の森林行政機関のトップが，事務室主任として日常業務に当たっており，森林行政機構の政策決定・実施と足並みを揃えやすい体制がとられてきた。中央（全国）緑化委員会の下に，各級の地方行政単位にも緑化委員会が相次いで成立し，国務院の10以上の関連部局にも緑化委員会が設置され，人民解放軍の各大軍区・各軍兵種や師団以上の単位にも緑化委員会や緑化指導小組が設けられた[20]。

次に，次章にて詳述する法治への移行に伴い，森林をめぐる違法行為に対して，森林行政機構に与えられる行政処罰の権限が明確化され，「森林法庭」や「林業検察院」等と呼ばれる執法組織が行政機構内に整備されていった[21]。また，違法行為や森林破壊をもたらす活動の取り締まり等を通じて，森林保護を徹底するための諸機構として，前時期の森林警察を体系化する形で，森林（林業）公安機構と武装警察森林部隊が整備された。

森林（林業）公安は，各地の森林をめぐる違法行為の取締にあたる体系と位置づけられた。1980年代前半から2018年まで，森林行政・公安機構の二重指導体制がとられ，同時期の国務院の森林行政機関（林業部・国家林業局）に属する森林公安局を頂点に，各地方の行政単位と国家所有林経営単位に対応した森林公安局，森林公安分局，森林公安警察大隊の体系が，各地の森林地帯に設置された。1998年の改正「森林法」からは，国務院の森林行政機関が授権した範囲内で，多くの森林関連の行政処罰を代行する権限を与えられた[22]。この森林公安機構の人員育成機関として，1994年に林業部南京人民警察学校（2000年より南京森林公安高等専門学校，2010年より南京森林警察学院）が設立された。

武装警察森林部隊は，東北・西南の大面積国有林区に駐在する「人民武装警察」の一種として設けられた[23]。人民武装警察は，共産党の中央軍事委員会と国務院の公安機関（公安部）の指導下で，国内の治安維持を目的とした直轄の武装組織（内衛部隊）と，国務院の関連行政機関や公安機関が実務面の指揮にあたる部隊が存在してきた。1988年2月に黒龍江・吉林・内モンゴルに存在していた森林警察の部隊は，このうちの後者として人民武装警察の序列を与えられた[24]。以後，西南地区の国家所有林（雲南，チベット自治区，四川）等にも武装森林警察部隊が成立していった。その主要任務は森林保護と防火・消火であり，森林行政機関が実務面の指揮にあたった。また，自然災害への応急処置，辺境の防衛，林区の社会治安の維持といった業務も担当した（張 2001）。人民武装警察一般は，人民解放軍と同じく共産党の中央軍事委員会に属する準軍事組織であり，同委員会下の「武警総部」，及び1999年に設立された「武警森林指揮部」と呼ばれる専門の司令機関の指揮に従うことも求められてきた。同時に，武装警察森林部隊は，森林火災への対応に際して，当該地方政府の指示の下に行動し，国務院の森林行政機関のトップが総指揮を務め，森林行政機構が主導する「国家森林防火指揮部」の統一的な指揮下に入ることにもなった[25]。

国家森林防火指揮部は，2006年5月に国務院の批准を経て成立した部門横断的な体系であり，その前身は，1987年の大興安嶺大森林火災の発生を受けて設立された「国家（中央）森林防火総指揮部」であった[26]。いずれの場合も，通常事務は国務院の森林行政機関の森林防火担当部署（国家林業局では森林公安局）が担い，「重・特大」とランクされる被災面積100ha以上の森林火災の消火・救助を直接指導した。また，地方の森林行政機構内にも，同様に指揮部が設置され，この命令系統を通じて各種の防火業務が行われるようになった。2000年代の中央にて国家森林防火指揮部を構成したのは，中核の国家林業局の他，外交部，国家発展改革委員会，公安部，民政部，財政部，鉄道部，交通部，信息産業部，農業部，民航総局，広電総局，中国気象局，新聞辦公室，人民解放軍総参謀部：作戦部・動員部・陸軍航空兵部，武警総部・武警森林指揮部であった[27]。

このように，1950年代半ばの骨格整備以降，中国の森林政策実施システ

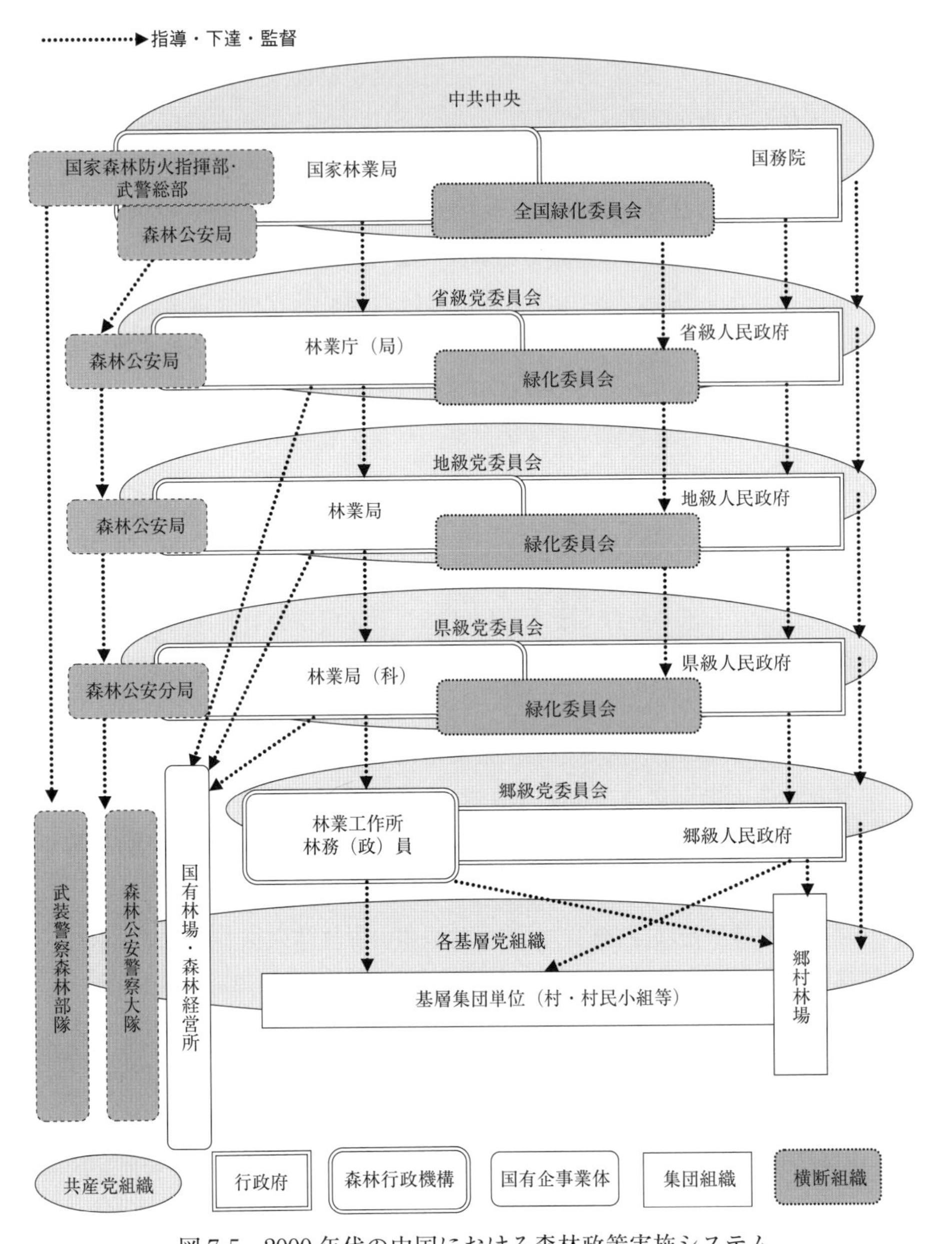

図 7-5　2000 年代の中国における森林政策実施システム
注：東北国有林区の森林政策実施システムは除く（図 7-6 にて表記）。
出典：施・劉（1995），張（2001），及び行政担当者への聞き取り調査に基づいて筆者作成。

ムは,「党＝国家体制」を基軸としつつ，中央から基層社会までを貫く様々な体系で肉付けされ 2000 年代を迎えた（図 7-5）。農村の集団単位で森林造成・保護・経営の指導にあたってきた林業工作所 [28] は，郷級人民政府に所属する形となり，末端で森林政策の実践を促す機関として位置づけられてきた [29]。

一方，1950 年代から特殊な位置づけにあった東北国有林区の森林政策実施システムは，改革・開放期を経て 2000 年代に至っても他の地区とは一線を画していた。東北国有林区の含まれる黒龍江省，吉林省，内モンゴル自治区の三つの省級行政単位には，国家所有林地において中央国有に基づく国家直営・間営は勿論のこと，地方国有に基づく省級・地級・県級人民政府による地方経営という全ての経営形態（第 6 章参照）が存在してきた（図 7-6）。

まず，黒龍江省と内モンゴル自治区に跨る大興安嶺の奥地は，国家直営として，国家林業局直属の「大興安嶺森林工業集団」（旧：管理局）が一括して森林経営にあたってきた。この下には，管轄地区の行政機能も兼ねる形で，国有林業局と国有林場が所属した。

次に，国家間営の形態として，黒龍江省，吉林省，内モンゴル自治区には，各省級の森林行政機関（林業庁）に属する管理機関が置かれ，それぞれの下に国有林業局と国有林場が体系づけられてきた。但し，前世紀末からの天然林資源保護工程や国有企業改革の進展に伴い，この国家間営の森林管理・経営体系は独自性を強めていった。2000 年代の黒龍江省では，省属の元締めである黒龍江省森林工業総局が龍江集団とされ，その下で地級に相当するレベルに四つの林業管理局（伊春，合江，牡丹江，松花江）が設けられ，そこに国有林業局が，さらにその下に国有林場・森林経営所が所属する形となっていた。そして，この体系下の各機関は，事実上，所属地区の殆どの行政機能を兼ねた（写真 7-1）。

例えば，2001 年の時点で，伊春林業管理局と地級行政単位である伊春市政府は，建前上，分かれて存在するものの [30]，実際には，同一の庁舎に存在し，殆どが林業管理局の関連部署となっていた。また，伊春林業管理局のトップ（局長）は，伊春市人民政府のトップ（市長）を兼任していた。これは，黒龍江省の国有林区の地方行政と基層社会が，国家直営・間営の形態を

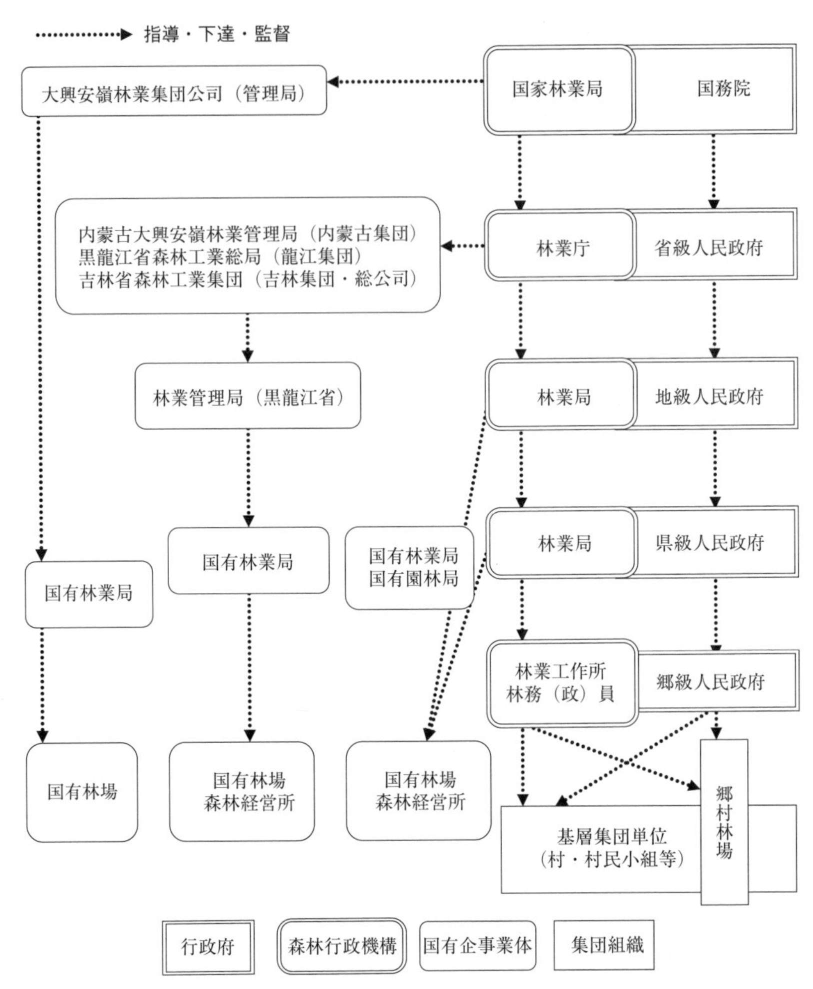

図7-6　2000年代の東北国有林区における森林政策実施システム

注：図7-5で示した「党組織」，「緑化委員会」，「森林公安機構」，「武装警察森林部隊」の体系は同様に存在していたが，煩雑となるため省略。基本的に，全ての行政機関には党委員会が存在してきた。

出典：国家林業局編（2003）『中国林業年鑑：2003』，及び2004年7月の行政担当者への筆者の聞き取り調査による。

通じた，大面積の天然林地帯における森林開発を基軸に形成されてきたためである（第4章参照）。前世紀末から「政企分離」を掲げた国有企業改革こそ実施されていたものの，黒龍江省では，依然として国家所有林地の管理・経営と地方行政が分かち難く結びついている状況（政企合一）であった[31]。

写真 7-1　東北国有林区の社会形成・運営を支えた国有企事業体
出典：黒龍江省伊春市にて筆者撮影（2001 年 3 月）。

これに対して，同時期の吉林省では「政企分離」が比較的進んでおり，省属機関である吉林集団（吉林省森林工業集団）が，所属の末端機関ともに，管轄域内の森林伐採・林産物販売といった企業的な業務に特化していた。森林造成・保護や他の行政的役割は，各級の地方人民政府における森林行政機構や他部門が担うようになっていた。

内モンゴル自治区の国家間営は，その中間的な立ち位置にあり，自治区属の元締めである内蒙古大興安嶺林業管理局（牙克石市）において，内蒙古集団（内蒙古森林工業集団。現在は内蒙古森工業集団有限責任公司）が併設され，政企分離が図られていた。また，林業管理局の体系下の国有林業局，及び国有林場・森林経営所は，各級の地方人民政府とは明確に区別されていた。しかしその傍らで，管轄域内における森林管理・経営に加えて，教育・福祉等の社会事業を担当する権限を留保していた[32]。

これらの多様な国家間営の政策実施システムは，西南・西北等の他の国家所有林地においても形成されてきた。多くの場合，省級・地級の森林行政機関の管轄下にある国有林業局と国有林場によって森林管理・経営が行われていた。また，東北国有林区を含めて，地級・県級の森林行政機関からの体系が国家所有林地の経営を担う場合もあった。そして，これらの政策実施システムにおいても，「党組織」，「緑化委員会」，「森林公安機構」，「武装警察森林部隊」等の体系が，他の地区・地方と同様に存在してきた。

1．2．森林行政機構の独立性

現代中国の森林政策実施システムにおける一貫性を表すものとして，もう一つ特筆すべきは「森林行政機構の独立性」である。

現代中国の国家運営において，国家所有林と集団所有林を対象に含め，直接的に森林政策とその実施を管轄・担当してきたのは，独自の体系を持つ森林行政機構であった。農業，水利，鉱工業，都市建設，環境保護，国土資源，公安等の各行政部門や，人民解放軍などの党組織は，管轄業務に関わる範囲でこれを補完してきた。

そして，過去70数年間の殆どの時期，現代中国の中央政府レベル（政務院・国務院）において，森林行政機関は独立した存在であった（表7-2)。加えて，その森林行政機関は，大半の時期において，最高位の機関である「部」（日本の行政府では「省」に相当）としての地位を与えられてきた。そして，1950年代の森林政策実施システムの骨格整備以降，その独自の体系とそれに基づく機関や人員配置は，中央政府の部門・部局再編があっても維持されてきた。翻れば，中華民国期の中国では，国務院（1912年～）において農林部や農商部が森林を管轄した。また，同時代の日本で，国有林野の管理経営を中心とした林野庁は，農林水産省の外局であり続けてきた。これらに比して，現代中国の森林行政機構は，強固な地位と体系の確立に成功してきた。

1951年11月5日，中央の政務院において，建国当初から森林関連・開墾入植業務を担当していた「林墾部」が改組され，後者が農業部に移管された。その結果として，森林関連の政策実施を専門に担当する「林業部」が成立し，これ以降，中央の森林行政機関は，ほぼ独立した地位を確保してき

表7-2　中央政府レベルの森林行政機関の推移

時期	中央森林行政機関(所属行政府)	備考
1949年10月～1951年11月	林墾部（政務院）	政務院設立に伴って設置。
1951年11月～1954年9月	林業部（政務院）	開墾業務が農業部主管となり，森林関連業務が独立。
1954年9月～1956年6月	林業部（国務院）	政務院が国務院となり，森林行政機関も国務院の部局に。
1956年6月～1958年2月	林業部（国務院） 森林工業部（国務院）	林業部・森林工業部とそれぞれの体系に業務が分割。
1958年2月～1967年10月	林業部（国務院）	森林工業部とその体系が再び林業部の下に合併。
1967年10月～1970年5月	林業部軍事管制委員会	文化大革命の展開に伴い，国務院各部門が軍の管轄下に。
1970年5月～1978年5月	農林部（国務院）	国務院の改組・機能回復に伴って農業部門と合併。
1978年5月～1979年2月	国家林業総局（国務院）	農林部から「局」として再び森林関連業務が独立。
1979年2月～1998年3月	林業部（国務院）	再度，単独の「部」に昇格。
1998年3月～2018年3月	国家林業局（国務院）	行政改革に伴う森林関連の加工・産業業務切り離しと「局」への降格。
2018年3月～	自然資源部：国家林業・草原局（国務院）	草原管理業務を併せて，自然資源部の下部組織へ。

出典：中華人民共和国林業部（1987）『中国林業年鑑：1949～1986年』，及び各時期の資料に基づいて筆者作成。

た。この背景としては，当時の国家運営に携わっていた指導者層や専門家層において，「大林業思想」とも呼ばれる「森林があってこそ水利が保たれ，水利があってこそ農業が成り立つ」という，森林の水土保全機能への重要性認識が存在したことが挙げられる（胡・王 2012）。特に，専門家層において，農業部門等から独立した森林行政機構による大々的な森林造成・保護政策の実施は，前時期から強く求められる傾向にあった（第5章・第10章参照）。

これ以後から最近に至るまで，森林行政が中央政府レベルでの独立性を維持できなかった例外は，文化大革命期における行政機構の混乱とそこからの再建期（1966年下半期～1970年代）のみであった。この時期，中央の森林行政機関である林業部は，他の部門と同様，革命勢力の軍事管制下に置かれた。この軍事管制は，1970年に入ると，周恩来らの安定路線の主導で解除され，同時に旧来の国務院部局の統廃合が行われた[33]。その結果，同年5月に中央の森林行政機関は，旧農業部・農墾部・水利部等と合併する形で，

「農林部」として再建された[34]。しかし，時期を経るごとに森林行政の独自性が目立つようになる。1977年には全国林業・水産会議が開催され，また，森林造成・保護や林産業の発展に特化した中央の政策決定が見られた[35]。

この1970年代後半にかけての動向を反映する形で，1978年11月の改革・開放路線への転換に前後して，国務院にて再び森林行政機関に独立した地位が与えられた。まず，1978年5月に「国家林業総局」が農林部内の林業組を基盤に成立し，国務院直属機関[36]として，直接，森林関連の政策実施を担当するようになった[37]。時を置かず，翌1979年2月には国家林業総局が林業部に格上げされ，1950年代からの地位を回復することとなった[38]。以後，1998年3月に至るまで，この「部」としての森林行政機関の地位は保たれ，改革・開放期の社会変動の中，農業や水利等の部門と同格の立場で，森林政策の実施を管轄することになってきた。

しかし，20世紀終盤になると，民営化や市場化をベースとした国家建設の進展と社会変化に伴い，部門・機構の効率化・簡素化を目的とした行政改革が強く求められるようになった。後述するように，森林行政機構も例外なくその波にさらされ，中央では，1998年3月の国家林業「局」への格下げ，更には2018年の大々的な国務院改革を受けての国家林業・草原局への改組と自然資源部への統合を経験することになった。

但し，これらの改組後も，中央から地方・基層社会に至るまでの森林行政機構の体系としての独立性は保たれている。また，国家林業局への格下げ直後に発生した1998年夏の長江・松花江流域大洪水以降，天然林資源保護工程や退耕還林工程といった国家予算を大々的に投入した森林造成・保護プロジェクトを遂行する要の役割を与えられてきた（第3章参照）。最近でも，地球温暖化への対応としての森林造成や，生物多様性維持を目的とした森林保護，観光・レクリエーションをはじめとした訪問利用の対象としての森林整備等，域内外の動向を踏まえた各種の政策実施を管轄する立場にある。地方政府においても，依然として確固とした立場・権限を有しており，今日，域内の31の省級行政単位（香港・マカオの特別行政区を除く）のうち，主に都市部である北京市や天津市等を除く殆どにおいて，「林業局」もしくは「林業・草原局」等として独立した森林行政機関が存在している[39]。

2. 繰り返されるシステム内部の変動

1950年代以降,「党＝国家体制」の下で森林行政機構を基軸とした森林政策実施システムは，基本的に維持されてきた。しかし，そのシステム内部においては，多くの変動が繰り返し生じてきている。特に，基層社会で森林政策を受容・実施する主体は，上からの権利関係の改変によってしばしば変更された（第6章参照)。また，その改変を規定してきた政治路線の変動や,国際関係を反映して，多くの機関・組織の統廃合や再編が試みられてきた。文化大革命期には，軍事管制委員会の下で，1962年11月から中央の林業部内に設置されていた東北林業総局が廃止された。同時に，東北国有林区の林業管理局，国営林業局，国営林場等も廃止されるか，または省級行政単位に設立された革命委員会に権限委譲されている。各地の省級所属の国営林場も全て廃止され，83%の国営林場が県級政府や人民公社の管理下に置かれたとされる[(40)]。こうしたシステム内部の変動は，1980年代からの改革・開放期を経て，現在に至るまでにも数多く見られてきた。以下では，これらの中でも，現代中国の森林政策の内実を解明する上で意義深いシステム「変動」事例として，1950年代後半の森林工業部の分離と統合，1998年3月の国家林業局への改組，そして2018年3月の国務院改革を取り上げる。

2. 1. 森林工業部とその行政体系の興亡（1956～58年）

1956年5月，進められつつあった森林政策実施システムの体系的整備に,一つの大きな攪乱が生じた。国家の最高権力機関・立法機関である全国人民代表大会の常務委員会は，国務院に「森林工業部」を新設する決定を下した。すなわち，それまで森林関連の政策実施を一手に管轄していた林業部を頂点とした森林行政機構から，森林伐採と林産物の生産・加工・流通の管理部門（森林工業方面）が分離され，全域的に独立した行政体系を形成したのである（図7-7)。以後，当時，林産物生産を主に担っていた大面積の国有林区を中心に，森林工業部とその行政体系（森林工業機構）は機能していくことになった。各地方の省級以下の行政単位には，森林工業管理局や森林工業局が，新設または既存の機関を改組する形で，この体系下に整備されてい

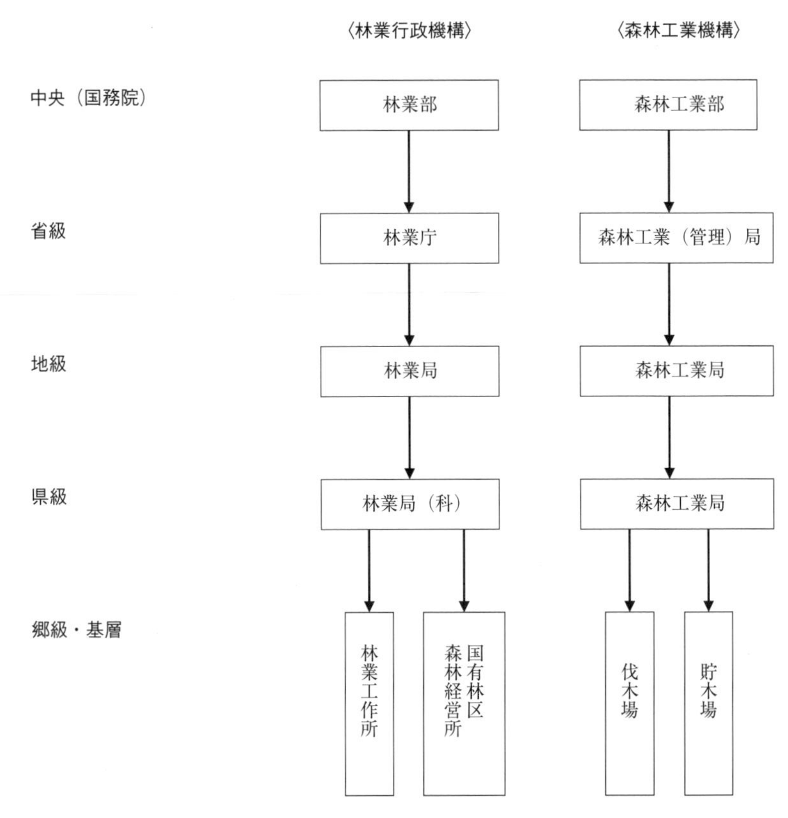

図 7-7　1956 ～ 58 年の森林行政機構の分離

注：中央から地方までを通じたこの行政機構の並立状況が存在したのは，1956 年 5 月から 1958 年 2 月の期間のみである。但し，東北国有林区等の地方レベルにおいて,「森林工業」の名称を冠する個別の機関は，それ以前や以降も存在してきた。

出典：戴（2000），及び，当時の資料を参照して筆者作成。

った。国有林区では，国営林場や国営造林場が末端組織として各業務を担当していたが，この両者の分離が行われてからは，林業行政機構 (41) の系統（森林造成・保護管理担当）では国有林区森林経営所，森林工業機構の系統（林産物生産担当）では伐木場が，それぞれの役割を果たすべく設置されるようになった。森林に関する政策実施を担当する行政体系が，中央—地方レベルを通じて全土に複数存在したのは，現代中国においてこの時期のみであ

表7-3　森林行政機構の分離期におけるそれぞれの管轄業務

林業行政機構 （中央：林業部）	森林工業機構 （中央：森林工業部）
・森林造成の推進 →大規模な森林造成活動への住民の動員。 →造林に必要な苗床の整備。 →商品作物等の原料樹種の栽培促進。 →緑化に尽力した主体の宣伝・表彰。	・林産物生産計画の管理 →木材等の林産物生産計画の達成。 →林産物の生産・加工・流通方面における規範化の推進。（木材の規格統一，森林鉄道での木材運搬方式の規定等）
・森林保護の実施 →乱伐行為の制止。 →森林火災の防止。 →森林病虫害の防治。	・林産業関係の事業体・労働者の管理 →労働力の適正配分の達成。 →労働者の技術レベル区分。 →各事業体における福利厚生の配慮。
・森林経営の管理 →伐採方式に関する規定の制定。 →基層の森林管理・経営組織の整備。 →林地・林木の権利関係の政策通知。	・新たな林産物製品の試験的開発 →木材加工製品の開発指示。 →林産化学工業製品の開発指示。 →木材生産・加工の機械開発指示。
・森林概況・資源の把握 →各地における森林資源調査の実施。 →調査方法・基準の整備。	・素材生産・加工段階における資源節約 →伐採地における木材浪費現象の改善。 →加工における利用率向上。

出典：中華人民共和国林業部辦公庁編（1959）『林業法規彙編：第７輯』，及び同編（1960）『中国林業法規彙編：第８輯』にて，中央の両機関より出された法令に基づき筆者作成。

る。

この分離期において，森林工業部とその体系が管轄した内容は，主に国家統制化が進みつつあった林産物の生産・加工・流通の管理業務であった（表7-3）。すなわち，木材をはじめとした林産物の生産計画の達成や，生産物の規格の規定，及び，その各過程に携わる事業体や労働者の管理といった部分である。但し，国家計画に基づく木材の統一買付・統一販売業務は，同時期，既に機能していた中国木材公司の体系が担っていた（第４章参照）。このため，森林工業部の体系は，各種の基準制定等を通じてこれを監督する位置づけとなった。但し，木材の国家調達・配分システムにおける価格の調整などは，中国木材公司が単独で政策指令を出すこともあった[(42)]。この時期の森林工業機構は，各地における林産物関連の製品・技術の研究開発や普及拠点としての役割をも与えられている。

なぜ，森林政策実施システムの骨格整備から間もない時期に，全土にわたって煩瑣な組織・業務改変を伴う「行政機構の分離」を行う必要があったのだろうか。まず，1950年代半ばの時点では，社会主義国家建設の本格化に伴う木材需要増を見越した大面積の森林開発が進められ，林産物の国家統制システムも整いつつあった（第4章参照）。この中で，特に国家統制に基づく木材生産を円滑に進める必要性を考慮した政策当事者には，「森林管理と木材生産は別物であり，前者は森林造成・保護，後者は企業経営を主とするため，行政体系的にも区別するべきではないか」との認識があった[(43)]。

しかし，それ以上に，この時期の行政体系の完全分離は，ソ連との二国間関係を反映したものとして説明できる。当時，ソ連は域内に成熟した天然林を豊富に抱えており，そこからの木材生産や天然林施業を軸としていた。このため，林産物の「採取以降」の各工程である伐採，搬出，加工，輸送，供給とその管轄部門の役割が大きく（塩谷 1953），その方面において，木材工業省・林産工業省を頂点とし，基層の国営事業単位を包括する行政機構が存在してきた[(44)]。このソ連における木材工業省・林産工業省の管轄範囲は，まさにこの時期の中国の「森林工業」部のそれに当てはまる。対して，林産物の「採取以前」の森林管理・経営は，ソ連においては林政省・森林省によって統括される別の行政機構の管轄とされていた。この範囲も，現代中国を通じた「営林」方面，及びこの時期の林業部を頂点とした林業行政機構の管轄業務に相当する。建国初期から1950年代前半にかけては，中ソ蜜月を反映して多くの専門家がソ連から招聘され，森林政策の立案・実施に際しても大きな影響力を有していた（第5章参照）。この影響力が，この時期の中国の森林政策実施システムにおいて，ソ連型の森林行政体系の模倣を促したと考えられる。

1958年2月，森林工業機構はその独立性を失い，設立後2年に満たない短命にて，林業部を頂点とした行政機構に再び吸収されることになった。多大な労力と時間を費やした森林行政機構の分離は，それぞれの業務の落ち着きも見ないうちに元の形に戻されたのである。この再統合をめぐる時期的背景は，ソ連の影響を改めて強く裏付ける。すなわち，1958年は，中ソ関係の冷却化が表面化し，毛沢東はじめとした指導層が，国家建設における「ソ連モデルからの脱却」を公然と目指すようになった時期である（第2章・第

5章参照)。この再統合に際して，森林政策でも「ソ連モデルからの脱却」が語られており，この2年間の行政機構の分離が「ソ連を模倣したものであり，完全な失敗に終わった[45]」と結論づける資料も見られてきた。

但し，第5章で述べた通り，1950年代の中国の森林政策におけるソ連の影響は，二国間関係という政治的要因に引き摺られた評価がなされてきたため，改めて詳細な検証が必要である。この行政機構の短期間の分離についても同様であり，単純な模倣とその失敗として位置づけるのは早計である。なぜなら，森林管理・経営までを指す「営林」と，伐採以降の過程を指す「森林工業」は，この時期に限らず，今日に至るまで，中国の森林政策において通用されてきた。のみならず，近年の森林関連の行政改革や国有企業改革では，この時期に「森林工業機構」として分離された方面の業務こそが，民営化・市場化を背景に，森林行政機構から切り離されるべき対象とみなされてきた。

すなわち，この時期の森林行政機構の分離と再統合は，いずれも決して唐突な発想ではなく，はたまた政策実施上の合理性から判断された結果でもなかった。ソ連との「蜜月」から「対立」という国際関係＝政治的要因によって，中国の森林政策実施システムの変動が強く規定されていた事例と捉えることができよう。

政治的要因という点で付言すれば，1956年に森林工業部の初代部長に就任したのは，共産党に属さず国家運営に携わっていた民主党派の重鎮で，中国民主同盟に属していた羅隆基であった[46]。羅は，森林工業部の撤廃直前の1957年後半に吹き荒れた反右派闘争（第2章参照）によって，同じ民主同盟の章伯鈞らとともに批判され失脚している。その結果，森林工業部は，闘争を主導した毛沢東ら社会主義急進派によって，「羅隆基反党集団の巣窟」ともみなされた[47]。すなわち，1958年2月の森林行政機構の再統合は，中ソ対立の深刻化と，反右派闘争による羅隆基部長の失脚という，森林工業機構にとっての「逆風に次ぐ逆風」の中で生じたことを記しておく。

2. 2. 改革・開放以降の変化と国家林業局への改組（1980年代～1998年3月）

1998年3月，中央林業「部」は約18年ぶりにその地位を奪われ，国務院直属機関としての国家林業「局」に改組された。直接の背景は，同時期に国務院総理：朱鎔基を中心とした指導者層が推進していた，部局整理を伴う行政改革と，国有企業（旧国営企業）改革である。この時期，国務院における機構・人員の肥大化と，国有企業の非効率な経営による業績悪化が問題視されていた。局への格下げは前者の影響を受けたものであり，降格に伴って旧林業部にあった林産物の生産・管理を監督する部署が，独立採算単位となるか廃止された。

この国務院の森林行政機関の格下げは，1980年代に入ってからの改革・開放路線への転換に伴う経済活動の民営化・市場化を反映するものだった。この時期の民営化・市場化の推進は，各種の事業・経営において，私的主体の参入を促すと共に，国家計画ではなく市場を通じた自立的な利益追求を志向した。この方向性は，私営企業の発展，規制緩和，及び，国営（有）企業に対する経営自主権の付与と，行政機構における企業管理部門の撤廃（政企分離）という形で政策的に体現されていった。しかし，森林に関しては，各種の環境保全機能を維持する必要があり，また，1980年代半ばの森林破壊の加速もあって，1990年代に至るまで，市場・企業の統制や国家による木材の統一買付・統一販売が部分的に維持されていた（第3章・第4章参照）。このため，林業部を頂点とした森林行政機構には，これらを管轄する業務が残されていた。

1998年の国家林業局への改組は，森林行政機構が，これらの林産物の生産・加工・流通過程の統制・管理という縄張りを，ついに維持しきれなくなったことを意味していた。この降格に伴って，国家林業局とその体系の管轄外とされたのは，林産業に対する管理，全面廃止となった木材の統一買付・統一販売の計画立案・調整，林産物の市場や仲買業といった流通過程の管理等の業務である（表7-4）。この結果，林業部機械公司，林業部物資供給公司，林業部林産工業公司，中国林産品経錘公司，中国林木種子公司，中国林業国際合作公司といった，かつて「森林工業」部として分離された業務を統

表 7-4　国家林業局への改組にあたって廃止された中央森林行政機関の業務

1：木材生産，木質パルプによる製紙，森林観光，木本薬剤，林木生花等の林産業に対する管理。
2：木材の国家調達・配分システム（統一買付・統一販売）における資源分配案の提起，及び，統一配分用の木材の分配と調達業務への参与・協力。
3：非統一配分の木材と松脂の仲買業の管理。
4：林産物の市場建設の計画・指導。
5：森林工業企業（森工集団）と国家の関連部門及び地方人民政府との関係調整，及び出現した重大問題の調整。
6：林業をめぐる経済体制改革の指導。
7：関連部門と協力した農村エネルギーの開発，農村総合開発，貧困扶助などの業務の組織指導。
8：全国の林業教育改革の指導。

出典：国務院辦公庁「国家林業局職能配置･内設機構和人員編制規定」(国家林業局編（1999)『中国林業年鑑：1998 年』(pp.30-32)）に基づき筆者作成。

括する事業単位が，廃止または民営化されることになった[48]。

但し，森林工業の範囲が，以後，完全に党組織・行政機構の手を離れた訳ではない。例えば，私営企業の連合体として設立された中国木材流通協会，中国林産工業協会，中国家具協会への認可や指令を通じて，森林・民政等の行政機構は，これらの企業による林産物の生産・加工・流通活動を一定程度コントロールしてもいる（林 2006 等)。また，既に述べた通り，東北国有林区で 1990 年代に政企分離を目指して設立された「森林工業集団」(龍江集団，吉林集団，内蒙古集団）等，国家林業局への改組後も森林行政機構の管轄下に残されてきた森林工業寄りの組織や業務も部分的に存在した。

しかし，森林行政機構としての森林工業方面に対する影響力は，以前に比べて大きく削がれた。他部門への権限の分散も進められ，民営化された旧林業部所属の事業単位は，その後，対外経済貿易部（後に商務部）や民政部等の行政体系とその党委員会の管轄下に置かれた[49]。各種の「協会」を含めた林産物関連の業界団体の管理業務を担ったのは，民政部，軽工業局，国家経済貿易委員会等とそれに属する行政機構である。林産業を含めた企業一般に対する行政管理は商務部，税制は税務総局，域外との林産物貿易に関しては商務部や税関（海関総局）がそれぞれ担うことになった。また，域内の市場における林産物流通の監督は，工商行政管理局の管轄となった。これらの

表7-5　国家林業局への改組後に残された中央森林行政機関の業務

- 事務室:組織の円滑な運営という観点から，会議準備，秘書業務，文書管理等を担当。
- 植樹造林司：植樹造林・封山育林方面の法規・規定の起草と執行の監督，沙漠化防止条約関連，商品林・風景林の培養，森林病虫鼠害の防治・検疫・予測，国有林場（苗圃）の建設管理，全国緑化委員会事務室としての業務。
- 森林資源管理司:重点国有林区の森林資源管理，全国森林資源調査の組織，植樹造林・封山育林の検査検収の監督，森林伐採限度量の編制，各種許可証・証明書の発給監督，林地の徴用・占用に対する審査，基層林業工作機構の建設と管理の指導。
- 野生動植物保護司：野生動植物資源保護・管理の政策と法規の起草，保護・開発利用の合理化の指導監督，森林・陸生野生動物類型の自然保護区の組織・指導，森林公園の建設・管理，全国湿地保護，絶滅危惧種の移出入管理，関連国際条約の履行。
- 森林公安局：森林防火業務の調整・指導・監督，森林公安隊伍の指導・管理，木材検査所の指導，武装森林警察事務室としての業務。
- 政策法規司：総合的な方針・政策の研究提出，関連法律法規の起草，林業執法監督・行政訴訟・行政復議の担当，法律普及教育宣伝。
- 発展計画与資金管理司：林業発展の戦略や中長期発展計画の研究提出，中央での林業資金の管理，全国の林業資金の管理・使用の監督，重点林業建設項目への審査，林業発展の経済メカニズムに関する意見研究，国有林業資産及び局機関・直属単位資産の監督管理。
- 科学技術司：技術方面に関する業務。関連植物の新品種の保護・管理も含む。
- 国際合作司：国際交流の促進，森林行政機構の管轄範囲での対外業務や国際条約の締結への参与と履行における調整，香港・マカオ・台湾の林業業務。
- 人事教育司：局機関と直属単位の人事管理業務。

出典：国務院辦公庁「国家林業局職能配置·内設機構和人員編制規定」(国家林業局編（1999)『中国林業年鑑：1998年』(pp.30-32)）に基づき筆者作成。

部門に関する統計業務も，国家統計局の体系等に拡散した。また，国家林業局への改組以降，森林関連の教育に対する管理機能も，森林行政機構の手を離れていった。1999年から2000年にかけて，国務院「国務院の部門（単位）に所属する学校の管理体制と配置構造の調整に関する決定」をはじめとした一連の政策指令を受けて，北京・東北林業大学は，国家林業局を離れて教育部の管轄下に置かれ，南京林業大学をはじめとした各地の関連教育機関も，地方政府主導の管理体系下に置かれることになった(50)。

これらの結果，国家林業局に残された業務は，森林造成・保護政策の推進を中心とした「営林」の色彩が強いものとなった（表7-5)。すなわち，植樹造林司・森林資源管理保護司が総合的な森林造成・保護・経営に関する各種の業務を，野生動物保護司が生物多様性維持等の観点からの保護業務を担った。政策法規司がそれら森林造成・保護関連の法令の起草・整備を行い，森林公安局がその執行を司り，発展計画与資金管理司がそのための局内の計画と予算執行を担当するという図式となった。

改革・開放期における民営化・市場化を受けての「森林工業」の再分離は，一面において，伐採以降の林産物生産も含めた社会主義体制・国家統制下の統合的な森林行政からの決別でもあった。その結果として，国家六大林業重点工程の実施をはじめとした森林造成・保護，林権確定，基層組織の整備といった「営林」に相当する業務が，森林行政機構に残された。その事実からは，この二つの方面を意識しつつ整備されてきた現代中国の森林政策実施システムの特質を垣間見ることができる。

2. 3. 2018年の国務院改革による森林行政機構の再編

2018年3月，全国人民代表大会は「国務院機構改革方案」を採択した。その方案に基づく国務院改革によって，中央政府の森林行政機関として20年間，森林政策の立案・実施に携わってきた国家林業局は，国務院の部局としての独立性を喪失した。この改革で新設された「自然資源部」に属する「国家林業・草原局」（原語：国家林業和草原局，略称：林草局）に統合・再編されたのである。国務院において，森林行政機関が単独の部局を維持できなくなったのは，1970年代の農林部以来であり，改革・開放期以降では初めてのことである。但し，国家林業・草原局は，自然資源部の統括を受けるものの，国務院の「部・委員会管理国家局」（原語：部委管国家局。以下，管理国家局）[(51)] として，地方の行政体系を通じて独自の部門規章や政策指令を定めることができ，関連の法律法規の起草権限や体系内の一定の人事権も有する外局的な立ち位置を確保した。

まず，この時期の国務院改革の背景としては，習近平体制の強化に加えて，1998年時と同様，市場経済の発展に伴う行政の簡略化・効率化が目指されており，「大部門体制」の確立を通じた職権の重複・分散の回避がその具体的な方針とされた[(52)]。このため，森林行政機関に限らず，農業や災害対応等の各部門で大幅な部局の整理統合が見られた。関連部門では，農業部は農業・農地関連の業務を全て統合して「農業農村部」となった。国家観光局は文化部と統合して「文化観光部」となった。森林火災や水害・旱魃等の自然災害への対応は，地質災害，草原防火，震災対応などと併せて新設の「応急管理部」の管轄となった。環境保護部は，気候変動への対応，内水面・海洋の環境保護の業務を加え，「生態環境保護部」として拡張された。また，これまで林産物も含めた加工流通部門を監督していた国家工商行政管理総局（旧：工商行政管理局）と国家質量監督検験検疫総局が統合する形で，「国家市場監督管理総局」が成立した。水利部，教育部，商務部，民政部，公安部等は維持された。

森林行政機関が表立って統合された「自然資源部」は，従来，土地・地籍管理，地質調査，海洋管理，鉱業開発等を担当していた国土資源部（及びその管理国家局としての国家海洋局と国家測量製図地理情報局）の役割をベースに，国家林業局の森林・湿地管理，住宅・城郷建設部の農村・都市計画，水利部の水資源調査，農業部の草原管理といった業務を併せて発足した。すなわち，土地や内水面・海洋を含めた自然資源の状況把握，及び，その開発や保護に関する監督・許認可を大部門として集約した印象である。その中で，国家海洋局と国家測量製図地理情報局は，国土資源部で保持していた管理国家局としての独立性を喪失し，国家林業・草原局が自然資源部唯一の管理国家局として位置づけられた。

国家林業・草原局には，草原管理業務と共に，従来は国家林業局，国土資源部，住宅・城郷建設部等に跨っていた陸域の自然保護区，森林公園，風景名勝区，自然遺産，地質公園等の人々の観光・訪問対象となる各種ゾーニング，及び，2010年代に創設された国家公園（中華人民共和国国家公園）の管理業務が加わり，「国家公園管理局」としての名称も与えられた。このため，土地や自然資源の管理という側面においては，むしろ国家林業局よりも管轄範囲を拡げたことになる。

その反面，これまで森林行政機構に与えられてきた，森林をめぐる違法行為や災害への対応といった権限は大幅に失われていった。この改革後に，森林公安は，森林行政機構の指導下から外れることになった。森林関連の違法行為の取り締まりは公安部を頂点とした公安機構の管轄に一元化され，森林公安部は撤廃，南京森林警察学院も公安部の直属となった。また，武装警察

表7-6　国家林業·草原局（国家公園局）への改組後の主要業務（2018年9月時点）

(1) 森林・林業と草原及びその生態保護修復の監督管理
　関連する政策，規画，標準の制定と実施の組織，関連法律法規・部門規章草案の起草。
　組織的な森林，草原，湿地，荒漠，陸生野生動植物資源の動態の観測と評価。
(2) 森林・林業と草原の生態保護修復と造林緑化業務の組織
　森林・林業と草原の重点生態保護修復プロジェクトの組織的実施。
　公益林・商品林の育成と全民義務植樹・都市緑化業務の指導監督。
　森林・林業と草原の有害生物の防治と検疫。
　森林・林業と草原における気候変動への対応。
(3) 森林・草原・湿地資源の監督管理
　全国における森林伐採限度額制度の組織編制並びに監督。
　林地の管理，林地保護利用規画の制定と実施の組織，国家級公益林の画定と管理。
　重点国有林区の国有森林資源の管理。
　草原の禁牧，草原・牧畜のバランス維持，草原生態修復業務，草原開発利用の管理。
　湿地の生態保護修復業務，湿地保護の規画と国家標準の制定，湿地開発利用の管理。
(4) 土地荒廃の防止・改善業務
　荒漠化の調査の組織展開，沙漠化・沙地化・石漠化の防止・改善と封禁保護区の建設。
　関連する国家標準の制定，沙地化する土地の開発利用の管理。
　沙塵暴災害の予測予報と応急処置の組織。
(5) 陸生の野生動植物資源の監督管理
　陸生の野生動植物資源調査の組織展開。
　国家重点保護の陸生野生動植物のリストの制定と調整。
　陸生野生動植物の救護繁殖，生息地の回復発展，疫病観測の指導。
　陸生野生動植物の捕獲採集，繁殖・培養・経営利用の監督管理。
　野生動植物の輸出入の分業監督管理。
(6) 各種の自然保護地の監督管理
　各種の自然保護地の規画と関連国家標準の制定。
　国家公園の設立・規画・建設と特許経営等の業務。
　中央政府が直接所有権を行使する自然保護地の資源資産管理と国土空間用途の管制。
　各種の国家級自然保護地の審査決定，世界自然遺産への登録申請の審査の組織。
　生物多様性保護に関する業務。
(7) 森林・林業・草原改革に関する業務
　集団林権制度，重点国有林区，国有林場，草原等の重要改革意見の制定と監督実施。
　農村林業発展，森林・林業経営者の合法権益の維持についての政策措置の制定。
　農村の林地請負経営業務の指導。
　退耕（牧）還林還草の展開，天然林保護業務の実施。
(8) 森林・林業・草原資源の効果的配置及び木材利用政策の制定
　森林関連の産業の国家標準の制定と監督実施。
　林産物の品質監督の組織・指導，生態貧困解消の関連業務の実施。
(9) 国有林場の基本建設・発展の指導，樹木草本の種苗の品質管理と普及，植物新種管理
※その他：森林·林業·草原の中央レベルの資金と国有資産の管理，関連の国家投資計画の提出，関連の科学技術・教育・国際協力の推進，湿地・荒漠化防止・絶滅危惧野生動植物種に関する国際条約履行業務等。森林公安・防災減災業務の記載もある。

出典：国家林業·草原局ウェブサイト（https://www.forestry.gov.cn/jgjj/69631.jhtml）（取得日：2023年6月23日）を参照して筆者作成。

表 7-7　国家林業・草原局の内部構成

- ・事務室
- ・生態保護修復司（全国緑化委員会事務室）
- ・森林資源管理司
- ・草原管理司
- ・湿地管理司（中華人民共和国国際湿地条約履行事務室）
- ・荒漠化防治司（中華人民共和国国連沙漠化対処条約履行事務室）
- ・野生動植物保護司（中華人民共和国絶滅危惧種輸出入管理事務室）
- ・自然保護地管理司
- ・林業・草原改革発展司
- ・国有林場・種苗管理司
- ・森林草原防火司
- ・科学技術司
- ・国際協力司（香港マカオ台湾事務室）
- ・人事司

注：この他，数多くの出先機関と直属機関・組織を有している。また，機関党委員会と離退休職幹部局が設けられている。
出典：国家林業・草原局ウェブサイト（https://www.forestry.gov.cn/nsjg.jhtml）（取得日：2023年6月23日）を参照して筆者作成。

森林部隊も移行期間を置いた後に撤廃され，国家森林防火指揮部（国家森林草原滅火指揮部と改称）と共に，新たに設立された応急管理部の業務に包括されることとなった。

この改革の結果，中国の森林行政機構がどのような性格の下に位置づけられ，また，森林政策実施にどのような影響が及ぼされたのかは，一定期間を経た後の運用過程の詳細な検証を要する。また，現在の自然資源部における外局的な独立性と，地方・基層を通じた専門の行政体系が，今後も維持できるかどうかは不明である。しかし，現状の国家林業・草原局の管轄業務（表7-6）や内部構成（表7-7），及び，各部局の管理業務の分離状況（図7-8）から判断する限り，国務院改革は，森林行政を「土地・自然資源としての管理部門」として限定し，森林造成・保護等を通じた適切な管理と，利用への許認可を司るものと位置づけたように思われる。これは，「森林工業」の切り離しと「営林」への特化を志向した1998年の国家林業局への改組と，大枠の方向で一致していると考えられる。反面，違法行為の取り締まりは公安部の体系とされ，また，森林火災の予防措置等の権限は留保したものの火災

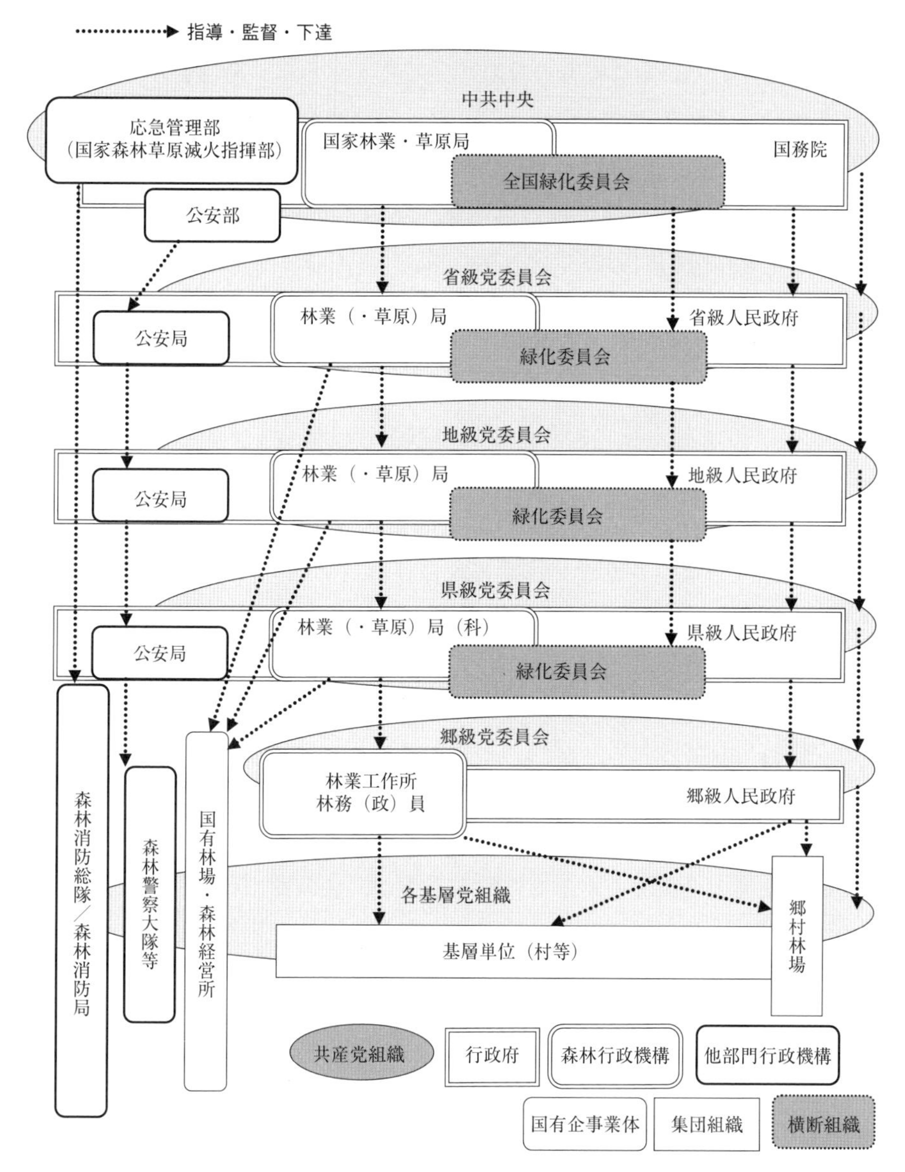

図 7-8　現在の中国における森林政策実施システム

注：東北国有林区の森林政策実施システムは除く。

出典：国家林業・草原局ウェブサイト（https://www.forestry.gov.cn/nsjg.jhtml）（取得日：2023 年 6 月 23 日），及び関係者への聞き取りに基づいて筆者作成。

自体への対応は応急管理部の体系に移行する等，大部門体制に基づく再編のあおりを受けての新たな役割の分離が生じた。さらに，草原管理業務が加わったことで，これまでは「還林」のみだった退耕還林・還草工程が全体的に管轄対象となった。その一方で，農業農村部と切り分けられたことの影響は不明である。現状，集団林権制度改革や農村の森林経営の発展等，農村振興・改革や貧困解消の一環としても位置づけられてきた政策業務は，国家林業・草原局に留保されている。しかし，今後，農業農村部が管轄・立案する農業・農村政策の範疇に，森林経営や林産業の発展がどこまで反映されるだろうか。

1998年，2018年と続いた森林行政の再編は，総じてその管轄・権限の消滅や分離分割を志向する形となった。その影響は，今後，次第に明らかになってくると思われる。ここで改めて指摘すべきは，1950年代以降の現代中国では，森林関連の各分野を包括した森林政策実施システムの整備の中で，「森林」を一つの専門枠とした組織形成や人材育成が進められてきた点である。例えば，北京林業大学では，林学，水土保全，森林生物科学，造園，林政・森林経理（経済管理），木材加工，林産化学等，森林関連の多様な専攻領域が維持されてきた(53)。そして，「営林」と「森林工業」を併せた広義の林業の概念の下，今日の中国の行政担当者，教育関係者，個人事業者，企業関係者には，森林と関わる者としての共通意識が根強く存在している。こうした森林関連の「業界」としての共有基盤が，各時期の政治的背景や社会変化の波を受けてのシステム変動にどう向き合ってきたのか，そして今後，どのように対処していくのかは興味深い論点である。

3.　森林政策実施システムの運用の仕組み

次に，こうした過程を経てきた森林政策実施システムが，近年，どのように運用されてきたのかを，党組織・行政機構それぞれにおける役割に区分して見ていく。

3．1．共産党の指導性

森林政策に限らず，現在の中国の政策実施システムにおいて，実質的な最高権力を持つ運用者は，中国共産党の指導者層である。中共中央と呼ばれる共産党中央委員会，その常務運営組織である中央政治局とその常務委員会を頂点とし，各地方レベルにまで張り巡らされた各級党委員会が，同級の人民政府（行政機構）の人事権を掌握して，共産党指導層の意向に基づく政策実施を徹底させ，そのための思想教育等を行う役割を担っている。国務院の各部局や地方レベルの行政機関の幹部は，大方が共産党員であり，また殆どの場合，同級党委員会の主要メンバーが，そのまま行政機関の重要ポストを兼任する形となっている。例えば，中央・地方政府の首脳部の場合，共産党各級委員会のナンバーワンである書記（総書記や省委書記・市委書記等）に対して，ナンバーツー以降の副書記クラスの幹部が行政機関のトップ（国務院総理や省長・市長等）を兼任してきた（趙 1998）。すなわち，現在の中国では，共産党組織が行政機関を包摂する形で政策決定・実施を行っている。

その実務面において，行政機構に直接的な影響力を行使してきたのが，各級行政機関内に設けられる「党組」（党グループ）とその関連組織であり，各級行政機関に対応する党委員会における「行政担当組織」であった。党組の役割としては，所属する機関の活動監視と中央への報告，所属機関の指導幹部の管理と任免，所属機関における政治思想工作・党活動の指導，日常的な行政事務の指導が挙げられる。また，対口部とも呼ばれた党の行政担当機構の役割には，対応する行政機関幹部人事の管理，党の決議や政策執行状況の監督，党末端組織の活動管理，政治工作管理といったものがあった（毛里 1993）。

2000 年代以降は，こうした党の指導を前提とし，むしろ共産党組織と行政機構を積極的に一体化させる方向性（党政同体・党政連動）が政治改革においても顕著に見られ（渡辺 2016 等），それらの結果として，双方の複雑かつ強固な結びつきによる「共産党統治の制度化」が進んできたともされる（加茂・林 2018）。

以下に，中央レベルの森林政策の立案・決定における共産党組織の関与の構図を，2000 年代半ばの時点での国務院：国家林業局を事例に示す（図 7-

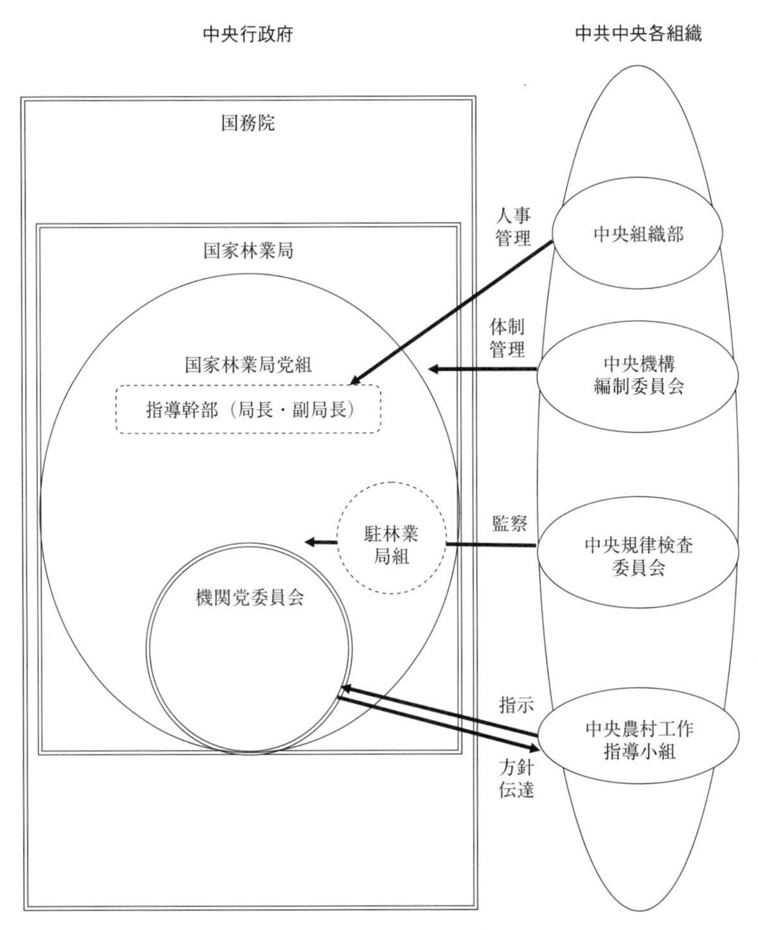

図 7-9　国家林業局と共産党組織との関わり

注：楕円は共産党組織，二重四角は行政機構を表す。ここに挙げた党組織のみならず，中共中央内の各小組・委員会等は，それぞれの役割に即して森林行政に対して影響力を行使してきた。
出典：国家林業局編（2007）『中国林業年鑑：2007』等を参照して筆者作成。

9)。局長（局長・副局長）・司長（司長・副司長）クラスの幹部は全て中国共産党員であり，すなわち国家林業局「党組」のメンバーでもある。この党組の要職の任命は，中共中央の「中央組織部」によってなされる。国家林業局では，通常，行政トップの局長が「党組書記」となり，副局長クラスの人間が副書記を兼ねてきた。行政ポストである局長・副局長は国務院，党ポストである党組書記等は中央組織部が任命する。中央組織部による党組要職への任命が，行政機関の役職への任命に先行するのが通例であり[54]，国家林業局の高級幹部・官僚達は，まず，党組内での地位を確立した上で，森林行政を指揮することができた。中央組織部は，事実上，中央政府の森林行政機関の主要ポストの人事権を握ってきた党中央組織であった。

国家林業局の党組は，そのメンバーから「機関党委員会」を成立させてきた。これは，局内で党の路線・方針を宣伝・執行し，局内の党員に対して上級の党組織の決議を徹底し，思想教育を進め，業務の規律監督を行い，大衆組織との連係を取り持つといった役割を担った。この機関党委員会は，国家林業局党組における日常的な実務機関としての位置づけである。この日常業務には，国家林業局が策定した諸政策の勘案・審査等も含まれていた。

国家林業局に対応する党中央の行政担当機構は，1990年代から一貫して「中央農村工作指導小組」であった。この組織は，鄧子恢や譚震林といった，社会主義体制下で森林の重要性に着目してきた共産党指導者達が部長を務めた，かつての「中央農村工作部」（1960年代に廃止）を受け継いでおり，現代史を通じて，中央の森林政策決定に大きな影響を与えてきた。中央の共産党指導者層の意向に基づく森林関連の方針や指示は，この組織を通して森林行政機関の党組・指導幹部に伝えられてきた。一方，党組からの監督報告・提案も，この中央農村工作指導小組を通じて，中央政治局やその常務委員会の指導者層へと伝えられる仕組みとなっていた。2018年の国務院改革以降，自然資源部に属することになった国家林業・草原局が，引き続きこの中央農村工作指導小組を共産党の担当行政組織としているかどうかは不明である。

国家林業局が，業務の円滑な遂行上，或いは新たな政策課題に対応するために，その内部構成を改変する場合は，「中央機構編制委員会」に伺いを立てる必要があった。1998年春の成立以降，国家林業「局」の下に位置する「司」レベルでは見られなかったが，更にその下に位置する「処」レベルでは，しばしば体制改変が行われてきた。この際には，中央機構編制委員会によって承認が行われた。この党組織は，2018年3月に中央組織部の管理下に置かれ，中央機構編制委員会事務室となっている。

「中央紀律検査委員会」は，中央レベルにおける共産党幹部の不正や過ちを監視整頓し，党の路線・政策の実施状況を確認する役割を担っており，党内の司法組織とも言うべき存在である。このため，党中央組織としての格づけも一貫して高く，極めて強い権限の下，幹部の不正・汚職の調査等を行ってきた。また，対応する行政機構としては，国務院監察部（現：国家監察委員会）とその体系が存在してきた。国家林業局には，この中央紀律検査委員会と監察部の出先機関（駐国家林業局規律検査組・監察局責任者）が設置され，国家林業局内の指導幹部の不正防止に向けての監察業務が担われてきた。

このような複数の党組織の介入と結びつきを通じて，中央・地方レベルの森林行政機構に対する，共産党の指導性は確保されてきた。

この他，「全国緑化委員会」を中心とした緑化委員会の体系は，形式上，党組織にも行政機構にも属さないが，実際には，森林造成における共産党の役割がより目立った構成となってきた。そのトップである全国緑化委員会主任には，党中央政治局委員である農業担当の副総理が座るのが通例であった。江沢民総書記（国家主席）—朱鎔基総理体制では温家宝，胡錦濤総書記（国家主席）—温家宝総理体制下では回良玉，習近平総書記（国家主席）—李克強総理体制下では汪洋が2018年まで務めた。しかし，同年の国務院改革を受けて，自然資源部を管轄する副総理の韓正に交代している。また，中央の森林行政機関のトップ（国家林業局長）が，必ず常務副主任に就任することになってきた。その他の副主任・委員の顔ぶれを見ると，国務院の関連部局の副部局長クラスに加えて，人民解放軍（または中央軍事委員会），共産主義青年団，全国婦人連合会，中央機構編成委員会といった党組織の幹部が並んでいた[55]。すなわち，副総理クラスの共産党指導者をトップに戴き，各種の党組織・行政機構の連携を保ちつつ，全民義務植樹運動をはじめとした緑化活動を指揮する形である。

次に，中央の共産党指導者層と，森林政策実施システムとの関わりに視点を移す。中国共産党の最高意思決定機関である中央政治局常務委員会の常務委員には，通常，数名程度が政治局委員から任命される。ここから，国家主席，党総書記，全人代常務委員長，国務院総理，全国政治協商会議主席等が輩出されることになってきた。この常務委員のメンバーは，基本的に春先の

「植樹節」において，率先して義務植樹のパフォーマンスを行うのをはじめ，いずれも国家元首としての立場から指示やスローガンを発することで，森林政策実施システムを運用してきた。また，大規模な森林火災や洪水などの自然災害に際しては，このクラスの指導者が陣頭指揮をとってもきた。後に述べるように，彼らの指示は絶対であり，森林政策の決定や方向性に極めて大きな影響を及ぼしてきた。

中央政治局委員以上の指導者層のうち，森林政策に最もコミットしてきたのは，国務院副総理で森林行政機構が属する部局の管轄を担当する人物である。2018年の国務院改革以前は農業部門（通例的に国家林業局を含む），以後は自然資源部の管轄担当者である。改革・開放以降では，田紀雲，姜春雲，温家宝（江沢民体制），回良玉（胡錦濤体制），汪洋（習近平体制）等が，全国林業会議，全国緑化委員会全体会議，国家森林防火指揮部会議などの中央レベルの森林政策決定における重要会議を主催してきた。また，彼らは全国造林緑化表彰動員大会などの記念イベントにおいて，象徴的な役割も果たしてきた。

但し，その他の指導者達が，中央レベルの森林政策決定に関与しないという訳では全く無かった。例えば，江沢民体制における政治局常務委員（江沢民，李鵬，朱鎔基，李瑞環，胡錦濤，尉健行，李嵐清）の内，江沢民（総書記・国家主席），李鵬（全人代常務委員長），朱鎔基（国務院総理），李瑞環（全国政治協商会議主席）といった主要機関のトップは，いずれもその職責に絡めた形で，しばしば森林政策関連の重要講話を行った。特に，李鵬は，環境保護に強い関心を示し，リオデジャネイロ国連環境開発会議に総理として出席した経験もあった。このため，この観点からの森林造成・保護の重要性を度々強調し，森林行政機構や環境保護行政機構への政策立案を指示していた。胡錦濤体制では，副総理時代の担当経験を踏まえた温家宝総理が，森林造成・保護や林産業の発展について，直々に関連行政機構などへの指示や講話を行うことが多かった[(56)]。

中央の森林行政機関の部局長クラスは，林学教育を受け，或いは地方で森林政策実施の経験を積んだテクノクラートと，全く関連の実績を有さず，昇進を重ねる中でポストを与えられた党エリートに分かれてきた。2000年代までに限定すれば，梁希，徐有芳，陳耀邦，王志宝が前者で，初代の梁希を除く他の3人は90年代以降の就任であった。劉文輝，羅玉川，雍文涛，楊鍾，高徳占が後者で，1950年代後半から80年代にかけて部局長の座に就いた[(57)]。時期的な差異こそ窺えるものの，共産党指導者層と専門家としての官僚層の一定の線引きが，中央政府レベルの森林政策の立案・実施をめぐっても存在してきたと言えよう。

その一方で，近年，共産党指導者層と行政機構を支える官僚層の区別は曖昧となりつつある。毛沢東や鄧小平のように，政治運動・革命運動に身を投じてきた初期の指導幹部とは異なり，近年の共産党指導者層は，大学での専門教育を受けているものが大多数である。また，共産党員数は全般的に増加しつつあり，森林行政機構も多くの職員が党籍を有している。反面，林学及び関連分野を専攻した人間が，中央政治局常務委員等の共産党の中枢を担った例には出会っていない。

3. 2. 行政機構の果たす役割と位相

これらの党組織の指導監督や指導者層の意向を受ける形で，実際に政策実施を担当するのは，国務院を頂点とした行政機構である。繰り返すように，その中核的役割を果たしてきたのは，殆どの時期において独立した体系を保ってきた森林行政機構だった。

現在の中央の森林行政機関である国家林業・草原局には，先に示した管轄業務（表7-6）と内部を構成する司局等（表7-7）の他に，幾つかの組織・団体が直属する形となっている。この中には，林業重点工程をはじめとした各種の重要政策の実施をサポートする調査・研究機関や，林業工作所の元締めとなる林業工作所管理総所等が存在する。さらに，森林関連の総合的な国家研究機関である中国林業科学研究院，全国森林資源調査（第1章参照）の取りまとめ等を担当してきた林草調査規画院（旧：林業調査規画設計院）も管轄下にある。また，公報紙である『中国緑色時報』（旧：中国林業報）を発行する中国緑色時報社，及び，専属の出版社である中国林業出版社等が存在する。

省級，地級，県級の地方レベルの森林行政機関も，基本的には中央の内設

表7-8　2000年代の湖南省における省以下の人民政府・森林行政機構・緑化委員会の業務

	各級人民政府	森林行政機関	緑化委員会
省級	・森林・林木・林地の所有権と使用権を法の下に確認，所定の冊子に登記。(5) ・国務院の森林行政機関が発行したものを除き，自然保護区と省級以上の森林公園の森林･林木･林地の権利証明書を発行。(5) ・森林生態効益補償基金の設立，徴収，使用方法を，国家の関連規定に従い制定。(6) ・重点生態公益林区の策定を批准する。(7) ・行政区域の状況に基づいて，森林率の指標を画定し，各機関や住民を組織して植樹造林の任務を完成させる。(15) ・省級の退耕還林・還草の計画策定。(17) ・木材検査場の設立を批准する。(26) ・(国家と共に）林業費用の納入に関する規定を制定することができる。(27)	・行政区域内の林業業務を管轄。(4) ・湘江・資水・沅水・沣水とその一級支流の両岸及び上流区域に画定される重点生態公益林区の具体的な範囲を策定。(7) ・5ha以下の必要に迫られた防護林・特殊用途林地の臨時使用に対して審査・許可を与える（5ha以上は国務院森林行政機関の審査・許可が必要)。(10) ・防護林・特殊用途林以外で5～20 ha以下の林地の必要に迫られた臨時使用に対して審査･許可を与える（それ以上は国務院森林行政機関の審査・許可)。(10) ・森林病虫害防治業務の強化。(12) ・森林伐採限度量制度に基づいて国務院から割り当てられた年度木材生産計画を，分割して下級行政単位に割り当てる。(19) ・鉄道・道路の保護林と城鎮林木の更新伐採のための林木伐採許可証を発行。(21) ・木材経営・加工を行う単位や個人に対し，木材経営・加工許可証の申請を受け付ける。(24) ・木材運輸証を印刷する。(25) ・木材運輸証を発行する（省外へ移送される場合のみ)。(25)	・全国緑化員会からの緑化任務の管轄行政区域内への割当。
地級	・地級所属の国有林場・伐採場の森林・林木・林地の権利証明書を発行。(5) ・行政区域の状況に基づいて，森林率の指標を画定し，各機関や住民を組織して植樹造林の任務を完成。(15) ・地級の退耕還林・還草の計画策定。(17)	・行政区域内の林業業務を管轄。(4) ・防護林・特殊用途林以外で2～5ha以下の林地の必要に迫られた臨時使用に対して審査･許可を与える。(10) ・森林病虫害防治業務の強化。(12) ・森林伐採限度量制度に基づいて省級から割り当てられた年度木材生産計画を，分割して下級行政単位に割り当てる。(19) ・木材経営・加工を行う単位や個人に対し，木材経営・加工許可証の申請を受け付ける。(24) ・木材運輸証を発行する。(25)	・省緑化員会からの緑化任務の管轄行政区域内への割当。
県級	・森林・林木・林地の所有権と使用権を法の下に確認し，所定の冊子に登記。(5) ・生態公益林の画定及び画定書の制作。(7) ・行政区域の状況に基づいて，森林率の指標を画定し，各機関や住民を組織して植樹造林の任務を完成。(15) ・県級の退耕還林・還草の計画を策定。(17) ・郷鎮の行政区域を跨る範囲の封山育林の実施を公布。(18)	・行政区域内の林業業務を管轄。(4) ・農村住民の必要に応じた林地における住宅家屋の建築に対して審査・同意を与える。(9) ・防護林・特殊用途林以外で，2ha以下の林地の必要に応じた臨時使用に対して審査・許可を与える。(10) ・森林病虫害防治業務の強化。(12) ・森林伐採限度量制度に基づいて地級から割り当てられた年度木材生産計画を，分割して下級行政単位に割り当てる。(19) ・木材経営・加工を行う単位や個人に対し，木材経営・加工許可証の申請を受け付ける。(24) ・木材運輸証を発行する（県内もしくは他県へ移送する場合も，木材産出県による発行が可能)。(25)	・植樹造林計画に基づく造林緑化責任区を画定し，責任単位・造林緑化任務を決め，本級の人民政府に報告して確認し，通知書を下達する。(15)
郷級以下	・郷級人民政府・村民委員会：住民による森林保護・防火組織を作り，専業或いは兼業の護林員を配備し，森林保護・防火制度を制定する。(11) ・郷級人民政府：封山育林の実施を公布。(18)	・林業工作所：農村集団経済組織･個人を組織･指導して，林業生産を発展させる基層事業単位として，管轄区内の林業業務の具体的な責任を負う。(4) ・国有林業企事業単位：専業護林員を配備する。(11)	

注：括弧内の数字は「湖南省林業条例」に記載された条数を示し，括弧内の記述は聞き取りによる補足を示す。

出典：「湖南省林業条例」(湖南省林業庁（2001)『学習《湖南省林業条例》輔導資料』(湖南省林業庁（pp.43-53))，及び行政担当者への筆者の聞き取りに基づき作成。

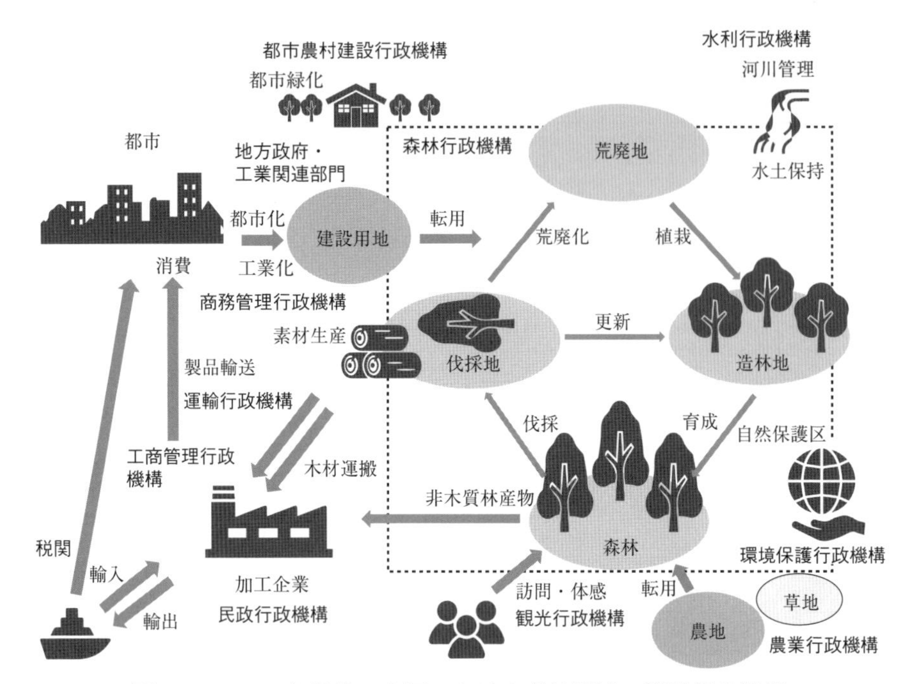

図 7-10　2018 年以前の中国における森林関連の管轄行政機構
出典：関連する公刊資料を参照して筆者作成。

司局をトレースする形で業務体制を構築してきた。すなわち，中央の各担当部門において示された具体的な政策方針が，各級を通じて円滑に伝達されるよう配慮がなされてきた。但し，地方毎の森林政策の課題に応じて，幾つかの変則的な形態が見られる場合もあった。また，その地方の森林行政機関に与えられた権限に基づいて，基層社会における森林関連の問題処理や政策徹底を図る組織を統括する部署も幾つか見られた。例えば，権利紛争などの申し立てを処理する事務室，森林関連の違法行為を追及・審判する人民検察院林業検察処や人民法院林業審判庭などである。

省級以下の森林行政機構の役割は，その都度の中央の政策方針を反映して揺れ動いてきた。また，各級の森林行政機関が自ら権限を有する場合もあれば，各級の人民政府での議論や決定が必要な場合も存在する。一例として，2000 年代の湖南省における各級人民政府，森林行政機関，緑化委員会の森林政策実施における役割を整理した（表 7-8）。管轄行政区域内の主要な森林造成・保護・経営に関する業務は，森林行政機構に委ねられていたが，当時，権利関係の登記・証明書発行，及び各種の重要な政策・計画の批准は，人民政府の名において行われていた。また，退耕還林や植樹造林の任務等，各行政機構に跨る業務に関しては，形式上，人民政府の枠内で政策立案がなされていた。

一方，改革・開放路線への転換以降，2018 年の国務院改革に至るまでには，民営化・市場化・国際化の流れの中で，森林に関わる行政機構の体系も増え，森林行政機構の役割は相対的にも狭められる傾向にあった（図 7-10）。

既に述べたように，森林行政機構からの切り離しが進んだ「森林工業」方面では，商務部を頂点とした商務管理行政機構が，産業発展や民間企業の営利活動を管理する立場から，林産業関連の企業サービス提供や制度整備を行ってきた。また，林産物生産・加工・流通に携わる協会等の業界団体の管理や，企業福祉関連の制度整備を担ったのは，民政部を頂点とした民政行政機構であった。工商管理行政機構は，林産物を含む域内の市場流通を監督するほか，各種の私営・外資企業を登録し，営業許可証を発行する権限を握ってきた。拡大する域外との林産物貿易に関しては，商務管理行政機構や税務・税関（海関総局）の体系が，企業管理，制度整備，輸出入管理といった役割をそれぞれ担ってきた。また，林産物の域内における輸送に関しては，木材検査所等における検査や運搬許可証等の発行は森林行政機構の管轄だったが，輸送車両や交通システムの管理は，交通運輸部を頂点とした運輸行政機構の管轄に属してきた。

森林行政機構に残された森林造成・保護・経営においても，他の行政機構との協調や対立を伴う接点が，現代史を通じて増えつつあった。1950 年代から，「全土の緑化」を掲げた森林造成は，林地指定された荒廃地のみならず，農地・鉱山・宅地・道路脇・河川周辺などの空き地をも対象としてきた。このため，それらの用地を管理する農業・水利・交通・鉱工業・都市建設部門の行政機構が森林造成に携わってきた。近年でも，農業，水利，国土資源（鉱山等）等を管轄する行政機構は，それぞれに森林造成の任務を有してきた。都市における街路樹の設置や緑地の確保・管理等は，住宅・城郷建設部（原語：住房和城郷建設部）を頂点とした都市農村建設行政機構の管轄業務となってきた。

また，1993年に開始された全国防沙治沙工程では，沙漠化の拡大防止と植被の回復を目的に，森林の回復を含む中心的な業務を森林行政機構，草地の回復を農業行政機構，回復に際しての用水の確保を水利行政機構が担ってきた[(58)]。1999年からの退耕還林・還草工程も，総合的な計画立案を西部開発機構（国務院：西部地区開発指導小組）と総合計画機関（国務院：国家発展改革委員会）の枠内で行った上で，「還林」（森林・林地の造成）を森林行政機構，「還草」（草地の造成）を農業行政機構が担当する形が，2018年の国務院改革まで維持されてきた[(59)]。

森林行政機構と農業行政機構は，現代中国でも長く協調と対立を含んだ関係を構築してきた。大林業思想に対して大農業思想が唱えられる等，森林との関わりや政策実施を農業との関係でどのように捉えるかには多くの議論が存在し，また，管轄・権限とそれに付随する財源・ポストをめぐっての機構間の駆け引きも続いてきた。この対立は，各政策における主導権や予算の獲得に加えて，管轄する用地の確保を主な理由としてもいる。例えば，退耕還林・還草工程は，農業行政機構の管轄下の農地を，森林行政機構の管轄下の林地に転換する（退耕還林）ものであるため，両機構間の用地をめぐる利害が対立しやすい構図であった。退耕還林をめぐっては，第3章で述べた通り，何度かの方針転換や揺れ戻しが生じてきたが，その背景には農地と林地をめぐる行政機構・官僚組織の対立も影響していよう。2018年の国務院改革において，森林行政機構が草原（草地）の管理業務を与えられ，かつ農業行政機構や農村開発と大きく一線を画す立ち位置となったことは，今後の用地をめぐる駆け引きを読みづらくさせる。

用地確保をめぐっては，林地において各種の開発事業を実施したい地方政府や工業関連部門，都市農村建設行政機構等が，森林造成・保護・経営を展開しようとする森林行政機構と対立する場合も多い。特に，改革・開放以降において，個々に経済発展を図る地方政府による工業・都市建設用地の確保は，林地転用への大きな圧力となってきた（第3章参照）。

他方，管轄業務の重複という面での森林行政機構の主な対立相手となってきたのは，環境保護行政機構である。1974年に国務院環境保護指導小組が誕生して以降，改革・開放期を通じて，環境汚染対策を主な業務としてきた環境保護行政機構の地位は上昇の一途をたどった。1998年3月には，原子力安全管理等の新たな業務を加えた国家環境保護総局となり，国務院直属機関として国家林業局と同格となった。2008年には環境保護「部」に格上げされ，少なくとも中央政府レベルでの両機構の地位は逆転した。この間，森林行政機構の役割は，森林造成・保護をはじめ「森林環境問題」の改善に特化されていったため，両機構の役割は極めて近いものとみなされるようになっていった。

実際の両機構の業務の隣接・重複は，自然保護区の管理において端的に生じた。1994年制定の「自然保護区条例」は，環境保護行政機構が「全国の自然保護区の総合管理を担当」し，森林・農業・地質鉱産・水利・海洋等の「関連行政機関が，各自の管轄業務の範囲内で，それぞれ関連する自然保護区の管理を担当する」と規定した[(60)]。その後，2005年の時点では，国家級自然保護区の管理において，森林行政機構が161箇所（約7,016万ha），環境保護行政機構が39箇所（約1,642万ha）と突出し，農業行政機構の10箇所（約130万ha），国土資源行政機構の7箇所（約23万ha），海洋行政機構の8箇所（約17万ha）を大きく引き離す形となった[(61)]。農業行政機構が「野生動物」と「草原草地」，国土資源行政機構が「地質遺跡」と「古生物遺跡」，海洋行政機構が「海洋海岸」と，保護管理を担当する自然保護区のタイプを管轄に応じて限定していたのに対し，森林・環境保護行政機構は，「荒地生態」，「野生動物」，「内陸湿地」，「森林生態」，「野生植物」，「海岸海洋」という，殆どのタイプに及ぶ管理を担当していた[(62)]。すなわち，自然保護区の管理業務をめぐって，両機構が激しく鍔迫り合いを展開する形となっていた。

こうした対立を反映して，特に森林行政機構において，近年，環境保護行政機構への合併を懸念する声は根強く存在してきた。実際に，2008年の時点では行政改革の中でこの可能性も議論されたようだが，2018年の国務院改革では，この形も実現しなかった[(63)]。むしろ，国家公園管理局の名と共に，自然保護区や国家公園等の管理権限が一律に与えられたことは，国家林業・草原局を含めた森林行政機構にとって望ましい綱引きの結果であったとも考えられる。

実際に，党組織，国務院，各級人民政府，部局間，行政機構間において，これらの対立が，どのようなプロセスを通じて調整されるかは定かではない。しかし，少なくとも，現在の中国における森林政策が，各行政機構・官僚組織や各業界の「駆け引き」の出力によって規定される側面があることは指摘しておきたい。

4. 森林政策の決定過程

4. 1. トップダウンの森林政策決定

ここまでの共産党組織，行政機構の役割と位相を踏まえて，以下では，現代中国における森林政策の決定過程とその特徴を概観しておく。各地方政府から基層社会までを貫く森林政策実施システムの存在を前提に，中央政府で決定される森林政策には，大きく次のようなパターンが存在すると捉えられる。

① 行政機構型トップダウン：中央国務院の担当部局で立案された政策が，中共中央・国務院の討議・批准を経て下達・実施される。
② 指導者型トップダウン：中央政治局級の共産党指導者層によって必要性が認識され，それに各分野を担当する行政機構が対応する。
③ 対応型トップダウン：国際条約への参加や二国間関係の変動などの対外関係の変化に応じて，新たな森林政策の立案・実施の必要が生じる。
④ ボトムアップ：基層社会の住民・企業や地方政府の指導者・担当者等の要求が，党組織・行政機構を通じて汲み上げられ，中央で検討・批准される。

森林行政機構を例に，過去から現在に至るまでの事例・傾向を総合的に判断するならば，現代中国における森林政策決定は，①・②・③のトップダウン形式が大勢であったと思われる。

もちろん，④ボトムアップの政策形成とも捉えうるケースが存在しない訳ではない。近年では，資金力を持つ私営企業等が，地方政府の党組織や森林行政機構の中枢に働きかけ，或いは「協会」等の政府公認の社会団体を通すことで，林産物に関する増値税や輸出入関税等の税率変更，工場等の用地整備に向けての公共投資の増加等を促す傾向も見られる。但し，それは既存の政治路線の方針の枠内での「融通」に近いものであり，全体的な国家運営や森林政策の変化には直結しない。

一方，地方の党組織・行政機構における政策当事者の方針や認識が，中央の森林政策の流れを作るというケースも稀である。現代中国では，農業における大寨村，工業における大慶市のように，特定の地方や基層単位をモデル（典型）として，中央の政策が方向づけられる事例も見られてきた。森林に関しても，森林造成を積極的に進めた山西省平順県（1950～60年代：第10章参照），株式合作化による林権集約の先進事例とされた福建省三明市（1980年代：第６章参照），国有林区の改革モデルとなった黒龍江省伊春市（2000年代：第３章・第６章参照）等が存在してきた。しかし，これらの方針の普及や反映は限られてきたのみならず，その都度の中央の政策当事者の意向に沿ったために注目されたとも捉えられる[(64)]。実際に，各級の党組織・行政機構は厳然とした上下関係にあるため，地方・下級の政策当事者は，中央・上級の要求に従わねばならず，下達される任務を超過達成することが最優先課題となってきた。

但し，中央と地方の政策当事者が，直接に顔を突き合わせて政策形成を行う場は存在する。森林行政機構では，中央の召集によって開催される「会議」や「座談会」がそれに相当する。改革・開放期に入ってからは，全ての省級行政単位における森林行政機関の長を集めて，「全国林業庁局長会議（座談会）」（または「全国林業会議」）が，ほぼ毎年の12月～３月頃に開催されてきた。この会議における議論の結果として，管轄領域におけるその年の方針が決定されることにもなっていた[(65)]。これを補完するものとして，個別の政策課題に絞るか，或いは緊急時に対応する形で，同様に各地方の行政担当者を招集した会議が開催される。例えば，国有林区（東北・西南），南方集団林区，森林希少地区（北方黄河流域等）といった，特定の地区に限定して地方の担当者を召集する会議や，不定期に開催される「森林火災防止会議」，「自然保護区工作会議」，「天然林資源保護工程実施工作座談会」，「森林病虫害防治工作座談会」，「林業宣伝工作会議」等がこれに当たる。これらの会議では，必要に応じて省級の行政担当者のみならず，地級・県級の担当者が召集される場合もある。

しかし，地方の担当者を集めて開催されるこれらの会議は，総括報告等を見る限り，殆どが中央の森林行政機関のシナリオに基づいて行われている。国務院の森林行政機関のトップが会議のイニシアティブを握り，予め決められていた計画予定・総括報告を述べた上で，地方代表者の意見を併せるという形で進められている。

近年の地方レベルにおける政策や法律法規の実施とその内容も，この傾向を裏打ちする。時系列的に見ると，中央レベルでの制定・公布を受けて，地方レベルの関連法令が制定されるケースが殆どである。その内容も，中央レベルの枠内にて，地方の特徴に基づき一定程度の解釈を加えた形となる場合が多い。

4. 2. トップダウンの内実：指導者層か行政機構か

次に，大部分を占めるトップダウンの森林政策決定の内実に焦点を移す。それらが行政機構の枠内での政策形成に基づくのか（①），それとも共産党指導者層の認識に基づくのか（②）は，現代中国の森林政策の決定過程を大きく特徴づける点となる。

前提として，この二つのパターンによる政策決定が，完全に独立・並立して存在する訳ではない。すなわち，共産党による行政機構等の指導という原則・実態が示す通り，中央の共産党指導者層の認識や合意（指導者層レベルの政策決定）に基づいて，国務院の各部局が細部の制度・仕組みを確定する（行政機構レベルの政策決定）という，いわば二段階の決定過程が存在してきた。但し，国家運営という総合的・大局的な観点に立つ中央の共産党指導者層と，担当部門における専門知識を有した官僚組織の面を持つ国務院各部局では，自ずと政策形成に向けての視座が異なってくる。この差異に基づいて，個別の森林政策の決定に際して，両段階で性質の異なる議論や調整が行われることになる。このため，それらの出力としての政策内容のみをもって，「①行政機構型トップダウン」と「②指導者層型トップダウン」を区別するのは極めて難しい。

それでも，各時期の節目の大局的な森林政策の決定は，共産党の指導者達が，各地の視察などを通じて必要性を痛感し，しかるべき政策を行うよう森林行政機構等に指示するという，②のパターンに依存してきたようである。

例えば，建国以降における毛沢東，周恩来，劉少奇，朱徳，改革・開放期に入ってからの鄧小平，万里，趙紫陽，李鵬といった中央の共産党指導者達は，現場の視察や自らの認識に基づいて，森林造成・保護のための必要な措置を求めており，それが実際の政策・方針として具体化してきた(66)。1987年に南方集団林区等での森林破壊が深刻化した際は，まず，国務院副総理の田紀雲が，中央の指導部を代表する形で警鐘を鳴らし，林権の開放傾向を引き締める必要性を述べたこと（1987年4月18日）を受けて，林業部が「南方九省区の林業庁長と一部の県の責任者による座談会」（同年5月5日）を開催し，最終的に中共中央・国務院から「南方集団林区の森林資源管理の強化と断固とした乱伐制止に関する指示」（同年6月30日）が出される，というプロセスを経た。

1990年代における大洪水の常態化と森林荒廃から，1998年夏の長江・松花江流域大洪水を経て，翌年の天然林資源保護工程，退耕還林・還草工程の本格実施へと至る政策過程は，指導者層と行政機構の関係性を考える上で興味深い事例である。この過程において，中心的な役割を果たした共産党指導者は，1998年3月に国務院総理に就任していた朱鎔基であった。1996年9月に当時，副総理であった朱鎔基は，四川省の長江上流域に視察に赴いていた。通説によれば，それまで彼自身は，森林造成・保護の必要性をそれほど感じてはいなかった。ところが，その際に彼は，川面に浮かぶ大量の運搬中の伐出原木と，荒れ果てた禿山となった左右の景観を見て衝撃を受けた(67)。激怒した朱は，北京に戻ってすぐに国務院の担当者を集め，「森の老虎を下山させよ」という表現を用いて，大量伐採を批判したとされる。森林行政機構の担当者達は，この批判に畏まると同時に，自らの権限を拡大する好機と心の中では捉えていた。すなわち，森林造成・保護の推進という観点から模索していた政策プロジェクトに対して，指導者層の後押しと予算配分が得られると期待したのである。

実際に，1998年夏の大洪水を更なる契機として，この期待は具現化した。8月28日から9月2日にかけて，東北地区の大洪水被災地を視察した朱鎔基は，途上，著名な植樹労働模範の馬永順と会談する機会を設け，以下のように述べた。

> 東北国有林区でも，次第に伐採量の減少，伐採停止，禁伐といった措置をとらねばならず，伐採者を植樹者に変える決心を下し，伐採労働者の手中のチェンソーを植樹のためのスコップや鍬に変えねばならない。木材を減産させても，輸入を通じて国内市場の需供問題を解決することができる(68)

以後，本格化した天然林資源保護工程は，まさにこの朱の認識を反映する形となった。莫大な国家資金の投入を背景に，東北国有林区を含めた伐採制限，森林資源管理保護責任制等を通じた伐採労働者の配置転換を進め，併せて原木を中心とした林産物輸入の拡大を導くこととなった（第3章・第4章参照)。一方，1996年に朱鎔基を激怒させた四川省は，その後，伐採停止と森林保護の方案策定を強く求められていたこともあり(69)，大洪水直後の1998年9月1日，率先して天然林資源保護工程の実施を表明し，域内の天然林伐採を即時停止させた。

以上のプロセスから窺えるのは，天然林資源保護工程の開始といった大がかりな森林政策の決定に際しては，指導者層の認識に基づいて，行政機構が対応するという「②指導者型トップダウン」の傾向が強いという実態である。

このパターンの政策が大きな影響力を持つ理由は，指導者層の重要性認識が示されることで，関連行政機構が実施する政策が，計画・予算面でバックアップされるためである。森林行政機構が自らの管轄範囲に基づいて模索する政策方針のうち，「五ヵ年計画(70)」のような中長期計画の策定では，国務院各部局との調整を必要とする。その調整の場は，国務院の総合計画機関（現：国家発展改革委員会）である。この機関は，かつて「国家計画委員会」として，社会主義計画経済の指令塔の役割を果たしてきた。現在も，国務院各局のトップ等を含めて構成され，行政の立場から経済運営の総合方針や中長期計画の策定を行う場となっている。ここで，国務院各部局の中長期計画案が調整され，それに基づいて財政部による予算配分が行われる。ヨコの対抗関係を内包する各行政機構・官僚組織が，最高次元で権限を争う場と言い換えてもよい。この調整の際，共産党指導者層の注目度が高ければ必然的に有利となり，森林行政機構の提出する計画と予算請求は無視され難くなる。また，中長期計画の最中であっても，指導者層が緊急の必要性を認めれば，計画変更や予算の増額も可能となる。この意味で，指導者層の重要性認識とそれに基づく②のパターンは，現代中国の森林政策を大きく動かす上で，不可欠の存在であった。第九次五ヵ年計画期（1996～2000年）に相当する1996年から1999年にかけて，インフラ整備等の基本建設に対する国家投資額が，森林造成・保護を含む「営林」方面で年々増額され，反対に伐採を含めた「森林工業」方面で年々減額されていくプロセスは，同時期の朱鎔基らの意向をトレースするものだった（図7-11）。

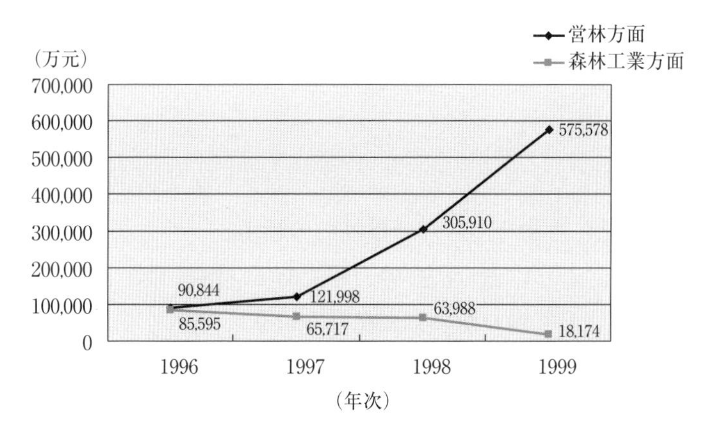

図7-11　1996～99年間の林業系統基本建設における国家投資額の推移
出典：国家林業局編（2007）『中国林業統計年鑑：2007』を参照して筆者作成。

この②のパターンは，一面においてボトムアップ的な要素も含んでいる。すなわち，指導者層の認識が中央の政策を左右するからこそ，彼らによる視察や情報収集を通じて，地方の実情や，地方・基層社会で実施されていた技術や仕組みなどが，中央の政策決定に直接反映されることがある。1985年2月26日に，当時，党総書記であった胡燿邦は，『人民日報』が出版した情況彙編（第84期）に掲載された黒龍江省の阿龍山鎮幹部の趙景恵の意見を見て，以下のような指示を当時の国務院林業部部長の楊鍾に出している。

「林区の住民が暖を取るために良質の木材を焼却する問題の解決を希望する」

(黒龍江省阿龍山鎮委：趙景恵)

近年来，林区の居民は逐年増加し，暖をとるための薪の需要が大幅に増加した。…現在，住民のいる城鎮から20km以内の範囲では，小枝や腐朽木まで既に伐採され尽くしてしまい，木の根さえ掘り尽くされ，薪問題は日増しに深刻化している。近年来，林政管理は更に厳格化されたけれども，政府と林政管理部門は，依然として厳冬における住民が暖をとるための薪問題を善処解決する必要がある。現実においては，総じて大量の良材が焼却されており，これは一種の深刻な資源浪費現象である。…条件が整った林区居民の生活燃料は，やはり石炭をもって木に代替させるべきである。関連部門が真剣に，石炭を木に代替させる問題を研究解決されることを希望する。

「上記の意見に対する胡燿邦の楊鍾への指示」

楊鍾同志へ。これは古くからの問題である。解決できる方法があるではないか！思い切って幾つかの典型を見るようにせよ[(71)]。

独自の情報収集によって地方の実情を認識した指導者が，森林行政機構に政策立案を求めた例と捉えられる。

その一方で，表面上は共産党の指導者達によってイニシアティブがとられているように見えるものの，実際には，国務院の森林行政機関を中心とした部局による起草と準備工作が重ねられた上で，決定・実施に移された政策も存在する。この場合は，むしろ「①行政機構型トップダン」として位置づけるのが妥当である。一例としては，改革・開放路線への転換後に開始された「全民義務植樹運動」が挙げられる。共産党指導者層が先導する形で，運動が開始されたのは1981年である。しかし，1979年の時点で，既に中央の森林行政機関は，その発案と準備を進めていた。林業部部長の羅玉川は，全国人民代表大会常務委員会において，3月12日を「植樹節」とすること，この植樹節を契機に全人民の動員による大規模な植樹活動を実施することを提案して承認を受けていた（第3章参照）[72]。

この他のパターンとして，中央の森林行政機関によって起草された政策案が，指導者層の目にとまって実施されたという場合もある。また，指導者層が特定の政策実施を指示する場合でも，個々の経験や認識からその重要性を強調する場合もあれば，森林行政機構から，前もってノウハウの提供を受けている場合もある。

しかし，結局のところ，大局的な森林政策を方向づけるにあたっては，共産党指導者層の重要性認識に基づく「鶴の一声」が不可欠であった。森林に直接働きかける政策決定のみならず，建国当初から現在に至るまでの度重なる権利関係の改変や，基層組織の変動も，異なる国家運営のヴィジョンを持つ指導者同士の主導権争いの結果としてもたらされてきた。すなわち，厳然たる権力を持つ指導者層の認識を背景に，細部における改変を伴いつつ，上意下達の政策実施システムが機能してきたというのが，現代中国の森林政策決定・実施における動かしがたい構図であった。

一方，③対応型トップダウンは，近年，目立ってきたという森林政策決定のパターンである。これは，国際条約への参加，二国間関係や世界情勢の変動といった，対外関係の変化に応じて，新たな森林関連の政策立案・実施が必要となるというものである。特に，1980年代以降，中国政府は，対外開放を通じて国際的な地位向上に努め，国際貿易のルールを受容し，また，地球規模の環境問題への国際的取り組みにおいて積極的な役割を果たそうとしてきた。この結果として，域外の動向に対応する形で，域内の森林に対する規制や取り組み等を模索しなければならない局面が増えた（第5章参照）。例えば，地球温暖化対策における森林吸収源の役割が国際交渉の舞台で注目されるにつれ，中央の共産党指導者層，国務院の官僚層は，将来の削減義務を見越して，吸収源の算定方法やCDM造林などの可能性を探り始めた。こうした業務の多くは，森林行政機構が担当してきたが，環境保護行政機構をはじめとした他部局との協調・対立を帯同してもきた。また，林産物貿易の拡大に伴っては，貿易相手の経済状況や関税政策，及び貿易摩擦の解消といった点を考慮して，様々な基準設定や税率変更等の措置が必要となってきた。こちらの場合，中央の指導者層や国務院・国家発展改革委員会によるマクロ調整策に基づいて，商務管理行政機構，税関・税務管理機構，森林行政機構等の複数の部門が対応していくことになった。

このように，これら域外の動向への対応は，既存の行政機構を跨る業務となることが多い。今後，このようなパターンの増加に伴い，従来の枠組みを超えた，新たな政策決定・実施の地平が開かれる可能性もある。

5.　森林政策実施システムの整備と特徴の総括

5.1.　トップダウンの政策実施システムの功罪

1950年代の骨格整備以降，中国の森林政策実施システムは，中央の方針・意向を地方や基層社会へと徹底するトップダウン型の特徴をもって機能してきた。その基軸となった森林行政機構は，殆どの時期で国務院の部門や行政体系としての独立性を保ちつつ，各種の森林政策の実施に大きな役割を果たしてきた。

客観的に見て，現代中国の森林政策は，この強力な政策実施システムを抜きにしては実現不可能に思われる多くの事実を積み重ねてきた。今日の人工林面積約8,000万ha（第1章参照）は，世界第二位のアメリカの約3倍，日本の約8倍であり，各時期の森林造成・保護政策（第3章参照）の徹底が積み重ねた圧倒的な数値である。しかも，中華人民共和国以前の政治体制は，森林の過少状況を深刻化させることはあっても，その改善に向けての政策実施を徹底していたとはとても言い難い状況だった（第2章参照）。すなわち，

1950年代以降の「党＝国家体制」を通じた政策実施こそが，中国において歴史上，初めて持続的と呼びうる森林との関係構築を促したことになり，実際に共産党指導者層も折々にその点をアピールしてきた。

また，度重なる森林をめぐる権利改変や，短期間の行政機構や基層組織の変更は，ともすれば収拾がつかないほどの混乱を招き，森林の乱伐や転用が横行し続ける等，非持続的な関係が常態化する可能性もあった（第6章参照）。実際に，その都度の改変・変更時には，森林破壊の加速が見られたものの，確固とした森林政策実施システムを通じた森林造成・保護等の方針，任務，資金の伝達が，その後の混乱制御と実践の継続に大きく寄与したとも考えられる。

近年では，森林政策に関係する行政機構や域内外の事情も多様化し，政策実施システムが多元化する様相も見られている。しかし，中央の指導者層や政策当事者が，この多元化の中でも強固なリーダーシップと調整力を発揮できる限り，トップダウンの森林政策の効果は維持されていくものと思われる。

一方で，現代中国を通じて繰り返された政策実施システム細部の変動は，主に森林とは直接的に関係の無い政治的要因や社会変化の結果として生じてきた。そこには，国務院の各部局・各行政機構，果ては共産党指導者間の競合・対立もしばしば垣間見える。こうした外部からの変動への圧力，特にトップダウンの根幹となる「党」や「国家」を揺るがす変動を前に，現状の政策実施システムは脆弱かつ不安定とならざるを得ない。

もう一つ，トップダウンの政策実施システムの弊害として指摘できるのは，トップ以外，具体的には地方政府や基層社会において，森林政策実施の担い手となる人々が，「受け手」としての立場に硬直化してしまう点である。すなわち，上級からの方針や目標をいかにクリアするかに自己の役割を規定し，各地の多様な状況に即して自発的な取り組みを行う姿勢を薄れさせる傾向である。実際に，現代中国の地方政府の行政担当者は，中央から下達された計画・資金の範囲に即して，数値的な目標を達成することを第一義とする傾向にあった。トップダウンの政策実施システムにおいては，その達成が，上級による評価と，自身のステップアップに繋がるためである。そして，このシステムは，地方や基層社会における政策実施の担当者が，失敗の隠蔽や成果の虚偽報告といった不正に手を染める可能性を内包する（第1章・第3章参照）。大躍進政策期の森林造成・保護政策等は，その弊害が表出した典型的な例であり，トップダウンにて徹底を求める政策実施システムの宿痾として，今日でもその可能性は各地に燻っている。

筆者が中国に滞在中，共産党指導者が視察に来る際に，緑化目標を達成していることをアピールするため，禿山の山肌を緑のペンキで塗りつくした地方の例がまことしやかに語られていた。また，突然，上級の市長が視察に来ることを知らされた郷級の行政担当者達が，下達された森林造成の指令を果たしていないことに右往左往した挙句，「市長の視力であれば，視察の路上からあの山は見えない」と自分を落ち着かせるテレビドラマの場面も印象的であった。

5. 2. 今後の研究課題

現代中国の森林政策実施システムの解明は，非常に大きな困難を伴う。本章でも度々触れてきた通り，今日，我々は出力・結果としての森林政策の内容を確認することはできる。また，それがトップダウンの政策実施システムを通じて，全域的な森林への働きかけに確かに影響することも予想できる。しかし，その決定過程において，どのような背景・事情が存在し，行政機構の再編等も含めてどのような調整の磁力が働いたのか，明らかにするのは極めて難しい。こうした部分は往々にして外には出てこず，機密保持の観点から中国域内の研究者や政策当事者が積極的に発表することも困難である。本章では，確認できる資料や筆者の聞き取り等から，可能な限り政策決定過程や実施システムの運用に迫ってみたが，政治過程論としては極めて不十分である。今後，実際に国務院や共産党組織において，森林政策の立案・実施に携わった人々を通じた，研究の充実が待たれる。

その中で，深めるべき論点としては，指導者型トップダウンの内実を明らかにすることを第一に挙げたい。近年でも，江沢民における「三つの代表論」，胡錦濤における「小康社会」建設，習近平における「生態文明建設」のように，中心的な政治指導者の交代に付随して，中国の地域社会と森林との関係に影響する基本方針やスローガンが打ち出されてきた。これらは，各時期の個別具体的な政策指令にも反映され，一定の方向性を示してきたようにも思われる。しかし同時に，それらの内容を注視すると，以前からの政策的取り組みの継続に過ぎない場合も往々にして見られる。これらの指導者ベースの基本方針・スローガンや，本章でも検証した彼らの場面場面での問題認識等が，どの程度，実際の森林政策を規定してきたのか。これらは，各時期を通じての政策指令の読み込みやテキスト分析等を通じて，より多くの理解を得る余地が残されていよう。

次に，森林行政機構と他の行政機構の関係性，とりわけ農業行政機構と環境保護行政機構との関係の推移は，中国の森林政策の立ち位置や性質を詳らかにする上で重要である。これに関連して，2018年の国務院改革で，自然資源部の外局として国家林業・草原局が位置づけられたことの意味とその影響も，今後の政策展開を観察しつつ解明すべき課題の一つである。また，それぞれの森林政策の決定において，共産党指導者層と森林行政機構の官僚をはじめとした専門家層，いずれの意向・認識が強く反映されてきたのかも興味深い。

これらの森林政策実施システムの解明を通じて，現代中国の森林政策の内実と特徴が，より端的に浮かび上がることになろう。

〈注〉

(1) 趙（1998）は，現代中国における政策過程の研究にあたって，「政策決定過程」とともに「政策執行過程」を分析するのが欠かせないとする。すなわち，欧米の法制国家を主な対象として発達した戦後の政治学においては，一旦，法案の形で政策が成立すれば，それが執行されるのが通常である。しかし，「成熟した法制国家ではない」現代中国では，政策が「決定」されても「執行」されないことがしばしばであったとする。これは，「上に政策あれば，下に対策あり」という有名な警句にも繋がるものであり，森林政策の現場においても，こうした傾向は多々見られてきた。本章は，政策実施システムの整備という観点から，森林政策の特徴を浮き彫りにすることを主目的とするため，森林政策の「決定」過程により注目した検証を行っている。

(2) 実際には，この「党＝国家体制」の細部では，各行政機構の管轄業務別の縦の集権制を強化する動きと，各地方・基層レベルの党委員会（党組織）の横の権力集中を重視する動きが存在した（趙 1998）。

(3) この点は，現代中国の政治研究における共通認識となっている（国分・西村 2009，毛里

2012・2016等)。また，加茂・林（2018）は，現代史を通じてこの体制が複雑かつ強固なものとなった結果，もはや政治指導者層の意向等の単純な図式では，近年の中国の政治過程を捉えきれなくなったとも指摘する。

(4) 当代中国叢書編集委員会（1985）『当代中国的林業』(p.80)。

(5) 林業部「1956年の林業業務の基本状況及び1957年の業務任務について」によれば，1956年には，全国に森林経営所875ヵ所，林業工作所703ヵ所，国営林場418ヵ所が存在し，1957年は森林経営所445ヵ所，林業工作所4,960ヵ所，国営林場206ヵ所を建設する予定とされている（中華人民共和国林業部辦公庁編（1959）『林業法規彙編：第7輯』(pp.45-65))。

(6) 党組・対口部の役割については，毛里（1993）や唐（1997）に詳しい。

(7) 中華人民共和国林業部辦公庁編（1956）『林業法規彙編：第6輯下冊』(pp.118-119)。

(8) 例えば，林業部党組「関於国営林場情況的報告」(1959年5月)（中華人民共和国林業部辦公庁編（1960）『林業工作重要文件彙編：第1輯』(pp.293-296))。

(9) 当代中国叢書編集委員会（1985）『当代中国的林業』(p.97)。

(10) 調整政策期には，人民公「社」のみならず，より小規模な生産大「隊」や生産「隊」が森林の管理・経営の担い手ともなったため，社隊林場という呼称が総括的に用いられた。

(11) 当代中国叢書編集委員会（1985）『当代中国的林業』(pp.96-97)。ソ連型モデルである森林経営所・伐木場の併存状況が改変されたことは，中ソ対立の影響である可能性もある。羅玉川「1960年1月2日の全国林業庁局長会議上の総括報告」では，1959年の間に，造林を主とする国営林場2,326ヶ所，公社運営林場46,396ヶ所が建設されたとしている（中華人民共和国林業部辦公庁編（1960）『林業工作重要文件彙編：第1輯』(pp.180))。

(12)「林業工作所工作条例」(1963年6月22日)（中華人民共和国林業部辦公庁（1964）『林業法規彙編：第11輯』(pp.43-45))。

(13) 中華人民共和国林業部編（1989）『全国林業統計資料匯編：1949～1987』(pp.410-411)。

(14) 国務院「森林保護条例」(『人民日報』1963年6月23日)。

(15) 当代中国叢書編集委員会（1985）『当代中国的林業』(pp.98-99)。加えて，林業部「関於拡大営林村試点的通知」(中華人民共和国林業部辦公庁（1964）『林業法規彙編：第11輯』(pp.62-65)）等にも営林村設置・拡大の方針が見られる。

(16) 当代中国叢書編集委員会（1985）『当代中国的林業』(pp.550)，財政部・林業部・中国農業銀行「関於建設集体林育林基金的連合通知」(中華人民共和国林業部辦公庁（1964）『林業法規彙編：第11輯』(pp.163-164))。

(17)「国有林区育林基金使用管理暫行辦法」(中華人民共和国林業部辦公庁編（1962）『林業法規彙編：第9輯』(pp.266-267))。

(18)「集体林育林基金管理暫行辦法」(中華人民共和国林業部辦公庁（1964）『林業法規彙編：第11輯』(pp.164-166))。

(19) 1984年「森林法」第6条，1998年「森林法」第8条において，この規定が存在した（鄔福肇・曹康泰主編（1998）『中華人民共和国森林法解釈』(pp.155-178))。

(20) 中華人民共和国林業部編（1987）『中国林業年鑑：1949年～1986年』(pp.557)。

(21) 例えば，林業部・司法部・公安部・最高人民検察院「重点林区の林業公安・検察・法院組

織機構の建設・健全化に関する通知」（1980年12月1日）等にその設置方針が見られる（中華人民共和国林業部辦公庁編（1981）『林業法規彙編：第14輯』（pp.25-27））。

(22) 1998年「森林法」第20条を参照（鄔福肇・曹康泰主編（1998）『中華人民共和国森林法解釈』（pp.124-135））。

(23) 但し，実際には，建国当初から局地的に存在した森林保護警察隊や，1960年代に設置されていた森林警察の担当業務を部分的に受け継いでもいる。

(24) こちらに属するものとしては，この他に，鉱山・地下資源の生産管理・警備を任務とする「黄金」，大型ダム等のエネルギー開発・警備を担当する「水電」，道路建設・警備や交通安全を担当する「交通」，消防任務に当たる「消防」等，幾つかの部隊が認定された。

(25) 森林部隊を含む人民武装警察の人材育成機関としては，中国人民武装警察部隊警種学院が2006年に設立され，2018年以降は中国消防救援学院となっている。

(26) 国務院「森林防火条例」第6条を参照（中華人民共和国林業部編（1989）『中国林業年鑑：1988年』（特輯5-8））。

(27) 国家林業局編（2007）『中国林業年鑑：2007年』（pp.248-249）。

(28) 近年では，林業所，林業技術推広所など，様々な名称で呼ばれることがある。

(29) 2000年の国家林業局「林業工作所管理辦法」では，県級森林行政機関の指導か，又は所在地の郷鎮人民政府との二重指導を受けるとされている（国家林業局編（2001）『中国林業年鑑：2001年』（pp.31-32））。しかし，2010年代に各地で実施した聞き取り調査では，郷鎮人民政府の所属機関として位置づけられつつあることが確認された。なお，地・県級の森林行政機関には，林業工作（総）所が部署として設けられており，それらが当該地方の郷級の林業工作所を，森林行政機構として直接的に指導・監督している場合が多い。また，後述するように，中央国務院の森林行政機関には，林業工作所管理総所が元締めとして属してきた。

(30) それぞれが管轄する領域も，厳密に言えば異なっており，林業管理局の管轄する領域の方がより広範囲に及んだ。

(31) 2018年から龍江集団は，大型国有企業としての中国龍江森林工業有限公司とされた。これに伴って，行政機能や社会事業における役割が，龍江集団と傘下の林業管理局や国有林業局から，各級の地方政府へと分離されたことになっているが，その「政企分離」の具体的な内実は追えていない。

(32) 内蒙古大興安嶺林業管理局編（2000）『内蒙古大興安嶺林業管理局林業管理局志』。

(33) この統廃合が行われた背景としては，1960年代後半に事実上の解体に追い込まれた国務院の各機構の復活にあたり，文化大革命の理念としての地方分権や行政機構の簡素化が反映された結果（宇野ら1986）が考えられる。

(34) 施蔭森・劉家順主編（1995）『林業政策学』（p.62）。当時，農林部内の林業司（後に組）が，実際には森林政策を管轄していた。

(35) このため，1970年5月の行政再建は，各部門の機構回復にあたっての段階的なものとも位置づけられる。一方で，文化大革命を主導した毛沢東らは，「農・林・牧の結合と相互依存」による統合的・分権的な基層社会の発展ヴィジョンを有していたことから，そもそも大林業思想等とも相容れず，森林行政機構による独立的・専門的な政策実施システムの解体を企図していたとの見解も存在する（胡・王 2012）。

(36) 国務院直属機関は，最高位の構成委員会である各部・委員会を除いた，国務院に直属する行政機関を指し，（総）局，委員会，署等からなる。

(37) 中華人民共和国林業部編（1987）『中国林業年鑑：1949年～1986年』（pp.617-618）。

(38) 施蔭森・劉家順（1995）『林業政策学』（pp.62-63）。

(39) 2023年6月時点での関連公式ウェブサイト情報に基づく。北京市は「北京市林業局」が2006年2月まで独立して存在しており，同年3月から，園林局との合併によって「北京市園林緑化局」となった。天津市は「規画・自然資源局」に森林関連業務が内設される形となっている。

(40) 当代中国叢書編集委員会（1985）『当代中国的林業』（pp.111-112）。

(41) ここでは，他の時期の統一的な森林行政機構と区別するため，この両機構分離の時期において林業部の体系下に残された行政部門を「林業行政機構」と呼ぶ。

(42) 中国木材公司「関於木材価格中幾個問題的指示」（1956年9月25日）（中華人民共和国林業部辦公庁（1959）『林業法規彙編：第7輯』（pp.316-317））。

(43) 林業部「関於建立林業庁統一森工与林業的領導問題的通知」（1954年7月21日）（中華人民共和国林業部編印（1954）『林業法令彙編：第5輯』pp.38-39）等。

(44) 旧ソ連における同様の分離体系については，塩谷（1953），柿澤・山根（2003）を参照。但し，時期によっては両行政機構の統合も含めた，多少の改編もあったとされる。

(45) 当代中国叢書編集委員会（1985）『当代中国的林業』（pp.92-93）。

(46) 当時の林業部長の梁希も，非共産党員であり民主党派：九三学社の所属であった（第10章参照）。

(47) 例えば，「森工部職工掲開他的仮面具」（『人民日報』1957年8月12日）では，農工民主党の党員である丘到中を中心に，羅・章が林業部・森林工業部に反共産党組織を作ろうとしたとされている。

(48) 国務院辦公庁「国家林業局職能配置・内設機構和人員編制規定」（国家林業局編（1999）『中国林業年鑑：1998年』（pp.30-32）），及び，国家林業局（2001年6月）の担当者への筆者の聞き取り調査による。

(49) 国家林業局（2001年6月）の担当者への筆者の聞き取り調査による。

(50) 国家林業局編（2000）『中国林業年鑑：1999／2000年』（p.169）。この時点で，国家林業局の管轄下に残されたのは，北京林業管理幹部学院と，南京人民警察学校（森林警察学校）のみであるとされている。

(51) 1990年代にその地位が正当化された。

(52) 但し，大部門体制（大部制）に基づく機能の近接した部門の統合が掲げられたのは2008年以降であり，2010年代前半にかけて行政改革自体は中央・地方レベルを通じて連続的に行われていた（渡辺 2016）。この際には，合併の噂こそあったものの，当時の国家林業局と森林行政機構の地位に変化は見られなかった。

(53) 北京林業大学ウェブサイト「院部設置」（http://www.bjfu.edu.cn/xxgk/1001.htm）（取得日：2008年12月1日）。

(54) 過去の国家林業局の局長・副局長の任命過程を見ると，まず党組メンバーと中央組織部に認定されてから，少し間を置いて，国務院が行政役職を任命している（国家林業局ウェブサイト大事記（http://www.forestry.gov.cn/lydshi/）（取得日：2008年12月5日）。

(55) 全国緑化委員ウェブサイト「中国緑化：機構成員」（http://www.chinagreen.gov.cn/jgsz_jgcy1.htm）（取得日：2008年12月5日）。

(56) 例えば，温家宝「関於加快林業改革和発展的重要指示」（2006年4月29日）（国家林業局編（2007）『中国林業年鑑：2007年』（特輯1-8））。

(57) 国家林業局編（1999）『中国林業五十年：1949～1999』（pp.773-775）。

(58)「中華人民共和国防沙治沙法」（2001年8月31日）（国家林業局編（2002）『中国林業年鑑：2002年』（pp.43-46））。

(59)「退耕還林条例」（2002年12月6日）（国家林業局編（2003）『中国林業年鑑：2003年』（pp.36-40））。

(60)「中華人民共和国自然保護区条例」（1994年9月2日）（中華人民共和国林業部編（1995）『中国林業年鑑：1994年』（特輯14-17））。

(61)「国家級自然保護区名録：2005」（国家環境保護総局（2006）『中国環境統計年報：2005』中国環境科学出版社（pp.261-269））。

(62) 但し，「森林生態」タイプの管理に関しては，森林行政機関が89か所（約1,156万ha），環境保護行政機関が6か所（約30万ha）と，依然として大きな差が存在した。

(63) 但し，2018年以降，自然保護区等での違法な開発行為を処罰する権限が，一律に生態環境部に移譲されるといった変化は見られているようである。

(64) 例えば，工業における模範地方とされた大慶は，中央によって前もって重点的に開発が進められていたという背景を指摘されている。

(65) 但し，これらの「全国会議」は，過去を通じて一貫して開催されていた訳ではなく，総合的な政治路線の方向性に基づいて，幾つかの変動が見られている。例えば，1950年代においては，全国レベルの林業会議が，ほぼ毎年開催されていた。しかし，1960年代前半の調整政策期には，国有林区，南方集団林区，森林希少地区ごとに，担当者を集めて会議が開催されるという「区域化」の傾向が見られた。すなわち，1960年を最後に全国林業庁局長会議は開催されなくなり，「南方各省・区・市林業工作会議」，「北方省・区・市林業工作会議」，「全国国営林場工作会議」等，地区や特定の体系レベルでの政策方針決定会議が，中央林業部によって開催されるようになった。大躍進政策期の混乱の収束を図るために，専業化をはじめ合理的な政策実施が求められていた調整政策期には，政策決定に際しても地区単位とするのが合理的と考えられていたようである。

(66) 一例として，調整政策期において，劉少奇の構想に基づいて実践された東北国有林区での「営林村」が挙げられる。劉は，1961年に東北国有林区の森林政策実施の担当者達を前にして，「3,000ha程度の林地を10～12戸に画定して，国家が彼らに住居と各人2畝ずつの土地（その内5割を自留地とする）を与え，小農具と家畜を与えて，小さな合作社を組織し，林業を主要な任務とする」構想を示し，これが営林村の設置として結実した（「在呼倫貝尓盟林業幹部会議上的講話」（1961年8月6日）（劉少奇（1985）『劉少奇選集：下巻』（pp.342-348））。

(67)「保護我們的森林：天然林保護工程紀行」(『人民日報』2005年3月19日)。
(68) 朱鎔基「下決心把砍樹人変成種樹人」(孫翊編 (2000)『新時期党和国家領導人論林業与生態建設』(pp.93-95))。
(69) 朱鎔基「対四川省保護天然林方案的批示」(1998年6月24日) (同上書 (p.92))。
(70) 建国初期から現在まで，14回に渡り策定された中期計画。現在は，第十四次五ヵ年計画 (2021～25年) の実施期間中である。
(71) 林業部林業工業局編 (1985)『全国国有林区経済体制改革座談会資料彙編』(pp.38-39)。
(72) 中華人民共和国林業部辦公庁編 (1980)『林業法規彙編：第13輯』(pp.20-21)。

〈引用文献〉

(日本語)
陳俊傑 (1993)「中国における育林基金制度：育林基金制度に内在する問題点を中心に」『林業経済研究』123：65-69
趙宏偉 (1998)『中国の重層的集権体制と経済発展』東京大学出版会
林良興 (2006)「中国の木材工業と木材規格」『JAS情報：2006年9月』日本農林規格協会：19-20
柿澤宏昭・山根正伸編著 (2003)『ロシア：森林大国の内実』日本林業調査会
加茂具樹・林載桓編著 (2018)『現代中国の政治構造：時間の政治と共産党支配』慶応義塾大学出版会
国分良成・西村成雄 (2009)『党と国家：政治体制の軌跡』岩波書店
毛里和子 (1993)『現代中国政治』名古屋大学出版会
毛里和子 (2012)『現代中国政治：グローバルパワーの肖像 (第3版)』名古屋大学出版会
毛里和子 (2016)『中国政治：習近平時代を読み解く』山川出版社
岡村志嘉子 (2018)「中国の新たな国家監察体制：中華人民共和国監察法」『外国の立法』278：63-86
塩谷勉 (1953)『ソ連邦の林業』林野共済会
戴玉才 (2000)『中国の国有林経営と地域社会：黒竜江国有林の展開過程』日本林業調査会
唐亮 (1997)『現代中国の党政関係』慶應義塾大学出版会
宇野重昭・小林弘二・矢吹晋著 (1986)『現代中国の歴史』有斐閣選書
渡辺直土 (2016)「現代中国の行政改革の新動向：「大部制」改革の現状について」『アジア研究』57(4)：41-65

(中国語)
当代中国叢書編集委員会 (1985)『当代中国的林業』中国林業出版社
国家環境保護総局 (2006)『中国環境統計年報：2005』中国環境科学出版社
国家林業局編 (1999)『中国林業年鑑：1998年』中国林業出版社
国家林業局編 (2000)『中国林業年鑑：1999／2000年』中国林業出版社
国家林業局編 (2001)『中国林業年鑑：2001年』中国林業出版社

国家林業局編（2002）『中国林業年鑑：2002年』中国林業出版社
国家林業局編（2003）『中国林業年鑑：2003年』中国林業出版社
国家林業局編（2007）『中国林業年鑑：2007年』中国林業出版社
国家林業局編（1999）『中国林業五十年：1949～1999』中国林業出版社
湖南省林業庁（2001）『学習《湖南省林業条例》輔導資料』湖南省林業庁
胡文亮・王思明（2012）「梁希"大林業思想"探析」『中国農史』2012(1)：114-121
林業部（1990）『全国林業系統国営林場普査資料』中国林業出版社
林業部林業工業局編（1985）『全国国有林区経済体制改革座談会資料彙編』中国林業出版社
劉少奇（1985）『劉少奇選集：下巻』人民出版社
内蒙古大興安嶺林業管理局編（2000）『内蒙古大興安嶺林業管理局林業管理局志』内蒙古文化出版社
施蔭森・劉家順主編（1995）『林業政策学』東北林業大学出版社
孫翊編（2000）『新時期党和国家領導人論林業与生態建設』中央文献出版社
鄔福肇・曹康泰主編（1998）『中華人民共和国森林法解釈』法律出版社
張力主編（2001）『林業政策与法規』中国林業出版社
中国林業編集委員会（1953）『新中国的林業建設』三聯書店
中華人民共和国林業部編（1987）『中国林業年鑑：1949年～1986年』中国林業出版社
中華人民共和国林業部編（1989）『中国林業年鑑：1988年』中国林業出版社
中華人民共和国林業部編（1995）『中国林業年鑑：1994年』中国林業出版社
中華人民共和国林業部編印（1954）『林業法令彙編：第5輯』中華人民共和国林業部
中華人民共和国林業部辦公庁編（1956）『林業法規彙編：第6輯下冊』中国林業出版社
中華人民共和国林業部辦公庁編（1959）『林業法規彙編：第7輯』中国林業出版社
中華人民共和国林業部辦公庁編（1960）『林業法規彙編：第8輯』中国林業出版社
中華人民共和国林業部辦公庁編（1962）『林業法規彙編：第9輯』中華人民共和国林業部
中華人民共和国林業部辦公庁（1964）『林業法規彙編：第11輯』中華人民共和国林業部
中華人民共和国林業部辦公庁編（1980）『林業法規彙編：第13輯』中国林業出版社
中華人民共和国林業部辦公庁編（1981）『林業法規彙編：第14輯』中国林業出版社
中華人民共和国林業部辦公庁編（1960）『林業工作重要文件彙編：第1輯』中国林業出版社
中華人民共和国林業部編（1989）『全国林業統計資料匯編：1949～1987』中国林業出版社

第８章　森林をめぐる法令の整備とその特徴

現代中国において，森林に対して「何をすべきか」，「何をしてよいか」，「何をしてはならないか」といった人間主体の働きかけを制御する規範は，極めて多元的な形で示されてきた。本章では，それらの規範のうち，森林政策の一環として公に定められたものを「法令」として捉える。すなわち，この法令の内容の検証は，現代中国の森林政策の特徴と方向性を掘り下げて理解するという意味を持つ。同時に，その法令の形式や効力の検証は，現代中国の法，政治，社会の関係性と，そこでの森林の立ち位置をクローズアップするという側面を持つことになる。

現代中国の森林をめぐる法令には，所定の手続きを経て定められた法律法規や部門規章に加えて，指導者層の意向を踏まえた政策指令，社会全体の働きかけの方向性を示す方針計画といったものが含まれる。すなわち，本章は，これまでの各章で検討した森林政策の形成と実施の制度的枠組みを，公的な規範という角度から捉え直す位置づけでもある。

1. 現代中国の森林をめぐる規範としての「法令」

1．1．現代中国における法令の位置づけ

現代中国の森林をめぐる公的な規範は，政府や裁判所等の執行機関によって実効力と拘束力が担保された法律，法典，法体系に必ずしも依るものではなかった。

これには，現代中国の法をめぐる二つの大きな背景が影響している。第一に，清末に至るまでの王朝期の中国では，道徳的な権威を有する統治者・権力者による調停，すなわち「人治」が公的な規範の多くの部分を構築してきた。この影響は近現代においても見られ，ローマ法やゲルマン法等を基礎に，法治国家を形成していった欧米諸地域とは一線を画していた（仁井田 1967 等）。

第二に，社会主義国家建設を通じた「党＝国家体制」（第７章参照）の構築によって，共産党指導者層の意向，価値認識，ヴィジョンが，法体系とそ

の運用を方向づけ，場合によっては優越する構図が確立された（高見澤・鈴木 2017)。この結果，現代中国では，法体系の頂点としての「憲法」こそ1954年に制定されたものの，指導者層の意向を反映した政策指令が事実上の拘束力を持つ形で頻発されてきた。特に，文化大革命期には，毛沢東の意向や政治路線が絶対視されるという，「人治」の極限のような状況も見られた。この反省から，1980年代以降，鄧小平，江沢民，胡錦濤と続く改革・開放期の最高指導者は，表立って個々人の認識を規範化することは避け，「依法治国」（法によって国を治める)，すなわち「法治」の確立を標榜し，法体系の整備を通じて規範の軸を構築しようと努めてきた（浅井 1989，田中 1989，本間ら 1998等)。この背景には，同時期，対外開放による経済発展を図る上で，貿易拡大や外資導入を促すために，域外の法治国家と同じ土俵に上がる必要があった事情もある。1978年末の中共第十一期三中全会で法制の強化が謳われたのを皮切りに，1979年には「刑法」と「刑事訴訟法」，1982年には「民事訴訟法」（試行)，1986年には「民法通則」，1989年には「行政訴訟法」等，近代法体系で基盤となる法律が相次いで制定された。

しかし，共産党による一元的な指導体制，中央の指導者の意向や意思決定に従属する法としての位置づけは，今日に至るまで変わっていない（高見澤・鈴木 2017)。この状況下で，社会主義の理念と共産党の指導原則を，財産権の保障や民主主義的な意思決定を内包する近代法体系に，どのようにすり合わせるかという問題が生じてきた。例えば，2007年3月に制定された「物権法」は，土地所有を国家・集団に限定するという社会主義公有制の原則の下，私的主体の権利がどのように保証されるかをめぐって，異例の長い議論を経て生み出されたものだった（奥田 2014等)。

現代中国の公的な規範の多元性は，こうした伝統的な規範概念，社会主義国家建設，近代法体系の導入といった背景に規定されてきた。近年においても，しばしば指導者層の意向を反映して中共中央や国務院から「指示」，「決定」，「通知」，「緊急通知」等の政策文書が頻繁に出されている。これらは，各項目にわたって「すべきである」，「してよい」，「してはならない」といった指令を伴っており，社会主義国家建設の時期と同様，実質的な法源と位置づけられている。すなわち，現代中国を通じた公的な規範の特徴と推移を明らかにするには，制定法に着目するだけでは不十分であり，少なくとも各時期の政策指令[1]を踏まえねばならない状況となってきた。

この多元性とその内実の解明は，現代中国の法制度研究全般の課題でもあり，具体的・実証的な研究が求められてきた。実際に，個別の部門や政策領域でも，その内実は様々であった。例えば，指導者層が農業・農村・農民の発展成長を「三農問題」として重視した2000年代以降，この部門の毎年の重要方針・指令は，「中央一号文件」（通常，旧正月明けの2月に発表）と呼ばれる中共中央・国務院からの「意見」を通じて示されるのが慣例化してきた。

森林に関しても，現代中国の公的な規範は，例外なく多元性を有してきた。しかし，後述するように，そこには森林との関わりならではの独自性も見出せる。また，森林をめぐる法令が網羅・制御しようとしてきた働きかけについても，幾つかの特徴が存在している。これらの検証を通じて，現代中国の法令の位置づけや，それが人間—森林関係に与えた影響を窺い知ることができよう。

付言すれば，現代中国の森林をめぐる規範は，中央からの法令のみに依存してきた訳でもない。建国当初から1950年代前半にかけては，混乱収束や復興の緊急性もあり，大行政区の人民政府や軍政委員会をはじめ地方レベルでの政策指令が，森林に関しても数多く出されていた（第3章・第7章参照）。しかし，今日では，省級行政単位等に地方性法規や地方政府規章の制定権が存在し，地級，県級等でも固有の方針計画や細則等が見られるものの，殆どは前章で述べた通り，中央の法令に沿った形となっている。一方で，郷級や基層社会の村等では，郷規民約や村規民約といった集団単位での取り決めや，個別の主体間の契約等が，森林造成・保護や林産物の採取等の人々の働きかけを直接制御する役割を果たしてきた。これらの基層的な規範は，近年，研究の進んできた中国の森林をめぐる伝統的な権利・規範概念や生業・慣行（相原 2017，ダニエルス 2004）の延長線上に捉えることが可能であろう。また，これらと中央の森林政策の内容との接点を見出す事例研究も進められており（菊池 2013 等），今後の展開が興味深い。但し，森林政策とその社会への影響に注目する本書では，これらの地方・基層レベルの規範の役割からひとまず離れ，中央からの法令に焦点を当てることとする。

1．2．森林をめぐる法令の種類と優先順位

現代中国を通じて，中央レベルで森林関連の法令を定める主体は，不透明な部分はあるものの，概ね，中国共産党中央委員会（中共中央），中央行政府（当初は政務院，後に国務院），及びその中央行政機関（森林行政機関としては林墾部，林業部，国家林業局，国家林業・草原局等）に絞られる。「森林法」をはじめ，「国家法」が森林関連でも定められてきた改革・開放期以降は，その制定主体と定義される中央立法機関の全国人民代表大会（全人代），及びその常務委員会が加わる。このうち，重要な政策指令に関しては，中共中央と中央行政府の連名で出されてきた。

全人代とその常務委員会によって定められる「国家法」は，全ての人民を対象とする。中共中央，中央行政府によって定められる法令が対象とするのは，全人民，或いは各地方レベルにおける党・行政担当者である。そして，各中央行政機関による法令が対象とするのは，管轄行政機構の枠内での運営方針や業務活動に関するものが多く，今日では行政規則としての「部門規章」と位置づけられている。

現代中国において，中央レベルから出された拘束力・実効力を有する森林関連の「法令」は，以下のように類別することができる。

① 方針計画（計画・規画・綱要・目標・議定等）
② 政策指令（指示・決定・意見・通知・緊急通知等）
③ 法律法規（国家法・行政法規）
④ 部門規章（辦法・規程・規定・細則等）

まず，①方針計画は，五ヵ年計画等の中長期計画の策定時や，大きな国際会議が開催された時，或いは新世紀への移行といった節目に出される場合が多い。計画，規画，綱要，目標，議定といった名称を冠されるのが通常であり，森林政策の全体的な方向性を提示するものである。このため，その網羅する対象は広範囲に及ぶ。また，近年では，森林の関連する政策を「環境政

策」（生態環境政策）として捉える傾向が強くなってきたため，「森林」という用語が表題に明記されず，複数の行政機構の管轄部門に跨る形で出されることも多くなった。例えば，新世紀を前にして，国務院によって定められた「全国生態環境建設規画」（1998 年 11 月）等がこれに相当する（第 3 章参照）。方針計画では，特定期間内の政策の達成目標が示され，そのための大まかな方針が定められる。大枠でのヴィジョンを示すマスタープラン的なものであるため，具体的な義務，禁止事項，罰則規定などは伴わず，直接的には拘束力を持たない。但し，以後の政策指令や法律法規は，これらの方針計画に基づいて制定されることが多く，その意味での実効性は有している。

既述の通り，②政策指令とは，絶対的な政治権力を有する共産党指導者層を含む中央の政策当事者の意向や合議を反映して出されるもので，指示，決定，決議，意見，通知，通令，緊急通知といった形をとる。この中で，森林関連の「指示」は，中共中央・国務院における指導者層の認識を地方の党・行政担当者に伝えるものが多いようである。過去を通じて，森林関連の「指示」は，ほぼ必ず中共中央と中央行政府の連名で発せられてきた。これは，中国共産党中央政治局[(2)]と国務院の共同討議を経たことを示しているが，実質的には，中央の共産党指導者層の意向・判断を，国務院の各行政機構の管轄業務に反映させた結果とみられる。

「決定」や「決議」は，森林関連の全体的な方針を示す場合や，各時期の重点的な政策や政治イベントが実施される際に出されることが多い。前者の場合は，方針計画に近いとも言えるが，「決定」ではより具体性を伴った指令がなされる。

「意見」については，中共中央と中央行政府の連名，中央行政府単体，中央行政機関単体もしくは連名といった複数のバリエーションが存在してきた。近年では，「指示」，「決定」，「決議」と同様に，森林関連の重要な政策の全体的・具体的な方針を示す場合に多く用いられている。一方，「通知」，「緊急通知」は，国務院や中央森林行政機関といった行政系統において発せられ，地方の関連行政機構に対して，中央の政策方針を示すとともに，速やかに具体的な行動を要求する場合に用いられる。例えば，森林の乱伐や火災等の深刻化に対して，中央政府が，地方政府の関連部門に緊急の対応を迫る場合等である。これに対応して，各地方政府では，それぞれの状況に適した法令が定められ，対策等のための組織・人員配備がなされたりする。なお，個別の行政機構が後述する部門規章を定める際等に，それを告知する目的から，やはり「通知」という文書を公布するので区別が必要である。

これらの政策指令のもつ大きな特徴は，方針計画や法律法規が，特定の時期や各部門の討議を経て，或いは既定のプロセスに則って制定されるのに対し，極めて柔軟な形で速やかに出されるという点である。例えば，自然災害の発生や森林破壊の深刻化等を指導者層が認識した際には，「指示」や「緊急通知」として即座にそれが反映されるため，「即応型」の法令とも位置づけうる。また，これらの政策指令は，「いつまでにこうせよ」や「必ずこうすべきである」といった具体的な責務を内容に含んでいる。地方の担当者や基層社会の責任者はこれへの対応を求められるため，方針計画に比べて強い拘束力・実効力を有している。但し，対応・達成できなかった場合の明確な罰則規定を伴うことは稀である。勿論，担当者・責任者の業績評価等には反映されると考えられるが，この種の法令の拘束力を見極める難しさは存在する。

③法律法規と④部門規章は，条文や罰則等の体裁を基本的に備え，近代法体系の下に位置づけ得るものである。すなわち，全国人民代表大会とその常務委員会の定める国家法，国務院の定める行政法規（「条例」など），森林行政機関など各部局の定める部門規章が，法体系として上位―下位の序列を保つ形で定められている（図 8-1）。現行の森林関連の法律法規の殆どは，「法治」が標榜された改革・開放期以降に整備もしくは再編されている。省級行政単位では，地方性法規が定められるが，管轄域内の「基本法」的な法規と，個別の政策目的や対象領域に関する法規が存在する。また，中央行政府の部門規章は行政規則という位置づけだが，省級の地方政府が制定する行政規則（地方政府規章）も存在する。部門規章は，「辦法」，「規程」，「規定」，「細則」等の名称で出されるが，辦法等は政策指令や行政法規扱いされるものにも用いられることがあり，留意が必要である。これらは，「条文」という形で整理されるのは勿論，対象となる主体の義務や職責に加えて，それに反した場合の具体的な罰則規定を伴っており，成文法としての形式を基本的

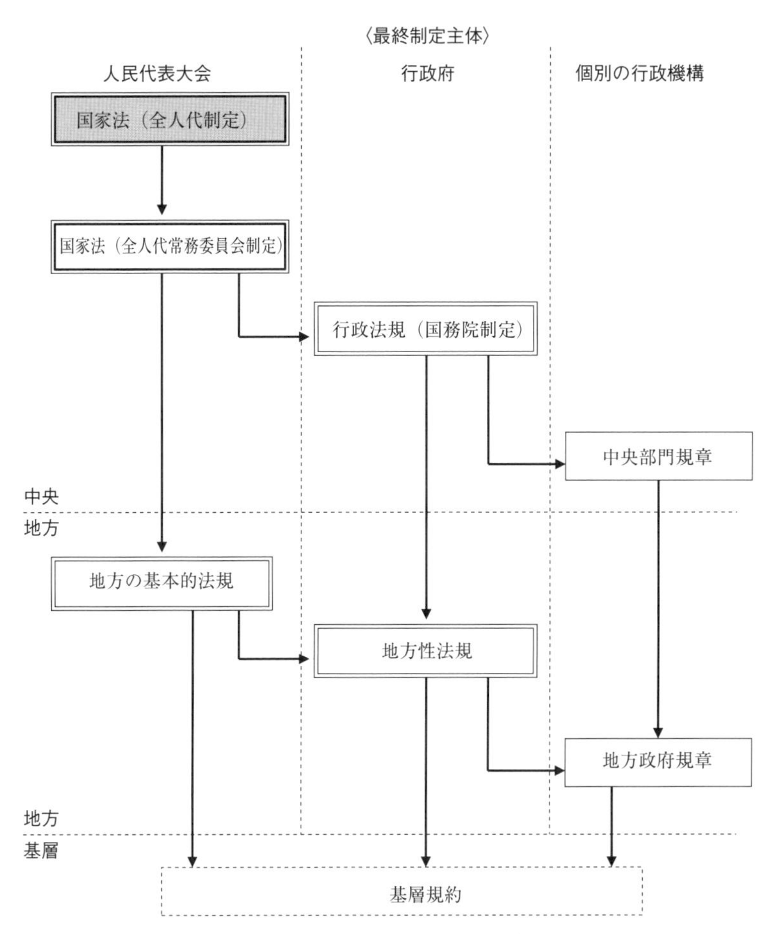

図 8-1　近年の中国における法体系の位階性
出典：木間ら（1998）等に基づき，関連法律法規を参照して筆者作成。

に備えている。森林関連の法律法規の罰則の形態は，刑法による刑事責任制度や，行政処分，治安管理処罰といった行政責任制度を伴うものを含む。このため，法律法規や部門規章は，他の種類の法令に比べて，最も明確かつ体系だった拘束力を有しているとみなすことができる。

但し，これらの法律法規や部門規章の実効性に関しては，党組織・行政機構内部の癒着や法治に馴染まない文化的背景からの不徹底が，度々問題として指摘されてきた。また，方針計画や政策指令を含めた多元的な法令が並存する状況にあって，法体系の絶対性がどこまで担保されるのかも疑問となる。

繰り返すように，改革・開放以降の近年の中国において，法律法規と部門規章の位階性は比較的明確であり，それぞれの内容が抵触した場合の優先順位の判断は容易である。また，方針計画は，特定期間内での大枠の方向性を示すものであるため，他の法令の内容と直接的に矛盾することは少ない。但し，大躍進政策から調整政策，調整政策から文化大革命，更に改革・開放への転換といった総合的な政治路線の変動に際しては，前路線の方針計画そのものが否定され，現路線の方針計画や政策指令に基づく制御がなされてきた。すなわち，短期的には，既定の政策指令や法律法規にそぐわない状況が生み出されてきた。しかし，その場合は，事後的に政策指令や法律法規が，現路線の方針計画に沿った改変や廃止を通じて再編されることになる[(3)]。

政策実施の現場で問題となるのは，政策指令と法律法規・部門規章の関係である。実際に改革・開放以降の中国では，法律法規が網羅できていない部分において，政策指令が規範的役割を果たすことは，森林関連でも当然とみなされてきた（張 2001 等）[(4)]。しかし，同時期には，しばしば体系化された法律法規・部門規章の枠組みに，政策指令という形の規範が割り込んでくる局面が見られた。その際には，既定の法体系の範囲を大きく超え，ともすれば一線を画す内容を，政策指令が要求することも珍しくなかった。

この場合，地方や基層の政策実施主体は，どちらを優先するのかの判断を，少なくも政策指令の発出後しばらくの時期において迫られることになる。筆者の理解する限り，その際の優先順位は以下の通りと思われる。

最優先：中共中央・国務院からの政策指令
次点：全国人民代表大会（全人代）及び同常務委員会制定の国家法
第3位：国務院制定の行政法規
第4位：国務院からの政策指令
第5位：中央森林行政機関等からの政策指令
第6位：中央森林行政機関等制定の部門規章

まず，国家法→行政法規→部門規章という法体系の位階制は反映される。また，「憲法」にその指導性を明記された共産党指導者層，及び，国家立法機関である全人代（及びその常務委員会）と，その下で行政を担当する国務院，及びその個別担当部局という地位関係も明白である。検討を要するのは，中共中央・国務院からの政策指令と国家法，国務院からの政策指令と行政法規，中央行政機関からの政策指令と部門規章の間の優先順位である。

国家法としての「森林法」とそれに基づく法体系が整備されたのは1980年代に入ってからである。それ以降の政策過程では，共産党指導者層の意向に基づいて発せられる中共中央・国務院からの政策指令が，既存の森林法体系に含まれない規範を提示し，かつそれが以後において優先的な拘束力を有するケースが多く存在してきた。

例えば，1980年代半ばにかけて，南方集団林区等で森林乱伐が深刻化した際，この問題に対する共産党指導層の危機感は強まり，緊急対策が練られた。その結果として1987年6月30日に出された中共中央・国務院「南方集団林区の森林資源管理の強化と断固とした乱伐制止に関する指示」は，農民世帯による林地の私的経営化を引き締めるものであった（第3章・第7章参照)。この指示における「集団所有で面積の集中した用材林で，凡そ世帯に分配していないものは，これ以上分配してはならない[(5)]」との法的根拠は，当時の1984年「森林法」以下の法体系に見出せない。むしろ，「森林法」では，第3条において農民世帯を含めた私的主体の林地使用権や林木所有権を認め，法的に保護することを明記しており，これに基づく林業「三定」工作は，「民衆の需要に応じて自留山を画定する[(6)]」という方針で進められていた（第6章参照)。また，用材林の農民世帯への分配を行ってはならないという法的根拠は，既存の「森林法」をはじめとした法体系のどこにも見当たらなかった。この指示が出された後は，南方集団林区において，一律に農民世帯への森林の権利分配が停止され，場合によっては分配された権利を再度集団に回収するという，当時の「森林法」の内容に明らかに抵触した状況も生まれた。

また，近年の森林の権利確定政策としての「三権分離」は，2014年11月と2016年10月の中共中央・国務院「意見」によって具体化したが（第6章参照)，これも当時の1998年「森林法」以下の法律法規には一切の関連規定が無かった。後述する2019年末の「森林法」改正に伴って，初めて第17条に「林地請負経営権」と「林地経営権」が明記され，前者から後者を分離して流動化させる根拠が示された。

これらの点からすれば，中共中央の名の下に発せられてきた政策指令は，「森林法」という国家法の想定しない規範を網羅してきたのみならず，それに優越する形で地域の人間—森林関係を規定してきたと捉えられる。なお，中共中央・国務院からの政策指令であっても，緊急対応的なものと，「林業発展の加速に関する決定」(2003年6月25日）や「全面的な集団林権制度改革の推進に関する意見」(2008年6月8日）のように（第6章参照)，その後の包括的・中長期的な規範・指針とみなされるものがあり，留意が必要である。

一方，中央行政府の国務院からの政策指令は，国務院が定めた行政法規の範疇に収まる傾向が強いように思われる。また，公刊の法令集では，行政法規→政策指令の順で掲載されており，主に中央行政府としての各部門の業務を方向づける目的で，政策指令が位置づけられているようである。他方，中央森林行政機関から出されるものについては，政策指令→部門規章の順で公刊資料に掲載される場合が多い。

中国の法体系を構築する法律法規・部門規章と，政策指令の関係は不明瞭であり，お互いが抵触する場合の事例研究の積み重ね等が必要となろう。但し，森林をめぐる法令に限って言えば，二つの特徴的な要因から，共産党指導者層の意向を反映する中共中央・国務院からの政策指令が優先・重視される傾向を説明できる。

第一に，森林をめぐっては，火災や水害等の自然災害をはじめ，突発的かつ緊急性を有する事態が不断に発生し，政策方針や社会変化の影響も含めて，それらの予見は極めて難しい。このため，即応型の政策指令が，必然的に重視されるという図式である。

第二に，中国という地域内の森林状況や社会との関わりが多様であるため，方針計画や法律法規等に記載される内容は，総花的・一般的なものとならざるを得ない。ゆえに，政策実施における効果を担保するには，各地の状況に応じた実験や試行錯誤を積み重ねることが不可欠となり，その具体的な指針として政策指令が柔軟に活用されるという構図である。

この二つの要因は，近年の中国の森林をめぐって，政策指令と法体系が，そもそも異なる次元の役割を見出されている可能性を導く。すなわち，法律法規や部門規章は，それぞれの時点で出された即応型の政策指令を，一定期間後に総括するものであり，対処療法的な政策を確認・追認し，正当化する役割を与えられているということである。森林をめぐる特定の問題の表面化や，国際的な変化に応じて，中共中央における指導者層の合意が得られた段階で政策指令が出される。そして，ある程度それらが「出し貯め」され，効果が検証された時点で，法律法規が制定・改正されるというプロセスである。これは，緊急時の政策対応でも極力法に則る法治主義・立憲主義からすれば馴染みにくい考え方だが，そのように捉えると，現代中国の森林をめぐる政策指令と法体系の関係性は，比較的得心のいくものとなる。

1．3．森林をめぐる法令の対象領域と性格

現代中国において，森林に関連した法令は，どのような方向性を有し，どのような人間の働きかけを制御しようとしてきたのか。『林業法規彙編』や『中国林業年鑑』といった各時期の公刊資料は，森林関連の膨大な法令をトピック毎に区分して整理してきた。この対象領域の設定・区分は，法令を制定する側の人間が，森林をめぐってどのような問題が存在し，それに対してどのような公的な規範を必要と認識していたかを示している。

時期的な差異こそ見られるものの，現代中国を通じては，以下の九つの領域区分が森林関連の法令に存在してきた。すなわち，①森林をめぐる権利関係の確定（林権確定），②森林造成（植樹造林・緑化）の促進，③乱伐・乱開発に伴う森林破壊の制止，④森林火災防止，⑤森林病虫害防治（防治：防除，予防と治療），⑥森林伐採・更新等の施業方式，⑦林産物生産過程の管理，⑧林産物加工過程の管理，⑨林産物流通過程の管理である。このうち③・④・⑤は，後述するように，「狭義の森林保護」として捉えられる場合もあった。また，⑦・⑧の領域の法令は，木材や特用林産物等，個別の生産物に応じて定められる場合が殆どであった。

これに加えて，①～⑨の各領域に関する法令を徹底し，政策実施を円滑化するための組織的な運営方針を定めた法令も存在してきた。これは，各領域を対象とした法令に含まれる場合もあるが，部門規章の一種として，運用内規や通達のような形で独自に定められる場合もある。

どの対象領域の法令が頻繁に出されていたかは，森林をめぐる中央の政策当事者の重要性認識や地域社会のニーズを判断する目安となる。また，この観点から，日本における「森林・林業基本法」や「森林法」のような，森林への働きかけの規範を包括した「基本法」の性格を判断することもできる。石井（2000）は，ヨーロッパ各地の森林関連の基本法である「森林法」の内容が，近代以降，社会背景の変化に応じて，大枠で三つの段階を経験してきたとする。私的所有権の承認を前提とした近代法としての森林法は，19世紀後半，過度の利用による土地荒廃を防止し，個別の森林所有者の権利を守る「森林施業規制・警察法」としての性格を有していた。しかし，20世紀に入り，第二次世界大戦以降になると，これらは，需要の増大に伴う木材安定供給の必要性から，「森林造成・林業振興法」としての性格を帯びる。そして，1970年代以降は，世界的な環境意識の向上とともに，多面的な機能の重視を含めた「開発規制・環境保護法」という性格に転じてきたとされる。この推移を仮説として当てはめるならば，第一段階の基本法では，③乱伐・乱開発による森林破壊の制止，④森林火災の防止といった対象領域の反映が目立つことになる。また，基層社会の森林利用活動を「規制する」という性格において，①権利関係の確定，⑥森林伐採・更新等の施業方式や組織の運営方針が規定されよう。一方，第二段階では，1964年の日本の「林業基本法」で顕著であったように，物質生産を中心とした基層社会の森林利用活動を「促進する」性格において，⑦林産物生産過程の管理，⑧林産物加工過程の管理，⑨林産物流通過程の管理を中心に，木材資源確保のための②森林造成の促進，生産性の向上を前提とした①権利関係の確定，⑥森林伐採・更新等の施業方式，及び組織運営方針が規定されるはずである。

次節以降では，これらの種類，対象領域，性格に留意しつつ，各時期の法令や基本法の内容を見ることで，現代中国の森林関連の法令が，どのような人間―森林関係の規範化を目指してきたのかに迫ってみたい。

2. 社会主義建設下の森林関連の法令の歩み

2. 1. 1950年代における森林関連の法令

1949年の建国直後から1950年代を通じて，森林関連の法令における明確な体系は存在していない。後の「森林法」のような国家法・基本法は定められておらず，刑事・行政責任制度も整備されていなかった。しかし，森林をめぐる公的な規範が存在しなかった訳ではない。この時期には，中央行政府（政務院・国務院）や，その内部に位置づけられる中央森林行政機関（林墾部・林業部）から発せられる政策指令が，実際には国家法的な役割を果たし，具体的な行政法規や個別の地方規定も定められていた。

但し，こうした政策指令による体系は，権利確定(7)，森林造成(8)，乱伐・乱開発に伴う森林破壊の制止(9)，森林火災防止(10)，森林病虫害防治(11)，森林伐採・更新等の施業方式の規定(12)，林産物の生産・加工・流通の管理(13)，組織の運営方針の提示(14)といった，個別の対象領域ごとに成立していた。すなわち，森林に対する働きかけを包括的に制御する形ではなく，個々の業務や活動に特化した規範体系が並存する形であった。翻せば，中央の政策当事者は1950年代の時点で，既に各種の対象領域を意識した規範づくりを企図していたことが分かる。

細かな時期別に見ると，建国初期の1949年から1952年にかけての政策指令は，権利確定，森林破壊の制止，森林火災防止という領域に集中していた。権利確定に関しては，最優先課題であった土地改革に対応するものが殆どである。それらの中で，主要課題と認識されていたのは，個々の農民に分配された森林の権利を明確に保証すること，及び，その権利改変の過程で生じ得る森林破壊行為を防止することであった。この時期の乱伐や森林火災の防止に関する政策指令も，この権利関係の改変や，戦乱直後の混乱に伴う基層社会の森林管理の緩みを引き締める内容となっていた(15)。

これらの領域への政策指令の集中は，森林の過少状況下に発足した共産党政権が，末端までの監督が行き届かない中，何とかして既存の森林資源を確保しようとの意向を反映したものだった。このため，この時期の政策指令は，地方政府や基層社会の住民・各組織による森林利用を「規制する」性格を強く持つことになった。現代中国の森林をめぐる公的な規範の整備は，その出発点において，森林に対する人間主体の働きかけを上から規制するという構図を有していた。

対して，第一次五ヶ年計画が開始され，社会主義国家建設が軌道に乗り始めた1953年に入ると，森林伐採・更新等の施業方式，林産物の生産・加工・流通の管理，組織の運営方針等，他の領域での政策指令が急増する。これらの政策指令は，東北・西南等の大面積の国家所有林地や，南方集団林区において，国家計画の下に森林開発や林産物利用を「促進する」性格を持っていた。同時に，木材の節約と合理的利用を目指す方針も強調され(16)，森林の開発・利用を促しつつも，その過少状況への配慮が見られた。

1954年，国家計画に基づいた木材の統一買付・統一販売が確立され，中国木材公司による流通管理体制が築かれる（第4章参照）。この際には，国家調達・配分システム下に森林伐採，林産物の生産・加工・流通，関連組織の運営を整序する多くの指令が出された。これらは，基本的に，社会主義建設に必要な木材の安定的・効率的な確保を目的としていた(17)。また，1956年から2年弱，森林工業部とその行政体系が成立した際には（第7章参照），林産物の生産・加工・流通過程の管理に関する政策指令が，こちらや中国木材公司の体系から出されていた。

森林政策が全域的に展開されるにつれて，行政機構や関連組織の運営方針，及び一定の行政責任を明記した部門規章が，法律法規に先立って整備されていった。即時的な指示や通知のみならず，普遍性や罰則を備えた規範を合わせ，体系的な枠組みの構築も目指されるようになった。森林病虫害防治，森林伐採・更新等の施業方式といった対象領域の規範も，建国初期こそ見られなかったが，この時期の業務の落ち着きとルーティン化の中で登場するようになる。

森林造成を目的とした政策指令は，建国初期から1950年代を通じて，毎年のように出された。この対象領域では，当初から，森林の拡大を通じて諸機能の回復を図るために住民を「動員する」という性格が前面に出ていた。「大衆を啓発・動員して，各所に植樹造林すべき(18)」ことが，繰り返し地方・基層社会レベルの機構・組織に求められた。

建国当初から1950年代の中国では，主に政策指令が個別の対象領域ごとに，森林保護のための規制，林産物確保の促進，森林造成への住民動員という性格を伴って機能し始めていた。1950年代末の大躍進政策期の混乱を受けて，これらの規範体系は機能不全に陥るものの，一定の基盤を残しつつ，1960年代を迎えることになる。

2．2．1960～70年代における森林関連の法令：国務院「森林保護条例」の制定

大躍進後の調整政策期を経て，文化大革命へと至る1960年代は，森林をめぐる法令の体系化という点では大きな転機を含んでいた。それは，1963年の国務院「森林保護条例」の制定である[19]。この法令は，今日の区分では国務院制定の行政法規に相当するが，実際には後の国家法としての「森林法」の基礎とみなされ[20]，当時において森林関連の基本法と呼ぶべき位置づけにあった。

「森林保護条例」は，第1章：総則（第1～3条），第2章：護林組織（第4～9条），第3章：森林管理（第10～20条），第4章：火災の予防と消火（第21～31条），第5章：病虫害の防治（第32～36条），第6章：奨励と懲罰（第37～41条），及び第7章：附則（第42･43条）からなる。

現代中国において，法令上の用語としての森林保護は，乱伐・乱開発に伴う森林破壊の制止，森林火災防止，森林病虫害防治という三つの対象領域を総称する場合と，森林を維持することに繋がる措置一般を指す場合がある。後者の場合，そこに含まれる領域は前者よりも遥かに広い。この条例では，第1条において，「森林を保護し，火災・乱伐を防止し，病虫害を防治して林業生産を促進するために，特に本条例を制定する」とされており，前者の意味として三つの領域が中心に位置づけられている。しかし，全体としては後者の幅広い領域を包括する内容になっている。まず，第2章：護林組織に含まれる第4～9条，及び第20条等は，森林保護に必要とされる組織の運営方針についての規定である。第5条では，「林区の人民公社の生産隊，或いは生産大隊，及び林区の国営林場・農場・牧場・墾殖場と鉱工企業等の単位は，大衆性の基層護林組織を作るべきである」とし，それらの組織は，

「上級の護林指揮機構の指導の下に，護林規定を断固として実行し，愛林・護林宣伝教育を展開し，林区に入る人々による野外における火の使用を管理し，組織的に森林火災を消火し，森林病虫害の防治を行い，一切の森林破壊行為を制止する」とされた。これは，調整政策期に入ってからの基層社会の森林保護を目的とした専業機構の設立・整備に関する法令[21]を総括する内容となっていた。

第10条，第11条，第18条は，森林の権利確定に関する規定である。これらは，当時，大躍進政策に伴う森林破壊の深刻化に対応するため，劉少奇らの現実路線によって進められていた権利確定政策[22]の内容を踏襲したものである。第12条は，森林の保護と継続利用を前提とした森林伐採・更新等の施業方式に関する規定である。その第1項では，林業部によって1960年に改定された「国有林主伐試行規程[23]」が反映されている。

狭義の森林保護の対象領域である乱伐・乱開発に伴う森林破壊の制止，森林火災の防止，森林病虫害の防治に関しては，第4章：第13～17条，第4章：第21～31条，第5章：第32～36条がそれぞれ対応している。これらの内容も，既定の個別の法令を，大枠でまとめあげたものである。乱伐の制止については，第13条で環境保全機能を持つ森林の主伐禁止という原則が示される。加えて，第14条が自然保護区の森林の伐採禁止，第15条が森林破壊を伴う開墾禁止を，それぞれこの時期の政策指令の内容を受け継いで規定している[24]。第16条では，樹木の成長促進のために住民の諸活動を禁止する封山育林が求められている。第17条は，放牧による林木の損壊を防止するもので，同様の指示は建国初期から東北等で出されていた。森林火災の防止は，森林地帯での火を用いる活動の制限や，専業機構及び住民を組織した防火システム構築が主な内容である。森林病虫害の防治についての規定も，既存の方針に基づき専業機構等を組織することを求めている。

このように，1963年の「森林保護条例」は，1950年代から個別の対象領域に即して形成されてきた規範的体系を，調整政策期の方針に基づき，基層社会の住民・組織の森林利用を「規制する」観点から包括した内容であった。対して，森林利用活動を「促進する」という性格の規定は殆ど見られない。また，森林造成という対象領域に関する規定も，「森林保護条例」の枠外に置かれている。当時，森林造成に関しては，1950年代後半に中共中央や最高国務会議での議論を経て出された「1956年から1967年までの全国農業発展要綱草案」（第3章参照）が，包括的な目標・規範と見なされていた。

「森林保護条例」では，多くの条文において，森林保護のために住民を「動員する」という性格を確認できる。例えば，第3条で「各級人民委員会は，愛林・護林の宣伝教育を強化し，大衆を動員して森林と林木を保護すべきである」とされているのをはじめ，第5条，第20条，第28条，第33条等において，基層社会の住民を，森林保護のための諸活動に動員すべきとの内容が見られる。また，第6章の第37条に一括されている「奨励」に関する規定も，森林保護活動への動員を促すものとして位置づけられる。

第38～41条は，罰則に関する規定であるが，具体的な罰則は明示されておらず，「刑法」や「民法」が未制定の状況下で，統一的な司法制度に依拠するものではなかった。実際に，違反に対する懲罰の執行や森林をめぐる紛争の解決は，地方レベルの行政機構内の取り決めや，基層社会の各組織の代表者達の裁量や調停に基づいて行われていた。明確な拘束力に裏打ちされておらず，その実効性も担保されないという意味では，「森林保護条例」は法規範として未成熟であり，法体系としての機能も限定的であったという評価は免れない。

とはいえ，1979年に「森林法」の試行を見るまで，この「森林保護条例」は，地域社会の森林に対する働きかけを制御する基本的な規範として位置づけられていた。文化大革命が本格化した1960年代後半から1970年代前半の時期は，他の公的な規範と同様に正統性が失われ，これに基づく体系も機能不全に陥っているように見える。しかし，この期間には，多くの場面において，「森林保護条例」の規定に基づいて森林への働きかけを行うことが求められた[(25)]。

この1963年の時点で，今日の中国の森林関連の基本法の基礎となる法令が，「利用」ではなく「保護」という観点から，「促進」ではなく「規制」という性格から，森林に対する働きかけを包括してまとめられた事実は重みがあり，また象徴的でもある。調整政策期の森林政策の課題は，大躍進政策期における森林破壊と，権利関係や政策実施システムの混乱を収拾することであった（第3章・第6章・第7章参照）。大躍進政策期に生じた社会的混乱は，社会主義急進化の帰結であったが，洪水や旱害等の自然災害がその惨状を増幅させた側面もある。多くの共産党指導者は，これらの自然災害の頻発を，ただでさえ過少な森林が破壊されたためだと認識していた[(26)]。そして，それへの対応として制定された法令の殆どが，「森林保護条例」に反映された。すなわち，大躍進の森林破壊によって増幅された中央の政策当事者の危機意識が，森林の維持・回復を図るために，諸活動の規制を主目的とした法規範の体系化を促したことになる。これは，建国初期の混乱の中で，政策指令によって基層社会の森林利用を規制しようとした状況と同様の構図でもあった。すなわち，現代中国の森林をめぐる公的な規範は，当初から，流動的な基層社会の状況を上から規制するという性格の下に整備されてきたことが分かる。

3. 改革・開放以降における森林関連の法令の歩み

改革・開放路線への転換を経て1980年代に入ると，森林をめぐっても「法治」が浸透し，「依法治林」（法によって森林を治める）とのスローガンの下，「憲法」を頂点に，全国人民代表大会とその常務委員会によって制定される国家法，国務院の制定する行政法規，国務院の各行政機関による部門規章の整備が本格化する。まず，森林関連の国家法として，「中華人民共和国森林法」が1979年に試行され，1984年に修正公布された（1998年，2019年に改正）。その実施規則として「中華人民共和国森林法実施条例」（1986年「細則」として制定，2000年「条例」に改正）が国務院によって制定され，その下に，個別の対象領域や政策課題に即した行政法規・部門規章が位置づけられていった。

3. 1.「中華人民共和国森林法」（1979年試行，1984年9月20日修正公布）

1979年に試行され，1984年に修正公布された「中華人民共和国森林法」（以下，1984年「森林法」と表記）は，全人代ではなくその常務委員会によって制定された国家法であり，「刑法」等の下位となる。しかし，その内容は，複数の対象領域を包括して森林に対する働きかけを制御するもので，今日に至るまで森林関連の基本法と位置づけられてきた[(27)]。

1984年「森林法」は，第1章：総則（第1～10条），第2章：森林経営管理（第11～15条），第3章：森林保護（第16～21条），第4章：植樹造林（第22～24条），第5章：森林伐採（第25～33条），第6章：法的責任（第34～39条），第7章：附則（第40～42条）からなる[(28)]。

まず，1963年「森林保護条例」を基盤としたこともあり，1984年「森林法」は，広義の森林保護のために森林利用活動を「規制する」という性格を全体的に持っていた。第2章，第3章，第5章，第6章等は，「森林保護条例」が総括していた個別の対象領域，及びその内容を受け継ぐ形となっている。第3章のタイトルの森林保護は，狭義の意味で用いられており，第17～20条は，それぞれ，森林火災の防止，森林病虫害の防治，乱伐・乱開発に伴う森林破壊の制止（第5章：第27条も含む）という従来の対象領域における具体的な方針・措置を総括する内容となった。

一方，第5条で「営林を基礎として広く森林を保護する」方針が明確に打ち出され，広義の森林保護のための基本法としての意義も強められた。第5章：森林伐採は，「森林保護条例」の第12条が示していた森林伐採・更新を含めた施業方法に関する規定を，森林保護のための規制・管理という観点から強化した内容となった。第28～30条では，伐採許可証に基づく伐採行為の規制・管理の実施とその方法が明記された。第25条では，「用材林の消費量が成長量を下回る原則に基づき，森林の年伐採量を厳しく抑制する」とされ，この時期に開始された森林伐採限度量制度に対して，法的根拠を与えている。この原則と，第31条に記される「更新した面積と本数は，伐採した面積と本数より多くなければならない」といった前提の下，基層社会における森林伐採量を規制・管理し，伐採後の更新を義務付ける性格が前面に出ている。第33条では，伐採木材の輸送についても，木材運輸証明書発行によって管理を徹底する方針が打ち出された。第6章：法的責任でも，森林法に違反した森林破壊活動に対する具体的な処罰が記載された[(29)]。

第8条，及び第2章の第11～13条は，関連する組織の運営方針に関する規定である。第13条では，各級の地方行政レベルにおける林業長期計画の策定が義務づけられた。「営林を基礎」とする方針に沿って，長期計画を通じて，森林の維持・回復を適切に図るための措置と位置づけられる。

森林の権利関係の規定は，第3条，第14条，第15条において設けられた。前述の通り，これらの規定は，当時の森林の私的経営化（林業「三定」工作を通じた自留山の画定と林業生産責任制の導入）という権利関係の改変に対応したものだった。第3条では，国家（全人民）・集団・私的主体（個体）という三主体における所有権・使用権の存在を明示するとともに，諸権利を保障する上での登記台帳や証明書の発行を求めた。第14条は，権利関係の改変に伴う，乱伐の防止や紛争処理を目的としたものである。当時，森林の私的経営化の実施に伴い，手にした権利を再度の政治路線変動によって奪われるのを恐れた農民による森林の乱伐や，権利関係の分配・再編に伴う紛争が頻発しつつあった。この混乱による森林破壊を抑制する目的から，1982年10月に中共中央・国務院は「森林の乱伐制止に関する緊急通知[30]」を出していた。その内容は，林木・林地の所有権または使用権の紛争を処理する主体を定め，「林木・林地の権属紛争が解決されるまでは，何れの側も係争中の林木を伐採することはできない」とした第14条，及び，森林の施業方法の規制・管理を求めた第28～30条，第33条に，ほぼそのまま反映されている。これらの条文は，林業「三定」工作以前の1979年の試行段階では存在していない。すなわち，その後における森林の私的経営化という政策の影響の検証結果が，1984年「森林法」に盛り込まれたことになる。

1984年「森林法」は，森林関連の基本法という地位のみならず，広義の森林保護のために森林利用活動を「規制する」という基本的な性格においても，1963年「森林保護条例」を踏襲していた。木材をはじめとした林産物の生産・加工・流通を促し，各種の森林利用を「促進する」性格の規定は，この段階に至っても殆ど見ることができない。

一方で，1984年「森林法」において，新たに組み込まれた対象領域は森林造成であった。第4章：植樹造林はそれを表すタイトルであり，第22条では，「各級の人民政府は，植樹造林計画を策定し，現地の実情に合わせて，当該地域の森林被覆率向上の努力目標を定めなければならない」とされた。

すなわち，1984年「森林法」は，森林保護に森林造成を加え，全土で森林の維持・拡大を進めるための基本法としての位置づけを与えられた。

大規模な森林造成の実施という建国当初からの重点的な対象領域が包括された1984年「森林法」は，二つの特徴的な性格を際立たせることになった。まず，1963年「森林保護条例」でも見られた，政策目的のために住民を「動員する」という性格が，森林造成関連の規定の組み込みを通じて一層強まった。第22条第2項では，地方レベルの行政機関に対して，森林被覆率の向上のために住民を組織することが求められている。また，第23条では，自らが造成した林木の集団・私的所有が確認されるとともに，第10条では，「植樹造林・森林保護及び森林管理などで顕著な成績をあげた単位，または個人には，各級人民政府が精神的・物質的報奨を与える」とされた。これらは，住民の森林造成・保護への積極性を高めるための規定であり，動員という性格が表出したものと捉えられる。

そして，1984年「森林法」では，中華人民共和国を構成するあらゆる人々に対して，森林造成・保護への参画を「義務づける」という性格が，明確な記述を伴って現れた。第9条において，「植樹造林・森林保護は，公民の当然の義務である」との重要な一文が規定され，今日に至るまで受け継がれている（現行の2019年「森林法」では第10条）。この一文によって，これまでの森林の維持・拡大のために利用活動を規制し，住民を動員するという性格の法令は，「森林法」とその体系において正当化された。この義務が明記された背景としては，建国当初からの森林造成・保護政策の積み重ねに加えて，改革・開放路線への転換直後の1979年に，全民義務植樹運動が開始された点が見逃せない（第3章参照）。この森林造成・保護の義務化は，1984年「森林法」以降の中国の森林関連の法政策を際立って特徴づける点である。

1984年「森林法」は，1963年「森林保護条例」に比べて，その法体系としての位置づけは大いに強化された。後述のように，対象領域に関連する他の法律整備が進んだことに加え，「森林法」を頂点とした法体系が，1984年以降，従来の諸法令を受け継ぐ形で整備されていった。まず，第40条に基づいて，「森林法実施細則」（1986年5月10日制定。2000年より国務院制定の「実施条例」となる）が林業部によって定められた[31]。ここでは，基層社会に至るまでの規制・管理の具体的な方針や，実際の森林造成・保護活動における住民動員の方法と目標値の設定，各主体が森林造成・保護の義務に違反した場合の行政処罰の基準等の詳細が示されている。この「森林法」と「実施細則」の示す方向性に基づく形で，1990年代にかけて国務院から主要な行政法規が定められていった。また，国家法としての「森林法」は，森林行政機構以外の部門が管轄する森林や関連活動にも適用されるため，前時期に比べてその法体系が網羅する範囲も確実な拡がりを見せた。

1970～80年代にかけての国際的な環境問題への関心の高まりも（第5章参照），1984年「森林法」に一定の影響を及ぼしていた。1984年「森林法」では，水土保全，気候調節，景観保全といった従来から認識されてきた森林の諸機能を表す際に，「環境」という表現を用いている。また，第21条では，野生動物保護に関する規定が，生物多様性維持の観点から新たに組み込まれた。これは，1981年に中国が，絶滅の危惧される野生動植物の保護を目的に制定された「ワシントン条約」に加盟したこと等を反映している。

1984年「森林法」の制定を一つの契機として，関連の行政法規や地方性規定が整備され，各種の政策実施に際しても「森林法を徹底し，法によって森林を治める」方針が強調されるようになった[32]。しかし，前述の通り，この法体系は，共産党指導者層の意向を反映した即応型の政策指令に従属する傾向が見られたほか，各地での森林破壊を制御するには至っておらず，その拘束力と実行力には疑問符が付く。

ともあれ，1984年「森林法」とその体系は，1963年「森林保護条例」が有していた森林利用活動を規制するという性格を強めつつ，森林造成を組み込み，関連活動を個々の住民に義務づけ，また積極的な動員を促す性格を内包したものだった。「森林資源を保護・育成し，または合理的に利用し，国土の緑化を加速させ，森林の持つ水土保持，気候調節，環境改善及び林産物提供の役割を発揮させ，社会主義建設と人民生活の必要に応えるため，特にこの法律を制定する」とした第1条は，こうした森林関連の基本法の特徴を，端的に総括するものとなっていた。

3．2．改革・開放路線と森林関連の法体系整備

1984年「森林法」を中心とした森林関連の法体系整備は，改革・開放期の「法治」追求の政治路線を踏襲していた。しかし，森林に関して言えば，この法体系整備は，同じく改革・開放路線に基づく土地の私的経営化，産業の民営化，市場開放という方針が，森林造成・保護に及ぼす影響を制御するためでもあった。

改革・開放期における民営化・市場化が，それまでの国家・集団をベースとした基層社会における森林造成・保護活動の基盤を掘り崩したため，1980年代において，権利を手にした農民世帯や私営企業による森林破壊が加速したことは既に述べた（第3章・第6章参照）。新たな「森林法」とその体系は，明らかにこの総合的な政治路線の変動に伴う基盤の「緩み」を補うことを期待されていた。すなわち，法体系という規範とその執行主体を充実させることで，ともすれば森林破壊を伴う民間や市場への開放を制御できるという論理である。この発想からすれば，1984年「森林法」が，全域的な森林造成・保護の推進という観点から，基層社会の森林利用活動を「規制する」性格を強めたことは必然でもあった。

改革・開放以降に「森林法」の体系下に整備された法律法規・部門規章も，基本的にこうした方向性を強く有するものであった。森林造成の領域では，全民義務植樹運動の実施にあたり，第五期全人代第四次会議「全民義務植樹運動の展開に関する決議[33]」（1981年12月13日），国務院「全民義務植樹運動の展開に関する実施辦法[34]」（1982年3月9日）が制定された。これに中央の指導機関である全国緑化委員会からの政策指令が随時加わる形で，政策の徹底が図られている。また，「造林品質管理暫行辦法[35]」（2002年4月17日）等の部門規章がその下に位置づけられ，毎年の春季・秋季等には森林造成の実施を促す政策指令も引き続き出されている。荒廃地への森林造成を内容に含むものとして，沙漠化の防止に関して「防沙治沙法[36]」（2001年8月31日）が，水土保全に関して「水土保持法[37]」（1991年6月29日）が，特に国家法として制定された。新世紀からの国家六大林業重点工程の内，森林造成による土地荒廃防止を主目的とした退耕還林工程，三北・長江流域等防護林体系建設工程，北京・天津風沙源治理工程は，「退耕

還林条例[38]」（2002年12月6日）のように基本方針を定めた法律法規や，実施・検査の部門規章がそれぞれ整備されていった。都市緑化に関しては，「城市緑化条例[39]」（1992年6月22日）が制定された。いずれの法令も，全土の緑化を義務とする立場から，基層社会の住民による森林破壊を抑制し，森林造成活動への組織・動員を促すという性格を有した。

森林保護の領域でも，「森林法」の示す方向性に基づく各種の法令が整備されていった。森林火災の防止に関しては「森林防火条例[40]」（1988年1月16日），森林病虫害の防治に関しては「森林病虫害防治条例[41]」（1989年12月18日）がそれぞれ行政法規として制定された。天然林資源保護工程の実施に際しては，「天然林資源保護工程管理辦法[42]」（2001年5月）等の独自の部門規章が定められた。また，次節で述べるように，土地開発に伴う森林破壊が目立ってきたことから，「森林法」や「土地管理法」に基づき，林地の占用・徴用を規制する政策指令が頻繁に出された。この時期に登場した森林伐採限度量制度は，前述の通り1984年「森林法」に明記され，「年森林伐採限度量を制定する暫行規定[43]」（1985年6月）等を通じて具体的な運用がなされた。また，皆伐の抑制，各種の更新に配慮した伐採方式の採用等，持続可能な利用を保障する施業の実施も「森林法」体系において義務づけられた。稀少な森林資源の節約，効率利用，再利用の推進を目的とした「木材の節約使用・合理的利用と木材代用品の採用に関する若干規定[44]」（1988年2月4日）等も，広義の森林保護に基づく規制の性格を持った法令であった。

1980～90年代にかけて，森林造成・保護の観点からの法体系の整備にあって，大きな課題と認識されてきたのは，森林の権利確定についてである。1987年の中共中央・国務院「南方集団林区の森林資源管理の強化と断固とした乱伐制止に関する指示」では，南方集団林区における森林管理の緩みと乱伐の加速を抑制するために，「断固として法に拠って」権利関係の確定と保障を行う必要があるとした。しかし，この領域の法体系の整備は，土地や所有制全般における法体系の整備とその方針を踏まえねばならなかったため，速やかには進まず，2000年代以降の集団林権制度改革，国有林権改革，三権分離等に至っても，主に政策指令に依拠しつつ，「民法通則」，「物権法」，

「土地管理法」,「農村土地請負経営法」等の関連法体系との整合性を探りながら行われる形となっていた（第6章参照）。

1980年代後半から1990年代にかけて整備された武装森林警察部隊や森林（林業）公安も，森林火災への対処を「森林防火条例」，森林をめぐる犯罪・違反行為の取締を「森林法」を根拠として担う形となった，すなわち，森林行政機構内に設けられた森林法庭等とともに，明確な法的根拠に基づき，基層社会の森林利用活動を規制する拘束力・実効力を担保した執法主体と位置づけられた。

改革・開放以降，近年に至るまで，野生動植物保護は，植物[(45)]や陸生動物の殆どを森林行政機構が担当してきた。この中で，動物に関しては「野生動物保護法[(46)]」（1988年11月8日）が国家法として制定され，行政法規としての「陸生野生動物保護実施条例[(47)]」（1992年3月1日）がこれを補完する形となってきた。この体系下で，貴重な野生動物種は，国家重点保護（1級・2級），地方重点保護野生動物に分類された。国家重点保護野生動物は，科学研究等の特殊事情以外の捕殺・取引が原則禁止とされ，輸出に際しても批准・許可証が必要となった。植物に関しては，「森林法」と「野生植物保護条例[(48)]」（1996年9月30日）等に基づいて，貴重種の指定・保護・輸出制限といった措置がとられていった。また，絶滅危惧種や貴重な森林生態系を保護し，生物多様性を維持するための自然保護区の設置・運営・管理については，「自然保護区条例[(49)]」（1994年9月2日）が制定されている。これに先んじて，森林行政機構の管轄領域を対象とした管理規定として「森林・野生動物類型自然保護区管理辦法[(50)]」（1985年6月21日）が，1984年「森林法」に基づく形で定められていた[(51)]。また，森林への訪問による保健休養・レクリエーション機能の発揮を目的とした森林公園についても，その運営や管理の方針を網羅した「森林公園管理辦法[(52)]」（1994年1月22日）が定められた。

3. 3. 改正「中華人民共和国森林法」（1998年4月29日改正）

1984年「森林法」は，1998年にはじめての大々的な改正をみた（以下，1998年「森林法」と表記）[(53)]。この時期の改正の公式の理由は，社会主義市場経済体制の構築に伴って出現した新たな問題，とりわけ「目下の生態環境建設と経済の持続的な発展への要求」に対応するためとされた[(54)]。これは，石井（2000）の想定したヨーロッパの森林法の第三段階（開発規制・環境保護法）への移行と重なるところもある。

1998年「森林法」において，新たに追加された条文は，第1章：総則における第6条，第7条，第2章：森林管理における第15条，第3章：森林保護における第20条，第5章：森林伐採における第38条，第6章：法的責任における第40条，第43条，第46条である。第46条は，1984年「森林法」の第39条が削除された位置に新たに挿入された。この結果，章立てに変化は無く，第1章：総則（第1～12条），第2章：森林経営管理（第13～18条），第3章：森林保護（第19～25条），第4章：植樹造林（第26～28条），第5章：森林伐採（第29～38条），第6章：法的責任（第39～46条），第7章：附則（第47～49条）となった。この他，幾つかの条文中に，目立った改正が見られる。

まず，対象領域別に改正点を整理すると，第6章の罰則規定関係以外は，殆どが森林の権利関係と，組織の運営方針に関する規定である。森林の権利関係についての改正点は，第7条，第15条，及び第29条等である。第7条第1項は，森林経営を担う農民世帯の権利関係を，合法的権益として明確に保障する内容である。この時期，地方政府等が農民世帯に対して，経済発展に向けての財源確保や私財の蓄積といった目的から，事業建設費などの名目で高額の税・費用等を各生産段階で徴収し，農民の土地経営意欲を沮喪させていることが問題視されていた。追加された第1項は，森林経営に関する違法な徴収や罰金の付加を取り締まるためと説明された[(55)]。これは，木材をはじめ林産物生産の収益率を高めることで，農民等の私的主体による森林経営への積極性を喚起するためでもある。第7条第2項は，森林造成された林木等の集団・私的主体の合法的権益を保障するもので，森林造成の進展に加えて，人工林の育成による持続的な資源供給が念頭に置かれていた。

このように，名目的な改正理由に反して，1998年「森林法」の実際の改正点は，林産物の持続的・安定的な生産・加工・流通を「促進する」という性格を部分的に内包するものであった。しかし，改革・開放以降の林産物生産・加工・流通過程は，民営化・市場化を前提とした規制緩和の方向性をもって推移してきたため，この改正点をはじめ実際の法令は，林産物の生産・供給体制を大枠で調整し，或いは側面的に支援する形となった。例えば，2003年の「林業標準化管理辦法[(56)]」(2003年6月24日）の制定による「林業標準化」は，中国域内の森林経営や林産物の生産・加工過程の安全性，持続性，技術水準等が国際標準（GB標準）に照らして判断でき，関連の製品輸出が進むよう配慮したものだった。また，同様の観点から，2000年代以降は，域内からの林産物の合法性・持続性を担保する手段としての国際的な森林認証制度の導入・整備に関する法令も定められた[(57)]。民営化・市場化を通じて「世界の市場・工場」となったこの時期の中国では，国際的な品質管理や環境意識の水準に合わせて，森林からの原料等の物質供給や，製品の加工・流通過程を調整する基準や制度の整備が不可欠となっていた。この必要性が，1998年「森林法」の改正点等に反映されていったと捉えられる。

第15条は，森林・林木・林地の使用権の譲渡・株式化を認めるという内容である。この条文も，民営化・市場化に伴う権利関係の流動化，それによる森林経営や林産業への民間資本投入，更には対外開放に伴う森林経営への外資参入を念頭に，森林利用活動を促進するという性格を有していた。

しかし，その一方で，1998年「森林法」では，「林地を非林地に変えてはならない」という原則や，用材林・経済林・薪炭林（商品林に分類）以外の防護林・特殊用途林（(生態）公益林に分類）の「譲渡は認めない」ことが明記され，権利開放と緩みによって森林の維持・拡大が阻害されぬよう配慮がなされている。第29条では，私的主体によって造成・所有される林木すら，森林伐採限度量制度の対象となることが明記された[(58)]。すなわち，1998年「森林法」は，全体としては森林造成・保護の観点から，基層社会の森林利用活動を「規制する」という性格を変えることはなかった。

財政関連を組織の運営方針に含めるとすれば，この対象領域に属する改正点は，第3条，第8条第6項，第18条，及び第20条である。第8条第6項の森林生態効益補償基金の設立，第18条の植生回復費の導入は，いずれも森林の維持・拡大に向けての財源を確保し，私的主体をはじめ人々にそのための支払い義務（前者は税金として，後者は伐採主体による補償として）を課す新出の制度に関する規定である。第20条は，森林破壊や森林火災に対応する必要性から，既定の森林公安機関と武装警察森林部隊の職責を基本法に明記した形である。第37条では，森林伐採・素材生産を行う際，これまでの証明書取得に加えて，市場・加工地までの運輸証明書も必要とされており，森林利用活動の規制が一段と強化されている側面もある。

第6章：法的責任における改正点は，主に他の改正点に罰則規定を適合させるためのものや，罰則の性質を明確に区分するためのものであった[(59)]。第6条，第8条第3項における改正は，森林関連の科学技術の発達を重視するというものである。第38条は，貴重な樹木及びその製品や使用品の輸出を禁止・制限するという内容で，1984年「森林法」第21条（改正後は第25条）の域内の野生動物保護に関する規定を，樹木とその製品の輸出入にまで敷衍させた形となっていた。条文では，「中国が参加する国際条約の輸出制限のある絶滅危惧種は，必ず国家絶滅危惧種輸出入管理機構に申請して輸出入許可証明書を取得しなければならず，税関は輸出入許可書を踏まえた上でこれを通過させる」とされ，「ワシントン条約」への対応という側面がより明確となった。

1998年「森林法」は，改革・開放以降の経済発展や国際的動向を反映した林産物の生産・加工・流通過程の調整が意識されたものの，1984年「森林法」と同様に「森林造成・保護のための基本法」であった。特に，罰則規定の強化や組織の運営方針に関する改正点は，森林造成・保護に向けての規制や要求を強化したとも捉えられる。この1998年「森林法」は，改正直後の1998年夏に大洪水が発生し，特徴的な天然林資源保護工程と退耕還林工程が本格化したこともあって，再度の改正の可能性が論じられてきた。しかし，細部の修正こそあったものの，21年の長きにわたり森林関連の基本法として位置づけられることになった。

3．5．森林をめぐる紛争の制御

1990年代から2000年代にかけて，森林関連の法令が制御しようとしてきたのは，森林，とりわけ林地をめぐって激化してきた主体間の紛争である。このうち，森林の権利紛争（林権紛糾）については，第6章で詳述した通り主要な制御対象となった。その一方で，ともすればより深刻であったのは，地方政府，国有・私営・外資企業，個人やその他の組織・団体が，経済発展や財の蓄積を目指して，各種の開発・建設用地や農地としての林地の転用を志向する動きであった。これは，森林の維持・拡大を責務とする森林行政機構や「森林法」体系からすれば相容れないものだった。しかし，開発用地の確保や都市の拡大は，改革・開放路線下の経済発展という「公益」の追求において不可避的に生じた。さらに，そこに森林の権利開放を受けた農民世帯の利害も絡むこととなり，森林関連の法令は，それらの狭間にあって拘束力・実効力を発揮しづらい局面に置かれることになった。すなわち，森林造成・保護のための林地の確保を条文で謳いつつも，実際の現場では，常に開発転用の圧力に晒されることになり，その利害関係者はもとより，地方政府，農業，建設，工業といった関連の行政部門や法令との調整を迫られたのである。

近年の中国において，林地の開発転用は，一般的に土地収用という手続きを経ることで正当化されてきた。土地収用について規定してきたのは，主に1986年の「土地管理法」(1999年改正[(60)])，そして2007年の「物権法[(61)]」を中心とした法体系である。ここでの「収用」とは，一般的に「占用」と「徴用」という二つの概念を含む。「占用」とは，国有企事業体，機関・団体・部隊等の公的な主体が，各種の建設プロジェクトの必要に基づいて，「国家所有」の土地（林地）を使用することである。林地の占用以後，林地所有権は依然として国家所有のままであるが，林地使用権には変更が生じ，法に依拠した形で，この林地を占有・使用する組織に与えられる。対して，林地の「徴用」とは，地方政府，国有企事業体，機関・団体・部隊等の公的な主体が，同様の必要によって，「集団所有」の林地を使用することを指してきた[(62)]。この場合，林地所有権に変更が生じ，集団所有だったものが徴用以降は国家所有となり，林地使用権も林地を徴用した公的な組織（主に地方政府）が一旦は保有する。その後，開発業者や私営企業等が，国家所有地としての使用権を付与されて開発・建設に当たることになる。この時期は，順調な経済発展を背景に，各地方で産業の誘致合戦が進み，住宅建設ラッシュで不動産市場も沸騰していた。これを受けて，特に都市近郊等において，林地を含めた集団所有地の徴用が横行することとなった。

問題がより複雑化するのは，集団所有であり，かつ林業「三定」工作や集団林権制度改革を通じて，農民世帯に林地使用権・請負経営権が与えられた林地が徴用される場合である。1999年「土地管理法」第2条は，「国家は，公共の利益の必要のために，法に依拠して集団所有の土地に対して徴用を行うことができる」と規定してきた。すなわち，「物権法」の制定で用益物権としての地位は確保されたが，林地使用権・請負経営権を持つ農民は，極めて曖昧な概念でもある「公共の利益」を掲げられると，徴用に抗うことが事実上難しかった。もちろん，「土地管理法」や「物権法」では，この徴用に際して一定額の補償を受ける権利が明記されたが，この補償額が適正でない場合等も見られてきた。この徴用が私営企業や有力者の意を受けた地方政府によって不当に進められた結果，従来の使用権者・請負権者である農民達の不満がたまり，ついには暴動にまで発展したケースが，この時期，多くのニュースやルポルタージュで取り上げられてきた（清水 2002・2006等）。一方，「占用」については，国家所有地である都市部等での再開発の際に，同様の不平等の構図がクローズアップされてきた。すなわち，使用権を持つ居住者が，再開発に際して僅かな補償金で立ち退きを迫られるケースである。

この不平等と紛争の構図は，林地に対しても等しく存在していた。徐（2005）は，浙江省臨安市の集団所有林地が，不動産開発や各種のリゾート施設の建設のために大量に徴用された事例から，上述の1999年「土地管理法」の規定に沿って，徴用林地が確かに「公共の利益」に供されているか，それとも各種の収益事業に用いられているかを検証した。その結果，2002年の時点で，不動産開発，リゾート施設建設，工業地帯の建設に提供された「経営性」の徴用林地は，公共施設と呼べるものに提供された割合を大きく上回っていた。同時に，地方政府によって従来の使用権者・請負権者に支払われた補償額も，極めて低いものであったことを明らかにした。

そして，こうした各種の土地利用への圧力が高まる中，農地・放牧地の拡大や各種の建設需要に応じて，「保護されるべき林地」が違法に占用・徴用され，開発転用されるケースが目立っていった。1990年代に入ってから，中央の国務院や森林行政機関は，度々，森林造成・保護の観点から，この動きを規制する法令を出すようになった。中でも，1998年の国務院「森林資源の保護と森林を破壊した開墾や林地の乱占の制止に関する通知」は，以下のような具体的な指摘を伴っていた[63]。

> …ここ数年，幾つかの地方では，各種の名義によって森林を破壊する開墾を行い，また開発区・不動産として，或いはその他の建設プロジェクトのために濫りに林地を占有している。林地は細かく分割され，「批准は少なく収用は多い，批准が無いのに収用する，収用しておいて補償を行わない」といった情況が生まれており，林地の大量流失と森林資源の深刻な破壊を招いている。この傾向が抑制されないため，ある地方では，「貧困が加速しているために益々林地を開墾し，益々開墾したために更に貧困が加速する」という悪循環に陥り，ある局面では森林資源の再生の可能性を根本的に失わせ，ある局面では森林破壊によって生態環境を悪化させ，基本的な生存条件すら喪失させることになっている。…各級人民政府は，…決して森林資源の破壊，生態環境の犠牲という代価をもって短期的な経済成長に変えてはならず，またこれらのような功を焦って近くの利益を求め，大局に損失を与え，将来を誤るようなことを決して行ってはならない。

これまでに見てきた「森林法」とその体系は，林地の「転用」を厳格に規制していた「はず」である。特定の開発業者が，農民の利用する林地や農地を建設用地として転用する場合，まずもって，前述の徴用・占用のプロセスを経ねばならず，かつ県級以上の人民政府の管轄部門の認可に基づく用途移転の手続きが必要となる[64]。この際，林地の場合は，以下の「森林法」の規定に基づき，これらの申請の可否が慎重に判断され，森林・林地の減少に繋がらない措置がとられるはずであった。

〈1998年「森林法」：第18条〉

　調査・設計，鉱産物の採掘，各項の建設工程を行うときは，林地を使用しないか使用を少なくするものとし，林地を使用または収用する必要がある場合には，県級以上の人民政府の林業主管部門の審査と同意を経た後，関係する土地管理の法律・行政法規に従った建設用地の審査手続きが行われる。併せて，用地の単位によって国務院の関連規定に従い，森林植生回復費を納付する。森林植生回復費は専用のものであり，林業主管部門によって関連規定に従い，統一的に植樹造林に割り振られ，森林植生を回復させ，植樹造林面積が使用・収用される林地における森林被覆面積よりも少なくならないようにする。上級の林業主管部門は，定期的に下級林業主管部門の植樹造林・森林植生回復の組織情況を督促・検査するべきである[(65)]。

しかし実際には，上記の「通知」の通り，用地としての開発利用の需要が，着実に圧力となって森林・林地の減少や破壊を招いてもいた。一方，第3章で取り上げた「生態移民」のケース等は，反対に，森林造成・保護の推進による環境保全機能の発揮を「公共の利益」と解釈し，基層社会で生活する人々から林地を含む土地使用権・請負経営権を回収或いは収用し，都市部等に移住させる形式であった。

3. 6. 改正「中華人民共和国森林法」（2019年12月28日改正）

1998年「森林法」は，結局，2019年末に至って再度の大々的な改正を見ることとなった。これに際しては，国務院や国家林業局において多くの議論がなされた上で，2016年9月27日から約1ヵ月間，改正案が公表されてパブリック・コメントを受け付けた。その後，国務院と全人代の常務委員会における調整を経て，2019年12月28日に改正が批准され，2020年7月1日から施行されている（以下，2019年「森林法」）[(66)]。

注目すべき変更点としては，これまでは森林経営管理の中に含まれていた森林の権利関係についての規定が，第2章：森林権属（第14～22条）として独立したカテゴリーを設けられた。これは，「物権法」をはじめとした土地や権利全般の法整備の進展や，集団林権制度改革，三権分離といった政策実施を踏まえて，森林の権利関係という対象領域を，基本法の枠内に重点的に位置づける必要が増したためであろう。まず，これまでは「森林，林地，林木の所有権と使用権」とされていた林権の内実が，「林地と林地上の森林・

林木の所有権と使用権」という記述に変わっている。その上で，第17条では，「林地請負経営権」が初めて明記され，「集団所有と国家所有で法に依拠して農民集団が使用してきた林地（集団林地）は，請負経営を実行し，請負者は林地請負経営権と請負林地上の林木所有権を保有する」とされた。また，「請負者は法に依拠して賃貸（再請負），株式化，移転等の形式で林地経営権，林木所有権，林木使用権を流動化させることができる」とされた。そして，第18条では，「請負契約が結ばれていない集団林地とその林地上の林木は，農村集団経済組織が統一的に経営する。その農村集団経済組織の構成員としての村民会議の構成員の3分の2以上，または村民代表の3分の2以上の同意と公示を経て，入札，競売，公開交渉等を通じ，その林地経営権，林木所有権，林木使用権を，法に依拠して譲渡することができる」とした。これらは明らかに，集団林権制度改革と三権分離を念頭に置いた改正である。そして，第20条第2項では，「農村住民が家屋の周囲，自留地，自留山に植栽した林木は，個人の所有とする。都市住民や労働者が自家の庭に植栽した林木は，個人の所有とする」とされ，自留山への植栽林木や，四傍植樹の流れを汲む零細林木の所有権が明確化された。また，第3項は，「集団或いは個人が，国家所有や集団所有の森林とすべき荒廃地を請け負って造成した林木は，請け負った集団或いは個人の所有とする」とされ，いわゆる承包山の林木所有も確認された。但し，これらの新たに明記された権利関係が，「林地と林地上の森林・林木の所有権と使用権」とされた林権の内実とどのように整合されるのか等には，疑問と解釈の余地が残されている。

第3章：発展計画（第23～27条）も新出のカテゴリーであり，県級以上の人民政府に対して，計画的な森林造成・保護・経営を進めるよう求めた規定が集められている。対して，今回の改正では，郷級人民政府の職責に関する規定が見当たらない。

第4章：森林保護（第28～41条）は，1998年「森林法」に比べて7条も追加され，倍以上のボリュームとなった。この中では，天然林資源保護工程から天然林の商業性伐採の禁止に至るこの期間の方針が盛り込まれる形となっている。第32条は，「国家は天然林の全面的な保護制度を実行し，厳格に天然林の伐採を制限し，天然林の管理保護の能力建設を強化して天然林資源の保護・回復にあたり，次第に天然林の生態効能を向上させる」とされた。これは，2016年のパブリック・コメント時の改正案よりも強い表現になっている。第5章：造林緑化（第42～46条）には，従来からの森林造成を進めるための各規定が並ぶが，第46条では退耕還林の計画的な実施が盛り込まれている。

第6章：経営管理（第47～65条）も，以前の森林伐採が包括され，大幅に条文が追加された。ここではまず，公益林と商品林による森林分類経営の方針に則り，それぞれの管理方針が詳細な区分を伴って規定されるようになった。また，第53条では，基層社会での森林経営主体が「森林経営方案」を定めることを奨励するとされ，近年，中国でも導入の議論が進んできた森林経営計画制度を通じた伐採量管理への糸口が示されている。しかし，その代わりとしての緩和を求める声も大きかった総量規制としての森林伐採限度量制度は，続く第54条で維持されている。また，パブリック・コメントの段階では，「国家は森林認証制度を実行し，森林の持続可能な経営を促進する」とされていた森林認証制度は，第64条において，「森林経営者は，自ら望んで森林認証を申請し，森林経営のレベル向上と持続可能な経営を促進することができる」とされるに留まった。公布までの間に，大きな議論があったことが窺える。

新出の第7章：監督検査（第66～69条）では，森林造成・保護を徹底するためのモニタリング方法が規定されており，第8章：法律責任（第70～82条）の条文充実と併せて，改めて森林利用活動を「規制する」基本法としての性格を強く押し出す形となっている。また，各条文には，2018年の国務院改革に伴う機構改変（第7章参照）が反映されてもいる。

4. 森林をめぐる法令の特徴の総括

4. 1. 近年における森林関連の法体系整理

以上の時系列的な推移の結果，近年の中国では，位階性を伴った森林関連の法体系が成立することとなってきた（図8-2）。ここに示した殆どの法律法規・部門規章は，改革・開放路線への転換以降に制定されたものである。

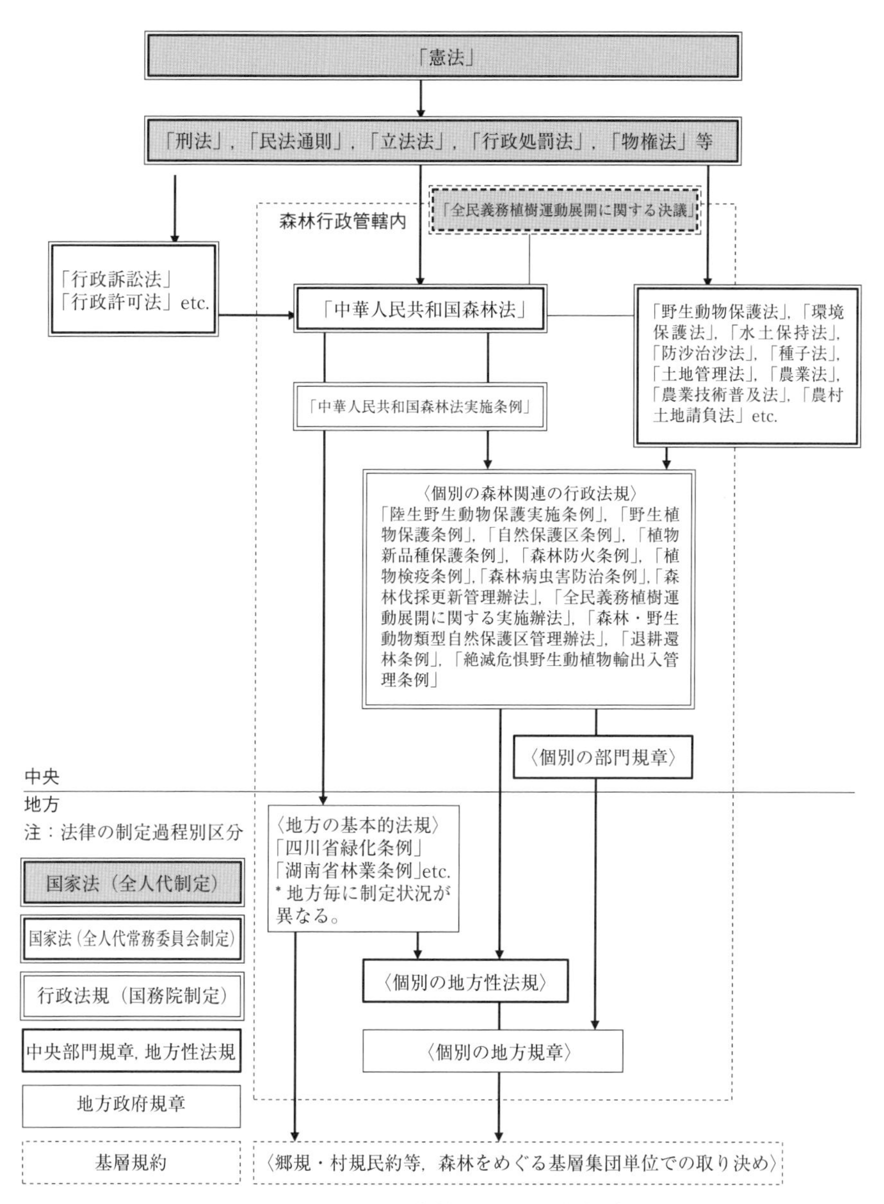

図 8-2　中国の森林をめぐる法体系
出典：国家林業局編（2005）『中国林業年鑑：2005 年』（p.152）等を参照して筆者作成。

「立法法」(2000年）や「行政許可法」(2003年）の制定を踏まえて，法治の体裁は整えられつつあり，森林関連を含めた各部門の法体系に依拠した国家運営が模索されてきた。

基本法としての位置づけにある「森林法」を頂点とした森林関連の法体系は，実施上の義務・責任規定という点で「刑法」や「民法通則」等，また権限規定という点で「行政許可法」等の国家法に支えられている。また，権利関係の規定は，「土地管理法」(1986年制定，1998年・2004年改正)，「農村土地請負法」(2002年）等にも連動している。さらに，関連分野の法令として，水源涵養・土壌浸食防止等に関する「水土保持法」，沙漠化の防止に関する「防沙治沙法」，及び，「野生動物保護法」，「農業法」，「環境保護法」等との横の繋がりを持つ。これらの国家法の内，2000年代の時点で森林行政機構が法律執行に関わっていたのは，「森林法」に加えて，「防沙治沙法」，「野生動物保護法」，「農村土地請負法」，「種子法」(2004年)，「農業法」(1993年制定，2002年改正)，「農業技術普及法」(1993年)，そして「全民義務植樹運動の展開に関する決議」であった[(67)]。「全民義務植樹運動の展開に関する決議」は，毎年の植樹義務などが記載されてはいるものの，全国人民代表大会による政策指令の趣が強く，法律としての体裁を有しているようには見えない。しかし，これに基づいて，各地の省級人民政府が地方性法規としての「全民義務植樹条例」を制定していることもあり，それらの上位の国家法扱いとされたようである。

同時期，国務院によって批准制定され森林行政機構が管轄する行政法規には，「森林法」の補完的役割を果たす「森林法実施条例」に加えて，「陸生野生動物保護実施条例」，「野生植物保護条例」，「自然保護区条例」，「森林防火条例」，「森林病虫害防治条例」，「全民義務植樹運動の展開に関する実施辦法」，「森林・野生動物類型自然保護区管理辦法」，「退耕還林条例」，「植物新品種保護条例」(1997年)，「植物検疫条例」(1983年制定，1992年改正)，「森林伐採更新管理辦法」(1987年）の12が列せられていた。その殆どが，森林造成・保護における森林利用活動の規制を主眼に据えたものとなっていた。

中央の森林行政機関の定める部門規章は，2004年末時点で80数件が存在するとされた。主なものとしては「林地占用･徴用審査批准管理辦法」(2003年)，「林木・林地権属登記管理辦法」(2000年）等が挙げられる。また，対外開放に伴う製品の品質向上の必要性などから，適切な基準を定めた「林業標準化管理辦法」等もここに位置づけられる。重点的な森林造成・保護政策の基本方針が部門規章で示される場合も多く，「天然林資源保護工程管理辦法」や「重点公益林認定核査辦法」(2004年）等が該当する。

2003年に制定され，翌年7月に施行された「行政許可法」は，地方政府や各行政機構による許認可に伴う腐敗の蔓延を防止する手段と見なされていた。当時の国家林業局も，この観点から，100項にのぼる管轄内の許認可項目の整理・統合を行い，許認可の主体と法的根拠を明確化させた[(68)]。その一方で，「行政許可法」の施行は，現代史を通じて頻発されてきた膨大な政策指令や部門規章（総数で21万件と言われる）を見直すきっかけにもなった。その結果，許認可の観点から矛盾する法令，政策変化に伴って有名無実となっていた法令，法律法規の制定によって内容が網羅された政策指令など，森林関連でも300件近くが2004年4月に廃止された[(69)]。しかし，本章でも見てきた通り，その後も即応型の政策指令が，法体系の枠を超える形で頻発されており，将来的には再度の整理が必要となってくるだろう。

総じて，改革・開放以降の中国では，法律法規・部門規章を中心とした森林関連の法体系整備が進められてきたものの，その都度の公的な規範の内実を明らかにするには，方針計画や政策指令までを抑えなければならない状況が依然として続いている。森林関連の基本法である「森林法」においても，その政策指令との関係性は明らかに「後追い」であった。1998年「森林法」にせよ，2019年「森林法」にせよ，それらの改正点の多くは，改正までの期間における状況変化と，それに即応した政策指令を総括し，まとめ上げる内容となってきたのである。

4．2．森林をめぐる法令の性格と背景

現代中国の森林をめぐる法令は，建国当初，既存の森林を保護し，将来の国家建設の需要を満足させるために，社会的な混乱に乗じた森林破壊を伴う利用活動を「規制する」政策指令として登場した。1963年「森林保護条例」

は，この性格から，森林の権利関係の確定，乱伐・乱開発に伴う森林破壊の制止，森林火災防止，森林病虫害防治，森林伐採・更新等の施業方法，組織の運営方式といった対象領域の規定を包括したものであった。1984年「森林法」，1998年「森林法」，2019年「森林法」とも，基本的にこの方向性を受け継いでいた。

対して，森林からの物質生産や林産物の生産・加工・流通等の森林利用活動を「促進する」性格は，各時期の森林関連の基本法において殆ど見出すことができない。もちろん，現代中国を通じて，林産業の発展を促す方針を定め，関連の規格や組織を整備する目的の法令が存在しなかった訳ではない。しかし，それらは少なくとも，「森林保護条例」から「森林法」へと続く基本法の中でのメインストリームとはなり得なかった。

これを踏まえて，改めて，石井（2000）の「森林法」の三段階推移（森林施業規制・警察法→森林造成・林業振興法→開発規制・環境保護法）との比較を試みると，現代中国の森林関連の法令は，極めて特徴的な推移を遂げてきたことが分かる。すなわち，建国当初から，「森林造成・環境保護のための森林施業規制・警察法」としての性格を強く持っていた上に，1960～80年代の基本法の制定に際しても「林業振興法」としての性格は現れなかった。そして，1990年代後半からは，従来の性格に「開発規制・環境保護法」としての意味付けを加えつつ，今日に至っている。時期的に見ても，日本では，第二次世界大戦後の1961年に制定された「林業基本法」が第二段階の性格を有していたのに対し，同時期の1963年に制定された中国の「森林保護条例」は，現有の森林を保護するための諸活動の規制を全面に出すという対照を描いていた。

この地域的特徴をもたらした根本的な理由は，現代中国の出発時点における森林の過少状況という歴史的・自然生態的背景に求められる。第3章で見た通り，政策当事者にとっては，森林造成・保護を通じた諸機能の維持・増強が切迫した政策目標であり，そのための規範づくりが最優先課題であり続けた。それを差し置いて，林産物供給を念頭に置いた森林造成を進め，路網整備や加工施設の整備を助成し，森林経営や林産業の発展を促すことを，公的な規範整備の重点に据える余地は無かった。

次に，現代中国の政治体制も大きく影響している。「党＝国家体制」や民主集中制に基づき，共産党指導者層をはじめ中央の指令に基づく国家運営がなされる以上，その下での法令は，上からの規制・管理という性格を必然的に強めることになる。基本法や法令に反映されてきた「動員」や「義務」も，かかる少数者への権力集中という体制から生まれやすい性格である。

また，改革・開放期以降は，政治路線の標榜する法治の方針の下，森林の私的経営化や林産物の生産・加工・流通過程の民営化・市場化によって緩んだ基層社会の森林利用活動を制御し，森林造成・保護の徹底を図る役割が，法体系に与えられてきた。その結果，「森林法」の下で進んだ法体系整備においても，森林利用活動の規制が主眼となってきたのである。これらの背景の中で進んだ規範づくりは，共産党組織や公的機関の指導のもと，地方，基層社会，地域住民に対して，森林利用活動を規制し，森林造成・保護を「公共の利益」や「環境保護」として義務づけ，その達成に動員するという性格を維持することになってきた。

4. 3. 今後の研究課題

中国の森林をめぐる法令や法体系についての研究課題も，極めて多く残されている。まず，現代中国の森林関連の法令や，「森林法」をはじめとした法体系の特徴と推移を解き明かすには，中国法研究，森林法研究，更には法社会学や法哲学といったアプローチからの研究の深化が不可欠であろう。

中華人民共和国期における法令一般の歴史的な地位や役割に注目した研究は，日本において「現代中国法研究」として確立されてきた。また，森林の関係を土地問題として捉える際には，王ら（1996）等の土地法や所有関係の推移を扱った諸研究が参考になる。しかし，現代中国の森林をめぐる法令に直接的な焦点を当て，分析を進めた先行研究は決して多くはない(70)。一方，中国域内においては，「森林法」とその法体系に焦点を当てた研究は，政策過程の分析に比べて充実しつつある（張 2001，周 2004，周ら 2004 等）。実際に，法律法規の立案に携わった関係者・研究者からの回顧的な分析も散見されるため，主観が入る可能性を念頭に置かねばならないが，研究自体の裾野は大きく広がっている。また，本章の冒頭でも触れた地方性の法令や基層社会の規約や契約を踏まえて，中国の伝統的な権利・規範概念や慣習法の観点から，現代中国の森林関連の法令の特徴を見出していくアプローチにも大きな可能性を感じさせる。また，現代中国の初期の森林政策には，清朝末期から中華民国期にかけて，「中華民国森林法」（1914年）をはじめ，公的な規範の整備に携わってきた専門家層が多く関与していた（第5章・第10章参照）。すなわち，前時期からの法令との接点を探る試みも，この分野の研究を深化させる上で重要となる[71]。

今日の中国は，改革・開放以降に近代法体系の整備が本格化してから僅か40年弱である。加えて，建国当初から，長きにわたってトップダウンかつ即応型の政策指令が重視され，頻発される傾向も見られてきた。この状況下では，相互の法令の内容の整合性を期待すること自体に無理があると考えるべきであろう。それは基本法の内容であっても例外ではない。例えば，林権の内実に関して，「土地管理法」や「農村土地請負法」で明記されてきた（林地を含めた農村土地）「請負経営権」は，「森林法」では2019年の改正に至るまで条文に反映されず，ただ「林地使用権」とのみ記載されてきた。こうした法令間のすり合わせを伴う体系整備が，リアルタイムで試行錯誤しつつ進められているとみるべきである。むしろ，各条文のすり合わせの結果から，森林政策の方向性や政策過程の特徴を推し量ることも有用であるように思われる。

森林をめぐる法令が，他の部門や法体系に比べて，どのような特徴を有するかについても，分からない部分は多い。本章では，災害対応等の緊急性や，各種の開発への用地提供といった点で，政策指令と法体系の関係性や，法令自体の拘束力や実効力において，独自性が備わっていることを示唆してきた。それらの独自性の実証は，個別の事例や事件の研究を通じてなされるべきであり，今後の大きな課題である。

〈注〉

(1) 政策指令については，「行政訴訟法」等において裁判に適用される規範としての「規範性文件」，或いは「法規性文件」等と表現される場合もある。但し，それらの具体的な範囲や，他の法律等と抵触した場合の優位性については不明な点が多いとされる（高見澤・鈴木 2017）。

(2) 中央政治局は，中央委員会から選出された政治局委員で構成され，中共中央の名義で出される政策の検討と決定を日常的に担っている。

(3) 例えば，法律法規として最高位の「憲法」も，1954年の制定以降，各時期の政治路線に基づく国家運営の方針計画を反映する形で，度々，改正が行われている。

(4) 勿論，法律法規の網羅できていない部分を中心に，実際の基層社会での森林をめぐる紛争調停や事件処理においては，郷規民約や村規民約に加えて，前例や慣習等も判断基準と見なされる傾向にある。

(5) 孫翊編（2000）『新時期党和国家領導人論林業与生態建設』（pp.213-216）。

(6) 中共中央・国務院「関於保護森林発展林業若干問題的決定」（湖南省林業庁編（1983）『林業政策法規彙編：1979 ～ 1982』（pp.13-24））。

(7)「中華人民共和国土地改革法」や，それに基づいて出された政務院「適切な林権の処理と管理保護責任の明確化に関する指示」（政務院「関於適当地処理林権明確管理保護責任的指示」（1951年4月21日）中国林業編集委員会（1952）『林業法令彙編：第3輯』（p.54））等が挙げられる。

(8) 林墾部「春季造林に関する指示」（林墾部「関於春季造林的指示」（1950年3月20日）中央人民政府林墾部編印（1950）『林業法令彙編：林業参考資料之一〈上編〉』（pp.6-7））をはじめ，毎年同様の指示が出されており，後には「1956年から1967年までの全国農業発展要綱草案」（日本国際問題研究所中国部会編『新中国資料集成：第5巻』（pp.60-69））のように，森林面積拡大への明確な目標を定めたものも見られる。

(9) 政務院「鉄道沿線の樹木の伐採を禁止する通令」（政務院「禁止砍伐鉄道沿線樹木通例」（1950年6月15日）中央人民政府林墾部編印『林業法令彙編：林業参考資料之一〈上編〉』（p.4））や，政務院・人民革命軍事委員会「各級部隊が自ら森林の伐採を行ってはならない通例」（政務院・人民革命軍事委員会「各級部隊不得自行採伐森林的通例」（1950年10月9日）同上書（p.5））等が代表例である。

(10) 例えば，政務院「森林火災の厳重防備に関する指示」（政務院「関於厳重防備森林火災的指示」（1952年3月4日）当代中国叢書編集委員会（1985）『当代中国的林業』（pp.76-77））等がある。

(11) 例えば，林業部「一歩進んだ森林病虫害の防治に関する指示」（林業部「関於進一歩防治森林病虫害的指示」（1957年2月27日）中華人民共和国林業部辦公庁編（1959）『林業法規彙編：第7輯』（pp.250-251））等がある。

(12) 林業部「国有林主伐試行規程」（1956年1月31日）（同上書（pp.182-189））や，林業部「森林撫育伐採規程」（1956年12月27日）（同上書（pp.208-217））等が出されている。

(13) 例えば，林業部「1954年全国木材統一支払暫行辦法」（1954年1月8日）（中華人民共和国林業部編（1954）『林業法令彙編：第5輯』（pp.488-491））や，林業部「木材発注暫行辦法」（1954年1月8日）（同上書（pp.492-498））等が挙げられる。

(14) 林業部「監察工作暫行条例」（1954年11月20日）（中華人民共和国林業部編（1956）『林業法令彙編：第6輯上冊』（pp.77-83））や，林業部「国有林区森林経営所組織条例」（1956年8月24日）（中華人民共和国林業部辦公庁編（1959）『林業法規彙編：第7輯』（pp.194-202））等が出されている。

(15) 政務院「関於厳重防備森林火災的指示」(1952年3月4日)（当代中国叢書編集委員会(1985)『当代中国的林業』(p.76-77)）。

(16) 例えば，政務院「関於節約木材的指示」(1951年8月13日)（中共中央文献研究室・国家林業局編 (1999)『周恩来論林業』(pp.20-22)）。

(17) 例えば，林業部「各省市の木材公司における増産節約運動の展開に関する指示」(林業部「関於各省市木材公司開展増産節約運動的指示」(1953年12月1日) 中華人民共和国林業部編(1954)『林業法令彙編：第5輯』(pp.64-66)）。

(18) 中共中央・国務院「全国規模の大がかりな造林についての指示 」(日本国際問題研究所中国部会編 (1975)『中国大躍進政策の展開：上』(pp.31-36)）。

(19) 国務院「森林保護条例」(『人民日報』1963年6月23日)

(20) 1986年10月12日の林業部「一部の林業法規の廃止に関する通知」では，1963年の森林保護条例を，1984年森林法をもって代替すると明確に記されている（湖南省林業庁編 (1988)『林業政策法規彙編：1987年』(pp.194-201)）。

(21) 例えば，林業部「林業工作所工作条例」(1963年6月22日)（中華人民共和国林業部辦公庁(1964)『林業法規彙編：第11輯』(pp.43-45)）等。

(22) 簡称「林業十八条」と呼ばれた中共中央「関於確定林権，保護山林和発展林業的若干政策規定（試行草案)」(1961年6月26日)（中華人民共和国林業部辦公庁 (1962)『林業法規彙編：第9輯』(pp.1-7)）を嚆矢に，植えた者が所有する，人民公社以前の所有関係に戻す，生産隊を森林経営の主体とするといった基本原則の下，深刻な破壊に瀕していた森林を保護するために，権利関係を安定させようという政策であった（第6章参照)。

(23) 林業部「国有林主伐試行規程」(1960年4月1日)（同上書 (pp.86-93)）。

(24) 例えば，国務院農林辦公室「迅速に有効な措置を取っての森林を破壊する開墾及び急傾斜地の開墾の厳格な禁止に関する通知」(国務院農林辦公室「関於迅速採取有効措施厳格禁止毀林開荒，陡坡開荒的通知」(1962年6月19日) 中華人民共和国林業部辦公庁 (1963)『林業法規彙編：第10輯』(p.7)）等。

(25)「細心管護幼林巩固造林成果」(『人民日報』1965年5月24日)，辛地「把重点放在営林上」(『人民日報』1977年10月5日) 等。

(26) 例えば，譚震林「南方各省・自治区・市林業工作会議における講話」(中華人民共和国林業部辦公庁 (1963)『林業工作重要文件彙編：第2輯』(pp.4-11)）。

(27) 全国人民代表大会常務委員会「中華人民共和国森林法」(湖南省林業庁編印 (1985)『林業政策法規彙編：1984』(pp.1-11)）。

(28) 1979年の試行段階では，第2章が「森林管理」，第5章が「森林伐採・利用」，第6章が「奨励と懲罰」となっており，修正・削除された条文も多い（全国人民代表大会常務委員会「中華人民共和国森林法（試行)」(1979年2月23日) 湖南省林業庁編 (1983)『林業政策法規彙編：1979-1982』(pp.2-13)）。1979年「森林法（試行)」との本格的な対比・検討は今後の課題の一つである。

(29) 刑法の制定に伴い，刑事責任規定が新たに加えられている。

(30) 中共中央・国務院「関於制止乱伐森林的緊急通知」(1982年10月20日)（中華人民共和国

林業部辦公庁編（1983）『林業法規彙編：第 16 輯』（pp.1-3））。
(31) 林業部林政保護司林政法規所編（1986）『中華人民共和国森林法実施細則』（pp.17-25）。
(32) 例えば，「貫徹「森林法」依法治林推進林業改革」（『人民日報』1986 年 1 月 2 日）。
(33) 五届全人代四次会議「関於開展全民義務植樹運動的決議」（中華人民共和国林業部辦公庁編（1982）『林業法規彙編：第 15 輯』（p.11））。
(34) 国務院「関於開展全民義務植樹運動的実施辦法」（中華人民共和国林業部辦公庁編（1983）『林業法規彙編：第 16 輯』（pp.4-7））。名称こそ辦法だが，行政法規扱いとされている。
(35) 国家林業局編（2003）『中国林業年鑑：2003 年』（pp.53-57）。
(36)「中華人民共和国防沙治沙法」（国家林業局編（2002）『中国林業年鑑：2002 年』（pp.43-46））。
(37)「中華人民共和国水土保持法」（中華人民共和国林業部編（1992）『中国林業年鑑：1991 年』（特輯 14-16））。
(38)「退耕還林条例」（2002 年 12 月 6 日制定，14 日公布，2003 年 1 月 20 日より施行）（国家林業局編（2003）『中国林業年鑑：2003 年』（pp.36-40））。
(39) 国務院「城市緑化条例」（中華人民共和国林業部編（1993）『中国林業年鑑：1992 年』（特輯 12-13））。
(40) 国務院「森林防火条例」（中華人民共和国林業部編（1989）『中国林業年鑑：1988 年』（特輯 5-8））。
(41) 国務院「森林病虫害防治条例」（中華人民共和国林業部編（1990）『中国林業年鑑：1989 年』（特輯 21-23））。
(42) 国家林業局「天然林資源保護工程管理辦法」（国家林業局編（2002）『中国林業年鑑：2002 年』（pp.82-85））。
(43) この制定は，林業部「関於各省・自治区・直轄市年森林伐採限額審核意見報告的通知」（1987 年 4 月 15 日）（中華人民共和国林業部編（1988）『中国林業年鑑：1987 年』（特輯 10-13）において確認できる。
(44) 林業部「関於節約使用，合理利用木材和採用木材代用品的若干規定」（中華人民共和国林業部編（1989）『中国林業年鑑：1988 年』（特輯 11-13））。
(45) 正確には，林区の野生植物と，全国の貴重な野生樹木が森林行政機構の担当であり，それ以外が農業行政機構とされた。
(46)「中華人民共和国野生動物保護法」（中華人民共和国林業部編（1989）『中国林業年鑑：1988 年』（特輯 8-10））。
(47) 国務院「中華人民共和国陸生野生動物保護実施条例」（中華人民共和国林業部編（1993）『中国林業年鑑：1992 年』（特輯 14-17））。
(48) 国務院「中華人民共和国野生植物保護条例」（中華人民共和国林業部編（1997）『中国林業年鑑：1996 年』（pp.27-28））。
(49) 国務院「中華人民共和国自然保護区条例」（中華人民共和国林業部編（1995）『中国林業年鑑：1994 年』（特輯 14-17））。
(50) 林業部「森林和野生動物類型自然保護区管理辦法」（湖南省林業庁編印（1986）『林業政策

法規彙編：1985』(pp.50-54)。

(51) 国務院制定の条例に先んじた例であるが，林業部制定にもかかわらず，その後も行政法規扱いされることがある。また，時期を経る毎に，環境保護部門との境界としての難しさを抱えることになった領域でもある。

(52) 林業部「森林公園管理辦法」(中華人民共和国林業部編 (1995)『中国林業年鑑：1994年』(特輯 26-27))。

(53) 全国人民代表大会常務委員会「中華人民共和国森林法」(1998年4月29日改正)(鄔福肇・曹康泰主編 (1998)『中華人民共和国森林法解釈』(pp.124-135))。

(54) 国家林業局編 (1999)『中国林業五十年：1949～1999』(p.246)。

(55) 鄔福肇・曹康泰主編 (1998)『中華人民共和国森林法解釈』(pp.17-19)。

(56) 国家林業局「林業標準化管理辦法」(国家林業局編 (2004)『中国林業年鑑：2004年』(pp.78-81))。

(57) 社団法人全国木材組合連合会・違法伐採総合対策推進協議会 (2008)『中国における合法性証明制度の実態調査報告書』を参照。

(58) 但し，個人に経営請負された農地や，家屋の周囲などにおける個人所有の零細の林木は，この限りではない (鄔福肇・曹康泰主編 (1998)『中華人民共和国森林法解釈』(p.78))。

(59) 具体的には，民事責任，行政処罰，刑事責任の区分を明確にするということである。

(60)「中華人民共和国土地管理法」(1986年6月25日制定，1988年12月29日・1998年8月29日・2004年8月28日改正)(法律出版社法規中心編 (2009)『中華人民共和国土地管理法配套規定：注解版』)。

(61)「中華人民共和国物権法」(2007年3月16日制定)(法律出版社 (2007)『中華人民共和国物権法』)。

(62) 林地の「占用」・「徴用」の基本的な概念相違については，張 (2001) 等を参照。

(63) 国務院「関於保護森林資源制止毀林開墾和乱占林地的通知」(1998年8月5日)(国家林業局編 (1999)『中国林業年鑑：1998年』(pp.28-29))。

(64)「物権法」，「土地管理法」とも，同様の規定を設けている。

(65) 1998年「森林法」：第18条 (鄔福肇・曹康泰主編 (1998)『中華人民共和国森林法解釈』(pp.124-135))。

(66) 全国人民代表大会常務委員会「中華人民共和国森林法」(2019年12月28日改正)(中華人民共和国生態環境保護部ウェブサイト (https://www.mee.gov.cn/ywgz/fgbz/fl/202106/t20210608_836755.shtml)(取得日：2023年7月20日))。

(67) 国家林業局編 (2005)『中国林業年鑑：2005年』(p.152)。

(68) 国家林業局「行政許可事項公示内容」(2004年7月)(同上書 (pp.58-75))。

(69) 国家林業局「関於廃止部分部門規章和部分規範性文件的決定」(2004年4月)(同上書 (pp.42-54))。

(70) 例えば，川村 (1985) や奥田 (2014) 等に限られる。

(71) 近代中国の森林をめぐる法政策研究については，熊 (1989) や相原 (2019) 等，域内外で充実する傾向にある。

〈引用文献〉

（日本語）

相原佳之（2017）「生存資源供給源としての山野の役割：清代中国を事例とした考察」佐藤仁史編『近現代太湖流域農山漁村における自然資源管理に関する現地調査（平成25～28年度科学研究費補助金（基盤研究（B））研究成果報告書』：91-112
相原佳之（2019）「清朝～中華民国期における植林の奨励と民衆の林野利用」松沢裕作編『森林と権力の比較史』勉誠出版：39-78
浅井敦（1989）「政治と法」野村浩一編『現代中国の政治世界：岩波講座 現代中国①』岩波書店：250-277
ダニエルス，C.（2004）「中国少数民族が残した林業経営の契約文書：貴州苗族の山林経営文書について」『史資料ハブ：地域文化研究 ：東京外国語大学大学院地域文化研究科21世紀COEプログラム「史資料ハブ地域文化研究拠点」（Journal of the Centre for Documentation & Area-transcultural studies）』3：146-154
石井寛（2000）『世界の森林政策の動向と課題』北海道大学大学院農学研究科環境資源学専攻
川村嘉夫（1985）「中国“森林法”の公布と緑化運動」『林業技術』519：15-18
菊池真純（2013）「伝統的森林資源管理方法を継承する現代の条例と人々の生活：中国広西大寨村の瑤族を事例に」『村落研究ジャーナル』19(2)：49-60
木間正道・鈴木賢・高見沢磨著（1998）『現代中国法入門』有斐
日本国際問題研究所中国部会編（1975）『中国大躍進政策の展開：上』日本国際問題研究所
日本国際問題研究所中国部会編（1971）『新中国資料集成：第5巻』日本国際問題研究所
仁井田陞（1967）『中国の法と社会と歴史』岩波書店
奥田進一編著（2014）『中国の森林をめぐる法政策研究』成文堂
王家福他著（1996）『中国の土地法〈アジア法叢書20〉』成文堂
社団法人全国木材組合連合会・違法伐採総合対策推進協議会（2008）『中国における合法性証明制度の実態調査報告書』合法性・持続可能性証明木材供給事例調査事業
清水美和（2002）『中国農民の反乱：昇竜のアキレス腱』講談社
清水美和（2006）『「人民中国」の終焉：共産党を呑みこむ「新富人」の台頭』講談社
高見澤磨・鈴木賢（2017）『要説：中国法』東京大学出版会
田中信行（1989）「人民調停と法治主義の相克」野村浩一編『現代中国の政治世界：岩波講座 現代中国①』岩波書店：280-305

（中国語）

当代中国叢書編集委員会（1985）『当代中国的林業』中国社会科学出版社
法律出版社（2007）『中華人民共和国物権法』法律出版社
法律出版社法規中心編（2009）『中華人民共和国土地管理法配套規定：注解版』法律出版社
国家林業局編（1999）『中国林業年鑑：1998年』中国林業出版社
国家林業局編（2002）『中国林業年鑑：2002年』中国林業出版社
国家林業局編（2003）『中国林業年鑑：2003年』中国林業出版社

国家林業局編（2004）『中国林業年鑑：2004年』中国林業出版社
国家林業局編（2005）『中国林業年鑑：2005年』中国林業出版社
国家林業局編（1999）『中国林業五十年：1949～1999』中国林業出版社
湖南省林業庁編（1983）『林業政策法規彙編：1979-1982』湖南省林業庁
湖南省林業庁編印（1985）『林業政策法規彙編：1984』湖南省林業庁
湖南省林業庁編印（1986）『林業政策法規彙編：1985』湖南省林業庁
湖南省林業庁編（1988）『林業政策法規彙編：1987』湖南省林業庁
林業部林政保護司林政法規所編（1986）『中華人民共和国森林法実施細則』中国林業出版社
孫翊編（2000）『新時期党和国家領導人論林業与生態建設』中央文献出版社
鄔福肇・曹康泰主編（1998）『中華人民共和国森林法解釈』法律出版社
熊大桐等編著（1989）『中国近代林業史』中国林業出版社
徐秀英（2005）『南方集体林区森林可持続経営的林権制度研究』中国林業出版社
張力主編（2001）『林業政策与法規』中国林業出版社
中共中央文献研究室・国家林業局編（1999）『周恩来論林業』中央文献出版社
中国林業編集委員会（1952）『林業法令彙編：第3輯』中国林業編集委員会
中華人民共和国林業部編（1988）『中国林業年鑑：1987年』中国林業出版社
中華人民共和国林業部編（1989）『中国林業年鑑：1988年』中国林業出版社
中華人民共和国林業部編（1990）『中国林業年鑑：1989年』中国林業出版社
中華人民共和国林業部編（1992）『中国林業年鑑：1991年』中国林業出版社
中華人民共和国林業部編（1993）『中国林業年鑑：1992年』中国林業出版社
中華人民共和国林業部編（1995）『中国林業年鑑：1994年』中国林業出版社
中華人民共和国林業部編（1997）『中国林業年鑑：1996年』中国林業出版社
中華人民共和国林業部編印（1954）『林業法令彙編：第5輯』中華人民共和国林業部
中華人民共和国林業部辦公庁編（1956）『林業法規彙編：第6輯上冊』中国林業出版社
中華人民共和国林業部辦公庁編（1959）『林業法規彙編：第7輯』中国林業出版社
中華人民共和国林業部辦公庁編（1962）『林業法規彙編：第9輯』中華人民共和国林業部
中華人民共和国林業部辦公庁編（1963）『林業法規彙編：第10輯』中華人民共和国林業部
中華人民共和国林業部辦公庁（1964）『林業法規彙編：第11輯』中華人民共和国林業部
中華人民共和国林業部辦公庁編（1983）『林業法規彙編：第16輯』中国林業出版社
中華人民共和国林業部辦公庁（1963）『林業工作重要文件彙編：第2輯』中華人民共和国林業部
中央人民政府林墾部編印（1950）『林業法令彙編：林業参考資料之一〈上編〉』中央人民政府林墾部
中央人民政府林墾部編印（1951）『林業法令彙編：林業参考資料之二』中央人民政府林墾部
周訓芳（2004）「林業的歴史性転変与《森林法》的修改」『現代法学』26(5)：70-73
周訓芳・謝国保・范志超著（2004）『林業法学』中国林業出版社

第4部　森林政策をめぐる人間主体

これまでの各部・各章では，現代中国の森林政策の内容とその制度的側面について，時系列の展開を踏まえて整理してきた。対して，第4部においては，森林政策の担い手や受け皿となった人間主体に踏み込んだ考察を行う。

すなわち，中国共産党を中心とした政治指導者層（第9章），森林関連の知識や技術を身につけた専門家層（第10章），そして，基層社会で実際に森林と向き合う地域住民や企業等（第11章）が，それぞれの立場からどのように森林と向き合い，森林政策の立案・実施に際しての役割を果たしてきたかを概観する。その狙いは，森林政策形成の人的基盤を明らかにするとともに，異なる人間主体の立場や価値・便益認識が，どのように森林政策に反映されていたのかに踏み込むことで，「人間ベースの森林政策研究」への端緒とすることにある。

林地を視察する毛沢東
注：1955年に浙江省杭州市で撮影されたもの。
出典：国家林業局編（1999）『中国林業五十年：1949 ～ 1999』の巻頭写真から転載。

第9章　森林をめぐる政治指導者層

本章では，現代中国において，国家建設を主導してきた中国共産党を中心とした政治指導者達が，森林に対してどのような立場・認識をもって臨んできたかを明らかにする。1949年の中華人民共和国建国以降，現代中国の政治指導者は，世界最大規模の人口を抱える中で，植民地支配や戦乱で荒廃した域内の復興，国際情勢に応じた安全保障体制の構築，共産党による一元的な統治体制の確立，及び経済発展や住民生活の向上の達成といった課題を前に，国家運営の難しい舵取りを迫られてきた。このような立ち位置にあった現代中国の政治指導者層は，どのように森林と向き合ってきたのだろうか。

1. 森林をめぐる政治指導者層の立場・認識へのアプローチ

現代中国の森林政策は，政治指導者層の意向を強く反映する形で中央政府において立案され，基層社会の森林との関わりや地域の森林環境に大きな影響を及ぼすことになってきた（第7章参照）。すなわち，政治指導者層の森林をめぐる価値・便益認識への理解は，現代中国の森林政策の底流の解明へと結びつくことになる。

この観点からのアプローチに重なる議論として，現代中国の前半において，絶対的な指導者としての地位を確立していった毛沢東に対するShapiro (2001）の研究が挙げられる。Shapiroは，1950年代後半の社会主義建設の急進化に伴う盲目的なダム建設，森林破壊，四害駆除等，地域の生態系に深刻なダメージを与えた人間活動の根本的な原因を，人間・物質中心主義的な革命闘争の中で磨かれた毛沢東のイデオロギーに求めた。すなわち，毛沢東を中心に提唱された「自然に対する戦勝」や「愚公山を移す」といったスローガンは，人間の力への過信と自然の軽視を示すものであり，中国の伝統的な統治文化における自然との調和を意識した側面を無視し，自然破壊の側面をクローズアップするものだったとする。

結論を先取りすれば，森林や森林政策をめぐっては，このShapiroの見方は当てはまらない。第3章等で見てきた通り，毛沢東の指導が強調された大躍進政策期や文化大革命期においても，持続的な資源利用や国土保全を見据えた森林造成・保護政策は立案・実施され続けてきた。では，急進的な社会主義建設を伴うイデオロギーではないのなら，毛沢東をはじめとした政治指導者層において，何が森林と向き合うに際しての決め手となったのか。この解明にあたっては，彼らの森林への認識を掘り下げて理解することが不可欠となる。

また，現代中国の政治指導者層は，共産党内部に限っても一枚岩ではなかった。すなわち，共産党指導者層の間に国家建設に際してのヴィジョンや方針の相違が存在し，それらがしばしば政治路線対立となって現われてきた（第2章参照）。1950～70年代は，毛沢東のイニシアティブに帰結する場合が多かったものの，彼を中心とした社会主義急進派と，劉少奇・鄧小平を中心とした現実重視の実務派に，周恩来や国務院の実務官僚層が絡んで繰り広げた路線対立が，社会主義集団化から大躍進政策，調整政策，文化大革命と続く政治変動の背景となった。対して，1980年代以降は，改革・開放の政治路線の下，鄧小平，江沢民，胡錦濤と続く最高指導者の下で集団指導体制がとられ，今日の習近平体制へと帰結してきたが，依然としてその内部には，改革・保守，或いは地方閥・組織閥・専門閥といった対抗軸が存在してきた。これらの政治的なスタンスの違いが，森林と向き合った際にどのように反映されるのかも要検証となる。

以上の点を踏まえて，本章では，現代中国の政治指導者層の森林をめぐる認識を，その立場を踏まえつつ，公刊された個人文書や言行録等から探っていく。これらの資料は，近年，次第に編集・公開されつつあり，中でも毛沢東と周恩来に関しては，それぞれ『毛沢東林業を論ずる』（原題：『毛沢東論林業』2003年出版）（写真9-1），『周恩来林業を論ずる』（原題：『周恩来論林業』1999年出版）（写真9-2）という書籍に整理されている。これらは，政治指導者層の注目を示し，森林行政の重要性を強調する意図の下に，中央の森林行政機関が編集したものである。この点からのバイアスはあるものの，実際の森林政策との結びつきを判断し得る同時代文献を併せて検証することで，これらの政治指導者層の森林認識を示す資料は，研究の進展を促す

写真 9-1　『毛沢東林業を論ずる』
出典：中共中央文献研究室・国家林業局編（2003）『毛沢東論林業』の表紙から転載。

写真 9-2　『周恩来林業を論ずる』
出典：中共中央文献研究室・国家林業局編（1999）『周恩来論林業』の表紙から転載。

ものとなる。なお，本章で扱う現代中国の政治指導者層は，歴代の国家主席・総書記・全人代常務委員会委員長・国務院（政務院）総理クラスや理念的な指導者（毛沢東，朱徳，劉少奇，周恩来，鄧小平，江沢民，胡錦濤，習近平ら）に加えて，中国共産党の中枢部において，実際に林業・農業・農村工作・環境保護・水利・防災といった森林との関わりの深い部門を管轄していた人物（鄧子恢，董必武，譚震林，万里，温家宝ら）に限定する。

2. 現代中国の政治指導者層に共通した森林認識

2. 1.「森林・樹木を増やせ」という共通認識

現代中国の政治指導者層の森林に対する認識には，時期を通じて明白な共通点が一つ存在した。それは，積極的な森林造成・保護によって，「域内の森林・樹木を増やしていかねばならない」という認識である。

例えば，中華人民共和国建国直後の1950年4月，政務院総理の周恩来は，「林業は100年単位の業務であり，我々は少しずつ森林を増加させていかなければならない[(1)]」とした。すなわち，森林の過少状況の克服のために，森林造成・保護を通じて森林の諸機能の維持・増強を図っていくという意識が，建国当初から中央の政治指導者層において共有されていた。この認識が，森林政策の主軸の一つとして森林造成・保護を位置づける原動力となってきた。

このような森林認識が，どの時点で，またどのような理由で建国初期の政治指導者層に共有されたのかは，改めての検証が必要となる。しかし，少なくとも毛沢東や周恩来をはじめとした中国共産党の指導者達は，1949年以前の革命運動，抗日戦争，国共内戦を経る過程で，各地の根拠地での森林造成・保護への重要性を認識していたことが窺える[(2)]。

Shapiroが毛沢東のイデオロギーと結びつけて，その自然破壊性を批判した1950年代後半の過渡期の総路線から大躍進政策期へと至る時点でも，毛沢東をはじめとした中央の指導者層は，引き続き積極的な森林造成・保護を行うべきだと明らかに認識していた。この時期に，後の改革・開放期に至るまでの森林造成・保護政策の理念的な目標となった「緑化祖国」，「大地の園林化」というスローガンが，中央の共産党指導者層の認識を示すものとして登場したのは象徴的であった[(3)]。

この二つの概念は，まさに当時，急進的な社会主義建設を推進していた毛沢東自身によって提起されたことになっている[(4)]。毛は，それ以前にも，「1956年から1967年までの全国農業発展要綱草案」に関する議論を行う中で，「…基本的に荒地荒山を消滅させ，一切の宅傍・村傍・路傍・水傍，及び荒地・荒山上，すなわち一切の可能な場所において，均しく規格に従って樹木を植栽し，緑化を実行[(5)]」すべきことを求めており，全国規模の大々的な森林造成・保護活動を展開する必要を示していた（写真9-3）。

1980年代の改革・開放期に入っても，森林の権利開放と民営化・市場化が進む中で，鄧小平は「…毎年，各個人全てが何本かの樹木，例えば3～5本の樹木を植え，植栽と活着を請け負わねばならず，多く植えたものは表彰

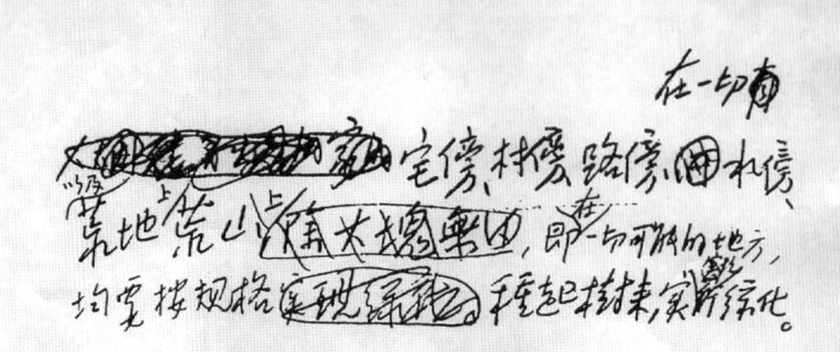

写真9-3 「1956年から1967年までの全国農業発展要綱草案」の起草段階の毛沢東メモ

注：1955年12月21日に起草されたもので,「一切の荒地上，荒山上，宅傍，村傍，路傍，水傍，すなわち一切の可能な場所において，均しく規格に従って樹木を植栽し，緑化を実施せよ」と記載されている。

出典：国家林業局編（1999）『中国林業五十年：1949～1999』の巻頭写真から転載。

し，理由もなくこの義務を履行しないものは罰する，というようにしてはどうか[(6)]」と述べ，まさにこの「緑化祖国」,「大地の園林化」を公民に義務づけようとした（写真9-4)。この鄧小平の提言は，同年から本格的に展開していた満11歳以上の全ての公民に義務植樹を行わせる全民義務植樹運動（第3章等参照）の強力な後押しになった。江沢民も，西部大開発を進めるにあたり，大々的な植樹造林，荒廃地の緑化による「山川秀美な西北地区の創造[(7)]」を求める等，指導者層による「森林・樹木を増やせ」という呼びかけは続いてきた。

この森林の維持・拡大を志向する認識に限っては，政治指導者層における時期や政治的立場等による差異は殆ど見られない。例えば，理念的指導者と位置づけられる毛沢東や鄧小平，実務的役割を担っていた劉少奇，周恩来，鄧子恢，董必武，万里，温家宝，或いは軍事面の指導者と位置づけられる朱

写真9-4　北京市天壇公園にて義務植樹に参加する鄧小平
注：1985年3月12日に撮影されたもの。
出典：国家林業局編（1999）『中国林業五十年：1949～1999』の巻頭写真から転載。

徳や彭徳懐に至るまで，「森林・樹木を増やす」ことを政策目標とする点では一致していた。この共通性は，近年でも変わることなく政治指導者層の間に存在しており，例えば，胡錦濤や習近平らの名においても積極的な森林造成・保護を呼びかける指示や号令がしばしば出されてきた(8)。

2. 2. 共通の森林認識の形成背景

各時期の政治指導者層がこの森林認識を共有した直接的な要因は，現代中国を通じて，国家運営に重く圧し掛かっていた森林の過少状況という地域の自然生態的背景に他ならない。すなわち，現代中国の政策当事者にとっては，将来の国家建設に必要な木材等の物質資源を確保する意味でも，また，水土保全を通じて自然災害を防止する意味でも，これ以上の森林減少を食い止め，森林造成・保護を通じて森林の諸機能の維持・増強を図ることが不可避的に求められた。それは,「右か左か」,「現実重視か社会主義革命継続か」,「改革か保守か」,「どの派閥に属するか」といった，指導者間における政治的立場やイデオロギーの違い，及びそれらに基づく各時期の政治路線の方向性によって左右される類のものでは無かった。むしろ,「否応なしにその現状を認識し，対策をとらざるを得ない」という性質のものであり，いわば国家運営上，統治上の現実的な必要性から生じたものである。事実，建国初期から現在に至るまで，現代中国の政治指導者層の間には，森林の過少状況に対する明確な危機意識が一貫して存在した。大躍進政策期や文化大革命の政治的混乱期においてさえ,「緑化祖国」の実現が呼び掛けられてきたのは，この統治者としての森林過少への危機意識の共有を端的に示している。

換言すれば，現代中国の政治指導者層において，森林・樹木を増やすことは,「統治者としての正しさの証明」でもあった。この構図は，各時期の指導者達が口々に，王朝期や近代の中国は，森林破壊を加速させたのに対して，共産党を中心とした現政権こそがその局面を変えることができたと，森林造成・保護の成果をアピールしてきた点からも明らかである(9)。

そればかりか，文化大革命以降の指導者達は，森林造成・保護への貢献を，自身の政治路線の正当性を誇示し，対立する指導者達や政治路線への批判材料として用いてきた。文化大革命の初期においては，修正主義と非難されて失脚した劉少奇らの現実路線が，森林破壊を招き緑化活動を停滞させた元凶であると非難され，毛沢東思想に基づく政治路線こそが，全土の緑化を推進し，森林の諸機能を発揮させることができるとされた(10)。次に，林彪・周恩来を批判するため，四人組が扇動したとされる1973年の批林批孔運動の際には，林彪グループによって森林が破壊されたと喧伝された(11)。その四人組が毛沢東の死後，華国鋒らによって反革命として逮捕された後には，彼らの活動こそが森林造成・保護への取り組みを崩壊させたと言われるようになる(12)。そして，改革・開放期に入ると，大躍進政策期や文化大革命期の政治路線そのものが，森林造成・保護を無視する悪しき風潮を形成したという評価が定着することになった[13]。

ここからは，「森林・樹木を増やせ」という前提の下で，実際の森林造成・保護への政策的取り組みが，現代中国の各時期の指導者・政治路線による「正当性の確保」に結びついてきた構図が明確に浮かび上がる。「労働者階級の代表である共産党が，国家運営における絶対的な指導性を有する」という一元的な統治体制を維持する以上，現代中国の政治指導者層は，自らの正しさや存在意義を地域社会に示す必要に迫られてきた。この政治的事情と，歴史的に形成された森林の過少状況という自然生態的背景が，森林の諸機能の維持・増強を指導者層の正当性に結びつける構図を生み出すことになったのである。

但し，森林の過少状況に対して，各時期の政治指導者層が危機意識を形成し，実際の森林政策に反映させていく過程では，次章で取り上げる森林関連の知識・技術を身につけた専門家層の存在も大きく寄与していたと思われる。例えば，周恩来などは，専門家層の代表的存在であった梁希の見解に信頼を置き，森林過少という現状への危機意識を高めていったことが窺える[14]。また，1960年代前半の調整政策期，国務院の副総理・農林辦公室主任として農林業部門の実務的指導者であった譚震林は，林業部・中国林業科学院等における森林官僚・知識人のみならず，歴史学者をも招聘した研究グループを組織し，域内外を問わず，人間社会の歴史的な経験を森林政策に反映させようとする試みを行ってもいた[15]。いずれにせよ，政治指導者層において共有されていた「緑化祖国」への強い希求が，現代中国の森林政策を大きく規定してきたことは，動かしがたい事実として存在する。

3. 森林の諸機能別にみた政治指導者層の立場と認識

これらの「森林・樹木を増やせ」という政治指導者層の共通認識を，森林政策をめぐる立場や役割に結びつけて掘り下げるには，個別の森林の機能に即して見ていくのが有効であろう。なぜなら，例えば木材供給や水土保全等，これらの機能別の価値・便益認識や目的に応じて，政治指導者層の森林をめぐる立場や働きかけは異なりうるからである。

3. 1. 物質提供機能をめぐる政治指導者層の立場と認識

3. 1. 1. 商品提供機能の継続的な発揮

現代中国において，一元的な国家運営を担ってきた政治指導者層は，木材をはじめとした林産物の生産供給という森林の商品提供機能を，主に地域内の経済建設に必要な商品財を安定供給するという目線で捉えてきた。すなわち，基層社会の地域住民や，企業等の関連事業主体が，林産物の生産・加工・流通を通じた財の蓄積，商品確保，生計の維持等の価値・便益を継続的に享受できるよう，統治者としての政治的責任を果たすという認識である。

建国当初から，現代中国の政治指導者層は，この商品財や国家建設の資材としての林産物の供給が，森林の過少状況のために不可能になるのではないかとの懸念を強く抱いていた。1950年代，党中央農村工作部長の地位にあって，農林業部門の実務面の中心的な指導者であった鄧子恢は，1954年7月の国務院会議において，「全国的に言えば，森林資源は少なく，木材の生産は需要に追いつかない。…我が国の木材資源の欠乏のため，一面では積極的に造林を行うべきで，一面では積極的に木材使用を節約すべきである(16)」と述べた。すなわち，今後の経済建設に必要な木材を確保しなければならないという観点から，大々的な森林造成や，木材の生産・加工過程における効率的な物質利用システムの構築を求めていた。

また，1960年代前半の調整政策期は，大躍進政策期の森林破壊を受けて，劉少奇，周恩来，譚震林をはじめとした多くの政治指導者達が，効率的な森林造成・保護を実践しようとした時期であった。中でも，当時，国家副主席で党の宿老の一人であった董必武の関心は，この時期，ほぼ森林からの継続的な物質供給のみに集中していた。董は，地元の湖北省を中心に森林の現状に対する視察を重ね，各地に駐留する人民解放軍部隊や学生達を植樹造林に動員するという方法を提案した上で，次のように述べている。

私のこれらの構想は，我が国の木材が毎年400～500万m^3不足しているという現状に基づいている。伐採跡地の更新は，毎年の伐採量の50～

60％程度しか完成していない。木材を伐採するたびに運搬する距離が遠くなり，輸送手段が追いつかない。国家もこれ以上，林業投資を拡大できないだろう。これらの状況に鑑みて，金を使わず，手間を少なく，大衆を動員して植樹造林するという構想が思い浮かんだのだ[17]。

ここに見られるのは，深刻な木材供給不足への危機意識であり，それが「森林・樹木を増やせ」という認識に直結しているという構図である。また，大躍進政策期の混乱からの回復，中ソ対立に伴う国際的孤立といった厳しい条件下で，何とかして森林の商品提供機能の低下を補おうとする統治者の試行錯誤が見てとれる。

この調整政策期に限らず，現代中国を通じて，政治指導者層は「当面の経済建設を維持するため，既に稀少な森林資源を切り崩さざるを得ない」という，森林の商品提供機能にまつわるジレンマに悩まれてきた。もちろん，その根本的な解決は，積極的な森林造成による森林の増加によってもたらされると認識されていた。また，1980年代より対外開放に転じてからは，域外からの林産物輸入の増加も，このジレンマ解消の重要手段の一つとみなされていった。

但し，大躍進政策期や調整政策期のように，国際情勢の悪化に伴い，急速な国防や工業発展に向けて，木材等の資材が必要となった状況下では，「ある程度の過剰伐採もやむなし」との見解が，政治指導者層の間に見られることが多かった。調整政策期において，譚震林は，以下のようにも述べている。

我が国は現在，工業化の初期段階にあり，毎年相当量の木材を必要としている。我々は建国以来，森林造成・保護関係の一連の政策法令を出し，大きな効果を得た。しかし，研究の底が極めて浅く，実施基盤も極めて薄弱であり，しかも辺境の林区は開発が未だに間に合わず，既に開発した林区も輸送のための交通機関の普及には程遠い。このため，既に開発した林区の過伐性の破壊は，一定期間内，避けることができなくなっている。我々の任務は，20年，或いはもう少し長い期間の内に全力で取り組み，この問題を解決することにある[18]。

すなわち，工業建設における木材需要を満たすために，当面の森林破壊が不可避であるとの認識である。近年でも温家宝が，建国以来，相当の長期間において，経済建設の需要のために木材生産に主眼を置いてきたことを，「当時においては完全に必要なものであった[19]」とした。こうした政治指導者層の森林の商品提供機能に対する認識を通じて，東北・西南地区等に残されてきた大面積の天然林の開発が，各時期において進められていったのである（第4章参照）。

こうした経済建設に必要な商品財の安定供給という観点からの政策としては，成長の速い早生樹種による単一林造成の促進が挙げられる。各時期の政治指導者層の懸念と要求を反映して，長江中上流域以南の各地ではコウヨウザンやユーカリ等，北方黄河流域ではポプラ等による単一造林が展開されていった。また，雲南省等では天然林を伐採した跡地にゴム林のプランテーションも進められていった（第3章等参照）。

3. 1. 2. 生活資材提供機能の抑制

森林・樹木には，同じく物質利用の側面において，人々の日々の生活に際しての薪炭燃料や建築資材を提供する機能が存在する。この機能は，日本等では第二次世界大戦後のエネルギー革命を経てその位置づけを大きく低下させたが，現代中国では，特に農村に暮らす住民においてその価値・便益を認識されてきた。これらの林産物は，個々の住民が自ら採取・利用することになり，商品財として国家計画や市場を通じた流通システムに乗ることがない。

同じ物質利用であるにもかかわらず，この森林の生活資材提供機能に対する現代中国の政治指導者層の認識は，極めて冷淡であり，ほぼ一貫して規制・転換の対象とみなされてきた。1950年代から，既に将来の林産物供給の保障や，自然災害の防止等を理由として，住民の生活用の木材利用を転換させるという方針が打ち出されていた（第4章参照）[20]。改革・開放期においても，1980年代半ばに総書記の胡耀邦が，森林地帯の住民の薪炭材利用を森林資源の「浪費現象」だとして，石炭に代替すべきことを林業部長に直接指示している（第7章参照）[21]。すなわち，森林の過少状況という局面において，生活資材提供機能に伴う地域住民の価値・便益は，商品提供機能や，後述する環境保全機能の発揮を優先するために，「削っていく」べきだとみなされる傾向にあった。したがって，現代中国において各地で政策的に進められてきた単一林の造成は，生活資材の供給源としての役割をも果たし得た反面，従来，薪炭採取に特化して基層社会で造成されてきた萌芽林等を，歴史の彼方に押しやった可能性もある。

3. 2. 環境保全機能をめぐる政治指導者層の立場と認識

3. 2. 1. 水土保全機能の重視

大々的な森林造成・保護政策の実施にあたって，現代中国の政治指導者層が，ともすれば物質提供機能以上に重視してきたのが，水源涵養，土壌流出・侵食防止，防風防沙といった，森林の水土保全機能である。

現代中国の指導者層は，建国当初の時点から森林の水土保全機能を，「自然災害の防止」によって社会の安定化を達成するものとして一貫して重視してきた。毛沢東，朱徳，劉少奇，周恩来といった建国当初の指導者達は，以前から各地を転戦・視察する中で，洪水の頻発，土壌の流出・浸食，沙漠化の進展と風沙害の被害拡大，旱干害の深刻化といった事態に直面してきた。その対策を指示する中で，彼らは一様に，その大きな原因が当地の森林減少にあり，積極的な森林造成・保護を行わねば解決に至らないと認識していた。例えば朱徳は，国共内戦中の1947年に河北省を視察した際，「樹林を乱伐してはならず，造林して，風沙の襲来を防止しなければならない[22]」と述べている。周恩来は，建国当初，華北地区で自然災害が相次いだ事を懸念し，「大々的な造林と水利建設の業務を経ていなければ，水害・旱害等の災害を避けることは難しい[23]」との見解を示している。

19世紀後半から20世紀前半にかけては，ヨーロッパ，イギリス帝国圏，アメリカ，日本等において，水土保全における森林の役割に注目が集まるようになっていた（水野 2006，田中 2014等）。その結果，洪水，土壌流出・浸食，気候の乾燥化，河川の流量減少といった自然災害や土地荒廃の防止が，社会不安を解消して富国強兵を支えるものとして，統治者サイドから林学や森林政策に期待されるようになっていった。現代中国の政治指導者層は，例外なくその潮流の中にあり，域内の統治を担った時点から，速やかにその実践に乗り出したことになる。

この点は，前時期の政治指導者である孫文において，既に水害を治める根本は森林であるとの認識が見られていたこと（第2章参照），及び，上記した域外で森林の水土保全機能に関する知識・技術を学んだ専門家が森林行政の担い手として登用されたこと（第5章・第10章参照）からすれば，決して驚くに当たらない。しかし，現代中国の初期の指導者層に，この森林減少と土地荒廃による自然災害の増加という関係性を，より臨場感をもって意識させることになったのは，過去の歴史を通じて形成された森林の過少状況に他ならない。1952年，中央政務院は，深刻化する自然災害の防止を呼び掛ける中で，「過去に山林が受けた長期的な破壊と無計画な急斜面の開墾は，多くの山区において雨水を涵養・蓄積する能力を失わせた。これらの現象は，河川における堆積を増加させ洪水の主因となっているばかりか，深刻な土壌流失・侵食増加によって，山稜高原地帯の土壌を日増しに劣化させ，耕地を日増しに減少させ，生産を日増しに減退させている(24)」と指摘した。地域の現状に鑑みて，森林の水土保全機能が明確に意識され，その低下が，地域の農業生産の発展や住民生活の安寧に対する深刻な脅威と捉えられていた。この政治指導者層の認識に基づいて，森林造成・保護政策の大々的な実施が，統治領域としての国土保全と社会発展，ひいては自身による政権の安定化に不可欠の要素とみなされることになった。

このような文脈で水土保全機能を重視する政治指導者層の認識と森林政策への反映は，近年に至ってもしばしば見ることができた。1998年夏の長江・松花江流域大洪水の際，江沢民を中心とした指導者層は，この大水害の重要な原因は河川上流域の森林減少にあると断定し，即時に国務院から森林破壊を伴う開墾と林地の徴用・占用を停止する措置を発した。同時に，天然林資源保護工程と退耕還林工程という形で，森林の水土保全機能の発揮を主目的とした二大プロジェクトを本格的に始動させた（第3章・第7章参照）。これに際して，当時，総理であった朱鎔基は，「天然林伐採の未完全な停止，緑色植被の継続減少，水土流失の拡大は，中華民族の生存と発展が危ぶまれる問題である[25]」と述べており，森林の水土保全機能の低下に対する政治指導者層の危機意識が，改めて強く前面に出た形となった。

森林の水土保全機能に対する政治指導者層の重要性認識は，統治政権としての「正当性の確保」という政治的な意図の下に，森林が位置づけられ得ることを端的に示すケースである。特に，現代中国のように，共産党指導者層による一元的な統治体制がとられた場合は，自然災害の増加による生産力の低下や社会不安の拡大は，その統治の正当性をダイレクトに掘り崩すことになりかねない。このため，現代中国の政治指導者層にとって，各種の自然災害や土地荒廃を無視することはあり得ず，少なくとも，森林造成・保護等による水土保全機能の回復・発揮をアピールする姿勢が求められてきた。

但し，現代中国の政治指導者層にとって幾分，好都合であったのは，彼らが政権を担った時点で，既に地域の森林減少に伴う自然災害や土地荒廃が相当に深刻化していたという事実であった。1958年末の大躍進政策期，少数民族出身の指導者として副総理の地位にあったウランフ（烏蘭夫）は，内モンゴル自治区等の北方で沙漠化の被害が深刻化してきた理由を，「旧社会においては，個体経済の条件にあって，人民大衆は沙漠を改造することができず，ただ沙漠に屈服するだけであり，沙漠の危害を甘んじて受け入れるしかなかった」からだと述べている。その上で，「共産党の指導下にあっては，人民は集団の知恵・力量を発揮し，はじめて沙漠と闘争し，沙漠に財富を求め，沙漠を人類の利益とすることが可能となった[26]」と，建国以降の森林造成の取り組みを自賛した。同様に1997年，江沢民は，「歴年の戦乱による破壊に，自然災害と乱伐による損失が加わり，陝西・甘粛等の西北地区において深刻な沙漠化・荒漠化を招いてしまい，これによって経済・文化の発展も大きな制約を受けることになった」とし，「歴史の残したこの劣悪な生態環境は，我々によって社会主義制度の優越性が発揮され，…一致団結して大々的な植樹造林，荒漠地の緑化，生態農業建設を行うことで，根本的に改変していかねばならない[27]」としている。

すなわち，現代中国の政治指導者達は，歴史的に作り出された森林の過少状況に対して，森林造成・保護による水土保全機能の発揮に取り組むことで，対立する政治路線ばかりでなく，王朝期までを含めた過去の政権との「違い」を見せつけ，自身の国家運営の正しさを示すという論理を構築し得た。

但し，こうした水土保全機能への政治指導者層の重視を反映した森林政策は，即時的・強権的に，基層社会の森林利用を規制し，排除する傾向が見られた。例えば，1950年代から実施されてきた「封山育林」は，水土保全機能の発揮を主目的に，各地の荒廃した山々や植林地において人為的な活動を厳格に排除することで，森林造成・保護や更新を促すものとなってきた。また，近年における天然林資源保護工程や退耕還林工程も，その対象地で行われてきた木材生産や，農業・牧畜等の生産活動を規制し，地域住民の就業構造を転換させるという特徴を有してきたのである（第3章参照）。

3. 2. 2. その他の環境保全機能（生物多様性維持，二酸化炭素吸収等）の受容

1970年代に入ると，世界的な環境問題への関心の高まりを受けて，中国においても「環境」の保全という文脈で，森林の水土保全機能やその他の環境保全機能，或いは生態系としての重要性が捉えられるようになっていく（第5章参照）。

環境概念が受容され，改革・開放以降の対外交流が加速する中で，森林の生物多様性維持，二酸化炭素吸収といった機能が，新たに現代中国の政治指導者層にも認知されていくことになった。改革・開放期の1980年代に入ると，薄一波や李先念といった当時の共産党の長老達が，「生態バランスの失調・破壊」という概念で過去の森林減少・劣化を捉えるようになる[(28)]。2000年，当時，同じく党長老の一人であった李瑞環は，「今日，地球の森林は目に見えて減少しており，土地の沙漠化，水土流出，水資源の欠乏，生物種の減少，自然災害の頻発，温室効果などの地球規模の生態危機を加速させている[(29)]」と述べ，水土保全に加えて，森林が生物多様性維持と地球温暖化防止に果たす役割についての明確な認識を示している。また，1980年代から1990年代にかけて，絶滅危惧種の保護に関する「ワシントン条約」や，リオデジャネイロ国連環境開発会議を契機とした生物多様性維持への国際的

取り組みに対して，改革・開放期の政治指導者層は関心を示し，森林の育む貴重な生態系や動植物を保護する目的から，自然保護区の建設といった具体的な政策立案を後押しするようにもなった[30]。また，最近では，地球温暖化防止に関する節目の国際会議に際して，胡錦濤や習近平といった指導者層のトップ自ら講話を発表し，森林造成・保護を大きく絡める形で中国の対策や方針を示すことも恒例化している。

しかし，これらの森林の環境保全機能全般に対する政治指導者層の認識は，あくまでもこれまでの森林造成・保護への関心の延長線上にある。実際の対策も，過去からの森林の過少状況の克服，水土保全機能等の発揮を目指した政策実施とその成果に立脚したものであることが多くなってきた。

3. 3. 精神充足機能をめぐる政治指導者層の立場と認識

本書で想定した森林の精神充足機能は，美しい景観・風土を形成し，人々の訪問・体感を通じた観光・レクリエーションや森林浴等の保健休養の場を提供し，さらには信仰や愛情・自己同一化の対象となる等，人間主体の精神的な望ましさをもたらすというものである。しかし，そもそも上記したように，この機能をめぐる価値・便益は極めて多様な内実をもつ。加えて，政治指導者層という人間主体の立場を前提とした際には，「個々人」としての政治指導者層が，直接的な森林との関わりを通じてその機能・価値・便益を認識する場合と，地域における「政策当事者」や「統治者」としてこの機能に向き合う場合を切り分けて考える必要が生じてくる。

まず，個々人としての政治指導者層が，森林を訪問・体感すること自体にどのような望ましさを見出していたかは，間接的かつ根底的に現代中国の森林政策を方向づけたであろう。幼少期から森林が身近であったかどうか，或いは，成長段階や留学先でどのような森林に関する体験をしたかは，後年の森林政策への関心に大きく影響する要素たりうる。このため，非常に興味深いテーマであるものの，現時点で筆者の扱いきれる範囲を大きく超えている。但し，関連する事実として一考すべきなのは，毛沢東（湖南省），朱徳（四川省），劉少奇（湖南省），周恩来（江蘇省），鄧小平（四川省）をはじめ，建国から改革・開放に至るまでの政治指導者達の多くは，温暖湿潤で森林が生育し易い長江流域以南の丘陵地帯に生まれ，この地区を初期の活動拠点としてきた。すなわち，幼少期からの成長過程で，彼らの中に，森林の諸機能への理解や，森林のある景観に対する親和性が形成されたとしても不思議ではない。また，彼らはその後，長征を経て，北方黄河流域の土地荒廃の激しい森林希少地区に活動拠点を移した。彼らにとってこの経験は，生まれ育った地区との比較を通じ，改めて森林への愛着や水土保全機能等の重要性を認識し，全土にわたって森林の生い茂る風景を創造しようと考える契機になったのかもしれない。

次に，地域の統治者としての立場・目線において，現代中国の政治指導者層は，早期から様々な形で森林の精神充足機能と向き合ってきた。まず，地域住民の森林への訪問・体感に伴う精神的な価値・便益に対しては，政策当事者として対応する必要があった。改革・開放以降，経済発展に付随した所得や余暇の増大に伴って，観光・レクリエーション・保養等を目的に森林を訪れる人々が増加した（第5章参照)。これに対応する形で，政治指導者層も自ら森林の豊かな場所を訪れ，快適な滞在や貴重な体験の場となるよう，世界自然遺産指定への働きかけ，森林公園等の画定，及び，それらの区域内での観光施設・交通整備等の政策を打ち出してきた。

一方，南方の少数民族居住地区等では，住民が自然崇拝の形で身の回りの森林を厳格に保護し，精神的な拠りどころとする文化が旧来から存在してきた。これらの地域住民の価値・便益に対して，中央の政治指導者層は，社会主義建設に伴う旧習の打破という文脈で否定する傾向にあった。

現代中国の政治指導者層が，「統治者」としての独特な価値・便益を見出し，殊更にクローズアップしてきたのは，森林の精神充足機能のうち，景観・風土形成機能と位置づけられる側面であった。現代中国の政治指導者層は，遅くとも1950年代半ば頃までに，荒廃の進んだ山々や緑化の十分でない都市・道路といった「森林・樹木の無い景観」は「醜く，貧しく，悪い」ものであり，既存の森林地帯や緑化された農村・都市等の「森林・樹木の生い茂る景観」は，「美しく，豊かであり，善い」ものという認識を共有するようになっていた。1959年の毛沢東の号令に基づく，至る所を緑で埋め尽くせという「大地の園林化」のスローガンは，まさにこの認識を体現したものだった。周恩来も，各地を視察する中で，しばしば森林造成・保護によって「美しい景観」を形成するよう注文をつけていた[31]。また，改革・開放期において鄧小平の片腕であった万里は，首都北京の緑化の必要性を強調した際，「全市人民の努力を通じて，速やかに我々の首都を，緑の樹木が萌えるように生い茂り，百花が華やかに咲き乱れ，緑の草で地が覆われるという，優美かつ清潔な，一流レベルの現代文明都市としての形態を備えたものにする[32]」と述べ，樹木の存在する景観を，「文明化」の進展を示す重要な指標と位置づけていた。2008年の北京オリンピックの開催に向けて急速に進められた都市緑化も，この政治指導者層の森林・樹木の景観形成機能に対する共通認識に支えられていたといえよう[33]。

この政治指導者層における共通認識は，森林造成・保護を通じた全土の緑化による「美しい景観形成」への地域住民の参画が，国家統合を促すという独自の価値・便益によっても支えられていた。「森林は美しい景観・風土を形成する」と認識している指導者達が，一元的な国家運営の主体となり，全域的な森林造成・保護の推進を政策目標に定めた時，何が起こるだろうか。その活動は，必然的に「美しい国家・郷土づくり」を意味するものとなり，かつ，この目的の下に地域住民を動員すれば，彼らの愛国心・愛郷心が強化され，自らの政権基盤の安定化が促進されるという，森林をめぐる統治者特有の期待・発想が生まれるのである。

「緑化祖国」という概念は，まさにこの期待・発想が前面に表れたものだった。毛沢東によるこのスローガン提起を報道した『人民日報』は，以下のように記している。

> 青年を組織して植樹造林に参加させることには，別の方面の意義が存在する。植樹造林は，青年に対する最も活き活きとした，社会主義前途の提示と共産主義労働態度の教育となる。青年は，植樹造林に参加すると，極めて自然に故郷の建設と，将来の幸福な生活の確立を関連づけて考えるようになる。多くの成年は，既に緑化された美しい景観に鼓舞され，「沙漠を緑で覆ってしまおう」「黄河の水を清くしよう」といった英邁なスローガンを叫んでいる。青年達のこの種の情熱は，とても貴重なものであ

る[34]。

ここでは，住民を動員した森林景観の形成が，社会主義建設の下での愛郷心の醸成に結びつくと明確に認識されている。とりわけ，青少年による植樹造林活動の展開は，将来世代に対して，森林の重要性を認識させる意味を持つと同時に，彼らを「党・国家プロジェクトとしての緑化」に従事させることで，その一体感と郷土愛を高め，ひいては共産党の指導下での社会主義ナショナリズム[35]を喚起するものと見なされた。

この森林造成・保護を通じた国家統合の促進という政治指導者層の期待は，景観・風土形成機能のみならず，森林・樹木に注がれる愛情や自己同一化といった人間主体の価値・便益をも想定するものだった。改革・開放期において，鄧小平は，全民義務植樹運動を指揮する際，今後の中国において「愛樹の習慣を養っていかねばならない[36]」と述べた。そして，彼の下で実際に同運動を指揮した万里は，「国家・社会のために服務する公益活動を通じて，全人民の高度な愛国の情熱を発揚」させ，「祖国の一花・一草・一木を熱愛する習慣を養成し，集団主義・共産主義の道徳気風を養い，人民の思想的限界と情操を押し上げ，社会主義祖国建設の偉大な目標に向かって前進[37]」させることを目的に掲げた。ここでは，住民が森林・樹木に対して愛情を注げば，それが愛国心に結びつくという論理が構築されていることが分かる。言いかえれば，「森林・樹木への尊敬や愛着」という人々の精神的な価値・便益が，政治指導者層の認識においては，「国家への帰属意識」に伴う精神の安寧と，相互補完的であるとみなされているのである。

このような森林をめぐる政治性，或いは統治者の期待の存在は，帝国主義下の日本においても見られてきた。すなわち，愛林日の設定や勢力圏内での植樹祭等の記念イベントが，万世一系の皇室を象徴するものとして森林や樹木を位置づけ，森林愛護と同時に国民精神の修養を目的とし，国家統合や植民地統治の円滑な促進の手段として実施されてきたことが指摘される（中島 2000，竹本 2005 等）。この点からすると，現代中国の政治指導者層が，景観・風土形成や精神文化の涵養といった森林の精神充足機能を，自らの政権基盤の安定化に結びつけて捉えたことも意外ではない。但し，日本の緑化活動が，天皇・皇室を中心とした統合をイメージしたのに対し，現代中国の政治指導者層は，森林の過少状況とそれを生み出した「醜・貧・悪」な地域社会を，自らの統治と政策実施を通じて「美・豊・善」に創りかえるという御旗の下に，森林・樹木・緑化を位置づけたという特徴がある。

ともあれ，現代中国の政治指導者層は，住民の愛国心・愛郷心を喚起し，国家統合を促進し，国家運営を円滑化することによって，自らの統治の正当性や政権基盤を強化する手段として，「森林や樹木を愛し，祖国の緑化に積極的に寄与すること」を，森林政策を通じて地域住民に求めてきた。近年でも，温家宝が大々的な造林緑化を通じて，「優美・清新・健康・快適な人間生活環境を創造し，…人々の愛国情熱を激発して，社会主義精神文明建設を促進しなければならない(38)」と述べるなど，この結びつきの構図には変化が見られていない。

4. 森林をめぐる政治指導者層の立場・認識の総括

4. 1. 現代中国の「統治者」としての森林認識

森林をめぐる現代中国の政治指導者層の認識として，最も特徴的であったのは，森林の過少状況下に政権を樹立した時点から，「統治者」としての立場・目線において，森林の提供する様々な機能に対する特徴的な価値・便益が見出されてきた点である。これは，現代中国の統治者としての森林を視る「眼」と言い換えてもよい。この立場・目線による森林認識は，基層社会に暮らす人間主体が，直接的な森林との関わりにおいて認識する機能・価値・便益とは，明らかに異なる性質のものである。

その第一の特徴は，自らの「正当性の確保」という観点から，森林の諸機能が価値づけられているという点である。一元的な国家運営を担う立場からすれば，彼ら自身が，将来の経済建設に必要な物質資源を確保する方策を講じねばならない。森林の商品提供機能は，この観点から指導者層に捉えられ，早生樹種の単一林造成や，森林開発・林産業発展政策へと結実していった。

森林の水土保全機能に対しても，各時期の指導者層は，この正当性の確保という観点から価値づけていた。そもそも，旧来から中国において人口に膾炙してきた天人合一・天命思想は，中国の統治政権が，自然界を含む「天」によってその正当性が認定されていると捉える。ゆえに，天変地異・自然災害の頻発やそれに伴う社会不安を，人間界における統治政権の失政に結びつけて考える傾向があった[39]。また，ウィットフォーゲル（1977）の唱えた水力社会論も，治水・土木工事の必要性という点から，中国の統治政権の自然災害防止における役割を重視したものであった[40]。その絶対視は環境決定論的な誤謬を招くものの，少なくとも，人口稠密なモンスーンアジアにあって，農業生産を基幹としてきた中国という地域の統治者は，域内を横断する大河の氾濫をはじめとした自然災害の防止に，住民生活の安寧や農業生産力の維持向上の観点から常に注意を払わねばならない立ち位置にあった。現代中国の政治指導者層は，その立ち位置にあって，森林の水土保全機能が学術的にも注目される中，歴史的に形成された森林の過少状況の改善に取り組むことが不可避であった。この視座からすれば，現代史において自然災害の防止を目的とした森林造成・保護政策の推進が，前時期との対比を通じて，各時期の政治路線や政権自体の「正当性の証明」とみなされてきたことにも得心が行く。

自然災害の防止を目的とした森林の水土保全機能の発揮を，政治指導者層が自らの正当性に結びつけて重視せざるを得なかった点は，Shapiro（2000）の議論が，なぜ森林に関して当てはまらないのかにも明確な説明を与える。Shapiro は，「自然に対する戦勝」や「愚公山を移す」といったスローガンに象徴される毛沢東のイデオロギーを，「自然の軽視」と捉え，統治における自然破壊の側面のみがクローズアップされたとする。しかし，森林に関して言えば，森林造成・保護を通じて森林の過少状況を改善し，水土保全機能をはじめとした森林の諸機能の回復・発揮を図ることが，現代中国の政治指導者にとっては「自然に対する戦勝」だったのである。それは，「社会主義革命の完成と共に，人間は自らの力によって自然災害を克服できる」という意味であり，確かに「人間中心主義」的な自然観と言えばその通りであろう。しかし，そこにおける「自然改造」は，「自然破壊」ではなく，むしろ今日の中国における環境保全のルーツともなる活動を意味するものであった。実際に，「自然に対する戦勝」や「愚公山を移す」という概念は，大躍進政策期を含めて一貫して「劣悪な自然環境を，人間による森林造成・保護を通じて克服する」という意味で用いられてきたのである[41]。

実のところ，Shapiroの研究は，ダム建設や鉄鋼生産関連の資料にのみ基づいており，森林関連のものを殆ど参照していない。このため，歴史的に生み出された森林の過少状況と土地荒廃に，現代中国の政治指導者層がどのような立ち位置で向き合わざるを得なかったかという視点が抜け落ちてしまい，毛沢東時代の「自然改造」を，自然の軽視による「改悪」という意味でしか捉えられなかったのである。しかし，本章で見た通り，毛沢東を含めた現代中国の政治指導者層の森林認識は，遥かにリアリティに富んだものであった。建国当初から指導者層は，水土保全機能をはじめとした森林の諸機能の低下を問題として受け止め，その改善に取り組もうとしていた。なぜなら，そうしなければ，自らの政治的立場が危うくなってしまうからである。この構図において，特定の指導者個人の政治的立場やイデオロギーが入り込む余地は，そもそも無かったと言えよう。

そして，現代中国においては，森林の精神充足機能までが，地域住民の愛国心・愛郷心を喚起し，地域の統合を促進し，自らの政権基盤を強固にするものとして，指導者層に価値づけられてきた。その根本には，「森林・樹木の生い茂る景観」が「美しく，豊かであり，善である」という指導者層の共通の価値認識があった。

さらに注目すべきは，この正当性の確保という政治指導者層の価値・便益に支えられた「緑化祖国」の取り組みを，マルクス・レーニン主義，毛沢東思想，鄧小平理論，或いは中国の伝統的な統治理念といった，現代中国のあらゆる政治思想的バックボーンが支える構図となってきた。各時期の指導者達は，度々，マルクスやエンゲルスの著作の中から，資本主義の森林破壊性や，彼らの森林の重要性認識を示すと考えられる部分を引用し，「社会主義の優越性を生かして歴史的な森林破壊を克服しなければならない」とした[42]。また，調整政策期等においては，中国古来の『詩経』，『斉民要術』，『農政全書』における森林の水土保全機能とも解釈できる記述が取り上げられ，「祖国の古書における科学遺産である」として，森林造成・保護の模範とすべきと喧伝された[43]。さらに，文化大革命以降の各時期の政治路線は，自らが依拠する思想・理念こそが，効果的な森林造成・保護の達成を保障するという文脈で，それ以前の政策や理念を批判し，その正当性を誇示してきた。これらの各思想との結びつきは，政治指導者層の森林造成・保護への特徴的な認識を改めて示している。同時に，特定のイデオロギーや政治思想によって，現代中国の統治者の森林認識が左右されてきた訳ではないという点を，改めて浮き彫りにするものである。

4. 2. 今後の研究課題

特定の政策当事者や統治者に焦点を当てて，その森林をめぐる立場・認識や森林政策の立案・実施における役割にアプローチした研究は，現代中国に限らず決して多いとは言えない。本章では，政治指導者層という枠を設けて，毛沢東，周恩来，鄧小平をはじめ，現代中国の国家運営に大きな影響を及ぼした主体の森林をめぐる立場・認識を，森林の諸機能に区分する形で掘り下げたに過ぎない。今後は，個別の指導者において，その生い立ち，経験，ライフコースを踏まえて，森林及び環境に対するどのような価値・便益が形成されていったのか，詳細に検証するアプローチ等も求められよう[44]。

現代中国の政治指導者層として明らかにされた森林認識とは，その一元的な統治体制の下，森林の過少状況という自然生態的背景と向き合う中で，「いかに森林の諸機能を維持・増強・調整していくか」という「統治者」の立場・目線に基本的に立脚するものである。これに基づく「森林・樹木を増やせ」という森林政策の方向づけは，特定のイデオロギーや政治思想に左右されることなく，逆にそれらを内部化する形で，実際の基層社会の森林との関わりや地域の森林環境に大きな影響を及ぼしてきた。この指導者層の森林認識は，社会主義体制による自然破壊といった単純な文脈には当てはまらず，むしろ，地域の自然生態的・社会的・歴史的特徴を反映した，為政者の現実主義として説明できる部分が大きかった。

こうした政治指導者層の森林をめぐる立場・目線が，実際の森林政策の立案・実施において，具体的にどのような役割を果たしたのかは，政治過程論として突き詰める必要がある。しかし，第7章で述べた通り，機密の多い現代中国の政策決定過程，特に指導者層内部での調整や意思決定のプロセスを詳らかにするには，大きな困難が伴う。逆説的だが，このような状況下にあっては，参照可能な資料や情報に基づいて，指導者層の対象を見る「眼」をより良く理解し，実際の政策内容の人間的背景を把握するプロセスが，殊更に重要となるのではないか。すなわち，森林をめぐる統治者としての立場や価値・便益認識を前提として，それが実際の政策実施や，地域の人間と森林との関わりへと反映されていく過程を検証するアプローチである。

このアプローチに際して，一つの切り口を提供しているのは，Scott (1998) らによって主張されてきたシンプリフィケーションという理論的枠組みである。これは，近代的な技術革新・官僚制度・思考法などが整う条件下において，政治指導者や専門家によって構成される「政府」が，彼らにとって「読みやすい」(Legible) 方向へと地域社会の自然利用を導いていくというものである。この政府の志向に応じて，本来，基層社会において多様であった森林との関わりは，一元化・画一化 (Simplify) されていくとされる。例えば，Nelson (2006) は，社会主義体制下の旧東ドイツにおいて，中央の共産党政権による森林政策が，用材としての木材の効率的な提供を主眼に置いた結果，域内の森林が単一の人工林へと作り変えられるプロセスを明らかにした。これらの研究において，政治指導者を含めた社会主義体制下の政府は，特定の機能・価値・便益認識に基づく自然の読みかえを強いる役割を，森林政策の実施等を通じて果たすものと捉えられる。

では，この枠組みが，現代中国の森林をめぐる政治指導者層においても当てはまるであろうか。森林の諸機能別の掘り下げからすれば，現代中国の政治指導者層において，特定の機能に付随する価値・便益認識に基づいて，基層社会の森林との関わりを「読みやすく」再規定しようとする傾向は，少なからず存在したように思われる。例えば，自然災害防止のための水土保全機能や，国防・経済建設のための商品提供機能が重視され続けていたのに対して，基層社会に暮らす人々の直接的な生活資材の確保は，規制・転換の対象とみなされてきた。また，政治指導者層の重要性認識を反映した森林政策は，その即効性と引き換えに，往々にして強権的・強制的となってきたことも事実である。しかし，幾つかの規制・転換が志向されたとはいえ，現代中国の政治指導者層は，少なくとも複数の機能や，それに伴う人間主体の様々な価値・便益を踏まえた政策形成を心がけてもきた。今後，個別の政策実施過程に際して，政治指導者層の重要性認識が，森林との関わりの「読みかえ」に結びついたかどうかを検証する等，引き続きの研究発展が望まれるところである。

〈注〉

(1) 周恩来「林業工作為百年工作」(1950年4月14日)(中共中央文献研究室・国家林業局編(1999)『周恩来論林業』(pp.3-4))。

(2) 例えば，毛沢東は，南方集団林区にあたる地区での革命運動に従事する中で，1930年代前半には，既に根拠地周辺の森林管理制度の調査や，植樹運動・森林保護の必要性について認識していたと思われる(中共中央文献研究室・国家林業局編(2003)『毛沢東論林業』等)。

(3)「向大地園林化前進」(『人民日報』1959年3月27日)。

(4) 1956年3月に「緑化祖国」，1958年12月に「大地の園林化」を提起したとされる(当代中国叢書編集委員会(1985)『当代中国的林業』(p.53))。一方で，後者の提起を上記の人民日報記事の出された1959年3月とするものもある(中共中央文献研究室・国家林業局編(2003)『毛沢東論林業』(p.67) 等)。

(5) 毛沢東「征詢対農業17条的意見」(1955年12月21日)(毛沢東(1977)『毛沢東選集：第5巻』(pp.260-261))。

(6) 鄧小平「開展全民義務植樹，保護和発展森林資源」(1981年9月16日)(孫翊編(2000)『新時期党和国家領導人論林業与生態建設』(pp.2-3))。

(7) 江沢民「在姜春雲副総理〈関於陝北地区治理水土流失建設生態農業的調査報告〉上的重要批示」(1997年8月5日)(中華人民共和国林業部編(1998)『中国林業年鑑：1997年』(特輯1))。

(8) 例えば，習近平は総書記・国家主席に就任した後の2013～14年頃から「生態文明思想」を強調し始め，その一環として森林をはじめとした生態系の保護・回復を促すことを生態文明建設として提起してきた(趙樹叢「在生態文明体制改革中加快建設有中国特色的林業制度」『中国緑色時報』2014年12月19日)。

(9) 例えば，「在姜春雲副総理〈関与陝北地区治理水土流失建設生態農業的調査報告〉上的重要批示」(1997年8月5日)(中華人民共和国林業部編(1998)『中国林業年鑑：1997年』(特輯1)) 等。

(10)「各地大規模植樹造林緑化祖国」(『人民日報』1968年4月22日) 等。

(11)「河北陝西京郊大力植樹造林」(『人民日報』1974年4月4日) 等。

(12)「青山常在・永続作業」(『人民日報』1977年6月4日)，「堅決刹住破壊森林資源的歪風」(『人民日報』1978年11月1日) 等。

(13) 当代中国叢書編集委員会(1985)『当代中国的林業』(pp.105-107, pp.111-116)。この公刊資料においては，特に文化大革命期における体制そのものが緑化活動にダメージを与えた，と強調している。但し，刊行年（1986年）から推測すれば，政治的な意図に裏付けられた部分が大きいと思われる。

(14) 周恩来「林業工作為百年工作」(1950年4月14日)（中共中央文献研究室・国家林業局編(1999)『周恩来論林業』(pp.3-4)）。

(15) 譚震林伝編纂委員会（1992)『譚震林伝』(pp.338-344)。

(16) 鄧子恢「関於農業・林業・水利的五年計画」(1954年7月13日)（鄧子恢（1996)『鄧子恢文集』(pp.372-385)）

(17) 董必武「植樹造林工作応当注意解決的幾個問題」(1964年6月11日)（林業部〈董必武林業文選〉編輯組（1985)『董必武林業文選』(pp.53-59)）。

(18) 譚震林「在南方各省・区・市林業工作会議上的総結報告」(記録整理に基づく)（1962年7月4日)（中華人民共和国林業部辦公庁（1963)『林業工作重要文献彙編：第2輯』(pp.4-11)）。

(19) 温家宝「在全国林業科学技術大会上的講話」(2001年6月14日)（国家林業局（2002)『中国林業年鑑：2002年』(特輯12-14)）。

(20) 例えば，政務院「関於節約木材的指示」(1951年8月13日)（中共中央文献研究室・国家林業局編（1999)『周恩来論林業』(pp.20-22)）。

(21) 胡耀邦「対〈希望解決林区居民取暖焼好材問題〉的批示」(1985年2月26日)（林業部林業工業局編（1985)『全国国有林区経済体制改革座談会資料彙編』(p.38)）。

(22) 朱徳「対冀中経済工作的意見」(1947年11月)（朱徳（1983)『朱徳選集』(pp.213-219)）。

(23) 周恩来「未経大搞造林和水利 災害難免」(1951年8月17日)（中共中央文献研究室・国家林業局編（1999)『周恩来論林業』(pp.23-24)）。

(24) 政務院「関於発動群衆継続開展防旱抗旱運動併大力推行水土保持工作的指示」(1952年12月26日)（中共中央文献研究室・国家林業局編（1999)『周恩来論林業』pp.41-45)。

(25) 朱鎔基「在陝西・雲南・四川・甘粛・青海・寧夏等地考察時関於造林緑化和生態環境建設的重要講話摘録」(国家林業局編（2000)『中国林業年鑑：1999／2000年』(特輯2-6)）。

(26) 烏蘭夫「改造沙漠造福人民」(1958年11月2日)（烏蘭夫（1999)『烏蘭夫文選：上冊』(pp.498-500)）。

(27) 江沢民「在姜春雲副総理〈関於陝北地区治理水土流失建設生態農業的調査報告〉上的重要批示」(1997年8月5日)（中華人民共和国林業部編（1998)『中国林業年鑑：1997年』(特輯1)）。

(28) 薄一波「第二次全国環境保護会議上的講話」(1984年1月7日)（薄一波（1992)『薄一波文選：1937-1992年』(pp.422-426)），李先念「不能放松農田基本建設」(1979年7月11日)（中共中央文献編輯委員会編（1989)『李先念文選：1935-1988』(pp.379-388)）。

(29) 李瑞環「致国際森林年十五周年紀念大会的信」(2000年12月18日)（孫翊編（2000)『新時期党和国家領導人論林業与生態建設』(pp.174-175)）。

(30) 第5章でも述べた通り，この背後には，改革・開放路線への転換に伴い，世界的な課題となった環境問題の解決に取り組むことで，文明国としての統治政権の正当性を国際的にアピールし，国際社会での地位を確保しようとの意図が，政治指導者層において存在してきた。この点では，家永（2022）が明らかにした近代以降の中国のパンダ外交をめぐる背景と似通った部分がある。但し，現代中国の政治指導者層の森林の環境保全機能をめぐる価値認識は，地域住民をはじめとした域内に向けての正当性アピールに，より力点が置かれていた点で異なっている。

(31) 例えば，周恩来「要抓住典型，推広典型」(1966年2月1日）では，北京の造林実施を称賛した後，「天津の鉄道の両側には樹木がなく，醜い事この上ない」としている（中共中央文献研究室・国家林業局編（1999)『周恩来論林業』(pp.143-146))。

(32) 万里「全民義務植樹，緑化祖国，造福子孫後代」(1982年3月11日）(万里著・中共中央文献編集委員会編（1995)『万里文選』(pp. 204-208))。

(33) この都市緑化や美しい景観の形成という点に関しては，林学の一分野としても位置づけられる風致や造園，或いは公園管理といった学問分野や関連行政部門において，どのような議論や取り組みが進んできたかを検証する必要がある。中国では，「園林」等の名称をもって，近代以降，域外の影響を受けつつこの領域が形成されてきた。

(34)「社論：青年們　努力緑化祖国」(『人民日報』1956年3月2日)。

(35) 現代中国の森林をめぐる議論の中では，レーニンの社会主義国家論に近接した，中国共産党の指導下での社会主義建設とナショナリズムの結合が見られていた。

(36) 鄧小平「要譲娃娃們養成種樹・愛樹的好習慣」(1987年4月5日）(孫翊編（2000)『新時期党和国家領導人論林業与生態建設』(p.10))。

(37) 万里「全民義務植樹，緑化祖国，造福子孫後代」(1982年3月11日）(万里著・中共中央文献編集委員会編（1995)『万里文選』(pp. 204-208))。

(38) 温家宝「在全国造林緑化表彰動員大会上的講話」(2001年4月3日）(国家林業局編（2002)『中国林業年鑑：2002年』(特輯1-4))。

(39) 溝口雄三は，朱子学の理気論から中国の自然観をこのように考察し，自然災害の頻発が統治政権の資質を判断する一つの目安となることを示唆している（溝口ら1995)。

(40) 但し，ウィットフォーゲルの対象とした王朝期の中国では，専ら土木事業を通じた治水対策が行われており，流域での森林造成・保護等の必要性が十分に認識されていた訳ではない。

(41) 例えば，張子存「向大自然全面開戦」(『人民日報』1958年6月18日)，周恩来「関於西北林業建設兵団和植樹造林問題」(1966年2月23日）(中共中央文献研究室・国家林業局編（1999)『周恩来論林業』(pp.148-154))，朱鎔基「北京緑化要堅持以種樹為主」(2000年9月30日）(孫翊編（2000)『新時期党和国家領導人論林業与生態建設』(p.173)）等。

(42) 例えば，譚震林「在南方各省・区・市林業工作会議上的総結報告」(記録整理に基づく）(1962年7月4日）(中華人民共和国林業部辦公庁（1963)『林業工作重要文献彙編：第2輯』(pp.4-11))，朱鎔基「下決心把砍樹人変成種樹人」(1998年8月31日）(孫翊編（2000)『新時期党和国家領導人論林業与生態建設』(pp.93-95)）等。特に，エンゲルス（1968）が「自然の弁証法」において述べた「人間は労働を通じて自然を改変する能力を得ることによって，他の生物から区別されるべき存在となるが，自然を余りに改変しすぎると森林破壊による土地の荒廃等がおこり，近視眼的な資本主義生産様式では結果として自然の復讐を招く」という一節は，各時期の指導者達によってしばしば引用されている。

(43) 例えば，楽天宇「森林在発展農業中的重大作用」(『人民日報』1963年4月30日）等。

(44) このような観点から，現代中国の政治指導者層の森林認識にアプローチした研究は殆ど見られない。中国においても，個々の指導者層の言行録等の公刊資料こそ充実しつつあるものの，研究としては，樊（2009）等が，著名な指導者達の森林に関する言動を概観・紹介するにとどまっている。

〈引用文献〉

（日本語）
エンゲルス，F. 著，大内兵衛・細川嘉六監訳（1968）『マルクス・エンゲルス全集：第20巻』大月書店
家永真幸（2022）『中国パンダ外交史』講談社
溝口雄三他編（1995）『中国という視座』平凡社
水野祥子（2006）『イギリス帝国からみる環境史：インド支配と森林保護』岩波書店
中島弘二（2000）「十五年戦争期の緑化運動：総動員体制下の自然の表象」『北陸史学』49：1-22
竹本太郎（2005）「大正期・昭和戦前期における学校林の変容」『東京大学農学部演習林報告』114：43-114。
田中隆文（2014）『「水を育む森」の混迷を解く』日本林業調査会
ウィットフォーゲル，K. A. 著・平野義太郎監訳（1977）『新訂・解体過程にある中国の経済と社会』〈上〉〈下〉原書房

（中国語）
薄一波（1992）『薄一波文選：1937-1992年』人民出版社
当代中国叢書編集委員会（1985）『当代中国的林業』中国社会科学出版社
鄧子恢（1996）『鄧子恢文集』人民出版社
樊宝敏（2009）『中国林業思想与政策史』科学出版社
国家林業局編（2000）『中国林業年鑑：1999／2000年』中国林業出版社
国家林業局（2002）『中国林業年鑑：2002年』中国林業出版社
国家林業局編（1999）『中国林業五十年：1949～1999』中国林業出版社
林業部〈董必武林業文選〉編輯組（1985）『董必武林業文選』中国林業出版社
林業部林業工業局編（1985）『全国国有林区経済体制改革座談会資料彙編』中国林業出版社
毛沢東（1977）『毛沢東選集：第5巻』人民出版社
孫翊編（2000）『新時期党和国家領導人論林業与生態建設』中央文献出版社
譚震林伝編纂委員会（1992）『譚震林伝』浙江省人民出版社
万里著・中共中央文献編集委員会編（1995）『万里文選』人民出版社
烏蘭夫（1999）『烏蘭夫文選：上冊』中央文献出版社
中共中央文献編輯委員会編（1989）『李先念文選：1935-1988』人民出版社
中共中央文献研究室・国家林業局編（1999）『周恩来論林業』中央文献出版社
中共中央文献研究室・国家林業局編（2003）『毛沢東論林業』中央文献出版社
中華人民共和国林業部編（1998）『中国林業年鑑：1997年』中国林業出版社

中華人民共和国林業部辦公庁（1963）『林業工作重要文件彙編：第2輯』中華人民共和国林業部
朱徳（1983）『朱徳選集』人民出版社

（英語）

Nelson, A., 2006, *Cold War Ecology*, Yale University Press

Scott, J., 1998, *Seeing Like a State; How Certain Schemes to Improve the Human Condition Have Failed*, Yale University Press

Shapiro, J., 2001, *Mao' s War Against Nature: Politics and Environment in Revolutionary China*, Cambridge University Press

第10章　森林をめぐる専門家層

本章では，現代中国において，森林関連の知識・技術を有する専門家層が，森林政策の立案や実施，地方や基層社会での森林管理・経営，及び林産業の発展等において，どのような立場・認識に基づく役割を果たしてきたのかに迫ってみる。

現代中国の森林をめぐる専門家層は，国家運営の観点から中央の森林政策を方向づけてきた政治指導者層と，基層社会でそれを受容しつつ，実際に森林環境の改変に従事してきた地域住民，集団，企業，組織等の単位を繋ぐ存在であった。彼らは，森林への働きかけを「専門的な職業」とし，森林の諸機能に関する知識を深め，その発揮のための技術の獲得，普及，実践に努めるという立場から，中央や地方の行政・研究機関や基層単位において，森林政策の実施を先導することになってきた。

1. 森林をめぐる専門家層の立場・認識・役割へのアプローチ

1．1．森林をめぐる専門家層の定義と分類

一口に森林への働きかけを職業とする専門家層といっても，その政治的・社会的立場や役割には，幾つかの違いが見られてきた[(1)]。現代中国の森林をめぐる専門家層も，中央・地方の各級行政単位や各種の基層単位といった「所属」，或いは「学歴」や技術「資格」等に応じて，細かく区分することができる。しかし，現代中国を通じて，森林をめぐる専門家層は，広く「森林に専門的に関わる人員一般」（原語では「林業専家」等。森林・林業の専門家との意味）として位置づけられてもきた[(2)]。今日においても，その人数は極めて多く，広大な地域において様々な役割を果たしつつ，重厚な層を形成している。

こうした状況にあって，現代中国の森林をめぐる専門家層の立場・認識・役割を浮き彫りにする分類として，ここでは「知識人」，「森林官僚」，「基層技術者」の三種を想定する（図10-1）。

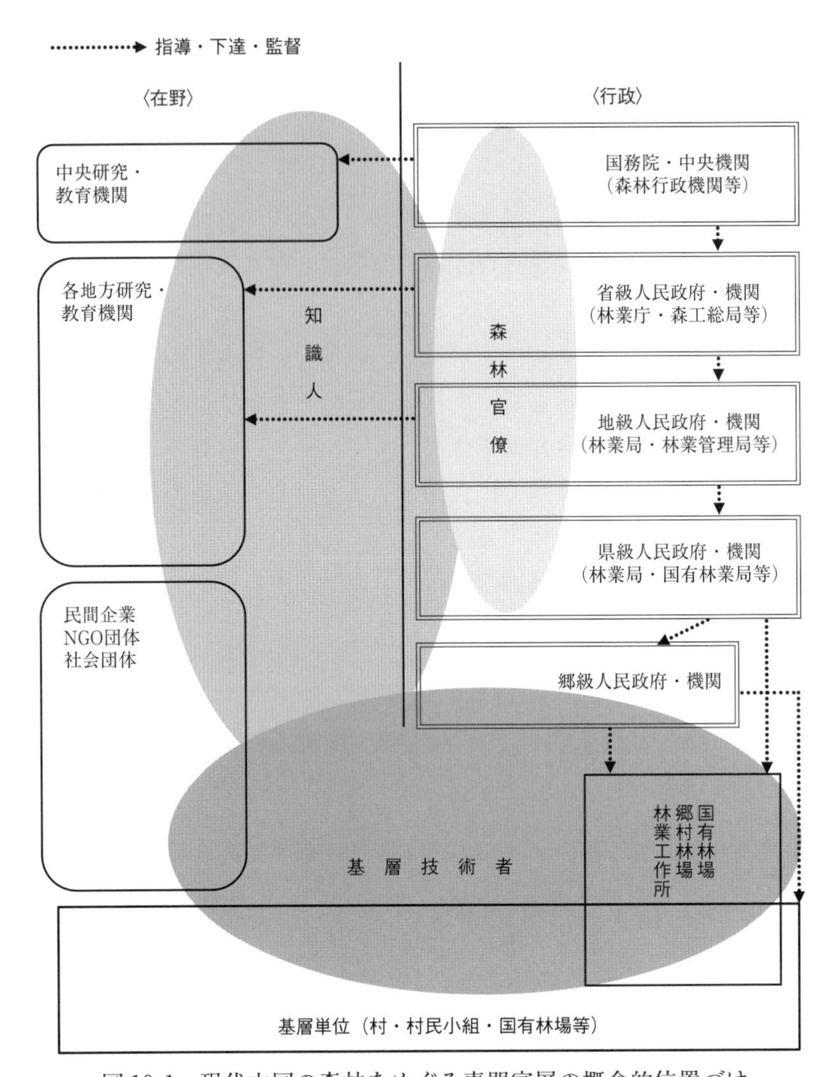

図10-1　現代中国の森林をめぐる専門家層の概念的位置づけ

注：東北国有林区における管理機構（旧森林工業総局・林業管理局・国有林業局・国有林場等）の管轄範囲は，本図において対応させている行政単位と完全には一致しない。

出典：関係主体への聞き取り等に基づいて筆者作成。

現代中国においては，一般的な「知識人」を意味する「知識分子」という用語が存在してきた。これは，通常，中等専門学校（日本の高等専門学校に相当）以上の卒業者等，一定以上の学歴を有するエリートや頭脳労働者を総称した表現である。しかし，この広義の意味での知識人には，各級の行政機構で森林政策の立案や実施に携わる官僚のみならず，研究・教育に従事する人々，基層社会での実践を担う技術者等も含まれてしまうため，多様な専門家層の内実に踏み込む概念としては不適当である。そこで，この広義の知識人のうち，研究・教育機関に所属し，森林関連の知識・技術の発展や教育に携わる人々を，狭義の「知識人」として定義し，以後，「知識人」はこの狭義の意味で用いる。彼らは，通常，旧林学院や林業大学を含めた大学の森林関連学科や職業専門学校，或いは中央の中国林業科学研究院や各地方の研究機関（第5章参照）等に所属してきた。但し，特定の森林政策の立案に際して，行政機関において検討や諮問の役割を担うこともあり，また，民間企業や社会団体等による林産業発展や森林造成の取り組みに協力する場合も見られる。

「森林官僚」は，同じく専門教育を受けつつも，県級以上の行政機関に所属して政策の立案・実施に携わる人々と定義する[(3)]。但し，例えば，次節で紹介する梁希のように，「知識人」として活躍してきた人物が，その能力を評価され，森林官僚として登用される場合もある。反対に，森林官僚が，退職や転職によって「知識人」となることもある。或いは，文化大革命期のように，批判闘争の結果として下放され，基層社会での実践に携わる「基層技術者」に近い立場に置かれる場合も存在してきた。また，次節の李範五のように，本来，共産党員として革命に従事し，政治指導者と位置づけられる人間が，長く森林行政に携わるうちに「森林官僚化」する例も見られる。

「基層技術者」とは，特に学歴にかかわらず，専門教育，或いは自らの実践を通じて身につけた知識・技術を生かして，基層社会で森林造成・保護や林産物の生産・加工に携わってきた人間を指す。次節の馬永順は，この典型である。しかし，基層技術者として活動してきた人間も，経験や成果が評価されて上級の行政機構に配属されることもある。或いは，教育機関等に招聘されて教鞭を執るケースも見られる。反対に，次節の侯喜のように，知識人や森林官僚としての経歴を積みながら，退職後，基層社会において農民に技術指導を行い，域外NGOとの知識・技術交流にも積極的に従事する人物も存在してきた。

すなわち，この三種の専門家層の分類は，あくまでもその森林をめぐる政治的・社会的立場を概念化したものであり，実際の個々人は往々にして複数の立場に跨った流動的な経歴を持ち，相互の境界は必ずしも明瞭ではない。ただ，この分類を想定しておくことで，現代中国の森林をめぐる専門家達が，どのような立場から森林政策の実施に携わってきたのかを掘り下げるきっかけをつかむことができよう。

結論を先取りするならば，現代中国を通じて，これらの「知識人」，「森林官僚」，「基層技術者」は，それぞれ異なる立場から，異なる形で森林への働きかけを行ってきた。しかし同時に，中央政府から地方政府・基層社会の各所にあって，森林政策の実施を促進するという共通の役割を与えられてもきた。

1．2．森林をめぐる専門家層への研究視角

森林をめぐる専門家層が，それぞれの立場から，どのように森林政策の実施や働きかけに携わってきたかに迫るには，幾つかの研究視角を想定しておく必要がある。

特に重要な視角は，トップダウンの森林政策の決定主体であった政治指導者層と，専門家層の関係性を，共通点や違いを含めて明確化することであろう。前章で取り上げたScott（1998）らのシンプリフィケーションの枠組みでは，「近代的・科学的」な思考をもった森林関連の専門家（Scientific Forester）は，政治指導者と同様に近代国家運営に際して，場合によっては地域社会に暮らす人々の自然との多様な関わりを無視する形で，森林利用を画一化していく主体と位置づけられる[(4)]。すなわち，ここでは，政治指導者層と専門家層が，相互補完的な関係にあることが想定される。

現代中国では，この政治指導者層と専門家層の協調関係を具体的に示すものとして，「模範」という制度が存在してきた。ここでの模範とは，政府によって与えられる公的な称号を意味し，中央・地方政府によって先進的な活

躍をした人物が模範に認定される。認定されると，昇給の面での優遇措置がとられ，共産党員としての地位が高まり，場合によっては党組織や行政機構の要職に任命されることもある。例えば，山西省昔陽県の大寨生産大隊の党書記であった陳永貴は，生産力の増強に成功した模範とされ，「農業は大寨に学べ」運動が文革中を通じて展開された結果，1973年には国務院の副総理にまで登りつめた。森林関連では，森林造成・保護活動や，林産物の生産・加工における技術発展に貢献した知識人や基層技術者，及び，次章で紹介する篤志家等，基層社会のリーダーが模範認定の主対象となってきた。本章で取り上げる馬永順や侯喜は，いずれも模範として認定されている。

この政府による模範認定が，現代中国において多分に政治的な意味を有してきたことは，多くの論者が指摘してきた。小島（1999）は，毛沢東がイニシアティブをとった時期において，模範は，基層社会の住民を先導し，中央の方針に基づく国家建設を徹底・促進する役割を果たしてきたとする。これらの模範認定は，各時期の政治路線対立（第2章参照）をもしばしば反映することになり，政治指導者層は，自らの路線に則った活動を展開した模範を積極的に賞賛・宣伝すると共に，以前の異なる政治路線の下で模範とされた専門家を批判の対象とし，その栄誉を取り消すこともあった。しかし，各時期の政治変動を超えて，常に一定の賞賛と評価の対象となってきた模範も存在した。例えば，無私の共産主義精神を発揮して人民への奉仕を重ね，1962年8月に21歳で殉職した雷鋒はその典型であり，「雷鋒に学べ」運動等を通じてその評価が固定化してきた。この一貫した評価は，共産党による一元的な国家運営を維持し，安定的な政権建設を促進するという広義の意味において，その模範の役割が認識されたためである（小島 1999）。同時に，地域社会の発展や住民生活の向上といった，どの政治路線や政治指導者層であっても重視せざるを得ない取り組みを体現していた場合も，その模範の評価は揺らがないであろう。すなわち，現代中国の森林をめぐる専門家層が，どのような点での取り組みと賞賛を背景に模範認定され，その評価が各時期の政治路線の変動にどこまで影響されたかを探ることで，政治指導者層との関係性を捉えることができる。

一方で，専門家層が森林政策に携わるにあたっての立場や認識は，政治指導者層をはじめ他の人間主体と大きく異なることも容易に想像できる。専門家層の多くは，20世紀前半からの域外交流，及び，1950年代以降の人材育成システムの構築を背景に，森林とその諸機能に関する専門教育を経てきた人々である（第5章参照）。これはすなわち，彼らを専門家層と規定する理由でもあるが，この林学や水土保全研究といった専門教育を経ることで，森林と向き合う際の独特の価値・便益認識が形成されてきた可能性は高い。例えば，前章で検証した現代中国の政治指導者層は，「統治者」として，国家運営の必要性や自らの正当性維持の観点から，森林政策を方向づけてきた。しかし，森林に対する働きかけを職業・基盤とする専門家層において，こうした認識が完全に共有されるとは考えにくい。そこではむしろ，自身の専門を活かす場や生計の手段として，森林関連の組織を維持し，研究分野を拡張し，更には森林政策の範囲の拡大と積極的な参与を志向するといった，職業的・功利的な目線が前面に出るものと思われる。同時に，研究発展や現場での実践に際して，森林生態系の営みや諸機能のメカニズムを理解する過程では，探究心，知的好奇心，更には森林・樹木に対する愛着等が，専門家層の価値認識を彩ることになる。また，自らの時間と労力の大部分を投入して，森林への働きかけを専門的に行う中で，職業としての誇りや矜持を抱き，アイデンティティーの対象として森林を位置づけていくことも考えられる。さらに，中央の森林官僚や全域的な森林政策と関わる一部の知識人を除き，大多数の専門家層は，個別の地方や基層単位において，森林造成・保護，林産業発展，住民生活の向上を目指す活動に従事している。このため，統治者の目線における全域レベルの「緑化祖国」等とは異なり，地方，流域，故郷等，自身の活動範囲に基づく空間において，森林の景観・風土形成機能が捉えられている可能性もある。

これらの点からすれば，現代中国の森林をめぐる専門家層は，それぞれの立場における森林との密接な関係構築に基づいて，「専門家ならではの森林認識」を形成してきたと考えられる。だとすれば，その認識は，各時期の森林政策の実施に際して，どのように作用してきたのだろうか。また，この立場・認識・役割への理解は，政治指導者層のみならず，基層社会で集団，企業，組織，事業体等の単位に属しつつ，森林と関わりながら生活している地域住民，事業者，労働者といった人間主体に比しての，専門家層の独自性を改めて浮かび上がらせることになる。

2. 現代中国の森林をめぐる専門家の群像

これらの視角に基づいて，以下では，現代中国において活躍した森林をめぐる専門家達を取り上げてみたい。ここでは，知識人，森林官僚，基層技術者の立場・認識・役割が網羅されるよう，四名の人物（梁希，李範五，馬永順，侯喜）に主に焦点を当てる。

2. 1. 梁希：現代中国の森林行政・教育の父（知識人→森林官僚）

梁希は，中華民国期に日本やドイツへの留学を経て，林学者，知識人としての名望を確立し，1949年10月に設立された中央人民政府：林墾部の初代部長，すなわち現代中国における最初の森林官僚のトップに就いた人物である（写真10-1）。

2. 1. 1. 梁希の出自と経歴

梁希は，1883年に浙江省湖州市に生まれ，1905年に浙江武備学堂に入学し，その教育方針に沿って翌年に日本に渡り士官学校に学んだ。在日中の1907年に，成立から2年後の中国同盟会に加入し，1912年には中国に戻って辛亥革命に参加している[5]。梁希の青年時代は，清末期の秀才として，日本を拠点とした革命運動に従事する日々だった。

写真10-1　梁希（1883-1958）
出典：李青松（2014）『開国林墾部長』（p.7）から転載。

辛亥革命の翌年，梁希は再び日本へ戻って林学者の道を歩むことを決意する。改めて，東京帝国大学農科大学（現在の東京大学農学部）林学科に入学し，川瀬善太郎（林政学講座），本多静六（造林学講座），河合鉐太郎

(森林利用学講座)，右田半四郎（森林経理学講座)，三浦伊八郎（林産化学）らに学んだ（張 1996)。1916年に卒業した梁希は，当初，鴨緑江の森林開発を担っていた日中合弁の鴨緑江採木公司に技師として赴任したが，すぐに北京農業専門学校（北京林業大学の前身）に移り教鞭を執ることになった。しかし，1923年にはドイツの先進的な知識と技術を求めて自費留学を決意し，かつて本多らも在籍したドレスデン近郊ターラントのザクセン王国立高等森林学校（現在のドレスデン工科大学林学科）において，1927年まで林産化学の研究に従事した。これらの留学経験を通じて，梁希はドイツ林学における保続経営の思想をはじめ，造林，森林経営，木材生産，松脂や樟脳等の多様な林産物利用に関する先進的な知識を身につけ，また世界の森林の現状や森林政策の展開を見聞することになった。

林学者，知識人としての土台を固める中で，梁希は，中国が抱える森林減少という問題にも強い眼差しを向けていった。森林の過少状況が自然災害や社会不安を深刻化させるという問題意識は，梁希が参画した辛亥革命後の近代国家建設を主導した孫文にも共通していた（第2章参照)。この観点から，梁希も中国において，早急な森林造成・保護の実施が不可欠と認識しており，1929年の「民生問題と森林」と題した論考では，孫文の言う民生に必須の「衣・食・住・行（流通・アクセス)」全てを，森林に頼ることで人類は歴史的に発展できたとし，森林の諸機能を適切に発揮する重要性を説いている[(6)]。

ドイツから帰国した後，梁希は北京農業大学（現在の中国農業大学）や南京中央大学農学院にて，林学の研究・教育に腐心するとともに，中国各地に赴き，森林減少の深刻化，残された森林の状況，地域の人々の森林との関わりの把握に努めた[(7)]。彼の知識人としての声望は次第に高まり，1935年には中華農学会の理事長に選ばれた。その後，許徳珩らとともに，高度な専門知識を有する科学者を母体とした政党組織である九三学社の立ち上げに携わり，1949年の中華人民共和国設立以降も，この党に属する民主党派人士として大陸に残留する道を選ぶ。この時点で，梁希は政務院財経委員会の委員に就任すると共に，後述のように政務院林墾部の初代部長に任命され，中国林学会の第1期理事長も兼任することになった。

1939年に書かれた「我々自身の国土に造林せよ」という論考では，現代中国以前に形成された梁希の森林に関する認識を端的に垣間見ることができる(8)。まず彼は，イギリス，日本，ドイツを例にとり，帝国主義諸国は「完全な植民地となれば真面目に森林経営を行うが，半植民地の状態では収奪する」ことになると指摘する。なぜならこれら諸国は，森林が地域社会にとって望ましい様々な機能を発揮することに加え，育成に長期を要する大切な資源であることを「分かっている」からだとする。ここからは，彼が単なる学究者ではなく，シビアな世界情勢にあって，森林の位置づけと国家建設における重要性を体系的に捉える視座を持ち合わせていたことが分かる。

その上で，だからこそ中国の人々は，速やかに資金や労力を惜しまず造林し，自らの力で森林の過少状況を改善することで，国土保全，山村建設，林産物の持続的な供給を達成しなければならないとする。また，自らの留学先でもあるドイツや日本が，青島と台湾で大々的な森林造成や林業生産を行っていることについて，その植民地化自体には批判的ではありながらも，「彼らに比べて中国人は森林を軽視している」と嘆くなど，積極的に域外交流を行う中で革命運動にも携わった，近代中国の知識人らしい葛藤も見え隠れしていた。

2. 1. 2. 域外交流を通じた専門家層の基盤の形成

梁希は，中国において，域外での林学教育を受け，その普及や発展に尽くした知識人の草分け的な存在である。但し，彼とほぼ同時期に，域外への留学を通じて林学者としての立場を確立し，現代中国でも活躍した知識人は少なくない。

韓安は，安徽省に生まれ，1907年にアメリカのミシガン大学に留学し，1911年に中国の留学生で初の林学修士を取得した（写真10-2）。中国に戻った後，袁世凱の北洋政府の下で東三省林務総局の局長に登用されたが，これも，初の林学者の森林官僚への登用であったとされる。国民政府下でも，陝西省林務局副局長，農林部顧問などを歴任し，中華人民共和国成立後は西北軍政委員会農林部顧問となった。主に西北地区にて，水土保全のための森林造成・保護を主導し，著作を通じて世界の森林状況を中国に広め，多数の専

写真10-2　韓安（1883-1961）
出典：国家林業局編（1999）『中国林業五十年：1949～1999』（p.788）から転載。

門家の育成にあたった。また，1915年，北洋政府の下で国民による植樹造林を奨励する目的から，4月（清明節）に第1回植樹節が開催されたが，この建議を行ったのが韓安とされる[(9)]。この植樹節を軸とした森林造成への住民動員は，1928年に孫文の逝去記念日（3月12日）に植樹節が変更されて以降も，民国期を通じて試みられた[(10)]。そして，改革・開放期の1979年，1950年代に梁希を支えてきた林業部部長の羅玉川らの提起によって，この試みは，同じく孫文の逝去記念日である植樹節を基点とした全民義務植樹運動（第3章参照）として復活することになる。

陳嶸は，浙江省出身で，1913年に日本の東北帝国大学農科大学（当時，分科大学。現在の北海道大学農学部）の林学科を卒業した後，アメリカのハーバード大学に留学し，1923年に樹木学を修めて科学修士の学位を取得した（写真10-3）。その後，ドイツで1年間研究に従事し，1925年に中国に戻り南京の金陵大学農学院森林系（現在の南京林業大学）にて教鞭をとった。後に，中華農学会の発起人の一人となり，その初代代表に選ばれている[(11)]。樹木分類学を専門とする一方，中国各地の森林減少と荒廃という局面を，その歴史的背景を踏まえて改善する目的から調査を重ね，1934年に『歴代森林史略及民国林政史料』を中華農学会から出版した。これは，古代から当時までの森林管理と森林減少の歴史を網羅した画期的な業績であり，現代中国に入ってからも何度も再版された[(12)]。

1910年代にアメリカへと渡った葉雅各は，イエール大学森林学院で修士号を取得し，金陵大学の森林系で教鞭をとった後に，中華人民共和国の湖北省林業庁副庁長を務めた。同時期のアメリカには，凌道揚（マサチューセッツ大学→イエール大学），陳煥鏞（ハーバード大学），姚伝法（イエール大学），沈鵬飛（イエール大学）ら，中華民国期の中国での林学教育や森林行政の確立に尽力した知識人が多く訪れていた。このうち，凌道揚は現代中国に活躍の場を得られなかったが，これらの知識人の大多数は，中華人民共和国初期の森林関連の知識・技術普及や森林政策の実施にも貢献することになった。彼らを先駆者として，その後の1920～40年代にかけても，ドイツ，アメリカ，日本等を訪れ，林学の知識を身につけようと志す人々は後を絶たなかった。森林官僚として梁希の下で活躍し，改革・開放間もない1978年に国家林業総局の副局長を務めた呉中倫は，イエール大学で林学修士，デューク大学で林学博士をそれぞれ取得している[13]。

写真10-3　陳嶸（1888-1971）
出典：中国林学会（1979）「悼念陳嶸先生」から転載。

一方，北洋政府や国民政府の下では，ロウダーミルク（第5章参照）のような域外の著名な森林官僚・知識人の招聘を通じて，森林関連の先進的な知識・技術の伝播を図る動きも目立ってきた。すなわち，梁希らが青年時代を過ごし，自らの職業的地位を確立していった20世紀前半という現代中国の前夜は，社会混乱や戦争の続く中でも，留学や招聘といった域外交流を通じて，森林をめぐる専門家層の基盤が形成されていった時期に相当した。

梁希，韓安，陳嶸らの活躍を通じて，ドイツで確立され，日本にも導入された森林の保続経営の思想や，19世紀後半から20世紀前半にかけて世界各地に広まっていた水土保全における森林の重要性認識と関連技術が，近代林学という枠組みで中国に普及していったことは想像に難くない。その中で，改めて特徴的だったのは，彼らの活動が一様に，「森林の減少と荒廃」という中国の現状認識，及び，それに対する強い危機意識に立脚していた点である。彼ら草創期の専門家層において，中国の森林被覆率は，概ね10%以下に過ぎないと見積もられており，このままでは，近代国家建設にあたっての水土保全や木材等の物質確保が達成できないと危惧された。この内発的な危機意識は，前述の通り同時代の政治指導者である孫文にも見られ，梁希らによる域外との交流や普及活動を背景に，中華民国期の知識層に共有されていったと見てよい。その解決を念頭に置きつつ，彼ら専門家層は人材育成や政策立案に携わり，より効果的な解決を目指して新たな域外交流を志向していった。

このように，現代中国の森林をめぐる専門家層の原型・基盤は，近代中国における域外の知識・技術の導入を通じて，森林の過少状況にまつわる問題意識をクローズアップさせる形で構築されてきた。そして，日中戦争と国共内戦に伴う混乱と破壊を経て成立した中華人民共和国は，限られた資金や労力をもって，より深刻化した森林の減少と荒廃という問題に向き合う必要があった。その中で，中国共産党を中心とした国家運営に携わる政治指導者層は，前時期に林学者としての修養を重ねてきた知識人や技術者を積極的に「接収」して，森林の諸機能の維持・回復を効果的に進める必要があったのである。

2．1．3．初代林業部（林墾部）部長としての梁希

1949年10月，中華人民共和国の林墾部設立にあたって，梁希はその初代部長に就任した。以後，林業部への改組，国務院の成立といった機構改変を経て，大躍進政策の始まる1958年に病没するまで，梁希は終身，森林官僚のトップとして，森林政策実施システムの構築と運用を任されることになった。彼の部長就任を促したのは，元々親交があり，その豊富な知識に厚い信頼を置いていた政務院総理の周恩来だったとされる[(14)]。

初代の林墾部副部長として彼の部下となった李範五は，当時の知識人としての梁希の立ち位置を，以下のように振り返っている。

> …梁希部長は，林業教育に40年近く従事しており，中国の森林・林業状況を熟知していた。特に，彼の深い学識と透徹した見解は，各大学・専門学校における崇高な信望を集めていた。彼の発言にはとても説得力があり，会議に参加した院長達を敬服させるものであった[(15)]。

林墾部設立当初の1949年11月，中国共産党中央組織部の参集に応じて北京を訪れた際，梁希は，一級の宿泊施設である北京飯店に滞在する新官僚達

も多い中，胡同の中にある小さな旅館に宿泊していた。彼を訪ねた李範五は，「これが新中国の林墾部部長の部屋かと思うほど粗末な部屋に滞在していた[(16)]」と回想する。森林関連の知識を広く習得しつつ，中国の近代化を目指して辛亥革命に身を投じてきた，清貧の知識人としての顔が窺える。

この時点で，既に66歳という高齢であり，また民主党派に属していた梁希が林墾部長として登用された事実は，早急に行わねばならない森林の諸機能の維持・回復に向けて，林学者としての彼の知見や影響力が必要不可欠と，政治指導者層に認識されたことを示していよう。但し，梁希を支えるべき副部長の人事は，彼の年齢や非共産党員であるという点に配慮したものとなっていた。

第1副部長には，抗日戦争・国共内戦を戦い抜き，直前には東北地区の省副主席となっていた36歳の李範五が就任した。第2副部長に任命された李相符は，1904年に安徽省で生まれ，梁希と同じく日本留学を経験した林学者とされる。1929年に中国へ戻った後は，上海労働大学，浙江大学，武漢大学，四川大学で教鞭を執り，新中国成立時点での身分は北京農業大学教授であった。反面，彼は在日中の1928年に中国共産党に加入しており，隠密裏に地下党員として活躍してきた人物でもあった。現代中国初期の森林行政を支えた後，1953年に新設の北京林学院（現在の北京林業大学）の院長，中国林業科学研究院の副院長として転出している[(17)]。すなわち，最高水準の森林関連の知見をもった梁希を，共産党の叩き上げの李範五と，双方の特徴を併せ持った李相符が支えるという構図であった。専門的な知識・技術に秀でた人間と，共産党の政治指導者としての経歴を積んだ人間が，中央の森林行政機関で部長，副部長の席を分けあう人事は，以後，現代中国を通じてしばしば見られる形となる。

1950年代の林墾部・林業部には，梁希の学生であり養女でもあった周慧明も登用された。周は，国共内戦中にイギリス留学を経験し，解放直前に帰国して南京大学林学系で教鞭を執っていたが，林墾部成立とともに森林利用司の副司長，また林業部への改組後は林産工業司の副司長に就任し，梁希の手足となって業務に励むことになる。また，中央・各地方の諸機関においても，韓安（西北軍政委員会農林部顧問），呉中倫（林業部造林司総工程師→

中国林業科学研究院副委員長→国家林業総局副局長)，陳嶸（林業部林業科学研究所→中国林業科学研究院林業研究所所長)，葉雅各（湖北省農林庁副庁長→湖北省林業庁副庁長）等，留学・実務経験のある多くの知識人が登用され，域外交流を通じて蓄積された知識・技術が，建国当初の森林をめぐる政策現場に生かされることになった。また，1950年代にかけてはソ連からの多くの森林関連の専門家が顧問として招かれ，中ソ対立が表面化するまで，梁希らと共に森林資源調査，森林造成，伐採計画の策定，関連の技術教育等に大きな役割を果たしていた（第5章参照)。

こうした人員に支えられた梁希は，就任間もない1950年初頭の第一次全国林業業務会議で，「木材の供給は将来の国家建設を保障」するのみならず，「森林があってこそ，水利を有効に発展させ，水害，旱害等の災害を防止し，農業生産を保障することができる」のであり，故に「普遍的な森林保護を主とし，同時に計画的・段階的・重点的に大衆路線を歩みながら造林業務を進めていく[18]」ことが，新中国の全体的な森林政策の方針であると提起した。これはまさに，20世紀前半を通じて彼ら森林をめぐる専門家層が共有してきた，中国の森林過少への危機意識に基づくものであった。中華人民共和国の成立に伴い，森林官僚の頂点に立った梁希は，こうした専門家層の人的・思想的基盤を，初めて国家レベルの森林政策へと結びつけることができた。

梁希は林学者，知識人としての経験に基づき，専門教育の充実による人材育成こそが，中国における森林荒廃の局面を改善する鍵になると考え，各地での林学院や職業専門学校の設立を主導した（第5章参照)。この際，林学者としての梁希の名望は，教育現場での円滑な調整を促し[19]，森林官僚，知識人，基層技術者を養成していく下地が整えられた。

また，梁希ら初期の森林官僚達は，現代中国の森林政策実施システムの骨格を実質的に作り上げていった。既述の通り，現代中国の殆どの時期において，森林行政は独立した地位を与えられていたが（第7章参照)，そもそも新中国成立の時点で，「林墾部を独立して設立すべし」と提言したのは梁希であったとされる[20]。以後，1950年代にかけての積極的な森林造成・保護活動の推進（第3章参照)，木材の計画的生産や節約利用の方針策定（第4章参照)，更には地方・基層を通じた行政機構や末端組織の整備（第7章参照）等は，梁希を中心とした森林官僚達の働きに支えられる形となった。特に，末端組織としての森林経営所，林業工作所，国営林場等の整備は，養成された基層技術者の主要な受け皿となった。

しかし，こうした1950年代のシステム構築における「中央集権的な側面」は，建国当初の過渡期を終えて，地方主義を抑え，党＝国家体制の下，社会主義国家建設を本格化させようとする，毛沢東を中心とした政治指導者層の意向を反映したものでもあった（第2章参照）。この上意下達の政策実施システムは，早期から運用面の本質的な弊害を露呈することにもなった。例えば，1950年，梁希を中心とした林墾部は「封山育林」の実施を提起した。これは本来，梁希がドイツ・日本で見聞した天然下種更新の手法に基づき，劣化の進んだ林地に対して，乱伐や野焼きを適時禁止することで，低コストで徐々に森林を回復する手段と考えられていた。ところが，この方針が地方や基層に降りていくにつれ，「どんな山でもとにかく人の立ち入りを禁止」するとの教条的な解釈が行われ，「山で生活していた人々の反感」を招く事態になったとされる[21]。こうした現象は，退耕還林工程の実施に際しての行き過ぎた耕地への森林造成や，食糧確保の方針に伴う再耕作化等，近年でもしばしば見られている（第3章参照）。すなわち，広大かつ多様な中国全域において，トップダウンの森林政策を実施していくこと自体の本質的な難しさを，梁希も1950年代の時点で実感することになっていた。

2. 1. 4. 現場主義者・利害調整者としての梁希とその評価

但し，森林官僚のトップとしての梁希は，域外からの知識・技術やトップダウンの森林政策実施システムを前提としつつも，それに一元的に依存するのではなく，地域住民の生活を重視し，各地の実情に配慮した柔軟な政策実施を心掛けてもいた。

1949年末，梁希は副部長の李範五らと，森林減少・土地荒廃の著しい華北地区の各省の視察を行った。当時，特に河北省等では風沙害が深刻化しており，現地の住民が苦闘するのを見て，非常に胸を痛めることになった。その後，「林業がなければ，農業も成り立たない。森林があってこそ水利があり，水利があってこそ農田がある」との認識を示し[22]，自らの林学者としての知見や，森林官僚としての権限を，基層社会に暮らす住民の問題解決のために役立てる姿勢を前面に出していった。

このような姿勢に裏打ちされた梁希は，森林政策の立案・実施に際して，さながら現場主義者・利害調整者としての顔を見せることにもなった。例えば，1950年代初頭，山東省の山地荒廃と農業生産力の低下に対して，梁希は，過去からの無計画な放牧，薪炭採取，開墾を通じた森林減少が原因と認識しつつも，その解決にあたっては，現状の住民生活をあくまでも前提とする方針で臨んだ。すなわち，長期的な視座から森林の水土保全機能の重要性を住民に説きつつ，放牧は期間・場所を集中させ過ぎないようにすること，薪炭採取は根や小木を傷つけずに行うことを求めた。開墾に対しては，穀物の画一的な生産を改めるよう説きながら，特に水土保全が必要な場所には，薬材等の副産物が得られる樹種の植栽を奨励した。また，土砂流出防止の堰堤を作らせ，そこで魚を養殖し，また堆積した土壌を肥料として農地に還元するという，農業生産と水土保全をよりよい形で調和させる方法を提示している。

ここで，梁希は次のように説いている。

…もし，我々が上流の山地に暮らす住民に対して，大々的に道理を説き，彼らに「放牧するな，薪炭採取を行うな，開墾するな」と教えても，彼らは見向きもしないだろう。なぜなら，それらの行為には，彼ら自身の生活が懸かっているからである。そもそも，我々が森林保護を提唱しているのは，上流の山地住民を犠牲にして，下流の地区に恩恵をもたらすためではない。あくまでも，下流の農地を損なわないという前提において，上流の住民が山で生活する道を探り，その改善を図るためである。同様に，「森林100年の大計」という題目を盾に住民を圧迫し，彼らに「自分達は餓えることで，次世代の利益を生み出せ」等と教えることでもない。そうではなく，現在と後の世代の利益を，同時に考えていかねばならない，ということなのである。

…人民は，最も現実的であると同時に，最も理智的である。我々は，彼らに依拠しなければならず，必ず彼らの利益と結びつけた活動を行わねばならない。さもなければ，成功の可能性は少ないだろう[(23)]。

この梁希の姿勢は，近代的な知見を押しつけ，地域社会の自然利用を一元的に読みかえるという，シンプリフィケーションの下での森林官僚像に当てはまらない。むしろそこに見られるのは，基層社会の住民生活を第一とし，そのために専門的な知識・技術を生かす道を見出すという現場重視の発想である。そして，山地住民と都市住民，或いは現世代と将来世代といった，主体間で異なる利害を調整していくというスタンスであった。今日，持続可能な社会構築に向けて，政策当事者にとって必要不可欠となったこの発想を，現代中国開始の時点で，森林をめぐる専門家層の頂点にいた梁希が有していた事実は特筆に値する。

しかし，1950年代を通じて，森林官僚・知識人として最高の地位にあった梁希も，最後は，政治指導者層の主導する政治変動の波に翻弄されることになった。1957年6月，毛沢東の意向に基づき，民主党派をはじめ，多くの知識人達を弾圧する「反右派闘争」が始まる。この緊張の中で，中央の政治路線は，さらに急進的な社会主義建設，大躍進政策へと舵を切っていく。このプロセスにおいて，同じ民主党派の領袖として，当時，中央の森林工業部の部長となっていた羅隆基は，真っ先に「右派」として批判され同部長職を解任された（第7章参照）。梁希は，当時，既に高齢で病気がちであったため，彼に対する直接的な批判闘争は行われなかった。しかし，養女の周慧明は，この反右派闘争において右派分子と見なされ，黒龍江省に下放されて労働改造に従事させられることになった。この報は，梁希を大きく落胆させるものだった[(24)]。また，森林行政にあって彼を支えた人々も，右派分子とみなされ次々に失脚していくことになった。それでも彼は，引き続き林業部長として，大躍進政策へと至る時期の森林行政を支えようとしたものの，1958年3月に病に倒れ，同12月に世を去った。この梁希の晩年の状況からは，恙無い政策実施や関連組織を支えようとする専門家層と，総合的な国家建設の方向性を優先する政治指導者層という，森林政策をめぐる明確な立場の違いを垣間見ることができる。

それでも，新中国成立後の困難な局面において，森林の諸機能の維持・増強を見据えて森林行政・教育の確立に尽力してきた梁希は，今日に至るまで，一貫して高い評価を受けてきた。この高評価は，林学の習得・普及を先導してきた知識人として，かつ，その知見を政策当事者となって実践に活かした森林官僚として，中国の人間と森林との関係を好転させようと力を尽くしてきた点に集約されている。

今日，改めてその立場・認識・役割を振り返ってみても，新中国成立の時点で，高齢かつ非共産党員でありながら，先達となるべき知識と経験を有し，積極的な森林造成・保護や森林行政・教育の充実を政策として結実させる行動力を備えていた梁希を，森林官僚のトップに据えたことは，極めて意義深い決断であったと言わざるを得ない。もちろん，部長在任中，彼が森林政策を完全に方向づけていた訳ではなく，実際には，毛沢東ら政治指導者層による国家建設の方針転換に振り回されてもきた。しかし，科学的な知見と共に住民生活を重視し，森林の重要性と中国の課題を強く認識してきた梁希が，1950年代に示した「多方面の知識・技術を踏まえて，積極的な森林の維持拡大，及び林産物の有効利用に努める」という方針は，改革・開放以降も李範五，呉中倫，羅玉川，雍文涛や教え子達に受け継がれ，現代中国の森林政策を貫く動輪となってきた。そして，彼の下で整備された森林行政機構，末端組織，そして教育・研究機関は，今日に至るまでの中国の幅広い森林関連の専門家層の直接的な成立背景となったのである。

2．2．李範五：政治指導者の卵から森林の専門家へ（政治指導者→森林官僚）

続いて取り上げるのは，建国当初の林墾部の初代副部長であり，梁希の右腕・盟友として森林行政・教育の確立に貢献した李範五である（写真10-4）。李範五は『私の林業建設に対する回憶』という口述書の中で，建国当初から1960年代の森林政策について，政策当事者としての立場から回想しており，当時の状況理解に格好の資料を提供している[(25)]。

2．2．1．李範五の出自と経歴

李範五は，梁希とは全く異なる経歴・立場を経て，建国当初の森林行政に

参画することになった。彼は，1912年に黒龍江省穆棱県に生まれ，学生時代から反日運動に従事していた。北平大学（現在の北京大学）のロシア文学・法政学院在学中，満州事変の勃発を受け，中国共産党に加入し，以後，東北に戻って抗日闘争に明け暮れる日々を過ごすことになる。1936年にモスクワへ留学に赴いたのち，延安の中央組織部等で政治指導者としての経験を積んでいく。その後，1945年には若干32歳で中国共産党第七次全国代表大会の代表となり，新中国の成立直前には，東北地区の合江省・松江省（現在の黒龍江省）の政府副主席等を兼ねるまでになっていた[(26)]。すなわち，抗日戦争・国共内戦という革命運動を通じて，将来の共産党指導者層となるべく政治的エリートとしての地位を固めてきた人物であった。

写真10-4　李範五（1912-1986）
出典：李範五（口述）・于学軍（整理）(1988)『我対林業建設的回憶』（冒頭頁）から転載。

しかし，それだけに李範五は，森林に関しての専門的な知識・技術を何ら持ち合わせていなかった。にもかかわらず，1949年10月19日，新中国の成立を喜んだ直後，36歳になっていた彼は，中央人民政府委員会による政務院の担当者の任命時，唐突に林墾部の副部長に任命されることになる。その時の感想を，彼は以下のように語っている。

私は，突然自分の名前が呼ばれたのを聞いた。李範五を中央人民政府林墾部の第1副部長に任命する，というのである。部長は梁希であり，もう一人の副部長は李相符ということだったが，この両名について，自分は何も知らなかった。これを聞いた後，私はこの通知が本当なのかどうか少々疑ってしまった。10数年の戦争の生涯において，私は林業と関係したことなど無く，林業の建設・管理に対して全く何も知らず，私に林業方面を担当させるというのは，不可能に過ぎるのではないかと思われた。私は，任命されたのが実は同姓同名の別人なのではないかと疑ったほどである[27]。

寝耳に水の李範五は，首を傾げながらも中央の参集命令に従い，北京での林墾部の立ち上げに従事することになった。ここで，前述のように，彼は梁希と出会うことになる。

2. 2. 2. 森林官僚化する李範五

梁希との出会いは，その後の李範五の森林と向き合う立場・認識を，大きく変えるものだった。既述の通り，この人事は，本来，非共産党員の知識人であった梁希を林墾部部長に据えるにあたって，共産党の内部事情や業務形態に精通し，また行政経験も豊富な補佐を，監視役も兼ねてつける必要があったためであろう。

実際に，梁希と李範五は，この点において互いを補い合える存在となった。すなわち，梁希の思想や理念を李範五が汲み取り，党組織や行政機関への根回しを進めることで，政策としての実現に漕ぎつけていったのである。一例として，北京・南京・東北の林学院設立に際しては，梁希の意向に基づいて，李範五が共産党中枢への働きかけを行い，その重要性を政治指導者層に認識させる役割を果たした[28]。しかし，こうした調整役に限るならば，中央の林墾部・林業部副部長の地位は，次代の政治指導者となるべく経験を積んできた働き盛りの李範五にとって，キャリアアップの通過点でしかなかったはずである。ところが，彼は，梁希の下で森林政策の基盤形成に従事する中で，梁希に心酔し，森林行政機構に愛着を感じ，森林関連の業務を自らのライフワークと位置づけるようになる。梁希に対する尊敬の念は，彼を「梁老」と親しみを込めて呼ぶ李の回想の至るところから感じることができる。

私が林業において少しの業績を挙げることができ，終生，林業を愛することができたのは，梁老と出会ったこと，そして梁老が私を助けてくれたことと，切り離せないものである[29]。

梁希や他の知識人，及び，各地での基層技術者との関わりを通じて，当初は素人を自認していた李範五は，次第に，独自の認識に基づく森林政策を模索・提言するようにもなっていった。例えば，梁・李の尽力によって設立された林学院に，新たに「園林科」を加える提案は，彼の認識に基づいてなされた。

> 三カ所の林学院が成立して間もなく，私は南方の各林区を調査実施のために訪れた。その際，杭州・蘇州・南京を訪れてこれらの都市の園林山水を遊覧した。…これら天然のものよりも巧みな園林建築は，1000年以上も保たれてきたのである！私は先人達の聡明さに驚いた。彼らは，江南の小都市をまるで庭園のように設計したのである。この体験は，私の頭の中に深い印象を刻み込んだ。…私はこう思った。新中国は成立したが，更に多くの都市が中華人民共和国の土地上に出現していかねばならない。現有の都市も改造が必要で，人が遊覧・休息できるような庭園の建設が求められるばかりでなく，新しく建設される都市でも，園林建設が求められるはずである。人民が家を形成するにあたっても，先人が我々に残した古代の園林技術を享受できるようにすべきだし，また，我々も更に多くの園林を造りだして人々に遊覧・休憩の場を提供するべきである。だとすれば，我々の林学院内に園林専門科を設け，都市の庭園建設のための技術人材の養成にあたるべきではないか，と考えたのである[30]。

中央の政策現場において森林への関心を強める中で，李範五は，樹木による人工的な美観を作りだす造園技術の重要性にも目を向けていった。すなわち，中国古来の建造物や庭園の美しさへの感動に加え，都市化による今後の社会発展という政治指導者らしい目線を踏まえて，林学の一部門としての造園技術の発展が，彼の中で意識され，必要と見なされていった。李範五からこの提案を受けた梁希は，「解放以前，私は南京中央大学で教えていた時，ずっとこの問題を考えていた」と喜び，園林科の設置に賛同した。

長く革命の闘士として，基層社会での活動や党の業務に携わっていた李範五は，森林関連の重要な問題が生じたとき，速やかに現地に赴いて，その原因や状況を把握する能力にも優れていた。1951年，東北国有林区で大規模な森林火災が生じた際，李範五は，梁希の名代として現地に赴き，抗日運動の際に培った土地勘を生かして，その原因を速やかに調べあげた。その結果，火災の発生は，殆どが焼畑，煙草の火，鉄道の蒸気機関の火といった人為的要因によるものと結論づけた。当時，焼畑は農民の生業であったため，食糧生産を維持する観点から，森林防火を理由とした一律の禁止を是としない地方の政策当事者も多かったとされる。この李範五の報告を聞いた中央は，すぐに被害のあった黒龍江・松江両省の行政責任者の処分に踏み切り，翌1952年3月4日には，直接の対策として政務院から「森林火災の厳重防止に関する指示」が出されることになった[(31)]（第3章：表3-1参照）。

この「指示」は，森林地帯での焼畑・野焼きを厳禁するのみならず，各行政単位に森林保護の責任を負わせ，必要時には国有林区内の住民の林外移転や集団居住を求めるものであり，林墾部をはじめ国家による管理の目を行き届かせる内容であった。すなわち，当時，貴重な木材供給地であった東北国有林区を計画的に管理するために，森林防火業務の徹底を通じて，基層社会の森林利用を一元化・画一化する政策が，李範五の調査・報告を契機になされたと見ることもできよう。これは，むしろシンプリフィケーションを促す専門家像に近接するものであり，前述の梁希に見られた現場主義とは対照的とも言える。

2. 2. 3. 森林をめぐる専門家としての拘りと矜持

1958年の初め，李範五は，共産党中央組織部によって黒龍江省の省長という上級ポストを用意された。しかし，既に森林をめぐる専門家層となっていた彼は，ようやく軌道に乗り始めた森林行政を，病気がちとなっていた梁希に任せていくにしのびず，「心底，行きたくなかった」と回想している[(32)]。転任先の黒龍江省が，大面積の国有林区を抱えた森林関連の重要省であったことが，彼にとって僅かな慰めとなった。

同年末の梁希の死を悼みつつ，黒龍江省の省長となった李範五は，自ら政策実施システムの構築に携わってきた東北国有林区にあって，森林の諸機能の継続的な発揮が担保されるよう，多くの努力を重ね，中央からの森林政策の実施・徹底に励んでいた。しかし，党中央の決定に従い実務的な政治指導者への道を再び歩んだ李範五には，毛沢東による主導権奪取の一環として，実務派の打倒が呼びかけられた文化大革命の荒波が待ち受けていた。文化大革命の熱狂が全土を包んで間もない1967年9月，李範五は，黒龍江省公安庁によって逮捕・投獄され，以後，8年間の獄中生活と，3年間の厳しい労働改造の時期を送ることになる。

しかし，この11年間に及ぶ地位と自由を奪われた生活の中でも，李範五の「森林をめぐる専門家」としての自己認識と矜持は失われなかった。李範五は獄中にて，彼を嘲り，名誉回復の可能性を否定する看守に対して，「私は省長にしてくれなんて言わない。（省の）林業庁の庁長か，林業労働者になれれば，それで十分なのだ(33)」と答えたとされる。また，彼は，獄中の小窓から見える緑の樹々を見ては，黒龍江省の大森林や，森林造成を行うべき大面積の荒廃した山々を思い浮かべ，「林業に対する考察」と題した論考を書きあげた。それは，自らへの批判に対する「罪状告白書」を書くと偽って得た紙と筆で書かれたものであった。李範五は，秘かにそれを妻に託して，北京に残っていた林業部時代の同僚の羅玉川に届けさせた。羅玉川は，このような状況にあっても将来のあるべき森林政策を示そうとした李範五の矜持に感動し，論考を届けた妻に対して「彼に罪は無い。きっといつの日か，党中央は彼のことを理解してくれるだろう」と告げたとされる。

写真10-5　羅玉川（1909-1989）
出典：羅玉川（林業部「羅玉川記念文集」編委会編）(1992)『羅玉川記念文集』（冒頭頁）から転載。

羅玉川は，李範五と同様に，共産党員として抗日戦争に参加し，政治指導者としての経験を積みつつも，1952年に林業部副部長に就任して以降は，梁希の下で森林行政一筋に歩んだ人物である（写真10-5）。文化大革命が正式に終了を迎え，中央の国務院で森林行政機関が復活した際にも，そのトップ（1978年：国家林業総局局長，

1979年：林業部部長）を任されることになった。

雍文涛も，同じく政治指導者として経歴を歩みつつ，1953年に林業部副部長となって以降，森林官僚化した典型的な人物であり，改革・開放後，1980年に羅玉川の後を次いで林業部長となった（写真10-6）。両者とも，森林政策の効果的な実施と改善に拘った多くの論考を残している（羅 1992，雍 1992等）。改革・開放後，李範五は彼らの下で建国以来の森林政策の総括に取り組むようになり，1986年に死去する直前まで，政策当事者としての口述書の記録・編纂に注力していた。

写真10-6　雍文涛（1912-1997）
出典：国家林業局編（1999）『中国林業五十年：1949～1999』（p.774）から転載。

李範五は，1949年の建国当初，森林への専門知識・技術を持ち合わせない政治指導者であったにもかかわらず，羅玉川や雍文涛らとともに長く森林行政機構での業務に従事する中で，次第に森林官僚としての色彩を強め，専門家層としての自覚と矜持を有するに至った。この李範五のような人物が，文化大革命において失脚や不遇の憂き目に逢いつつも，1980年代の改革・開放期に至るまで，中国の森林官僚を取りまとめ，森林行政を支えてきたという事実も存在する。李範五，羅玉川，雍文涛のように，革命戦争の中で共産党員として毛沢東，周恩来，鄧小平らの政治指導者層と苦楽を共にし，その後継者となり得る立場に置かれていた人間の「専門家化」は，現代中国における森林政策が，いかに重視されてきたかを示すと同時に，その実施の円滑化に大きく寄与することにもなった。

2．3．馬永順：「林業英雄」と称えられた男（基層技術者）

馬永順は，恐らく現代中国の森林をめぐる基層技術者の中で，最も多くの称賛を受けてきた人物である（写真10-7）。1998年，彼の下を訪れた国務院総理の朱鎔基は，以下のような賛辞をもって彼の功績を祝している。

あなたは一生で二つの素晴らしいことを行った。国家建設にあたって木材が必要であったとき，あなたは伐採の労働模範であった。国家が生態環境保護を必要としたとき，あなたは植樹の英雄であった。我々は皆，あなたに学ばねばならない[34]。

写真10-7　馬永順（1914-2000）
出典：楊継平主編（2000）『林業英雄馬永順』の表紙から転載。

2. 3. 1. 伐採の模範としての馬永順

馬永順は，1913年，天津市宝坻県の貧農の家に生まれた。家庭が貧しかったため，幼い頃から働かねばならず，20歳になるまで学校教育を受けられなかった。このため長く非識字者であったが，自らの努力を通じて読み書きができるようになり，外部の動向を知ることができるようになった。1948年，黒龍江省鉄力林業局にて，国有林区の伐採労働者として勤務を開始する。何事にも精力的に取り組む馬永順は，1日に6人分の労働量をこなし，1949年に黒龍江省の林務局から，特等の労働模範として表彰されている[35]。こうした努力が評価され，1951年には，共産党への入党を認められた。

建国当初，東北国有林区において伐採業務に励んでいた際の馬永順は，努力家であることに加えて，稀に見る手先の器用な人物であり，現場での新しい知識・技術を柔軟に受け入れることができたとされる。

建国当初は，普及していた「弯把子（柄曲り）ノコギリ」を駆使した伐採の名手と知られ，個人で年間1,200m^{3}という伐採生産量の全国最高記録を成し遂げた[36]。1958年，機械化の進展に伴い，チェンソーによる生産が押し進められてからは，率先してチェンソーを使い，扱いに慣れない他の労働者達の手本となり，その推進に貢献した。すぐに，チェンソーの名手となり，1日に120本伐採するという離れ業を成し遂げたとされる[37]。

また，彼は建国当初，伐採が全て手作業で危険であった時期，その実践経験と技術研鑽に基づいて，「安全伐採法」，「四季鋸鋸法」等，その後長期にわたって，東北地区の伐採労働の手本となる技法を編み出したとされている。この規定に際して，馬は，「多くの内容は他人から学んだ。例えば，より低い位置で伐根する方法はソ連の専門家から学んだものである。植樹の際に水を注がず，凍土に本来含まれている水分で樹根を潤すという方法は，他の林区から学んだ[38]」と回想している。

前者の技術を馬永順に伝えたのは，中央林墾部に招かれていたソ連の専門家のダイノフである。当時の東北地区での樹木の伐採方法は，木材の節約や森林の天然更新に対する配慮が十分ではなかった。例えば，伐採労働者は，伐採する際，基本的に根元から60～70cmの高さで伐採していた。ダイノフは，特にこれによる木材の浪費を懸念し，「20cmより下で行わねばならない」と何度も注意を促していた。また，「伐採地は整除して，森林の天然更新の条件を整えなければならない。そうしなければ，山は次第に禿山になってしまうだろう」とも指摘していた。これを聞いた馬永順は，まずは樹根の周囲の半尺ほどの雪を除き，片足で雪の上に跪いて，ノコギリをなるべく樹根に近づけて伐採した。その結果，彼による伐採地点は根から15cm以下にまで下がり，あるものは3cmほどにまで下がった。これを見たダイノフは，「君は既にソ連の規定の伐倒標準をクリアした」と称賛したとされる[39]。

すなわち，当初の馬永順は，東北国有林区において，社会主義国家建設に必要な木材を効率的に供給する上で，模範的な基層技術者として位置づけられていた。

2. 3. 2. 植樹の模範としての馬永順

しかし，これらの伐採業務に従事し，森林と直に触れ合う中で，馬永順の心中には「このまま伐採ばかりを続けていてよいのだろうか」という考えが強くなり始めていった。彼のその考えを後押しした出来事としてよく知られているのが，周恩来からの訓示である。1959年，伐採労働者の模範としての名声を得ていた馬永順は，全国群英会の会場で，国務院総理の周恩来に直接，面会する機会を得た。この際，周恩来は彼の技術を賞賛しつつも，「これからの林業は伐採するばかりではなく，積極的に森林造成を進めていかねばならない。それでこそ，山には常に緑が生い茂り，我々は森林を永続的に利用することができるのだ」と述べたとされている。この周恩来との面会は，馬永順にとって相当に印象深いものであったらしい。その時をもって自分は生まれ変わったとして，1959年から「公歳」という概念を用いて自分の年齢を数え直している[(40)]。

周恩来の指摘は，馬永順に，祖国・子孫のために緑の山を残さねばならないとの思いを強くさせるものだった。これから間もなくして，彼は伐採労働者として勤務する傍ら，勤務時間前，昼休み，夕方の時間を利用して，伐採跡地や荒廃地に，樹木を植栽し始めるようになる。そして，このささやかな森林造成への努力は，2000年2月に彼が息を引き取るまでの数十年の間，途絶えることがなかった。彼によれば，「私はこれまで36,000本の樹木を伐採してきたのだから，必ず36,000本の樹木を植えなければならないのだ」ということであった[(41)]。ここに見られるのは，周恩来の永続利用というバランスの視点に立ち，自然に対して自身の行ってきた伐採の贖罪，埋め合わせを行うという発想である。定年退職して6年後の1991年，馬永順は，ついにこの植樹目標を達成したが，既に森林造成を生涯の責務と捉えていた彼は，植樹をやめようとはしなかった。1994年には，この話を聞いて感動した総書記の江沢民が，馬永順のもとを訪れて賞賛している。これによって更に勇気づけられた彼は，1995年から，全家族18名を総動員して山に登り，造林にあたるようになった。

2. 3. 3. 馬永順をめぐる政治指導者層の思惑と基層社会

馬永順の「伐採」労働模範から「植樹」模範への「転向」のプロセスにおいては，周恩来，江沢民，朱鎔基をはじめとした政治指導者層との繋がりが特に強調されてきた。

この理由は，前章で述べた通り，現代中国を通じて政治指導者層が，森林の維持・拡大を政策目標の一つとして位置づけていた，という事実から理解することができる。特に，1980年代の改革・開放期に入ってからは，経済発展に伴う林産物の需要増が予想されていたが，それまでの切り崩しによって酷使されてきた東北・西南等の国家所有林地は，それに耐えられるだけの物質提供機能を失いつつあり，環境保全機能の低下も避けられない状況であった。1980年の時点で，既に各地における「森林資源が劣化しており，材の質が益々低下している[42]」との認識が，中央の森林官僚にも共有されつつあった。そして，1998年夏の長江・松花江流域大洪水を契機に，政治指導者層は，天然林資源保護工程と退耕還林工程の本格的実施を決定することになる（第3章参照）。しかし，これらの政策は当地の生産活動を半ば強制的に転換させるものであり，特に国有林区の国有林場や森林経営所に属してきた伐採労働者にとって，伐採停止を伴う天然林資源保護工程の実施は死活問題となった。伐採技術の習得に特化してきた基層技術者が，新たな職業に従事・適応するのは容易な事ではない。同じく，退耕還林工程の実施に伴う，生活の糧となってきた耕地の林地転換には，各地の農民の大きな抵抗も予想された。

この状況にあって，中央政府における馬永順への注目・賞賛はヒートアップした。朱鎔基が馬永順の下を訪れ，「国家が生態環境保護を必要としたとき，あなたは植樹の英雄であった」と述べたのは，まさに1998年夏の大洪水直後のことであった。朱鎔基は，この会談を通じて，全土に向けて「馬永順の“命尽きるまで造林を止めない”という精神に学び」，「封山植樹，退耕還林，植被回復，生態保護を行うという大きな決心をしなければならない[43]」と呼びかけている。朱鎔基をはじめとした当時の政治指導者層にとって，馬永順は疑いなく，天然林資源保護工程・退耕還林工程を遂行する上での「理想の人間像」だった。馬永順の「伐採者から植樹人」への転向は，まさに天然林資源保護工程の実施において国有林区の伐採労働者に求められたことであった。そして，自らの利益を省みずに植樹を行うという姿勢は，まさに退耕還林工程をはじめとした森林造成政策を受け入れる理想的な農民像であった。

馬永順は，森林政策の実施に際して，各時期の政治指導者層が地域住民に期待していた役割を体現する人物と位置づけられてきた。建国当初，財政難の中での復興の資材確保が必要であった時，彼は一日に大量の樹木を伐採することで，この期待に応えていた。そして，1990年代，全土の森林過少が改めてクローズアップされ，森林造成・保護の必要性が中央で再認識された時，彼は全てをこの方面に捧げていたのである。群を抜いて与えられた業務をこなすことができ，かつ国家の森林政策の方向性に沿う基層技術者としての馬永順は，中央の政治指導者層や森林官僚にとって，自らの政策的意図を基層社会に浸透させる格好の存在であった。このために馬永順は，各時期において「模範」とされ，政治指導者層の賞賛を受け，美談的な修辞をもって，その活動の軌跡が紹介されてきたのである。まさに，小島（1999）の指摘する中央の指導者層と基層社会に暮らす人々の「架け橋」としての模範の役割を，森林政策において付与されてきた典型的な人物が馬永順であった。

しかし，そうした政治的背景と誇張こそあっても，現場での実践に拘り，滅私奉公を続ける基層技術者としての馬永順の姿は，人々に純粋な感動を与えることになった。文化大革命期の1969年，彼はこれまでの功績を評価され，鉄力林業局革命委員会副主任，伊春市革命委員会の副主任に任命される。ところが，彼は現場主義を貫くため，すぐにこれらの職務を辞し，また山に登って伐採と植樹に明け暮れていた。自らの地位や収入の向上に直結しない作業をひたすら続ける馬永順の姿は，彼の家族のみならず，多くの人々に純粋で美しいものと映った。こうした社会的評価が，各地において多くの「造林英雄」，「治沙英雄」，「（森林火災の）消火英雄」等，「第二・第三の馬永順」を出現させることになり，現代中国の森林政策の実施を大きく促したことは否定できない。馬永順の姿勢への評価は，ついに国際社会にまで及び，1998年の世界環境デー（6月5日）に際して，国連環境計画（UNEP）より，持続可能な発展の基礎となる環境保護・改善に功績のあった個人・団体を表彰する「グローバル500賞」が贈られた。

2. 3. 4. 馬永順の森林認識

馬永順を「無私の森林造成」へと突き動かした認識を振り返ってみよう。まず，馬永順は自らが長年生活を送ってきた鉄力（小興安嶺）の森林が育む景観や生態系に対して，非常に強い愛着をもっていた。『人民日報』の取材に際して，彼は次のように振り返っている。

…我々のこの地は紅松（チョウセンゴヨウ）の故郷だ。私が伐採をして

> いた当時，一面の野山は，みな高く太い紅松で一杯だった。ある樹木は，400～500年生のものもあった。東北虎や黒クマはみな我々の友達だった。食事時は，小鳥が周囲に群がり，皆が落とした食べ物を啄んでいた。しかし，その後，樹木が伐採されつくされ，山は空となり，鳥も居なくなってしまった[(44)]。

ここまで語った時，馬永順の顔つきは暗澹としたものとなった。彼は，伐採作業中に虎に襲われた経験もあったようだが，それでも雄大な森林が育む生物の営みに，美しさ，敬意，愛着を感じながら伐採に従事していた。しかし，それらの営みが，自分らの業務を通じて失われていくにつれて，彼の中には自責の念が膨らんでいった。その感情が，「伐採した36,000本分を植樹する」という贖罪的な行為へと結びついていく。

一度，「植樹する」と決めた後の馬永順の行動は，誰も制止できない断固としたものであった。そこには，人間としての意志の強さと同時に，執着といってもよいほどの職人的・専門的な拘りが感じられる。植樹作業を黙々と進める傍ら，彼は家族にこう言い聞かせてきたという。

> この付近の林が大きくなるころには，私はこの世にいないかもしれない。私が死んだら，私をこの林の中に埋めてくれ。私はこれらの林が成長するのを見守っていたい。私がいなくても，お前達は植樹を継続するように[(45)]。

自身が精魂を込めた仕事の結果を見届けたいという意志は，モノ作りを専門とする人間が多かれ少なかれ有するものである。とはいえ，馬永順の森林造成への拘りは，常人では理解しづらい部分でもある。自らの半生を投げうち，その知識・技術と時間の全てを注いできた植樹の結果は，彼にとって「死んでも気にかかる」ことであった。基層技術者としての馬永順の後半生は，明らかに植樹の専門家であり，その行為には極めて強い職業的アイデンティティーが伴われていた。そのような彼にとって，政治指導者層をはじめとした他人からの賞賛は，樹木の成長と森林の回復に次いで，職人としての充足感を得られる瞬間であっただろう。

馬永順にとって，一本一本を手塩にかけた樹木が育っていくのを見るのは，また自らの子供が成長していく様子を見守る感情にも似ていたようである。

> …ひとつの樹木の苗木を植栽してから真に活着させるまで，大体，3～4年はかかる。植栽の際には，苗を置いて土をかけ…，以後2～3年，毎年の夏には雑草を取り除き，幼樹に太陽の光を当てねばならない。こうやって1尺ずつ成長していく幼樹を見ているのは，自分の子供が年々成長していくのを見るのと，何ら変わることがない[(46)]。

すなわち，彼の中には，森林生態系・景観としての重要性認識だけでなく，植栽した樹木に対する人間的な愛情も芽生えていたと言えよう。こうした擬人的な森林・樹木への認識は，他者から見ると，さながら馬永順が森林に自己を同一化させているようにも映っていた。彼の長女の馬春華は，次のように回想している。

> …私は，父が既に天まで届く大樹になっているように思えました。彼は立っているときも，寝ころんでいるときも，この森林に属していました。彼は，既に自己を森林と一体化させていたのです[(47)]。

これまでの馬永順の認識からは，総じて，強い意志をもって自らの信念を貫き，与えられた仕事を忠実にこなすという，職人気質の人物像が浮かび上がる。それが，党・国家の政策方針や自らの職務に忠実な共産党員としての顔と，森林との関わりを生甲斐とする基層技術者としての顔を，彼の中で融合させることにもなってきた。そして，この融合は，全土の森林の諸機能の維持・増強という方針が，時期を通じて毛沢東，周恩来，江沢民，朱鎔基ら政治指導者層に堅持されてきたからこそ，実現可能なものでもあった。すなわち，森林をめぐる馬永順の立場・認識・役割は，各時期の森林政策の方向性と矛盾することが無かったのである。

この点は，「無私の馬永順の精神」が，祖国至上主義であったとの言説を生み出した。すなわち，馬永順は，愛国心に基づいて，祖国の健全な発展を願い，党・国家の指導に忠実に従う人物だったからこそ，個人の直接的な利益に結びつかない植樹造林という事業を率先して実施できたのだという見方である。これこそは，まさに政治指導者層にとって期待されるべき人間像であっただろう。

確かに，馬永順は，共産党の指導下での「美しい祖国」の建設に励むことを，自らの責務と認識していた傾向がある。また，「山は国家のものであり，林は国家のものである。我々林業労働者は，国家の人間だから，当然，何本もの樹木の植栽を行うべきである[48]」という言動は，彼がナショナリズムを意識した人物であったことを示唆している。しかし，基層技術者としての馬永順において，より強固に見られたのは，独自の森林への愛着であり，森林と専門的に関わる者としての自己認識・矜持であり，更には彼が一生の殆どを過ごした東北地区の小興安嶺や故郷の天津に対する郷土愛（愛郷心）であった。1994年に江沢民の来訪と称賛を受けた際，馬永順は，「私個人の栄誉ではなく，全ての林業労働者の栄誉である[49]」とし，自らを東北国有林区で活躍する労働者・技術者の一員と位置づけていた。また，1999年に数十年ぶりに天津に戻った際，彼は故郷に対して貢献したい気持ちに駆られ，当地政府の要請もあって，「馬永順林」の造成を快諾している。彼にとって最後の正月となった翌2000年1月，家族の前で次のように述べている。

> 今年，私には幾つかの気がかりなことがあり，皆に伝えたいと思う。今年は…，多くの紅松の苗木を準備しなければならない。なぜなら，我々の伊春は，紅松の故郷だからであり，過去に私は大径木の多くの紅松を伐採してしまった。だから，我々は多くの紅松の苗木を造成し，「紅松の故郷」の名に恥じないようにせねばならない。
>
> 第三に，今年の植樹節の前後に，お前達は天津の実家に帰ってもらい，故郷にもまとまった緑化林を造成してもらう。これは，故郷への一種の報告にもなると思う[50]。

伊春市は，彼が労働に従事していた鉄力市（県級市）が属する黒龍江省の地級市であり，小興安嶺林区の要である。彼は，自らが過ごしたかつての「紅松の故郷」において，その郷土景観を復活させようと企図していた。そして，一族のルーツのある天津市に対しても，自身の信ずる森林造成をもって寄与することを望んだ。すなわち，馬永順は，現代中国を通じた森林との関わりにおいて，国家，郷土，基層技術者集団，そして専門家としての複層的なアイデンティティーを認識し，それらを反映させる形で森林への働きかけを行ってきた人物でもあった。

2．4．侯喜：森林造成に生涯を賭けた男（知識人・基層技術者）

侯喜は，本章で取り上げてきた専門家の中で，唯一，筆者が面会し，直接，話を聞くことができた人物である。彼は，1950年代から，北方黄河流域の山西省において，荒廃地への造林技術の向上に取り組んできた（写真10-8）。

写真10-8　侯喜
出典：陳建武・宮文寧「侯喜：雁北播緑」（『中国林業報』1993年9月7日）から転載。

2. 4. 1. 侯喜の出自と経歴

侯喜は，1956年3月まで山西省の省都太原の太原林業学校（職業高等学校としての専門大学）で造林学を専攻し，同年4月から山西省林業庁にて技術員として勤務を開始した。1959年からは，大同市を含む雁北（山西省北部）地区行署（行政専署）の林業局に新設された長城山作業組（後の長城山国有林場）に編入され，国営造林業務を担当している。1970年以降は大同市林業局にて勤務し，1978年から1997年まで同林業局の造林所長を勤めあげた。退職後は，2007年に死去するまで，日本の緑化NGO「緑の地球ネットワーク」の現地拠点である大同事務所にて，造林技術普及の特別顧問に就任し，日本からの技術者・研究者との交流や，現地でのボランティア植樹と事後の育成管理の指導にあたっていた。

地方の専門大学から省級・地級の森林行政機構にて勤務し，基層社会における造林の実践・指導にあたってきた経歴からすれば，侯喜を地方政府に属する森林官僚と見ることも可能である。しかし，後に述べるように，彼の業務は現場第一を貫いてきたため，本章の分類で言えば，知識人と基層技術者の両面を併せ持った存在となる。彼は共産党員であり，その優れた知識・技術と現場での活躍が評価され，1980年代に入って，山西省の林業模範，「三北」防護林建設模範等，数々の模範としての称号を授与されている。

侯喜の主な活動拠点であった山西省北部は，歴史的な人間活動の結果として生み出された森林希少地区の典型ともいうべき場所であり，20世紀前半の時点で，既に土壌浸食・流出の激しい荒廃地が大部分を占めていた。このため，1950年代から防風防沙等も含めた森林の水土保全機能発揮を目的とした森林造成が推進され，1977年からは「三北」防護林体系建設工程，1980年代には太行山緑化工程等の国家プロジェクトの対象地となってきた。

この森林の過少状況に伴う土地荒廃の深刻化は，青年期の侯喜の問題意識や専門選択に大きな影響を与えた。山西省林業庁に入った当初の業務も，土地改革を通じて国家所有とされた大面積の荒廃地への造林を目的とした国営林場の設立であった。1950年代当時に山西省では，四カ所の国営林場建設が予定され，一林場あたり最低でも2,000ha程度の規模での森林造成が計画されていた。その計画にあたって，侯喜は，まず地形や面積等の測量・製図を担当した。これを基礎として，森林造成予定地の諸条件を調査し，それを反映させつつ造林様式を検討し，造林区や造林小班（造林の最小経営単位で，面積は10数haから数10ha）を画定した。その後，植栽樹種の選択，植栽の配置や密度，整地等の計画，更には苗木の培養・植栽から育成に至るまでの一連の技術規定を一つ一つ定めていった[51]。しかし，当時の山西省には，体系立てて荒廃地への森林造成を行うための技術面・財政面での基盤が整っておらず，その作業は試行錯誤を繰り返すことになった。付近の住民は，口ぐちに「この山には，先祖代々，一度も木が育ったのを見たことがない[52]」と述べ，侯喜らの作業を「無意味なもの」と捉えていたそうである。また，道路も整備されていない辺境の急傾斜地での測量等は，全て徒歩で行わねばならず，非常に過酷かつ孤独なものであった。しかし，侯喜は，自らの業務の重要さを当初から確信しており，強い意志の下に，その後40数年間にわたって弛まず全精力を荒廃地造林に注ぐことになる。

2. 4. 2. 森林造成をめぐる侯喜の認識

侯喜の荒廃地造林への強い意志を支えていた認識は，どのようなものだったか。

まず，侯喜は，森林をめぐる専門家としての教育を受け，技術者としての実践を重ねてきた立場から，荒廃地造林が当地の住民生活に多くの便益をもたらすことを認識していた。すなわち，表土流出や旱魃・水不足の激しい土地に暮らす農民の貧困状況を改善するためには，森林の諸機能の維持・回復が欠かせないという認識であり，中央の政治指導者層や森林官僚の問題意識と一致する。但し，侯喜の場合，その目線が活動の対象である山西省の雁北・大同市に限定されているため，より当地の現状に即した形で森林造成の重要性や具体的な効果が認識された。「異なる造林地には，異なる整地方法をとるべきであり，土地に応じて，適切な方法を見つけなければならない[53]」という表現に見られるように，基層社会の現場で培った実践的な知識・技術への確信が，侯喜の荒廃地造林に対する基本姿勢を形成していた。侯喜は，当地の造林樹種を選択するにあたって，以下の点を考慮しなければならないとする[54]。

① 経済的効果が比較的高く，防護林としての機能が比較的高い郷土の樹種を優先する。
② 比較的旱害に強い能力を持つ樹種を優先する。
③ 新品種を導入する際は，必ず試験の結果を経なければならず，盲目に広めてはならない。

土地荒廃に伴う貧困の加速という現場の問題解決のため，森林造成を円滑に進めるにあたっては，農民の生計に結びつき，かつ土地に適した樹種を選ぶべきとの認識である。中央の政治指導者層が統治の目線から，地方や基層社会における森林造成・保護政策の方針を規定してきたのに対して，侯喜のような地方の知識人や基層技術者は，現場という視点を前面に出しつつ，森林造成の効果を考えていた。侯喜にとってその現場とは，自らが造林計画を手がけてきた雁北の山々や，そこに暮らす人々を指していた。

…40余年の奮闘の経歴は，私の一生を祖国の林業建設事業に永く奉げる信念を培った。40年以上，私は雁門関外の13県の野山を歩きまわった。自ら計画設計を組織・指導した野山には，今も私の足跡が残っている[55]。

自らが携わった現場の改善に必要との信念があっても，荒涼とした山々で人知れず造林業務を行い続けるのは簡単ではない。これに従事し続けた侯喜には，自らの役割を全うするという専門家特有のストイックさと，その継続に対する誇りが形成されていた。この点は，馬永順とも相通ずるものがある。

…防護林体系建設は，とても苦しく長いプロジェクトである。これは，物質文明建設の一つであるばかりでなく，精神文明建設の一つでもある。この偉大かつ苦しいプロジェクトをやり遂げるためには，必ず，まず「自分自身の確立」をしっかりと行わなければならず，新しい社会情勢の要求に適応しながら，全所幹部の政治思想的な資質，業務のレベルや能力を不断に向上させていかねばならない。

> …これらの状況に直面して，我々は樹木を育てると同時に，人を育てることを堅持するのであり，理想化・革命化の教育から着手し，「伝え，連帯し，助け合う」ことで，彼らが遠大な理想と正確な人生観を樹立するのを助け，彼らの業務能力を養い，彼らの林業に身を捧げる情熱を激発していくのである[56]。

侯喜は，自らに課せられた荒廃地造林を，正しく実りある人生を送るために自己を律する手段として位置づけた。さらには，自らの経験に照らして，樹木を育てるという長期的な営為が，正しい人間としての秩序観・道徳観を養うという確信を抱くようになった。

そして，彼の中において，この秩序観・道徳観は，共産党政権による美しい祖国の建設という「遠大な理想」に基づくものともなっている。1950年代から，共産党員として社会主義国家建設の一翼を基層社会で担ってきた侯喜には，党幹部としての誇りが備わっていた。このため，彼は，江沢民によって「党が先進的な生産力，文化，広範な人民大衆の利益を代表する」という「三つの代表論」が提起された際にも，「自らのこれまでの活動を裏づけるもの」として受け止めた。

> この5年来，私はつくづく体感した。一人の人間が生きるには，必ず理想と，奮闘精神と，確実に事業を行っていく姿勢がなければならず，こうすることによって初めて意義があるのである。…私は，この道を継続して進んでいくことを決心したが，身体が倒れず，残りの力が尽きぬ限り，「三つの代表」の重要思想の要求に照らして，生命の晩年を，ひと固まり毎の緑陰として，後代の人々に残したく思っている[57]。

侯喜にとって，当地において「三北」防護林体系建設工程といった国家プロジェクトが実施されたことは，自らの努力や価値観が公式に認められた素晴らしい出来事であり，その模範として認定・評価されたことは，この上ない喜びと誇りであった。

そして，定年退職後，「緑の地球ネットワーク」大同事務所の技術顧問として招聘されたことも，彼に全く同質の喜びをもたらした。

> 私は，この仕事に大変満足していた。なぜなら，これはまさに，私の美しい願いを実現するもの――すなわち太行山緑化工程，「三北」防護林体系建設工程の継続であったからである[(58)]。

晩年の侯喜は，日本から訪れる活動家・技術者や植樹ボランティアに対して，協力を惜しまなかった。自らと志を同じくする人間が海を越えてやってきたことは，純粋な喜びとして受け止められた。

この喜びは，彼に限らず，現代中国の基層社会で，森林造成・保護等の政策実施に従事してきた知識人や基層技術者が，域外からの協力活動に対して抱く共通の感情であった。筆者は，中国各地を訪れる中で，多くの森林官僚，知識人，基層技術者と出会う機会に恵まれた。彼らの殆どは，自らの経験や成果を伝えることに好意的であり，そのことを喜びとして捉えていた。そこに，他者の刹那的な価値・便益追求や，目まぐるしい政治変動や社会変化を横目に，長期の未来を見据えて，黙々と粘り強く森林と専門的に向き合ってきた人間が有する一体感や仲間意識を見出すのは，あながち的外れではあるまい。

一方で，森林関連の専門教育を受けてきた侯喜は，馬永順とは異なり，森林造成に関する技術・理論の習得や，その実践と検証に対して，純粋な知的好奇心を抱いてもいた。彼は，太原林業学校時に学んだ農業・林業等の各教科が，いかに興味をそそられるものであったかを語ってくれた[(59)]。こうした興味・関心から，1980年代，侯喜は既に50歳を過ぎていたにもかかわらず，北京林業大学の研究生課程に身を置いている。これらの専門教育から学びとった知識と，現場での実践を通じて，彼は現場主義の知識人としての自己を確立していったのである。

2. 4. 3. 中央と基層社会を結びつける現場の専門家

侯喜のように基層社会で活躍する森林関連の専門家は，現代中国において各地に数多く存在するようになり，その専門的な知識・技術をもって，当地の住民や地方行政機関の担当者の尊敬を集めてきた。例えば，陝西省楡林市において，沙地に強い苗木の改良に力を注ぎ，森林造成を成功に導いてきた朱序弼等は，そうした立場に置かれてきた(60)。そして，彼らのような当地の専門家達が，自らの経験と矜持に照らした喜びをもって積極的に携わったことで，近年，中国各地で展開されてきた森林造成・保護を目的とした域外からのNGO等による協力活動は，大きく発展した側面がある。

現代中国の森林政策においては，これらの専門的な知識・技術をもつ現場の人間が，中央の政治指導者層や森林官僚と，基層社会の地域住民を媒介する役割を実質的に果たしてきた。それは，一面において，馬永順にも見られたように，党・国家の期待通りの人間像を「模範」として評価することで，中央からの森林政策を基層社会の住民に徹底させるという構図である。その反面，侯喜のような森林をめぐる知識人・基層技術者は，現場への理解や，その知識・技術に基づいて，住民の便益を満たすような献策を政府に行うこともあった。すなわち，森林に対する住民の要望を代弁して政策に反映させる等，その専門性や名声を生かした住民支援の役割を担うこともできた。

侯喜は，現場での業務に従事する中で，しばしばこうした行動をとっている。

> 去年の6月，私は渾源県呉城郷で環境林の検査プロジェクトを行っていた際，この郷の幾千畝の仁用杏が，みな多くの実をつけており，豊かな収入が望めそうな景色であるのを見た。私はとても興奮した…。しかし，喜ぶ中で不安もあった。杏は豊作であるが，もし，売れなかったら？　もし，この良い機会を生かせず，杏に良い嫁ぎ先を見つけられず，実が腐って地に落ち，農民が実利を得られなかったら，これは竹かごに水を打つような虚しいことではないか？　そうなってしまったら，農民の積極性を挫くことになるばかりでなく，仁用杏の造林は今後きっと発展しないことになり，現有の杏樹すらも伐り倒されてしまうだろう。私は，この問題を抱えて，郷・村の幹部と当地の農民を訪れたが，彼らもやはり売りに出せないと大変なことになる，と心配していた。そこで私は一念発起し，この当地の農民の懸念をすぐに大同市林業局の指導者に報告し，併せて私の考え

と建議を提出した。当時，副局長のJ同志が担当部門におり，彼は私の報告と建議を聞いた後，すぐに局の党組会議上でこのことを反映した。林業局は，私の建議に従って工作組を呉城に派遣して調査を行い，調査の状況と解決の方法を市の指導者に対して報告し，指導者の指示を得て，関連機関を通じて杏の買い手が見つかるようにすることができた。これらの上下の努力を経て，北京・河北・太原等から買い手が頻繁に訪れ，契約を結んでいくようになった[61]。

基層社会の専門家が，当地の状況を住民とともに把握し，政府に働きかけることによって，望ましい結果が得られた事例である。但し，この場合でも，政策への反映や対応は，行政担当者との繋がりや，指導者層による重視があってこそ可能となる。侯喜自身も，「結局のところ，中央でも地方でも，指導者が重視していれば，物事の進みは速くなる[62]」と振り返っていた。

3. 森林をめぐる専門家層の立場・認識・役割の総括

3. 1. 専門家層の立場・認識における特徴

本章で取り上げた専門家達に共通していたのは，森林と向き合った際に，自らの財の蓄積や生活の向上といった功利的な価値認識が目立たず，そのために総じて社会的には利他的でストイックに映る存在とされた点である。

梁希や李範五といった中央の森林官僚は，国家運営の方針に従いつつも，地域住民が各種の便益を継続的に享受できるよう，森林の諸機能の維持・回復とそのための制度構築・運用に取り組んできた。基層社会で森林や住民と向き合っていた馬永順や侯喜といった知識人・基層技術者も，森林の諸機能の維持・回復と，それによる社会貢献に自らの生甲斐を求めた。この認識の特徴が，基層社会にて，森林の提供する物質資源を生計や財の蓄積のために利用する住民や企業と，森林をめぐる専門家層を大きく隔てる部分であり，ゆえに彼らが人々の眼にストイックと映ることにもなった。もちろん，中央・地方の森林官僚，知識人，基層技術者の中には，その立場や専門性を利用して，資金・情報の不正運用や成果の虚偽報告等を通じて，自己利益の追求に励む者も少なからず存在してきた。しかし同時に，現代中国を通じて，それぞれの立場にあって森林の諸機能の維持・増強を担い，基層社会の持続的な発展に尽くしてきた専門家達も確かに存在し，他の人間主体からの尊敬を集めてきた。

こうした専門家層の形成と活躍は，利他的な人間性のみに支えられていたのではなく，それぞれの立場の違いに応じた，森林をめぐる様々な価値認識を反映してもいた。

梁希は，林学者としての知識と経験をベースに，新たな統治政権の下で，中国における人間と森林との関係を好転させるための人的・知的基盤を作り出すことを，李範五と共に中央の森林官僚としての優先事項と位置づけた。梁希は，域外での留学経験や，その後の教育的実践を通じて，人間社会に様々な恩恵をもたらす森林の営みを探究し，理解する人間を数多く養成していくことが，その好転の基盤であると確信していた。この森林をめぐる探究心や知的好奇心は，実際に，侯喜らの専門教育を受けた人々が，基層社会で森林と向き合う原動力ともなっていた。これらの知的関心は，突き詰めれば，科学的な法則を盾に一元的な森林政策の実施を基層社会に強要するシンプリフィケーションを助長することにもなり得る。特に，中央の森林官僚としての梁希や，統治者の目線をも持ちえた李範五においては，その結びつきの傾向も見られた。但し，彼らの政策立案において，基層社会の住民の視点が排除されていた訳ではなく，域内の人間―森林関係の多様性を反映させる努力も見られた。そして，馬永順や侯喜は，そうした現場主義を徹底し，基層社会の状況に応じた実践的な知のあり方を追求してきたと言えよう。

もう一つ，梁希，李範五，馬永順，侯喜らに立場を越えて共有されていたのは，森林と専門的に向き合うことへの誇りと矜持である。これは，例えば，基層技術者としての馬永順や侯喜に顕著に見られるように，自らに与えられた任務を強い意志でやり遂げるという職業的な自己規定やアイデンティティーを一つの背景とする。しかし同時に，近代革命の闘士であった青年期の梁希を魅了し，政治指導者としての道を歩んでいた李範五が獄中にあってなお執着し，馬永順や侯喜を駆り立てた程の何かが，森林との関わりにあった可能性も見落とせない。それは，歴史的に形成された中国の森林の過少状況への危機意識や，そのために国家建設上の切迫した課題となった森林政策の一翼を担うという自覚かもしれない。或いは，森林を理解し，育成し，森林と共存していくことが，理想の社会主義や，持続可能な社会構築に不可欠な人間性を涵養するという確信であったかもしれない。

少なくとも，彼らの誇りや矜持が，緑化を通じて愛国心が醸成され，自らの政治的立場が強化されるという，政治指導者層に見られた森林をめぐる期待・認識と，完全に一致しないのは明白であろう。確かに，森林官僚としての登用や模範としての認定・表彰は，彼ら専門家層の誇りや矜持を満たすことになっていた。しかし，彼らの愛着は，例えば馬永順や侯喜における現場空間や，自らが知識・技術を駆使して植栽した個々の樹木に対しても見られていた。さらには，梁希らが国家の枠を越えて交流を広め，また，侯喜らが域外からの同志の来訪に喜びを見出したように，森林と向き合うこと自体から人々に共有されるアイデンティティーが，現代中国の森林をめぐる専門家層に存在してもいた。

これらの森林をめぐる価値・便益認識は，いずれも専門的な立場から森林関係に向き合ってきた人間としての特徴であり，これをもって，政治指導者層や他の人間主体とは明確に異なる専門家層を規定することができよう。

3. 2. 森林政策の実施において専門家層の果たした役割

3. 2. 1. 政治指導者層との必然的な協調関係（政治的役割）

しかし，この政治指導者層と専門家層における森林をめぐる立場・認識の違いは，現代中国における森林政策の実施にあたって，目立った対立構造を形成することは無かった。なぜなら，総合的な国家建設の一環として捉えるにせよ，森林との関わりに特化するにせよ，これらの人間主体は，森林の過少状況下で諸機能の維持・増強を図るという点において一致していたのである。この目的の下に，森林官僚，知識人，基層技術達は，森林造成・保護の推進や，林産物の効率的な生産・利用を，「専門的」に追求する構図になっていた。その結果，政治指導者層と専門家層は，森林政策の遂行にあたって必然的な利害の一致を見ることになり，望むと望まざるとの協調関係が演出されることになった。

翻せば，この大枠での目的の一致こそが，共産党員でもなく，新中国設立の功労者でもない梁希をして，1949年に森林行政の頂点に立つことを可能にしたとも言える。また，李範五や羅玉川のような政治指導者としての経歴を積んだ人間が，自らを森林官僚としてスムーズに位置づけていったのも，現代中国の政治指導者層と専門家層の立場が，森林の諸機能の維持・増強を目指す点で一致していたためである。

そして，この目的の一致のために，専門家層は，必然的に政治指導者層とその森林政策に対する期待を「支える」構図になった。すなわち，森林官僚は，政治指導者層の「統治者の目線」を含んだ森林政策を具現化し，中央の指令の下に住民を組織し，動員する森林政策実施システムの構築と運用を担当することになった。梁希の下での森林行政や人材育成の基盤整備，韓安や羅玉川の手を経た植樹運動の実施等は，その典型と見ることができよう。そして，地方や基層社会で森林と向き合う知識人や基層技術者，更には次章で紹介する篤志家達は，馬永順に典型的に見られたように，これらの政策実施を円滑化し，その成果を体現する人間として位置づけられていった。

この目的の一致は，政治指導者層による専門家層の地位や名誉の保証を通じて，より強い協調関係へと転化してきた。すなわち，梁希をはじめとした専門家層は，森林の諸機能の発揮を必要不可欠と捉えていたため，自らの専門家としての誇りや矜持を背景に，積極的に森林政策の実施に携わろうとした。その結果，彼らは森林官僚等としての地位を保証されることになる。そして，指導者層は，知識人の森林官僚への登用のみならず，基層技術者を，周囲の住民を教育・啓発する積極分子と認識し，模範への認定等の評価を通じて他の人間主体から差別化してきた。その裏返しとして住民等から集まる尊敬を通じて，専門家層の矜持は充たされ，その立場の独自性が殊更に強まるという構図である。すなわち，歴史的に形成された森林の過少状況の改善を目指す上で，指導者層との必然的な協調関係が成立してきたことが，現代中国において数多くの人々を，森林をめぐる「専門家層」に位置づけてきた特徴的な背景であった。

このような背景があったため，侯喜は「三つの代表論」を違和感なく受け止めた。確かに大枠の目的において，共産党の指導者層と，森林をめぐる専門家層の役割は一致しており，個々の森林政策の実施という形で「党がそれらを代表してきた」と言えるからである。

一方，現代中国においては，李範五に見られたように，専門家層が政治指導者によって批判され，結果としてその立場を違える局面も幾度か存在してきた。しかし，そのケースは，各時期の政治指導者層の路線対立の結果として，官僚，知識人，技術者といった知識分子・専門家自体の位置づけが変動したためである。1957年の反右派闘争時に，梁希の教え子や同僚達が失脚に追い込まれ，また文化大革命期に李範五が逮捕・投獄されたのは，いずれも彼らの実務派官僚や知識人としての立場が問題とされたからであり，森林の諸機能の発揮を目指す役割自体が否定された訳ではなかった。馬永順も，文化大革命期に一時，労働改造に従事させられた経験をもつが，それも彼の技術者としての立場が批判された結果であった。もちろん，これらの時期においては，域外との知識・技術の交流も限られていたため，専門家層は，森林への探究心や知的好奇心を十分に満たすことはできなかった。また，中央政府からの達成目標を伴う一元的な森林政策の実施は，地方や基層社会における専門家層の独自の価値・便益追求を妨げることにもなったであろう。これらを，森林をめぐる政治指導者層と専門家層の潜在的な対立関係と捉えることも可能である。しかし，森林の維持拡大による諸機能の発揮という森林政策の全体方針は，過去数十年にわたって政治指導者層と専門家層の間で矛盾なく共有されてきたため，両者の協調関係は崩れることが無かったのである。

3. 2. 2. 基層社会における受け皿の形成（実践的役割）

但し，森林をめぐる専門家層は，この協調関係の中にあっても，決して政治指導者層の森林認識に従い，彼らの思惑に迎合した役割のみを果たしてきたわけではない。

梁希らが目指してきたのは，全体的な国家運営との兼ね合いや他の社会変化にとらわれず，長期的な視座から森林との良好な関係構築を支える人的・知的基盤の確立であった。彼らは，域外との交流を踏まえた知識・技術発展のための諸制度を整備し，現場重視の姿勢を示すことで，地方や基層社会で活躍する知識人や基層技術者の勃興を促していった。その結果，中国各地では，森林に対する功利的な価値追求のみを行うのではなく，専門家としての誇りと矜持をもって，知識・技術の習得に励み，森林の諸機能の発揮に取り組む人々が多く出現するようになった。

彼らは，それぞれの立場において専門的に森林と関わることを通じて，自身の暮らす地方や基層社会への関心を高め，中央からの森林政策の実施・徹底とは一線を画す役割をも果たすようになった。すなわち，専門家としての誇り，矜持，アイデンティティーや，森林や樹木・生物への愛着を抱きつつ，習得した知識・技術を応用することで，地域住民の森林利用を支え，生活改善の代弁者となり，更には新たな域外交流の窓口となる役割を果たしてきた。

すなわち，現代中国を通じて形成されてきた専門家層は，中央からの森林政策をはじめ，様々な森林への働きかけを実践する上での受け皿となってきた。彼らは，今後，中国において，域外からの協力活動が展開され，運用可能な知識・技術が導入されるにあたってもその受け皿となり，持続的な人間と森林との関係を構築していくにあたっての「核」ともなり得る存在であろう。

3. 3. 今後の研究課題

現代中国の森林をめぐる専門家層は，極めて幅広い裾野を有し，近現代の中国を通じた社会情勢，森林状況，域外交流といった背景を受けて成立してきたと結論づけられる。本章で取り上げたのは，多岐の立場にわたってきた現代中国の森林をめぐる専門家層のほんの一部分の人々に過ぎない。広大な中国にあって，森林と専門的に関わってきた人々の数は膨大であり，近年，末端の林業工作所に属する人員でも13万人を超える。また，中国の県級行政単位を訪れれば，当地の森林に関する知識や技術を蓄え，現場の専門家としての長期の経験を有し，尊敬を集めている人物がほぼ確実に存在する。これら一人一人に，本章で紹介したようなドラマがあり，独特の森林をめぐる認識や役割が存在してきた。その一つ一つを掘り起こすこと自体が，現代中国の森林をめぐる専門家層の研究課題と言ってもよい。

その際の研究・検証の軸を，本章では幾つか提示できたかと思われる。彼らの役割を明らかにするにあたっては，森林政策の実施に際しての立場や，政治指導者層との関係を踏まえる視座が必要不可欠である。また，その立場・役割の独自性を導き出すにあたっては，森林との関わりを専門としてきた彼らの価値認識にアプローチするのが一つの方法となる。本章で取り上げた人物達に見られた，森林との関わりを通じた探求心や知的好奇心，郷土や森林・樹木への愛着，誇りや矜持，職業的アイデンティティーといった価値認識は，他の人間主体とは異なる専門家層の存在を浮き彫りにする。こうした観点から，現代中国に限らず，林学者や技術者を含めた森林をめぐる専門家層の立場・認識・役割の特徴を，地域間で比較しつつ探っていく研究も，大いに関心を惹かれるところである。その中で，統治者の目線の中に森林及び森林政策を位置づける政治指導者層と，その実践・徹底を担いつつも独自の認識に基づく役割を果たしてきた専門家層という，現代中国における両者の立ち位置が，果たして普遍的な構図なのか，そうでなければ何によってもたらされたのか等も，明らかになっていくだろう。

誤解を恐れずに言えば，筆者には，この森林をめぐる専門家層を地域社会において成立させたことが，近現代の中国を通じた森林環境の改善に向けての取り組みがもたらしてきた最たる成果であったように思われる。今後の中国では，持続可能な社会構築を目指した諸政策の実施はもちろん，地球温暖化防止や生物多様性維持の観点からの外部者と住民の協働を通じた取り組みが，より求められていくであろう。それらの政策・事業の展開にあたっては，森林の重要性を知り尽くした専門家層が，大きな役割を果たすものと思われる。中国の森林をめぐる世界的な注目が増す中，この専門家層の内実と役割を解き明かす研究も，その意義を増していくはずである。

また，本章は，あくまでも現代中国での専門家層の役割に限定して論じたものである。その原型・基盤が形成された20世紀前半の中国では，度重なる戦争や混乱の中で，全域的な森林政策への反映こそ難しかったものの，梁希と同世代の草創期の専門家達が，それぞれの期待や認識を胸に，原型・基盤づくりに取り組んでいた。この時期の森林政策とその内実を，彼らの立場・認識・役割を踏まえて解き明かすことも，今後の大きな研究課題である。

〈注〉

(1) 森林や林業の専門人員を論じるにあたっては，研究・教育機関で関連知識の獲得と普及にあたる人々（教育者・知識人等）と，実際の森林管理・経営に携わる人々（管理者・技術者等）が区別されることも珍しくない。また，より厳密には，前者の人々を専門教育（大学・高等専門学校等）への従事者として，後者を行政や事業体に属する技術者や現場作業を担う技能者として，限定・区分することもできる（井上 2023 等）。

(2) 個々の立場に応じて，林業幹部，林業工程師，林業工作人員，林業労働模範といった呼ばれ方をすることもある。

(3) 本書で用いてきた行政担当者や政策担当者は，県級以上の森林行政機構に限っていえば，この森林官僚に相当することになる。ただし，中国の公務員は，近年，部門・職種ごとの試験を経ての採用が一般化してきたが（彭 2004 等），森林行政機構等において，いわゆる専門職や事務職も含め，どのような分類に基づいて採用がなされてきたのかは十分に把握できていない。

(4) 但し，ここでの専門家は，本章の分類でいえば森林官僚に限定される。

(5) 国家林業局（1999）『中国林業五十年：1949 ～ 1999』（p.773）。

(6) 梁希著・『梁希文集』編集組編（1983）『梁希文集』（pp.1-7）。

(7) 同上書（pp.8-47）。

(8) 同上書（pp.84-86）。

(9) 国家林業局（1999）『中国林業五十年：1949 ～ 1999』（p.788）。

(10) 陳嶸著（1983）『中国森林史料』（pp.79-100），行政院新聞局印刷発行（1947）『林業』（pp.53-54）。

(11) 国家林業局（1999）『中国林業五十年：1949 ～ 1999』（pp.788-789）。

(12) このうち，1983年に遺著として出版されたものが，陳嶸著（1983）『中国森林史料』である。

(13) 熊大桐等編著（1989）『近代中国林業史』（pp.550-579），樊宝敏（2009）『中国林業思想与政策史』（pp.109-117）。

(14) 李範五（口述）・于学軍（整理）（1988）『我対林業建設的回憶』。

(15) 同上書（p.17）。

(16) 同上書（p.4）。

(17) 国家林業局（1999）『中国林業五十年：1949 ～ 1999』（pp.776）。

(18) 陳嶸（1983）『中国森林史料』（pp.241-243）。

(19) 李範五（口述）・于学軍（整理）（1988）『我対林業建設的回憶』（p.15-16）。

(20) 同上書（p.78）。付言すれば，文化大革命の混乱を経た1970年代末に，森林行政機関や研究組織の再独立に尽力したのも，梁希の下で森林政策の遂行に勤しんだ羅玉川らであった。

(21) 同上書（p.52-57）。

(22) 同上書（pp.8-9）。

(23) 梁希著・『梁希文集』編集組編（1983）『梁希文集』（p.261）。

(24) 李範五（口述）・于学軍（整理）(1988)『我対林業建設的回憶』(pp.83-84)。
(25) 同上書。
(26) 同上書（pp.198-199)。
(27) 同上書（p.2)。
(28) 同上書（pp.15-16)。特に，財政経済委員会主任として予算配分に影響力を有していた陳雲に働きかけたとされている。
(29) 同上書（p.85)。
(30) 同上書（p.19)。
(31) 同上書（pp.26-27)。
(32) 同上書（p.86)。実際，この後，李範五は省長から省党委員会書記（省のトップ）に昇進している。文化大革命での失脚と身心の損傷がなければ，中央政治局以上の共産党指導者層としての道が開けていただろうと思われる。
(33) 同上書（pp.172-174)。
(34) 楊継平主編（2000)『林業英雄馬永順』(冒頭頁)。
(35) 同上書（p.8)。
(36) 同上書（p.32，p.77)。
(37) 同上書（p.9)。
(38) 同上書（p.138)。
(39) 同上書（p.143)。
(40) 同上書（p.148)。
(41) 同上書（p.9)。
(42) 例えば，雍文涛「在南方9省林業工作座談会上的講話」(1980年1月15日)（中華人民共和国林業部辦公庁編（1981)『林業工作重要文件彙編：第6輯』(pp.1-23))。
(43)「朱鎔基会見林業老英雄馬永順時説要下決心把砍樹人変成種樹人」(『人民日報』1998年9月2日)
(44) 楊継平主編（2000)『林業英雄馬永順』(pp.77-78)。
(45) 同上書（p.152)。
(46) 同上書（p.129)。
(47) 同上書（p.152)。
(48) 同上書（p.57)。
(49) 同上書（p.54)。
(50) 同上書（pp.106-107)。
(51) 筆者の聞き取り調査（2004年2月27日～3月3日）による。
(52) 陳建武・宮文寧「侯喜：雁北播緑」(『中国林業報』1993年9月7日)。
(53) 馬存洪「干旱地区作造林請看専家談真経：大同市林業局高級工程師侯喜訪談録」(『山西日報』(農村版）1995年3月24日)。
(54) 同上。
(55) 侯喜「願将晩霞化緑蔭」(大同市離退休幹部暨老幹部工作先進集体・先進個人典型材料：

2003 年 5 月)。
(56) 山西省雁北地区林業站站長：侯喜「汗水浇得千山緑　丹心迎来四季春」
(57) 侯喜「願将晩霞化緑蔭」。
(58) 同上。
(59) 筆者の聞き取り調査（2004 年 2 月 27 日～ 3 月 3 日）による。
(60) 朱序弼の活躍については，深尾・安富（2010）に詳しい。
(61) 侯喜「願将晩霞化緑蔭」。
(62) 筆者の聞き取り調査（2004 年 2 月 27 日～ 3 月 3 日）による。

〈引用文献〉

（日本語）
深尾葉子・安富歩（2010）『黄土高原・緑を紡ぎだす人々：「緑聖」朱序弼をめぐる動きと語り』風響社
彭小武（2004）「中国における国家公務員の採用制度とその課題」『岡山大学大学院文化科学研究科紀要』18：131-146
井上真理子（2023）「特集「森林科学の専門教育と専門的人材の育成をめぐる現状と課題」に寄せて」『森林技術』979：2-5
小島朋之（1999）『現代中国の政治：その理論と実践』慶応義塾大学出版会

（中国語）
陳嶸著（1983）『中国森林史料』中国林業出版社
樊宝敏（2009）『中国林業思想与政策史』科学出版社
国家林業局編（1999）『中国林業五十年：1949 ～ 1999』中国林業出版社
梁希著・『梁希文集』編集組編（1983）『梁希文集』中国林業出版社
李範五（口述）・于学軍（整理）（1988）『我対林業建設的回憶』中国林業出版社
李青松（2014）『開国林墾部長』中国林業出版社
羅玉川（林業部「羅玉川記念文集」編委会編）（1992）『羅玉川記念文集』中国林業出版社
行政院新聞局印刷発行（1947）『林業』
熊大桐等編著（1989）『中国近代林業史』中国林業出版社
雍文涛編（1992）『林業分工論』中国林業出版社
楊継平主編（2000）『林業英雄馬永順』中国林業出版社
張楚宝（1996）「林業界的一代師表梁希」全国政協文史資料委員会編『中華文史資料文庫：文化教育編：第 16 巻』中国文史出版社：673-680
中国林学会（1979）「悼念陳嶸先生」『林業科学』1979(2)：160
中華人民共和国林業部辦公庁編（1981）『林業工作重要文件彙編：第 6 輯』中国林業出版社

（英語）
Scott, J., 1998, *Seeing Like a State; How Certain Schemes to Improve the Human Condition Have*

Failed, Yale University Press

第11章　森林をめぐる基層社会の人間主体

本章では，現代中国の基層社会にあって，森林と直接向き合いつつ生活や事業を営んできた人間主体の立場・認識と，森林政策の実施に際しての役割に焦点を当てる。これらの人々は，地域住民として農村・都市部に在住し，社会主義集団，各種の企業，その他の基層組織等に属して「生計」を立てる一方で，森林政策の直接の担い手として「動員」される対象でもあった。

1. 森林をめぐる基層社会の人間主体の立場・認識・役割へのアプローチ

現代中国において，基層社会の人間は，極めて多様かつ複雑な立場・認識・役割に基づいて，森林と関わってきた。その一つ目の要因は，地域内に存在する多様な自然生態的特徴や歴史的背景が，人々の生活と森林との結びつきに反映されてきたためである。二つ目は，現代中国の政治変動や社会変化がもたらしてきた要因である。1950年代以降の社会主義建設を通じては，互助組，初級・高級生産合作社，人民公社，生産大隊，生産隊といった各規模の集団や，中国木材公司，国営企業，共産主義青年団，人民解放軍といった特徴的な体系を持つ組織を単位に，人々の生活や森林との関わりが規定されてきた（第3章・第4章等参照）。これらの組織は，名称や形式を変えつつも，その多くは今日に至るまで残され，基層社会での森林との直接的な関わりを部分的に規定している。その一方で，改革・開放路線への転換に伴い，1980年代以降，民営化・市場化と対外開放が進むにつれて，集団に属する個々の農民世帯，富裕層をはじめとした経営力のある個人，外資を含めた私営企業といった私的主体が，基層社会の森林・林地の経営主体として参入してきた。同時期には，集団レベルでの市場化への対応とみなされてきた郷鎮企業や林業専業合作社，或いは域外NGOを含む各種の非営利組織等も，直接，森林に働きかける新たな主体として登場した（第6章等参照）。

現代中国の基層社会において，森林政策実施の末端を担い，直接的な森林への働きかけを展開してきた各人間主体は，大枠で下図の通りに整理できる

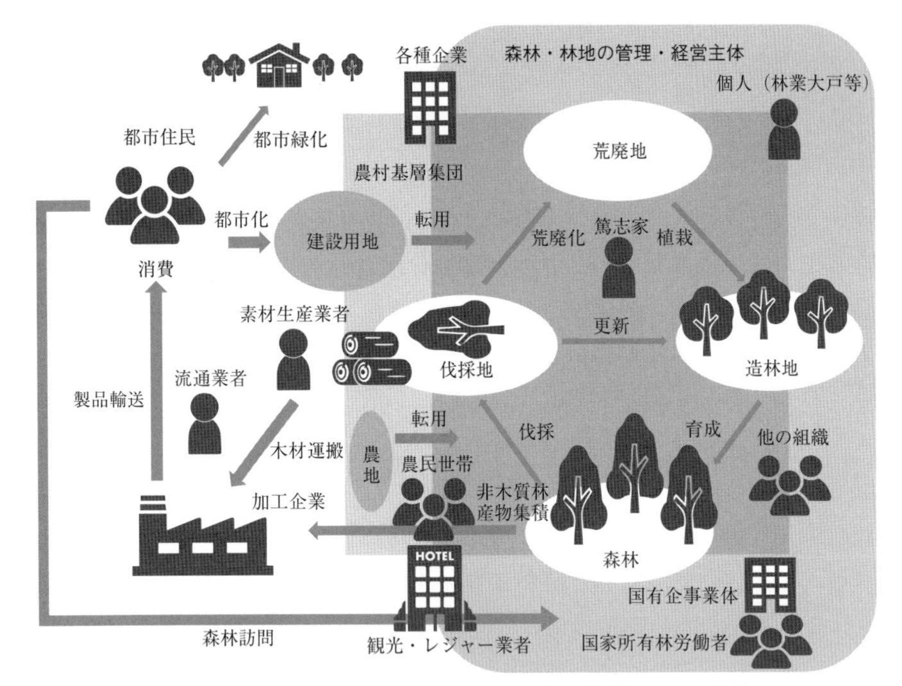

図 11-1　現代中国の森林をめぐる基層社会の人間主体
出典：筆者作成。

(図 11-1)。これらの多岐に及ぶ人間主体の内実を把握した上で，その森林をめぐる立場・認識・役割を明らかにするには，中国各地での詳細かつ丁寧な実地調査が不可欠であり，筆者の能力を大きく超える。そこで，本章では，基層社会において森林政策実施の担い手と位置づけられてきた主体を，各組織や個々人までも含め，現代史のプロセスを踏まえつつ整理する。その上で，各人間主体が，それぞれの立場から，どのような価値・便益認識に基づいて森林と向き合い，森林政策の実施や森林環境の改変に際してどのような役割を果たしてきたかを概観する。

2. 基層社会で森林・林地の管理・経営を担う主体

まず，基層社会において森林・林地の管理経営を担ってきた主体は，農村部を主とした集団とそれに属する個別の農民世帯，他の各種の組織や国有企事業体の関連部門とその構成人員，そしてそれ以外の個々人に大別できる。

2. 1. 集団と農民

今日，森林・林地の存在する農村部の集団は，旧来の集落や生産隊の流れを汲む「村民小組」，生産大隊の流れを汲み，自治組織でありながら事実上の行政機能を持つ「村」，そして，人民公社の流れを汲み，最下層の地方行政単位としても位置づけられる「郷鎮」を単位とする。これらの集団は，集団所有林地の土地所有権の保有主体であると同時に，所属する農民世帯に，林地使用権・請負経営権以下を分配する主体でもあり，彼らによる個別の森林管理・経営を促す立場にある。また，各集団の構成範囲とは必ずしも一致しないが，郷村林場，林業専業合作社，株式合作社といった集団経済組織を通じての森林管理・経営を行う主体とも位置づけられ，場合によっては近隣の国家所有林地の管理・経営を請け負ってもいる（第6章参照）。

これらの社会主義建設を背景とした集団は，基本的にはその構成員である農民達の価値・便益に則り，彼らの生活の維持向上を念頭に森林への働きかけを行う主体となってきた。すなわち，農地等の用地としての森林・林地の伐開，生活資材の確保や商品生産を目的とした伐採や森林経営，更には農業生産性や生活環境の改善も企図した防風林造成や集落周囲の緑化等が，集団を単位として行われてきた。その一方で，次に紹介する篤志家のようなリーダーシップを持った人間が先導し，中央の森林政策を咀嚼しつつ，独自の森林との関わりを規定していく母体ともなってきた。そして，集団に所属する農民世帯は，1980年代以降，権利分配を受けて，自留山，責任山，承包山，共同経営，或いは退耕地造林等の管理・経営の担い手となってきた。

これらの集団と関連組織・農民世帯は，全体の約6割を占める集団所有林地において，1950年代以降，中央からの森林政策を基層社会で受け入れ，その実施を直接的に担う役割を主に与えられてきた。しかし，そのプロセスにおいて，これらの主体は，政策の方向性に沿って，旧来からの森林への価値・便益認識や働きかけを改めるべき存在とも位置づけられてきた。

既述の通り，現代中国の政治指導者層や専門家層は，1949年以前の統治政権や基層社会の森林利用が非持続的であったという危機意識に基づいて，森林政策の立案・実施に臨んだ（第9章・第10章参照）。この観点から，しばしば規制・改変の対象となってきたのは，集団と農民における生活資材確保という森林をめぐる価値・便益である。1949年以降も数億人規模の人口増加を見てきた現代中国の農村部において，日常生活における建築・薪炭用材の確保は，森林に対する強い希求として存在し続けてきた。しかし，この価値・便益認識は，度々，木材の節約利用を求める政策の規制対象となり，建築用材としてはセメントや金属，生活用品としては金属やプラスチック，燃料用材としてはメタンや石炭への代替が求められてきた（第4章参照）。社会主義建設に伴う林産物生産・加工・流通の国家統制化に際しても，統制木材の計画配分では，集団・農民の生活資材よりも国有工業部門が優先されることなっていた[(1)]。人民公社の成立以前や調整政策期は，集団所有地に設けられた自留山・自留地等が，個々の農民による森林からの生活資材確保の場であったが，大躍進政策期や文化大革命期には経営主体が集団に改変された（第6章参照）。改革・開放期に入っても，集団や農民世帯が経営主体となった林地の林木の伐採は，森林伐採限度量制度に基づく制限の対象となってきた（第3章参照）。これらの統制・規制を受けて，基層社会の集団や農民の生活資材需要を表向きに満たせるのは，ごく一部の森林・林地からの伐採木材，林地残材，加工時の端材，落枝・落木や枝打ちによって得た枝葉，そして廃材等に限られてきた。但し，実際には生活上の必要性から，農民による規制対象の林木の伐採，身近な樹木の過剰なまでの枝打ちといった行為が，各地の農村部で普遍的に見られてきた。中央・地方の政策当事者や集団幹部も，農民達の生活保障という観点から，ある程度，こうした行為を黙認せざるを得なかったと考えられる。

基層社会の集団・農民において同様に強く認識され，森林政策の実施に際して政策当事者がより頭を悩ませてきたのは，農地・工業用地として森林・林地の転用を志向する価値・便益である。1950年代から，「遠くの水は近くの渇きを解かず」と問題視されていたように，基層社会の農民達が，長期的な目線での森林造成・保護や森林経営を軽視し，短期的な財の蓄積を求めて，商業伐採と農地転用に動く傾向は存在してきた（第3章参照）。特に，

1949年の時点で未開発の森林地帯を抱えてきた東北・西南地区等では，その伐開を前提とした産業建設が，1950年代以降に集団レベルでも進められ，急速な森林破壊を招くことになった[2]。例えば，四川省南部，雲南省，貴州省，広西チワン族自治区等，豊かな照葉樹林や熱帯林が生育する気候条件にあり，少数民族が主に居住してきた地区での移民の増加を伴ったゴム生産の拡大や農地開発等は，当地の森林を大々的に用地化して進められた（Saint-Pierre 1991）。実際に中央政府も，食糧増産の必要性，地方の発展，都市―農村格差の解消等を総合的な政策目標として掲げてきた結果，これらの用地提供を助長することになった。1980年代以降も，農民の所得向上や，郷鎮企業・村営企業・私営企業等を通じた産業振興が各地で目指される中，こうした集団内での森林の転用圧力は強まってきた（第3章・第4章参照）。1999年から今日に至るまでの「退耕還林工程」の実施のプロセスでも，「林地か農地か」という問題がリアルにつきまとっている。すなわち，2007年8月9日の国務院「退耕還林政策を完全なものにすることに関する通知[3]」や，2022年からのロシアのウクライナ侵攻を契機に，食糧確保への不安が政治指導者層に意識された結果，基層社会では，退耕地をはじめとした森林造成地を，再度，農地へと転用する圧力が表面化してきている。

木材や他の林産物の生産・販売を通じた生計維持や財の獲得は，同じく基層社会の集団や農民世帯が，森林管理・経営を通じて期待してきた価値・便益である。但し，この価値・便益認識は，現代中国の森林政策実施のプロセスを通じて，各時期や場所に応じた大きな違いを見せることになった。

長江中下流域以南に広がる南方集団林区では，個々の農民や集落レベルでのコウヨウザン，マツ，竹などの森林経営と伐採・販売のサイクルが歴史的に確立されていた。しかし，1950年代半ばにかけて，この経営形態は，集団をベースとした計画経済に基づく国家統制システムの下に再編された。木材をはじめとした林産物の生産・販売は，初級・高級生産合作社，人民公社，生産（大）隊といった集団単位で行われるようになり，その財の配分は統一買付・統一販売を通じてなされるようになった（第4章参照）。このシステム下で，生産者と消費者の分離が進み，また，工業部門への安価な資材供給を目的に統一買付の木材価格が低く固定されたため，生産者である基層社会の集団・農民の経済的便益は大きく制約されることになった（崔 2000）。改革・開放期に入って，森林経営の農民世帯への開放や林産物流通の市場化が段階的に進められたが，この長期固定の低価格に伴う農民達の森林経営への積極性低下は，1980年代半ばの当地での過剰伐採による森林破壊の一因ともなった。また，1990年代にかけては，地方政府が財政基盤の確保を名目に，集団経済組織や農民世帯による素材生産過程で多額の税・費用を徴収したため，一層の森林経営の停滞と農地転用を招くことにもなった（Liu ら 2003）。

その一方で，経済発展が進む中での需要増や，2000年代に入っての税・費用の廃止措置等を受けて，集団や農民が商品としての林産物生産にメリットを見出す余地も生まれてきた。その典型例は，南方集団林区を中心とした成長の早いコウヨウザンやマツ，或いは竹の育成に加えて，南方沿海部を中心としたユーカリ，北方の森林希少地区や沿岸部・平原地帯を中心としたポプラ等の単一の早生樹種による人工林造成である（第4章参照）。南方沿海部では，数年で伐期を迎えるユーカリの木材販売が，場合によってはサトウキビやトウモロコシ等の農業生産の収益を上回る状況も出現し，当地の集団や農民による積極的な造成も見られた。しかし，農産物の販売収入との兼ね合いは，市況や経営規模にも左右されるため，総じて，余力のない集団や農民世帯は，短期的な便益が保障された農業生産を優先する傾向にあった。実際に，南方集団林区の個別の農民世帯が，森林経営を継続するに際して，立木販売の収入のみで生計を維持できるケースは近年でも稀であり，他の日雇い労働や森林造成・保護政策に紐づく補助金受給が大きな割合を占めてもいた[(4)]。

現代中国の森林政策を通じて，集団・農民による積極的な経営発展が促されてきたのは，むしろ森林伐採を伴わずに販売収益が得られる非木質林産物の生産であり，或いは，近年「林下経済」と呼ばれてきた林間・林床での各種の経済活動である。南方集団林区や北方黄河流域の森林希少地区では，農村での生活向上につながるとして，果実や油等の採取が可能な経済林の造成が奨励されてきた。主要な果樹産品では，リンゴ，柑橘類，ナシ，ブドウ，モモ，ナツメ，アンズ，ライチ，クリ等が，林産物として集団や農民世帯において生産されてきた。木本油糧としては，アブラツバキ（油茶）やクルミの栽培が長く奨励されてきた。例えば，山西省では，国務院からの指示に基づき，1978年以降，クルミやナツメを主とした経済林を発展させるよう，基層集団に呼びかけてきた[(5)]。食用のキノコ類や山菜等は，東北・西南地区や南方集団林区をはじめ，各地の農村で森林からの経済的便益を生み出すものとして注目され，竹林を活用したタケノコや，南方一帯を中心とした松脂，花椒，八角，シナモン等も重要な商品として生産が促された。林下経済については，林間放牧や林床での養殖事業に加え，自然保護区等の観光・レクリエーション利用の対象地に隣接する集団や農民世帯が，宿泊，飲食，林内ガイド等の関連事業を展開するケースが挙げられる。

但し，これらの基層社会の集団や農民世帯における商品としての森林活用は，近年の市場化の中で，いかに都市部を中心とした消費者・訪問者を結びつけ，付加価値が得られる効果的なシステムを確立できるかに，その成否が左右される傾向にある[(6)]。

森林の環境保全機能のうち，水源涵養，土壌流出防止，防風防沙，気候調節等を含めた水土保全機能とそれに伴う価値・便益は，1949年以前の基層社会の集落や農民においても，その生活圏の範囲である程度認識されつつあった。例えば，浙江省東南部の仙居県では，1933年（民国22年）の時点で，県内の豊渓と永安渓の洪水を防止する目的の森林造成が開始されていた[(7)]。また，集落・道路・農田等の周囲への樹木の植栽は，居住環境の改善や農業収入の安定に直結するため，各地の農村で行われつつあった。しかし，中華人民共和国の成立以降，これらの地方・集落レベルの取り組みは，社会主義「国家」建設の一環としての大規模な森林造成・保護政策の下に位置づけられることになった（第3章参照）。その結果，基層社会の農民達は，自らの生活圏や居住地方を遥かに超える範囲を想定した，水土保全機能発揮のための森林造成・保護活動に従事させられることにもなった。近年では「三北」防護林体系建設工程，天然林資源保護工程，退耕還林工程，北京・天津風沙源治理工程等として国家プロジェクト化の進んだこれらの森林造成・保護活動は，長江や黄河のような広大な流域を念頭に，或いは風沙害からの大都市保護を目的に，森林の水土保全機能の発揮を目指すものである。この結果として，森林造成・保護の負担者と受益者の乖離が必然的に拡大することになった。すなわち，農村部や中上流域にあって森林造成・保護の達成目標を与えられてきた集団や農民は，もちろん表土流出や洪水の防止といった便益を部分的・長期的には享受するものの，都市部や下流域の主体のために自らの労力を費やし，場合によっては木材生産や農業経営の放棄等，生業の転換をも迫られる活動に対して，積極性を見出すのが難しい状況に置かれてきた。だからこそ，近年の森林造成・保護政策を集団・農民世帯を対象に進めるにあたっては，退耕還林工程における現金生活補助・食糧補助や，公益林指定に伴う森林生態効益補償基金の支給のように，中央政府の莫大な資金投入に基づく直接的な負担の補填が不可欠となっている（第3章参照）。この点は，今日において，基層社会の農民達が，全域的な水土保全機能の発揮を目指した森林造成・保護に対して，「愛国心」や一体感の醸成といった政治指導者層の期待する無償の奉仕とは縁遠い，極めてシビアな目線で向き合っていることを端的に示している。この姿勢は，生物多様性維持や地球温暖化防止といった，更に広範囲のグローバルな視座から森林の環境保全機能の発揮を求める取り組みに対しても，同様であると捉えてよいだろう。

森林の精神充足機能は，基層社会で森林と向き合って暮らす人々においては，森林との関わりを共同体としての一体感，或いは精神的帰依や宗教的崇拝を通じた精神の安寧や愛着などの価値・便益として認識される。こうした森林をめぐる精神的な価値認識は，1949年以前の中国各地の農村でも見られた（第1章参照）。しかし，これらの認識は，社会主義国家建設の下での集団化や物質主義の浸透に伴い，その基盤となる共同体が変容し，宗教的な自然との関わりが批判対象となるにつれて希薄化していった[8]。改革・開放期に入ると，森林との精神的な関わりは，森林造成・保護による諸機能の発揮を促し，持続的な人間—森林関係を導き得るとして再評価されてきた（徐 1998・2002等）。また，現代中国を通じて森林経営・素材生産が盛んであった地方では，基層社会の農民達において森林への愛着や精神的な繋がりが根強く残っているとの指摘もある（Songら2004）。

2．2．その他の森林・林地の管理・経営主体

現代中国の基層社会において，森林・林地の管理・経営の担い手として位置づけられるのは，集団とそれに属する農民世帯に限られない。1950年代から，各種の互助組織に加えて，社会主義建設に伴って体系化された共産主義青年団，婦女連合会，更には人民解放軍の駐留部隊等が，各地で森林造成・保護活動の担い手となり，森林・林地の管理・経営にあたってきた（第3章・第6章等参照）。また，宗教的・社会的な紐帯としての廟会が，寄付金を活用して森林造成を行ってきた事例も報告されている（深尾・安富2010）。

その中にあって，大きな位置づけにあったのは，全体の約4割を占める国家所有林地の実質的な管理・経営主体である末端の国有企事業体である。中央国務院の森林行政機関や省級～県級までの各地方行政単位に属する，国有林場や森林経営所がそれにあたり，そこに多数の人員が「国家所有林労働者」として雇用され，各種の業務に従事してきた。建国初期から1960年代にかけて，彼らの多くが管轄区域に移り住み，森林開発のための資源調査をはじめ，森林造成・伐採・更新等を担ってきた。中でも，東北国有林区では，人口稠密な地区からの移民を労働者として組織し，森林開発・経営のための地方・基層システムを創りあげるという先鋭的な取り組みが進められた（戴2000）。その典型例である黒龍江省伊春市は，1950年代半ばまでに人口が4倍に増加した[9]。前章で取り上げた馬永順も，こうした移住労働者の一人であり，専門技術を身に着け，基層技術者と位置づけ得る人々も存在してきた。しかし，馬永順が後に悔やんだように，既成の森林地帯に設置された基層の国有企事業体は，中央からの林産物生産目標の達成に注力し，十分な更新を行わないままに，森林の劣化を招いていった[10]。この中にあって，管理者や労働者の多くは，当面の生活維持や財の蓄積のための業務として森林との関わりを認識してきた。近年に至っても，これらの単位での組織ぐるみの超過伐採が問題化することもあった[11]。そして，1999年からの天然林資源保護工程の本格実施に伴って，伐採をはじめとした多くの業務が必要とされなくなった国家所有林労働者は，大きな岐路に立たされた。一定面積の国家所有林地の管理経営請負への転換や，早期退職，転職等を経た結果，労

働者自体の数は，1999年の約76万人から，2015年には約40万人まで減少した[(12)]。一方で，前章の侯喜に見られるように，北方の森林希少地区等では，国有林場とその技術者や労働者が，当地の森林造成・保護の実践と技術向上を先導してきたケースもあり，国有企事業体の基層社会における役割は一様ではない。

次に，改革・開放以降の民営化・市場化の政治路線を背景に勃興してきた森林管理・経営主体として，私営企業や個人の存在が挙げられる。先述の通り，日々の生活が懸かる個々の農民世帯にとって，短期的な収入源となりづらい小規模での森林経営は敬遠される傾向にあった。このため，改革・開放以降，資金力・経営力を有する企業や個人が，大々的に集団所有林地の権利関係を取得して，規模経営を進める余地が生まれ，政策的にもそれを後押しする傾向が顕著となってきた（第6章参照）。この動きを受けて，南方沿海部等では，合板・パルプ生産等への原料供給を目的とした私営・外資企業が，ユーカリ等の早生樹種による大規模な人工林造成を進めるケースが多く見られるようになった（第4章参照）。北方や沿岸部でのポプラ人工林や，南方集団林区でのコウヨウザンやマツの育成にあたっても，木材製品の原料供給源として，私営企業や有力者が経営にあたることが多くなっている。また，北方の陝西省や甘粛省等でも，都市に出て資金を得た人々が，農村の土地権利取得を通じて，ナツメ，リンゴ，ブドウ，クリなどの果樹生産を目的とした経済林を，当地の農民達に管理委託する形で，大々的に造成・経営する事例も見られてきた[(13)]。

但し，これらの主体を明確に区分けするのは極めて難しい。大々的に資金を投じて，大面積の林地経営にあたる個人は，今日の中国においてしばしば「林業大戸」と総称される（第6章参照）。しかし，彼らの中には企業登録を経て林地経営にあたり，私営企業と呼ぶべき場合もある。また，元々は経営林地を所有する集団や，近隣の集団に属する農民である場合もあれば，全く異なる地方や都市部に居住してきた場合もある。集団と農民世帯の持つ林地・林木の諸権利をどこまで取得するか，或いは，管理・経営に際して当地の集団・農民にどこまで依拠するかにも差異が見られるため，集団外部の主体と捉えるべきかどうかの判断も難しい。その経歴を見ても，森林や林産業に関する知識・技術を有した専門家層というべき人物であったり，全く異なる分野の事業・ビジネスで成功した人物であったりもする[(14)]。

その内実の解明は課題であるが，少なくとも，近年の中国の基層社会において，森林・林地の管理・経営を担う主体が多様化してきたことは疑いない。その中で，森林からの商品生産を目的とした経営は，農村部の継続的な社会発展の基盤と位置づけられてきた集団や農民世帯の手から次第に離れ，私営企業や個人等，資金力・経営力を得た主体による投機的な意味合いを強めつつもある。

この他，鉄道，道路，河川の隣接地や，湖沼やダムの周囲，鉱山，工業団地，学校・農場・牧場・漁場等の敷地内では，環境保全や景観形成を目的とした森林造成が義務づけられてきた。これらの管理・経営は，それぞれの所有・管轄主体である国有企事業体，集団経済組織，私営企業等によって行われている。

3. 森林をめぐる基層社会の篤志家とその役割

前節で整理したのは，現代中国の基層社会にあって，森林・林地の管理・経営にあたってきた一般的な主体の立場・認識・役割である。しかし，その中には，森林に強い関心を持ち，自らの指導的立場や卓越した企画力・経営力等を活かして，基層社会の森林への働きかけを先導する人物が存在してきた。そのような人間主体を，ここでは森林をめぐる「篤志家」と呼ぶことにする。

森林をめぐる篤志家は，しばしば基層社会の集団や他の組織のリーダーと立場が重なる。すなわち，基層集団幹部である村の党支部書記や村長をはじめ，組織内にあって指導的な立場にある人物である場合が多い。但し，必ずしもリーダーとは一致せず，例えば教育者や私営企業経営者等，当地での人望や資金力を備えた個人である場合もある。また，前章で取り上げた専門家層に属する人々，特に基層技術者等とは重なることもあるが，篤志家は，森林関連の専門職に就いている訳ではなく，専門的な教育やトレーニングを受けてもいない。但し，活動を通じて，自身，もしくは先導・支援する組織が森林関連の知識・技術を身につけ，その周囲への普及を促すことになるため，結果的に基層技術者や知識人に近接することにもなる。

現代中国において，こうした基層社会の篤志家は，特に森林造成・保護活動の実践という面で，比較的早期からその活躍が目立ってきた。1954年1月26日の『人民日報』は，土壌浸食による荒廃の激しい山西省太行山麓の楡社県において，複数の村のリーダーによる森林造成・保護への積極的な取り組みを特集している。例えば，楡社県南村にて，党支部副書記と林業合作社主任を兼務していた陳続仁は，当地での成功を導いたリーダーと位置づけられている。南村では，1949年以前から村内の濁漳河の氾濫で夥しい耕地が流失していた。1949年以降は，中央政府からの森林造成・保護政策もあり，南村の農民達は河畔林の造成を進めた。その管理担当として60歳の村民を選出し，村レベルでの放牧・伐採の禁止を徹底させた結果，森林が洪水の防止や農業生産力の向上につながることが認識されつつあった。ところが，1950年代に入って土地改革が進む中で，林地を個々の農民世帯に分配しようという動きが強まった。ここで，陳続仁は，もし林地を分割すれば個々人が樹木を乱伐するのを制止できず，ひいては効果的な治水が難しくなるのではないかと主張した。その結果，南村では彼の意見に従い，村民共同で造林地管理にあたる林業合作社を成立させ，陳続仁はその主任として運営にあたることになった。以後，この合作社を通じて，伐採せずに経済的便益の得られるスモモ等の果樹を積極的に導入しつつ，村民を組織した森林造成と管理保護が円滑に行われたため，林木の伐採や林地の農地転用は生じなかった。その後，数年にかけて数十万本の樹木が植栽され，氾濫の被害が次第に軽減され，肥沃な耕地も回復し，「植樹の成果として村が豊かになった」と評価されている(15)。

ここからは，1950年代の基層社会において，生活資材の確保や財の蓄積といった短期的・直接的な利用のみならず，水土保全による生活の安寧という長期的・間接的な視座から，森林・樹木の価値・便益を認識する人間が存在していたことが分かる。

実際に，1950年代前半の時点で，こうした立場・認識・役割を有した人物は，北方の森林希少地区である黄河流域を中心に多数見られた。山西省平順県豊井底村のリーダーであった武侯梨は，1951年に11個の互助組を組織し，村有地の荒山510畝において森林造成を進めた。当初，3年かかると見られていた面積において，1年で80%の植栽を達成したため，中央林墾部から林業模範の称号を付与されている(16)。同じく平順県西溝村の党支部書記であった李順達は，建国以前から優れた村運営を政治指導者層に賞賛され，建国後も，全国的に有名な農業労働模範として，一時期は「農業は大寨に学べ」で知られる大寨の陳永貴と並び称される存在となった。この李順達も，同村の農業生産力の向上において，森林造成・保護の必要性を認識していた。彼の指導下にあった農林牧畜生産合作社は，1952年の春に100畝の造林を行い，併せて周囲の自然改造を行うための3年計画を策定した。その結果，村民は森林造成・保護を通じて農業や牧畜の生産力が向上することを認識し，バランスのとれた農村発展が導かれたと評価されている(17)。

基層社会における森林造成の成功例として菊池（2020）が注目してきた山東省済南市の房幹村でも，1975年から書記と村長を兼任する韓増旗のリーダーシップに基づき，山・水・田・道路の総合管理を掲げ，村民を動員して植樹に勤しんだことが契機とされる。改革・開放期の1980年代に入ると，集団のリーダーのみならず，森林経営の権利を手にした農民，個人，企業経営者等においても，こうした篤志家と位置づけられる人物が現れるようになる。例えば，陝西省楡林市定辺県の農民である石光銀は，100以上の貧しい農民世帯と共同して，荒漠化・沙漠化した土地に防護林造成等を行う株式会社を立ち上げた。この会社によって，2002年までに6万畝以上の荒廃地が請負造林された。当地の防風防沙に大きく貢献したのみならず，果樹林等の育成によって，社員となった農民達の収入増にも繋がったとされる(18)。また，同じく楡林市靖辺県東坑郷金鶏村の牛玉琴は，1985年から1998年までに1,133.3haもの荒廃地造林を請負って成功し，成長した林木からの収入等を村内に小学校建設にあてた。こうした活動が評価され，1995年には「中国十大女傑」の一人に列せられ，併せて全国労働模範の称号を受けている(19)。この両者は，楡林市一帯において，森林造成・保護に尽力した英雄として位置づけられてきた。

近年では，関ら（2009）が取り上げた貴州省畢節市黔西県古勝村にて，農民達の森林造成・保護への積極性喚起に努めた鄧儀のような域内NGOのリーダー，或いは，中国各地で緑化プロジェクトを進めてきた域外NGOの実践者達も，森林をめぐる篤志家に含めてよいであろう。

こうした篤志家やリーダーは，森林をめぐる専門家層と同様に，中央の方針に基づく森林政策を基層社会において徹底する役割を，政治指導者層から期待されてもいた。事実，多くの篤志家達が，模範等の形で表彰されてきたことは，この立場や評価の裏返しでもあり，組織内の積極分子や先進企業等と位置づけられることも多かった。しかし同時に，篤志家達は，身近な基層社会の生活者の目線に則り，その価値・便益に即した形へと各種の政策を落とし込み，森林への直接的な働きかけに結びつける役割を果たしてもいた。

4. その他の関連主体

現代中国の基層社会におけるその他の関連主体としては，林産物生産・加工・流通の担い手や都市住民が挙げられる。

林産物の生産・加工・流通主体としては，前述の森林・林地の管理・経営主体が，現地での伐採，採取，或いは同一組織内での加工に従事する場合もある。特に，国家統制システムが機能していた1970年代までは，この一貫性が普遍的に見られたが，改革・開放以降の民営化・市場化と対外開放，天然林資源保護工程の実施等に伴い，近年では，林産物生産・加工・流通に関わる主体が独立化・多様化してきた。今日，南方集団林区や各地の早生樹種による人工林造成地では，伐採による素材生産を専門とする業者が普遍的に見られる。彼らは，出稼ぎ労働者の臨時雇用等を含めて，集団，農民世帯，私営・外資企業，国有林場等の経営林地からの伐採・搬出業務を請け負っている。それらの一次林産物の加工・流通に際しても，各種の企業がしのぎを削る状態となりつつある。地方の拠点において大規模な加工工場を設立し，同郷ネットワークを生かした全域的な原料調達や製品流通を展開する人々，或いは，県や郷鎮レベルに密着した小規模な加工生産を行っている個別の企業等，多種多様な担い手が存在している（森林総合研究所 2010）。東北・西南の国有林区では，天然林資源保護工程から続く伐採規制の強化を受けて，当地での素材生産や製品加工に至るまでを引き受けていた国有企事業体の役割が後退し，代わって原料の輸入，調達，加工，流通等の各過程を，個別の私営・外資企業が担うケースも目立ってきた。木材の伐採から製品加工に至るまでのプロセスでは，素材生産者，仲介業者，加工業者の間で買付価格のせめぎ合いも見られるようになってきた[20]。すなわち，各種の林産物の生産・加工・流通主体は，それぞれの業態にあって，森林の物質提供機能に伴う財の蓄積という自身の経済的便益を，いかに最大化するかを追求しつつある。

森林をめぐる基層社会の人間主体としての都市住民は，林産物の最終消費者，全民義務植樹や都市緑化の担い手，そして，観光・レクリエーションの対象としての森林への訪問者といった異なる側面を持つ。林産物の最終消費者としては，多くの製品が中国から輸出されている今日，域外の消費者も関連主体と捉えられる。

複眼的・間接的に森林と向き合ってきた都市住民が，森林に対してどのような認識を持ち，森林政策の実施や森林環境の改変に際して，どのような具体的役割を果たしてきたのかを検証するのは難しい。ただ，少なくとも，今日の中国の都市住民においては，居住空間での木材利用を好み，或いは森林の存在する景観を「美しく，豊かであり，良いものである」とする価値認識を垣間見ることができる。これは，政治指導者層が，森林の維持・拡大を「美・豊・善」の象徴と位置づけてきたこととも関連しよう（第9章参照）。その価値認識の一つの体現として，ここ数年の経済発展と余暇の増大に伴い，観光・レクリエーションを目的に森林を訪れる人々は増加しつつある。彼らは，日常とは異なる森林空間を訪れ，休養し，各種のスポーツ・レジャー活動を楽しむことで，精神の安寧や高揚，リフレッシュ，健康維持といった便益を享受していることになる（第3章参照）。改革・開放以降の都市型の経済発展に伴い，その人口を急増させてきた都市住民における森林の環境保全機能や精神充足機能への重要性認識の高まりは，今後の森林政策の方向性を大きく規定することにもなろう。

5. 森林をめぐる基層社会の人間主体の立場・認識・役割の総括

5. 1. 基層社会の人間主体の位相とその変化

森林をめぐる基層社会の人間主体は，現代中国の歴史過程を通じて，組織的な再編や改変を繰り返しつつ，改革・開放期から今日にかけて，多様化の一途をたどってきた。これに伴って，それぞれの立場・認識・役割も多様化・複雑化する傾向にあった。こうした変化は，幾つかの軸や共通項に沿って読み解くことができる。

まず，森林をめぐる基層社会の人間主体の位相と，その立場・認識・役割の変化の背後には，各時期の政治的・経済的要因が混在している。1950年代から，各地で篤志家をはじめとした農民達は，森林政策実施の担い手となって集団等を単位に森林造成・保護活動を展開し，他方では，林産物生産・加工・流通をめぐる国家統制化や，生活資材としての林産物の節約・転換を求める政策方針を受容してきた。また，森林保護と農民の収入確保を両立する経営として，森林空間の多面的利用が推奨され，各地で様々な非木質林産物の特産化が試みられてもきた。これらの政策（政治的要因）は，改革・開放以降においても，例えば，農村からの移住者を含めて生活に余裕を持った都市住民が，森林への関心を高め，或いは森林造成・管理・経営に資金を投じる等，地域全体の森林の重要性認識の底上げに寄与してきたとも考えられる。

しかしその一方で，既に1950年代から，基層社会の集団，農民，国家所有林労働者等において，生活維持や財の蓄積という経済的な価値・便益認識に基づいて，森林の開発転用や過剰伐採を志向する動きは見られてきた。そして，その経済的要因は，改革・開放期に入って民営化・市場化の方針に基づき，国家・集団を単位とする制御装置の弱まった基層社会において一気に表出することとなった。すなわち，森林を用地・商品提供による財の蓄積の源とみなす主体が，集団とそれに属する農民世帯にとどまらず，個人や企業の形態をとって基層社会に溢れることになっていった。その価値・便益認識の下で，森林の開発転用，商業伐採，単一の早生樹種による人工林造成といった動きが，堰を切ったように表面化してきたのが，改革・開放以降を象徴する変化であった。

その結果として一つ指摘しておくべきは，近年の中国の基層社会において，森林造成・保護や持続的な森林経営の成否は，「関連主体の経済的便益を満たせるかどうか」に益々依存しつつあるという点である。換言すれば，基層社会で森林政策の目的を達成する上では，公的な助成の供与や，農地等への転用の機会費用の補填を含めて，森林と向き合う農民や企業の収入を保障しなければならない図式となっている。退耕還林工程の実施に伴う現金生活補助・食糧補助や，公益林指定に伴う森林生態効益補償基金の支給は，その典型例である。それによる補填が十分に為されない場合，「遠くの水は近くの渇きを解かず」との短期的な認識に基づく，非持続的な森林利用が頭を擡げるリスクが厳然と存在する。

その中で，近年，森林を経済活動の対象と位置づける主体は確実に多様化し，それらの主体間の関係も複雑化してきた。木材のみならず，果樹等を含めた多様な林産物に対して，集団，農民，私営・外資企業とその関係者，国有企事業体とその労働者，地方政府，都市住民，製品輸出先（域外）の消費者等が，経営・生産・加工・流通・消費の各段階において，それぞれ経済的便益を見出している。そして，それらがしばしば対立関係をも形成するという複雑な構図が生み出されているのである。

5．2．今後の研究課題

森林をめぐる基層社会の人間主体については，筆者を含めて全般的に研究調査が進んでおらず，その立場・認識・役割が十分に解明できていないことを自覚せざるを得ない。繰り返すように，その空白を埋めるには，各地での個別の実地調査が必要となるが，それに際して，本章の視角に沿った幾つかのポイントを挙げておきたい。

一番のポイントは，現代中国を通じて，各人間主体の森林をめぐる価値・便益認識がどのように変化したかに着目することである。各種の森林政策の実施は，基層社会に暮らす人々が，環境保全機能や精神充足機能を踏まえて，長期的な時間軸から森林と向き合えることを促したのか。それとも，近視眼的な価値・便益に特化した利用を加速させたのか。もしくは，それは森林政策をめぐる立場の違いに拠るのか。このような視点から，1949年以降の基層社会の人々の認識とその変化に踏み込んだ研究が望まれる。その中で，基層社会の人間主体の森林認識が，政治的・経済的要因，はたまたより深淵な文化的要因に規定されているのかも，掘り下げて考慮する必要があろう。集団や他の組織単位でのアンケート等の量的調査，個々の農民達のライフヒストリーを明らかにする質的調査の両面からのアプローチが求められよう。

それに関連する個別のポイントとしては，1950年代に成立した新しい基層単位としての集団や林場等が，旧来の地域住民における共同体としての生活空間，及び，それらを単位とした森林との物質的・精神的な関わりに，どのような断絶や連続性をもたらしてきたのかも要注目である。

また，基層社会において，森林造成・保護・経営の対象となってきた林地と，農地や各種の建設用地とのせめぎ合いを，各時期の社会状況や地方の置かれた条件に照らして，細かく検証することも重要である。そのようなアプローチの中から，集団，農民，各種の企業といった人間主体が，森林の維持・拡大を志向する政治指導者層や専門家層の立案した政策に対して，どのように向き合ってきたかがクリアになるだろう。

そして，森林政策の一貫した規制対象であった，基層社会における自家用材・薪炭材等の生活資材としての森林利用が，現代中国を通じてどのように変化したのかも十分に明らかになっていない。全民義務植樹運動をはじめとした全域的な森林造成政策が，特に間接的に森林と関わる立場の都市住民や，林地の開発転用側となる政府部門，基層幹部，企業，組織の関係者に，どのような形で受け止められているのかも気にかかる。そして，各地において森林政策の積極的な担い手となってきた篤志家達が，どのような立場・認識を反映して活躍し，今後の持続的な森林との関係構築に際して，どのような役割を果たし得るのかも興味深い。

〈注〉

(1) 崔（2000）は，福建省沿岸部の福州・アモイ・寧徳などにおいて，この時期の民間用材量が年間一人当たり平均0.002m^3にも満たず，特に建築用材の不足によって満足に家も建てられない状況であったとする。

(2)「怎么才能有効制止西双版納的毀林開荒？」(『人民日報』1979年1月12日)。
(3) 国務院「関於完善退耕還林政策的通知」(国家林業局編 (2008)『中国林業年鑑:2008』(pp.66–67))。
(4) 湖南省 (2015年10月) における筆者の聞き取り調査による。
(5) 山西省地方志編纂委員会編 (1992)『山西通志：第9巻　林業志』(p.230)。
(6) 中国各地での筆者の聞き取り調査による。
(7) 仙居県林業志編纂委員会 (2005)『仙居県林業志』(p.90)。
(8) Shapiro (2001) は，雲南省シーサンパンナ州において，「精霊の森」として少数民族の共同体による自然崇拝の対象であった森林が，1950年代において迷信打破の声の下，漢族の移民らによって食糧生産のために伐開されていった例を紹介している。
(9)「東北区新興林業城市伊春県人口日益興旺」(『人民日報』1954年4月7日)。
(10) こうした傾向は，1955年3月の時点で既に深刻であったと報告されている (「制止破壊森林資源的行為」『人民日報』1955年3月14日)。
(11) 例えば，『中国緑色時報』(2000年8月7日)。
(12) 1999年の人数は，国家林業局編 (2000)『中国林業統計年鑑：1999』，2015年の人数は，国家林業局編 (2016)『中国林業統計年鑑：2015』による。いずれも，国有林区企業人員の年末時の現職労働者数の数値である。
(13) 中国各地での筆者の聞き取り調査による。
(14) 中国各地での筆者の聞き取り調査による。
(15) 陳勇進「太行山怎様走」(『人民日報』1954年1月26日)。
(16) 中国林業編集委員会 (1953)『新中国的林業建設』(p.51)。
(17) 同上書 (p.51)。
(18) 白玉仁「斉心協力　扎実工作　開創我市三北防護林体系建設新局面」(陝西省楡林市：2002年3月) (pp.4–5)，及び陝西省楡林市 (2004年2月19日～2月26日) での筆者の聞き取り調査による。
(19) 同上，及び，国家林業局編 (1999)『中国林業五十年：1949～1999』(p.832)。
(20) 例えば，1980年代以降の福建省では，小規模素材生産者が直接に大口需要者と結びつくことができず，産地集荷を仲介する仲買業者による買い叩きが存在してきたとされる (崔 2000)。

〈引用文献〉

(日本語)

深尾葉子・安富歩 (2010)『黄土高原・緑を紡ぎだす人々：「緑聖」朱序弼をめぐる動きと語り』風響社
菊池真純 (2020)「村民の自助努力での植林活動による村内環境改善と発展：中国山東省房幹村を事例に」『水環境・資源研究』33(1)：1–6
崔麗華 (2000)「中国南方集体林地域における木材市場構造に関する研究：福建省及びW県の事例を中心に」『林業経済』53(5)：13–30
関良基・向虎・吉川成美著 (2009)『中国の森林再生：社会主義と市場主義を超えて』御茶の水

書房
森林総合研究所編（2010）『中国の森林・林業・木材産業：現状と展望』日本林業調査会

（中国語）

国家林業局編（2000）『中国林業統計年鑑：1999』中国林業出版社

国家林業局編（2016）『中国林業統計年鑑：2015』中国林業出版社

国家林業局編（1999）『中国林業五十年：1949～1999』中国林業出版社

山西省地方志編纂委員会編（1992）『山西通志：第9巻　林業志』中華書局

仙居県林業志編纂委員会（2005）『仙居県林業志』中国林業出版社

徐国禎主編（1998）『郷村林業』中国林業出版社

徐国禎主編（2002）『社区林業』中国林業出版社

中国林業編集委員会（1953）『新中国的林業建設』三聯書店

（英語）

Liu, Jinlong, and Landell-Mills, N., 2003, Taxes and Fees in the Southern Collective Forest Region, *China's Forests：Global Lessons from Market Reforms*, ed. William F. Hide, Brian Belcher, and Jintao Xu, RFF Press: 45-58

Saint-Pierre, C., 1991, Evolution of Agroforestry in the Xishuangbanna region of tropical China, *Agroforestry Systems* 13: 159-176

Shapiro, J., 2001, *Mao's War Against Nature: Politics and Environment in Revolutionary China*, Cambridge University Press

Song, Yajie, Wang, Guoqian, Burch Jr., W. R., and Rechlin, M. A., 2004, From Innovation to Adaptation: Lessons from 20 years of the SHIFT Forest Management System in Sanming, China, *Forest Ecology and Management*, 191: 225-238

終章：現代中国の森林政策を動かしてきたもの

最後に，これまでの各部・各章での総合的な把握を踏まえ，現代中国の森林政策をめぐってどのような人間社会の構図が存在してきたのかを示すことで，人文・社会科学からの地域研究・森林政策研究としての本書の結論としたい。

1. 現代中国の森林政策の方向性をめぐる論点

これまでに森林政策研究では，地域の森林政策を大枠で方向・特徴づける概念が幾つか提起されてきた。例えば，20 世紀の日本の森林政策の方向性は，しばしば「資源政策」と「産業政策」という概念で示されてきた。半田（1990）は，第二次世界大戦以前の日本の森林政策を，「ほぼ資源政策一色であった」とし，将来の木材供給力の向上や自然災害の抑止を旗印に，森林造成を推進する方向性を有していたとする。萩野（1984）は，1950 ～ 70 年代にかけての高度経済成長と木材需要の増加を受け，この資源政策としての側面が，木材としての資源利用を促す産業政策へと無批判に転換させられてきたと警鐘を鳴らした。

これに加えて，現代の山村振興や地方創生へと繋がる森林政策の意味づけも，1929 年の農業恐慌に伴う山村経済更生施策を契機とした，山村の民有林における森林造成や林道開設等を通じて生まれてきた（半田 1990）。また，志賀（2016）は，より組織論・制度論的な観点から，国有林管理・経営を主軸とした経路依存性や，農林水産省内での農政優先と各政策の横並びを求めた農政鋳型林政が，林野庁を中心とした日本の森林政策の基底に存在してきたとした。そして，ヨーロッパの森林法の推移を検証した石井（2000）（第 8 章参照）を含め，森林減少・劣化を背景に国家資源として森林を警察的に保護する立ち位置から，20 世紀前半～中盤の木材生産を軸とした育成林業の促進を経て，20 世紀終盤から地球環境や人間社会の持続可能性の保証へと至る，森林政策の方向性の時系列的・世界史的な変化を読み解く試みも行われてきた（柿澤 2018，志賀ら 2023）。山本（2016）は，これらの方向・特徴づけを組み込みつつ，「国土保全政策」（治山，保安林），「資源政策」（造林，林道，森林組合，公有林），「国有林政策」（国有林経営全般），「産業政策」（林産業，流通，貿易），「社会政策」（山村振興，労働），「環境政策」（国立公園，レクリエーション，公害，地球環境）という六つの軸をもって，日本の森林政策を捉える見方を提示している。

しかし，現代中国の森林政策の展開をめぐっては，これらの概念軸や時系列的な変化が，必ずしも当てはまらず，場合によっては存在すら疑われ，或いはその由来や契機を全く異にするといった状況が見られてきた。

まず，木材等の物質提供や水土保全を含めて，将来にわたる森林の諸機能の維持・発揮のための森林造成・保護を，「国土保全政策」を含めての広義の「資源政策」として捉えるのであれば，現代中国の森林政策は，一貫して，その性格を強く有していたと言えよう。とりわけ，国土保全政策の要諦でもある水土保全機能の発揮は，建国当初から今日に至るまで，中国の森林政策の基軸であり続けてきた。しかし，少なくとも現代中国を通じては，日本の 1964 年「林業基本法」制定等に象徴される「産業政策」への大枠での重点移行は見られなかった（第 8 章参照）。むしろ，1950 年代の時点から，「資源政策」を森林造成・保護政策や営林（林業）方面が担い，「産業政策」を森林開発・林産業発展政策や森林工業方面が担うという，比較的明確な区分けが存在し，それぞれの方向性を両輪とした政策形成が行われてきた。勿論，個別の時期においては，この両輪へのウェイトの置かれ方は異なってきた。しかし，そこで「産業政策」としての重視を促したのは，例えば，建国当初の復興や社会主義建設に伴う需要増，改革・開放路線への転換に伴う市場化・民営化と経済発展といった，中国という地域を規定してきた固有の政治的・経済的要因であった（第 4 章・第 11 章等参照）。そして，それらの結果としての基層社会での乱伐の加速，或いは洪水や火災等の大きな自然災害の発生が，「資源政策」としての再注目を促してもきた（第 3 章等参照）。こうした中で，1970 年代以降，国際的な注目を集めた環境問題が，概念として受容されるにつれ，現代中国の「資源政策」としての森林政策に，「環境政策」としての意味づけが徐々に加わっていったと捉えられる（第 3 章・第

5章等参照)。

次に，国有林との関係性，或いは山村振興等の「社会政策」として，中国の森林政策を捉えるのは，それぞれに興味深い論点であり，今後の研究を通じて理解を深めるべきポイントである(1)。しかし，そこでの前提が，日本等とは大きく異なっていることは，ここで改めて指摘しておかねばならない。現代中国においては，1949年の中華人民共和国成立に伴い，刷新された国家機構としての中央・地方政府が所有する国家所有林と，農村の集団組織が所有する集団所有林という社会主義公有制に基づく枠組みが，1950年代後半までに確立された。この過程では，土地改革に際して，既成の森林地帯が重点的に国家所有化される等，国家機構を通じて稀少な森林資源の計画的な利用を行うという意図が明らかに見られた（第6章参照)。このため，その後の森林開発・林産業発展政策は，国家所有林を主対象としてきた。但し，集団所有林が政策的に軽視されてきた訳ではなく，林産物需要を満たす役割を同様に期待され，住民動員を伴う森林造成政策等ではむしろ主要な対象となった。これらの集団所有林に関する政策は，南方集団林区等を中心に，当初，農村で森林経営に携わってきた農民の社会生活や互助組織を支援するという意味合いを含んでいた。しかしその後，1950年代にかけての社会主義集団化は，森林経営や林産物生産を社会主義的な国家統制システム下に置くことを目指した（第4章・第6章参照)。また，改革・開放以降の沿海部・都市部を中心とした経済発展を受けて，2000年代に入ってからは格差是正を目的とした「三農問題」（農業・農村・農民の発展成長）や「西部大開発」（内陸部の発展成長）の一環として集団所有林の活用が位置づけられる等（第3章・第6章等参照)，社会政策としての森林政策の位相も独特に揺れ動いてきた。

農業政策と森林政策の関係性も，既に述べた通り検証を要するテーマである。但し，そもそも現代中国の殆どの時期において，主要な森林政策は，部門的に独立した森林行政機構の管轄として立案・実施されてきた（第7章参照)。その過程では，農業政策との調整やすり合わせが度々必要となり，大林業思想や大農業思想が唱えられる等，農業部門との角逐も目立ってきた。すなわち，農業政策からの一定の影響力が存在してきたことは否定しえないが，「農政鋳型林政」と呼べる程の従属性があったようには見えない。2018年の国務院改革の結果としての森林行政機関の自然資源部への編入，農業農村部との切り離し（第7章参照）は，その一線を画した関係性を端的に示してもいる。

2. 現代中国の森林政策を規定する「二つの動力」

こうした森林政策の方向性をめぐる論点検証から明らかなのは，地域の森林政策を規定する要因や，その底流の読み解き方は，各地の森林状況，及びそれをめぐる人間社会の状況に応じて異なってくるという点である。すなわち，序章で述べた，自然生態的特徴や社会的・歴史的特徴を踏まえて，地域の森林政策の内実と影響を明らかにするという視座の重要性が，ここにクローズアップされることになる。

本書の結論として，現代中国の森林政策を主に規定してきたのは，その自然生態的・社会的・歴史的特徴を反映する形で形成されてきた「二つの動力」である（図12-1）。この動力の存在と性質を踏まえることが，現代中国の森林政策の展開，及び，それが今後の中国においてもたらす人間―森林関係の変容を読み解く上で，最も重要なポイントとなる。

2. 1. 継続をもたらす「第一の動力」：森林の諸機能の維持・増強

第一の動力は，歴史的な森林破壊・劣化を通じて生み出された森林の過少状況を前にして，人々に共有されてきた「森林の諸機能を維持・増強せねばならない」という意識に相当する。これは一見，あらゆる地域の森林政策が普遍的に掲げていそうな目標であるが，現代中国においては，単に森林行政や関連業界の範疇にとどまらない，極めて切実かつ国家レベルの政策課題として捉えられてきた。

この動力が最も端的に表れていたのが，国家運営の舵取りを担ってきた政治指導者層や，森林政策の具体的な立案・実施に携わってきた専門家層における「森林・樹木を増やせ」との主張であった（第9章・第10章参照）。中央政府の共産党指導者や森林官僚にあっては，将来の国家建設や社会発展を

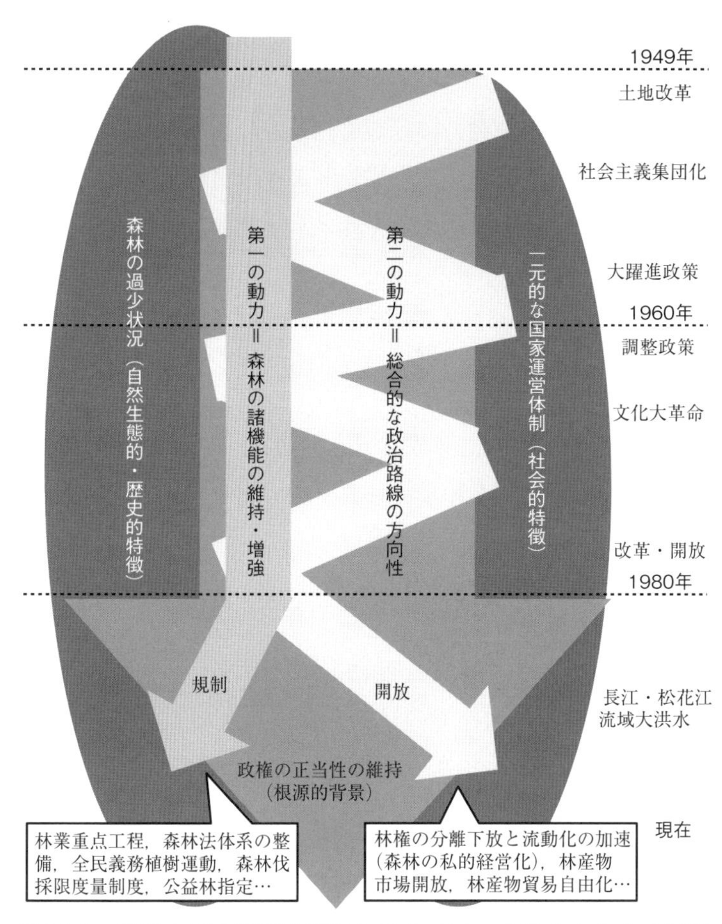

図 12-1　現代中国の森林政策における「二つの動力」とその背景
出典：筆者作成。

見据えた際に，森林の過少状況が大きな制約要因となるという危機意識が一貫して存在した。建国初期から計画された住民動員を伴う大々的な森林造成・保護政策は，この動力を体現したものであった。この中で維持・増強の主対象となった森林の諸機能とは，河川流域や山間地・傾斜地における水源涵養，土壌浸食防止，防風防沙に加えて，気候調節や農田保護等の農業発展に鑑みた水土保全機能，そして将来の林産物の安定供給を保障するという意味での商品提供機能であった。また，世界的に環境問題への意識が高まっていった1970年代以降は，域外との知識・技術の交流を通じて，生物多様性維持，二酸化炭素吸収といった，その他の環境保全機能とそれに伴う価値・便益が，次第にこの第一の動力に基づく諸政策に反映されていった。近年では，都市富裕層の増加等に伴い，世界自然遺産，自然保護区，森林公園等の設置を通じた保健休養・レクリエーション提供機能も，政策を通じた増強の対象となってきた。

こうした展開過程を経て，今日，この第一の動力によって規定される森林政策は，資源政策，産業政策，環境政策等としての幅広い顔を持つことにもなっている。

この第一の動力を根本的に形成してきたのは，1949年の中華人民共和国成立に至るまでに，中国において深刻化していた森林の過少状況という自然生態的・歴史的特徴であった。言い換えれば，この状況が克服され，「森林の諸機能が健全に発揮されている」と認識されない限り，この第一の動力は，今後も中国の森林政策を規定し続けることになる。これまでに中央政府は，全土の森林被覆率を，概ね30％に近づければ，全土における健全な生態環境が実現されるとの大枠での目標を掲げてきた[(2)]。最近になって，統計上の森林被覆率は20％を超えるようになったものの（第1章参照），習近平政権下でも厳格な森林保護の方針が示される等，少なくとも今後しばらくは，この動力が森林政策を規定していくことになるものと思われる。

そして，この第一の動力こそが，現代中国で展開されてきた各種の森林政策において，主に「一貫してきた部分」を説明する鍵である。すなわち，政治指導者層の主導権争いを内包した各時期の政治路線の変動に伴い，森林の権利関係や政策実施システムが改変される度に，それを正当化してきたのは「森林の維持・拡大において効果的である」という，第一の動力そのものとも呼べる言説であった（第3章・第9章等参照）。さらに，森林行政機構が殆どの時期において独立した体系を保ってきたこと（第7章参照），木材をはじめとした林産物の効率的な生産・加工や節約，さらには住民の生活資材としての木材利用の転換が継続的に求められてきたこと（第4章等参照）等は，この間，森林の過少状況の改善が，逼迫した政策課題と認識され続けてきたためである。そして，改革・開放期以降，法体系の整備等によって，基層社会の森林をめぐる諸活動の「規制」が図られていったこと（第8章参照）は，この第一の動力が，民営化・市場化という総合的な政治路線の目指す方向性に対応した結果であった。

2．2．転換をもたらす「第二の動力」：総合的な政治路線の方向性

第二の動力は，現代中国を通じて幾度もの変動を経てきた「総合的な政治路線の方向性」に合致する。ここでの総合的な政治路線とは，森林政策の範疇を越え，政治・経済体制や外交等を含めた全般的な国家運営のヴィジョンに照らして，国家建設を推進しようとする中央政府の動きを指す。

この第二の動力は，中国共産党の指導を原則とした一元的な国家運営体制という社会的特徴を主に反映している。すなわち，一党支配による上からの統治形態を維持する以上，現代中国においては，党内の政治指導者層における国家建設のヴィジョンの相違が，度重なる政治路線闘争と，それに伴う政治変動，政策変更の形で表れてきた（第2章参照）。

こうした総合的な政治路線の方向性が，森林政策や森林との関わりにおいて，最も分かりやすく影響したのは，森林の権利確定政策である。政治路線の変動が起こるたびに，基層社会における林地・林木の権利関係は改変され続けてきた（第6章参照）。また，1956年の森林工業部とその行政体系の成立，改革・開放以降における森林経営の民営化など，森林政策実施システムにおいて加えられた変更も，主にこちらの動力によって規定されたものである（第7章参照）。さらに，林産物の生産・加工・流通形態も，社会主義建設下での国家統制化や，改革・開放以降の民営化・市場化，そして対外開放に伴う域外との林産物貿易開始に見られるように，総合的な政治路線の方向性に基本的に従属するものであった（第4章参照）。

すなわち，現代中国の森林政策において，第一の動力が継続性や一貫してきた部分を担保してきたのに対し，第二の動力は，しばしばそうした政策の流れを寸断し，方向を変えるように作用してきた。この寸断は，上記した政治路線闘争の結果としての抜本的な変動のみならず，例えば，森林をめぐる「三権分離」の実施のように，同一の政治路線において，経済政策，農村政策，土地政策といった関連分野での方針転換がなされた場合にも生じうる。

言い換えれば，こちらの動力によって規定される限り，その森林政策は常に「転換させられる可能性」を内包することになっている。

こちらの動力には，森林の諸機能に対する人間主体の価値・便益認識が，直接的に反映されてはいない。中央の政治指導者層の国家観・統治観をはじめ，国際情勢，地方や基層社会までに及ぶ様々な利害関係が，総合的に反映された結果として捉えられる。反面，その結果として生じる政治変動は，森林政策の方向性，及び基層社会における森林との関わりや価値・便益認識を変化させることにもなる。例えば，改革・開放路線への転換に伴う森林経営の民営化と林産物市場の自由化は，結果として，個々の農民や各種の企業が，森林の商品提供機能に伴う財の蓄積を享受する道を拓くことになった。

2. 3.「二つの動力」の根源的な背景：政権の正当性の維持

この「二つの動力」を想定することによって，現代中国において実施されてきた森林政策の方向性や変化を，基本的に説明することが可能となる。

しかし，ここで決して見落とせないのは，二つの動力いずれもが，中央政府において政治権力を掌握し，森林政策を方向づけてもきた中国共産党の政治指導者層が認識する「現政権の正当性の維持」という価値・便益に結びついているという構図である。そして，この結びつきの構図こそが，現代中国の森林政策の実施における根源的な背景となっている。

第二の動力を形成する総合的な政治路線の変動は，目まぐるしく変化してきた国際関係や政治経済状況の中で，政治指導者達が，何とかして自らの政権基盤を維持し，安定化させようとした結果でもある。また，一元的な統治体制を維持する以上，各時期の政治路線は，常にその正当性を内外に示す必要に迫られてきた。近年の政治路線も，改革・開放路線を受け継ぎつつ，共産党が「先進的な生産力，先進的な文化，人民大衆の利益を代表する」との「三つの代表論」，或いは，習近平思想の強調といった形を通じて，その正当性を示そうとしてきた。

そして，現代中国の森林政策を大きく特徴づけるのは，森林の諸機能の維持・増強を目指すという第一の動力さえもが，この政権による正当性の維持と強固に結びついて存在してきたという点である。すなわち，森林造成・保護政策等を通じて，森林の過少状況という歴史的な負の遺産を克服することが，政権を担う政治指導者層はもとより，その下で森林政策の立案・実施に従事する森林官僚等にとって，自身の立場を安定化させ，その一元的な国家運営の正しさを示す構図となっているのである。

特に，「自然災害の防止」という森林の水土保全機能の発揮による地域住民の価値・便益の保障と，政権の正当性の維持には，表面的な利害関係のみならず，中国における歴史的な政治文化との親和性も見られた。現代中国の政治指導者層にも普遍的に存在した自然災害への危機意識は，中国の伝統的な統治思想である「天人合一・天命思想」から考えるとより味わいを増す。すなわち，中国という地域を統治する政権は，自然界の秩序の象徴としての「天」によって正当化されているため，天変地異・自然災害が続発すれば，それは天による現政権の拒絶を意味する（溝口ら 1995）。換言すれば，自然災害が統治政権の正当性を判断する一つの目安とされるため，その防止を目的とした森林政策が重視されるという構図である。この点に関して，近年，中国域内においても，「天人合一・天命思想に叶うもの」として，現代中国の森林政策の成果を捉える言論が出てきているのは注目に値する（樊・李 2008）。

また，1970 年代から今日に至るまでには，国際的にクローズアップされていった生物多様性維持や二酸化炭素吸収固定をもたらす森林の機能と価値・便益認識を，森林政策の枠内に積極的に取り入れることで，世界共通の課題としての地球環境問題の解決に取り組んできた政権として，その正当性を域内外に示すという構図が生み出されてきた（第 5 章参照）。

そして，現代中国の政治指導者層は，第一の動力を地域住民の精神面へと意図的に拡張させ，自らの統治の正当性をより強化しようとも試みてきた。すなわち，「森林や樹木を愛し，祖国の緑化に積極的に寄与すること」として森林造成・保護政策の実施を位置づけ，地域住民の愛国心・愛郷心の喚起を通じた国家統合の促進や政権基盤の強化を期待してきた。ここでは，森林造成という共同作業や景観共有による一体感，或いは森林や樹木に対する愛着や尊敬といった，森林の精神充足機能に伴う人々の価値・便益認識が，政権の正当性の維持という統治者の目線において読みかえられた（第 9 章参照)。そして，この政治指導者層の価値・便益認識に基づく根源的な背景が，森林との関わりを専門とし，或いは基層社会で実践に取り組んできた人々を，各種の地位や模範等の称号の授与を通じ，森林政策実施の担い手として包み込む図式をも作り上げてきた（第10章・第11章参照)。

この根源的な背景は，疑いなく現代中国の政治体制という社会的特徴に起因するものである。同時に，森林の過少状況という自然生態的・歴史的特徴が，政権の正当性の維持と森林政策を結びつけてきたためでもある。そして，1950年代に全域化され，今日に至るまで強化されてきた「党＝国家体制」と，それを前提に整備されてきた政策実施システム（第7章参照）が，あらゆる森林政策を，現政権の正当性と結びついた二つの動力によって規定することを可能としてきたのである。

3.「二つの動力」の相互関係から読み解く森林政策の展開

これらの「二つの動力」とその相互関係から，各時期において実施されてきた森林政策を具体的に読み解いてみる。

3. 1.「二つの動力」の相互関係

序章にて，地域の森林政策は，当地の人間と森林との関わり「内部」と，ほぼ関連の無い「外部」の動因の「せめぎ合い」で決まるという視座を提示した。現代中国の森林政策を規定してきた二つの動力は，この内的・外的動因に大きく重なってくる。すなわち，森林との関わりを軸に，その諸機能の維持・増強を志向する第一の動力は，森林の過少状況を出発点とした内的動因がその殆どを占める。一方で，総合的な政治路線の変動としての第二の動力は，地域の人間と森林との関わりをほぼ反映しない，政治・経済体制，社会状況，国際関係等を踏まえた全体的な社会建設の方向性とその変化という外的要因に重なる。

では，現代中国の森林政策は，この二つの動力のどのような「せめぎ合い」の結果と捉えられるだろうか。その答えは，二つの動力の相互関係を示すことで得られよう。

まず，単純な力関係で言えば，現代中国を通じて，第二の動力は，第一の動力に対して常に優越してきた。1949 年から今日に至るまで，総合的な政治路線の変動が，森林の諸機能の維持・増強への取り組みを脅かすことが明らかな局面は何度も訪れた。最も端的な例は，土地改革，段階的な社会主義集団化，調整政策，文化大革命，改革・開放といった政治路線の変動に伴って，長期的な視座を必要とする森林経営の担い手と，それを保障する森林の権利関係が，短期間に度重なる改変を余儀なくされたことである（第 6 章参照）。そして，ほぼその度に，基層社会ではこれまでの森林管理・経営の枠組みの再構築に迫られ，短期的な森林破壊の加速を見ることになった。域外交流を通じて，長期持続的な森林管理・経営のノウハウを身につけ，第一の動力を政策実施へと具現化してきた専門家達は，このプロセスをどんな思いで眺めていただろうか。忸怩たる思いであったことは想像に難くない。

しかし，同時に指摘すべきなのは，そうした力関係や第二の動力との対立の局面にあっても，第一の動力とそれを反映した森林政策は，決して廃れることがなかった。いかなる方向性をもった第二の動力も，森林の過少状況の改善という目的自体は，現実問題として「是」とせざるを得なかったのである。むしろ，第二の動力との相克に直面する度に，第一の動力は，新たな政治路線の示す国家建設のヴィジョンに迎合することで乗り越える弾力性を身にまとってきた。例えば，改革・開放以降に見られた森林利用の規制という側面からの法体系整備（第 8 章参照），或いは全民義務植樹運動等を伴う森林造成の義務化（第 3 章・第 8 章参照）のように，新しい政治路線の方向性に応じた，新たな形式による第一の動力に基づく森林政策が模索され，そのノウハウが今日に至るまで蓄積されてきたのである。

また，現代中国においては，第二の動力の体現である総合的な政治路線の変更を，第一の動力の志向する森林の諸機能の維持・増強が，積極的に支える局面もしばしば見られた。例えば，1950 年代初頭における大面積の天然林の国家所有化，1950 年代半ばにおける森林経営の集団化や林産物生産・加工・流通の国家統制化，そして，改革・開放期の森林経営の民営化等は，当時の総合的な政治路線に従属した改変だった。これらは全て，「大面積の天然林を乱伐から保護し，基層社会の森林造成への潜在力を引き出し，林産物の効率的な利用を促進して資源の浪費を避ける」という観点から正当化されてきた。こうした相互依存関係は，二つの動力のいずれもが，現政権の正当性の維持という根源的な背景に結びついているという構図によって説明することができる。

時系列的に見ると，1950年代から1970年代にかけては，第二の動力による各種の森林政策の「寸断」と，第一の動力による「克服」に伴う継続が繰り返されてきた。そして，この時期の森林政策は，各時期の政治指導者層や中央の森林行政機関の専門家層といった近接する主体の枠内で形成されていたため，この「寸断」からの「克服」，或いは「相互依存」といった関係が比較的容易に保たれていた。

しかし，改革・開放期に入ると，この関係性に変化が見え始める。この時期には，主に第二の動力に基づく森林の私的経営化と林産物市場の開放が進められた結果，森林をめぐる法体系や政策実施システムの整備が，森林造成・保護のために基層社会の諸活動を「規制する」という方向に集中していった。この結果，中央政府の森林政策や森林行政機構の業務は，第一の動力を反映した森林造成・保護を中心とする「営林」方面に特化してきた。その一方で，林産物の生産利用・供給を中心とした「森林工業」方面は，民営化・市場化や対外開放といった改革・開放路線としての第二の動力を受け，直接的な管轄から外れていった。1998年夏の長江・松花江流域大洪水以降の森林造成・保護政策への再注目，習近平政権下での天然林の商業伐採の完全停止等，近年の動向も，基本的にはこの傾向をトレースしている。

また，1990年代以降は，第一の動力を体現した森林政策実施においても，森林行政機構に加えて，次第に権限を強める環境保護行政機構，及び，国際機関や域外NGO等の域外からの主体が，生物多様性維持・地球温暖化防止等を見据えた役割を果たすようになった。

すなわち，改革・開放以降においては，二つの動力の乖離が，政策面・機構面において目立っており，また，関連する主体も多様化してきたため，相互の「すり合せ」が難しくなりつつある。もっとも，2000年代からの第一の動力の体現である天然林資源保護工程，退耕還林工程の実施は，各部門とのすり合わせを経て，それぞれ，天然林地帯での国有企業改革，農村の産業構造転換による貧困解消という形で，総合的な政治路線の方向性に結びつけられた（第3章参照）。その調整が困難化したとはいえ，二つの動力の相互依存関係は引き続き見られているといえよう。その反面，世界各地に跨って林産物貿易を担い，基層社会での林産物生産・加工の産業形成に従事するようになった各種企業の動向は，しばしば中央政府がコントロールしきれない局面も生んでいる（第4章参照）。

3. 2. 近年の森林政策における動力の反映

試みに，2003年6月に中共中央・国務院から発せられ，近年の森林政策の基本的な指針とみなされてきた「林業発展の加速に関する決定」（以下，「決定」）を題材に，ここで規定された中央政府の諸政策において，二つの動力がどのように反映しているかを示す（図12-2）。

① 林業重点工程建設の実施

「国家六大林業重点工程」は，1998年夏の大洪水後，中央政府による政策的注目を受けて，各地における森林の維持・拡大を，政府主導のプロジェクト・ベースで目指すものだった。天然林資源保護工程，退耕還林工程，三北・長江流域等防護林体系建設工程，北京・天津風沙源治理工程，野生動植物保護及び自然保護区建設工程，速生豊産用材林基地建設工程（木材需要の増加に対応するための速生樹種による原料供給基地建設）のいずれもが，大々的な森林造成・保護によって諸機能を維持・増強するという性格を持った（第3章参照）。

最近の天然林の商業伐採の完全停止，新一輪退耕還林工程等も，この延長線上にあり，第一の動力によって強く規定されているものである。

② 全民義務植樹運動と全社会造林の奨励

「決定」では，全民義務植樹運動のさらなる展開と，都市・道路建設などにおける緑化の必要性を喚起し，人民解放軍，社会団体，外資企業等の多様な主体による積極的な森林造成を呼びかけた。これらは言うまでもなく，第一の動力を強く反映した政策であり，今日に至るまで維持されてきている。

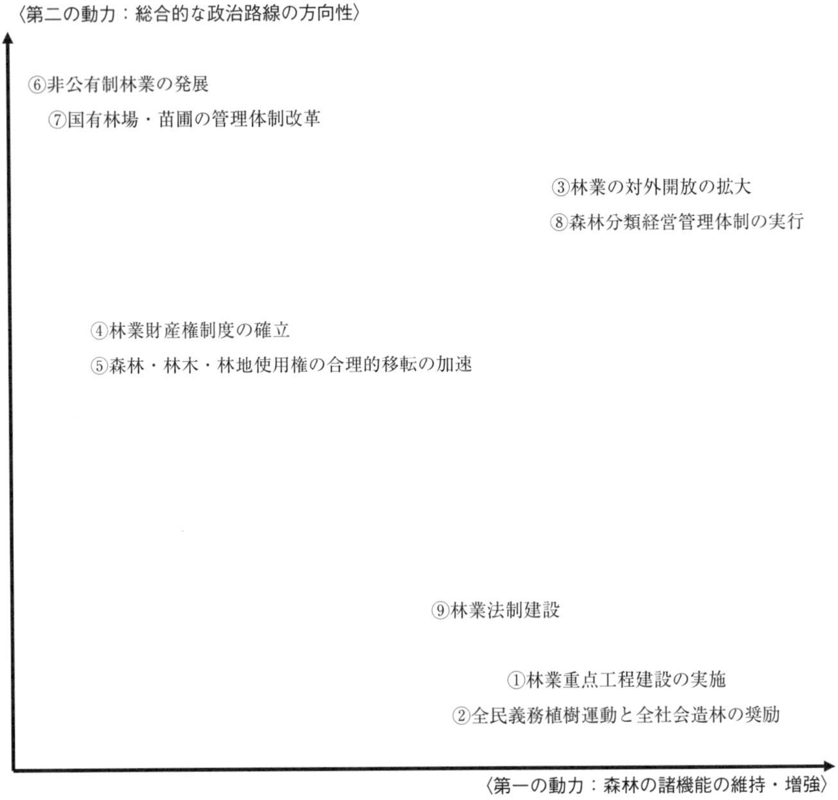

〈第二の動力：総合的な政治路線の方向性〉

⑥非公有制林業の発展

⑦国有林場・苗圃の管理体制改革

③林業の対外開放の拡大

⑧森林分類経営管理体制の実行

④林業財産権制度の確立

⑤森林・林木・林地使用権の合理的移転の加速

⑨林業法制建設

①林業重点工程建設の実施

②全民義務植樹運動と全社会造林の奨励

〈第一の動力：森林の諸機能の維持・増強〉

図 12-2 「二つの動力」からみた近年の森林政策
出典：中共中央・国務院（2003）『関於加快林業発展的決定』を参照して筆者作成。

③ 林業の対外開放の拡大

ここでの対外開放の拡大とは，第一の動力に規定された部分としては，外資企業等の資本・技術を利用した森林造成の効率的な推進，第二の動力に規定された部分としては，改革・開放路線の対外開放方針に基づく，林産物貿易の推進と，国際的基準の受容を意味していた（第 4 章等参照）。すなわち，この対外開放は，引き続く域内の森林の過少状況を踏まえ，域外の森林をもって，木材需要を満足させようとの意図を持つ政策方針であり，近年における二つの動力のすり合わせの一形態でもあった。

④ 林業財産権制度の確立

財産権制度の確立は，具体的にはこの時期において，農民世帯や私営企業等の私的主体に下放されてきた林地使用権，林地請負経営権，林木所有権等の内容を明確化し，その合法権益を保障するというものである（第6章参照)。この動きは，私的主体による効果的な森林造成・保護や積極的な森林経営に繋がるとして，第一の動力を部分的に反映してはいるものの，基本的には改革・開放の政治路線の方向性に沿ったものであった。

この「決定」から2010年代にかけて，この政策方針は，集団林権制度改革，三権分離へと引き継がれ，やはり第二の動力を主に反映し，そのために細部の方針変更を伴いつつ，大きくクローズアップされることになった。

⑤ 森林・林木・林地使用権の合理的な移転

上記の森林をめぐる権利関係の，再請負，賃貸，譲渡，競売，協議，分配などの形式を通じた流動化を推進するというものである。この時期の「使用権移転」の加速は，森林関連においてのみ行われたものではなく，やはり総合的な政治路線の方向性を反映したものであった。2002年11月の党十六回大会政治報告等においては，土地使用権の移転を行い，次第に農業の経営規模を拡大させるという方針が示されている。この背景には，経営規模の拡大と農業就業人口の都市移転によって農村の貧困状況を解消する，及び土地収用や集約化による各産業の発展を促進するといった意図が存在した。一方で，ここでは「多様な形式」による権利移転が推奨されており，改革・開放以降，南方集団林区等で実施されてきた株式化経営等の合作経営等を追認・奨励する意味も持っていた（第6章参照)。

この政策方針も，④と同様にその後，集団林権制度改革，三権分離の範疇に引き継がれ，その結果，経営力を有する主体による林地集積が目立つことになった（第6章・第11章等参照)。

⑥ 非公有制林業の発展

非公有制林業とは，具体的には，林地使用権以下が，国家・集団以外の主体に属す形で行われる森林経営を指した。すなわち，改革・開放以降の私的経営化の流れを受け継ぐものであり，その発展は第二の動力によって強く規定されていた。

⑦ 国有林場・苗圃の管理体制改革

非効率な経営で赤字を累積させてきた国有企業（旧国営企業）改革の一環として，改革・開放路線の下で推進されてきた政策課題の一つであった。すなわち，主に第二の動力に基づいており，基本的には，独立採算による企業型経営へのシフトを通じて，合理的な木材生産や苗木育成を行うことを目標とした。

⑧ 森林分類経営管理体制の実行

森林分類経営は，それ以前には，五大林種（防護林，用材林，経済林，薪炭林，特殊用途林）として区分されていた森林を，改めて「(生態）公益林」と「商品林」に区分し直す試みであった。公益林においては，水土保全や生物多様性の維持といった観点から伐採を制限し，その代わりとして所有・経営者には公的な補償を与えるとの方針が示された（第3章参照)。すなわち，法体系整備等と併せて，第一の動力を体現する形となった。一方，商品林においては，主に生産の用途に供する目的から，上述の権利移転などを加速させ，私的経営化と資本集約を進めることが想定されており，改革・開放路線の経済発展ヴィジョンに基づく第二の動力も作用していたことが分かる。

⑨ 林業法制建設

この「決定」に前後して整備されてきた法体系も，基本的には基層社会における天然林や野生生物の保護，乱伐や違法な林地収用の禁止など，森林造成・保護のために諸活動を規制・管理するという方向性を有してきた。すなわち，同時期の政治路線に迎合する形で，第一の動力が反映された結果として捉えられる。

この他にも，「決定」では，森林経営における教育の重要性，投資環境の整備，税負担の軽減，党・政府による森林管理業務の発展などが標榜されているが，これらも基本的に改革・開放以降の政治路線の方向性を受け入れつつ，森林の諸機能の維持・増強を促すという構図の下に置かれている。この時期のみならず，現代中国を通じて，どちらの動力にも結びつかない森林政策というものは存在し得なかったと言ってよい。

4.「二つの動力」からみる現代中国の森林政策の独自性

現代中国の森林政策の独自性も，この「二つの動力」を通じて説明することができる。

現代中国の森林政策が，一貫して「資源政策」や「国土保全政策」の顔を持ってきた理由は，森林の過少状況という自然生態的・歴史的特徴を反映した第一の動力が働き続けていたためである。この点は，現代史の開始時点で，一定程度の森林被覆率を有していた日本や東南アジア等はもとより，同じく社会主義体制を選択したソ連や東欧等の地域とも，異なる森林政策の内実を生み出すことになった。すなわち，豊富な森林を物質提供や用地開発の対象とみなすのでもなく，既存の森林を一斉に人工林に転換するのでもなく，産業政策への重点移行をも促さない，独自の森林政策の基盤が中国という地域において存在してきた。

この基盤が，中国共産党の支配する政権の正当性の維持に結びついた結果，政治指導者層，専門家層，篤志家等が，一致して森林の諸機能の維持・増強に励む構図が生み出された。この構図こそ，一元的な統治体制にあって，森林造成・保護が大々的に進み，今日，約 8,000 万 ha という圧倒的な統計上の人工林面積を誇るようになった現代中国の秘密を解く鍵である。

また，森林の過少状況が前提となっていたからこそ，現代中国の森林政策は，木材生産のみを見据えるのではなく，多様な林産物の効率利用や，森林空間の多面的な活用を早期から念頭に置いていた。今日における食用果実，食用・工業油糧，飲料，調味料，工業原料，薬種等の多彩な経済林の存在，及び林下経済や観光・レクリエーション利用の発展は，その延長線上に位置づけられる。

なぜ，現代中国を通じて，森林の維持・拡大が政策的に標榜され続けてきたのか。その答えは，森林の過少状況を前に第一の動力が働いてきたからである。なぜ，大躍進政策期や改革・開放初期には，その第一の動力を体現する森林造成・保護政策の実施形態を覆すような方針がとられたのか。また，なぜ，長期持続的な視座を必要とするはずの森林経営において，度重なる権利関係の改変がなされてきたのか。その答えはすなわち，第二の動力である総合的な政治路線の方向性によっても，森林政策が規定され続けていたからである。

この構図自体は，二つの動力を支える森林の過少状況や一元的な国家運営体制といった自然生態的・社会的・歴史的特徴が解消されない限り，将来にわたって維持されることになろう。その中で，現状において乖離を見せつつある二つの動力が，今後，どのような関係性を演出していくかは興味深いポイントである。これまでのように，第一の動力が第二の動力による寸断・転換を克服し，或いは正当化する形で展開していくのか。それとも，例えば，国際情勢の変化で域外からの木材確保が不可能になった結果，二つの動力がそれぞれ「保護」と「利用」等の顔を持ち，明確にぶつかり合う局面が出てくるのか，今後の展開に注目である。

一つ指摘しておかねばならないのは，現代史を通じて二つの動力が森林政策を規定してきたが故に，今日の中国において「何が望ましい人間—森林関係であり，そのために森林政策や人間社会はどうあるべきなのか」が，極めて見えづらくなっている点である。もちろん，森林と関わる人間主体やその価値・便益認識が多様化してきた今日において，「望ましい森林政策とは何か」という問いに答えること自体が困難を極める。例えば，森林との関わりにおける持続性，公平性，効率性といった，「望ましさ」の基準となり得る概念は幾つか示すことができよう。しかし，何をもって持続性，公平性，効率性と呼ぶのかには，往々にして共通認識が存在しない。そればかりか，初代林業部長の梁希が，中国の現地視察で粒さに見たように，将来世代が森林からの便益を得られるよう，持続性に配慮した森林保護政策が，特定の人々の森林利用を排除するという不公平な事態をも招き得る（第 10 章参照）。

現代中国では，果たしてこうした望ましい人間—森林関係に向けての問いかけが，十分に行われてきただろうか。20 世紀初頭，アメリカの森林政策の基盤確立に取り組んだピンショーは，森林政策の目的を「最長期間にわたる最大多数の最大幸福」に置いた（ナッシュ 2004）。現代中国に活躍の場を求めた森林をめぐる専門家層には，域外交流を通じて，こうした林学や森林政策の目的設定，及び，その実践の難しさや継続的な問いかけの重要性を熟知していた人間もいたはずである。しかし，現代中国において森林政策を規定してきた二つの動力は，どちらかといえば，これらを覆い隠す方向に作用してきたように思われる。

第一の動力を反映した森林の諸機能の維持・増強を目指す政策は，環境問題の解決という世界的な取り組みを内包し，政治指導者層，専門家層，篤志家達に先導され，地域住民を組み込みつつ，何人たりとも反対できない「錦の御旗」となってきた。では，それが目指す先は，単に森林被覆率の上昇を通じた「全土の緑化」であり，森林の過少状況の数値的な解消なのだろうか？　それとも，木材等の物質提供機能を自給可能レベルまで高め，或いは，自然災害リスクを一定以下に抑え，放出した二酸化炭素分を吸収固定できるだけの森林を確保することなのだろうか？　そのためには，誰がどのような権利を有して森林管理・経営の担い手となるのが望ましいのか？そこに向けての変革過程で，主体間の不平等は生じないか？　…こうした問いかけと検証は，第一の動力が，政権の正当性と結びついて錦の御旗化する中で，また，第二の動力が，人間と森林との関わりの外側からの度重なる寸断や転換をもたらす中で，見過ごされてきたように思われる。そして，森林減少の抑止やシンプリフィケーション（Scott 1998）等の突き放した視座をもって，これらの検証に踏み込み，森林政策の是非を論じることも，今日の中国においては難しくなっている。

すなわち，このような展開を経てきた現在の中国で，過去の森林政策を評価し，そこから望ましい人間—森林関係の未来図を読み解いていくためには，政策を規定してきた動力や背景に着目するのみならず，そのさらに背後にあって動力や背景を規定し，或いは政策実施を通じて充足や排除等の影響を受けてきた，人間主体の森林をめぐる価値・便益へと，理解の裾野を広げていくことが必要となる。ここにおいて，序章にて，森林をめぐる人間主体の機能・価値・便益認識からなる利害を明確に想定すべきとした拘りが，改めてクローズアップされることになる。

5. 森林政策をめぐる機能・価値・便益から見た人間社会の変化

但し，同じく序章で述べた通り，本書は，これらの利害を踏まえた人間ベースの森林政策研究としては，あくまでも入り口という位置づけである。そこで最後に，その入り口としての意味を込めて，現代中国の森林政策の実施をめぐって，どのような人間社会における影響が生じたかを，各主体の機能・価値・便益認識とその変化から概観してみたい。

現代中国の森林政策が，中国共産党の政治指導者層の森林をめぐる機能・価値・便益認識を，最も強く反映していたことは疑いようもない。そこでは，自らの統治者としての正当性確保という目線から，中国全域を対象に，自然災害の防止による生活の安寧，国家・社会建設に必要な資材の確保という側面において，地域住民の価値・便益の保障が目指されてきた。のみならず，歴史的に形成された森林の過少状況をリアルな解決課題と認識しつつ，その「醜・貧・悪」を自らの主導によって「美・豊・善」に創りかえ，国家統合を促進するという価値・便益認識の下に，森林政策が位置づけられてきた。そして，この統治者の目線に適う形で，専門家層や篤志家達の価値・便益がピックアップされ，彼らの地位や名誉が保障されつつ，森林政策の実施が進んでいった。

この結果として，何が中国の森林をめぐる人間社会にもたらされただろうか。明確に言えるのは，政治指導者層の機能・価値・便益認識を反映した「上からの政策」によって，地域の人間―森林関係が大きく規定されるという変化である。「共産党が無ければ，新しい中国は無い」との標語は，森林との関わりにおいて，「共産党が無ければ，森林政策が成り立たない」として正しく当てはまるようになった。強力なトップダウンの政策立案・実施を通じて，厳しい国際情勢の中，歴史的なハンディキャップを乗り越え，森林の諸機能の維持・増強に努めた結果，少数の政治指導者層の認識が，人間―森林関係を大きく方向づけてしまう状況が演出された。これは，見方によっては非常に不安定なものに映る。実際に，近年の中国の基層社会においては，森林政策の実施の成否が，権利保障や助成等を通じた関連主体の経済的便益の確保に依存する傾向が顕著となってきた（第3章・第11章参照）。すなわち，政治指導者層の関心が低下したり，第二の動力に基づく不適切な変更や措置がとられた場合，これまでの政策の成果が一挙に失われ，非持続的な森林利用が表面化するリスクは厳然と存在する。

反面，そうした強力な政治的リーダーシップと上からの政策実施が無ければ，現代中国を通じて，森林の過少状況はより深刻化しただろうとの評価も成り立つ。また，事実として，政治指導者層の重要性認識を反映した森林政策の実施を通じて，中央・地方から基層社会に至るまでの広範な専門家層や篤志家達が形成され，森林への知的好奇心・探求心や愛着を兼ね備え，長期的な視座に基づく関係構築を志向する人々が，地域において増加してきた。彼らの存在は，政治指導者層の関心の低下や政策の失敗に際しても，地域の持続的な人間—森林関係を支える安全弁として機能する可能性も高い。

一方，基層社会において，森林政策の受け手となってきた各種の人間主体は，その多様な価値・便益を「取捨選択」する必要に迫られてきた。特に，基層社会の農民が認識してきた生活資材確保，少数民族居住地区等に存在してきた森林・樹木への精神的な帰依といった価値・便益は，一貫して「捨」の対象となってきた。また，「全土」を想定した政治指導者層の機能・価値・便益認識と，身の回りの森林に価値・便益を見出す人々のズレが，政策実施における難しさも演出してきた。これらの取捨とズレが，基層社会の人間主体における経済的便益への依存や消極性，或いは近視眼的な森林利用を助長してきたと考えられる。

すなわち，現代中国の森林政策実施をめぐっては，「出し手」と「受け手」の間に，機能・価値・便益認識の大きな「乖離」が生じており，それが潜在的な対立関係を構築してきた側面が存在する。それは，近年の森林政策を通じた「規制」の強化と，その裏返しとしての乱伐や違法な用地開発の頻発にも端的に表れており，まさに「上に政策あれば，下に対策あり」の森林版が見られているとも言えよう。

おわりに

以上，これまでの筆者の研究を通じて，書けるべきことはあらかた書き終えたと思う。最後に，巨大人口を抱えつつ，歴史的な蓄積の上に，さらなる特徴的な経験を積み上げてきた現代中国の森林政策研究から，今後の持続可能な社会構築という人間社会の課題に向けて，どのような示唆が得られるかを記してみたい。

再びピンショーの言葉を借りれば，森林，自然，そして地球をめぐって「最長期間にわたる最大多数の最大幸福」が得られる関係を構築していくことは，関連の政策や人文・社会科学の研究が目指す一つの到達点であろう。しかし，地域においてそれを実現するには，幾つものハードルが横たわる。我々がそのハードルを越えるためには，多様な経験からお互いに学び合うことこそが肝要である。勿論，現代中国という独特の政治社会体制を反映した森林政策の歩んだ道は，状況の異なる他地域の学びには結びつかない部分もあろう。しかし，各地域の経験の中から「成功」や「失敗」へと導く共通項を見出し，人類にとって必要不可欠な森林との関わりのあり方を問い直してみることは，地球環境の時代に生きる今日の我々に課せられた使命でもある。

19 世紀後半に至るまでの中国は，少なくとも全域レベルにおいての持続的な森林との関係構築に失敗した。その結果としての森林の過少状況の深刻化は，域外との交流も相まって，その失敗を失敗として，当時の政治指導者層や専門家層に認識させることにはなった。幾つもの地方や流域を併せた国家という統治領域において，過去の非持続的な関わりを清算し，継続的に森林をめぐる価値・便益を享受するためには，人間による政策や研究を通じた働きかけが必要不可欠である。この気づきが，中国が超えた最初のハードルであった。

しかし，事はそう簡単には運ばなかった。その後の人間社会の事情に中国は翻弄され，帝国主義の伸張，侵略戦争，内戦を経た 1949 年の中華人民共和国の設立に至って，漸く人間が腰を据えて将来を考えられる状況となり，それまでの失敗認識に基づく，森林との関係再構築へのスタートを全域にわたって切る条件が整った。二つ目のハードルである。

そして，いざ落ち着いて政策を通じた働きかけを実践してみると，そこには新たなハードルが次々と表れた。そもそも，人間主体が認識する森林をめぐる価値・便益は，極めて多様であり，往々にしてトレードオフや対立関係をも描き出していた。政策決定にあたっては，どのようにそれらの折り合いをつけつつ，持続的な関係へと到達するかが求められた。次に，政策を決定する側と，受容する側で，関係再構築に向けての温度差は勿論のこと，立場を反映した機能・価値・便益認識の違いも存在することが明らかとなった。そして，政策を決定する側でも，そもそも森林と向き合う人間社会のあり方をめぐっての相違が存在し，その相違に基づく路線対立の結果，森林への働きかけの寸断や転換が短期的に生じることにもなった。また，グローバルな情勢変化や，路線変更に伴う社会変化は，しばしば，それまでの政策の成果を覆す結果にもなった。

筆者は，二つ目のハードルを乗り越えたところまでの中国の経験に，まず，今日の我々が共通に学ぶべき大きなポイントがあると評価したい。人間が過去の失敗を糧に，持続可能性に向けての正確な判断力を次第に身につけていくものだとすれば，少なくとも現代中国は，建国当初からこのスタンスに基づく森林政策を展開しようとしてきた。周恩来や李範五ら，中国共産党の政治指導者層が，第一の動力に基づく森林政策決定を支えてきたこと，そして前時期から，ロウダーミルクらとの域外交流を通じて，梁希らが森林と向き合う専門的な知識・技術を身につけ，その地域社会への普及と森林政策実施を担ってきたことは，現代中国において見られた人類の進歩とも言えよう。過去の反省に基づく森林との関わりの再構築が，政治社会体制の違いを越え，一元的な統治体制の下ですら展開されてきたという事実は燦然としている。中国を対象とした筆者の次なる課題の一つは，現代中国に至るまでの関連主体が，どのようにしてこの着想に至ったのかを解明することである。

しかし，その後のハードルを上手く乗り越えられたかどうかについては，現時点での評価を留保する。特に，第二の動力に基づく短期的な寸断は，外的動因としてある程度は許容せざるを得ないにせよ，基層社会の人間主体が「長期的な時間軸」をもって，森林と向き合うことを却って難しくさせたと思われる。こうした現代中国における政策実施の失敗が，森林との持続的な関係構築に際しての新たな要らざるハードルとなった可能性は否定できない。

そして，ここからは，森林をめぐる「最長期間にわたる最大多数の最大幸福」に向けて，もう二つの学びが示唆される。

一つは，現代中国における第二の動力のような，無軌道な人間―森林関係の改変を伴う外的要因の影響を，極力，抑えるような枠組みを構築することである。それは，森林政策の専門性・独立性を高めるということかもしれないし，民主的な政治体制においては，最大多数の人々が，森林との持続的な関わりを優先的に志向することかもしれない。いずれにせよ，持続的な人間―森林関係のヴィジョンを伴った政策の「揺らぎ」は避けた方が良い。

二つ目は，政治指導者，専門家，基層社会の人々といった，異なる立場において森林と向き合う人間主体の機能・価値・便益認識を浮き彫りにし，その上で，各主体の認識の違いを踏まえ，長期的かつ公平な視点から調整がなされるような政策のあり方を模索していくことである。これは，森林をめぐる主体間の立場・認識が大きく乖離する一元的・集権的な国家運営の下ではとりわけ困難であり，同時にとりわけ必要になるものと思われる。今日の中国では，森林政策実施と共に成長してきた専門家層が，中央政府から基層社会までに及ぶ各主体の価値・便益を，理解・媒介・調整する役割を果たすことで，その実現に近づく可能性はあろう。

〈注〉

(1) この点に関して，保母・陳（2008），関ら（2009），島根大学・寧夏大学国際共同研究所（2017），菊池（2023）等は，中国の農村部・内陸部を主な対象に，基層社会の貧困解消と持続的発展を模索するとの社会政策的な観点から，退耕還林政策等の森林政策に注目してきた。

(2) 例えば，中共中央・国務院「関於加快林業発展的決定」（2003年6月25日）（中共中央・国務院（2003）『関於加快林業発展的決定』）。

〈引用文献〉

（日本語）
萩野敏雄（1984）『日本近代林政の基礎構造：明治構築期の実証的研究』日本林業調査会
半田良一編（1990）『林政学』文永堂
保母武彦・陳育寧編（2008）『中国農村の貧困克服と環境再生：寧夏回族自治区からの報告』花

伝社
石井寛（2000）『世界の森林政策の動向と課題』北海道大学大学院農学研究科環境資源学専攻
柿澤宏昭（2018）『欧米諸国の森林管理政策：改革の到達点』日本林業調査会
菊池真純著（2023）『中国農村での環境共生型新産業の創出：森林保全を基盤とした村づくり』御茶の水書房
ナッシュ，R. F. 編，松野弘監訳（2004）『アメリカの環境主義：環境思想の歴史的アンソロジー』同友館
関良基・向虎・吉川成美著（2009）『中国の森林再生：社会主義と市場主義を超えて』御茶の水書房
志賀和人編著（2016）『森林管理制度論』日本林業調査会
志賀和人・山本伸幸・早舩真智・平野悠一郎編著（2023）『地域森林管理の長期持続性：欧州・日本の100年から読み解く未来』日本林業調査会
島根大学・寧夏大学国際共同研究所編集（2017）『中国農村における持続可能な地域づくり：中国西部学術ネットワークからの報告』今井出版
山本伸幸（2016）「森林管理と法制度・政策」志賀和人編著『森林管理制度論』日本林業調査会：229-298

（中国語）
樊宝権・李智勇（2008）『中国森林生態史引論』科学出版社
中共中央・国務院（2003）『関於加快林業発展的決定』人民出版社

（英語）
Scott, J., 1998, *Seeing Like a State; How Certain Schemes to Improve the Human Condition have Failed*, Yale University Press

あとがき

筆者が，現代中国の森林政策研究を目的に，中国各地に赴いたのは，1997～2017年にかけてである。このうち，1997年から2008年3月までは学生としての立場であり，2008年4月以降は，独立行政法人である森林総合研究所の研究員としての立場であった。この間，数十回にわたって中国を訪れたが，中でも，2003～04年にかけての北京林業大学での1年間の研究生としての滞在（写真①），及び，2008～11年にかけての森林総合研究所の交付金プロジェクト研究「中国における木材市場と貿易の拡大が我が国の林業・木材産業に及ぼす影響の解明」への参画を通じて，まとまった期間での現地調査を実施することができた。また，2009～11年にかけては，科学研

写真①　北京林業大学
出典：北京市海淀区にて筆者撮影（2015年10月）。

究費助成事業基盤研究（B）「中国における森林権利関係をめぐる法社会学的研究」への参画を通じて，主に本書の第6章に関連する現地調査を重ねることもできた。

地域の総合的な森林政策研究という観点から，中国での現地調査を実施する意義は大きく二つに分けられる。

第一に，日本をはじめ域外では入手不可能な，現代中国の森林政策に関する情報を収集できることである。2000年代に入ると，中国でも行政機関等のウェブサイトが充実し，域外からの公刊資料の購入や，過去の個別政策や新聞記事等の参照も，オンラインベースである程度可能となってきた。しかし，それでも，域外において得られる情報には大きな制約がある。

まず，関連する政策・法規等の資料集，解説書，研究書の多くは，中国域内限定で流通していた。本書で引用しているこれらの中国語文献の7～8割程度は，筆者が現地調査の際に，贈呈，購入，複写等を通じて入手したものである。

次に，政策立案・実施に際しての細かな解釈や表に出てこない事情は，現地にて関係者への聞き取りを通じて把握するしかない。例えば，「森林法」には，森林に関する法的な権利関係として，長らく「林地所有権・使用権，林木所有権・使用権」が明記されてきた（第6章・第8章参照）。対して，「農村土地請負法」等には，土地所有権に加えて「農村土地請負経営権」のみが表記され，使用権という概念は反映されてこなかった。ここでの土地にまつわる使用権と請負経営権の不一致は，それぞれの法律の起草権を持つ森林・農業行政部門の縦割りに由来した。また，森林をめぐる四種の権利設定は，域内の多様な自然生態的・社会的・歴史的特徴に照らして，地方や基層社会において柔軟な解釈・運用を可能にする観点からなされたものであった。これらは，実際の「森林法」の立法過程に携わった当事者への聞き取りを経て，初めて理解できた点であった。

こうした資料や関係者へのアプローチは，森林総合研究所の研究員として，中国林業科学研究院（北京市海淀区）や北京林業大学（旧：北京林学院。北京市海淀区）等との連携協定を背景としたことで容易となった側面がある。この他にも，東北林業大学（旧：東北林学院。黒龍江省ハルビン市），南京林業大学（旧：南京林学院。江蘇省南京市），中南林業科技大学（旧：中南林学院。湖南省長沙市）等の森林関連の代表的な研究・教育機関では，森林政策の立案・実施に関する多くの情報が得られた。

第二には，実際に地方や基層社会を訪れ，中央の森林政策の実施状況，及び各地での特徴的な取り組みや森林との直接的な関わりに触れることで，域内の多様性を踏まえた政策の運用実態やその影響を肌感覚で理解するという意義である。この観点から，筆者は約20年の調査期間中，可能な限り多くの地方に赴くよう心掛けた（地図①）。実際の訪問調査先は，本書で想定してきた各地区に沿って，省級・地級・県級行政単位までを表記すると以下の通りとなる。

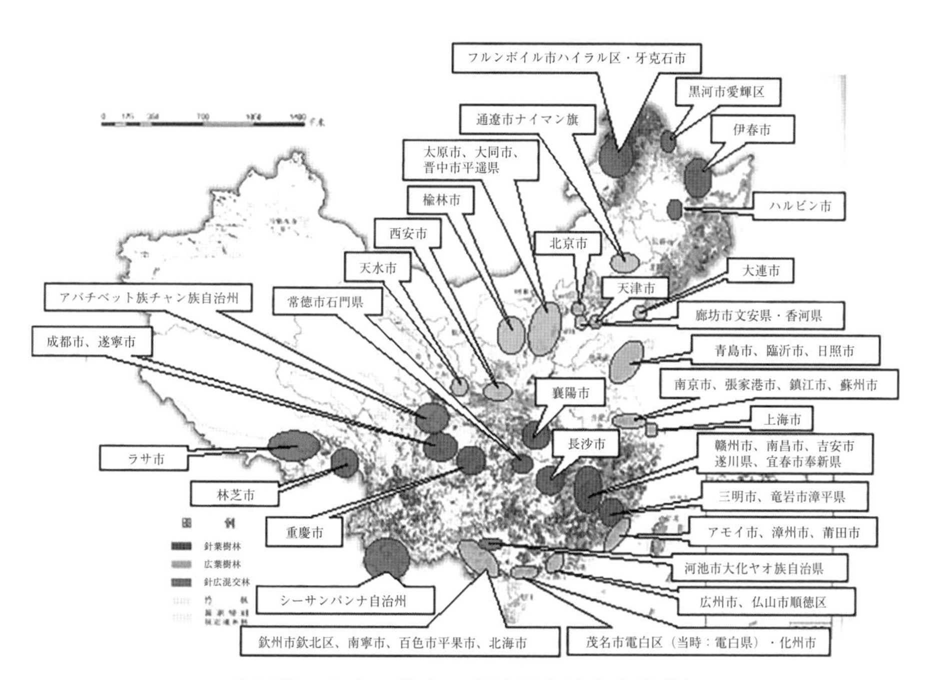

地図①　本書に関する現地調査地と森林状況
出典：肖興威主編（2005）『中国森林資源図集』（p.17）。

1：大面積の国有林区（東北・西南地区等）
黒龍江省：伊春市，哈爾浜市，黒河市愛輝区
内モンゴル自治区：フルンボイル市ハイラル区・牙克石市
チベット自治区：林芝市
2：東南低山丘陵林区（南方集団林区）
湖北省：襄陽市（当時：襄樊市）
湖南省：長沙市，常徳市石門県
江西省：贛州市，南昌市，吉安市遂川県，宜春市奉新県
福建省：三明市，竜岩市漳平県
四川省：成都市，遂寧市
重慶市
3：森林希少地区（北方黄河流域等）
内モンゴル自治区：通遼市ナイマン（奈曼）旗
山西省：太原市，大同市，晋中市平遥県
陝西省：楡林市，西安市
甘粛省：天水市
4：少数民族居住地区（華南・西南地区等）
雲南省：シーサンパンナ（西双版納）自治州
チベット自治区：ラサ（拉薩）市
四川省：アバ（阿壩）チベット族チャン族自治州
広西チワン族自治区：河池市大化ヤオ族自治県
5：沿海・都市部（大都市・平原地帯・木材貿易拠点等）
北京市
天津市
上海市
遼寧省：大連市
江蘇省：南京市，張家港市，鎮江市，蘇州市
河北省：廊坊市文安県・香河県
山東省：青島市，臨沂市，日照市
福建省：アモイ（厦門）市，漳州市，莆田市

広東省：広州市，仏山市順徳区，茂名市電白区（当時：電白県）・化州市
広西チワン族自治区：欽州市欽北区，南寧市，百色市平果市，北海市

赴いた地方では，極力，省級・地級・県級の森林行政機関（当時は林業庁や林業局等）を訪問するようにした。その地方の森林概況，対象となっている中央の森林政策の実施状況，人間と森林との関わりの特徴，主要な問題点等を質問すると，概ね担当者は，速やかに統計データを挙げつつ丁寧に回答してくれた。その中で，森林をめぐる権利関係の確定や，住民の生活資材としての森林利用等に関しては，少数民族居住地区をはじめ，地方毎の事情に応じた政策解釈や許容範囲の振れ幅があることも確認できた。一方で，その地方や基層社会での政策実施が阻害された事例に関しては，極力，外部者の眼に触れさせまいとする傾向も感じられた。また，その都度の中央政府の重要政策には，多くの人員と労力を割いて，地方行政機関が取り組んでいる実態もあった。特に，個別政策の本格的実施に先んじての試験的実施の対象（原語：試点）とされた地方には，関連の森林造成・保護や権利改変の数値目標を速やかに達成することで，その模範的な行政単位となる行動原理が強く備わるようである。総じて，地方の森林行政機関の担当者には，森林関連の専門家層としての連帯感が存在し，出身大学や専門分野等に応じた密接な繋がりも垣間見ることができた。

こうした地方の行政機関へのアプローチは，学生時と研究員時で長短があった。研究員として，公的な調査依頼に基づいて訪問する場合，担当者は，こちらの質問・要望に対して，事前の準備と調整に基づく情報提供や視察地の斡旋を行ってくれた。その結果，特定の目的に応じた調査を効率的に進められた反面，学生時の「行く先々で何が見られるか分からない」という自由度や，そこから得られる実態面での発見は限られてしまったように思われる。

基層社会の人々の森林との関わりには，行政担当者や関連研究者の斡旋，更には国際的なNGO活動への参画を通じて触れることができた。東北・西南の国有林区では，木材生産と森林経営を軸とした国有企事業体の下での社会発展の名残りが強く見られ，住居の囲いや燃料等，人々の生活にも森林が

写真②　東北国有林区における人々の住居
出典：黒龍江省伊春市にて筆者撮影（2001年3月）。

写真③　東南低山丘陵林区で森林経営を担う農民
出典：湖南省長沙市にて筆者撮影（2015年10月）。

密接に結びついていた（写真②）。天然林資源保護工程の実施（第3章参照）に伴い，森林の伐採が規制された後も，山菜，薬草，キノコ等の非木質林産物の生産や森林景観を活かした観光業等を通じて，基層社会での森林との繋がりは維持されようとしていた。

長江中下流域以南の集団所有林地帯である東南低山丘陵林区では，基層社会における森林との関わりが，政策を通じて大きく揺り動かされる実態に直面することになった。集団林権制度改革から三権分離へと続く権利改変を受け，私営企業，経営力のある個人，林業専業合作社等が，個々の農民世帯に分配された森林の権利を集約して，積極的な森林経営へと乗り出そうとしていた（第6章参照）（写真③）。その反面，強かな農民世帯が容易に権利を手放さず，地方・集団レベルで相異なる森林経営方針が志向され，さらには森林保護政策の影響を受けて権利を得た人々による森林の伐採・収益化が阻害される等，トップダウンの森林政策の徹底と調整の難しさを度々実感させられもした。また，農地や薪炭材の確保，或いは都市建設等の目的から，基層社会で森林の乱伐や転用が深刻化した事例も，しばしば目にすることになった。

北方黄河流域を中心とした森林希少地区では，沙漠化や荒漠化による深刻な土地荒廃と貧困に悩まされる人々の生活をつぶさに見ることになった。その根本的な改善を目指した森林造成・保護政策（第3章参照）は，決して一筋縄に行くものではなく，水不足や資金・労力不足の中で，試行錯誤が繰り返されていた（写真④）。樹木を植栽しても育成管理が行き届かず，再び農地として切り開かれる事例も数多く見られた。その中で，域外からの資金援助やNGO活動等を通じて，徐々に森林植生と生活環境を同時に回復していくための道筋も示されつつあった（写真⑤）。

そして，経済発展が先行した沿海部では，私営・外資企業を中心とした木材産業が，域内外から木材を集めて加工・輸出し，更には大都市を中心に林産物需要が肥大化することで，中国が森林をめぐっても「世界の工場・市場」となっていく様を体感することになった（写真⑥）。また，華北や南方の沿海部平原地帯では，この需要増を踏まえたポプラやユーカリ等の早生樹種人工林の造成と製品加工が，農地や都市建設用地と競合しつつ，農民世帯

写真④　沙漠化の進むエリアでの森林造成の試み
出典：山西省大同市にて筆者撮影（2000 年 9 月）。

写真⑤　山西省大同市での森林造成の国際協力 NGO 活動
出典：NPO 法人緑の地球ネットワークからの提供（2000 年 9 月撮影）。

写真⑥　沿海部の港湾に山積みされる輸入木材
出典：江蘇省鎮江市にて筆者撮影（2010 年 6 月）。

写真⑦　沿海部の平原地帯でのポプラ単板加工の様子
出典：山東省臨沂市にて筆者撮影（2011 年 3 月）。

や各種企業の手によって急速に進められていた（写真⑦）（第4章参照）。

これらの約20年間を通じた現地調査は，筆者による現代中国の森林政策への理解を，大きく前に進めるものだった。その過程で出会った人々，出会った事象の一つ一つが，本書の論旨と内容を支える形となっている。

本書のベースとなる博士論文の執筆を経て，今日に至るまで様々な形で導いてくださった関係者の方々，特に東京大学大学院総合文化研究科にて，博士論文の指導を担当してくださった後藤則行先生，丸山真人先生，川島真先生，学部生として北海道大学在籍時から本書の執筆を力強く勧めてくださった石井寛先生，多様な観点からのアドバイスをくださった森林総合研究所の同僚達，そして中国での研究調査を文字通り親身になって支えてくださった呉鉄雄先生には，深く感謝申し上げたい。また，本書の公刊を引き受け，筆者の宿願を叶えてくださった日本林業調査会の辻潔さん，成田陸さんには，改めて心より御礼申し上げたい。そして，共に人生の歩みを進める中で，その一挙手一投足や交わす言葉の一つ一つから，未来への希望と可能性を筆者に実感させ，本書執筆の原動力となってくれた妻：志保と，二人の息子：陸夏，永和の名を，謝辞の最後に記すことをお許しいただきたい。

索引

〈た行〉

〈ま行〉

〈わ行〉

〈A～Z〉

〈数字〉

〈著者プロフィール〉
平野悠一郎（ひらの・ゆういちろう）
1977年12月18日　東京都生まれ
国立研究開発法人森林研究・整備機構森林総合研究所多摩森林科学園主任研究員

北海道大学文学部人文科学科（東洋史）卒。その後，東京大学大学院総合文化研究科国際社会科学専攻（国際関係論）に進学し，本書の母体となる現代中国の森林政策研究を通じて，修士及び博士（学術）学位を取得。2008年より森林総合研究所に勤務し，日本，中国，アメリカ，イギリス等の森林政策とその社会への影響，森林をめぐる多様な価値・便益の調整と多面的利用の推進についての研究に従事。主な著書に，森林総合研究所編『中国の森林・林業・木材産業：現状と展望』（共編著，日本林業調査会，2010年），平野悠一郎監修・日本マウンテンバイカーズ協会編集委員会編『マウンテンバイカーズ白書：持続的な生涯スポーツとしてのMTB』（監修・共編著，辰巳出版，2021年），志賀和人・山本伸幸・早舩真智・平野悠一郎編『地域森林管理の長期持続性：欧州・日本の100年から読み解く未来』（共編著，日本林業調査会，2023年）など。

2025年3月20日　第1版第1刷発行

現代中国森林政策研究（げんだいちゅうごくしんりんせいさくけんきゅう）

著　者 ―――――― 平野 悠一郎
発行人 ―――――― 辻　潔
カバーデザイン ――― 峯元洋子
発行所 ―――――― 森と木と人のつながりを考える
㈱日本林業調査会
東京都新宿区下宮比町2-28 飯田橋ハイタウン204
TEL 03-6457-8381　FAX 03-6457-8382
http://www.j-fic.com/
J-FIC（ジェイフィック）は、日本林業調査会（Japan Forestry Investigation Committee）の登録商標です。
印刷所 ―――――― 藤原印刷㈱

ISBN978-4-88965-280-2